AF794903

Walter Kölle

Wasseranalysen – richtig beurteilt

Walter Kölle

Wasseranalysen – richtig beurteilt

Grundlagen, Parameter, Wassertypen, Inhaltsstoffe,

Vierte Auflage

WILEY-VCH
Verlag GmbH & Co. KGaA

Autor

Dr. Walter Kölle
Heesternwinkel 7
30657 Hannover
Deutschland

4. Auflage 2017

Alle Bücher von Wiley-VCH werden sorgfältig erarbeitet. Dennoch übernehmen Autoren, Herausgeber und Verlag in keinem Fall, einschließlich des vorliegenden Werkes, für die Richtigkeit von Angaben, Hinweisen und Ratschlägen sowie für eventuelle Druckfehler irgendeine Haftung.

Bibliografische Information der Deutschen Nationalbibliothek
Die Deutsche Nationalbibliothek verzeichnet diese Publikation in der Deutschen Nationalbibliografie; detaillierte bibliografische Daten sind im Internet über http://dnb.d-nb.de abrufbar.

© 2017 WILEY-VCH Verlag GmbH & Co. KGaA, Boschstr. 12, 69469 Weinheim, Germany

Alle Rechte, insbesondere die der Übersetzung in andere Sprachen, vorbehalten. Kein Teil dieses Buches darf ohne schriftliche Genehmigung des Verlages in irgendeiner Form – durch Photokopie, Mikroverfilmung oder irgendein anderes Verfahren – reproduziert oder in eine von Maschinen, insbesondere von Datenverarbeitungsmaschinen, verwendbare Sprache übertragen oder übersetzt werden. Die Wiedergabe von Warenbezeichnungen, Handelsnamen oder sonstigen Kennzeichen in diesem Buch berechtigt nicht zu der Annahme, dass diese von jedermann frei benutzt werden dürfen. Vielmehr kann es sich auch dann um eingetragene Warenzeichen oder sonstige gesetzlich geschützte Kennzeichen handeln, wenn sie nicht eigens als solche markiert sind.

Umschlaggestaltung Adam-Design, Weinheim, Deutschland
Satz le-tex publishing services GmbH, Leipzig, Deutschland
Druck und Bindung CPI Group (UK) Ltd, Croydon, CR0 4YY

Print ISBN 978-3-527-34285-3
ePDF ISBN 978-3-527-80786-4
ePub ISBN 978-3-527-80788-8
Mobi ISBN 978-3-527-80789-5
oBook ISBN 978-3-527-80787-1

Gedruckt auf säurefreiem Papier.

C9783527342853_191125

Bevollmächtigte des Herstellers gemäß EU-Produktsicherheitsverordnung ist die Wiley- VCH GmbH, Boschstr. 12, 69469 Weinheim, Deutschland, E- Mail: Product_Safety@wiley.com.

Inhaltsverzeichnis

Vorwort zur vierten Auflage

Nichts ist beständiger als der Wandel. Mit der vierten Auflage wird das Buch „Wasseranalysen – richtig beurteilt" erneut aktualisiert. Die vier Auflagen spiegeln über einen Zeitraum von 15 Jahren sowohl die Entwicklung des Buches, als auch des Sachgebietes wider. Diese Entwicklung kann anhand der Vorworte für die Auflagen 1 bis 3 (die inzwischen auf die Website verschoben worden sind) nachvollzogen werden. Darüber hinaus geben die Vorworte auch Auskunft darüber, wem der Autor zu Dank verpflichtet war und auch heute noch ist.

In der vierten Auflage beziehen sich die Hinweise auf die Trinkwasserverordnung nun auf die aktuellen Fassungen vom August 2013 und danach, nachdem in der dritten Auflage auf den Referentenentwurf zur Fassung der Trinkwasserverordnung vom Mai 2011 Bezug genommen werden musste. Soweit möglich wurden alle Wasserqualitätsparameter nicht nur nach Maßgabe der Grenzwerte nach der Trinkwasserverordnung beurteilt, sondern auch im Hinblick auf die Zielwerte nach dem Europäischen Fließgewässermemorandum bewertet.

Gründlich überarbeitet wurden auch die Bilderserien und die Erläuterungen dazu auf der Website. Dort sind auch Hilfsmittel verfügbar wie z. B. Wahrscheinlichkeitsnetze. Die Internet-Adresse lautet: www.wiley-vch.de/home/wasseranalysen.

Im Text waren zahlreiche Aktualisierungen erforderlich. Besonders weitreichend waren sie in den folgenden Kapiteln:

Organische Wasserinhaltsstoffe (Kap. 6): Die Fortschritte der Analysentechnik führen dazu, dass immer mehr neue Substanzklassen in den Gewässern gefunden werden. Mit elf neu aufgenommenen Parametern wird dieser Tatsache Rechnung getragen.

Berechnung der Calcitsättigung (Kap. 7): Die Rechenmethode zur Berechnung der Calcitsättigung nach DIN 38404-10 ist im Dezember 2012 überarbeitet worden. Ausführlich erörtert wird die aktualisierte Rechenmethode anhand der Softwareprodukte CAS 4.2 von Klaus Johannsen, Hamburg-Harburg, WinWASI 5.0 der Firma Bieser und Partner, Bensheim und dem Online-Rechenmodul „Kalk-Kohlensäure-Gleichgewichts-Berechnung" des Technologiezentrums Wasser, Karlsruhe. Ebenfalls getestet wurde das thermodynamische Rechenprogramm PHREEQC. Anhand der Analysen aus dem Analysenanhang wurden die Rechenergebnisse verglichen.

Radioaktivität (Kap. 9): Mit der Fassung der Trinkwasserverordnung vom November 2015 wurde die Bewertung radioaktiver Stoffe aktualisiert. Die Bewertungsmethode wird ausführlich und anhand von vier Tabellen wiedergegeben.

Der Autor dankt an dieser Stelle den Herren PD Dr. Klaus Johannsen und Dipl.-Ing. Rüdiger Böckle für die Überlassung der von ihnen entwickelten Softwareprodukte zur Berechnung der Calcitsättigung. Nicht zuletzt dankt er seinem Freund und ehemaligen Kollegen Herrn Dr. Bernd Schneider, der – wie immer – wertvolle Hinweise gegeben hat.

Hannover, Januar 2017 *Walter Kölle*

1 Grundlagen

1.1 Maßeinheiten: Menge und Masse

Dieser Abschnitt enthält keine Systematik über Maßeinheiten. Dies ist auch nicht erforderlich. Viele Maßeinheiten sind dem Leser geläufig. Andere Einheiten wie z. B. diejenigen, in denen die Trübung von Wässern angegeben wird, sind so speziell, dass sie im Textzusammenhang erläutert werden. Zwei Einheiten, die der Menge und der Masse, sind jedoch besonders wichtig. Ihre Kenntnis ist eine unverzichtbare Voraussetzung dafür, die Sprache des Chemikers zu verstehen. Diese beiden Einheiten müssen daher vorab diskutiert werden.

Die Maßeinheit für die Menge ist das Mol (mol) bzw. Millimol (mmol) und für die Masse das Gramm (g) bzw. Milligramm (mg). Einheiten, die davon abgeleitet werden, sind beispielsweise die Konzentrationen (z. B. mmol/l und mg/l). Was bedeuten in diesem Zusammenhang Menge und Masse?

Im täglichen Leben ist die Unterscheidung von Menge und Masse jedem geläufig: Im Supermarkt kauft man Eier nach ihrer Menge (z. B. zehn Stück). Eier sind offenbar leichter zu zählen als zu wägen. Das Vorhaben, in einem Laden 100 g Eier zu kaufen, erscheint uns daher absurd.

Mehl kauft man dagegen nach seiner Masse (z. B. 500 g). Beim Mehl gibt es (unter realistischen Bedingungen) keine sinnvoll zählbaren Portionen. Also wird Mehl gewogen. Der Vorsatz, in einem Laden zehn Stück Mehl zu kaufen, ist daher ebenfalls absurd.

Wenn das Mol ein Maß für die Menge eines Stoffes ist, muss entsprechend den bisherigen Ausführungen das Mol ein Zahlwort sein, ebenso wie das Dutzend oder die Million. Der Zahlenwert des Mols liegt bei $6{,}02 \times 10^{23}$ (Avogadro-Konstante). Es gilt die Übereinkunft, dass man die Bezeichnung „Mol" nur für Atome, Ionen, Moleküle und Ladungen im atomaren bzw. molekularen Bereich anwendet.

Anmerkung
Die Avogadro-Konstante ist unter der nicht ganz korrekten Bezeichnung „Loschmidt'sche Zahl" bekannter.

Wasseranalysen – richtig beurteilt, 4. Auflage. Walter Kölle.
© 2017 WILEY-VCH Verlag GmbH & Co. KGaA. Published 2017 by WILEY-VCH Verlag GmbH & Co. KGaA.

Definitionsgrundlage für das Mol ist die relative Atommasse bzw. Molmasse (früher: „Atomgewicht“ und „Molekulargewicht“). Ein Mol einer Substanz hat eine Masse in Gramm, die der relativen Atommasse bzw. Molmasse dieser Substanz entspricht. Ursprünglich hat man dem Wasserstoff als dem leichtesten aller Elemente eine relative Atommasse von genau 1 zugeordnet. Die relative Atommasse von Sauerstoff lag bei 15,872 und die von Kohlenstoff bei 11,916. Später hat man aus Gründen der Zweckmäßigkeit den Sauerstoff mit einer relativen Atommasse von genau 16 als Bezugsgröße gewählt. Die heutigen relativen Atommassen basieren auf dem Kohlenstoffisotop ^{12}C mit einer relativen Atommasse von genau 12. Jedes Mol einer Substanz enthält gleich viele Teilchen, nämlich $6{,}02 \times 10^{23}$.

Die relative Atommasse der Elemente und die relativen Molmassen der Verbindungen können überall nachgelesen werden, wo Aussagen über Elemente und Verbindungen gemacht werden, also nicht nur in einschlägigen Nachschlagewerken, sondern auch in Chemikalienkatalogen und oft auch auf den Etiketten von Chemikalienbehältnissen.

Chemiker und Nichtchemiker haben eines gemeinsam: Sie neigen dazu, in Massen und in Massenkonzentrationen (z. B. Gramm pro Liter) zu denken. Das hat einen einfachen Grund: Das wichtigste Bindeglied zwischen der Materie und dem Menschen ist die Waage. Massen und Massenkonzentrationen sind daher sehr viel anschaulicher als Mengen und molare Konzentrationen. Dass die Neigung zum Gebrauch von Masseneinheiten nicht immer sinnvoll ist, soll das folgende Beispiel zeigen:

„Wie viele kg Reifen ($= x$) passen auf 80 kg Felgen?“ Wenn man von einer relativen Reifenmasse von 1,5 und von einer relativen Felgenmasse von 0,8 ausgeht, resultiert: $x = 1{,}5/0{,}8 \times 80 = 150$ kg. Auf 80 kg Felgen passen also 150 kg Reifen. Wie man leicht nachprüfen kann, lässt sich das Ergebnis auch folgendermaßen schreiben: „$150/1{,}5 = 100$ Stück Reifen passen auf $80/0{,}8 = 100$ Stück Felgen“.

Anmerkung
Die relativen Reifen- und Felgenmassen sind dimensionslos und entsprechen in der Chemie den relativen Atom- bzw. Molekülmassen. Die Mengeneinheit entspricht in der Chemie dem Mol. Die Stückzahl innerhalb einer Menge spielt, ebenso wie die Avogadro-Konstante in der Chemie, keine besonders wichtige Rolle.

Das Beispiel zeigt, dass Substanzen, die miteinander wechselwirken, nur über die beteiligten Mengen sinnvoll beschrieben werden können. Dies gilt für Reifen und Felgen ebenso wie für chemische Substanzen. Weil aber die Masseneinheiten anschaulicher sind, ist das häufige Hin-und-her-Rechnen zwischen Massen- und Mengeneinheiten in der Chemie, speziell in der Wasserchemie, an der Tagesordnung.

Die bisherigen Ausführungen haben deutlich gemacht, dass für den Chemiker und denjenigen, der ihn verstehen möchte, die molaren Einheiten unverzichtbar sind. Sie werden beispielsweise benötigt bei der Auswertung von Analysenergebnissen, bei der Beurteilung der Analysengenauigkeit, bei der Aufstellung von Reaktionsgleichungen und bei der Berechnung von Stoffumsätzen chemischer Reaktionen. Wenn unterschiedliche Wasserinhaltsstoffe (z. B. Calcium und

Magnesium) zu einer übergeordneten Gruppe (z. B. „Wasserhärte") zusammengefasst werden sollen, ist das nur in molaren Einheiten (z. B. „Summe Erdalkalien" in mmol/l) möglich (wie sinnvoll eine solche Zusammenfassung ist, wird in Abschn. 4.1 diskutiert). Wichtig ist auch, dass der pH-Wert auf molarer Grundlage definiert ist. Molare Größen vom Typ „Kilomol pro Hektar" (kmol/ha) sind daher auch Standard bei der Angabe von Umweltbelastungen durch Säuren, beispielsweise im Zusammenhang mit dem sauren Regen.

Natürlich haben auch Massen und Massenkonzentrationen als Einheiten eine Berechtigung. Bei manchen Wasserinhaltsstoffen sind molare Angaben nicht erforderlich, nicht sinnvoll und oft nicht einmal möglich. Der letztgenannte Fall gilt vor allem für Substanzen, die als Gruppe behandelt werden wie beispielsweise die „Kohlenwasserstoffe" und die „oberflächenaktiven Stoffe" und andere. Nicht erforderlich sind molare Angaben bei Stoffen, die im Trinkwasser schon im Spurenbereich unerwünscht sind und deren Konzentrationen üblicherweise nicht nur unterhalb der jeweiligen Grenzwerte, sondern meist auch unterhalb der analytischen Bestimmungsgrenzen liegen. Die Fassungen der Trinkwasserverordnung vom Mai 2001 und danach verwenden nur Massenkonzentrationen (mg/l). In allen älteren Fassungen der Trinkwasserverordnung wurden Konzentrationen, soweit sinnvoll möglich, zweigleisig in Massen- und in molaren Konzentrationen angegeben.

Tabelle A.1 im Tabellenanhang enthält diejenigen relativen Atom- bzw. Molekülmassen, die zur Auswertung und zum Verständnis von Wasseranalysen häufiger benötigt werden. In Abschn. 1.3.6 „Reaktionsgleichungen" wird gezeigt, wie mit molaren Einheiten umzugehen ist.

1.2 Dezimalvorsilben

Die Konzentrationen, die in der Wasserchemie benutzt werden, bewegen sich über einen Bereich von ca. neun Dezimalstellen, in Einzelfällen auch mehr. Es gibt gute Gründe dafür, auch bei großen Konzentrationsunterschieden die Konzentrationseinheit beizubehalten (in der Regel die Einheit mg/l) und unterschiedliche Konzentrationsbereiche durch das Dezimalkomma auszudrücken. Beispielsweise schreibt die Trinkwasserverordnung vom Mai 2001 für polyzyklische aromatische Kohlenwasserstoffe (PAK) einen Grenzwert von 0,0001 mg/l (entsprechend 0,1 µg/l) vor. Mit einer solchen Schreibweise vermeidet man Fehler, die beim Wechsel der Maßeinheit entstehen können. Solche Fehler waren in der Vergangenheit vor allem dadurch vorprogrammiert, dass das Zeichen µ zum Schreiben der Einheit Mikrogramm auf vielen Schreibmaschinen nicht verfügbar war und z. T. auf abenteuerliche Weise zu Papier gebracht wurde.

Dieser Gesichtspunkt spielt heute keine Rolle mehr, sodass der Autor die Schreibweise mit entsprechenden Dezimalvorsilben vorzieht. Auf diese Weise vermeidet man Fehler beim Abzählen der Kommastellen. Solche Fehler sind vorprogrammiert durch eine Redeweise, bei der aus Bequemlichkeit Wörter oder

Silben ausgelassen werden. Das gesprochene „null null eins“ kann (je nach Art der Auslassung) bedeuten: 0,01 oder 0,001. Bequemlichkeiten dieser Art dürfen unter keinen Umständen akzeptiert werden.

Es bedeuten:

10^{-12}	Pico	p	(1 pg = 1/1000 ng)
10^{-9}	Nano	n	(1 ng = 1/1000 µg)
10^{-6}	Mikro	µ	(1 µg = 1/1000 mg)
10^{-3}	Milli	m	(1 mg = 1/1000 g)
10^{2}	Hekto	h	(1 ha = 100 a = 10 000 m^2)
10^{3}	Kilo	k	(1 kmol = 1000 mol)
10^{6}	Mega	M	
10^{9}	Giga	G	
10^{12}	Tera	T	

Einige dieser Vorsilben sind nur in speziellen Zusammenhängen gebräuchlich, z. B. bei der Angabe der Lichtwellenlänge in Nanometer oder des jährlichen Strombedarfs einer Industriegesellschaft in Terawattstunden. Hohe Zahlenwerte bis in den 10^{12}-Bereich werden bei der Angabe von Radioaktivitätswerten in Becquerel und sehr niedrige bis in den 10^{-12}-Bereich bei der Angabe in Curie erreicht.

Die Dezimalvorsilbe Kilo ist in „Kilogramm“ gebräuchlich, im Zusammenhang mit molaren Einheiten dagegen ungewohnt. Mit der Einheit „Kilomol pro Flächen- und Zeiteinheit“ ($kmol \times ha^{-1} \times a^{-1}$) wird die Säurebelastung aus den sauren Niederschlägen pro Jahr (a) angegeben. In der Datenverarbeitung gelten Potenzen von 2: Kilo = 2^{10} (= 1024), Mega = 2^{20} (= $1{,}05 \times 10^6$), Giga = 2^{30} (= $1{,}07 \times 10^9$), Tera = 2^{40} (= $1{,}1 \times 10^{12}$).

1.3 Reaktionstypen

Im Wasserfach ist es zweckmäßig, die folgenden Reaktionstypen zu unterscheiden.

1.3.1 Lösungs- und Fällungsreaktionen

Hierbei handelt es sich um Reaktionen, die auf Unterschieden der Löslichkeit von Substanzen beruhen. Als Auslöser einer solchen Reaktion kommen beispielsweise in Betracht: Änderungen der Temperatur, des pH-Wertes oder der Konzentration sowie die Zumischung anderer Substanzen, die mit den bereits vorhandenen Substanzen reagieren. Bekannte Beispiele sind die Auflösung von Kalk durch Kohlenstoffdioxid und die Abscheidung von Kalk durch Erwärmen des Wassers, durch CO_2-Ausgasung oder durch Erhöhen des pH-Wertes.

Die Sättigungskonzentration einer Substanz ist nicht so eindeutig definiert, wie man glauben könnte: Über einem feinkörnigen Bodenkörper entsteht eine höhere Sättigungskonzentration als über einem grobkörnigen Bodenkörper. Große Kristalle müssen daher auf Kosten kleinerer Kristalle wachsen. Außerdem können aus einer Lösung, die hinsichtlich größerer Kristalle übersättigt ist, keine Kristallisationskeime entstehen, solange für solche kleinen Kristallkeime die Lösung noch untersättigt ist. Daher kann, wenn kein „passender" Bodenkörper vorhanden ist, eine Lösung lange Zeit in einem übersättigten Zustand verharren. Es darf also keineswegs überraschen, wenn man in der Natur übersättigte Wässer vorfindet.

Das Wasser zu Analysenbeispiel 12 ist im Hinblick auf Strontiumsulfat übersättigt. Dabei handelt es sich um einen Modellfall für ein übersättigtes Wasser, der in Abschn. 4.1.3 diskutiert wird.

Ein weiteres Phänomen sei am Beispiel des Calciumphosphats erläutert: Aus einer wässrigen Lösung, die Calcium- und Phosphationen enthält, können drei verschiedene Verbindungen auskristallisieren: Calciumhydrogenphosphat ($CaHPO_4$), Calciumphosphat ($Ca_3(PO_4)_2$) und Hydroxylapatit ($Ca_5[OH|(PO_4)_3]$). Jeder dieser Bodenkörper besitzt eine individuelle Sättigungskonzentration. In solchen Fällen ist es erforderlich, den Bodenkörper zu nennen, für den eine Aussage, z. B. zur Löslichkeit, gelten soll. Eine besonders niedrige Sättigungskonzentration hat der Hydroxylapatit. Damit Kristalle dieses Minerals entstehen können, muss ein Kristallgitter aufgebaut werden, das komplizierter ist als das von Calciumhydrogenphosphat. Dies könnte der Grund dafür sein, dass phosphathaltige Lösungen gegenüber Hydroxylapatit besonders stark zur Übersättigung neigen.

Zu beachten ist das Phänomen „unterschiedliche Bodenkörper" auch für das Silicat und (zumindest theoretisch) für das Calciumcarbonat, das als Calcit und Aragonit auskristallisieren kann. Um allen Zweifeln vorzubeugen, wird im Zusammenhang mit der Calcitsättigung stets die genaue Mineralform, nämlich Calcit, genannt.

1.3.2
Reduktions- und Oxidationsreaktionen („Redoxreaktionen")

Der Begriff „Redoxreaktion" drückt die Tatsache aus, dass an solchen Reaktionen zwei Reaktionspartner beteiligt sind, von denen einer reduziert und der andere oxidiert wird. Dies gilt auch für Reaktionen, an denen Sauerstoff beteiligt ist. Dieser wird bei Redoxreaktionen (z. B. bei der Oxidation von Eisen(II) zu Eisen(III)) üblicherweise zu OH^- reduziert (bei der Weiterreaktion des Eisen(III) zu Eisen(III)-oxidhydrat werden die OH^--Ionen allerdings aufgebraucht).

Anmerkung

Bei manchen Redoxreaktionen werden Wasserstoffionen freigesetzt (beispielsweise bei Reaktion (4.2)). Wenn die Wasserstoffionen mit festem Calciumcarbonat als Komponente des Grundwasserleiters reagieren, steigt die Konzentration von CO_2 und von Hydrogencarbonat im Wasser an. Dadurch wird eine Reaktion vorgetäuscht, bei der organischer Kohlenstoff an den Redoxreaktionen teilnimmt und dabei oxidiert wird. Diese beiden möglichen Ursachen des Konzentrationsanstiegs von CO_2 und von Hydrogencarbonat sind völlig unterschiedlich zu bewerten (Kölle, 1999). In der Vergangenheit sind mehrfach Fehlinterpretationen vorgekommen. Als Faustregel kann formuliert werden: Bei der Denitrifikation (im gesättigten Bereich eines Aquifers) ist organischer Kohlenstoff mit einem Anteil von maximal ca. 2 % beteiligt, bei der Desulfurikation mit einem Anteil von ca. 100 %. Begründet wird diese Regel später, insbesondere in Kap. 6.

„Alle Energieumsätze bei Lebensprozessen beruhen auf Redoxreaktionen." Diese Behauptung ist vor allem deswegen interessant, weil auch der Umkehrschluss zutrifft: „Alle Redoxreaktionen beruhen auf Energieumsätzen bei Lebensprozessen." Allerdings gilt der Umkehrschluss nur für bestimmte Randbedingungen, nämlich für wässrige Lösungen, für kinetisch gehemmte Reaktionen und für Situationen, wie sie auch in der Natur auftreten können. Die Regel gilt also beispielsweise nicht für fotochemische Prozesse in der Atmosphäre (weil sie nicht im Wasser ablaufen), nicht für die Oxidation von Eisen(II) durch Sauerstoff bei pH 9 (weil bei diesem pH-Wert die Reaktion auch ohne Mithilfe von Mikroorganismen extrem schnell abläuft) und nicht für Reaktionen mit freiem Chlor (weil dieses in der Natur nicht vorkommt).

Trotz dieser Einschränkungen hat es sich als sehr nützlich erwiesen, grundsätzlich hinter jeder Redoxreaktion einen Mikroorganismus zu vermuten, der diese Reaktion durchführt. Für den Chemiker handelt es sich dabei um einen (lebenden) Katalysator, den man vergiften kann oder dem man gestattet, unter optimalen Bedingungen zu arbeiten. Für die Trinkwasseraufbereitung hat dies eine sehr große Bedeutung, auch in wirtschaftlicher Hinsicht. Eine Vergiftung bedeutet z. B. das Spülen eines Filters mit gechlortem Wasser mit der Folge, dass die Nitrifikation und die Entmanganung zusammenbrechen.

Die optimale Arbeitsweise der Mikroorganismen beruht auf einem Rückkoppelungseffekt: Für Redoxreaktionen in einem Kiesfilter gilt, dass dort, wo sich die meisten Mikroorganismen angesiedelt haben, der Umsatz am höchsten ist und dort, wo der Umsatz am höchsten ist, sich die meisten Mikroorganismen ansiedeln können. Änderungen der Filtergeschwindigkeit verschieben die Lage der Arbeitszone in einem Filter und gefährden dadurch diesen Rückkoppelungseffekt. Aus diesem Grund muss angestrebt werden, die Filtergeschwindigkeit nach Möglichkeit konstant zu halten.

In der Mikrobiologie ist eine ökologische Nische im Wesentlichen durch die Anwesenheit von Redoxpartnern und die mit ihnen möglichen Redoxreaktionen definiert. Daneben spielen natürlich auch andere Faktoren wie die Temperatur, der pH-Wert, die Spurennährstoffe und der Stofftransport (bzw. die Fließbedingungen) eine Rolle. Die Redoxreaktionen, die ein Organismus zur Aufrechterhaltung seiner Lebensfunktionen nutzt, sind so wichtig und charakteristisch, dass sie oft namengebend benutzt werden. So bedeutet beispielsweise der Name des „Thiobacillus denitrificans" in freier Übersetzung „nitratreduzierender Schwefeloxidierer".

Biofilme

Die meisten Mikroorganismen bevorzugen eine sesshafte Lebensweise und bilden Biofilme. Diese können als dünne, schleimige Überzüge auf Feststoffoberflächen, als massive Makrokolonien, als Flocken und als Schlämme in Erscheinung treten. Eine wesentliche Komponente von Biofilmen ist die schleim- oder gelartige Matrix, in die die Mikroorganismen eingebettet sind und die aus „extrazellulären polymeren Substanzen" („EPS") besteht.

Biofilme sind erstaunlich robust und können sich den örtlichen Umweltbedingungen optimal anpassen. In der Wasserversorgung bilden sich Biofilme an allen Stellen, an denen Redoxreaktionen ablaufen können: Brunnen, in denen Verockerungs- oder Verschleimungsreaktionen ablaufen, Filterkorn von Enteisenungs- und Entmanganungsfiltern, mikrobielle Teilprozesse bei der Korrosion von Stahl und Gusseisen sowie Makrokolonien, die sich in Behältern und Leitungen bilden können, wenn Spuren von Nährstoffen aus tieferen Bereichen des Werkstoffs in Richtung Wasser diffundieren. Sehr detaillierte Erläuterungen zum Thema „Biofilme" findet man bei Flemming und Wingender (2001, 2002).

Für denjenigen, der sich mit Wasser beschäftigt, ist nicht nur die Tatsache wichtig, dass für den Ablauf von Redoxreaktionen in der Regel Mikroorganismen verantwortlich sind, sondern dass man es in Wirklichkeit mit Biofilmen zu tun hat. Mithilfe von Biofilmen können Mikroorganismen Effekte erzielen, die ganz unverfroren „gegen den gesunden Menschenverstand" verstoßen.

Anmerkung

In einer Trinkwasserleitung aus Grauguss hatten sich Kristalle abgeschieden, die röntgendiffraktometrisch als Gips identifiziert wurden. Die Sulfatkonzentration des transportierten Wassers erreichte bestenfalls 20 % des Wertes, der für die Abscheidung von Gips erforderlich gewesen wäre. In einem Gespräch mit Hans-Curt Flemming fiel in diesem Zusammenhang erstmals der Begriff „Biofilm". Offenbar bildeten sich die Kristalle auf der Außenseite von Inkrustierungen, aber unterhalb eines einhüllenden Biofilms. Auf diese Weise konnte ein Konzentrationsgefälle aufrechterhalten werden, das für die Abscheidung der Kristalle ausreichte. Da Biofilme zur Hauptsache aus Wasser bestehen, waren nach dem Trocknen der Inkrustierungen zwar die Gipskristalle, aber keine Hinweise mehr auf einen Biofilm erkennbar (s. Bild F im Verzeichnis „4.4.4 Auswahl 2, Schwefel in Korrosionsprodukten" auf der Website). In einem anderen Fall haben sulfatreduzierende Organismen zur Lochkorrosion an der Wandung eines Stahlbehälters geführt. Bemerkenswert war in diesem Falle die Tatsache, dass es sich bei dem Behälter um einen Kalksättiger handelte. Der Biofilm hat sich offenbar im Kontakt mit Kalkwasser erfolgreich gegen den hier herrschenden pH-Wert von ca. 12,5 abgeschottet.

Besonders interessant ist die Tatsache, dass sich bei der Entmanganung offenbar zwei Biofilme bilden, die beide tiefschwarz sind: ein flockiges Produkt, das beim Rückspülen der Filter als Filterschlamm abgeführt wird, und ein widerstandsfähiger Überzug auf dem Filterkorn, der zum „Kornwachstum" beiträgt. Dieser Überzug besteht im Wesentlichen aus stark wasserhaltiger extrazellulärer polymerer Substanz und wenig Mangandioxid. Durch das Trocknen entsteht ein poröses, manganhaltiges Produkt mit einer Dichte von ca. 0,9 g/cm^3, in dessen Zentrum das Quarzkorn des ursprünglichen Filtermaterials sitzt. Je dicker die Überzüge werden, desto widerstandfähiger werden sie gegenüber Oxidations- bzw. Desinfektionsmitteln. Sollte dennoch (z. B. nach Reparaturarbeiten) eine Desinfektion eines Entmanganungsfilters erforderlich werden, wird sie zweckmäßigerweise mit Kaliumpermanganat durchgeführt.

Ein weiterer Punkt, an dem Mikroorganismen als Biofilme in Erscheinung treten, ist die Denitrifikation durch Eisendisulfide (bzw. die Oxidation von Eisendisulfiden durch Nitrat) im Grundwasserleiter. Dieser Prozess läuft in zwei mikrobiell katalysierten Teilreaktionen ab, die in den Abschn. 1.3.6 und 4.3.1 erläutert werden. Die Reaktion, bei der Schwefel oxidiert und Eisen(II) freigesetzt werden, verläuft in einem Biofilm, der auf Feststoffoberflächen des Eisendisulfids angewiesen ist. Bei der Folgereaktion des gelösten Eisen(II) mit Nitrat handelt es sich formal um eine Reaktion in der homogenen wässrigen Phase. Auch für diese Reaktion wird sich irgendwo (im Grundwasserleiter, in der Kiesschüttung bzw. in den Filterschlitzen eines Brunnens oder in der Rohwasserleitung) ein Biofilm mit eisenoxidierenden Organismen bilden. Die räumliche Entflechtung der beiden Biofilme führt dazu, dass die beiden Reaktionen auch in thermodynamischer Hinsicht entflochten sind. Es gibt also beispielsweise keine thermodynamisch begründeten Ausschlussregeln, mit denen sie sich gegenseitig beeinflussen könnten. Im Hinblick auf die Reaktionsgeschwindigkeiten sind sie allerdings voneinander abhängig. So kann der zweite Biofilm nicht mehr Eisen(II) oxidieren, als der erste Biofilm pro Zeiteinheit zur Verfügung stellt.

Bilder zum Thema „Biofilm“ findet der Leser auf der Website in Abschn. „1.3.2.1 Biofilme“. Bilder und weitere Information zum Thema „Entmanganung im Filter“ sind auf der Website im Abschn. „4.3.2 Auswahl 1, Entmanganung im Filter“ zu finden. Eisensulfide und Verockerungsprodukte werden in Abschn. „4.3.1 Auswahl 1, Pyrit, Denitrifikation, Verockerung“ gezeigt.

1.3.3 Ionenaustauschreaktionen

Bei diesen Reaktionen wird ein Ion gegen ein anderes Ion ausgetauscht. In der Natur können Fälle auftreten, in denen das Wasser sein gesamtes Inventar an zweiwertigen Kationen (Calcium und Magnesium) an Tonminerale abgibt und im Austausch dafür Natriumionen erhält (Analysenbeispiel 17). Sehr häufig beobachtet man Ionenaustauschreaktionen im Zusammenhang mit der Kalidüngung (Analysenbeispiele 2, 3 und andere). Kaliumionen werden an den Tonmineralen des Bodens festgehalten und üblicherweise gegen Calciumionen ausgetauscht. Geringe Ionenaustauschkapazitäten besitzen sehr viele Komponenten von Grundwasserleitern (Matthess, 1990).

In der öffentlichen Trinkwasserversorgung werden Ionenaustauscher nur selten eingesetzt, hauptsächlich zur Enthärtung, zur Entcarbonisierung und zur Elimination von Huminstoffen (Bohnsack *et al.*, 1989). Auch für den Privathaushalt werden Enthärtungsanlagen auf Ionenaustauscherbasis angeboten. Im kleineren Maßstab sitzt eine solche Anlage in jeder Geschirrspülmaschine.

1.3.4 Neutralisationsreaktionen

Bei der chemischen Synthese von Wasser wird sehr viel Energie frei. Man erkennt das bei der Explosion eines Gemischs von Wasserstoff und Sauerstoff („Knallgas“), beim Betrieb einer Knallgasflamme und bei der Neutralisation von Säure und Lauge. Die Neutralisationsreaktion entspricht einer Synthese von Wasser aus Wasserstoffionen und Hydroxidionen nach der Reaktionsgleichung:

$$OH^- + H^+ \rightarrow H_2O \tag{1.1}$$

Die frei werdende Energie führt zu einer Erwärmung der Lösung. Die sonstigen Ionen, die im Wasser enthalten sind (das Kation der Lauge und das Anion der Säure), nehmen am Neutralisationsvorgang nicht teil. Die entstehende Lösung entspricht einer Salzlösung. Beispielsweise entsteht bei der Neutralisation von Natronlauge mit Salzsäure eine Kochsalzlösung (siehe auch Abschn. 3.3 „pH-Wert …“).

1.3.5 Sorptionsreaktionen

Eine klassische Sorptionsreaktion im Grundwasserleiter ist die Sorption von Chlorkohlenwasserstoffen durch partikuläre organische Substanzen („Braunkohle“, „fossiles Holz“), die in reduzierenden Grundwasserleitern vorhanden sein können (Cornel, 1983). Zu den klassischen Sorptionsreaktionen ist auch die Elimination organischer Substanzen in der Trinkwasseraufbereitung durch Aktivkohle zu rechnen.

Große Bedeutung haben Effekte, die man üblicherweise gar nicht bewusst wahrnimmt. Beispielsweise ist das Mangan(IV)-oxid, das sich bei der Entmanganung bildet, hilfreich, wenn es außer Mangan(II) auch andere Schwermetallionen, z. B. Nickel(II) festhält. Mangan(IV)-oxid, das sich in Wasserverteilungssystemen bildet, ist dagegen gefährlich, weil es organische Substanzen adsorbiert, die Anlass für Bakterienwachstum sein können. Eisen(III)-oxidhydrat ist ein schwaches Sorbens für Ammonium. Es ist davon auszugehen, dass die Sorption des Ammoniums schneller verläuft als dessen Oxidation (Nitrifikation) und dadurch die Elimination des Ammoniums bei der Wasseraufbereitung unterstützt. Wichtig ist dieser Effekt deshalb, weil bei Gegenwart von Ammonium die Entmanganung gehemmt ist.

Sehr große Umsätze sind für Ionensorptionsreaktionen anzunehmen. Solche Reaktionen scheinen an verwitternde Silicate gebunden zu sein. Zu ihrer Erklärung kann eine Hypothese herangezogen werden, die auf den Ausführungen von Scheffer/Schachtschabel (1998) im Abschn. „Bildung und Umbildung der Tonminerale“ beruht. Danach geben Silicate (z. B. Feldspäte, Glimmer …) bei der Verwitterung Natrium-, Kalium-, Magnesium- und Calciumionen an das Wasser ab. Unter bestimmten Bedingungen können diese Reaktionen auch rückwärts ablaufen, und zwar in dem Sinne, dass die entstandenen Zwischenprodukte die genannten Ionen wieder aufnehmen und erneut in die feste Matrix einbauen. Dieser Einbau kann nicht im Sinne des klassischen Ionenaustauschs erfolgen, da die Matrix keine austauschbaren Ionen mehr enthält. Zur Wahrung der Elektroneutralität müssen daher auch Anionen aus dem Anioneninventar des Wassers an die feste Matrix gebunden werden. Auf diese Weise kann beispielsweise auch Nitrat im Untergrund gespeichert werden. Bei dieser rückwärts ablaufenden Verwitterung entstehen allerdings nicht wieder die Ausgangsstoffe, sondern Tonminerale (z. B. Smectit, Vermiculit ...).

Wenn die Verwitterungsreaktionen bis zu ihrem Ende ablaufen, entstehen Endprodukte (Aluminiumsilicate sowie Oxide und Hydroxide des Aluminiums und Eisens), die im Hinblick auf Ionensorptionsreaktionen weitgehend „tot" sind.

Die Tatsache, dass über diese Reaktionen nur geringe Kenntnisse verfügbar sind, ist wahrscheinlich auf die folgenden Probleme zurückzuführen: Die Zwischenprodukte der Silicatverwitterung, die zu Ionensorptionsreaktionen fähig sind, haben sich bisher der analytischen Aufklärung entzogen. Es existieren daher auch keine Kalibriermöglichkeiten oder Testsubstanzen, mit deren Hilfe man Analysenmethoden entwickeln könnte. Es gibt daher auch keine verlässlichen Analysenmethoden. Allerdings sind schon Untersuchungen durchgeführt worden, bei denen Ionensorptionsvorgänge unmittelbar beobachtet werden konnten. Auch ein Vergleich unterschiedlicher Sedimentproben im Hinblick auf ihr Verhalten bei Ionensorptionsprozessen ist möglich (Kölle, 1996, 1999).

Für Wässer, die durch Ionensorptionsprozesse geprägt sind, können keine einfachen Erkennungsmerkmale angegeben werden. Ihr wichtigstes Erkennungsmerkmal ist die Tatsache, dass sie sich jedem Versuch einer klassischen stofflichen Bilanzierung (Einbeziehung der Stoffanlieferung aus den Niederschlägen und dem Boden, Berücksichtigung klassischer Redoxreaktionen und Ionenaustauschprozesse sowie Annahme eines plausiblen Alters des Wassers) widersetzen. Bilder zu den Themen „Tonminerale" sowie Angaben zur Ionensorption findet der Leser auf der Website im Verzeichnis „1.3.5 Tonminerale, Ionensorption".

1.3.6
Reaktionsgleichungen

Die Anmerkungen zum Thema „Reaktionsgleichungen" seien auf die folgenden Hinweise beschränkt: Reaktionsgleichungen folgen den gleichen logischen Gesetzmäßigkeiten wie mathematische Gleichungen. Der Reaktionspfeil bzw. der Doppelpfeil hat dabei die gleiche Funktion wie das Gleichheitszeichen in der Mathematik. Zur Verdeutlichung dieses Sachverhalts sind im Folgenden zwei Reaktionen als Beispiele aufgeführt. Sie beschreiben die erste und die zweite Stufe der Denitrifikation durch Eisendisulfide („Pyrit") im Grundwasserleiter (siehe auch: Abschn. 4.3.1). Man vergewissere sich, dass rechts und links des Reaktionspfeils von jedem Element gleich viele Atome vorhanden sind und dass sich auch die Ionenladungen auf beiden Seiten der Gleichung entsprechen. Es ist erlaubt, Gleichungen zu addieren. Hierbei müssen Komponenten links des Pfeils und solche rechts des Pfeils jeweils ihre Seite beibehalten.

$$14NO_3^- + 5FeS_2 + 4H^+ \rightarrow 7N_2 + 10SO_4^{2-} + 5Fe^{2+} + 2H_2O \qquad (1.2)$$

$$NO_3^- + 5Fe^{2+} + 7H_2O \rightarrow \tfrac{1}{2}N_2 + 5FeOOH + 9H^+ \qquad (1.3)$$

Als Summe beider Gleichungen resultiert eine Gleichung für den Gesamtumsatz beider Reaktionen. Auf diese Gleichung können alle mathematisch erlaubten Additions-, Subtraktions- und Kürzungsregeln angewandt werden. Wenn auf einer Seite der Gleichung Ionen auftauchen, die miteinander reagieren, so wird diese Reaktion innerhalb der Formel vollzogen, beispielsweise werden H^+- und OH^--Ionen zu H_2O-Molekülen vereinigt.

Bei der Addition der Gln. (1.2) und (1.3) wird das folgende Ergebnis erhalten:

$$3NO_3^- + FeS_2 + H_2O \rightarrow 1\tfrac{1}{2}N_2 + 2SO_4^{2-} + FeOOH + H^+ \qquad (1.4)$$

Wenn man wissen möchte, wie viel Sulfat entsprechend dieser Reaktionsgleichung durch eine bestimmte Menge Nitrat freigesetzt wird, benötigt man die relativen Molekülmassen, die in Tab. A.1 aufgeführt sind. Es resultiert die folgende Rechnung:

$$3 \times 62{,}0049\,\text{g Nitrat} \rightarrow 2 \times 96{,}0636\,\text{g Sulfat}$$
$$\text{oder:} \quad 1\,\text{g Nitrat} \rightarrow 1{,}033\,\text{g Sulfat}$$

Dieses Ergebnis bedeutet: 1 g Nitrat setzt 1,033 g Sulfat frei. Ebenso gilt natürlich: 1 mg/l Nitrat setzt 1,033 mg/l Sulfat frei.

1.4 Reaktionsgeschwindigkeiten und Hemmung von Reaktionen

1.4.1 Allgemeines

Die Kinetik befasst sich mit Geschwindigkeiten. Sehr viele Vorgänge in der Natur verlaufen mit Geschwindigkeiten, bei denen jede Änderung pro Zeit- oder Längeneinheit zu der aktuell vorhandenen Menge dessen, was sich ändert, proportional ist. Dieser Sachverhalt lässt sich durch eine Formel beschreiben, die so universell ist, dass sie genauso gut auf den radioaktiven Zerfall wie auf die Verzinsung eines Kapitals (sofern die Verzinsung stetig ist) anwendbar ist. In ihrer einfachsten Form lautet die Formel:

$$(-)\frac{dN}{dx} = k \times N \quad \text{oder:} \quad N = N_0 \times e^{(-)kx} \qquad (1.5)$$

Hierbei bedeutet „e" die Basis der natürlichen Logarithmen (Zahlenwert von e: 2,718...). N_0 ist die Ausgangsmenge und N die aktuelle Menge dessen, was sich ändert, x ist die Einheit der Zeit oder Strecke, an der entlang die Änderungen eintreten, k ist eine Konstante. Der Exponent von e ist positiv, wenn N wächst (wie bei der stetigen Verzinsung), und negativ, wenn N abnimmt (wie beim radioaktiven Zerfall). Im Allgemeinen wird die Gleichung an die Erfordernisse des Einzelfalles angepasst, vor allem dadurch, dass man das System der natürlichen Logarithmen durch das der dekadischen Logarithmen ersetzt, wodurch sich der Zahlenwert von k ändert. Je nach Anwendungsfall und Abwandlung der Ausgangsformel findet man die Konstante in „Geschwindigkeitskonstanten", „Halbwertszeiten", „Verdoppelungszeiten" oder „Zinsen" wieder. Im Folgenden werden für diese Formel einige Anwendungsbeispiele aufgeführt.

1.4.2
Reaktionskinetik

Viele chemische Reaktionen verlaufen nach der in Abschn. 1.4.1 diskutierten Gesetzmäßigkeit. Man nennt sie „Reaktionen erster Ordnung". Am anschaulichsten lässt sich die Kinetik einer solchen Reaktion durch die Angabe einer Halbwertszeit charakterisieren:

$$\log C = \log C_0 - \log 2 \times \frac{t}{t_{1/2}} \tag{1.6}$$

oder – bei Auflösung der Gleichung nach t:

$$t = t_{1/2} \times \frac{\log(C_0/C)}{\log 2} \tag{1.6a}$$

Dabei sind C_0 die Ausgangskonzentration, C die aktuell erreichte Konzentration, $t_{1/2}$ die Halbwertszeit und t die tatsächlich verstrichene Zeit. Die folgende Rechnung zur Denitrifikation von Nitrat in einem Grundwasserleiter, der Eisendisulfide enthält, möge als Beispiel dienen (GW = Grundwasser):

NO_3^--Konzentration bei GW-Neubildung (C_0), mg/l:	128
Halbwertszeit ($t_{1/2}$), Jahre:	2
Verstrichene Zeit nach GW-Neubildung (t), Jahre:	10
Resultierende Konzentration (C), mg/l:	4

Reizvoll ist Gl. (1.6a), weil man damit eine „chemische Stoppuhr" in der Hand hat, vorausgesetzt, die Halbwertszeit und die Konzentrationen C_0 und C sind bekannt. Eine weitere „chemische Stoppuhr" ist die gleichzeitige Anwesenheit von Eisen(II), Eisen(III) und Sauerstoff in einer Wasserprobe. Die Zeiten, die damit zugänglich sind, liegen im Sekunden- bis Stundenbereich. Sie geben an, wie lange die Mischung eines eisen- und eines sauerstoffhaltigen Wassers zurückliegt. Erläuterungen hierzu sind in Abschn. 4.3.1 („Eisen") zu finden.

1.4.3
Radioaktiver Zerfall

Für den Zerfall radioaktiver Substanzen gelten die gleichen Gesetzmäßigkeiten wie für andere Reaktionen erster Ordnung. Statt der Konzentrationen C_0 und C werden in der Regel die Anzahl Atome N_0 und N in die Gleichung eingesetzt. Die auf diesen Gesetzmäßigkeiten basierenden „Stoppuhren" sind von der radioaktiven Altersdatierung her bekannt.

1.4.4
Bakterienwachstum

Wenn Bakterien optimale Lebensbedingungen vorfinden, gelangen sie vorübergehend in eine „logarithmische Vermehrungsphase", in der sie sich entsprechend den oben aufgeführten Gleichungen, jedoch mit positivem Vorzeichen des Exponenten, vermehren. Statt der Halbwertszeit $t_{1/2}$ kann eine Verdoppelungszeit t_2 eingeführt werden. Die Gleichung lautet dann:

$$\log N = \log N_0 + \log 2 \times \frac{t}{t_2} \tag{1.7}$$

Es sind nur wenige Beispiele für das Verhalten von Bakterien während ihrer logarithmischen Vermehrungsphase aus der Fachliteratur bekannt. Werner (1984) hat in huminstoffhaltigem Wasser nach Ozonung Vermehrungsraten beobachtet, die Verdoppelungszeiten von 4 h entsprechen. Der Autor hat in huminstoffhaltigem Wasser nach Chlorung und Aufzehrung des Chlors Verdoppelungszeiten von 5–7 h gemessen (Kölle, 1981). In Wässern, die nicht mit Oxidations- bzw. Desinfektionsmitteln behandelt wurden, liegen die Verdoppelungszeiten erheblich höher.

Anmerkung
Auch in der Fotometrie wird die diskutierte Gleichung angewandt. Hier ändert sich die Lichtintensität nicht entlang einer Zeitachse, sondern entlang einer Strecke, nämlich der Schichtdicke der durchstrahlten Probe. Die Gleichung lautet: $\log I = \log I_0 - \alpha x$. Dabei bedeuten I die Lichtintensität nach Durchqueren der Schichtdicke x, I_0 die Intensität des eingestrahlten Lichts und α den spektralen Absorptionskoeffizienten. Dieser ist abhängig von der Wellenlänge des verwendeten Lichts, von den Eigenschaften der absorbierenden Substanzen und von deren Konzentration.

1.4.5
Hemmung von Reaktionen

Die Geschwindigkeiten, mit denen Reaktionen in natürlichen wässrigen Systemen ablaufen, erstrecken sich über einen Bereich von „unmessbar schnell" bis „unmessbar langsam". Zu den nicht gehemmten, schnellen Reaktionen gehören beispielsweise Neutralisations- und Ionenaustauschreaktionen. Redoxreaktionen sind in natürlichen Grundwasserleitern bei Anwesenheit von Mikroorganismen, die diese Reaktionen katalysieren, zwar nicht gehemmt, aber mit Halbwertszeiten von ca. 1–2,3 Jahren (Denitrifikation durch Eisensulfide) und von 76–100 Jahren (Desulfurikation durch fossile organische Substanz) trotzdem vergleichsweise langsam (Böttcher *et al.*, 1992). Hemmungen bei Redoxreaktionen können dadurch eintreten, dass die beteiligten Mikroorganismen nicht unter optimalen Bedingungen (Nährstoffversorgung, pH-Wert, Temperatur) arbeiten können oder sogar abgetötet werden (beispielsweise durch Chlor).

Sehr stark gehemmt kann die Ausfällung von Komponenten aus einem Wasser sein, das an dieser Komponente übersättigt ist. Dies kann beispielsweise auf die Ausfällung von Calcit aus einem calcitabscheidenden Wasser oder auf die Abscheidung von Hydroxylapatit aus einem phosphathaltigen Wasser zutreffen. In Einzelfällen werden Zeiträume bis zu einigen Tausend Jahren bis zum Erreichen eines Löslichkeitsgleichgewichts erwähnt (Matthess, 1990). Begünstigt werden solche Hemmungen durch die folgenden Faktoren:

- Fehlen von Kristallisationskeimen;
- in Grundwässern: langsame Strömungsgeschwindigkeit;
- Anwesenheit von Inhibitoren wie Phosphat oder von bestimmten organischen Substanzen, die an festen mineralischen Oberflächen gut adsorbiert werden.

Aus den genannten Gründen handelt es sich bei natürlichen Wässern sehr häufig um „Nichtgleichgewichtswässer". Bei den Wässern, die den Analysenbeispielen in Anhang B zugrunde liegen, handelt es sich überwiegend um Nichtgleichgewichtswässer. Das zu Beispiel 1 gehörende Wasser ist calcitübersättigt, aber davon abgesehen sehr weitgehend im Gleichgewicht mit den Komponenten des Grundwasserleiters, aus dem es stammt. Das Wasser zu Beispiel 10 ist, was die Redoxreaktionen betrifft, im Gleichgewicht, weil die Denitrifikation und die Desulfurikation abgeschlossen sind, es ist aber mit einer Phosphatkonzentration von 0,77 mg/l bei pH 7,29 an Hydroxylapatit übersättigt. Andere Wässer enthalten Sulfat, obwohl sie aus einem reduzierenden Grundwasserleiter stammen. In diesen Fällen sind sie nicht im Gleichgewicht, weil die Redoxreaktionen (hier die Desulfurikation) noch nicht abgeschlossen sind.

Aus den genannten Gründen dürfen Argumente nicht kritiklos übernommen werden, wenn sie auf Gleichgewichtsbetrachtungen (z. B. Zustandsdiagramme) aufbauen oder Gleichgewichte voraussetzen.

1.5 Titration

Die Titration erfährt hier eine ausführlichere Würdigung im Vergleich zu anderen Analysenverfahren, weil sie ein Schlüssel zum Verständnis des Kohlensäuresystems ist.

Wenn die Stoffe A und B miteinander reagieren, kann der Stoff A, dessen Konzentration unbekannt ist, durch Zugabe des Stoffes B quantitativ analysiert werden. Natürlich kann B auch durch Zugabe von A analysiert werden. Ein wichtiges

Beispiel ist die Analyse von H^+-Ionen durch Zugabe von OH^--Ionen und umgekehrt:

$$OH^- + H^+ \rightarrow H_2O \tag{1.1}$$

Folgende Bedingungen müssen erfüllt sein:

- Von der zu untersuchenden Wasserprobe muss ein bestimmtes, genau abgemessenes Volumen eingesetzt werden (bei der klassischen Wasseranalyse üblicherweise 100 ml).
- Die zuzugebende Komponente muss in einer Lösung mit genau bekannter Konzentration (Maßlösung) vorliegen (bei der Titration mit Säure bzw. Lauge üblicherweise 0,1 mmol/l H^+ bzw. OH^-).
- Der Endpunkt der Reaktion von A und B ist dann erreicht, wenn die zu analysierende Komponente eben aufgebraucht ist, ohne dass ein Überschuss an Maßlösung hinzugegeben wird (bei der Titration mit Säure bzw. Lauge ist der Endpunkt üblicherweise durch das Erreichen eines bestimmten pH-Wertes definiert).
- Das Volumen der bis zum Endpunkt der Titration zugegeben Maßlösung muss gemessen werden.

Das Ergebnis der Titration mit Säure bzw. Lauge wird in der Wasserchemie üblicherweise als Säure- bzw. Basekapazität bis zum Erreichen des vorgegebenen pH-Wertes 4,3 bzw. 8,2 in mmol/l angegeben. Die Bedeutung dieser pH-Werte wird in Kap. 7 („Calcitsättigung") erläutert.

1.6 Ionenbilanz

1.6.1 „Klassische" Ionenbilanz

Jedes Wasser enthält gleich viele Kationen und Anionen, d. h., dass die „Elektroneutralitätsbedingung" erfüllt sein muss. Für natürliche Wässer ohne Besonderheiten gilt also:

$$\begin{aligned} &2[Ca^{2+}] + 2[Mg^{2+}] + [Na^+] + [K^+] + [NH_4^+] + 2[Fe^{2+}] + 2[Mn^{2+}] = \\ &\quad + K_{S4,3} + [Cl^-] + [NO_3^-] + 2[SO_4^{2-}] + x[PO_4^{3-}] \end{aligned} \tag{1.8}$$

Die eckigen Klammern bedeuten molare Konzentrationen in mmol/l. Man erhält sie, wenn man die Massenkonzentration der Komponenten in mg/l durch die relativen Atom- bzw. Molekülmassen (Tab. A.1) dividiert. $K_{S4,3}$ ist die Säurekapazität bis pH 4,3 (früher: „*m*-Wert") in mmol/l. Die Kieselsäure wird in der Ionenbilanz nicht berücksichtigt, da sie in natürlichen Wässern praktisch undissoziiert vorliegt. Die Phosphorsäure kann in Abhängigkeit vom pH-Wert unterschiedlich stark dissoziiert sein. In natürlichen Wässern liegen üblicherweise die Anionen

$H_2PO_4^-$ und HPO_4^{2-} vor, bei pH 7 zu je etwa 50 %. Wenn man mit der relativen Molmasse des PO_4^{3-} rechnet, kann man mit dem Faktor x die pH-Abhängigkeit berücksichtigen. Für pH 6 liegt x bei 1,12, für pH 7 bei 1,5 und für pH 8 bei 1,88. Zwischenwerte können interpoliert werden. Da die Phosphatkonzentrationen in der Regel nicht besonders hoch sind, reicht die Genauigkeit dieser Vorgehensweise in den meisten Fällen aus.

Grundsätzlich müssen auch Wasserstoff- und Hydroxidionen in der Ionenbilanz berücksichtigt werden. Man kann jedoch davon ausgehen, dass im pH-Bereich zwischen 4,5 und 9,5 der Einfluss von Wasserstoff- und Hydroxidionen auf die Ionenbilanz vernachlässigbar gering ist. Da die meisten natürlichen Wässer und alle Trinkwässer in diesen pH-Bereich fallen, müssen Wasserstoff- und Hydroxidionen nur im Ausnahmefall in die Gleichung eingesetzt werden. Um aus einem niedrigen pH-Wert die Wasserstoffionenkonzentration zu erhalten, muss er mit −1 multipliziert und dann delogarithmiert werden. Dabei resultiert die H^+-Konzentration in mol/l. Um aus einem hohen pH-Wert die Hydroxidionenkonzentration zu erhalten, muss der Zahlenwert 14 − pH mit −1 multipliziert und dann delogarithmiert werden, wobei die OH^--Konzentration in mol/l entsteht (siehe auch Abschn. 3.3 „pH-Wert …“).

Für die Durchführung einer Ionenbilanz ist es vorteilhaft, dass manche Analysenverfahren nur eine begrenzte Spezifität besitzen. So wird beispielsweise bei der komplexometrischen Titration des Calciums das Strontium mit erfasst, bei anderen Analysenverfahren wie Ionenchromatografie oder spektroskopischen Verfahren dagegen nicht. Bei der Bestimmung von Chlorid als Silberchlorid werden Bromid und Iodid mit erfasst. Die Fehlermöglichkeiten, die sich durch die gemeinsame oder getrennte (und damit eventuell unvollständige) Erfassung von Wasserinhaltsstoffen ergeben können, sind meist gering.

Die Elektroneutralitätsbedingung gilt ohne jede Ausnahme. Es können jedoch Sonderfälle auftreten, deren Aufklärung möglicherweise nicht ganz einfach ist. Solche Fälle werden im Analysenanhang mit den Beispielen 12 (Vorkommen von Strontium) und 28 (Vorkommen von gelöstem Eisen(III) und Aluminium) aufgeführt. Auch die Anionen können Überraschungen bereithalten, beispielsweise dann, wenn Nitrit oder Anionen organischer Säuren in Konzentrationen vorkommen, die sich in der Ionenbilanz bemerkbar machen.

Grundsätzlich wird empfohlen, diejenigen Inhaltsstoffe, deren Konzentration kleiner als die Bestimmungsgrenze ist, nicht mit der Bestimmungsgrenze, sondern mit dem Wert null in die Rechnung einzugeben. Dieser Fall kann bei den folgenden Ionen (vor allem im fertig aufbereiteten Trinkwasser) vorkommen: Ammonium, Eisen(II), Mangan(II) und Phosphat. Dies ist auch bei der Formulierung von Rechenprogrammen zu berücksichtigen.

Die Ionenbilanz ist in den folgenden Zusammenhängen von Nutzen:

- Überprüfung von Analysenergebnissen. Für diesen Anwendungsfall müssen die Konzentrationen aller Hauptinhaltsstoffe des Wassers einschließlich die der Alkalimetalle Natrium und Kalium vorliegen. Abweichungen bis 5 % sind noch tolerierbar. Bei mineralstoffarmen Wässern sind die Abweichungen erfahrungsgemäß größer. In solchen Fällen können Abweichungen bis ca. 10 % im Allgemeinen noch toleriert werden. Besonders nützlich ist die Ionenbilanz, solange noch Probenmaterial vorhanden ist, um Kontrollanalysen durchführen zu können.

- Die Ionenbilanz kann dazu benutzt werden, die Konzentration einer nicht analysierten Komponente auf indirektem Wege aus dem Bilanzdefizit abzuschätzen. In der Vergangenheit wurde häufig auf die Bestimmung der Alkalimetalle verzichtet. Wenn alle anderen Parameter gemessen wurden und die Konzentrationsangaben vertrauenswürdig sind, kann das Ionenbilanzdefizit (Anionenäquivalente minus Kationenäquivalente) mit der molaren Konzentration der Alkalimetalle ungefähr gleichgesetzt werden.

Es ist zu beachten, dass eine ausgeglichene Ionenbilanz kein strenger Beweis dafür ist, dass eine Analyse richtig ist. Schließlich können sich zwei Fehler so kompensieren, dass sie nicht in der Ionenbilanz in Erscheinung treten. Umgekehrt ist aber eine nicht ausgeglichene Ionenbilanz ein strenger Beweis dafür, dass die Analyse fehlerhaft oder unvollständig ist.

1.6.2 Ionenbilanz unter Berücksichtigung der Komplexbildung

Bei der Berechnung der Calcitsättigung wird der Tatsache Rechnung getragen, dass einige Wasserinhaltsstoffe nicht ausschließlich in der Form vorliegen, in der sie üblicherweise in Gleichungen eingesetzt werden. Es können sich Anionen und Kationen zusammenlagern, ein Vorgang, der als Komplexbildung bezeichnet wird. Dadurch werden Ladungen innerhalb der Komplexe ausgeglichen. Der Ionenbilanz gehen diese Ladungen verloren. Die entstehenden Komplexe sind: $CaCO_3$, $MgCO_3$, $CaHCO_3^+$, $MgHCO_3^+$, $CaSO_4$ und $MgSO_4$. Bei Wässern mit hohen Konzentrationen von Calcium und Sulfat ist das gelöste, aber undissoziierte $CaSO_4$ die Hauptkomponente dieser Komplexe. Rechenprogramme zur Ermittlung der Daten zur Calcitsättigung geben im Allgemeinen auch die Daten zur Ionenbilanz aus. Man darf sich aufgrund der bisherigen Ausführungen nicht wundern, dass diese Daten nicht mit den Daten der „klassischen" Ionenbilanz übereinstimmen. Die Unterschiede betreffen jedoch nur die Zahlenwerte für die Kationen- und die Anionenäquivalente. Ausgeglichen muss die Ionenbilanz auf alle Fälle sein, also unabhängig davon, ob die Komplexbildung berücksichtigt wird oder nicht, weil durch die Komplexbildung positive und negative Ladungen paarweise für die Ionenbilanz verloren gehen.

Durch die Komplexbildung wird die „klassische" Ionenbilanz nicht entwertet. Ihr Wert als Kontrollinstrument zur Überprüfung der Richtigkeit von Analysen und zur Abschätzung der Konzentration von nicht analysierten Komponenten wird durch die Komplexbildung nicht berührt.

1.7 Aufbau eines Analysenformulars

1.7.1 Allgemeine Information

Jedes Analysenformular sollte die folgenden Angaben enthalten:

- vollständige Adresse des verantwortlichen Laboratoriums, Angaben zur Akkreditierung des Laboratoriums,
- Datum der Erstellung des Analysenblattes,
- eindeutige und korrekte Bezeichnung des Auftraggebers,
- eindeutige Bezeichnung der Probe und der Probenahmestelle mit Hinweis, welche Aufbereitungsmaßnahmen oder Chemikaliendosierungen am Ort der Probenahme bereits stattgefunden haben; möglichst genaue Angaben zu Probenahmestellen aus dem Versorgungsgebiet,
- Datum der Probenahme, sonstige Angaben zur Probenahme,
- Angaben zum Analysenumfang (z. B. „Analyse nach Anlage 2 Trinkwasserverordnung"),
- Verfahrenskennzeichen zur verwendeten Analysenmethode, z. B. nach DIN, für jeden Parameter,
- erläuternde Angaben, z. B. für verwendete Abkürzungen,
- Namen und Unterschrift des für die Analyse Verantwortlichen.

Zusätzlich können die Grenzwerte nach Trinkwasserverordnung angegeben werden.

1.7.2 Gliederung der Parameterliste

Folgende Gliederungen sind im Gebrauch:

- Gliederung nach dem Alphabet. Eine solche Gliederung mag Vorteile haben. Der Chemiker kann sich mit einer solchen Ordnung nicht anfreunden. Beispielsweise werden die Elemente Calcium und Magnesium auseinandergerissen, obwohl sie sowohl als Erdalkalimetalle als auch unter dem Gesichtspunkt der Analytik wie Geschwister zusammen gehören. In ähnlicher Weise gilt dies auch für Natrium und Kalium sowie für andere Parameter. Einige Parameter muss man möglicherweise mühsam suchen. Im folgenden Beispiel resultieren aus einem einzigen Analysenverfahren zur Bestimmung der organischen Belastung eines Wassers vier verschiedene Suchbegriffe: Kaliumpermanganatverbrauch – Permanganatindex – Oxidierbarkeit – chemischer Sauerstoffbedarf …
- Übernahme der Gliederung aus den Parameterlisten der Trinkwasserverordnung. Diese Art der Gliederung hat den Geschäftsverkehr zwischen Versor-

gungsunternehmen, Laboratorien und Überwachungsbehörden vereinfacht, weil sich jeder auf die Trinkwasserverordnung beziehen konnte.

- Übernahme der Analysenblattstruktur von Softwareentwicklern. Es werden „Labordateninformationssysteme" angeboten, deren Strukturen man der Einfachheit halber übernimmt oder sogar übernehmen muss.
- Orientierung der Parameterauswahl an den Erfordernissen der Ionenbilanz („Vollanalyse").
- Übernahme des Vorschlags entsprechend den Deutschen Einheitsverfahren. Dieser Vorschlag berücksichtigt die chemische Zusammengehörigkeit der Parameter und ist darüber hinaus flexibel genug, um speziellen Bedürfnissen Rechnung zu tragen.

Die in Anhang B „Analysenanhang" zusammengestellten Analysen sind an die Deutschen Einheitsverfahren angelehnt. Einige der eingangs geforderten Informationen fehlen bei diesen Analysen aus Gründen der Diskretion. Die Verfahrenskennzeichen fehlen, weil die Analysen von verschiedenen Laboratorien stammen und unterschiedlich alt sind, sodass die Verfahrenskennzeichen nicht durchgängig ermittelt werden konnten.

1.8 Angabe von Analysenergebnissen

Früher waren 3 mg/l Mangan ganz einfach 3 mg/l Mangan. Das ist im Prinzip heute noch so. Im Gegensatz zu früher schleppt aber heute jeder Messwert einen ganzen Rucksack voller Regeln, Normen und sonstiger Bestimmungen mit sich herum. Für jemanden, der „real existierende Analysen" beurteilen möchte, sind solche Regeln zweitrangig. Trotzdem ist es für jeden, der sich mit Wasseranalysen befasst, wichtig, sie zu kennen. Warum dies so ist, wird aus den folgenden Ausführungen deutlich.

Probenahme Vor jeder Analyse steht die Probenahme. Die beste Analyse ist wertlos, wenn bei der Probenahme Fehler gemacht worden sind. Folgende Gesichtspunkte sind wichtig: Ist die Probe repräsentativ für das zu untersuchende Wasser bzw. Gewässer? Ist eine Zuordnung verschiedener Proben zueinander sinnvoll möglich (z. B. Zuordnung einer Reinwasserprobe zu einer korrespondierenden Rohwasserprobe)? Wie lange dauerte der Transport der Proben in das Laboratorium? Wurden die Proben gekühlt? Grundsätzlich orientiert sich die Prozedur der Probenahme an den Analysen, die an einer Probe durchzuführen sind: Wurden Probenflaschen benutzt, mit denen „verderbliche Inhaltsstoffe" stabilisiert werden konnten (z. B. Stabilisierung von Eisen(II) durch Säure, Stabilisierung von Ammonium, Nitrit und Nitrat durch Chloroform)? War das Probenvolumen angemessen? Waren die verwendeten Materialien angemessen (Verwendung von Glasflaschen für Untersuchungen auf organische Verunreinigungen)?

Normung Bei der Analyse einer Probe kann man sich auf den Standpunkt stellen: „Es ist gleichgültig, mit welcher Methode ein Messwert gewonnen worden ist, Hauptsache, er ist richtig." Dieser Standpunkt klingt im ersten Moment plausibel. Tatsache ist aber, dass das „ungenormte Analysieren" einer Wanderung ohne Wanderkarte gleicht: Man kommt mit Sicherheit an und wenn man Glück hat, sogar am Ziel, aber jeder kann es bezweifeln. Das wäre fatal, und zwar vor allem dann, wenn Analysen belastbar sein müssen, beispielsweise bei Verstößen gegen gesetzliche Bestimmungen. Man hat daher schon Ende der 1950er-Jahre damit begonnen, Einheitsverfahren festzulegen. Die „Deutschen Einheitsverfahren zur Wasser-, Abwasser- und Schlamm-Untersuchung" werden seitdem laufend aktualisiert und verbessert. Die Einheitsverfahren werden auf europäischer und internationaler Ebene harmonisiert (DIN EN- und ISO-Normen).

Als langjährige Obfrau des entsprechenden Arbeitsausschusses im Hauptausschuss I „Analysenverfahren" der Wasserchemischen Gesellschaft schreibt S. Schmidt (Schmidt *et al.*, 2004) zum Thema Normung: „Normen zur Feststellung und Überwachung der Wasserbeschaffenheit werden in einem gemeinsamen Ausschuss des DIN, Normenausschuss Wasserwesen, und der Wasserchemischen Gesellschaft – Fachgruppe in der Gesellschaft Deutscher Chemiker – ausgearbeitet. Die Verfahren werden in Ringversuchen getestet; zusätzliche Hintergrundinformation wird bei neuen Verfahren in einem Validierungsdokument gesammelt. Somit bilden die inzwischen über 200 genormten Verfahren eine abgesicherte Grundlage für die Wasser- und Gewässerbeurteilung. An der Ausarbeitung und der Normung der Verfahren beteiligen sich Fachleute aus Bundes- und Länderbehörden, der Industrie sowie der Gerätehersteller. Während einerseits die Interessenlage der beteiligten Kreise verschieden ist, besteht andererseits bei den Fachleuten ein tragfähiger Konsens über die Bedeutung der Arbeit und die Bereitschaft, sie fortzusetzen. Die Fortsetzung beinhaltet die Bearbeitung neuer Verfahren wie die Aktualisierung bestehender Verfahren." Frau Schmidt beklagt, dass die Mitarbeit von Fachleuten an der Normungsarbeit in zunehmendem Maße den Sparbemühungen der jeweiligen Arbeitgeber zum Opfer fällt.

Blindwert, Nachweisgrenze, Erfassungsgrenze, Bestimmungsgrenze Zu den typischen Merkmalen von Wasseranalysen gehört die Tatsache, dass in der Regel zahlreiche Inhaltsstoffe aufgelistet werden, die „überhaupt nicht", „nach Möglichkeit so gut wie gar nicht" oder nur „bis zu einer niedrigen Grenzkonzentration" im Wasser enthalten sein dürfen. Dabei handelt es sich scheinbar um eine Grauzone im Bereich der „Konzentration null". In Wirklichkeit ist diese Zone mit den Methoden der mathematischen Statistik präzise definiert:

- Der „Blindwert" ist das analytische Signal, das man erhält, wenn man eine Probe („Blindprobe") untersucht, die den nachzuweisenden Stoff nicht enthält. Blindproben werden üblicherweise mit destilliertem Wasser angesetzt.
- Die „Nachweisgrenze" ist diejenige Konzentration eines Stoffes, bei der der nachzuweisende Stoff mit einer Wahrscheinlichkeit von 50 % als positiver Befund und mit der gleichen Wahrscheinlichkeit als Blindwert erkannt wird.

- Oberhalb der „Erfassungsgrenze“ kann der zu analysierende Stoff quantitativ bestimmt werden.
- Oberhalb der „Bestimmungsgrenze“ kann der zu analysierende Stoff mit einer vorgegebenen Analysenpräzision bestimmt werden. Die Bestimmungsgrenze entspricht ungefähr dem dreifachen Wert der Nachweisgrenze.

Für Substanzen, die in einer Probe analytisch nicht nachgewiesen werden konnten, findet man auf Analysenformularen eine Angabe von beispielsweise < 10 µg/l. Der Wert 10 µg/l entspricht hier der Bestimmungsgrenze.

1.8.1 Angabe als Oxide

Die Angabe von Wasserinhaltsstoffen auf einem Analysenformular erfordert eine Übereinkunft darüber, wie dies zu geschehen hat. Während man heute solche Inhaltsstoffe, die in Ionen dissoziieren können, als Ionen angibt, hat man früher die Darstellung als Oxide bevorzugt. Das Analysenergebnis für ein calciumsulfathaltiges Wasser enthielt also Konzentrationsangaben für CaO und für SO_3. Die Salze der Halogenwasserstoffsäuren wurden meist als solche, z. B. als NaCl, angegeben.

Diese Vorgehensweise wird in anderen Fachgebieten (z. B. in der Bodenkunde) zum Teil heute noch praktiziert. In der Wasserchemie findet man Relikte bis in die jüngste Vergangenheit, z. B. bei der Angabe von Phosphaten als P_2O_5, bei der Definition der Einheit „Grad Deutscher Härte“ auf der Basis von Calciumoxid und bei der Bezeichnung von CO_2 als „Kohlensäure“ und von SiO_2 als „Kieselsäure“.

Die Darstellungsweise von Analysenergebnissen als Oxide hat sich zu einem Zeitpunkt eingebürgert, als man das Prinzip, das Säuren, Basen und Salzen zugrunde liegt, noch nicht richtig verstanden hatte. Die Wirkung von Säuren wurde dem Sauerstoff zugeschrieben (daher auch die Namengebung). Damals wurden Sätze wie der folgende formuliert: „Auch Chlor, Brom, Jod und Fluor bilden mit den metallischen Grundstoffen gewisse Verbindungen, die den Salzen in vielfacher Beziehung ähnlich sind und Halogensalze genannt werden“ (Reuleaux, 1886).

1.8.2 Angabe: „nicht nachweisbar“, „Spuren“

In der Vergangenheit konnte man für Wasserinhaltsstoffe, die in einer Probe analytisch nicht oder nur in Spuren nachweisbar waren, auf dem Analysenblatt „nicht nachweisbar“ („n. n.“) oder „Spuren“ („Sp.“) angeben. Eine solche Angabe war möglich, weil die „analytische Landschaft“ wesentlich eintöniger war als heute und weil jeder eine recht genaue Vorstellung davon hatte, wo bei den damals üblichen Methoden und Parametern die analytischen Grenzen lagen. Aus heutiger Sicht sind Angaben dieser Art nicht mehr möglich und auch nicht zulässig. Eine andere gängige Angabe war (und ist zum Teil auch heute): „nicht untersucht“ („n. u.“).

1.8.3
Angabe: „Konzentration = 0“

Die Konzentration null kann es in der Natur nicht geben. Trotzdem wurde die Konzentrationsangabe „0“ anstelle von „nicht nachweisbar“ mitunter verwendet. Aus heutiger Sicht ist dies weder sinnvoll, noch zulässig. Korrekt ist die Angabe „Konzentration kleiner als Bestimmungsgrenze“, wobei für „kleiner als“ das Zeichen „<“ verwendet wird.

Ältere Datenbanksysteme waren nicht eindeutig in der Lage, zwischen „null“ und „nichts“ zu unterscheiden. Wenn der Anwender „nichts“ gemeint hat (z. B. „diese Analyse wurde nicht durchgeführt“), hat das System unter bestimmten Bedingungen „null“ geschrieben (z. B. „das Ergebnis dieser Analyse lag bei 0,0 mg/l“). So konnte sich die Null gegen den Willen des Anwenders einschmuggeln. Moderne Software unterscheidet zwischen „null“ und „nichts“. Man achte darauf, dass ältere Datenbanken fehlerhafte Nullen enthalten können, auch nachdem sie in neue Systeme importiert worden sind.

1.9
Angabe von Mischungsverhältnissen

Jedem ist klar, was eine Verdünnung 1 : 1000 bedeutet: Man nehme ein Teil einer „Stammlösung“ und verdünne sie mit (1000 − 1 = 999) Teilen Wasser. Die Konzentration der Verdünnung beträgt 1/1000 der Stammlösung. Für die Schreibweise des Verdünnungsverhältnisses und die Schreibweise der resultierenden Konzentration gilt:

1 : 1000 (Verdünnung) entspricht 1/1000 (Konzentration). Der Doppelpunkt und der Schrägstrich (Bruchstrich) haben eine identische Bedeutung.

Bei niedrigen Mischungsverhältnissen neigt man dazu, die Logik zu verlassen. Beispielsweise kann man hören: „Wir mischen zwei Wässer A und B im Verhältnis 1 : 1“. Nach den für die Verdünnung 1 : 1000 durchgespielten Regeln liegen der Anteil von B in der Mischung bei null und die Konzentration von A bei 1/1 = 1. In Wirklichkeit ist fast immer gemeint: „Wir mischen gleiche Volumina von A und B.“ Dabei resultiert eine Mischung 1 : 2, die Konzentration von A und B in der Mischung beträgt jeweils 1/2.

Wenn man nun formuliert: „Wir mischen die Wässer A und B im Verhältnis 1 : 2“, dann ist das zwar logisch korrekt, kann aber in dem Sinne fehlgedeutet werden, dass ein Teil A mit zwei Teilen B gemischt wird, was in Wirklichkeit eine Mischung 1 : 3 ist.

Um Fehlern vorzubeugen, sollte man sich zur Formulierung niedriger Mischungsverhältnisse den folgenden Sprachgebrauch angewöhnen: „Wir mischen die Wässer A und B in Anteilen von 1 + 1“. Diese Formulierung ist logisch korrekt und kann nicht fehlgedeutet werden.

Wenn Analysenwerte der Wässer A und B sowie von der Mischung vorliegen, kann das Mischungsverhältnis auf einfache Weise ausgerechnet werden. In dem folgenden Rechenbeispiel enthält das Wasser A 12 mg/l, das Wasser B 95 mg/l und die Mischung 70 mg/l Chlorid. Die Lösung ergibt sich zu:

$$12 \times x + 95 \times (1 - x) = 70$$

wobei x den Volumenanteil von A in der Mischung bedeutet. In dem gewählten Beispiel ist $x = 0{,}30$. Die Mischung wurde also mit den Anteilen $0{,}3 + 0{,}7$ oder $1 + 2{,}33$ hergestellt. Das Mischungsverhältnis beträgt $1 : 3{,}33$.

1.10 Laboratorien, Analysenwerte, Grenzwerte

Die Bedeutung von Grenzwerten aus medizinischer Sicht gehört in die Fachgebiete Hygiene und Toxikologie. Sachkundige Ausführungen dazu werden in den Kommentarbänden zur Trinkwasserverordnung gemacht (z. B. Grohmann *et al.* 2003, Aurand *et al.* 1991). Davon unabhängig kann und muss auch der Analytiker zum besseren Verständnis von Grenzwerten und Messunsicherheiten beitragen (Koch, 2005).

Zulässige Fehler

Wenn von Analysen die Rede ist, möchte man davon ausgehen können, dass sie keine Fehler enthalten. Andererseits enthalten alle Fassungen der Trinkwasserverordnung seit 1975 sowie die beiden Ausgaben der Europäischen Trinkwasserrichtlinie Angaben über den „zulässigen Fehler des Messwertes" bzw. über die Richtigkeit und Präzision des Messwertes. Der Begriff „Fehler" wird offenbar in unterschiedlichen Bedeutungen benutzt. Zum einen existiert der Fehler, der als „Irrtum" oder „grobe Fahrlässigkeit" umschrieben werden könnte. In allen anderen Abschnitten dieses Buches, insbesondere in Abschn. 1.11.6, wird der Begriff „Fehler" in diesem Sinne benutzt. Zum anderen existiert der Fehler, der als „Unschärfe" eines (ansonsten richtigen) Zahlenwertes definiert werden kann. Solche Unschärfen sind grundsätzlicher Art; sie werden treffend mit dem Begriff „Messunsicherheit" beschrieben. Messunsicherheiten lassen sich durch das Analysenverfahren in ihrer Größe beeinflussen, aber nicht wirklich eliminieren.

In den Fassungen der Trinkwasserverordnung vom Mai 2001 und danach und in der Europäischen Trinkwasserrichtlinie vom November 1998 werden für jeden Parameter die geforderte Richtigkeit, Präzision und Nachweisgrenze sowie Hinweise zu den Definitionen dieser Begriffe angegeben.

Anforderungen an Laboratorien

Eine Voraussetzung für die Erstellung von Analysen, die in dem vorgeschriebenen Rahmen „fehlerfrei" sind, ist eine entsprechende Qualifikation des Laboratoriums. In der Trinkwasserverordnung vom August 2013 wird die Qualifikation wie folgt definiert:

Die [...] erforderlichen Untersuchungen einschließlich der Probenahmen dürfen nur von dafür zugelassenen Untersuchungsstellen durchgeführt werden. Die zuständige oberste Landesbehörde oder eine von ihr benannte Stelle erteilt einer Untersuchungsstelle, die im jeweiligen Land tätig und nicht bereits durch ein anderes Land zugelassen ist, auf Antrag die Zulassung, wenn die Untersuchungsstelle die Vorgaben nach Anlage 5 einhält, nach den allgemein anerkannten Regeln der Technik arbeitet, über ein System der internen Qualitätssicherung verfügt, sich mindestens einmal jährlich an externen Qualitätssicherungsprogrammen erfolgreich beteiligt und über für die entsprechenden Tätigkeiten hinreichend qualifiziertes Personal verfügt, und durch eine nationale Akkreditierungsstelle eines Mitgliedstaates der Europäischen Union für Trinkwasseruntersuchungen akkreditiert ist.

Analysen, die nicht im Sinne der Trinkwasserverordnung verrechnet werden müssen, die also beispielsweise „nur" zur Kontrolle des Aufbereitungsprozesses durchgeführt werden, sind den Forderungen der Trinkwasserverordnung nicht unterworfen. Richtig müssen die Analysen natürlich trotzdem sein.

Der Auftraggeber bzw. Empfänger einer Analyse wird von diesen Regeln und Vorschriften nur indirekt berührt. Er hat darauf zu achten, dass das Laboratorium die geforderte Akkreditierung besitzt; sie wird üblicherweise im Briefkopf ausgewiesen.

Typen von Grenzwerten, Konzentrationen, Konzentrationsgradienten

Jeder Grenzwert hat seine eigene Geschichte und Bedeutung. Es existieren Grenzwerte, die akute Erkrankungen (Grenzwerte für mikrobiologische Parameter) und solche, die chronische Wirkungen (z. B. Grenzwert für Blei) ausschließen sollen. Einige Grenzwerte haben Vorsorgecharakter (z. B. Grenzwert für die meisten Pflanzenbehandlungsmittel), andere wurden aus den (unerwünschten) Wechselwirkungen zwischen Wasser und Werkstoffen abgeleitet (z. B. Grenzwertangaben für pH-Wert und Calcitsättigung), wieder andere beruhen überwiegend auf der Ästhetik (z. B. Grenzwerte für Geruch, Aluminium und andere).

Zunehmend finden auch Anforderungen Eingang in die Gesetzgebung, die sich nicht auf eine Konzentration, sondern auf einen Konzentrationsgradienten beziehen. Die Forderung kann dann beispielsweise lauten (z. B. bei der Koloniezahl): „ohne anormale Veränderung"; oder (z. B. bei Ammonium): „Die Ursache einer plötzlichen oder kontinuierlichen Erhöhung der üblicherweise gemessenen Konzentration ist zu untersuchen." Solche gradientenorientierten Anforderungen sind sinnvoll, weil damit Vorgänge erfasst werden, die von Natur aus gefährlicher sind, als wenn alles „seinen geregelten Gang" geht. Beispiele könnten sein: Abwasser, das in einen Grundwasserleiter vordringt, oder eine Algenblüte, die ein Talsperrenwasser zunehmend beeinträchtigt.

Aufbereitungsstoffe – Grenzwerte, Anforderungen

Eine besondere Bedeutung haben Grenzwerte und sonstige Anforderungen für Aufbereitungsstoffe, die dem Wasser gezielt zugesetzt werden, um ein bestimmtes

Aufbereitungsziel zu erreichen. Hierzu zählen beispielsweise Desinfektionsmittel, Säuren, Laugen und Phosphate. Bis Ende des Jahres 1990 waren die Aufbereitungsstoffe in der Trinkwasseraufbereitungsverordnung geregelt. Mit der Trinkwasserverordnung vom Dezember 1990 wurden die entsprechenden Regeln in die Trinkwasserverordnung integriert. Mit der Trinkwasserverordnung vom Mai 2001 wurden die entsprechenden Bestimmungen in einer Liste zusammengefasst, die beim Umweltbundesamt geführt wird. Nach §11 der Trinkwasserverordnung vom August 2013 gelten für Aufbereitungsstoffe und Desinfektionsverfahren die folgenden Bestimmungen:

> *Während der Gewinnung, Aufbereitung und Verteilung des Trinkwassers dürfen nur Aufbereitungsstoffe verwendet werden, die in einer Liste des Bundesministeriums für Gesundheit enthalten sind. Die Liste hat bezüglich der Verwendung dieser Stoffe Anforderungen zu enthalten über die 1. Reinheit, 2. Verwendungszwecke, für die sie ausschließlich eingesetzt werden dürfen, 3. zulässige Zugabe, 4. zulässigen Höchstkonzentrationen von im Trinkwasser verbleibenden Restmengen und Reaktionsprodukten, 5. sonstige Einsatzbedingungen. Sie enthält ferner die Mindestkonzentration an freiem Chlor, Chlordioxid oder anderer Aufbereitungsstoffe zur Desinfektion nach Abschluss der Desinfektion. In der Liste wird auch der erforderliche Untersuchungsumfang für die Aufbereitungsstoffe spezifiziert. Zur Desinfektion von Trinkwasser dürfen nur Verfahren zur Anwendung kommen, die einschließlich der Einsatzbedingungen die ihre hinreichende Wirksamkeit sicherstellen, in die Liste aufgenommen wurden.* Die Internetadresse, unter der die Liste der Aufbereitungsstoffe und Desinfektionsverfahren zugänglich ist, wird am besten mit einer Suchmaschine ermittelt.

Die Entscheidung, die Regelung der Aufbereitungsstoffe aus dem Gesetzestext der Trinkwasserverordnung herauszunehmen, sollte dazu beitragen, eventuell erforderliche Änderungen schneller umsetzen zu können, als dies im Rahmen einer Novellierung der Trinkwasserverordnung möglich wäre. Ausführliche Hinweise findet der Leser auch im Kommentarband zur Trinkwasserverordnung vom Mai 2001 (Grohmann *et al.*, 2003) mit Beiträgen von Bartel, H.: „Aufbereitungsstoffe in der Trinkwasseraufbereitung", Frimmel, F.H.: „Aufbereitungsstoffe für die Desinfektion von Trinkwasser", Hoyer, O.: „Desinfektion mit ultravioletter Strahlung", Gilbert, E.: „Aufbereitung für die Oxidation", Dieter, H.H.: „Gesundheitliche Bewertung von Bromat, als Nebenprodukt der Aufbereitung mit Ozon" und Frimmel, F.H.: „Entstehen und Vermeiden von Reaktionsnebenprodukten bei der Anwendung oxidierend wirkender Stoffe bei der Desinfektion".

1.10.1 Gerundete Zahlenwerte

Der Sicherheitsabstand zwischen Grenzwert und kritischer Konzentration ist für verschiedene Parameter unterschiedlich groß, aber in der Regel groß genug, um bei der Festlegung von Grenzwerten gerundete Zahlenwerte angeben zu können.

Für Sulfat galt nach der Trinkwasserverordnung seit dem Februar 1975 ein Grenzwert von 240 mg/l. Dieser Wert kam dadurch zustande, dass ursprünglich der Zahlenwert der molaren Konzentrationsangabe gerundet wurde (2,5 mmol/l). Da die relative Molekülmasse des Sulfats bei 96 (und nicht bei 100) liegt, resultiert bei der Umrechnung in die Massenkonzentration der „etwas weniger runde" Zahlenwert von 240 mg/l (und nicht 250 mg/l). Mit der Trinkwasserverordnung vom Mai 2011 wurde der Grenzwert auf 250 mg/l gerundet.

Ein analoger Fall ist der Grenzwert für Phosphat von 6,7 mg/l (Trinkwasserverordnung vom Dezember 1990). Dieser Wert entstand dadurch, dass das Phosphat ursprünglich auf der Basis „P_2O_5" mit dem runden Zahlenwert 5 mg/l limitiert worden war.

Wegen solcher und ähnlicher Unschärfen hat es daher bei vielen Parametern keinen Sinn, Grenzwerte mit hoher Genauigkeit interpretieren zu wollen. Dies gilt vor allem für solche Parameter, für die unter bestimmten Bedingungen wesentlich höhere Konzentrationen toleriert werden können. Nach allen Fassungen der Trinkwasserverordnung bis zu der des Jahres 2001 zählt hierzu beispielsweise das Sulfat: Eine generelle Ausnahme wird nach den Fassungen der Trinkwasserverordnung von 1975 und 1986 für „Wässer aus calciumsulfathaltigem Untergrund" gemacht. Ein geogen bedingter „Ausnahmegrenzwert" von 500 mg/l Sulfat galt bzw. gilt nach den Fassungen der Trinkwasserverordnung von 1990 und 2001 (siehe Abschn. 1.10.3).

1.10.2
Nitratgrenzwerte

Mit der Trinkwasserverordnung vom Februar 1975 wurde erstmals ein verbindlicher Grenzwert für Nitrat eingeführt. Er wurde auf 90 mg/l festgelegt. Mit der Trinkwasserverordnung in ihrer Fassung vom Mai 1986 wurde der Nitratgrenzwert auf 50 mg/l erniedrigt. Grundsätzlich blieb der Grenzwert auch in den Fassungen der Trinkwasserverordnung vom Mai 2001 und danach in dieser Höhe erhalten (nähere Angaben in Abschn. 4.5.1).

Immer wieder hört man die Behauptung, für Säuglinge und Kleinstkinder gelte ein Nitratgrenzwert von 10 mg/l. Dies ist ein Irrtum, der die folgenden Ursachen haben kann:

In den USA existiert kein Nitratgrenzwert, sondern ein Grenzwert für Nitratstickstoff von 10 mg/l. Die Umrechnung des Nitratstickstoffgrenzwertes in einen Nitratgrenzwert ergibt einen Zahlenwert von 44 mg/l. Es entspricht ausschließlich einem Bedürfnis nach runden Zahlenwerten, dass in den USA nicht ein Nitratstickstoffgrenzwert von 11,3 mg/l (entsprechend 50 mg/l Nitrat) und in der Europäischen Gemeinschaft nicht ein Nitratgrenzwert von 44 mg/l (entsprechend einem Nitratstickstoffgrenzwert von 10 mg/l) gelten.

Nach der Mineral- und Tafelwasserverordnung gilt nun aber für abgepacktes Quell- und Tafelwasser tatsächlich ein Grenzwert von 10 mg/l Nitrat, sofern für diese Wässer mit dem Hinweis geworben werden darf: „für die Säuglingsernährung besonders geeignet". Die Erlaubnis, mit diesem Hinweis werben zu dürfen, ist ein Privileg, das mit einem besonders niedrigen Grenzwert für Nitrat (sowie Nitrit und Natrium) erkauft werden muss. Es wäre wirklich nicht einsehbar, könnte man jedes beliebige Wasser als „für die Säuglingsernährung besonders geeignet“ verkaufen, sofern nur die Grenzwerte einzuhalten sind, die ohnehin für jedes Trinkwasser gelten. Andererseits ist es dem Kunden nur schwer zu vermitteln, dass es einen Grenzwert gibt, der nicht hygienisch begründet ist, sondern die Rolle eines Steuerinstruments im Wettbewerbsrecht spielt. Auch dieser Sachverhalt führt immer wieder zu Missverständnissen.

1.10.3 „Ausnahmegrenzwerte“

Zur Erläuterung von „Ausnahmegrenzwerten“ ist es nützlich, zunächst einen Ausflug in die Mineral- und Tafelwasserverordnung zu unternehmen. Es wird immer wieder argumentiert, die Grenzwerte für Trinkwässer seien strenger als die für Mineralwässer. Tatsächlich ist die Anzahl der Grenzwerte nach der Mineral- und Tafelwasserverordnung geringer. Alle Parameter, die dort nicht aufgeführt sind, werden jedoch gebündelt und unter eine strenge Forderung gestellt, die für Trinkwasser nicht gilt: Es muss sich um ein *natürliches* Wasser handeln, für das alle Eingriffe außer der Enteisenung und dem Zusatz von „Kohlensäure“ untersagt sind. Es ist kein Mineralwasser im Handel, bei dem die Bezeichnung anders lauten würde als „natürliches Mineralwasser“.

Der natürliche („geogene“) Ursprung eines Wasserinhaltsstoffes zwingt also zum Nachdenken. Im Falle der Mineral- und Tafelwasserverordnung können Inhaltsstoffe in Konzentrationen über dem Trinkwassergrenzwert eine beabsichtigte Wirkung haben, beispielsweise in geschmacklicher oder in therapeutischer Hinsicht. Es gibt kein Gegenargument gegen die Behauptung, dass die in einem bestimmten Versorgungsgebiet lebende Bevölkerung sich seit Generationen an die dort vorkommenden Wässer gewöhnt hat und sie bestens verträgt, und zwar auch dann, wenn der eine oder andere Inhaltsstoff in erhöhter Konzentration vorkommt. Aus gesundheitlicher Sicht ist es daher vertretbar, für geogen bedingte erhöhte Konzentrationen von Wasserinhaltsstoffen, sofern sie als „Indikatorparameter“ gelten, „Ausnahmegrenzwerte“ zuzulassen.

Davon unabhängig können Situationen auftreten, bei denen im Einzelfall Grenzwertüberschreitungen vorübergehend praktisch unvermeidbar sind. Dies gilt für Eisen, Mangan und die Trübung. Diese Parameter können in den folgenden Fällen überschritten werden: Rohrbrüche, Arbeiten am Rohrnetz, Maßnahmen der Feuerwehr, witterungsbedingte Extremsituationen und andere. In älteren Fassungen der Trinkwasserverordnung galt daher für diese Parameter: „Kurzfristige Überschreitungen bleiben außer Betracht.“

Die Fassungen der Trinkwasserverordnung vom Mai 2011 und danach sehen keine generellen Ausnahmeregelungen mehr vor. Stattdessen werden die Entscheidungen auf den Verantwortungsbereich des Gesundheitsamtes verlagert: „Bei Nichteinhaltung oder Nichterfüllung der in §7 festgelegten Grenzwerte oder Anforderungen (für Indikatorparameter) ordnet das Gesundheitsamt Maßnahmen zur Wiederherstellung der Qualität des Trinkwassers an. Das Gesundheitsamt kann nach Prüfung im Einzelfall von der Anordnung von Maßnahmen absehen, wenn eine Gefährdung der menschlichen Gesundheit nicht zu besorgen ist, die Reinheit und Genusstauglichkeit nicht beeinträchtigt und Auswirkungen auf die eingesetzten Materialien nicht zu erwarten sind. Das Gesundheitsamt legt fest, bis zu welchem Wert und für welchen Zeitraum die Nichteinhaltung oder Nichterfüllung geduldet wird."

Diese Regelungen sind umstritten. Die Wasserverbände hatten in den „DVGW-, BDEW-, VKU-Anmerkungen zum Referentenentwurf der Trinkwasserverordnung, Stand: 13.02.2009" mit Nachdruck gefordert, die nach der Trinkwasserverordnung von 2001 geltende Regelung – insbesondere für Sulfat – beizubehalten. Ebenso haben die Verbände gefordert, bei der Meldepflicht für Trübungen den Zusatz, dass dies auch für das Verteilungsnetz gilt, zu streichen. Diesen Forderungen ist nicht entsprochen worden.

Für die Beurteilung von Analysen und für die Abschätzung der hygienischen Bedeutung der strittigen Parameter ist die Kenntnis der einschlägigen Regelungen vorteilhaft. Sie sind in Tab. 1.1 aufgeführt.

1.10.4
Geogen oder anthropogen?

Die Frage, ob die Konzentration eines Wasserinhaltsstoffs geogen oder anthropogen bedingt ist, kann nicht immer einfach entschieden werden. Mitunter sind geogene und anthropogene Ursachen gemeinsam beteiligt. Auch indirekte Verkettungen von Ursachen werden beobachtet, beispielsweise kann eine (anthropogene) Stickstoffdüngung Salpetersäure erzeugen, die aus Tonmineralen (geogenes) Magnesium freisetzt (Analysenbeispiel 13).

Ein wichtiges Entscheidungskriterium, das in der Gesetzgebung (z. B. in der Europäischen Trinkwasserrichtlinie vom November 1998 und sinngemäß auch in den Fassungen der Trinkwasserverordnung) zunehmend Eingang findet, ist die für bestimmte Parameter geltende Forderung „ohne anormale Veränderung". Dieses Kriterium kann als zusätzliche Entscheidungshilfe benutzt werden. „Anormale Veränderungen" sollten auf alle Fälle aufgeklärt und nach Möglichkeit rückgängig gemacht werden.

1.10.5
Grenzwerte für ungelöste Substanzen

Die Festlegung von Grenzwerten für ungelöste Substanzen ist problematisch. Noch problematischer ist deren Einhaltung. Dies sei an zwei Beispielen erläutert:

Es möge ein bestimmtes Material geben, das 1 % polyzyklische aromatische Kohlenwasserstoffe („PAK") enthält, für die nach den Fassungen der Trinkwasserverordnung von 2001 und danach ein Grenzwert von 0,1 µg/l vorgesehen ist. Ein solches Material könnte aus einer teerähnlichen Substanz bestehen. Wenn nun in einem Trinkwasserbehälter, der 10 000 m^3 Wasser enthält, ein Stück von

Tab. 1.1 Ausnahmeregelungen und Zusatzforderungen nach den Fassungen der Trinkwasserverordnung von 1975 bis 2013.

1975	
Sulfat	Ausgenommen bei Wässern aus calciumsulfathaltigem Untergrund
1986	
Ammonium	Ausgenommen bei Wässern aus stark reduzierendem Untergrund
Kalium	Ausgenommen bei Wässern aus kaliumhaltigem Untergrund
Magnesium	Ausgenommen bei Wässern aus magnesiumhaltigem Untergrund
Sulfat	Ausgenommen bei Wässern aus calciumsulfathaltigem Untergrund
Eisen, Mangan	Kurzzeitige Überschreitungen bleiben außer Betracht
Färbung, Trübung	Kurzzeitige Überschreitungen bleiben außer Betracht
1990	
Ammonium	0,5 bis max. 30 mg/l (falls geogen)
Kalium	12 bis max. 50 mg/l (falls geogen)
Magnesium	50 bis max. 120 mg/l (falls geogen)
Sulfat	240 bis max. 500 mg/l (falls geogen)
Färbung, Trübung	Kurzzeitige Überschreitungen bleiben außer Betracht
2001	
pH-Wert, Chlorid	Das Wasser sollte nicht korrosiv wirken
Elektrische Leitfähigkeit	Das Wasser sollte nicht korrosiv wirken
Eisen, Mangan	Geogen bedingte Überschreitungen bleiben bei Anlagen mit einer Abgabe von bis zu 1000 m^3 im Jahr bis zu 0,5 mg/l (Eisen) bzw. 0,2 mg/l (Mangan) außer Betracht
Ammonium	0,5 bis max. 30 mg/l (falls geogen)
Sulfat	240 bis max. 500 mg/l (falls geogen)
2011 und 2013	
pH-Wert, Chlorid	Das Wasser sollte nicht korrosiv wirken
Sulfat, Leitfähigkeit	Das Wasser sollte nicht korrosiv wirken
Ammonium	Die Ursache einer plötzlichen oder kontinuierlichen Erhöhung der üblicherweise gemessenen Konzentration ist zu untersuchen
Trübung	Ein plötzlicher oder kontinuierlicher Anstieg ist unverzüglich der zuständigen Behörde zu melden. Letzteres gilt auch für das Verteilungsnetz

diesem Material mit einer Masse von etwas mehr als 100 g herumschwimmt, dann ist rein rechnerisch für dieses Wasservolumen der PAK-Grenzwert überschritten. Die Überwachungsbehörde wird diese Situation allerdings kaum im Sinne einer echten Grenzwertverletzung beanstanden. Im Gedankenexperiment kann man das Materialstück zerteilen, und zwar so lange, bis man auf der molekularen Ebene angelangt ist. In diesem Fall ist der Grenzwert eindeutig überschritten. Von welcher Partikelgröße an gilt die Konzentration dieses Materials als echte Grenzwertverletzung?

Diese Frage kann nur der Toxikologe verbindlich beantworten. Der Chemiker neigt zu einer pragmatischen Antwort etwa der folgenden Art: Wenn die Partikelgröße so gering und die Stabilität der Suspension so groß sind, dass das Material alle Hindernisse auf dem Weg in den Verdauungstrakt des Kunden überwinden kann, dann ist der Grenzwert überschritten.

Ein anderes Problem ergibt sich bei der Bestimmung von Eisen im Verteilungssystem eines Versorgungsunternehmens. Da das Wasser im Normalfall Sauerstoff enthält, liegt das Eisen in dreiwertiger Form und damit ungelöst vor. Eine Analyse möge eine Eisenkonzentration von 0,4 mg/l, also das Doppelte des Grenzwertes, ergeben haben. Das Gesamtvolumen des Verteilungssystems betrage 100 000 m^3. Beim Hochrechnen der ermittelten Eisenkonzentration auf das Gesamtvolumen resultiert eine Eisenmasse von 40 kg, die als Eisenoxid im System suspendiert sein müsste. Eine solche Unterstellung kann man mit einiger Aussicht auf Erfolg zurückweisen, und zwar mit dem Argument, dass das Analysenergebnis nicht für das Gesamtvolumen des Systems repräsentativ gewesen sei (vielleicht stammte das Eisen vom Probenahmehahn). Wäre das Ergebnis tatsächlich für das Gesamtvolumen des Systems repräsentativ, müssten die Ergebnisse mehrerer Analysen von unterschiedlichen Probenahmestellen um den Wert 0,4 mg/l schwanken. Das Ergebnis wäre mit zunehmender Zahl von Analysen immer zuverlässiger statistisch abgesichert.

Die mehrfache Wiederholung von Analysen ist daher nicht nur ein legitimes, sondern das einzig praktikable Mittel zur Beantwortung der Frage, ob im konkreten Fall Analysenergebnisse für ungelöste Substanzen als Grenzwertüberschreitung zu bewerten sind oder nicht.

Anmerkung
Die Niedersächsische Ausführungsverordnung vom 11.11.1991 zur Novelle der Trinkwasserverordnung vom Dezember 1990 trug diesen Zusammenhängen dadurch Rechnung, dass bei technisch bedingten, kurzfristigen Grenzwertüberschreitungen lediglich eine Nachmessung anzuordnen ist. Eine Grenzwertüberschreitung sei erst dann anzunehmen, falls bei mehreren Nachmessungen grenzwertüberschreitende Erhöhungen im regelmäßig abgegebenen Wasser festzustellen sind.

Mit den Fassungen der Trinkwasserverordnung von 2011 und 2013 wurde das Problem „Grenzwerte für ungelöste Substanzen“ nicht detailliert geregelt. Entscheidungen zu diesem Problem fallen – wie bei anderen Indikatorparametern auch – in den Verantwortungsbereich des Gesundheitsamtes.

1.11 Umgang mit großen Datenmengen und „Ausreißern“

Große Datenmengen sind am besten in einem Archiv aufgehoben. In der Regel wird dies heute eine Tabelle sein, auf die in einem Datenbank- oder Tabellenkalkulationssystem zugegriffen werden kann. Hier stehen alle Funktionen zur Bearbeitung des Datenbestandes zur Verfügung, einschließlich der Funktionen zum Export von Daten in Text- und Grafiksysteme.

Es ist absolut zwingend, dass jeder, der mit Daten umgeht, der Tatsache Rechnung trägt, dass die Begleitdaten zu einem Messwert („Metadaten“) mindestens ebenso wichtig sind wie der Messwert selbst. Welche Bedeutung Metadaten haben, bemerkt man vor allem im Rückblick auf alte Messwerte, wo solche Daten häufig unvollständig sind. Wenn man nicht mehr ermitteln kann, wo genau die Proben entnommen worden sind, welche Analysenmethoden man benutzt hat oder welche Umrechnungen durchgeführt wurden, sind die Messwerte selbst ziemlich wertlos. Es ist eine gute Übung zu versuchen, durch Befragungen und kriminalistischen Spürsinn alte Datenbestände zu retten. In diesem Zusammenhang bedeutet das, sie mit Begleitdaten so abzusichern, dass sie in jeder Hinsicht belastbar und mit anderen Datensätzen kompatibel werden. Zu den Metadaten gehören auch Angaben zur authentischen Quelle der Daten (z. B. Labortagebuch).

Der umgekehrte Fall, nämlich dem Informationsbedürfnis künftiger Bearbeiter Rechnung zu tragen, ist ebenfalls schwierig, weil man sich aus einem geregelten Arbeitsalltag heraus schlecht vorstellen kann, welche Verständnisprobleme zu einem späteren Zeitpunkt auftreten könnten. Wenn man diese Probleme ernst nimmt, können die Metadaten einer Datenbank einen größeren Umfang erreichen als die Messwerte selbst.

Wenn man mit Daten mehr vorhat, als sie einfach zu sammeln, ist es zwingend, den Informationsinhalt so aufzubereiten, dass beim Nutzer oder Leser Aha-Effekte ausgelöst werden. Ein Aha-Effekt hat einen sehr kleinen Informationsinhalt. Es ist also eine Reduzierung oder Portionierung der Information erforderlich. Das bekannteste Beispiel dafür ist die Bildung eines Mittelwertes aus sehr vielen Einzelwerten. Insgesamt existieren jedoch mehrere, recht unterschiedliche Möglichkeiten, den Informationsinhalt eines Datenbestandes zu reduzieren oder zu portionieren. Im Folgenden werden einige Beispiele aufgeführt. In Klammern werden Formulierungen in der Art von Aha-Effekten wiedergegeben:

- Erstellen von Zeitreihen für die Konzentration eines Parameters („die Konzentration ist zeitabhängig"),
- Sichtbarmachung geografischer (topografischer) Konzentrationsabhängigkeiten („die Konzentration ist ortsabhängig"),
- Auffinden von Korrelationen zwischen unterschiedlichen Parametern („die Konzentration ist temperaturabhängig", „das Verhältnis der Konzentrationen zweier Parameter ist konstant"),
- Auffinden von Zusammenhängen zwischen Konzentrationen und Wasserführung bei Fließgewässern („die Konzentration sinkt mit steigender Wasserführung"),
- Auffinden komplizierter Abhängigkeiten. Beispielsweise kann man bei Grundwässern Zusammenhänge zwischen der Verockerungstendenz von Brunnen und der Wasserbeschaffenheit suchen. Bei abwasserbelasteten Fließgewässern kann es sinnvoll sein, den Einfluss von Wochentagen zu untersuchen oder der Zeit zwischen Weihnachten und Neujahr besonderes Augenmerk zu schenken, weil dann viele Betriebe nicht arbeiten.
- Aufstellen von Häufigkeitsverteilungen („die Parameterwerte folgen einer Normalverteilung"),
- Berechnung von Mittelwerten („die Konzentration liegt im Mittel bei x mg/l").

Für die meisten der hier aufgeführten Vorgehensweisen findet der Leser in diesem Buch Beispiele, die in den jeweiligen Abschnitten besprochen werden. Auf die beiden zuletzt genannten Punkte „Aufstellung von Häufigkeitsverteilungen“ und „Berechnung von Mittelwerten“ muss gesondert eingegangen werden.

Im Folgenden werden statistische Operationen geschildert, wie sie mit Papier und Bleistift klassisch durchgeführt worden sind, weil dies dem besseren Verständnis dient und eine optimale Visualisierung der Zusammenhänge zulässt. Selbstverständlich besitzen Softwareprodukte, insbesondere Tabellenkalkulationsprogramme, umfangreiche Statistikfunktionen. Einerseits wäre es unklug, sie nicht zu nutzen, andererseits vergrößern diese Programme die „Distanz zum Messwert“. Dies bedeutet, dass die Gefahr wächst, interessante Eigenheiten des Messwertkollektivs oder fehlerhafte Daten zu übersehen.

1.11.1 Häufigkeitsverteilungen

Wenn man mit großen Mengen von Zahlenwerten für einen Parameter zu tun hat, dann ist es grundsätzlich interessant, die Struktur dieser Zahlen zu untersuchen. Dabei wird gezählt, wie viele Messwerte sich in Messwertintervallen befinden, die zuvor festgelegt worden sind. Der Datenbestand sollte mindestens 100 Messwerte enthalten. Für die Anzahl der Messwertintervalle existieren keine festen Regeln. Je nach Randbedingungen können schon mit zehn Intervallen brauchbare Häufigkeitsverteilungen erstellt werden, oft wird man jedoch mehr Intervalle benötigen. Dabei richte man sich nach Gesichtspunkten der Zweckmäßigkeit sowie danach, ob ein Aha-Effekt erreicht wird. Die Anzahl der Messwerte pro Messwertintervall wird als y-Wert gegen die x-Achse aufgetragen, wobei die x-Achse entsprechend den Messwerten selbst unterteilt ist. Zu beachten ist, dass die Punkte der x-Achse die Bedeutung von Merkmalsgrenzwerten haben; beispielsweise wird die Häufigkeit der Messwerte im Messwertintervall 9–10 bei $x = 10$ aufgetragen. Die resultierenden Punkte können zu einem Kurvenzug verbunden werden. Häufig ist eine Darstellung als Säulendiagramm vorzuziehen. Folgende Typen von Häufigkeitsverteilungen werden beobachtet:

Normalverteilung Sie heißt auch Gauß'sche Verteilung, ihr Kurvenverlauf auch Gauß'sche Glockenkurve. Eine Normalverteilung entsteht dann, wenn die Messwerte zufallsbedingt um einen Mittelwert schwanken (bzw. sich so verhalten, als würden sie zufallsbedingt schwanken). Solche Verteilungen sind häufig. Von den Messwerten eines solchen Datenbestandes kann ein arithmetischer Mittelwert gebildet werden.

Häufigkeitsverteilungen mit mehr als einem Gipfel Zwei oder mehr Gipfel von Häufigkeitsverteilungen können dann auftreten, wenn an der Messstelle Wässer verschiedener Beschaffenheit aus unterschiedlichen Richtungen Zutritt haben, ohne dass sie sich dabei allzu stark mischen. Solche Fälle können typisch sein für Proben aus Rohrnetzen, in die unterschiedliche Wässer eingespeist werden. Bei Fließgewässern kommt der Fall vor, dass das Häufigkeitsmaximum eines Parame-

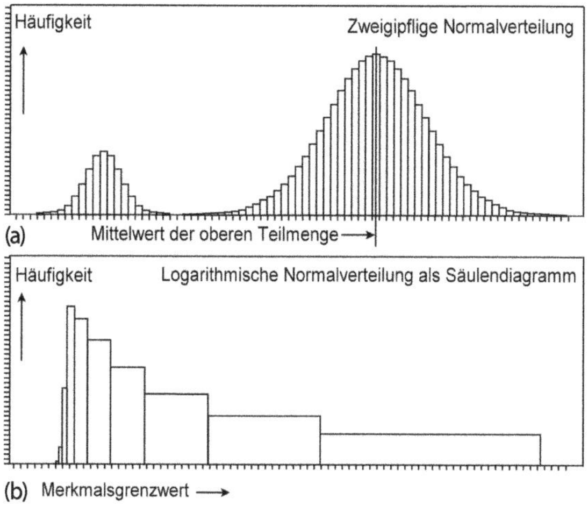

Abb. 1.1 Beispiele für Häufigkeitsverteilungen.

ters bei niedriger Konzentration durch die natürliche Grundbelastung verursacht wird („Background-Werte"), während das Maximum bei der höheren Konzentration durch einen Abwassereinleiter verursacht wird, der nur zeitweise einleitet. Grundsätzlich ist es möglich, aus dem Datenbestand Teilmengen zu bilden, die den genannten Situationen Rechnung tragen. Bei der Mittelwertbildung wird sinnvollerweise so vorgegangen, dass für die Teilmengen getrennte Mittelwerte berechnet werden. Abbildung 1.1 zeigt im Teil (a) eine zweigipflige Häufigkeitsverteilung als Säulendiagramm, deren Teilmengen den Gesetzmäßigkeiten der Normalverteilung entsprechen.

Logarithmische Verteilung Solche Verteilungen sind asymmetrisch. Auf einen steilen Anstieg des Kurvenverlaufs bei niedrigen Messwerten folgt ein flacher Abfall bei hohen Werten. Trägt man die Häufigkeiten gegen eine logarithmisch geteilte x-Achse auf, so wird die Häufigkeitsverteilung symmetrisch und entspricht dem Kurvenverlauf der Gauß'schen Glockenkurve. Es gibt viele Gründe für das Entstehen logarithmischer Verteilungen. Beispielsweise gehorcht der Geruchsschwellenwert „von Natur aus" logarithmischen Gesetzmäßigkeiten (siehe Abschn. 3.6 „Geruch"). Bei der Auswertung von Wasseranalysen entstehen logarithmische oder näherungsweise logarithmische Verteilungen hauptsächlich dann, wenn die Messwerte „grenzenlos" ansteigen können. Weitgehend grenzenlos steigen können die Konzentrationen ungelöster Stoffe wie Eisenoxide, die beim Auftreten von „braunem Wasser" die Eisenkonzentration um Zehnerpotenzen in die Höhe treiben können. Ähnlich verhalten sich Trübstoffe und Mikroorganismen in Fließgewässern. Messwerte, die durch Abwassereinleitungen in ein Fließgewässer beeinflusst werden, können mit abnehmender Wasserführung theoretisch ebenfalls grenzenlos ansteigen. Messwerte eines solchen Datenbestandes werden sinnvollerweise dadurch gemittelt, dass ein geometrischer Mittelwert berechnet wird. Abbildung 1.1 enthält im Teil (b) ein Beispiel für eine logarithmische Verteilung als Säulendiagramm auf einer linear unterteilten x-Achse.

1.11.2
Häufigkeitsverteilungen im Wahrscheinlichkeitsnetz

Im Rahmen dieses Buches wird auch die Möglichkeit einer Darstellung von Messwerten im Wahrscheinlichkeitsnetz genutzt. Diese Darstellungsart ist zur Charakterisierung größerer Datenbestände recht gut geeignet, insbesondere dann, wenn geochemische Fragestellungen bearbeitet werden. Beispielsweise findet man solche Darstellungen in dem 1982 herausgegebenen Forschungsbericht der Deutschen Forschungsgemeinschaft (DFG) *Schadstoffe im Wasser, Band I Metalle.*

Die Häufigkeiten normalverteilter Zahlenwerte ergeben, wie erwähnt, eine Glockenkurve. Werden die Zahlenwerte schrittweise aufsummiert, resultiert eine S-Kurve. Man kann nun die Häufigkeitssummen (in Prozent der Gesamtsumme) auf einem speziellen Netzpapier, dem „Wahrscheinlichkeitsnetz" eintragen. Dessen y-Achse ist so geteilt, dass an Stelle einer S-Kurve eine Gerade entsteht. Abbildung 1.2 verdeutlicht die Vorgehensweise. Mehrere Muster von Wahrscheinlichkeitsnetzen findet der Leser im Abschn. „Verschiedenes" auf der Website.

Bei logarithmischen Verteilungen resultiert im Wahrscheinlichkeitsnetz eine Gerade dann, wenn die x-Achse logarithmisch geteilt ist (oder wenn die Logarithmen der Zahlenwerte auf einer normal unterteilten x-Achse aufgetragen werden). Auf diese Weise kann man prüfen, ob es sich bei einem Datenbestand um normalverteilte oder logarithmisch verteilte Daten handelt oder ob kompliziertere Verhältnisse vorliegen. Der Mittelwert ergibt sich aus dem Schnittpunkt der Geraden mit dem y-Wert 50 %. Die Standardabweichung ist durch die Wendepunkte

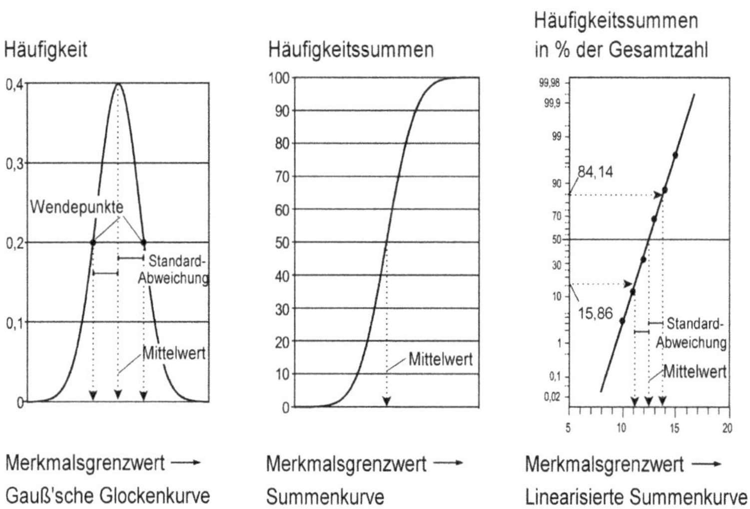

Abb. 1.2 Bearbeitung von Häufigkeitsverteilungen im Wahrscheinlichkeitsnetz.

der Gauß'schen Glockenkurve festgelegt. Im Wahrscheinlichkeitsnetz ist die Neigung der Geraden ein Maß für die Standardabweichung. Konkret ergibt sie sich aus den Schnittpunkten der Geraden mit den y-Werten 15,86 und 84,14 %. Danach liegen bei normalverteilten Datenbeständen innerhalb der durch die Standardabweichung gegebenen Grenzen 68,28 % der Zahlenwerte. Einen konkreten Anwendungsfall enthält Kap. 5 „Anorganische Wasserinhaltsstoffe, Spurenstoffe“.

1.11.3
Arithmetischer Mittelwert

Der arithmetische Mittelwert ist definiert als ein n-tel der Summe aller n Messwerte eines Datenpools. Berechnung: Addition der Messwerte, Division der Summe durch die Anzahl der Messwerte. Der arithmetische Mittelwert einschließlich dessen Standardabweichung kann heute auf jedem besseren Taschenrechner berechnet werden. Bei der Bearbeitung größerer Datenbestände sollte entsprechend den vorangegangenen Ausführungen ausgeschlossen sein, dass eine mehrgipflige oder logarithmische Verteilung vorliegt. Auf die Angabe der Standardabweichung sollte nicht verzichtet werden. Das Ergebnis hat die Form $M \pm \sigma$, wobei M für den arithmetischen Mittelwert und σ für die Standardabweichung stehen. Die Standardabweichung kann in der Einheit der Messwerte oder als prozentuale Abweichung angegeben werden.

Der arithmetische Mittelwert hat einen festen Platz in der Analytik. Insbesondere gilt, dass Analysenwerte im Bereich der Bestimmungsgrenze „grobkörnig“ sind, d. h., sie variieren aus analytischen Gründen üblicherweise nur in festen Schritten, die in der Nähe der Bestimmungsgrenze im Vergleich zum Messwert recht groß sein können. Wenn zahlreiche Einzeldaten vorliegen, ist der Mittelwert normalerweise genauer und damit eventuell auch informativer als die Einzelwerte.

Ein Sonderfall ist die Mittelwertbildung für die Differenzen zwischen Messwertpaaren („Differenzmittelwerte“). Wichtigstes Beispiel sind die Messwertpaare für das Roh- und das Reinwasser in Wasserwerken, vorausgesetzt, die in Abschn. 2.6 („Wasser in Wasserwerken“) aufgeführten Bedingungen für die Vergleichbarkeit der Daten sind erfüllt. Eine recht einfache Frage könnte lauten: „Um wie viel Grad erwärmt sich das Rohwasser im Mittel während der Aufbereitung im Wasserwerk?“ Die beobachtbaren Temperaturdifferenzen sind so klein, dass erst bei der Auswertung sehr vieler Daten verlässliche Aussagen möglich sind. Interessante Messwertpaare betreffen beispielsweise die Säurekapazität bis pH 4,3 (Veränderung durch Enteisenung, Nitrifikation oder Entsäuerung), das Phosphat (Eliminationseffekt der Enteisenung) und, abhängig von den speziellen Bedingungen vor Ort, sehr viele andere Parameter.

Differenzmittelwerte können auf verschiedene Weise gebildet werden: Bildung der Differenz für jedes Messwertpaar, Mittelwertbildung aus den einzelnen Differenzen; Bildung der Differenz zwischen der Summe der Rohwasserwerte und der Summe der Reinwasserwerte, Division durch die Anzahl; Bildung der Differenz zwischen den Mittelwerten aus den Rohwasserwerten und den Mittelwerten aus den Reinwasserwerten. Rechnerisch korrekt sind alle drei Methoden. Zu empfehlen ist jedoch eindeutig die erstgenannte Rechenmethode, weil nur sie die Möglichkeit bietet, einen Eindruck von der Genauigkeit der Einzelwerte zu erhalten. Am besten wird die Standardabweichung gleich mitberechnet.

Noch einen Schritt weiter geht die Absicht, Differenzmittelwerte für unterschiedliche Parameter zueinander in Beziehung zu setzen. Beispielsweise kann mit Differenzmittelwerten die Frage bearbeitet werden, inwieweit während der Trinkwasseraufbereitung der Rückgang der Ammoniumkonzentration durch Nitrifikation sich in einem Anstieg der Nitratkonzentration widerspiegelt.

1.11.4
Geometrischer Mittelwert

Der geometrische Mittelwert ist definiert als die n-te Wurzel aus dem Produkt aller n Messwerte eines Datenpools. Berechnung: Logarithmieren der Messwerte, Bildung des arithmetischen Mittelwertes der Logarithmen einschließlich dessen Standardabweichung, Delogarithmieren des Mittelwertes und der Standardabweichung. Das Ergebnis hat die folgende Form: $\log M \pm \log \sigma$. Nach Delogarithmieren dieses Ausdrucks muss mit der Standardabweichung multipliziert bzw. durch sie dividiert werden. Da hierfür kein entsprechendes Zeichen in Gebrauch ist, schreibt man: $M' \times \sigma^{\pm 1}$, wobei M' für den geometrischen Mittelwert steht. Mittelwertbildung beim pH-Wert: Ein Sonderfall ist der pH-Wert, da er eine logarithmische Größe ist (siehe Abschn. 3.3 „pH-Wert, Säure und Lauge in der Umwelt“).

1.11.5
Medianwert, Perzentile

Der Medianwert ist dadurch definiert, dass 50 % aller Zahlenwerte unter und 50 % über diesem Zahlenwert liegen. Der Medianwert ist mit dem Mittelwert identisch, den man bei der grafischen Auswertung einer Häufigkeitsverteilung im Wahrscheinlichkeitsnetz erhält. Dies gilt für Normalverteilungen und für logarithmische Verteilungen. Der Medianwert ist außerdem mit dem arithmetischen Mittelwert identisch, falls die Häufigkeitsverteilung symmetrisch und nicht logarithmisch ist. Mit dem Medianwert werden Extremwerte und Ausreißer völlig außer Acht gelassen. Mit dem arithmetischen Mittelwert, dem geometrischen Mittelwert und dem Medianwert hat man drei unterschiedliche Möglichkeiten, mit Extremwerten umzugehen. Das folgende Beispiel soll das verdeutlichen:

Gegeben seien die folgenden Zahlenwerte: 2 / 3 / 3,9 / 4,1 / 5 / 1000. Es ergeben sich:

Arithmetischer Mittelwert:	169,7
Geometrischer Mittelwert:	8,8
Medianwert:	4,0

Der Medianwert ist ein Sonderfall des allgemeineren Begriffs „Perzentil“. Das 90-Perzentil ist beispielsweise dadurch definiert, dass 90 % aller Zahlenwerte unter und 10 % über diesem Zahlenwert liegen. Der Medianwert entspricht also dem 50-Perzentil (siehe auch „Abkürzungsverzeichnis und Glossar“).

Wer jemals versucht hat, den Mittelwert aus einem Datenpool zu berechnen, in dem sich Daten „kleiner als Bestimmungsgrenze“ befinden, lernt die Vorteile von Häufigkeitsverteilung und Medianwert bzw. Perzentil zu schätzen. Bei dieser Art der Auswertung hat die zahlenmäßige Unbestimmtheit der Angabe „kleiner als“ keinerlei Auswirkung auf das Ergebnis. Besonders beliebt ist der Gebrauch von Perzentilen dann, wenn mehr als 50 % der Messwerte unterhalb der Bestimmungsgrenze liegen. Beispielsweise enthält der *Digitale Atlas Hintergrundwerte* (NLfB, 2000) Schwermetallkonzentrationen in Niedersachsen als Medianwerte, 90-Perzentile und 97,5-Perzentile.

1.11.6
Umgang mit Ausreißern und Fehlern

Als „Ausreißer“ bezeichnet man Messwerte, die so stark von allen anderen Messwerten abweichen, dass sie ganz offensichtlich nicht in den betreffenden Datenbestand passen. Es existieren mathematische Kriterien, mit denen Messwerte als Ausreißer erkannt werden können. Man ist dann in der Lage, einen Datenbestand von den Ausreißern zu „befreien“, beispielsweise zur Bildung eines „sauberen“ Mittelwertes.

Für die Beurteilung von Wässern sollte der Begriff „Ausreißer“ allerdings aus dem Sprachschatz gestrichen werden, da er zu einem leichtfertigen Umgang mit Daten verleiten könnte. Stark abweichende Messwerte verlangen unsere allerhöchste Aufmerksamkeit. Schließlich sind es gerade die stark abweichenden Messwerte, die z. B. bei bakteriologischen Daten eine drohende Seuchengefahr oder bei chemischen Daten einen Umweltskandal (oder vielleicht auch ein neu entdecktes Naturgesetz) anzeigen.

Stark abweichende Messwerte sind entweder richtig oder falsch. Einerseits ist es gefährlich, einen stark abweichenden Messwert als „Ausreißer“ abzustempeln und zu ignorieren, andererseits ist es aber auch peinlich, wegen eines falschen Messwertes unangemessene Maßnahmen zu ergreifen oder unangemessene Reaktionen der Öffentlichkeit in Kauf zu nehmen. Es ist daher gerade bei stark abweichenden Messwerten besonders wichtig, umgehend und mit sehr hoher Priorität Kontrolluntersuchungen durchzuführen. Bei der Aufarbeitung alter Datenbestände müssen sich Kontrolluntersuchungen naturgemäß auf scharfes Nachdenken beschränken. Die folgenden Hinweise sollen einige Hilfestellungen geben.

Wenn man einen Messwert als falsch erkennt, liegt es nahe, ihn zu korrigieren. Für den Auswertenden entsteht aber ein Konflikt: Die Durchführung einer Korrektur ist ein unerlaubter Eingriff in einen Datenbestand, aber das Weiterarbeiten mit Messwerten, die mit Sicherheit oder mit an Sicherheit grenzender Wahrscheinlichkeit falsch sind, verstößt gegen jede Vernunft. Eine mögliche Verhaltensweise in diesem Konflikt besteht darin, im konkreten Fall den alten Datenbestand als „Version 1“ zu speichern bzw. zu archivieren, mit einer zweiten Version der Daten die Korrektur durchzuführen und sie im jeweiligen Datensatz (z. B. in einem Memo-Feld einer Datenbankdatei oder auch mit Tinte am Rand eines Analysenblattes) ausführlich zu protokollieren, zu begründen und mit Datum und Unterschrift abzuzeichnen. Diese Vorgehensweise trägt der Tatsache Rechnung, dass Analysenwerte zum Zeitpunkt einer möglichen Korrektur vielleicht schon ein „Eigenleben“ entwickelt haben, beispielsweise in Statistiken der Überwachungsbehörde. Es wird Fälle geben, in denen die Empfänger von Analysen in geeigneter Weise von solchen Korrekturen benachrichtigt werden müssen. Folgende Ausreißerprobleme sind beispielsweise zu berücksichtigen:

- *Nullen:* Es kann vorkommen, dass Ausreißer dadurch entstehen, dass ein nicht gemessener Analysenwert als null interpretiert wird. Auf dieses Problem wurde im Abschn. 1.8 („Angabe von Analysenergebnissen“) näher eingegangen.
- *Unterdrückung von Zusatzzeichen:* Durch Unterdrücken oder Vergessen des Zeichens „<“ kann aus einer nicht nachweisbaren Konzentration eine bedenkliche Verschmutzung werden.
- *Dezimalstellenfehler:* Solche Fehler können als Schreibfehler oder durch Verwechseln von Einheiten entstehen. Es gilt:

Konzentration:	1 mg/l	=	1000 µg/l
Spektraler Absorptionskoeffizient:	$1\ cm^{-1}$	=	$100\ m^{-1}$
Leitfähigkeit:	1 mS/m	=	10 µS/cm

- *Verwechseln von Einheiten:* Es kann leicht die Plausibilität dafür geprüft werden, dass eventuell molare Konzentrationen mit Massenkonzentrationen verwechselt wurden. Sonderfälle davon sind die Verwechslung der Basekapazität bis pH 8,2 (mmol/l) mit der Massenkonzentration von freiem CO_2 (mg/l) oder der Säurekapazität bis pH 4,3 (mmol/l) mit der Karbonathärte (°dH) oder mit der Massenkonzentration von Hydrogencarbonat (mg/l).
- *Verwechseln von Proben:* Das darf nicht passieren, kommt aber trotzdem vor. Wenn beispielsweise bei der Eisenkonzentration ein Ausreißer nach unten im Rohwasser mit einem Ausreißer nach oben im Reinwasser zeitlich zusammenfällt, liegt der Verdacht nahe, dass Roh- und Reinwasserprobe verwechselt wurden. Die Verwechslung muss natürlich für alle Parameter plausibel sein.
- *Ungelöste Wasserinhaltsstoffe:* Das Problem „ungelöste Wasserinhaltsstoffe“ ist bereits in Abschn. 1.10 angesprochen worden. Die analytische Erfassung ungelöster Stoffe (z. B. von Eisenoxiden) kann erwünscht sein, z. B. bei der Untersuchung des Problems „braunes Wasser“, aber auch zu unsinnigen Ergebnissen führen, z. B. bei der Untersuchung von Proben aus verockerten (durch Eisenoxide verschlammten) Grundwassermessstellen. Problematisch ist auch die Erfassung ungelöster Anteile der Deckschicht von Bleileitungen bei der Untersuchung von Wasserproben auf Blei. Hier sind Wiederholungsmessungen unumgänglich.
- *Probenahme- und Analysenfehler:* Ein bemerkenswerter Fall bestand darin, dass eine Phosphatkonzentration von über 100 mg/l gemessen wurde, weil

die Probe in einem zu geringen Abstand von einer Phosphatdosierstelle entnommen worden war. Sauerstoffkonzentrationen um 20 mg/l in Proben aus Grundwassermessstellen können dadurch entstehen, dass eine Tauchpumpe Luft zieht. Im Übrigen ist die Zahl möglicher Fehler nahezu unbegrenzt. Sie lassen sich, wenn überhaupt, nur durch Wiederholungen eliminieren.

- *Werkstoffeinflüsse:* Eine Überschreitung des Grenzwertes für polyzyklische aromatische Kohlenwasserstoffe (PAK) wurde beobachtet, nachdem in einem Brunnen teerhaltige Anstrichmittel verwendet worden waren. Erhöhte Blei- und Cadmiumkonzentrationen ergaben sich durch die Verwendung verzinkter Steigleitungen in einem Brunnen mit „aggressivem" Wasser (Zink aus Feuerverzinkungsanlagen enthält Blei als Legierungskomponente und möglicherweise Spuren von Cadmium, das bei schneller Korrosion des Zinks die analytische Bestimmungsgrenze überschreiten kann). Eine erhöhte Bleikonzentration wurde durch eine neue PVC-Leitung im Rohwasserbereich eines Wasserwerks verursacht (das PVC enthielt Bleiverbindungen als Stabilisatoren).
- *Rechenfehler:* Irren ist menschlich. Wenn man Daten mit dem PC verarbeitet, sucht man für einen eventuell auftretenden Fehler die Ursache zunächst bei sich selbst, und hier findet man sie dann auch meist. Es kommen jedoch, wenn auch selten, Fälle vor, die man nur durch fehlerhaftes Arbeiten des PC bzw. seiner Software erklären kann, ohne dass es zu dramatischen Systemabstürzen gekommen sein muss. Auch gegenüber solchen Fehlern muss man, so selten sie auch sind, wachsam bleiben.

1.12 Umgang mit Kundenreklamationen

Die Bearbeitung von Kundenreklamationen findet in einem Spannungsfeld statt, das durch die Begriffe „Kundenfreundlichkeit", „Firmenimage", „Wirtschaftlichkeit" und „Anforderungen des Gesetzgebers und der Aufsichtsbehörden" gekennzeichnet ist. Dieses Spannungsfeld ist nicht Gegenstand dieses Buches.

Was hier ausgedrückt werden soll, ist die Tatsache, dass eine sorgfältige Erfassung und Auswertung von Kundenreklamationen außerordentlich nützlich sein kann. Tabelle 1.2 zeigt ein Beispiel für eine Zusammenfassung von Kundenreklamationen, aufgeschlüsselt nach unterschiedlichen Reklamationskriterien. Das Beispiel stammt von einem realen Versorgungsunternehmen.

Aus dem Reklamationsprofil lassen sich in diesem Beispiel ganz unmittelbar die folgenden Schlüsse ziehen: Der hohe Anteil von Meldungen braunen Wassers bei gleichzeitig niedrigem Anteil von Reklamationen, die eindeutig auf die Hausinstallation zurückgeführt werden konnten, lässt vermuten, dass das Rohrnetz zu einem beträchtlichen Anteil aus älteren Graugussleitungen besteht, die keinen wirksamen Korrosionsschutz besitzen. Solche Leitungen wurden vorzugsweise in größeren Städten vor dem Jahre 1950 verlegt. Das braune Wasser entsteht ganz

Tab. 1.2 Parameter von Kundenreklamationen in Prozent. Anzahl der im Testzeitraum erfassten Reklamationen: 1732; Anzahl der erfassten Parameternennungen: 2070.

Reklamationsparameter	Anteil (%)
Braunes Wasser	62,0
Geruchs- und Geschmacksprobleme	10,0
Ungerechtfertigt oder aus anderem Versorgungsgebiet	9,2
Verschiedenes	6,8
Ursache: eindeutig Hausinstallation!	4,3
Biofilmprobleme, Pilzwachstum in Feuchträumen	2,1
Korrosionsprobleme außer braunem Wasser	1,9
Gesundheitliche Begründungen	1,6
Beanstandungen der Härte, Kalkablagerungen	1,3
Tiere (Wasserasseln, Ruderfußkrebse)	0,3
Chlorgeruch	0,3
Bleileitungen, Bitte um Bleianalyse	0,2

überwiegend als Folge der Stagnation des Wassers, z. B. in Endsträngen (siehe Abschn. 3.4.9 „Sauerstoff und Leitungsmaterialien"). Die Bildung braunen Wassers wird durch hohe Neutralsalzgehalte (z. B. durch hohe Sulfatkonzentrationen) begünstigt, die daher ebenfalls vermutet werden dürfen. Freies Chlor enthielt das Wasser innerhalb des erfassten Testzeitraums offenbar nur im Ausnahmefall, beispielsweise nach Reparaturarbeiten. Der Beginn des Testzeitraums kann nicht vor 1986 gewesen sein, da im Jahre 1985 eine groß angelegte Medienkampagne gegen die Verwendung von Blei als Werkstoff für Wasserrohre stattgefunden hat. Der Anteil von Kundenanfragen zu diesem Thema müsste bei einem Beginn des Testzeitraums vor 1986 deutlich höher gewesen sein.

Der eigentliche Wert der erfassten Daten erschließt sich dann, wenn man sie auf räumliche und zeitliche Strukturen untersucht. Für das Problem des braunen Wassers können auf diese Weise z. B. Antworten auf die folgenden Fragen gefunden werden: Gibt es eine Korrelation der Meldungen mit der Anzahl der Rohrnetzarbeiten bzw. mit der Jahreszeit? Gibt es einen langfristigen Trend, der sich den kurzfristigen Schwankungen überlagert? Welchen Einfluss hat eine Änderung der Wasseraufbereitung, z. B. der Beginn einer Phosphatdosierung oder die Zumischung eines anderen Wassers? Konzentrieren sich die Meldungen auf bestimmte Stadtteile oder Straßenzüge, in denen eventuell eine Leitungssanierung erforderlich ist?

Eine Kundenreklamationsdatei (Datenbank) sinnvoll zu führen ist nicht ganz einfach. Alle Stellen eines Unternehmens, die Kundenreklamationen annehmen, müssen Zugriff auf diese Datenbank haben, oder es muss auf andere Weise sichergestellt werden, dass alle Reklamationen erfasst werden. Die Datenbank braucht nicht auf die statistische Auswertung der Reklamationsgründe beschränkt zu werden, sondern kann auch als Arbeitsgrundlage verwendet werden. Sie kann beispielsweise Information enthalten über Bearbeiter, Befunde vor Ort, Probenahmen, Vergleichsprobenahme am Wasserzähler, Analysenergebnisse, Art der Bearbeitung (telefonisch, Kundenbesuch ...), Fahrstrecke, Zeitaufwand und vieles mehr.

Einigung muss darüber erzielt werden, wie „Massenreklamationen“ behandelt werden, wie sie beispielsweise nach einem Rohrbruch das Unternehmen erreichen. Man kann sie als eine einzige Reklamation zählen, weil es sich nur um eine einzige Ursache handelt, man kann aber auch jede Reklamation zählen, weil die Anzahl der Reklamationen während einer solchen Störung Aufschluss darüber geben kann, wie schwerwiegend diese Störung von den Kunden empfunden wurde. Für beide Vorgehensweisen gibt es gute Gründe, wichtig ist jedoch, dass eine festgelegte Vorgehensweise beibehalten wird.

Der Autor empfiehlt, die Erfassung von Kundenreklamationen ernst zu nehmen, weil sie im Zusammenhang mit meist sehr kostenintensiven Maßnahmen der Entscheidungsfindung dient. Natürlich sind Reklamationen etwas höchst Subjektives. Weil Naturwissenschaftler und Techniker dazu neigen, nur objektive Kriterien anzuerkennen, sei hier ausdrücklich betont, dass Kundenreklamationen gerade deswegen, weil sie subjektiv sind, für ein Versorgungsunternehmen einen unschätzbaren Wert haben. Anders als im Kontakt zum Kunden können kritische Versorgungssituationen nicht oder nur mit großem Aufwand festgestellt werden.

Im Übrigen gilt: der Gegenbegriff zur Kundenreklamation ist die Kundenzufriedenheit. In einer Zeit wegbrechender Versorgungsmonopole ist diese besonders wichtig.

1.13 Datenverarbeitung, Datensicherung

Die Übermittlung von Daten an die oberste Landesbehörde wird in den Fassungen der Trinkwasserverordnung vom Mai 2001 und danach folgendermaßen geregelt:

„Die zuständige oberste Landesbehörde kann bestimmen, dass die Angaben auf Datenträgern oder auf anderem elektronischen Weg übermittelt werden und dass die übermittelten Daten mit der von ihr bestimmten Schnittstelle kompatibel sind.“ Adressaten dieser Bestimmung sind zunächst die Gesundheitsämter. Es ist jedoch davon auszugehen, dass diese daran interessiert sind, ihrerseits die Daten in einem Format zu erhalten, das mit der erwähnten Schnittstelle kompatibel ist.

1.13.1 Allgemeines

Die Datenmenge wächst. Diese Aussage trifft für den Wasserchemiker in mehrfacher Hinsicht zu. Es wachsen die Untersuchungshäufigkeit, die Anzahl der Parameter und die Zahl der Probenahmestellen. Nicht zuletzt wächst der insgesamt erfasste Datenbestand jedes Jahr um einen „Jahrgang“, da alte Daten nicht vernichtet werden sollen. Oft sind gerade die besonders alten Daten von unschätzbarem Wert, da sie dazu beitragen, langfristige Entwicklungstendenzen besser zu erkennen und zu verstehen.

Die Archive von Versorgungsunternehmen, die auf eine längere Geschichte zurückblicken können, bergen interessantes Anschauungsmaterial über die Entwicklung der Datendokumentation:

- Im 19. Jahrhundert wurden die bakteriologischen und chemischen Befunde mit Tinte und Feder in Schönschrift zu Papier gebracht.
- Im Jahre 1842 wurde das Lichtpausverfahren erfunden und 1872 in den USA eingeführt. Nach Einführung dieses Verfahrens in Deutschland ging man dazu über, die Daten mit Tusche und Schablone auf Transparentpapier zu übertragen. Dies bedeutete insofern einen Meilenstein in der Datenverarbeitung, als mit geringem Aufwand beliebig viele „Blaupausen" hergestellt werden konnten.
- Das 1938 erfundene elektrostatische Kopierverfahren, bekannt unter dem Namen „Xerox-Verfahren", machte den Nutzer in der Wahl der Schreibtechnik unabhängiger.
- Seit etwa 1985 wird die elektronische Datenverarbeitung (EDV) genutzt. Damit stiegen die Möglichkeiten der Datenverarbeitung in kürzester Zeit fast explosionsartig an.

In der Zwischenzeit ist die Datenverarbeitung zu einem alltäglichen Werkzeug geworden, das hier nicht mehr kommentiert werden muss. Einige Hinweise seien trotzdem erlaubt:

Die Kosten für digitale Speichermedien haben in den vergangenen 20 Jahren eine Entwicklung genommen, die der Autor auf der Grundlage eigener Notizen in der Grafik „Kostenentwicklung digitaler Speicher.pdf" (Website, Ordner „VERSCHIEDENES") dargestellt hat. Diese Entwicklung hat dazu geführt, dass die Datensicherung kein Kostenfaktor mehr ist. Die geringen Speicherkosten sind die Voraussetzung dafür, dass die Datensicherung durch Mehrfachabsicherung praktisch beliebig zuverlässig gemacht werden kann. Nicht ohne Grund werden inzwischen ganze Bibliotheken digitalisiert. Neben der höheren Sicherheit ergeben sich mit der Digitalisierung weitere Vorteile. Insbesondere wird der Zugriff auf die Daten wesentlich erleichtert (das gilt auch für unerwünschte Zugriffe, vor denen man sich schützen muss).

Es ist zu berücksichtigen, dass Festplatten einem Verschleiß unterliegen. Daher wird der Ersatz einer Festplatte in einem PC von den Softwareherstellern nicht als Verletzung der Lizenzbedingungen bewertet. Über die „Lebenserwartung" von Festplatten können die Herstellerfirmen statistische Aussagen machen; die Lebenserwartung einer bestimmten Festplatte lässt sich aber nicht vorhersagen. Moderne Festplatten sind auf 500 000 Betriebsstunden und 50 000 Einschaltzyklen ausgelegt; sie können aber mit einer Wahrscheinlichkeit, die größer als null ist, sehr viel früher zu Schrott werden. Manche Spezialisten raten daher, besonders wichtige Festplatten nach drei Jahren gegen neue Platten auszutauschen und die alten zu weniger wichtigen Zwecken zu verwenden.

Anmerkung

Moderne Festplatten registrieren ihr eigenes „Wohlbefinden" mit der Technologie S.M.A.R.T (Self-Monitoring, Analysis and Reporting Technology). Es existiert Software (Freeware), mit der die S.M.A.R.T-Daten ausgelesen werden können (z. B. diskinfo.exe, speedfan.exe und andere). Informationen erhält man über die Zahl der Betriebsstunden und der Einschaltzyklen sowie über die aktuelle Betriebstemperatur (mit steigender Temperatur verkürzt sich die Lebenserwartung). Wichtig sind auch in der Spalte „Raw" die Angaben für „Reallocate sector count", also die Zahl der Sektoren, die verlegt werden mussten. Stets wird auch eine pauschale Beurteilung abgegeben, z. B. als „Fitness" und „Performance" oder einfach als Hinweis „Gut".

2
Wassertypen, Identifizierung von Wässern

Schon als Kind lernt man, unterschiedliche Wassertypen zu unterscheiden. Unterscheidungsmöglichkeiten ergeben sich zwanglos aus den unterschiedlichen Positionen der Wässer im Wasserkreislauf und durch unterschiedliche Nutzungsarten. Wie bereits in der Einleitung erwähnt, sind das Trinkwasser und die zu seiner Gewinnung verwendeten Rohwässer ein Schwerpunkt dieses Buches. Davon unabhängig sollen hier alle Wassertypen mit den wichtigsten ihrer Eigenschaften aufgeführt werden. Wer sich ausführlicher über Wasser und Abwasser informieren möchte, sei auf die Fachliteratur verwiesen.

Die Identifizierung eines Wassers bzw. die Bestimmung seiner Herkunft gehört zu den ausgesprochen häufigen Aufgaben des Wasserchemikers. Die damit zusammenhängenden Fragen werden am Ende dieses Abschnitts erörtert.

2.1
Destilliertes (vollentsalztes) Wasser

Die Herstellung von „chemisch reinem“ Wasser ist sehr aufwendig und nur für den Naturwissenschaftler interessant, der die Eigenschaften des Wassers unabhängig von möglichen Inhaltsstoffen untersuchen möchte. Von reinstem Wasser ist beispielsweise bekannt, dass es eine elektrische Leitfähigkeit von 0,042 µS/cm besitzt, „normales“ destilliertes Wasser eine solche von 0,5–5 µS/cm. Reinstes Wasser besitzt einen pH-Wert bei 25 °C von 7,0. Die pH-Werte von normalem destilliertem Wasser sind meist deutlich niedriger. Diese Unterschiede werden hauptsächlich durch CO_2 aus der Atmosphäre verursacht.

Das reinste Wasser, das üblicherweise in Laboratorien hergestellt und benutzt wird, ist das „bidestillierte“ Wasser, das durch doppelte Destillation aus einer Quarzapparatur gewonnen wird. Das Destillat aus Quarzapparaturen wird mit einer möglichst hohen Temperatur aufgefangen, um die Auflösung von Gasen der Atmosphäre so gering wie möglich zu halten. Bidestilliertes Wasser enthält keine Komponenten, die aus Geräteglas herausgelöst werden können, insbesondere kein Natrium, Calcium oder Bor. Das Überdestillieren von wasserdampfflüchtigen organischen Substanzen soll dadurch zurückgedrängt werden, dass man zur ersten Destillationsstufe Kaliumpermanganat hinzugibt, das die organischen

Wasseranalysen – richtig beurteilt, 4. Auflage. Walter Kölle.
© 2017 WILEY-VCH Verlag GmbH & Co. KGaA. Published 2017 by WILEY-VCH Verlag GmbH & Co. KGaA.

Substanzen durch Oxidation eliminieren soll. In Glasflaschen ist bidestilliertes Wasser gegen organische Substanzen und gegen das Eindringen der Atmosphärengase geschützt, in Kunststoffflaschen gegen anorganische Komponenten aus dem Glas.

Normales destilliertes Wasser enthält Sauerstoff, Stickstoff und CO_2. Organische Substanzen, die mit dem Wasser überdestillieren, können ebenfalls vorhanden sein. Darüber hinaus können Werkstoffe, mit denen das Wasser in Kontakt kommt, Komponenten an das Wasser abgeben. Ionenaustauscheranlagen halten darüber hinaus auch bestimmte polare organische Stoffe nicht zurück. Gegen Ende der Betriebsphase einer Ionenaustauscheranlage entsteht auch ein „Schlupf" für anorganische Komponenten, insbesondere Kieselsäure.

2.2 Regenwasser

Die Beschaffenheit von Regenwasser ist von so vielen Faktoren abhängig, dass die Durchführung von Messungen, die allgemein gültigen Charakter haben sollen, unmöglich oder zumindest außerordentlich schwierig ist. Entsprechend schwierig ist es, verlässliche Information zu diesem Thema zu finden. Ein wichtiger Faktor ist die Beeinträchtigung des Regenwassers durch Emissionen, die der Mensch zu verantworten hat. In Abschn. 2.2.1 werden zunächst die Emissionen angesprochen.

2.2.1 Emissionen in die Atmosphäre

Das Statistische Landesamt Baden-Württemberg präsentiert eine besonders informative Zusammenstellung der Emissionen in diesem Bundesland. In den Tab. 2.1 und 2.2 werden die Emissionen von Schwefeldioxid (SO_2) und von Stickoxid (NO_x) aus der Verbrennung fossiler Energieträger in Baden-Württemberg aufgeführt. Diese Daten sollen stellvertretend einen allgemeinen Eindruck vom technischen Fortschritt bei der Luftreinhaltung vermitteln.

Die beiden Tabellen zeigen, dass die Emissionen von Schwefeldioxid mit besseren Wirkungsgraden zurückgefahren werden konnten als die der Stickoxide. Ferner wird deutlich, dass sich die verschiedenen Emittentengruppen höchst unterschiedlich verhalten. Am erfolgreichsten waren die an den Kraftwerken durchgeführten Maßnahmen.

Die starken Änderungen der Emissionen erschweren eine Auswertung solcher Daten für wasserwirtschaftliche Zwecke.

Tab. 2.1 Schwefeldioxidemissionen aus der Verbrennung fossiler Energieträger in Baden-Württemberg seit 1980, Angabe in 1000 t (nach einer Internetpräsentation des Statistischen Landesamtes Baden-Württemberg).

Jahr	Kraftwerke	Industrie-feuerung	Haushalt	Straßen-verkehr	Sonstiger Verkehr	Gesamtsumme
1980	82,6	104,3	50,0	9,9	2,5	249,3
1985	79,6	71,9	48,1	10,5	1,6	211,7
1986	81,3	68,6	50,4	11,4	1,6	213,3
1987	65,4	60,4	41,1	11,8	1,6	180,3
1988	49,2	56,7	35,7	12,3	1,7	155,5
1989	24,0	50,2	28,8	8,9	1,7	113,6
1990	18,3	52,0	20,2	9,3	1,7	101,4
1991	22,3	38,0	22,2	9,6	1,7	93,8
1992	18,8	31,9	19,8	10,4	1,8	82,6
1993	14,9	29,0	20,1	11,2	1,7	76,9
1994	7,3	25,7	20,0	11,2	1,7	65,9
1995	8,7	25,9	17,2	8,8	1,3	62,0
1996	9,7	21,7	18,6	8,9	1,3	60,1
1997	8,3	20,6	17,8	9,0	1,2	56,9
1998	10,4	19,4	17,2	4,7	0,7	52,3
1999	9,2	20,1	14,8	1,9	0,7	46,8
2000	7,9	16,5	14,1	1,9	0,7	41,0
2001	9,6	15,2	16,6	1,9	0,7	44,0
2002	9,6	14,8	14,7	0,5	0,7	40,3
2003	9,3	13,5	13,4	0,5	0,3	37,0
2004	9,8	16,1	11,2	0,1	0,3	37,4
2005	10,1	16,8	10,0	0,1	0,4	37,4
2006	10,2	20,9	10,6	0,1	0,4	42,1
2007	9,5	20,3	6,5	0,1	0,4	36,8
2008	8,8	20,7	9,3	0,1	0,4	29,2
2009	7,4	17,6	8,1	0,1	0,3	33,5
2010	8,0	17,6	8,3	0,1	0,3	34,3
2011	7,9	17,4	7,8	0,1	0,3	33,5
2012	8,1	15,3	7,7	0,1	0,3	31,6
2013	9,8	10,0	8,2	0,1	0,3	28,3

2.2.2 Beschaffenheit des Regenwassers

In Tab. 2.3 sind einige Daten zur Beschaffenheit von Regenwasser zusammengestellt. Ein wichtiger Parameter der Regenwasserbeschaffenheit ist der pH-Wert, der zu dem Begriff „saurer Regen" geführt hat. Der pH-Wert von Regenwas-

Tab. 2.2 Stickoxidemissionen, sonst entsprechend Tab. 2.1.

Jahr	Kraftwerke	Industrie-feuerung	Haushalt	Straßen-verkehr	Sonstiger Verkehr	Gesamtsumme
1980	63,9	44,6	18,7	180,9	25,0	333,1
1985	60,0	36,6	19,0	175,5	23,9	315,0
1986	59,0	37,5	20,3	178,4	24,6	319,8
1987	53,0	35,9	18,1	176,7	25,3	309,0
1988	50,8	35,8	21,0	169,1	26,1	302,7
1989	31,7	35,2	18,6	163,9	26,8	276,2
1990	21,8	36,5	16,4	157,3	27,5	259,5
1991	22,6	35,6	17,7	154,9	28,1	258,8
1992	18,3	29,8	17,2	154,3	29,7	249,3
1993	15,9	29,1	17,0	141,5	28,8	232,3
1994	10,1	25,5	16,1	134,9	29,8	216,5
1995	12,1	25,5	16,0	122,2	29,6	205,2
1996	12,5	21,8	18,4	119,5	29,0	201,2
1997	11,3	21,2	17,7	117,9	27,5	195,6
1998	13,0	20,4	17,9	116,7	27,3	195,2
1999	12,1	19,5	16,8	115,2	27,1	190,7
2000	11,5	23,0	16,0	110,7	27,4	188,6
2001	13,7	22,4	17,5	107,6	27,0	188,1
2002	14,3	22,0	15,3	104,1	29,0	184,7
2003	15,2	22,0	14,5	101,2	27,9	180,8
2004	14,3	17,8	13,8	98,7	27,6	172,1
2005	18,6	17,5	14,2	94,5	27,3	172,0
2006	18,0	18,4	14,4	91,3	28,8	171,0
2007	18,0	18,7	11,1	83,4	28,5	159,6
2008	16,5	18,4	13,2	76,5	28,2	152,9
2009	14,7	15,6	12,0	68,8	26,9	138,1
2010	15,2	15,8	12,5	65,7	26,9	136,2
2011	14,7	15,4	11,5	64,1	26,8	132,4
2012	15,4	14,0	11,4	60,7	28,1	129,6
2013	17,5	13,2	12,3	58,6	28,0	129,6

ser und die vom Regenwasser ausgelösten Neutralisierungs- bzw. Pufferungsreaktionen werden in Abschn. 3.3 „pH-Wert, Säure und Lauge in der Umwelt" behandelt.

Tabelle 2.3 zeigt, dass die Beschaffenheit des Regenwassers von zahlreichen Faktoren sehr stark abhängt. Bei den von der Encyclopædia Britannica angegebenen Werten sind die Konzentrationen von Natrium und Chlorid vergleichsweise hoch, sodass der Schluss naheliegt, dass die Messungen in Küstennähe, wahrscheinlich in England, durchgeführt wurden. Die Sulfatkonzentration ist im Vergleich zu den

Tab. 2.3 Daten zur Beschaffenheit von Regenwasser (Konzentrationen in mg/l).

Art	Na	Cl	K	Mg	Ca	SO_4^{2-}	NH_4^+	NO_3^-
a)	1,98	3,79	0,30	0,27	0,09	0,58	–	–
b) a	1,1	1,1	0,26	0,36	0,97	4,2	–	–
b) b	0,2	0,5	0,2	0,2	1,0	3,0	0,2	0,3
b) c	5,1	5,5	–	1,7	4,8	9,2	0,2	1,7
b) d	2,3	3,6	–	1,3	3,2	4,7	–	–
c) a	–	17,5	–	–	–	58,5	13,1	9,3
c) b	–	7,1	–	–	–	30,0	5,0	5,8
c) c	–	3,4	–	–	–	19,8	2,6	2,6
c) d	–	1,7	–	–	–	9,4	1,9	2,0
c) e	–	1,4	–	–	–	7,0	1,6	1,7
c) f	–	1,3	–	–	–	5,8	1,9	1,2
								Entfernung zum Meer, km
d) a	22	49	–	–	–	–	–	0,2
d) b	2,5	4,8	–	–	–	–	–	50
d) c	0,8	2,2	–	–	–	–	–	450
d) d	0,4	0,9	–	–	–	–	–	800
d) e	0,2	0,6	–	–	–	–	–	950
d) f	0,2	0,5	–	–	–	–	–	1250
								Windgeschwindigkeit, m/s
e) a	53,2	–	–	–	–	–		0–2,4
e) b	70,9	–	–	–	–	–		2,5–7,7
e) c	102,3	–	–	–	–	–		> 7,7

a) Ungefähre mittlere Zusammensetzung von Regenwasser. Encyclopædia Britannica (www.britannica.com, April 2000). Zusätzliche Angaben: pH-Wert: 5,7, SiO_2: 0,3 mg/l.

b) Inhaltsstoffe in den Niederschlägen (Mittelwerte, mg/l). a: Regenwasser 1967, b: Niederschläge Mitteleuropa 1961, c: Niederschläge UdSSR 1956, d: Niederschläge NW-Teil der UdSSR 1956. Matthess (1990).

c) Änderung der Konzentration (mg/l) typischer Ionen im Regenwasser mit der Regenhöhe. a: <0,3 mm, b: 0,3–1,0 mm, c: 1,1–3,0 mm, d: 3,1–7,0 mm, e: 7,1–11 mm, f: >11 mm. Sontheimer et al. (1980).

d) Änderung der Konzentration (mg/l) von Natrium und Chlorid im Regenwasser mit der Entfernung zur Küste, 1961. a: Westerland, b: Schleswig, c: Braunschweig, d: Augustenberg, e: Hohenpeißenberg, f: Retz. Matthess (1990).

e) Änderung der Natriumkonzentration (mg/l) im Regenwasser mit der Windstärke bei Nordwestwinden (1962). Matthess (1990).

anderen hier wiedergegebenen Werten sehr niedrig. Man kann davon ausgehen, dass der Messwert relativ jung ist und dass er die zwischenzeitlich durchgeführten Maßnahmen zur Luftreinhaltung („Rauchgasentschwefelung“) widerspiegelt.

Vergleicht man die Konzentrationsangaben von Tab. 2.3 mit der Beschaffenheit anderer Wässer, so ist die Fließzeit des Regenwassers bis zum Probenahmepunkt zu berücksichtigen. Bei Grundwässern, die z. T. ein beträchtliches Alter aufweisen, kann dies zu Schwierigkeiten führen. Insgesamt ist festzustellen, dass die Inhaltsstoffe des Regenwassers einen merklichen Beitrag zum Mineralbestand anderer Wässer leisten, dass aber in den meisten Fällen örtliche anthropogene Einflüsse eine dominierende Rolle spielen.

2.3
See- und Talsperrenwasser

In der Vergangenheit sind mit großem Aufwand Maßnahmen durchgeführt worden, um Abwässer von Seen fernzuhalten, die für die Trinkwasserversorgung genutzt werden. Zu den Maßnahmen zählen der Bau von Ringleitungen und von Kläranlagen für kommunale Abwässer sowie die Fernhaltung von Abfällen der industriellen Produktion, beispielsweise von Ligninsulfonsäuren aus der Zellstoffgewinnung.

Trinkwassertalsperren werden durch Schutzgebiete geschützt. Dennoch bleibt ein wichtiges Problem, nämlich die mögliche Eutrophierung der Talsperre durch Pflanzennährstoffe, von denen im Allgemeinen der Phosphor die Rolle eines Minimumfaktors spielt. Probleme entstehen vor allem dann, wenn Teile des Einzugsgebietes einer Talsperre landwirtschaftlich genutzt werden.

Es gibt sicherlich niemanden, der sich um das Verständnis der in einer Talsperre ablaufenden Vorgänge und um die Optimierung der Aufbereitung von See- und Talsperrenwasser mehr verdient gemacht hätte als Bernhardt (1987a,b, 1996). Die folgenden Argumente wurden überwiegend aus seinem Vorlesungsmanuskript von 1996 übernommen. Danach ist mit den folgenden Auswirkungen der Eutrophierung auf die Wasserbeschaffenheit und die Trinkwassergewinnung zu rechnen:

- Bildung großer Mengen partikulärer organischer Substanz, z. B. Phytoplankton, Zooplankton, Bakterien, Pilze (Beeinträchtigung der Filterfunktion, Wiederverkeimung),
- Auftreten algenbürtiger organischer Substanzen (Beeinträchtigung der Flockung und der Desinfektion),
- Abgabe organischer Substanzen im Rahmen des Zellstoffwechsels und beim Absterben der Mikroorganismen (Geruchs- und Geschmacksbeeinträchtigungen),
- Bildung huminartiger biologisch schwer abbaubarer organischer Substanzen im Rahmen des Abbaus der Mikroorganismen im See (mögliche Reaktionspartner des Chlors bei der Bildung von Trihalogenmethanen),
- Entwicklung reduzierender Eigenschaften des Wassers im Bereich der Sediment-Wasser-Grenzschicht (Mobilisierung von Eisen und Mangan durch Reduktion in die zweiwertige Stufe),
- Reduktion von Sulfat zu Schwefelwasserstoff (Störung der Phosphatfestlegung im Sediment),

- Entwicklung von Methan durch unvollständigen Abbau organischer Substanzen unter anaeroben Bedingungen am Gewässergrund,
- zunehmende Konzentration von Nitrit- und Ammoniumionen im Wasser (Störung der Desinfektion, Überschreitung des Grenzwertes für Nitrit),
- Entwicklung von größeren Organismen im Wasserverteilungssystem, z. B. Nematoden, Schwämme und Insektenlarven als Folge des erhöhten Gehaltes an organischen Verbindungen im Trinkwasser.

Die Bereitstellung von Trinkwasser aus einer Trinkwassertalsperre gleicht einem Krieg an zwei Fronten: Zum einen muss die Eutrophierung der Talsperre verhindert werden, indem der Eintrag von Phosphor minimiert wird, zum anderen muss die Trinkwasseraufbereitung hohen Anforderungen genügen und laufend optimiert werden. Das Hauptziel der Aufbereitung ist auf die Entfernung ungelöster Komponenten gerichtet. Die klassische Technik hierfür ist die Flockung mit Aluminiumsalzen mit anschließender Filtration, Entsäuerung und Desinfektion.

Als Forderung an die Zuflüsse in die Talsperre nennt Bernhardt (1996) eine Höchstkonzentration an Gesamtphosphor von 15 µg/l; in der Phosphateliminierungsanlage am Wahnbach, dem Hauptzufluss zur Wahnbachtalsperre, erreicht er eine Phosphorkonzentration von 4 µg/l.

Für das Trinkwasser aus Talsperren fordert Bernhardt (1996):

Trübung:	besser als 0,1–0,2 Formazineinheiten
Chlorophyll:	$\leq$ 0,1 µg/l
Suspendierter organischer Stickstoff:	$\leq$ 2 µg/l
Aluminium und Eisen (als nicht eliminierter Anteil von Flockungsmitteln):	jeweils $\leq$ 0,02 mg/l
Gelöster organischer Kohlenstoff:	< 1 mg/l

Davon unabhängig gelten natürlich alle sonstigen Anforderungen an Trinkwasser, insbesondere diejenigen der Trinkwasserverordnung.

Für Seen, die nicht ausschließlich der Trinkwasserversorgung dienen, gelten die vorstehenden Ausführungen vom Grundsatz her ebenfalls, jedoch unter erschwerenden Bedingungen, da sie durch kommunale und zum Teil wohl auch industrielle Abwässer belastet sein können. Solche Belastungen unterlagen in der Vergangenheit ausgeprägten Änderungen, die hauptsächlich durch die technische Entwicklung bedingt waren. Forster und Gammeter (1999) schildern einen interessanten „Lebenslauf" des Zürichsees im Hinblick auf seine mikrobielle Beschaffenheit und seine Phosphatbelastung über einen Zeitraum von 70 Jahren. Abbildung 4.15 in Abschn. 4.4.4 „Phosphat" gibt diesen „Lebenslauf" als Grafik wieder.

2.4 Grundwasser

Bei der Diskussion der Grundwasserbeschaffenheit kann man zwei Extrempositionen einnehmen. Die eine Position lautet: „Die Grundwasserbeschaffenheit wird ausschließlich durch die Stoffanlieferung aus Regen und Boden (unter Einbeziehung eventuell ablaufender Redoxprozesse) diktiert.“ Für diese Position gibt es gute Argumente. Alle Gesetze und Maßnahmen zum Grundwasserschutz orientieren sich an ihr. Als Modell eignet sich ein Topf: Was oben hineingelangt, findet man unten wieder (eventuell durch Redoxprozesse modifiziert).

Die zweite Position vertritt den folgenden Standpunkt: „Die Grundwasserbeschaffenheit wird ausschließlich durch Wechselwirkungen mit dem Grundwasserleiter diktiert.“ Auch hierfür gibt es gute Argumente, die z. T. sehr alt sind. So schreibt bereits Plinius der Ältere vor nahezu 2000 Jahren: „Tales sunt aquae qualis est natura terrae per quam fluunt“, was so übersetzt werden kann, dass die Beschaffenheit der Wässer ein Spiegelbild der Böden ist, durch die sie fließen. Tatsächlich können Wässer aus salz- oder gipsführenden Schichten Extremkonzentrationen an Natrium und Chlorid bzw. Calcium und Sulfat erreichen, die von der Stoffanlieferung bei der Grundwasserneubildung unabhängig sind. Interessanter ist der umgekehrte Fall, bei dem durch Ionensorptionsreaktionen mineralstoffarme Wässer entstehen, wie sie im Analysenanhang mit den Beispielen 14 und 15 gezeigt werden. Ein geeignetes Modell für Ionensorptionsreaktionen könnte ein Ionenaustauscherfilter zur Vollentsalzung von Wasser sein: Was man unten wiederfindet, hängt ausschließlich von der Füllung des Filters ab. Die Beschaffenheit des oben zufließenden Wassers hat, solange das Filter noch nicht erschöpft ist, keine Auswirkungen auf die Beschaffenheit des Filtrats, sondern (nur) auf die Geschwindigkeit, mit der sich das aktive Material erschöpft (siehe Abschn. 1.3.5 „Sorptionsreaktionen“).

In der Realität schließen sich die beiden Positionen nicht gegenseitig aus, sondern ergänzen sich. Gemeinsam ist beiden Positionen, dass die Beschaffenheit des Grundwasserleiters eine entscheidende Rolle spielt, die bis in die jüngste Vergangenheit oft weit unterschätzt wurde. Für die Praxis interessant ist vor allem die Frage, welche Reaktionen von welchen Reaktionspartnern wie lange aufrechterhalten werden. Im Falle der ersten Position richtet sich das Interesse auf die Partner von Redoxreaktionen, bei der zweiten Position vor allem auf die mögliche Erschöpfung der Komponenten, welche die Ionensorptionsreaktionen in Gang halten.

2.5 Flusswasser

Für Flusswässer sind die Wasserführung Q (m^3/s), die Konzentrationen c (g/m^3) und die Frachten von Wasserinhaltsstoffen F (g/s) charakteristisch. Für Bestandteile des Wassers, die durch Selbstreinigungsvorgänge nicht beeinflusst werden, gilt grundsätzlich: $F = c \times Q$. Für geogene Inhaltsstoffe gilt näherungsweise, dass die Konzentration konstant, also von der Wasserführung unabhängig ist. Die Fracht steigt dann proportional mit der Wasserführung ($F = f(Q)$). Abwassereinleitungen tendieren dazu, dass die Fracht konstant ist. Die Konzentration verhält sich dann umgekehrt proportional zur Wasserführung ($c = f(1/Q)$).

Abwassereinleitungen mit ungefähr konstanter Fracht können beispielsweise für die Abläufe kommunaler Kläranlagen erwartet werden. Industrieabwässer (z. B. solche aus der Kaliindustrie) sollen oft so eingeleitet werden, dass im Fließgewässer eine bestimmte Höchstkonzentration (z. B. Chlorid) nicht überschritten wird. Die Einhaltung einer solchen Vorgabe erfordert die Möglichkeit, das Abwasser zwischenzuspeichern und entsprechend der Wasserführung zu bewirtschaften.

Kompliziert werden die Verhältnisse bei der Betrachtung organischer Substanzen, bei denen Selbstreinigungsvorgänge berücksichtigt werden müssen (Sontheimer *et al.*, 1980; Gimbel *et al.*, 1980). Weitere potenzielle Störfaktoren sind Abschwemmungen bei Regen und das Ansprechen von Regenüberläufen in der Kanalisation.

Ungelöste Substanzen können in Bereichen des Flusses mit geringer Turbulenz aussedimentieren und sich so über längere Zeit hindurch anreichern. Bei plötzlich steigender Wasserführung werden diese Substanzen aufgewirbelt und mit der „Bugwelle" des Hochwassers mitgerissen.

Die Trinkwassergewinnung kann auf Flusswasser nicht verzichten. Die Arbeitsgemeinschaften der Wasserwerke, die Flusswasser nutzen, haben ein *Europäisches Fließgewässermemorandum zur qualitativen Sicherung der Trinkwassergewinnung* formuliert, das im Herbst 2013 aktualisiert worden ist (Schmidt, 2014). Die beteiligten Arbeitsgemeinschaften vertreten die Gewässerschutz- und Trinkwasserinteressen von über 115 Mio. Menschen in 17 europäischen Ländern. In dem Memorandum werden für zahlreiche Wasserqualitätsparameter Zielwerte angegeben, bei deren Einhaltung eine Trinkwasseraufbereitung mit naturnahen Verfahren möglich ist. Diese Zielwerte werden in den folgenden Kapiteln bei den entsprechenden Parametern angegeben. Pauschale Forderungen gelten für mikrobiell schwer abbaubare Stoffe (1 µg/l je Einzelstoff) und für trinkwassergängige Stoffe (Stoffe, die sich durch naturnahe Verfahren der Trinkwasseraufbereitung nicht oder nur unzureichend entfernen lassen) oder Stoffe, die nicht bewertete Abbau- und Transformationsprodukte bilden (0,1 µg/l je Einzelstoff).

2.6 Wasser in Wasserwerken

Die Ergebnisse eines Vergleichs von Roh- und Reinwässern bei der Trinkwasseraufbereitung können Hinweise zur Plausibilität von Aufbereitungseffekten geben. Sie können von unschätzbarem Wert sein, wenn es darum geht, Fehlfunktionen von Aufbereitungsanlagen oder von Mess- und Steuerelementen aufzudecken. Auch im Zusammenhang mit Entsorgungsfragen können Vergleiche von Roh- und Reinwasser nützlich sein, denn aus den Konzentrationsabnahmen, die bei der Wasseraufbereitung eintreten (z. B. von Eisen, Mangan, Phosphat, organischer Substanz), kann man auf die Menge und die Beschaffenheit der anfallenden Wasserwerksschlämme schließen. Zusammengehörige Roh- und Reinwasseranalysen enthält der Analysenanhang (Analysenbeispiele 20 bis 27).

Der Vergleich von Roh- und Reinwässern ist auf den ersten Blick einfach: Wenn ein Rohwasser gelöste Ionen des Eisens und Mangans enthält und die Wasseraufbereitung einwandfrei funktioniert, dürfen Eisen und Mangan im Reinwasser nicht mehr nachweisbar sein; wenn einem phosphatfreien Wasser Phosphat zugesetzt wird, muss man es im Reinwasser analytisch wiederfinden. Betrachtet man die Vorgänge bei der Wasseraufbereitung aber genauer, dann wird der Vergleich von Roh- und Reinwasser wesentlich komplizierter.

Schon bei der Enteisenung und Entmanganung ändern sich mehr Parameter als nur die Eisen- und Mangankonzentration – notwendigerweise wird auch die Sauerstoffkonzentration beeinflusst. Wegen der bei der Hydrolyse der Oxidationsprodukte frei werdenden Wasserstoffionen werden üblicherweise auch die CO_2- und die Hydrogencarbonatkonzentration sowie der pH-Wert verändert. Hierzu addieren sich die Auswirkungen der Nitrifikation von eventuell vorhandenem Ammonium.

Komponenten des Rohwassers können durch Sorptionsprozesse teilweise, oft sogar sehr weitgehend, eliminiert werden. Besonders auffällig ist dieser Effekt bei Phosphat, sofern es im Rohwasser enthalten ist.

Ein weitverbreitetes Problem besteht dann, wenn das Wasser vor der Abgabe an den Verbraucher einen Reinwasserbehälter passiert. Entsprechend dem Wortlaut der Trinkwasserverordnung muss die Reinwasserprobe „am Ende der Aufbereitung“ entnommen werden. Dies ist logischerweise, vor allem auch aus bakteriologischen Gründen, der Ablauf aus dem Reinwasserbehälter bzw. der Zulauf zu den Netzpumpen. Zur aufbereitungstechnisch bedingten Altersdifferenz zwischen Roh- und Reinwasser addiert sich also eine Zeitspanne, die sich aus dem Behältervolumen und dem Wasserdurchsatz ergibt. Während dieser Zeitspanne können so viele Änderungen eingetreten sein, dass die Vergleichbarkeit von Roh- und Reinwasser infrage gestellt wird. Bei Grundwasserwerken kann beispielsweise die Brunnenkombination geändert worden sein, was oft dramatische Auswirkungen auf die Rohwasserbeschaffenheit hat. Mit einer zeitlich versetzten Probenahme ist diesem Problem nicht sinnvoll beizukommen, da Mischungsvorgänge im Reinwasserbehälter meist unkontrolliert verlaufen und die Probenahme selbst unpraktikabel wird.

Als Lösungsmöglichkeiten ergeben sich die folgenden Optionen:

- bewusster Verzicht auf eine Vergleichbarkeit von Roh- und Reinwasser (nicht empfehlenswert),
- Entnahme einer zusätzlichen Reinwasserprobe am Einlauf in den Reinwasserbehälter (zuverlässigste Option),
- Absprache zwischen dem analytischen Laboratorium (Probenehmer) und dem Versorgungsunternehmen mit dem Inhalt, dass während der kritischen Zeitspanne betriebliche Eingriffe nach Möglichkeit unterbleiben. Solche Absprachen sind grundsätzlich sinnvoll. Die Vergleichbarkeit kann allerdings trotzdem infrage gestellt sein, wenn z. B. bei der Nutzung von Oberflächenwasser Änderungen der Rohwasserbeschaffenheit eintreten, die nicht betrieblich bedingt sind.

Der Wert von paarweise durchgeführten Roh- und Reinwasseranalysen kann anhand der Analysenbeispiele 24 und 25 verdeutlicht werden:

Das Rohwasser wird einer Teilentcarbonisierung mit Kalkhydrat unterworfen. Die Konzentration des Calciums sinkt dabei von 238 auf 104 mg/l. Die Differenz von 134 mg/l Calcium kommt durch die folgende Reaktion zustande:

$$Ca(HCO_3)_2 + Ca(OH)_2 \rightarrow 2CaCO_3 + 2H_2O$$

Für jedes Millimol Härtedifferenz werden 1 mmol Kalkhydrat benötigt und 2 mmol Kalk erzeugt. Zusätzlich wird 1 mmol/l Kalkhydrat benötigt, um nach der Gleichung:

$$CO_2 + Ca(OH)_2 \rightarrow CaCO_3 + H_2O$$

die Konzentration der freien Kohlensäure um 1 mmol/l zu erniedrigen, wobei 1 mmol/l Kalk erzeugt wird.

Ohne Berücksichtigung der freien Kohlensäure entsteht bei der Elimination von 134 mg/l Calcium eine auf den Liter bezogene Kalkmasse von 670 mg (Kalkhydratbedarf: 248 mg/l). Durch die Erniedrigung der CO_2-Konzentration um 65,4 mg/l werden je Liter weitere 149 mg Kalk erzeugt (zusätzlicher Kalkhydratbedarf: 110 mg/l). Bei einer Wasserförderung von 1 000 000 m^3 pro Jahr entstehen jährlich insgesamt 819 t Kalk, für die entsprechend der Abfallgesetzgebung nach Möglichkeit Abnehmer zu suchen sind. Insgesamt sind jährlich 358 t Kalkhydrat einzusetzen. Das Rohwasser enthält Eisen und Mangan, die bei der Aufbereitung entfernt werden. Wenn diese beiden Metalle vollständig in das Calciumcarbonat eingebunden werden, enthält das entstehende Produkt 0,25 % Eisen und 0,08 % Mangan, welche die Einsatzmöglichkeiten des Produkts möglicherweise einschränken.

2.7
Wasser in Hallenbädern

Die Beschaffenheit von Wasser in Hallenbädern wird durch die folgenden Faktoren beeinflusst:

- Verschmutzung durch stickstoffhaltige Ausscheidungen der Badegäste. Ein Teil wird als Stickstoff eliminiert, ein kleiner Teil tritt als Ammonium in Erscheinung (und kann durch freies Chlor weiteroxidiert werden), und ein weiterer Teil kann beim Einsatz von Ozon zu Nitrat oxidiert werden.
- Die Belastung mit organischen Substanzen nimmt tendenziell zu. Der Konzentrationsanstieg ist allerdings meist gering, da die Kombination von Flockung und Oxidation bzw. Desinfektion einen stärkeren Anstieg verhindert.
- Anreicherung der nicht eliminierbaren Komponente von Flockungsmitteln. Dabei kann es sich um Sulfat (aus Aluminiumsulfat), Chlorid (aus Produkten auf der Basis von Aluminiumchlorid) und um Natriumionen (aus Natriumaluminat) handeln.

- Anreicherung von Chlorid aus dem Einsatz von Desinfektionsmitteln auf Chlorbasis. Beim Einsatz von Chlorbleichlauge würden sich auch Natriumionen anreichern.
- Austausch von Badewasser gegen Frischwasser.

2.8 Abwasser

Die Vorsilbe „Ab-" macht – rein sprachlich gesehen – aus Wasser Abwasser und befördert es dadurch in den gleichen Topf, in dem sich auch andere negativ besetzte Begriffe befinden wie beispielsweise „Abfall", „Abgas", „Abraum" und „Abwärme". Das Wasser wird als Lebensspender von Dichtern besungen, das Abwasser nicht. Abwasser möchte man möglichst schnell loswerden. Über Abwasser findet man daher kaum belastbare analytische Informationen. Wer detaillierte Information über Abwasser sucht, sollte die Fachliteratur oder die Angaben der Industrieverbände zurate ziehen. Dennoch sollen im Folgenden einige typische Merkmale von Abwässern erörtert werden.

Man kann Abwässer in drei Gruppen unterteilen: Kühlwasser, Industrieabwasser und kommunales Abwasser. Kühlwasser spielt eine Sonderrolle wegen der großen Mengen bei gleichzeitiger niedriger Verschmutzung, Industrieabwasser wegen der großen Vielfalt an unterschiedlichen Schmutzstoffen und kommunales Abwasser wegen der latenten Seuchengefahr bei einem etwaigen Kurzschluss auf die Trinkwasserseite.

2.8.1 Kühlwasser

Bei der „Durchlaufkühlung" wird das aus einem Fließgewässer entnommene Wasser durch das Kühlsystem eines Kraftwerks oder einer anderen Industrieanlage geleitet und danach mit erhöhter Temperatur wieder in das Fließgewässer eingeleitet. Die Temperaturerhöhung kann sich ungünstig auf das Leben im Fluss auswirken, vor allem deshalb, weil dadurch die Löslichkeit von Sauerstoff (und damit die Sauerstoffkonzentration) im Wasser erniedrigt wird. Wird das Kühlwasser über einen Kühlturm im Kreislauf geführt, wird nur ein gewisser Prozentsatz des durch Verdunstung aufkonzentrierten Kühlwassers abgeleitet. Die Wärmebelastung für das Gewässer verringert sich dadurch deutlich, dafür geht durch Verdunstung Wasser verloren, und die Wasserinhaltsstoffe werden aufkonzentriert.

Die Kapazität eines Flusses zur Aufnahme von Abwärme ist ein äußerst wertvolles Gut, um das Fischer, Umweltschützer, Kraftwerksbetreiber und Industriebetriebe konkurrieren, zum Teil auch heftig streiten. Um den Fischbestand eines Fließgewässers nicht zu gefährden, sollen Gewässer eine Temperatur von 28 °C nach Möglichkeit nicht überschreiten. Daraus können „Wärmelastpläne" abgeleitet werden. Die einfachste Regelung könnte darin bestehen, dass Kühlwasser nur mit einer maximalen Temperatur von 28 °C in einen Fluss eingeleitet werden darf. In der Regel wird auf der Basis der EG-Fischrichtlinie den Wärmeeinleitern in den wasserrechtlichen Erlaubnisbescheiden ein Wärmekontingent zugeteilt, das von der Wasserführung abhängig gemacht wird.

Zu beachten ist, dass von der gesamten Wassernutzung in der Bundesrepublik ein Anteil von 64 % auf den Kühlwasserbedarf der Wärmekraftwerke entfällt, dagegen nur 9 % auf die Haushalte (Bezugsjahr: 1995). Wenn in einer Statistik des Wasserverbrauchs das Kühlwasser enthalten ist, dann sollte man das zumindest wissen.

2.8.2 Industrieabwasser

Industrieabwässer zeichnen sich dadurch aus, dass sie so unterschiedlich sind wie die Industrien, aus denen sie stammen. Wo immer das möglich ist, werden Wässer im Produktionsprozess im Kreislauf geführt. Die Anzahl der in Industrieabwässern enthaltenen Stoffgruppen ist in der Regel gering, ihre Konzentrationen dagegen oft sehr hoch. In der Fachliteratur werden acht Industriezweige mit ca. 50 Branchen unterschieden (Hosang und Bischof, 1998). Als Beispiele werden die folgenden Industriezweige herausgegriffen:

Kalibergbau Die Hauptprodukte des Kalibergbaus sind die Düngemittel Kaliumchlorid und Magnesiumsulfat. Das im Gebirge gewonnene Rohprodukt besitzt einen Wertstoffgehalt von 20–35 %. Für den nicht benötigten Rest existieren verschiedene Strategien. Trocken abgetrennter Abfall (hauptsächlich Calciumsulfat und Natriumchlorid) wird als Versatz unter Tage verwendet oder auf Halde gebracht. Der Abfallstoff Magnesiumchlorid kann nur in gelöster Form entsorgt werden, also durch Ableitung in Fließgewässer und durch Versenkung in den Untergrund. Auch die Abraumhalden des Kalibergbaus geben salzhaltiges Wasser („Haldenwasser“) ab. Es gelangt in die Vorfluter. Bis Ende 1991 war die Leine durch Abwässer der Kaliindustrie stark belastet (s. Abschn. 4.4.1 „Chlorid“).

Zellstoffgewinnung Holz und andere Rohstoffe der Zellstoffgewinnung enthalten Cellulose und Lignin. Zur Gewinnung der Cellulose muss das Lignin in Lösung gebracht und dann entsorgt werden. Hierzu werden die Rohstoffe in Druckkesseln bei erhöhter Temperatur und hohem Druck in Gegenwart von Wasser und Chemikalien aufgeschlossen. Das Lignin geht in Lösung. Beim klassischen „sauren Aufschlussverfahren“ mit Calciumhydrogensulfit löst sich das Lignin als Ligninsulfonsäure. Bis zum Jahre 1974 wurden Ligninsulfonsäuren in die Vorfluter abgegeben und haben dort zu extremen Belastungen geführt (s. Abschn. 6.3.2). Heute werden die Laugen aufkonzentriert und verbrannt und liefern dabei Energie.

Metallindustrie Abwässer aus der Metall verarbeitenden Industrie können die folgenden Problemstoffe enthalten: Metalle, Säure, oxidierende Stoffe, die bei der Abwasserbehandlung reduziert werden müssen (Chrom(VI)-Verbindungen), reduzierende Stoffe, die bei der Abwasserbehandlung oxidiert werden müssen (hauptsächlich Cyanid). Bei der Abwasserbehandlung werden daher die folgenden Methoden eingesetzt: Oxidation (hauptsächlich mit chlorhaltigen Oxidationsmitteln), Reduktion (mit Natriumhydrogensulfit), Fällung (mit alkalischen Fällmitteln) und Neutralisation. Galvanikbäder werden möglichst lange benutzt und dabei immer wieder neu auf Sollkonzentration gebracht. Zu entsorgen sind in erster Linie die Spülwässer, die beim Spülen der Werkstücke anfallen.

Eine interessante Rolle spielt das Cyanid. Es bildet mit vielen Metallen extrem stabile Komplexverbindungen. Cyanid eignet sich daher bei der „Cyanidlaugerei" zur Extraktion von Gold aus armen Erzen und bei der elektrolytischen Herstellung von Metallüberzügen als Zusatz in den Galvanikbädern. Diese Bäder dürfen das aufzubringende Metall einerseits in einer hohen Konzentration enthalten, andererseits aber nicht als freie Kationen. Diese Forderung wird durch Cyanid ideal erfüllt. Fatal ist die Tatsache, dass es zu den stärksten Giften zählt (s. Abschn. 5.3.8).

Lebensmittelindustrie Ein gemeinsames Merkmal der Abwässer von Lebensmittelbetrieben besteht darin, dass sie überwiegend organische bzw. biologische Verunreinigungen enthalten, deren Konzentration häufig als BSB_5 angegeben wird. Die Abwasserreinigung ist teilweise vergleichbar mit der Reinigung kommunaler Abwässer. Im Übrigen hängen die Beschaffenheit der Abwässer und die Art ihrer Behandlung sehr stark von der Sparte innerhalb der Lebensmittelindustrie ab (Molkereien, Schlachthöfe, Brauereien, Zuckerfabriken, Stärkefabriken, Öl- und Seifenindustrie ...).

Wasserwerke Als Abwässer fallen in Wasserwerken hauptsächlich Filterspülwässer an. Diese können Eisen(III)-oxidhydrate („Eisenschlamm"), Manganoxide („Manganschlamm"), Aluminiumoxidhydrat und Kalkschlamm enthalten. Die genannten Feststoffe sind oft auch mit organischen Substanzen (Huminstoffen, Algen, Detritus) und anderen Feststoffen (Tonpartikeln) belastet. Für das weitere Schicksal dieser Wässer gibt es verschiedene Alternativen: Abgabe in das Abwassernetz, Sedimentation und Rückführung des Klarwassers in die Wasseraufbereitung oder Abgabe in einen Vorfluter. Für die abgetrennten Feststoffe können häufig Abnehmer gefunden werden: Eisenoxidhydrate können in Kläranlagen und Biogasanlagen zur Geruchsbindung eingesetzt werden. Die Land- und Forstwirtschaft ist für kalkhaltige Schlämme dankbar. Weitere potenzielle Abnehmer von Wasserwerksschlämmen sind Ziegeleien und Zementwerke. Auch für die Rekultivierung von Deponien und Bergbauhalden werden Wasserwerksschlämme verwendet (Wichmann, 2004).

Beim Betrieb von Ionenaustauscher- und Adsorberharzanlagen fallen Regenerierlösungen („Eluate") an, die Säuren, Laugen, Salze und – beim Betrieb einer Adsorberharzanlage – auch Huminstoffe enthalten. Die Entsorgung von Eluaten kann in Einzelfällen zum Problem werden. Dies kann dazu führen, dass der Betrieb einer solchen Anlage nicht genehmigt wird oder wieder aufgegeben werden muss (s. Erläuterungen zu Analysenbeispiel 26/27).

2.8.3 Kommunales Abwasser

Parameter, wie man sie aus der Analytik von Roh- und Reinwässern der Trinkwasserversorgung kennt, werden im Abwasser üblicherweise nicht analysiert. Die Beschaffenheit kommunaler Abwässer wird wesentlich durch die Ausscheidungen des Menschen bestimmt. Von Interesse sind daher alle diejenigen Parameter, mit denen Aussagen über diese Art der Verschmutzung möglich sind:

- *Biochemischer Sauerstoffbedarf (BSB bzw. BSB_5):* Er stellt einen Bezug zur möglichen Sauerstoffzehrung der organischen Substanzen im Gewässer her. Kommunales Abwasser besitzt einen mittleren BSB_5 von 300 mg/l Sauerstoff. Ein Einwohnergleichwert entspricht der täglichen Produktion von Abfallstoffen eines Einwohners. Es handelt sich um eine Rechengröße mit der Dimension „Fracht" (Masse je Zeiteinheit), die auch auf industrielle Abwässer anwendbar ist. Als BSB_5 entspricht ein Einwohnergleichwert einem Bedarf von 60 g Sauerstoff je Einwohner und Tag.
- *Chemischer Sauerstoffbedarf (CSB):* Der CSB (als standardisierte Methode zur Bestimmung Oxidierbarkeit durch Kaliumdichromat) erfasst neben den biologisch abbaubaren auch schwer oder nicht abbaubare organische Substanzen. Der CSB ist eines der Kriterien, nach denen die Abwasserabgabe entsprechend Abwasserabgabengesetz berechnet wird. Der Quotient BSB/CSB ist eine Maßzahl für die Abbaubarkeit einer Substanz bzw. eines Substanzgemischs. Der CSB ist hinsichtlich seines Chemikalienbedarfs unbeliebt. Zunehmend versucht man, ihn durch andere Parameter, insbesondere durch den organischen Kohlenstoff, zu ersetzen.
- *Organischer Kohlenstoff:* Mit dem TOC („Total Organic Carbon") werden die Summe und mit dem DOC („Dissolved Organic Carbon") die gelösten organischen Substanzen als organischer Kohlenstoff erfasst. Der Vorteil dieser beiden Kriterien besteht darin, dass ihre analytische Bestimmung mit einem Minimum an Chemikalien möglich ist.
- *Gesamtstickstoff:* Große Bedeutung haben alle Stickstoffverbindungen: Eiweiß und seine Zersetzungsprodukte, Harnstoff, Ammonium bzw. Ammoniak und eventuell Nitrat. Harnstoff und Ammonium haben bei der Oxidation im Gewässer einen besonders hohen Sauerstoffbedarf, Nitrat kann das Algenwachstum fördern und ist für Trinkwasser mit einem Grenzwert von 50 mg/l belegt. Die Stickstoffverbindungen gelten als „chemische Verschmutzungsindikatoren".
- *Gesamtphosphor:* Was der Landwirt als Phosphordünger verwendet, findet sich, nachdem es den Weg durch den Magen des Konsumenten gefunden hat, im Abwasser wieder (zumindest grundsätzlich). Phosphor ist häufig Mi-

Tab. 2.4 Bemessungsgrößen des Abwasserabgabengesetzes in der Fassung vom 18.01.2005, zuletzt geändert am 11.08.2010 (ohne Schwermetalle).

Schadstoffe	Schadeinheit	Schwellenwert-konzentration	Schwellenwert-jahresmasse
CSB, als O_2	50 kg	20 mg/l	250 kg
Gesamt-N	25 kg	5 mg/l	125 kg
Gesamt-P	3 kg	0,1 mg/l	15 kg
AOX, als Chlor	2 kg	100 µg/l	10 kg
Giftigkeit gegenüber Fischeiern	a)	$G_{EI} = 2$	

a) Schadeinheit für die Giftigkeit gegenüber Fischeiern: 6000 m^3 Abwasser geteilt durch G_{EI}. Die Größe G_{EI} ist der Verdünnungsfaktor, bei dem Abwasser im Fischeitest nicht mehr giftig ist.

nimumfaktor der Eutrophierung, und zwar nicht nur in Gewässern auf dem Festland, sondern oft genug auch im Meerwasser im Küstenbereich.

- *Adsorbierbare organische Halogenverbindungen (AOX, berechnet als Halogen):* Diese Verbindungen sind schlecht abbaubar und hygienisch sowie ökotoxikologisch bedenklich. Sie sind daher eine Berechnungsgröße für die Abwasserabgabe.
- *Schwermetalle:* Zu den wichtigsten Quellen für Schwermetalleinträge in das Abwasser zählen: Metall verarbeitende Betriebe, chemische Laboratorien, auch solche in Schule und Hochschule, Leitungsmaterialien für Trinkwasser sowie Materialien, die im Dachdeckerhandwerk verwendet werden (soweit abfließendes Regenwasser in die Schmutzwasserkanalisation gelangt). Da Schwermetalle nicht abgebaut werden können, entwickeln sie ein „Eigenleben". Sie gelangen zum Teil in den Klärschlamm und stören beim Recyceln des Schlamms als Dünger. Sie sind daher eine Berechnungsgröße für die Abwasserabgabe und für die Weiterverwendung des Klärschlamms.
- *Fischtoxizität:* Ein Abwasser darf, wenn es in die Umwelt entlassen wird, gegenüber der Fauna des Gewässers nicht toxisch sein. Auch dieser Parameter geht in die Berechnung der Abwasserabgabe ein.

In Tab. 2.4 werden die Bemessungsgrößen (ohne Schwermetalle) des Abwasserabgabengesetzes in der Fassung vom 11.08.2010 wiedergegeben. Eine Schadeinheit ist eine auf die Höhe der Abwasserabgabe normierte Masse eines Schadstoffs. Je schädlicher ein Schadstoff eingestuft wird, desto niedriger ist die für ihn geltende Schadeinheit. Schwellenwerte sind Konzentrationen und Jahresmassen, bei deren Überschreitung eine Abwasserabgabe erhoben wird. Tabelle 2.5 zeigt die Rolle der Schwermetalle bei der Bemessung der Abwasserabgabe und bei der Wiederverwendung von Klärschlamm als Dünger entsprechend Klärschlammverordnung.

Tab. 2.5 Bemessungsgrößen des Abwasserabgabengesetzes in der Fassung vom 11.08.2010 und der Klärschlammverordnung vom 24.02.2012 für Schwermetalle (Schadeinheiten; Schwellenwertkonzentration; Schwellenwertjahresmassen; Bodenrichtwerte und Klärschlammrichtwerte, jeweils für leichte Böden in mg/kg Trockensubstanz).

Schadstoffe	Schadeinheit (g)	Schwellenwertkonzentration (µg/l)	Schwellenwertjahresmasse (kg)	Bodenrichtwert (mg/kg)	Schlammrichtwert (mg/kg)
Blei	500	50	2,5	100	900
Cadmium	100	5	0,5	1,5	10
Chrom	500	50	2,5	100	900
Kupfer	1000	100	5	60	800
Nickel	500	50	2,5	50	200
Quecksilber	20	1	0,1	1,0	8
Zink	–	–	–	200	2500

2.9 Meerwasser

Die Weltmeere enthalten $1{,}37 \times 10^9$ km^3 ($1{,}37 \times 10^{18}$ m^3) Wasser. Die wichtigsten Eigenschaften der Ozeane hängen direkt oder indirekt mit der schieren Größe ihres Wasserkörpers zusammen. Beispielsweise diktieren sie den Wärme- und Stoffhaushalt der Erde in entscheidender Weise. Der Salzgehalt des Meerwassers liegt bei 3,5 % mit Schwankungen nach oben bei hoher Verdunstung und nach unten beim landseitigen Einfluss von Süßwasserzuflüssen oder von Gletschereis (Mason und Moore, 1985). Fast alle chemischen Elemente sind in Meerwasser nicht nur nachgewiesen, sondern auch quantitativ bestimmt worden. Aus dem Gesamtvolumen des Meerwassers und der Konzentration eines Elements kann auf dessen Gesamtmasse im Meerwasser hochgerechnet werden. Solche Rechnungen sind zwar wenig hilfreich, vermitteln aber einen Eindruck von der Größe der „Senke Meerwasser".

In diesem Buch wird bei der Besprechung der einzelnen Parameter auf deren Konzentration im Meerwasser Bezug genommen.

2.10 Mineralwässer, Quellwässer, Tafelwässer, Heilwässer

Mineralwässer, Quellwässer und Tafelwässer sind in der Mineral- und Tafelwasserverordnung reguliert. Heilwässer bedürfen zusätzlich einer Zulassung, die durch das Bundesinstitut für Arzneimittel und Medizinprodukte (BfArM) in Bonn auf der Basis eines analytischen, pharmakologisch-toxikologischen und klinischen Sachverständigengutachtens erteilt wird. Für alle hier genannten Wässer gelten strenge hygienische Anforderungen, insbesondere in mikrobiologischer Hinsicht.

Mineralwasser Natürliches Mineralwasser bedarf einer amtlichen Anerkennung. Es muss besondere Anforderungen erfüllen, die zu der Berechtigung führen, als „natürliches Mineralwasser" bezeichnet zu werden. Diese Berechtigung ist gleichzeitig Verpflichtung: Eine andere Bezeichnung ist nicht zulässig. Folgende Anforderungen sind zu erfüllen:

- Es hat seinen Ursprung in unterirdischen, vor Verunreinigungen geschützten Wasservorkommen und wird aus einer oder mehreren natürlichen oder künstlich erschlossenen Quellen gewonnen;
- es ist von ursprünglicher Reinheit und gekennzeichnet durch seinen Gehalt an Mineralien, Spurenelementen oder sonstigen Bestandteilen und gegebenenfalls durch bestimmte, insbesondere ernährungsphysiologische Wirkungen;
- seine Zusammensetzung, seine Temperatur und seine übrigen wesentlichen Merkmale bleiben im Rahmen natürlicher Schwankungen konstant; durch Schwankungen in der Schüttung werden sie nicht verändert.

Aufbereitungsmaßnahmen sind an natürlichem Mineralwasser nur in stark eingeschränktem Umfang zulässig: Entfernung von Eisen, Schwefelwasserstoff und Arsen, Anwendung von mit Ozon angereicherter Luft sowie Änderungen am CO_2-Gehalt. Fluorid darf seit Januar 2008 bis zu einer Konzentration von 5 mg/l vorhanden sein, jedoch müssen erhöhte Fluoridgehalte auf dem Etikett deklariert werden. Die Grenzwerte für natürlich vorkommende Inhaltsstoffe in Mineralwasser sind in Tab. 2.6 aufgelistet.

Quellwasser Es gilt folgende Definition: „Quellwasser ist Wasser, das seinen Ursprung in unterirdischen Wasservorkommen hat und aus einer oder mehreren natürlichen oder künstlich erschlossenen Quellen gewonnen worden ist." Darüber hinaus gelten für Quellwasser im Wesentlichen die gleichen Bestimmungen wie für Mineralwasser.

Tafelwasser ist Wasser, das außer Trinkwasser oder natürlichem Mineralwasser eine oder mehrere der folgenden Zutaten enthält:

- natürliches salzreiches Wasser (Natursole) oder durch Wasserentzug im Gehalt an Salzen angereichertes natürliches Mineralwasser,
- Meerwasser,
- Natriumchlorid,
- Zusatzstoffe nach Maßgabe der Zusatzstoffzulassungsverordnung.

Tafelwasser darf nur so hergestellt werden, dass die in Anlage 2 der Trinkwasserverordnung festgelegten Grenzwerte eingehalten werden. Wenn für Quell- und Tafelwässer mit dem Hinweis auf Eignung für die Säuglingsernährung geworben wird, gelten besonders strenge Grenzwerte, auch für Radioaktivität und für Uran (2 µg/l).

Tab. 2.6 Höchstgehalte an natürlich vorkommenden Bestandteilen in natürlichem Mineralwasser nach der Mineral- und Tafelwasserverordnung vom 01.08.1984, zuletzt geändert am 22.10.2014.

Lfd. Nr.	Bestandteile	Höchstgehalt (mg/l) bis 31.12.2005	ab 01.01.2006	ab 01.01.2008
1	Antimon	0,01	0,0050	0,0050
2	Arsen	0,05	0,010 (gesamt)	0,010 (gesamt)
3	Barium	1	1,0	1,0
4	Blei	0,01	0,010	0,010
5	Borat	30	30	30
6	Chrom	0,05	0,050	0,050
7	Fluorid	–	–	5,0
8	Cadmium	0,005	0,003	0,003
9	Kupfer	–	1,0	1,0
10	Mangan	–	0,50	0,50
11	Nickel	0,05	0,05	0,020
12	Nitrat	–	50	50
13	Nitrit	–	0,1	0,1
14	Quecksilber	0,001	0,0010	0,0010
15	Selen	0,01	0,010	0,010
16	Cyanid	–	0,070	0,070

Heilwasser Die Zulassung eines Wassers als Heilwasser erfolgt beim Bundesinstitut für Arzneimittel und Medizinprodukte (BfArM) in Bonn. Hier sind Qualität, Wirksamkeit und Unbedenklichkeit nachzuweisen. Heilwässer enthalten Inhaltsstoffe in hohen, therapeutisch wirksamen Konzentrationen. Einige Anwendungsgebiete und Konzentrationsrichtwerte sind in Tab. 2.7 aufgeführt. Die (gekürzten) Angaben basieren auf den Ausführungen der „Deutsche Heilbrunnen im Verband Deutscher Mineralbrunnen", Bonn. Ausführliche Angaben findet man auch bei der Deutschen Gesellschaft für Ernährung e. V. (www.dge.de).

2.11 Lagerstättenwasser

Wasser ist ein häufiger Begleiter von Salz-, Öl- und Gaslagerstätten. Je nach Art der Lagerstätte können die folgenden Wasserinhaltsstoffe vorhanden sein: Salze in hoher Konzentration (Chloride von Natrium, Calcium, Kalium und Magnesium), Kohlenwasserstoffe (insbesondere Benzol, Toluol, Xylole und PAK), geogene radioaktive Substanzen (z. B. Radium-226 und Polonium-210) und Metalle (z. B. Blei, Chrom, Nickel, Quecksilber und Zink). Lagerstättenwasser, das bei der Aus-

Tab. 2.7 Anwendungsgebiete für Heilwässer und Konzentrationsrichtwerte (Deutsche Heilbrunnen im Verband Deutscher Mineralbrunnen, Bonn – Angaben gekürzt).

Inhaltsstoff	Richtwert (mg/l)	Anwendungsgebiet
Calcium	über 250	zusammen mit Fluorid: Ausgleich von Calcium- und Fluoridmangel bei Osteoporose
Magnesium	über 100	Vorbeugung gegen Herzrhythmusstörungen und Muskelkrämpfe
Sulfat	über 1200	Obstipation (chronische Verstopfung)
Hydrogencarbonat	über 1300	Säurebindung im Magen bei Überproduktion von Magensäure
CO_2	über 1000	Anregung der Verdauung
Fluorid	über 1	Härtung des Zahnschmelzes

beutung von Lagerstätten anfällt, wird in der Regel dadurch entsorgt, dass es mit Versenkbohrstellen in tiefe geologische Schichten verpresst wird.

2.12 Identifizierung von Wässern

Die Frage, ob und wie Wässer identifiziert werden können, kann in zahlreichen, höchst unterschiedlichen Situationen auftreten. Beispielsweise kann die Verteilung von Wässern unterschiedlicher Herkunft in einem Versorgungssystem Bedeutung erlangen, um Kunden oder Installateurbetriebe zutreffend zu informieren. Schäden, die durch „Wasser an der falschen Stelle“ verursacht werden, bedeuten eine besondere Herausforderung für den Wasserchemiker. Die Sanierung eines Wasserschadens und die Regulierung von Versicherungs- und Gewährleistungsansprüchen setzen die Kenntnis der Ursache voraus, die meist eng mit der Frage nach der Herkunft bzw. Identität des Wassers verknüpft ist. Einige der dabei auftretenden Probleme werden im Folgenden erörtert.

Auftraggeber neigen dazu, die Möglichkeiten des Analytikers zu überschätzen. Es ist an dieser Stelle bereits darauf hinzuweisen, dass Schadensfälle auftreten können, bei denen selbst aufwendige Analysen nichts zur Aufklärung beitragen können.

2.12.1 Unterscheidung individueller Wässer

Reine, individuelle Wässer, also solche, die sich nicht mischen, können mit einem einzigen Parameter unterschieden werden, vorausgesetzt, entsprechende Analysen liegen vor und die Messwertdifferenzen sind größer als die analytischen Ungenauigkeiten. Solange sich die Analysenergebnisse in diesem Sinne eindeutig unterscheiden, unterliegt die Anzahl der mit einem einzigen Parameter unterscheidbaren Wässer keiner Einschränkung.

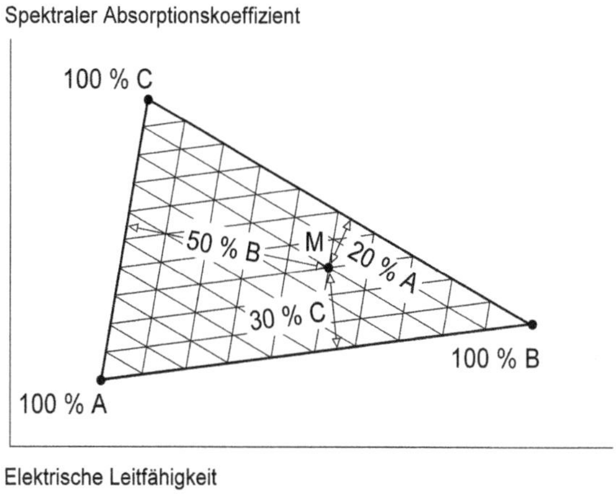

Abb. 2.1 Ermittlung der Zusammensetzung eines Mischwassers im Dreiecksdiagramm.

2.12.2
Identifizierung reiner Wässer in Mischungen

Die folgenden Ausführungen gehen davon aus, dass für jedes der infrage kommenden Wässer jeweils eine Wasseranalyse vorliegt. Zur Identifizierung von Wässern in Mischungen verwende man solche Parameter, die chemisch stabil sind und sich einfach messen lassen, beispielsweise Chlorid, die elektrische Leitfähigkeit und den spektralen Absorptionskoeffizienten. Natürlich müssen sich alle Wässer in allen Parametern hinreichend deutlich unterscheiden. Mischungen aus zwei Wässern erfordern zur Berechnung des Mischungsverhältnisses der Komponenten einen Parameter, solche aus drei Wässern zwei Parameter. Theoretisch können die Komponenten einer Mischung aus n Wässern mit $n - 1$ Parametern identifiziert werden. Bei $n > 3$ beginnt man jedoch den Bereich der Praxistauglichkeit zu verlassen.

Mischungen aus zwei Wässern werden zweckmäßigerweise so behandelt, wie dies in Abschn. 1.9 bereits geschildert wurde. Für die Bearbeitung von Mischungen aus drei Wässern bietet sich eine grafische Option mit dem Dreiecksdiagramm an. Abbildung 2.1 zeigt hierfür ein Beispiel. Es stammt aus der Praxis eines norddeutschen Versorgungsunternehmens und wurde benutzt, um die Mischung von Trinkwässern unterschiedlicher Herkunft im Verteilungssystem zu untersuchen.

2.12.3
Identifizierung von Sickerwässern in Gebäuden

Vergleichsweise häufig tritt der Fall ein, dass in den Kellerbereich eines Gebäudes Wasser eintritt. In Betracht kommen als Ursachen Leckagen von Trink- oder Abwasserleitungen oder auch Leckstellen, durch die Regenwasser oder Grundwasser in das Gebäude eindringen können.

Bei der analytischen Untersuchung solcher Schadensfälle sind die zur Verfügung stehenden Probenvolumina oft so klein, dass die analytischen Möglichkeiten eingeschränkt sind. Trotzdem ist die Gewinnung von Analysenergebnissen oft sehr viel einfacher als ihre Interpretation. Der Autor warnt dringend vor übereilten Schlussfolgerungen. Nach seinen Erfahrungen ist es bestenfalls in besonders günstig gelagerten Einzelfällen möglich, aus den Analysenbefunden eindeutige Rückschlüsse auf die Herkunft des Wassers zu ziehen. Folgende Störfaktoren sind zu berücksichtigen: Bakteriologische Befunde, die auf Abwasser hindeuten, könnten auf den Kontakt von Sickerwasser mit Hundekot zurückzuführen sein, Chlorid- und Natriumkonzentrationen könnten durch Streusalzeinflüsse und Sulfat durch die Auflösung von Gips beeinflusst sein. Der pH-Wert und die Härte können durch den Einfluss von Mörtel und Zement sehr stark verändert werden.

Völlig aussichtslos ist die auf Analysen basierende Zuordnung von Wässern in den Fällen, die mit dem „Prinzip der kommunizierenden Röhren" zu beschreiben sind: An einem Punkt A möge aus einer defekten Leitung Trinkwasser austreten und zu einem Anstieg des Grundwasserspiegels führen. Als Folge davon kann an einem Punkt B Wasser in ein Gebäude eindringen, und zwar das an dieser Stelle vorherrschende Grundwasser, das den Schaden gar nicht verursacht hat. Der Analytiker, der dieses Wasser untersucht und das Ergebnis im Sinne der Schadensursache interpretiert hätte, wäre prompt in die Irre gegangen.

2.13 Sonstige, spezielle Wässer

Als „virtuelles Wasser" bezeichnet man diejenige Wassermenge, die bei der Herstellung eines Produktes insgesamt verbraucht wird. Abschätzungen haben ergeben, dass beispielsweise jede Tasse Kaffee mit 140 l virtuellem Wasser – unter anderem zur Bewässerung von Kaffeeplantagen – erkauft wird.

In den Wasserbars von Restaurants werden neben klassischen Mineral- und Tafelwässern inzwischen auch sehr spezielle Wässer angeboten. Das Hotel Adlon Kempinski, Berlin, bietet auf seiner „Wasserkarte" zurzeit 42 verschiedene Mineralwässer an. Der Autor stieß (nicht im Adlon) unter anderem auf die folgenden Kostbarkeiten: Wässer, die bei Vollmond abgefüllt wurden („Positive Frequenzen"), artesisches Gletscherwasser („Besonderer Genuss") oder Regenwasser aus geschützten Gegenden der Erde („made in heaven").

Ein ganz anderes Phänomen ist die Tatsache, dass Wasser ein besonders beliebtes Zielobjekt von Esoterikern (und wohl auch von Scharlatanen) zu sein scheint. Bestimmte Wässer haben „feinstoffliche Eigenschaften", „positive Frequenzen", „kosmische Energien" oder auch ein „Gedächtnis". Es werden (in alphabetischer Reihenfolge und ohne Anspruch auf Vollständigkeit) angeboten: „Aktivwasser", „belebtes Wasser", „Edelsteinwasser", „energetisiertes Wasser", „Granderwasser", „harmonisiertes Wasser", „hexagonales Wasser", „levitiertes Wasser", „Mondwasser", „rechtsdrehendes Wasser" und „tachyonisiertes Wasser". Korrespondierende englische Begriffe sind beispielsweise: „activated water", „energetic water", „vitalized water", „tachyonized water".

Die in diesem Abschnitt aufgeführten Wässer sind nicht Gegenstand dieses Buches. Wer sich über „esoterische Wässer" informieren möchte, sei beispielsweise auf das Internetlexikon Wikipedia (Stichwort „belebtes Wasser") verwiesen.

3
Physikalische, physikalisch-chemische und allgemeine Parameter

In diesem Abschnitt sind die folgenden Parameter zusammengefasst: Temperatur, elektrische Leitfähigkeit, pH-Wert, Sauerstoff, Kohlenstoffdioxid, Geruch, Färbung, Trübung und einige Parameter, die inzwischen aufgegeben worden sind. Die meisten Parameter dieser Gruppe stehen in einem engen Bezug zu einer der Grundforderungen der DIN 2000: „Trinkwasser soll appetitlich sein und zum Genuss anregen, es soll farblos, klar, kühl, geruchlos und geschmacklich einwandfrei sein." Die aktuelle Fassung der Trinkwasserverordnung vom August 2013 enthält für diese Parameter entweder gar keine Grenzwerte (Temperatur, Sauerstoff) oder Grenzwerte als „allgemeine Indikatorparameter".

Die Messgrößen Temperatur, elektrische Leitfähigkeit, pH-Wert und Sauerstoff können direkt mit elektrischen Messgeräten erfasst werden. Für die Parameter Geruch, Färbung und Trübung (jeweils „qualitativ", d. h. als subjektiver Eindruck) erscheinen in den meisten Analysen die Bezeichnungen „ohne", „kein(e)", „nicht vorhanden", „ohne Besonderheit", „unauffällig" oder ähnliche Formulierungen. Nach DIN 38404, Teil 1 werden für den qualitativen Eindruck die folgenden Kategorien vorgeschlagen:

1. nicht wahrnehmbar;
2. wahrnehmbar;
3. stark wahrnehmbar.

Unabhängig von der qualitativen Aussage können Geruch, Färbung und Trübung auch als Messwert erfasst werden. Die entsprechenden Angaben findet man im Analysenformular meist als gesonderte Parameter. Für den Geruch wird der Geruchsschwellenwert bestimmt, für die Färbung der spektrale Absorptionskoeffizient bei der Lichtwellenlänge 436 nm („SAK 436 nm"), während die Trübung in „Trübungseinheiten Formazin" gemessen wird. Für diese Parameter sind sogar Grenzwerte festgelegt worden.

Geruch, Färbung und Trübung verdienen als qualitative Parameter wesentlich mehr Aufmerksamkeit, als ihnen im Allgemeinen geschenkt wird. Der Grund ist einfach: Diese drei Parameter liegen mit Abstand den meisten Kundenreklamationen zugrunde (siehe Abschn. 1.12 „Umgang mit Kundenreklamationen").

Wasseranalysen – richtig beurteilt, 4. Auflage. Walter Kölle.
© 2017 WILEY-VCH Verlag GmbH & Co. KGaA. Published 2017 by WILEY-VCH Verlag GmbH & Co. KGaA.

3.1 Temperatur

Die Temperatur des Wassers spielt dann eine dominierende Rolle, wenn das Wasser im Kraftwerksbereich als Kühlwasser benötigt wird. In diesem Zusammenhang existieren die Begriffe „thermische Belastung“, „Wärmebelastbarkeit“ und „Wärmelastplan“, die in diesem Buch nicht weiter behandelt werden. In die thermische Belastung geht auch die Wärmeproduktion ein, die mit dem biologischen Abbau organischer Substanzen verbunden ist. Für den gesamten Rhein hat man für die Zeit um 1970 die aus dem Abbau organischer Substanzen resultierende Wärmebelastung auf bis zu 375 MW geschätzt (RWE, 1971).

Der Chemiker betrachtet die Wassertemperatur häufig als weniger wichtig. Die Einhaltung eines Grenzwertes von 25 °C, wie er vorübergehend für Trinkwasser gegolten hat, war nie ein ernstes Problem. Die Aufmerksamkeit, die man der Temperatur schenkt, beschränkt sich hauptsächlich darauf, dass man sie als Bezugsgröße für die Calcitsättigung und die prozentuale Sauerstoffsättigung benötigt.

3.1.1 Temperatur natürlicher Wässer

Talsperrenwässer als Rohwasser zur Trinkwassergewinnung besitzen typische Temperaturen, die in der Nähe von 4 °C liegen, weil das Wasser aus großer Tiefe entnommen wird und das Dichtemaximum des Wassers bei 4 °C (exakt: 3,98 °C für reines Wasser) liegt (Analysenbeispiele 20 und 21). Grundwässer aus geringen bis mittleren Tiefen (bis ca. 50 m u. G.) haben in Mitteleuropa Temperaturen um 10 °C (Analysenbeispiele 1–8, 24, 26). Das Wasser aus Tiefbrunnen ist wärmer. Als Faustregel rechnet man mit einer geothermischen Tiefenstufe von 33 m pro Grad Celsius. Die höchsten Grundwassertemperaturen sind in den Analysenbeispielen 11, 16 und 17 (mit einem höchsten Wert von 14,6 °C) dokumentiert. Fließgewässer weisen typischerweise einen jahreszeitlichen Temperaturgang auf, der durch den Zufluss gleichmäßig temperierten Grundwassers gedämpft werden kann. Zusätzliche Einflussmöglichkeiten sind die Zuflüsse von Kühlwässern oder erwärmten Abwässern. Abbildung 3.1a zeigt den Temperaturverlauf des Leinewassers südlich von Hannover bei Grasdorf (Laatzen) über einen Zeitraum von 30 Jahren (ca. 1000 Messwerte). In Abb. 3.1b wurden die Temperaturwerte aus allen Jahren auf einem Achsenabschnitt von einem Jahr übereinandergeschrieben. Deutlich werden sowohl die Unterschiede als auch die Gemeinsamkeiten des Temperaturverlaufs. Nur wenige „Ausreißer“ sind, statistisch gesehen, „vom rechten Weg abgekommen“.

In jüngster Zeit mehren sich die Berichte über die Folgen des Klimawandels auf die Temperatur von Gewässern. Mittlere Temperaturanstiege von 0,5 °C pro Jahrzehnt werden für Binnenseen der nördlichen Hemisphäre berichtet. Mögliche Auswirkungen betreffen die Temperaturschichtung von Gewässern und damit auch die Wasserzirkulation. Die Auswirkungen von Klimaänderungen auf Trinkwassertalsperren werden durchgängig als negativ angesehen (Willmitzer *et al.*,

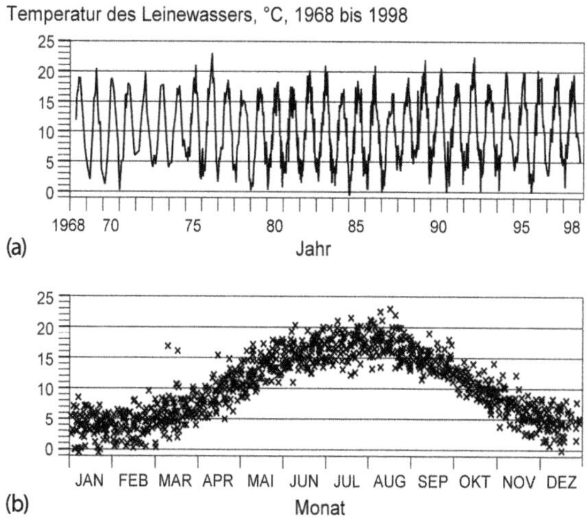

Abb. 3.1 Temperaturverlauf des Leinewassers, a) Zeitreihe; in b) sind die Temperaturverläufe von jeweils einem Jahr übereinandergezeichnet.

2015). Auch ökologische Folgewirkungen werden diskutiert. Die Erwärmung der Ozeane soll zu einem Anstieg des Meeresspiegels und zu einer Schädigung von Korallenriffen führen.

Ein triviales Problem ist im Dezember in Nordirland entstanden: Bei strengem Frost sind zahlreiche Leitungen eingefroren und geborsten, wodurch in 80 Städten und Gemeinden die Wasserversorgung empfindlich gestört wurde. Einige Leitungen befanden sich in unbewohnten Häusern und standen immer noch unter Druck!

3.1.2
Temperaturänderungen

Wenn Wasser von A nach B transportiert wird, dann hat die Strecke dazwischen unter anderem auch die Funktion eines Wärmeaustauschers. Bei der Wasseraufbereitung in einem Wasserwerk steigt die Temperatur im Allgemeinen um bis zu 1 °C an. Bei den Wasserwerken Elze-Berkhof und Grasdorf der Stadtwerke Hannover AG wurden die folgenden Temperaturanstiege gemessen (Datengrundlage: je ca. 170 Wertepaare Roh-/Reinwasser aus den Jahren 1994 bis 1998):

Elze-Berkhof (Belüftung und Filter offen): $0{,}80 \pm 0{,}53$ °C,
Grasdorf (Belüftung und Filter geschlossen): $0{,}38 \pm 0{,}15$ °C

Bei der Wasserverteilung in Rohrnetzen können beträchtliche Temperaturanstiege beobachtet werden. Bei den routinemäßigen Rohrnetzkontrollen in Hannover wird (ausgehend von einer Temperatur ab Werk von ca. 10 °C) im Sommer ein Mittelwert von 20,0 und im Winter immer noch von 17,7 °C erreicht (Datengrundlage: insgesamt ca. 500 Messungen in den Jahren 1995 bis 1999 an einem

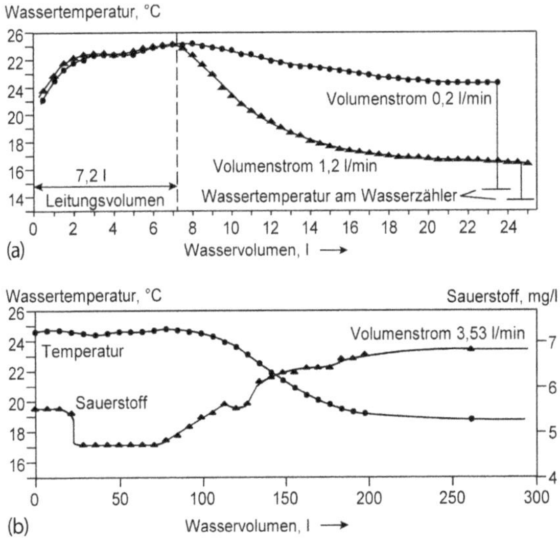

Abb. 3.2 Temperaturänderungen bei der Wasserentnahme in Hausinstallationssystemen, (a) Privatwohnung, (b) Hochschulinstitut.

konstanten Netz von ca. 70 Probenahmestellen). Da die Wassertemperatur entscheidend von den Probenahmebedingungen abhängt, sind solche Angaben nicht besonders aussagekräftig.

Besondere Bedeutung haben Temperaturänderungen bei der Wasserentnahme in Hausinstallationssystemen. Als Bezugsgröße dient die Wassertemperatur, die möglichst dicht am Zähler gemessen wird. Die Verbindung zwischen Temperaturanstieg und Alter des Wassers ist in einem Hausinstallationssystem vergleichsweise einfach herzustellen. Abbildung 3.2 zeigt einige Beispiele für Temperaturmessungen in Gebäuden.

Trinkwasserkunden können nur mit Mühe so viel Wasser verbrauchen, dass sich die Wassertemperatur am Zapfhahn an die Bezugstemperatur am Wasserzähler (und damit ungefähr an die Wassertemperatur ab Werk) angleicht. Da die Calcitsättigung für die Wassertemperatur ab Werk berechnet wird, ist das Trinkwasser beim Kunden in der Regel geringfügig übersättigt. Praktische Konsequenzen ergeben sich daraus jedoch nicht.

Parallel zur Aufenthaltszeit des Wassers im Hausinstallationssystem ändern sich in der Regel neben der Temperatur auch chemische Parameter: Abnahme der Sauerstoffkonzentration durch Korrosionsprozesse und Zunahme der Konzentration gelöster oder ungelöster Korrosionsprodukte der Metalle Eisen, Zink, Kupfer oder Blei. „Frisches" und damit schwermetallarmes Wasser wird im Privathaushalt von abgestandenem Wasser zweckmäßigerweise anhand der Temperatur unterschieden.

3.1.3 Ausschlusskriterien

Wenn aus wässrigen Lösungen Calciumcarbonat auskristallisiert, entsteht bei Temperaturen unter 29 °C Calcit, darüber Aragonit. Aragonit ist daher für den Kaltwasserbereich auszuschließen. Diese Regel gilt nicht für alle denkbaren Randbedingungen in voller Strenge. Sie ist aber der Grund dafür, dass sich alle Angaben und Rechenmethoden zur Calciumcarbonatsättigung auf Calcit beziehen. Folgerichtig spricht man von „Calcitsättigung“ und „Calcitlösevermögen“.

3.1.4 „Falsche Temperaturen“

Für jede Wasserprobe kann man, z. B. auf der Basis dieser Ausführungen, einen Erwartungswert für die Temperatur definieren. Liegen zwischen gemessener bzw. im Analysenformular angegebener Temperatur und dem Erwartungswert größere Differenzen, dann müssen diese hinterfragt werden. Dabei ist auch in Erwägung zu ziehen, dass der Erwartungswert möglicherweise falsch gewählt ist. Ist der Erwartungswert jedoch grundsätzlich korrekt, dann können größere Differenzen auf folgende Probleme hinweisen:

- Der Probenehmer hat das Wasser nicht lange genug ablaufen lassen. Damit hat er einschlägige und verbindliche Vorschriften verletzt. Temperaturabhängige Größen, insbesondere die Daten der Calcitsättigung, sind dann mit Sicherheit fehlerhaft, weil zu ihrer Berechnung eine falsche Temperatur zugrunde gelegt wird. Es ist ferner davon auszugehen, dass die Konzentrationen von Sauerstoff, Eisen und anderen Schwermetallen, aber auch die der Stickstoffverbindungen fehlerhaft oder zumindest fragwürdig sind. Noch kritischer ist die Lage bei der Interpretation mikrobieller Ergebnisse. Auf alle Fälle ist äußerste Vorsicht geboten. Wenn die Chance besteht, die Probenahme zu wiederholen, sollte man sie unbedingt nutzen.
- Möglicherweise handelt es sich um Wasser, das an der Probenahmestelle überhaupt nicht vorkommen dürfte, sondern durch unerlaubte Manipulationen an Installationssystemen dorthin gelangte. Ebenso ist es möglich, dass durch korrodierte Wärmeaustauscher Fernheizwasser oder Wasser aus Heizkreisläufen in den Trinkwasserbereich eindringt. In solchen Fällen ist die höchste Alarmstufe angezeigt, weil das verteilte Wasser kein Trinkwasser ist und möglicherweise alle Bestimmungen der Trinkwasserverordnung gleichzeitig verletzt.

3.1.5 Temperaturbestimmung durch Isotopenanalyse

Die folgenden Ausführungen werden nach Georg Heiss zitiert (Heiss, 1998): „Einer der wichtigsten Parameter, die zur Klimarekonstruktion verwendet werden, ist die Zusammensetzung der stabilen Isotope des Sauerstoffs: Die Isotope mit den Atomgewichten von 18 und 16 kommen im Meerwasser ungefähr in einem Verhältnis von 1 : 500 vor. Die Wassertemperatur beeinflusst den Einbau der verschiedenen Isotope in das Kalkskelett (von Korallen). Bei höheren Wassertemperaturen wird bevorzugt das leichtere Sauerstoffisotop ^{16}O eingebaut. Die Analyse der Änderungen der Konzentration lassen auf die Wassertemperatur zu Zeit der Skelettbildung zurückschließen. Dabei ist eine Genauigkeit von ca. 0.5 °C erreichbar [...] Große Korallenkolonien können ein Alter von mehreren hundert Jahren erreichen und ermöglichen so Rekonstruktionen bis in historische Zeiträume, in wenigen Fällen sogar bis vor die kleine Eiszeit im 16./17. Jahrhundert."

Grenzwert

Trinkwasserverordnung vom August 2013: Für die Temperatur existiert kein Grenzwert.

Vorgeschichte: Nach der DIN 2000 sollte das Trinkwasser unter anderem kühl sein. Die Trinkwasserverordnung vom Februar 1975 machte keine Angaben zur Temperatur. Die EG-Trinkwasserrichtlinie vom Juli 1980 enthielt einen Richtwert von 12 °C und einen Grenzwert von 25 °C. Der Grenzwert wurde in die Fassungen der Trinkwasserverordnung vom Mai 1986 und Dezember 1990 übernommen. Die EG-Trinkwasserrichtlinie vom November 1998 und die Fassungen der Trinkwasserverordnung vom Mai 2001 und danach haben auf eine Regulierung der Temperatur verzichtet.
Zielwert entsprechend Fließgewässermemorandum: 25 °C.

3.2
Elektrische Leitfähigkeit

3.2.1
Allgemeines

Die elektrische Leitfähigkeit wässriger Proben beruht auf der Fähigkeit der im Wasser gelösten Ionen, elektrischen Strom zu transportieren. Die elektrische Leitfähigkeit wird häufig in Mikrosiemens pro Zentimeter (µS/cm) oder seltener in Millisiemens pro Meter (mS/m) angegeben. Um diese Einheit zu verstehen, kann man von einer Anordnung ausgehen, bei der zwei Elektroden in eine wässrige Probe eintauchen. Beim Anlegen einer Spannung (Volt) fließt ein Strom (Ampere). Daraus kann der Widerstand (Ohm) berechnet werden: Widerstand = Spannung/Strom. Der Leitwert (Siemens) entspricht dem reziproken Widerstand: Leitwert = Strom/Spannung. Um aus dem Leitwert eine probenspezifische Größe abzuleiten, muss man die Tatsache berücksichtigen, dass der Leitwert der Elektrodenfläche proportional und der Distanz der Elektroden umgekehrt proportional ist. Die elektrische Leitfähigkeit als probenspezifische Größe ist also definiert durch den Leitwert pro Fläche, multipliziert mit der Distanz. Daraus ergibt sich die Einheit „Siemens pro Längeneinheit“. Zwischen den beiden oben genannten Einheiten gilt die Beziehung: 10 µS/cm = 1 mS/m.

Jedes Ion leistet zu der Gesamtleitfähigkeit einen Beitrag, der sowohl der Konzentration, als auch der Äquivalentleitfähigkeit dieses Ions proportional ist. Die Äquivalentleitfähigkeiten wichtiger Ionen sind in Tab. A.3 im Tabellenanhang aufgeführt.

Die elektrische Leitfähigkeit entspricht einer unspezifischen, pauschalen Aussage über die Gesamtkonzentration der in einem Wasser enthaltenen Inhaltsstoffe, soweit diese in Ionen dissoziiert sind. Der chemische Informationsgehalt der Leitfähigkeitsmessung ist gering. Ihr Vorteil liegt darin, dass mit einfachen Mitteln kontinuierliche Kontrollmessungen oder sehr viele Einzelmessungen, z. B. im Gelände, durchgeführt werden können. Die Information, die dabei gewonnen wird, liegt dann hauptsächlich in der zeitlichen und/oder räumlichen Struktur des Untersuchungsobjektes.

3.2.2
Anwendungsbeispiele

Plausibilitätsprüfung Wenn die Konzentrationen und Äquivalentleitfähigkeiten der in einem Wasser enthaltenen Ionen bekannt sind, ergibt sich die Möglichkeit einer Plausibilitätsprüfung für die Richtigkeit chemischer Analysen. Man verwende hierzu die in Tab. A.3 aufgeführten Daten und die im Anschluss an die Tabelle angegebenen Berechnungsformeln. Diese Art der Prüfung besitzt allerdings eine geringere Bedeutung als die Ionenbilanz (siehe Abschn. 1.6 „Ionenbilanz“).

Ersatzgröße für die Ionenstärke Für die Berechnung der Parameter der Calcitsättigung eines Wassers wird die Ionenstärke benötigt. Für den Fall, dass nicht alle Ionen analytisch bestimmt wurden, können die Rechenmethoden auf die elektrische Leitfähigkeit zurückgreifen.

Kontrolle von Vollentsalzungsanlagen Ein Leitfähigkeitsmessgerät ist integraler Bestandteil praktisch jeder Vollentsalzungsanlage, um die Erschöpfung der Ionenaustauscher rechtzeitig erkennen zu können.

Lokalisierung unterschiedlicher Wässer im Rohrnetz Wenn in ein Rohrnetz unterschiedliche Wässer eingespeist werden, können sie durch Leitfähigkeitsmessung elegant unterschieden werden, vorausgesetzt, sie unterscheiden sich in diesem Parameter hinreichend stark.

Lokalisierung der Grenze zwischen Süß- und Salzwasser Solche und ähnliche Fragestellungen ergeben sich beim Betrieb von Brunnen in Küstennähe oder bei der Wassergewinnung in Gebieten, in denen mit dem Aufstieg von salzhaltigem Tiefengrundwasser gerechnet werden muss.

Prüfung der Wasserbeschaffenheit bei Pumpversuchen Wenn Grundwassermessstellen („Gütemessstellen") zum Zweck der Probenahme abgepumpt werden, geschieht dies bis zur Konstanz der Beschaffenheit des abgepumpten Wassers. Neben Temperatur, pH-Wert und Sauerstoffgehalt spielt dabei auch die elektrische Leitfähigkeit eine Rolle.

Zeitliche oder räumliche Strukturierung von Untersuchungsobjekten Mit der kontinuierlichen Registrierung von Leitfähigkeitswerten können beispielsweise Abwassereinleitungen in Fließgewässern festgestellt, die Ausbreitung von Kontaminationen im Untergrund verfolgt und die Bewegungen unterschiedlicher Wässer im Rohrnetz im Tagesrhythmus sichtbar gemacht werden.

3.2.3 Typische Werte der elektrischen Leitfähigkeit

Grenzwert

Trinkwasserverordnung vom August 2013: 2790 µS/cm bei 25 °C. Anmerkung: Messungen bei anderen Temperaturen sind erlaubt, in diesem Fall ist die Norm EN 27888 zu berücksichtigen. (Tatsächlich ist der Grenzwert mit dem alten Grenzwert von 2500 µS/cm bei 20 °C identisch; s. hierzu Tab. A.2.)

Bemerkung: „Das Wasser sollte nicht korrosiv wirken." Anmerkung: „Die entsprechende Beurteilung, insbesondere zur Auswahl geeigneter Materialien im Sinne von §17 Abs. 1, erfolgt nach den allgemein anerkannten Regeln der Technik."

Vorgeschichte: Die EG-Trinkwasserrichtlinie vom Juli 1980 enthielt keine belastbaren Angaben zur elektrischen Leitfähigkeit des Wassers. Die Fassungen der Trinkwasserverordnung vom Mai 1986 und Dezember 1990 enthielten einen Grenzwert von 2000 µS/cm (im Mai 1986 mit dem Zusatz: „Messung bei 25 °C").

Trinkwasserverordnung vom Mai 2001: 2500 µS/cm bei 20 °C (Indikatorparameter). Anmerkung: „Die entsprechende Beurteilung, insbesondere zur Auswahl geeigneter Materialien im Sinne von §17 Abs. 1, erfolgt nach den allgemein anerkannten Regeln der Technik."

Messwerte (Beispiele)

Einige der folgenden Angaben wurden von Matthess (1990) übernommen. Die Werte gelten für eine Messtemperatur von 25 °C.

0,042 µS/cm:	reinstes Wasser
0,5–5 µS/cm:	destilliertes Wasser
100–300 µS/cm:	mineralstoffarme Grundwässer
45 000–55 000 µS/cm:	Meerwasser
> 100 000 µS/cm:	„Lagerstättenwasser"

3.3 pH-Wert, Säure und Lauge in der Umwelt

3.3.1 pH-Wert

Der pH-Wert ist eine Maßzahl für den sauren oder alkalischen Charakter einer wässrigen Lösung. Der pH-Wert eines natürlichen Wassers ist nicht frei wählbar, sondern eine Funktion der im Wasser enthaltenen Inhaltsstoffe und ihrer Pufferwirkung. Für Trinkwasser ist der pH-Wert nach der Trinkwasserverordnung beschränkt auf den Bereich zwischen 6,5 und 9,5. Der pH-Wert von Trinkwasser ist eine Funktion des Calcit-Kohlensäure-Systems für den Fall, dass die vom Gesetzgeber geforderte Calcitsättigung eingehalten wird (siehe Kap. 7 „Calcitsättigung").

Der pH-Wert ist definiert als negativer Logarithmus der Wasserstoffionenkonzentration (genauer: der Wasserstoffionenaktivität). Wer sich fragt, wie eine solche Definition zustande kommt, sollte sich daran erinnern, dass Logarithmen vor allem dann eingesetzt werden, wenn anstelle von Multiplikationen Additionen durchgeführt werden sollen. Bekanntlich gilt: $\log(a \times b) = \log a + \log b$. Der Vorteil, eine Multiplikation durch eine Addition ersetzen zu können, kommt, wie im Folgenden gezeigt wird, auch bei der Wasserstoffionenkonzentration voll zum Tragen.

Wasser dissoziiert zu einem sehr geringen Umfang in Wasserstoffionen (H^+) und Hydroxidionen (OH^-). Die Konzentrationen dieser Ionen gehorchen der folgenden Gesetzmäßigkeit:

$$I = [H^+] \times [OH^-] = 10^{-14} \quad \text{(Konzentrationen in mol/l)}$$

I ist das „Ionenprodukt des Wassers". Es ist temperaturabhängig. Der Wert 10^{-14} gilt für eine Temperatur von 25 °C. Für diese Temperatur kann geschrieben werden:

$$\log[H^+] + \log[OH^-] = -14 \text{ und } pH + pOH = 14$$

mit pOH als negativem Logarithmus der Hydroxidionenkonzentration. Die Definition des pH-Wertes erleichtert die Orientierung beträchtlich. So ist beispielsweise eine Lösung mit einem pH-Wert von 11 keineswegs eine extrem schwache Säure, sondern eine kräftige Lauge mit einem pOH von $14 - 11 = 3$ oder einer Konzentration von 10^{-3} mol/l.

Die Verkoppelung der Wasserstoffionenkonzentration mit der Hydroxidionenkonzentration durch das Ionenprodukt des Wassers hat wichtige Konsequenzen: Beispielsweise erhöht sich die Wasserstoffionenkonzentration um den Faktor 10, wenn der pH-Wert von 7 auf 6 abgesenkt wird, und sie erhöht sich um den gleichen Faktor, wenn der pH-Wert von 2 auf 1 erniedrigt wird. Die Säuremenge, die zur pH-Absenkung benötigt wird, beträgt im ersten Fall 10^{-6} mol/l, im zweiten Fall nahezu 10^{-1} mol/l. Im zweiten Fall ist also eine Säuremenge erforderlich, die nahezu um den Faktor 100 000 größer ist als im ersten Fall.

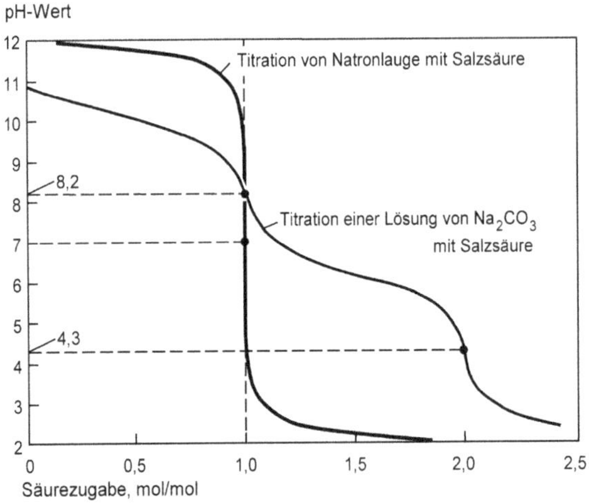

Abb. 3.3 Titrationskurven.

Die vorstehenden Ausführungen sollen dazu beitragen, unsaubere Argumente, z. B. im Zusammenhang mit dem sauren Regen, zu erkennen. Beispielsweise ist die Aussage „die Wasserstoffionenkonzentration hat sich um den Faktor x verändert" nicht unbedingt falsch, aber häufig völlig sinnlos (nämlich immer dann, wenn der Ausgangswert der Veränderung nicht genannt wird).

Eine weitere Konsequenz der Verkoppelung der Konzentrationen von Wasserstoff- und Hydroxidionen besteht darin, dass bei der Titration von Lauge durch Säure (oder umgekehrt) Kurven entstehen, wie sie unter der Bezeichnung „Titration von Natronlauge mit Salzsäure" in Abb. 3.3 dargestellt sind.

Bei der Zugabe einer starken Säure zu einer starken Lauge (oder umgekehrt) ändert sich der pH-Wert am Neutralpunkt bei pH-Wert 7 sehr stark, mit zunehmendem Abstand vom Neutralpunkt werden die pH-Änderungen geringer. Führt man eine solche Titration zur Bestimmung der Konzentration einer Lauge (oder Säure) durch, dann ist der Titrationsendpunkt bei pH 7 erreicht. Wegen der starken pH-Änderungen am Neutralpunkt ist der Fehler ausgesprochen klein, wenn man die Titration bei pH 6 oder 8 beendet: Bei der Titration einer 0,1-molaren Salzsäure (pH-Wert = 1) mit Lauge liegt der Fehler rechnerisch bei 0,001 %, also weit unterhalb der realen Messgenauigkeit.

Wenn das Wasser Komponenten enthält, die mit Wasserstoff- bzw. Hydroxidionen reagieren, werden diese bei der Titration „verbraucht". Der pH-Wert ändert sich bis zur völligen Aufzehrung dieser Komponenten daher nur wenig, das Wasser ist in diesem pH-Bereich „gepuffert", die Komponenten selbst bezeichnet man als „Puffer".

Die Menge an Wasserstoff- bzw. Hydroxidionen, die bei ungefähr konstantem pH-Wert abgepuffert werden können, hängt von der Konzentration des Puffers ab. Das Ausschöpfen der Pufferkapazität mit einer Säure (oder Lauge) bekannter Konzentration bis zum Wendepunkt der Titrationskurve ist eine Titration. In Abb. 3.3 ist die Titrationskurve für eine Lösung von 0,01 mol/l Natriumcarbonatlösung eingezeichnet. Am ersten Wendepunkt (pH 8,2; Umschlagpunkt des pH-Indikators Phenolphthalein) ist das gesamte Carbonat in Hydrogencarbonat umgewandelt worden; beim zweiten Wendepunkt (pH 4,3; Umschlagpunkt des pH-Indikators Methylorange) wurde das gesamte Hydrogencarbonat zu CO_2 umgesetzt (siehe Kap. 7 „Calcitsättigung").

Grenzwert

Trinkwasserverordnung vom August 2013: Wasserstoffionenkonzentration: $\geq 6,5$ und $\leq 9,5$ pH-Einheiten (Indikatorparameter). Bemerkung: „Das Wasser sollte nicht korrosiv wirken".

Anmerkung: „Die entsprechende Beurteilung, insbesondere zur Auswahl geeigneter Materialien im Sinne von §17 Abs. 1, erfolgt nach den allgemein anerkannten Regeln der Technik." „Calcitlösekapazität: 5 mg/l $CaCO_3$. Die Anforderung gilt als erfüllt, wenn der pH-Wert am Wasserwerksausgang $\geq 7,7$ ist. Hinter der Stelle der Mischung von Wasser aus zwei oder mehr Wasserwerken darf die Calcitlösekapazität im Verteilungsnetz den Wert von 10 mg/l nicht überschreiten." Für Wasserversorgungsanlagen nach §3 Nummer 2 (alle Anlagen, auch Kleinanlagen zur Eigenversorgung) wird empfohlen, sich nach dieser Anforderung zu richten, wenn nicht andere Maßnahmen zur Berücksichtigung der Aggressivität des Trinkwassers gegenüber Werkstoffen getroffen werden. Es ist das Berechnungsverfahren 3 nach DIN 38404-10 anzuwenden.

Zusatzregeln gelten für Wasser, das zur Abgabe in verschließbare Behältnisse vorgesehen ist.

Vorgeschichte: In der EG-Trinkwasserrichtlinie vom Juli 1980 wurde erstmals der pH-Wert reguliert. Für den pH-Wert galt ein Bereich zwischen 6,5 und 8,5 als Richtwert mit einem oberen Grenzwert von 9,5. Diese Angaben waren verknüpft mit der Bemerkung: „Das Wasser sollte nicht aggressiv sein." In die Trinkwasserverordnung vom Mai 1986 wurde diese Forderung mit den pH-Grenzwerten 6,5 und 9,5 übernommen. Erstmals wurde in dieser Fassung der Trinkwasserverordnung auch die Calciumcarbonatsättigung festgelegt: „Bei metallischen oder zementhaltigen Werkstoffen darf im pH-Bereich 6,5–8,0 der pH-Wert des abgegebenen Wassers nicht mehr als 0,2 pH-Einheiten unter dem pH-Wert der Calciumcarbonatsättigung liegen". Für Asbestzementwerkstoffe galt die Forderung für den pH-Bereich 6,5–9,5. In der Trinkwasserverordnung vom Dezember 1990 wurden diese Regelungen in wesentlichen Punkten beibehalten. Die Trinkwasserverordnung von 2001 enthielt bereits im Wesentlichen die gleichen Regelungen wie die aktuelle Fassung. Für weitere Details sei auf Kap. 10 sowie auf die Gesetzestexte selbst verwiesen.

Folgendes ist ausdrücklich festzuhalten: Das Berechnungsverfahren 3 nach DIN 38404-10 ist zwingend vorgeschrieben; Alternativen hierzu sind nicht mehr zulässig. Außerdem ist Folgendes zu beachten: Bis zur Inkraftsetzung der Trinkwasserverordnung vom Mai 2001 gilt der Delta-pH-Wert und danach die Calcitlösekapazität als Kriterium dafür, ob ein Wasser in korrosionschemischer Hinsicht

Tab. 3.1 pH-Orientierungswerte.

Wässrige Lösung	pH-Wert
Schwefelsäure aus der Sulfidverwitterung, bis gegen:	0
Salzsäure (0,1 mol/l)	1
Tafelessig (5 % Essigsäure)	2,5
Mineralwasser, mit CO_2 versetzt:	4,5–5,6
Regenwasser im Gleichgewicht mit Luft-CO_2	5,6
reinstes destilliertes Wasser, 25 °C, CO_2-frei	7,0
Meerwasser	8,0
Trinkwasser nach Trinkwasserverordnung	6,5–9,5
Grundwasser nach Austausch von Ca^{2+} gegen Na^{+} [a)]	9,1
Mono Lake, Kalifornien[b)], schwankend um:	10
Seifenlösung (0,1 % Seife)	10,4
Wasser im Kontakt mit frischem Zement, ungefähr bis:	12
gesättigte Lösung von Calciumhydroxid („Kalkwasser")	12,5
Natronlauge, 0,1 mol/l	13
Magensaft	1,8
Schweiß	4,2–7,0
Blutserum	7,4
Darmsaft	8,0

a) Analysenbeispiele 16 und 17.
b) Analysenbeispiel 29.

toleriert werden kann. Für Wässer, die sich exakt im Zustand der Calcitsättigung befinden, liegen die Zahlenwerte beider Kriterien bei null. Sobald jedoch Abweichungen von der Calcitsättigung auftreten, spielen die Kriterien, nach denen die Wässer beurteilt werden, eine große Rolle, die in Abschn. 7.6 eingehender erörtert wird. Die neue Regelung wird allgemein als praxisnäher beurteilt.

Zielwert entsprechend Fließgewässermemorandum: pH 7–9.

Messwerte (Beispiele)
Tabelle 3.1 zeigt eine Reihe von Beispielen für unterschiedliche pH-Werte wässriger Lösungen.

3.3.2
Rechnerischer Umgang mit dem pH-Wert

Beim rechnerischen Umgang mit dem pH-Wert muss stets berücksichtigt werden, dass es sich um eine logarithmische Größe handelt und dass der pH-Wert mit dem pOH-Wert über das Ionenprodukt des Wassers verknüpft ist. Diese Sonderstellung des pH-Wertes wirkt sich vor allem dann aus, wenn pH-Mittelwerte gebildet werden sollen.

Um die Sonderstellung des pH-Wertes bei der Bildung von Mittelwerten zu verstehen, muss man von einer Regel Gebrauch machen, die für die Mittelung von Konzentrationen ganz allgemein gilt: „Im Fall der arithmetischen Mittelwertbildung müssen gerechneter und physikalisch ermittelter Mittelwert identisch sein." Mit dem „physikalisch ermittelten Mittelwert" ist der Analysenwert zu verstehen, den man nach einer Mischung von gleichen Anteilen der einzelnen Komponenten erhält. An den folgenden Beispielen sei dies erläutert:

Gegeben seien die pH-Werte 3 und 7. Der genannten Regel kann nur dann Rechnung getragen werden, wenn man wie folgt vorgeht: Vorzeichenwechsel, Delogarithmierung, Mittelwertbildung, Logarithmierung, Vorzeichenwechsel. Aus den pH-Werten 3 und 7 resultiert auf diese Weise ein Mittelwert von 3,3. Diesen Wert erhält man auch bei einer Mischung von gleichen Anteilen der entsprechenden (ungepufferten) Komponenten. Das Ergebnis der Mittelwertbildung „im delogarithmierten Zustand" ist daher plausibel.

Gegeben seien die pH-Werte 7 und 11. Wie bereits ausgeführt, ist eine wässrige Lösung mit dem pH-Wert 11 keine schwache Säure, sondern eine verhältnismäßig starke Lauge. Zur Mittelwertbildung muss man daher den pOH-Wert bilden und diesen rechnerisch so behandeln, wie für den pH-Wert bereits geschildert. Auf diese Weise resultiert zunächst der pOH-Mittelwert. Der pH-Mittelwert ergibt sich dann zu: 14 – (pOH-Mittelwert); im genannten Beispiel liegt das Ergebnis bei 10,7.

Gegeben seien die pH-Werte 3 und 11. Hier hat man es mit einer Säure und einer Lauge zu tun. Eine Mittelwertbildung ist dann genauso wenig möglich wie zwischen Äpfeln und Birnen. Natürlich sind in einem solchen Fall Neutralisationsreaktionen möglich, diese haben aber mit dem rechnerischen Vorgang einer Mittelwertbildung nicht das Geringste zu tun.

Wer die arithmetischen Mittelwerte von pH-Werten bildet, produziert damit den negativen Logarithmus des geometrischen Mittelwertes der Wasserstoffionenkonzentration. Eine solche Operation ist grundsätzlich erlaubt, wenn man sie begründen kann und wenn man darauf achtet, dass alle pH-Werte ohne Ausnahme kleiner oder größer als 7 sind. Wenn sie größer als 7 sind, muss mit den pOH-Werten gerechnet werden.

Es gibt jedoch Fälle, in denen man alle Einwände und Bedenken über Bord werfen kann. Dies gilt für sehr homogene Datenbestände, in denen der pH-Wert des Wassers nur um wenige Zehntel Einheiten schwankt. Solche Fälle sind vergleichsweise häufig; z. B. schwankt der pH-Wert im Reinwasser eines Grundwasserwerkes normalerweise nur unbedeutend. Es spricht nichts dagegen, den pH-Wert dann wie jeden anderen Analysenwert zu behandeln, weil die Ungenauigkeiten, die man in Kauf nimmt, unter diesen Bedingungen vernachlässigt werden können.

3.3.3 Säure und Lauge in der Umwelt

Man kann alle Vorgänge in unserer Umwelt daraufhin untersuchen, inwieweit sie den Säure-Base-Haushalt beeinflussen. Umgekehrt kann man für alle Stoffumsätze in der Umwelt prüfen, inwieweit sie durch Änderungen des Säure-Base-Haushalts ausgelöst werden bzw. wurden. Von besonderer Bedeutung sind zwei Vorgänge: das Werden und Vergehen in der belebten Natur und die Stoffumsätze bei der Verwitterung von Mineralen und Gesteinen. Die Schilderung einzelner, besonders markanter Beispiele, wie sie auch in diesem Buch zu finden sind, kann den Blick dafür verstellen, dass man es in Wirklichkeit mit Vorgängen globalen Ausmaßes zu tun hat.

Belebte Natur und Kohle Mutige Chemiker geben dem Leben die Summenformel $C_{106}H_{263}O_{110}N_{16}P_1S_1$.

Anmerkung
Die Formel kann bei Stumm und Morgan (1996) nachgelesen werden. Sie wurde im Zusammenhang mit dem Thema „Photosynthese und Respiration" für Algenprotoplasma erstellt. Für die folgenden Überlegungen wird diese Formel verallgemeinert und auf das Leben schlechthin angewandt. Das ist zulässig, solange nur ein Prinzip verdeutlicht werden soll.

Bei der Fotosynthese werden die Elemente Kohlenstoff, Stickstoff, Phosphor und Schwefel als Kohlenstoffdioxid („Kohlensäure"), Salpetersäure, Phosphorsäure und Schwefelsäure aus der Umwelt entnommen. Die Umwelt wird dadurch alkalischer. Bei der Mineralisierung der Biomasse werden diese Säuren wieder freigesetzt. Während des Kohlenstoffkreislaufes halten sich Bindung und Freisetzung von Säure global ungefähr die Waage. Allerdings kann es punktuell zu größeren Abweichungen kommen. Am spektakulärsten ist die Massenentwicklung von Algen, die den pH-Wert eines Gewässers auf über 10 hochtreiben kann.

Kohle ist Biomasse, die vor Jahrmillionen aus dem Kohlenstoffkreislauf abgezweigt worden ist. Sie wurde durch den Inkohlungsprozess modifiziert. Die dabei eintretenden Änderungen können anhand der Angaben in Tab. 3.2 verfolgt werden.

Tab. 3.2 Zusammensetzung von Biomasse und Kohle (%).

	Lebende Materie	Rheinische Braunkohle	Ruhr Fettkohle	Ruhr Anthrazit
Kohlenstoff	35,5	67,3	86,9	91,8
Wasserstoff	7,3	5,0	4,8	3,5
Sauerstoff	49,1	26,7	5,8	2,5
Stickstoff	6,2	0,5	1,6	1,4
Schwefel	0,9	0,5	0,9	0,7
Phosphor	0,9	–	–	–

Bezieht man die Masse von lebender Materie und von Kohle auf ein bestimmtes Umweltkompartiment, so kann man dieser Materie ein „Säurebildungspotenzial" zuordnen. Wenn man dieses Potenzial auf die einzelnen chemischen Elemente aufschlüsselt, stellt man fest, dass Kohlenstoff und Schwefel die Hauptrolle als Säurebildner spielen (Rolle des Stickstoffs: siehe Abschn. „Saurer Regen").

Schweflige Säure und Schwefelsäure sind im Vergleich zur Kohlensäure die mit Abstand stärkeren Säuren. Es lohnt sich daher, bei der Verbrennung von biologischem Material (Müll) und Kohle eine Rauchgasentschwefelung durchzuführen. Bei der Rauchgasentschwefelung gehen die meisten technischen Lösungen von Calciumcarbonat aus. In der Gesamtbilanz des Prozesses entsteht Calciumsulfit bzw. Calciumsulfat und CO_2. Bei der Rauchgasentschwefelung ändert sich daher nicht die Säuremenge, sondern die Säurestärke.

Analog zum „Säurebildungspotenzial" kann man ein „Basebildungspotenzial" definieren. Hierzu zählen in erster Linie Kalk und Dolomit, aber auch bestimmte Silicate, soweit diese schnell genug verwittern können, um im Sinne der Basebildung wirksam zu werden. Die Basebildung von Kalk wird deutlich, wenn man Calcit mit reinem Wasser in ein Lösungsgleichgewicht bringt. Dabei wird nach Tab. A.5 ein pH-Wert von 9,0 und mit dem Rechenprogramm PHREEQC ein Wert von 9,9 erreicht. Umgekehrt gilt: Solange Kalklagerstätten – z. B. von Amöben mit Kalkskelett (Foraminiferen) – aufgebaut werden, wird die Umwelt konsequenterweise saurer.

„Saurer Regen" Reinstes Regenwasser nimmt aus der Atmosphäre CO_2 auf und erreicht dabei pH-Werte um 5,6 (Likens *et al.*, 1978). Blitzentladungen in Gewittern erzeugen aus dem Stickstoff und dem Sauerstoff der Luft Stickoxide („NO_x"), die nach Oxidation und Reaktion mit Wasser als Salpetersäure in Erscheinung treten. Durch die Tätigkeit von Vulkanen sowie durch Wald- und Steppenbrände gelangt neben CO_2 auch Schwefeldioxid (SO_2) in die Atmosphäre, das zu Schwefelsäure weiterreagiert. Diese Reaktionen können den pH-Wert von Regenwasser örtlich bis auf 5 und darunter absenken.

Zusätzliche Belastungen entstehen durch den Einfluss des Menschen. Auch bei den anthropogenen Einflüssen auf den Säurehaushalt spielen Schwefeldioxid, das beim Verbrennen schwefelhaltiger Energieträger entsteht, sowie Stickoxide, die ebenfalls bei Verbrennungsprozessen gebildet werden, die Hauptrolle. Dabei können niedrige pH-Werte im Bereich 4,0–4,5 erreicht werden. Örtliche und zeitliche Unterschiede sind allerdings beträchtlich. Auch während eines einzigen Niederschlagsereignisses treten starke Unterschiede auf (siehe hierzu auch Abschn. 2.2 „Regenwasser").

Flächenbelastung Die jährliche Flächenbelastung aus Niederschlag und atmosphärischer Deposition betrug in der Bundesrepublik im Jahr 1978 4,4 kmol/ha Wasserstoffionen aus Schwefeldioxid und 2,6 kmol/ha Wasserstoffionen aus Stickoxiden (Anonym, 1983). Zahlreiche Beispiele für versauerte Seen existieren z. B. im skandinavischen Raum und im Schwarzwald. Die dortigen silicatreichen Gesteine verwittern nur langsam und tragen daher nur wenig zur Pufferung niedriger pH-Werte bei. Inzwischen konnten die Belastungen durch saure Niederschläge einschließlich trockener Deposition durch Maßnahmen zur Luftreinhaltung deutlich reduziert werden (Abschn. 2.2.1 „Emissionen in die Atmosphäre“).

Beträchtlich sind auch die Flächenbelastungen durch Nitrifikationsprozesse in der Landwirtschaft. Eine einmalige Düngung mit 100 kg/ha organischem Stickstoff entspricht einer Belastung von 7,1 kmol/ha an Wasserstoffionen. Durch Grünlandumbruch wird organischer Stickstoff, der sich in Jahrzehnten im Boden angesammelt hat, dem Luftsauerstoff ausgesetzt. Dadurch setzt schlagartig eine intensive Nitrifikation ein, in deren Verlauf je nach Bodentyp einmalig bis 700 kmol/ha an Wasserstoffionen freigesetzt werden können. Für Harnstoff ($CO(NH_2)_2$) kann die Nitrifikationsreaktion wie folgt formuliert werden:

$$CO(NH_2)_2 + 4O_2 \rightarrow 2NO_3^- + 2H^+ + CO_2 + H_2O \quad (3.1)$$

Unter einer mit jährlich 7 kmol/ha Wasserstoffionen beaufschlagten Fläche müsste sich ein Grundwasser mit einem pH-Wert von ungefähr 2,5 bilden, wenn die Grundwasserneubildung mit 200 mm pro Jahr ($0{,}2\ m^3/(m^2\ a)$) angesetzt wird und Neutralisations- bzw. Pufferungsreaktionen ausgeklammert werden.

Im Allgemeinen laufen jedoch umfangreiche Neutralisations- bzw. Pufferungsreaktionen ab. Die Säureeinflüsse aus Niederschlag, atmosphärischer Deposition und Nitrifikation machen sich dann nicht durch entsprechend tiefe pH-Werte bemerkbar, sondern dadurch, dass stattdessen die Konzentration der Reaktionspartner ansteigt, die durch den Säureeinfluss in Lösung gehen. Wenn die Säure durch Kalk gepuffert wird, steigt daher die Calciumkonzentration und damit die Wasserhärte. In der Landwirtschaft wird der durch Pufferungsreaktionen im Boden verbrauchte Kalk durch Kalkdüngung laufend ersetzt. Es existiert daher in den meisten natürlichen Wässern eine ganz allgemeine Tendenz zum Härteanstieg. Die Härte, die in Grundwässern aus der Säurebelastung durch die Stickstoffdüngung resultiert, kann mit der gleichen Berechtigung, mit der auch andere Härtebezeichnungen benutzt werden, als „Nitrathärte“ bezeichnet werden (Abschn. 4.1 „Härte“).

Ein weitgehend unbelastetes Grundwasser ist im Analysenanhang als Analysenbeispiel 1 dokumentiert (Summe Erdalkalien: 2,87 mmol/l). Grundwässer, die durch Pufferungsreaktionen als Folge der landwirtschaftlichen Nutzung des Einzugsgebietes beeinflusst sind, findet man in den Analysenbeispielen 2 und 3 (Summe Erdalkalien: 4,1 mmol/l). Analysenbeispiel 8 zeigt schließlich die Analysendaten eines Grundwassers, das durch die Nachwirkungen von Grünlandumbrüchen extrem aufgehärtet wurde (Summe Erdalkalien: 7,5 mmol/l). Während bei den Analysenbeispielen 2, 3 und 8 die Pufferungsreaktionen mit Kalk als Reaktionspartner abgelaufen sind, waren es bei Analysenbeispiel 13 Tonminerale, die diese Rolle spielten.

Verwitterung von Eisensulfiden Die Reaktionsgleichung für die Verwitterung von Eisendisulfid (Pyrit, Markasit) an der Luft lautet:

$$2FeS_2 + 5H_2O + 7\tfrac{1}{2}O_2 \rightarrow 4SO_4^{2-} + 8H^+ + 2FeOOH \quad (3.2)$$

Eisensulfide sind in reduzierten Bereichen der Umwelt praktisch allgegenwärtig. Bei der Verwitterung von 1 kg Eisendisulfid an der Luft werden 33,3 mol Wasserstoffionen freigesetzt.

Diese Reaktion spielt beispielsweise eine Rolle im Erzbergbau. Saure „Minenabwässer“ können pH-Werte bis gegen 0 aufweisen.

Der Schwefelgehalt von Steinkohle und Braunkohle liegt überwiegend in der Form von Eisensulfiden vor. Was bei der Verbrennung schwefelhaltiger Kohle zu einer Belastung der Atmosphäre wird, bedeutet bei einer langsamen Verwitterung der Sulfide an der Luft eine Belastung des Grundwassers und der Restseen des Braunkohletagebaus mit Schwefelsäure. Es sind pH-Werte bis gegen 2 bekannt. Auch die Sickerwässer unter Kohlenhalden sind in der Regel extrem sauer. Die Verwitterung von Eisensulfiden kann sogar die Startreaktion zur Selbstentzündung von Kohlenhalden sein.

Weniger spektakulär verhalten sich Baggerseen, mit denen ein reduzierender Untergrund dem Einfluss des Luftsauerstoffs ausgesetzt wird. Solche Seen können pH-Werte unter 4 erreichen. Das Eisen aus den Eisensulfiden sammelt sich als Eisen(III)-oxidhydrat im Sediment an.

Es ist eher die Ausnahme, wenn Wässer, die durch die Verwitterung von Eisensulfiden beeinflusst sind, Reaktionspartner vorfinden, mit denen sie Pufferungsreaktionen eingehen können. Der Autor hat im Jahre 1987 eine Wasserprobe aus einem Teich untersucht, der sich an der tiefsten Stelle eines Pyrittagebaus auf Zypern gebildet hatte (Analysenbeispiel 28). Die Probe enthielt 32,4 g/l Sulfat bei einem pH-Wert von „nur“ 2,58. Wichtigstes Kation war Aluminium mit einer Konzentration von 6,7 g/l, das offenbar aus den Begleitmineralen in Lösung gegangen ist.

Verwitterung von Silicaten Entsprechend den Ausführungen in Abschn. 4.4.1 („Chlorid“) enthalten die Gesteine der festen Erdkruste 28 300 g/t Natrium- und 25 900 g/t Kaliumionen, aber nur 130 g/t Chlorid. Bei der Verwitterung von Gesteinen, für die diese Konzentrationsangaben im Wesentlichen zutreffen, werden große Mengen Natrium- und Kaliumionen freigesetzt, während die Mobilisierung von Chlorid unbedeutend ist. Im Folgenden werden die Kaliumionen aus den Überlegungen ausgeklammert, da sie durch Sorptionsprozesse wieder weitgehend immobilisiert werden können. Transportiert werden also im Wesentlichen Natriumionen. In einem solchen Fall sind weit und breit keine anderen Anionen verfügbar als Hydroxidionen (aus dem Wasser) und Carbonat- bzw. Hydrogencarbonationen (aus dem CO_2 der Luft). Die folgende Reaktionsgleichung, die nur als stark vereinfachtes Schema bewertet werden soll, wurde mit Albit („Natronfeldspat“) als Modellsubstanz für natriumhaltige Magmatite formuliert.

$$2NaAlSi_3O_8 + CO_2 + xH_2O \rightarrow$$
$$2Na^+ + CO_3^{2-} + \text{alkalifreie Verwitterungsprodukte (Kaolinit, Kieselsäure)} \quad (3.3)$$

Wenn das Wasser, das die Verwitterungsprodukte transportiert, in abflusslose Seen fließt, entstehen „Sodaseen". Solche Seen kommen in einigen trockenen Landschaften wie z. B. Kalifornien oder Ostafrika vor. Sie können pH-Werte von über 10 und hohe Konzentrationen von Carbonat und Hydrogencarbonat aufweisen.

Höhere Konzentrationen von Calcium und Magnesium in den Zuflüssen zu einem abflusslosen See stören diesen Prozess dadurch, dass Carbonate ausgefällt werden können. Dadurch werden Natrium und Chlorid relativ angereichert. Es existiert daher keine scharfe Grenze zwischen „Sodaseen" und „Salzseen".

Analysenbeispiel 29 zeigt die Beschaffenheit des Wassers aus dem Mono-Lake, einem abflusslosen See in Kalifornien, USA. Dieses Wasser besitzt einen pH-Wert um 10 und enthält hohe Konzentrationen von Carbonat und Hydrogencarbonat, daneben aber auch Chlorid in einer Konzentration von 14,85 g/l.

Bilder zum Thema „Verwitterung von Eisensulfiden und Silicaten": Bildordner und PDF: „3.3.3 Verwitterung von Eisensulfiden und Silicaten(.pdf)": Bilder von einer pyrithaltigen Abraumhalde in der Toskana, von dem aufgegebenen Pyrittagebau bei Mitsero, Zypern und vom Mono-Lake, Kalifornien.

3.3.4 Beeinflussung des pH-Wertes auf der Rohwasserseite und bei der Wasseraufbereitung

Da der pH-Wert für Trinkwasser an die Calcitsättigung gebunden ist, werden Maßnahmen zur Beeinflussung des pH-Wertes als Entsäuerungsmaßnahmen in Kap. 7 („Calcitsättigung") geschildert.

3.4 Sauerstoff

3.4.1 Allgemeines

Die Erdkruste besteht zu 48,9 % aus chemisch gebundenem Sauerstoff, die Atmosphäre enthält 20,95 Vol.-% freien, molekularen Sauerstoff. Die Bedeutung des Sauerstoffs für das Leben auf der Erde braucht hier nicht im Einzelnen diskutiert zu werden. Die An- oder Abwesenheit von Sauerstoff ist ein wichtiges Unterscheidungsmerkmal zur Charakterisierung unterschiedlicher chemischer, biologischer und ökologischer Situationen. Es hat sich ein Sprachgebrauch herausgebildet, bei dem der „reduzierte Zustand" eines Wassers oder das „reduzierte Milieu" eines Teilbereiches der Umwelt dadurch gekennzeichnet ist, dass Sauerstoff und Nitrat fehlen und dass Eisen, Mangan und Ammonium (und eventuell andere reduzierte Substanzen) vorhanden sein können. Umgekehrt ist der „oxidierte Zustand" und das „oxidierte Milieu" durch die Anwesenheit von Sauerstoff und Nitrat und durch die Abwesenheit der genannten reduzierten Komponenten gekennzeichnet. Das Nitrat wird deshalb dem „oxidierten Milieu" zugerechnet, weil der Nitratsauerstoff für viele Mikroorganismen fast ebenso gut nutzbar ist wie freier Sauerstoff.

3.4.2 Herkunft

Freier Sauerstoff ist auf die Assimilationstätigkeit von grünen Pflanzen zurückzuführen. Man findet freien Sauerstoff nur in der Atmosphäre und (in gelöster Form) in den Gewässern, in denen grüne Pflanzen Sauerstoff produzieren bzw. die mit der Atmosphäre in einem hinreichend intensiven Kontakt stehen. Unter jedem Punkt der festen Erdoberfläche existiert ein Tiefenbereich, unterhalb dessen reduzierte Bedingungen herrschen. Dieser Tiefenbereich kann im Einzelfall nur wenige Millimeter mächtig sein, nämlich dann, wenn sich am Grund eines Gewässers Schlamm ansammelt, der dicht unter seiner Oberfläche schon anaerob wird (Sauerstoffzehrung durch abgestorbene Organismen und Detritus). In der norddeutschen Tiefebene existieren große Flächen, bei denen unterhalb einer Tiefe von wenigen Metern das Grundwasser reduzierte Eigenschaften annimmt (Sauerstoffzehrung hauptsächlich durch Eisensulfide). Unterhalb von Tonschichten ist das Wasser regelmäßig reduziert. Viele Tonminerale wirken selbst reduzierend, und zwar durch Eisen(II) als molekularem Bestandteil von Tonmineralen sowie durch reduzierende Nebenbestandteile des Tons, beispielsweise Eisensulfide.

An einem Punkt des Wasserkreislaufs ist Wasser stets mit Luftsauerstoff gesättigt, nämlich dann, wenn es in der Atmosphäre zu Regentropfen kondensiert. Versickerndes Regenwasser beginnt also die Grundwasserneubildung in sauerstoffgesättigtem Zustand. Das weitere Schicksal des Sauerstoffs im Grundwasser besteht darin, dass seine Konzentration nur noch durch Zehrungsvorgänge abnehmen kann.

3.4.3 Chemie

Die überragende Rolle des Sauerstoffs als Bestandteil unserer Umwelt wurde bereits in den voranstehenden Abschnitten angesprochen. Auch in Chemie und Werkstofftechnik spielt der Sauerstoff eine dominierende Rolle. Unsere Zivilisation ist oxidationsempfindlich und muss mit geeigneten Barrieren vor den möglichen Einwirkungen des Sauerstoffs geschützt werden: Jahr für Jahr geben wir Milliardenbeträge für Korrosionsschutz und Brandschutz aus.

In der Praxis des Wasserversorgers ist Sauerstoff erwünscht. Hier ist die vergleichsweise geringe Löslichkeit des Sauerstoffs in Wasser, das im Austauschgleichgewicht mit der Atmosphäre steht, oft von Nachteil. Für manche Anwendungen ist auch das mit Sauerstoff erreichbare Redoxpotenzial nicht ausreichend. Um eine hohe Oxidationswirkung zu erreichen, können statt Sauerstoff Wasserstoffperoxid oder Ozon eingesetzt werden, die ein höheres Redoxpotenzial erreichen und als Zusatzstoffe zugelassen sind. In manchen Fällen benötigt man sehr hohe Konzentrationen an Sauerstoff, die sinnvoll nur als gebundener Sauerstoff (in Wasserstoffperoxid oder Nitrat) erreicht werden können. Solche Notwendigkeiten entstehen häufig bei der Sanierung von Grundwasserverunreinigungen.

3.4.4 Eckpunkte der Konzentration

Grenzwert

Trinkwasserverordnung vom August 2013: kein Grenzwert (weder nach oben, noch nach unten).

Vorgeschichte: Die Sauerstoffkonzentration eines Trinkwassers regulieren zu wollen, ist wenig sinnvoll. Konsequenterweise hat es auch nie einen Grenzwert gegeben. Die Liste der Aufbereitungsstoffe und Desinfektionsverfahren des Umweltbundesamtes (November 2011) enthält allerdings die Einschränkung: „nicht höher als O_2-Sättigung". Im Allgemeinen können die Forderungen der Trinkwasserverordnung im Hinblick auf andere Parameter (z. B. Eisen, Mangan, Ammonium) nur dann erfüllt werden, wenn das Wasser Sauerstoff enthält oder bei der Aufbereitung mit Sauerstoff angereichert wird. Im Interesse einer besseren Schutzschichtbildung auf Stahl- bzw. Gussrohren ist es zweckmäßig, eine Mindestkonzentration einzuhalten (Abschn. 3.4.9 „Sauerstoff und Leitungsmaterialien").

Messwerte (Beispiele)

Konzentrationen oberhalb der Sättigungskonzentration Wässer, die an Luftsauerstoff übersättigt sind, können in der Natur auf zwei unterschiedlichen Wegen entstehen, und zwar dadurch, dass sich Wasser schneller erwärmt oder dass Algen schneller Sauerstoff produzieren, als sich jeweils im Kontakt mit der Atmosphäre neue Sättigungskonzentrationen einstellen können.

Beim Einsatz von technischem Sauerstoff kann bei Normaldruck die für den Kontakt mit der Atmosphäre geltende Sättigungskonzentration überschritten werden. Das Gleiche gilt für Luftsauerstoff, wenn die Luft bei einem höheren Druck angewendet wird.

Anmerkung
Tauchpumpen, die bei der Entnahme von Proben aus Grundwassermessstellen eingesetzt werden, können Luft ziehen, wodurch unrealistisch hohe Sauerstoffkonzentrationen vorgetäuscht werden.

Sättigungskonzentration Die Sättigungskonzentration von Sauerstoff im Kontakt mit der Atmosphäre (20,95 Vol.-% Sauerstoff) ist temperaturabhängig und kann für unterschiedliche Temperaturen aus Tab. A.4 abgelesen werden. Leicht zu merken ist die Sättigungskonzentration von 10 mg/l bei ca. 15 °C. Beim Einsatz von reinem Sauerstoff (100 Vol.-% Sauerstoff) kann man bei Atmosphärendruck Konzentrationen erreichen, die um den Faktor 4,77 höher sind als beim Kontakt mit Luftsauerstoff unter sonst gleichen Bedingungen.

Technisch tolerierbare Konzentration Aus korrosionschemischen Gründen soll eine Mindestkonzentration eingehalten werden. Siehe hierzu Abschn. 3.4.9 „Sauerstoff und Leitungsmaterialien".

Sauerstofffreiheit Wenn in einem Grundwasser durch reduzierende Einflüsse des Grundwasserleiters Sauerstoff, Nitrat und zum Teil vielleicht auch noch das Sulfat reduziert worden sind, ist das Wasser „perfekt sauerstofffrei". Beim Erhöhen des pH-Wertes eines eisenhaltigen Grundwassers kann ein Punkt erreicht werden, an dem das entstehende weiße Eisen(II)-hydroxid mit Sauerstoff aus dem Wassermolekül weiteroxidiert wird und dabei Wasserstoff freisetzt.

Indirekte Sauerstoffbestimmung aus Sedimenten: Die Sedimente von Seen spiegeln die Geschichte der Gewässer wider und haben daher den Charakter von Archiven. Näher *et al.* (2014) haben in den Sedimenten des Zürichsees schichtweise das Mangan-Eisen-Verhältnis ermittelt und dabei festgestellt, dass dieses überraschend eindeutig mit dem Sauerstoffgehalt des Seewassers korreliert: Wenn die Sauerstoffkonzentration des Bodenwassers niedrig ist, wird in den oberen Sedimentschichten Mangan(IV) reduziert, das als Mangan(II) das Sediment verlässt. Bei hoher Sauerstoffkonzentration bleibt das Mangan(IV) im Sediment. Eisenverbindungen reagieren auf Änderungen des Redoxmilieus in geringerem Umfang.

3.4.5 Ausschlusskriterien

Die Anwesenheit von Sauerstoff und von reduzierten Komponenten (Eisen(II), Mangan(II), Ammonium, Schwefelwasserstoff, Methan ...) schließen sich gegenseitig aus. Diese Gesetzmäßigkeit gilt allerdings nicht streng, weil Redoxreaktionen mit Sauerstoff als Reaktionspartner gehemmt sein können oder mehr Zeit beanspruchen, als im Einzelfall zur Verfügung stand. In günstigen Fällen können Parameter der Wasserbeschaffenheit (z. B. die Konzentrationen von Eisen(II), Eisen(III) und Sauerstoff) als „Stoppuhr" verwendet werden, um den Zeitpunkt zu ermitteln, an dem zwei Wässer unterschiedlicher Beschaffenheit gemischt worden sind (Abschn. 4.3.1 „Eisen"). Mangan kann bei niedrigen pH-Werten bei Gegenwart von Sauerstoff lange Zeit stabil bleiben (Analysenbeispiel 13).

3.4.6 Konzentrationsänderungen im Rohwasser

Fließgewässer

Folgende Einflüsse können zu einem spontanen Abfall der Sauerstoffkonzentration führen:

- Aufwirbeln von Sedimenten mit der „Bugwelle" eines Hochwasserereignisses,
- Einflüsse hoher Temperaturen und niedriger Wasserführung im Sommer,
- plötzliche Abwassereinleitungen, beispielsweise durch Ansprechen von Regenwasserüberläufen,

- plötzliches, witterungsbedingtes Absterben hoher Konzentrationen von Algen.

See- und Talsperrenwässer
Das Wechselspiel zwischen Algenwachstum mit hoher Sauerstoffproduktion, Absterben der Algen mit hoher Sauerstoffzehrung und Durchmischung des Wasserkörpers durch die Frühjahrs- bzw. Herbstzirkulation kann zu Schwankungen der Sauerstoffkonzentration führen.

Grundwasser
Jeder Wechsel der Kombination von Brunnen, die Wässer mit unterschiedlichen Sauerstoffkonzentrationen fördern, kann zu entsprechenden Schwankungen im Mischrohwasser führen.

Anmerkung
Man achte darauf, dass sich in einer Rohwasserleitung nicht reduzierte Wässer mit oxidierten mischen, da die dann einsetzenden Redoxreaktionen zu Störungen führen, beispielsweise zur Verschlammung der Leitung durch Eisenoxidhydrate.

3.4.7
Konzentrationsunterschiede Roh-/Reinwasser

Die Unterschiede der Sauerstoffkonzentrationen zwischen Roh- und Reinwasser bei der Trinkwasseraufbereitung sind eher trivialer Natur. Sinnvoll ist es jedoch, den mutmaßlichen Sauerstoffbedarf der reduzierten Wasserinhaltsstoffe anhand der Rohwasseranalyse zu berechnen und mit dem Effekt der Belüftungsanlage zu vergleichen. Auf diese Weise können die Belüftung und die nachgeschalteten Aufbereitungsstufen optimiert werden. Nachstehend sind die Sauerstoffverbräuche für jeweils 1 mg der zu oxidierenden Komponente aufgeführt:

Methan (CH_4):	4,00 mg O_2
Ammonium (NH_4^+):	3,65 mg O_2
Schwefelwasserstoff (H_2S):	1,882 mg O_2
Mangan (Mn^{2+}):	0,291 mg O_2
Eisen (Fe^{2+}):	0,143 mg O_2

3.4.8
Analytik

Sauerstoff zählt zu den sensibelsten Parametern der Wasseranalyse. In einer bereits entnommenen Wasserprobe kann sich die Sauerstoffkonzentration durch die folgenden Vorgänge ändern: Erniedrigung durch Ausgasen oder durch Zehrungsvorgänge, Erhöhung durch Eindringen von Sauerstoff durch undichte Flaschenverschlüsse oder durch die Kunststoffwandung von Plastikflaschen. Die klassische Methode, solche Einflüsse zu vermeiden, ist die chemische Fixierung des Sauerstoffs in einer Spezialflasche nach Winkler als Manganoxide mit anschließender iodometrischer Titration im Laboratorium. Diese Methode ist zuverlässig.

Zunehmend geht man dazu über, diejenigen Parameter, die elektrometrisch gemessen werden können, schon während der Probenahmeprozedur zu messen und das Ergebnis zu notieren. Zu dieser Gruppe von Messwerten zählt auch der Sauerstoff. So kann man kontrollieren, ob die Messwerte über längere Zeit hinweg konstant bleiben. Erforderlichenfalls kann die Probenahme zeitlich ausgedehnt werden. Ein weiterer Vorteil der elektrometrischen Messung besteht darin, dass praktisch keine Chemikalien benötigt werden.

Anmerkung
Bei der elektrometrischen Sauerstoffmessung können bei sauerstofffreien Wässern negative Zahlenwerte angezeigt werden. Möglicherweise ist dieser Effekt auf den Einfluss von Schwefelwasserstoff zurückzuführen.

3.4.9 Wirkungen

Sauerstoff und die Beschaffenheit von Oberflächengewässern

Durch den Eintrag großer Mengen organischer Substanz in ein Oberflächengewässer werden Abbauvorgänge ausgelöst, die Sauerstoff verbrauchen. Wenn der Verbrauch des Sauerstoffs schneller ist als seine Nachlieferung durch die Gewässeroberfläche, droht ein Zustand der (fast) völligen Sauerstofffreiheit. Man spricht vom „Umkippen" des Gewässers, um damit anzudeuten, dass unter diesen Bedingungen kein Organismus, der auf Sauerstoff angewiesen ist, eine Überlebenschance hat. Dramatische Auswirkung des „Umkippens" ist in der Regel das damit verbundene Fischsterben. Die Quelle der organischen Belastung können Abwässer sein.

Bei Seen und Trinkwassertalsperren kann die organische Belastung durch verstärktes Algenwachstum als Folge einer Eutrophierung entstehen. Während ihres Wachstums produzieren die Algen in oberflächennahen Bereichen des Gewässers Sauerstoff, der überwiegend in die Atmosphäre entweicht. Abgestorbene Algen sinken in größere Tiefen ab, in denen der Sauerstoffvorrat für ihren restlosen Abbau im ungünstigen Fall nicht zur Verfügung steht. Im Grenzbereich zu den Sedimenten kann dadurch eine anaerobe Zone entstehen mit erhöhten Konzentrationen an organischer Substanz, Gesamtphosphor, Mangan, Ammonium und eventuell weiteren Inhaltsstoffen. Da Talsperrenwasser für die Trinkwasserversorgung aus maximaler Tiefe entnommen wird, wirken sich solche Situationen sehr ungünstig auf die Trinkwasseraufbereitung aus. Mit Belüftungseinrichtungen hat man schon versucht, zusätzlichen Sauerstoff in größere Tiefen zu bringen. Wirksamer ist auf alle Fälle die Verminderung des Nährstoffeintrags, um dadurch die Eutrophierung zurückzudrängen (siehe Abschn. 2.3, „See- und Talsperrenwasser").

Wenn ein Rohwasser sauerstofffrei ist oder Stoffe enthält, die durch Oxidation eliminiert werden müssen, ist die erste Stufe der Aufbereitung die Belüftung des Wassers.

Sauerstoff und Mikroorganismen

Der wichtigste Partner von Redoxreaktionen ist der Sauerstoff. Der biologische Kreislauf der Elemente Kohlenstoff, Stickstoff und Schwefel in der Natur ist ohne Beteiligung des Sauerstoffs schlechterdings nicht vorstellbar. Zum Thema „Redoxreaktionen" siehe auch Abschn. 1.3 „Reaktionstypen".

In der Wasserversorgung haben aerobe Mikroorganismen in den folgenden Fällen eine Bedeutung:

- Selbstreinigungsvorgänge aller Art in Oberflächen- und Grundwässern, die zur Trinkwassergewinnung genutzt werden,
- Nitrifikation von Ammonium und Oxidation von Mangan(II) und eventuell Eisen(II) in Wasserwerksfiltern und bei der unterirdischen Wasseraufbereitung,
- als „koloniebildende Einheiten" können aerobe Mikroorganismen aus hygienischen Gründen bedenklich sein, und zwar vor allem dann, wenn ihre Konzentration steigt und sie dadurch eine Verschmutzungsquelle anzeigen.

Sauerstoff und Leitungsmaterialien

Die Korrosion von Leitungsmaterialien verbraucht Sauerstoff. In nicht durch Zementmörtel geschützten Graugussleitungen DN 100 ist nach Ergebnissen, die im Stadtgebiet von Hannover gewonnen worden sind, mit einer korrosionschemischen Sauerstoffzehrung von 0,1 mg/(l h) zu rechnen (Kölle und Sontheimer, 1977).

Für die Verteilung von Trinkwasser in einem Versorgungssystem, das ungeschützte Graugussleitungen oder Stahlleitungen enthält, wird eine Mindestkonzentration an Sauerstoff gefordert, für die von verschiedenen Autoren unterschiedliche Werte zwischen 2 und ca. 5 mg/l angegeben werden (Höll, 1986; Gilbert, 1991). Diese Forderung wird korrosionschemisch begründet, wobei im Allgemeinen mit einer besseren Schutzschichtbildung bei höheren Sauerstoffkonzentrationen argumentiert wird. Wegen der Sauerstoffzehrung im Verteilungsnetz ist den höheren Konzentrationen im Bereich um 5 mg/l der Vorzug zu geben.

Wie Kuch (1984) gezeigt hat, existieren in Grauguss- und Stahlleitungen zwei unterschiedliche Korrosionsmechanismen: die „normale" Sauerstoffkorrosion, bei der Korrosionsprodukte aus Eisenoxidhydraten (und anderen Verbindungen) gebildet werden, und die „instationäre Korrosion nach Kuch", die bei Sauerstoffmangel einsetzt (Sontheimer, 1988).

Wenn man den Vorgang der instationären Korrosion sehr stark vereinfacht, kann man ihn folgendermaßen darstellen:

$$\mathrm{Fe(0)} + 2\mathrm{Fe(III)} \rightarrow 3\mathrm{Fe(II)} \tag{3.4}$$

Bei der Oxidation von metallischem Eisen (Fe(0)) übernehmen Eisen(III)-Korrosionsprodukte (in der Form von Lepidokrokit) die Rolle des Sauerstoffs als Elektronenakzeptoren. Dabei bildet sich die dreifache Menge an Fe^{2+}-Ionen bzw. Eisen(II)-Verbindungen, als es dem Korrosionsumsatz entsprechen würde. Die Eisen(II)-Verbindungen können als „grüner Rost" in Erscheinung treten oder bei erneuter Sauerstoffzufuhr zu dem berüchtigten braunen Schlamm von Eisen(III)-oxidhydraten oxidiert werden.

3.5 Kohlenstoffdioxid

3.5.1 Allgemeines

Für den Wasserchemiker hat das Kohlenstoffdioxid die größte Bedeutung als Komponente des Calcit-Kohlensäure-Systems. Dieses System wird in Kap. 7 („Calcitsättigung") erörtert. Die folgenden Ausführungen betreffen allgemeine und historische Aspekte des Kohlenstoffdioxids.

Kohlenstoffdioxid ist ein farbloses, etwas säuerlich riechendes Gas, das eine um den Faktor 1,529 größere Dichte besitzt als Luft. Es sammelt sich daher an den tiefsten Stellen von Räumen (z. B. Brunnenschächten) an und kann dort zu Unfällen durch Ersticken führen. Kohlenstoffdioxid kommt in verflüssigter Form in Stahlflaschen in den Handel, wobei der Druck 57,5 bar (20 °C) beträgt.

3.5.2 Geochemische Aspekte

Im Mai 2013 berichteten die Medien, dass inzwischen eine CO_2-Konzentration in der Atmosphäre von 400 ppm (Tagesmittel) überschritten worden sei. Im Jahre 2007 enthielt die Atmosphäre 0,0383 % (383 ppm) CO_2 (Keeling *et al.*, 2008). Die wichtigste natürliche Quelle für CO_2 ist der Vulkanismus, die wichtigste Senke ist die Verwitterung von Silicaten zu Carbonaten (Hoffmann und Schrag, 2000) und die Fixierung von Kohlenstoff in der Biomasse und in den Sedimenten der Ozeane. Zu diesen beiden Prozessen addieren sich zwei weitere Prozesse:

- Kohlenstoffkreislauf an Land: die Assimilation von CO_2 zu organischer Substanz durch die Fotosynthese grüner Pflanzen und durch die Tätigkeit autotropher Organismen sowie die Veratmung organischer Substanz zu CO_2 durch Tiere und Mikroorganismen („Kohlenstoffkreislauf");
- die anthropogene CO_2-Produktion durch die Nutzung fossiler Energieträger, die zurzeit mit ca. 36 Mrd. t pro Jahr angegeben wird.

Die gesamte CO_2-Emission aus natürlichen Quellen (Vulkanismus und CO_2-Emission im Rahmen des Kohlenstoffkreislaufs) beträgt ca. 550 Mrd. t pro Jahr. Wenn man das CO_2-Inventar der Atmosphäre und der Ozeane auf die Erdober-

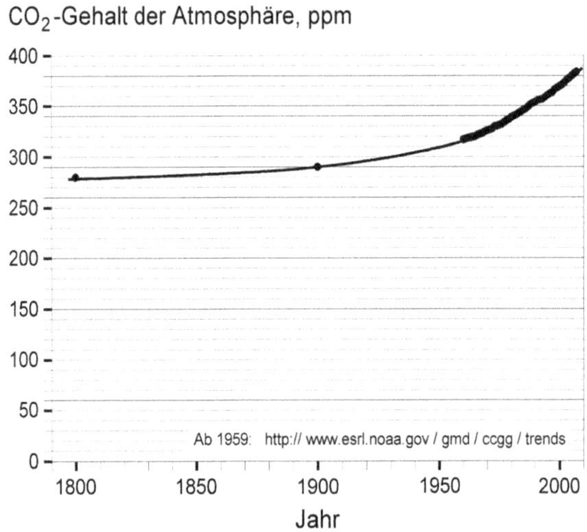

Abb. 3.4 Anstieg des CO_2-Gehaltes der Atmosphäre im Zeitraum von 1800 bis 2007.

fläche bezieht, sind in der Atmosphäre 4 und in den Ozeanen 200 kg/m^2 CO_2 enthalten (Mason und Moore, 1985). Da die Ozeane mit der Atmosphäre im Austauschgleichgewicht stehen, haben sie eine beträchtliche Pufferwirkung, die den Anstieg der CO_2-Konzentration in der Atmosphäre dämpft. Für das Klima der Erde ist dies von großer Bedeutung. Trotzdem ist seit etwa dem Jahr 1800 ein Anstieg der CO_2-Konzentration in der Atmosphäre zu beobachten, der in Abb. 3.4 dargestellt ist.

Anmerkung
Bei der grafischen Verarbeitung eines Datenpools, wie er für Abb 3.4 verwendet wurde, ist es üblich, die Ordinate nicht mit dem Wert „null" zu beginnen, sondern mit einem höheren Wert, um auf diese Weise eine Spreizung der Messpunkte zu erreichen. Der dadurch entstehende optische Eindruck suggeriert jedoch eine Dramatik, die nicht in jedem Fall erwünscht ist (der Anstieg der CO_2-Konzentration ist auch bei der gewählten Darstellung dramatisch genug).

3.5.3
Wirkung auf den Menschen

Folgende Konzentrationen von CO_2 in der Atmosphäre werden von Pschyrembel (1986) angegeben:

0,5 %: maximale Arbeitsplatzkonzentration (MAK-Wert)
4,5 %: Atemluft beim Ausatmen
8–10 %: Kopfschmerzen, Atemnot, Bewusstlosigkeit
20 %: tödliche Konzentration

3.5.4 Historische Wortschöpfungen

Kohlensäure (H_2CO_3) In der Vergangenheit wurden unter dem Oberbegriff „Kohlensäure" alle Komponenten des in Wasser gelösten anorganischen Kohlenstoffs verstanden. Es wurden zahlreiche Bezeichnungen geprägt, die nicht nur den heutigen Ansprüchen an eine wissenschaftlich eindeutige Terminologie nicht standhalten, sondern aus heutiger Sicht teilweise auf falschen Voraussetzungen beruhen. Dies gilt insbesondere für die „rostschutzschichtverhindernde Kohlensäure" und die „bleiangreifende Kohlensäure".

Allerdings werden die Begriffe „freie Kohlensäure", „zugehörige Kohlensäure" und „überschüssige Kohlensäure" in größerem Umfang weiterbenutzt, ohne dass dadurch erkennbare Fehlinterpretationen oder sonstige Nachteile entstehen. Die Bezeichnungen „freies CO_2", „zugehöriges CO_2", „überschüssiges CO_2" sind jedoch vorzuziehen. Vor dem Gebrauch der anderen Begriffe sei an dieser Stelle aber ausdrücklich gewarnt.

Wenn nicht anders angegeben, gilt im Folgenden für alle Konzentrationen die Einheit „mg/l".

- Freie Kohlensäure: gelöstes, freies CO_2, entspricht näherungsweise der Basekapazität bis pH 8,2 (mmol/l).
- Zugehörige Kohlensäure: gelöstes, freies CO_2, das im Gleichgewicht mit Hydrogencarbonat vorhanden sein muss. Entspricht die Konzentration des freien CO_2 derjenigen des zugehörigen CO_2, befindet sich das Wasser im Zustand der Calcitsättigung.
- Überschüssige Kohlensäure: freies CO_2 abzüglich zugehöriges CO_2 (zugrunde liegende Entsäuerungsmethode: Ausgasen von CO_2).
- Aggressive Kohlensäure: überschüssiges CO_2.
- Kalkaggressive Kohlensäure: freies CO_2 abzüglich zugehöriges CO_2 (zugrunde liegende Entsäuerungsmethode: Entsäuerung durch Calcit).
- Rostschutzschichtverhindernde Kohlensäure: überschüssiges CO_2.
- Bleiangreifende Kohlensäure: Freies CO_2 übersteigt 20 % der „gebundenen Kohlensäure" bei Anwesenheit von Sauerstoff.
- Gebundene Kohlensäure: Hydrogencarbonat und Carbonat nach stöchiometrischer Umrechnung in CO_2.
- Halb gebundene Kohlensäure: Hydrogencarbonat nach stöchiometrischer Umrechnung in CO_2.
- Ganz gebundene Kohlensäure: Carbonat nach stöchiometrischer Umrechnung in CO_2.
- Kohlensäuredefizit: Fehlbetrag an CO_2 in einem übersättigten Wasser. Erforderliche CO_2-Dosierung, um ein übersättigtes Wasser in den Zustand der Calcitsättigung zu bringen.

Trinkwasserverordnung vom August 2013: kein Grenzwert, ebenso wenig nach der Trinkwasserverordnung vom Mai 2001.

Vorgeschichte: Das Kohlenstoffdioxid als solches war nie mit einem Grenzwert belegt. Alle Einschränkungen, denen das freie Kohlenstoffdioxid unterliegt, sind von der Calcitsättigung abgeleitet und in den einschlägigen Texten unter den Stichworten „pH-Wert" oder „Wasserstoffionenkonzentration" aufgeführt (Abschn. 3.3.1 und Kap. 7).

3.6 Geruch und Geschmack

3.6.1 Allgemeines

Für den Chemiker ist die Nase ein höchst bemerkenswertes Sinnesorgan. Gerüche werden extrem empfindlich und gleichzeitig äußerst spezifisch wahrgenommen. Darüber hinaus werden Gerüche spontan, also praktisch ohne Zeitverzögerung, registriert. Dabei handelt es sich um Leistungen, die auch von modernen Analysengeräten nicht im Entferntesten erreicht werden. Gemessen an der Leistungsfähigkeit der Nase ist die geruchliche Beurteilung eines Wassers unterentwickelt.

Die Einheit, mit der die Geruchsbelastung eines Wassers angegeben wird, ist der Geruchsschwellenwert. Er wird nach den Deutschen Einheitsverfahren B 1/2 „Prüfung auf Geruch und Geschmack" ermittelt. Ein Pionier der Geruchsmessung war Holluta (1960a). Einer Wasserprobe, die einen gerade noch wahrnehmbaren Geruch hat, wird der Geruchsschwellenwert 1 zugeordnet. Bei stärker riechenden Proben erreicht man den Geruchsschwellenwert 1 durch Verdünnung mit geruchsfreiem Wasser. Der Geruchsschwellenwert ist mit dem Verdünnungsverhältnis identisch. Wenn beispielsweise eine Probe um den Faktor 10 verdünnt werden musste, um die geruchliche Wahrnehmbarkeitsschwelle zu erreichen, hat sie den Geruchsschwellenwert 10. Die verdünnte Probe besteht dann also aus 10 Vol.-% Probe und 90 Vol.-% Verdünnungswasser. Im Fall eines Geruchsschwellenwertes von 1,5 besteht die verdünnte Probe aus 67 Vol.-% Probe und 33 Vol.-% Verdünnungswasser.

Wenn man die gerade noch unterscheidbaren Geruchsschwellenwerte entsprechend ihrem Zahlenwert ordnet, erhält man eine Zahlenreihe, deren Glieder sich um einen ungefähr konstanten Faktor unterscheiden. Es handelt sich also um eine logarithmische Skala. Den Deutschen Einheitsverfahren ist die folgende Skala zugrunde gelegt worden:

$$1 \ldots 1{,}5 \ldots 2 \ldots 3 \ldots 4 \ldots 5 \ldots 7 \ldots 10 \ldots 15 \ldots 20 \ldots 30 \ldots$$

Jede Zahl in dieser Reihe ist im Mittel um den Faktor 1,39 größer als die vorangegangene Zahl.

Zahlreiche Untersuchungen, die sowohl von Malz und Gorlas (1967), als auch von Sontheimer *et al.* (1967) durchgeführt worden sind, haben bewiesen, dass der Geruchsschwellenwert genauer und zuverlässiger gemessen werden kann, als man dies einer subjektiven Testmethode allgemein zutraut. In der zweiten der zitierten Arbeiten wird geschildert, wie allein auf der Basis von Geruchsmessungen Adsorptionsisothermen von Mineralölen (Rohölen) konstruiert wurden. Damit sollten unterschiedliche Rohöle hinsichtlich ihrer Adsorbierbarkeit auf Aktivkohle und unterschiedliche Aktivkohlen hinsichtlich ihrer Eignung zur Elimination von Rohölen charakterisiert werden. Ungewohnt (aber widerspruchsfrei möglich) ist dabei die Vorgehensweise, eine Substanzgruppe nicht wie üblich durch ihre Menge oder Masse, sondern durch ihr Verhalten der Nase gegenüber zu definieren.

Für jede geruchsaktive Substanz kann eine stoffspezifische Größe definiert werden, mit der die Empfindlichkeit des geruchlichen Nachweises dieser Substanz charakterisiert wird. Im Wasserfach ist dies die Geruchsschwellenkonzentration (GSK) einer Substanz in Wasser. Sie ist dadurch definiert, dass bei dieser Konzentration der Geruchsschwellenwert 1 erreicht wird. Tabelle A.10 im Tabellenanhang enthält einige charakteristische Geruchsschwellenkonzentrationen.

Geosmin ist einer der Geruchsstoffe, die von bestimmten pilzartigen Mikroorganismen, den Actinomyceten, synthetisiert werden. Menthol kommt in Pfefferminzöl vor. Man findet es in sehr vielen Rezepturen für Bonbons, Hustensäfte und Kosmetika; darüber hinaus wurden auch „Menthol-Zigaretten“ und „Menthol-Papiertaschentücher“ auf den Markt gebracht.

Die in der Tab. A.10 aufgeführten Geruchsschwellenkonzentrationen lassen eine Reihe von Gesetzmäßigkeiten erkennen: Der Einbau von Schwefel in ein organisches Molekül erhöht die Geruchsintensität einer Substanz, wie die Beispiele 2-Methylthiobenzthiazol und Thiophenol zeigen, auf extreme Weise, beim Thiophenol um den Faktor 1000. Organische Schwefelverbindungen werden daher als „Odorierungsmittel“ eingesetzt, um Stadtgas „riechbar“ zu machen.

Der Einbau von einem oder mehreren Chloratomen erhöht die Geruchsintensität der Substanz ebenfalls beträchtlich. Wie die chlorierten Produkte des Benzols zeigen, nimmt mit zunehmendem Chlorgehalt die Geruchsintensität der Substanzen zunächst zu und danach wieder ab, was wahrscheinlich auf die abnehmende Flüchtigkeit der Substanzen zurückzuführen ist.

Die Chlorierung von Phenol zu Chlorphenol findet auch unter Bedingungen statt, wie sie bei der Desinfektion von Trinkwasser mit freiem Chlor herrschen. Dies hat schon zu großem Ärger in der Wasserversorgungspraxis geführt, wenn das Wasser Phenol oder phenolische Verbindungen enthielt. Das Phenol konnte beispielsweise aus Materialien wie Phenol-Formaldehyd-Kunstharzen herausgelöst worden sein, mit denen das Wasser in Kontakt kam. Eine weitere mögliche Quelle für Phenolverunreinigungen sind alte Kokereistandorte, aus denen Phenole in den Untergrund gelangt sein können. Auch natürliche organische Substanzen können Phenolgruppen enthalten.

Um Chlorierungsreaktionen zu vermeiden, kann die Desinfektion mit Chlordioxid durchgeführt werden.

3.6.2 Ursachen von Geruchsproblemen in der Praxis

Anthropogene Verunreinigungen Hierzu zählen, wie bereits erwähnt, Verschmutzungen durch Kokereien. Betriebe, die mit Lösungsmitteln umgehen, sind ebenfalls zu den möglichen Verschmutzern zu zählen. Die meisten der in Tab. A.10 aufgeführten organischen Chlorverbindungen wurden als Abfallstoffe der chemischen Industrie im Rhein bzw. im Uferfiltrat des Rheins gefunden.

Das höchste Gefährdungspotenzial geht von Treibstoffen und Mineralölen aus, und zwar weniger wegen ihrer besonderen Eigenschaften, sondern vor allem wegen des ungeheuer großen Umsatzes. Gefährdet ist das Grundwasser durch Unfälle und Leckagen an Heizöl- und Treibstofftanks und das Oberflächenwasser durch mineralölhaltige Abwässer und (bei schiffbaren Gewässern) gesetzwidrig entsorgte Bilgenöle und durch ölhaltiges Ballastwasser.

Biogene Geruchsstoffe Die von den Actinomyceten synthetisierten Stoffwechselprodukte sind außerordentlich geruchsaktiv und stören besonders bei der Trinkwassergewinnung aus Fließgewässern. Über solche Störungen wird seit etwa 1934 berichtet. Der Geruch wird übereinstimmend als „modrig" oder „muffig" bezeichnet. Auch von Algen ist bekannt, dass sie Geruchsstoffe entwickeln können (Schlett *et al.*, 1995). Ludwig *et al.* (2009) haben in sächsischen Talsperren die Produktion von Geruchsstoffen durch Cyanobakterien untersucht. Gefunden wurden Geosmin, 2-Methylisoborneol, β-Cyclocitral, β-Ionon, Octanal und andere Aldehyde.

Stagnation Wenn Trinkwasser in ungeschützten Gusseisen- oder Stahlleitungen stagniert, reduziert das metallische Eisen der Reihe nach den Sauerstoff, das Nitrat und das Sulfat. Stagnierendes Wasser riecht häufig muffig. Nachdem die Sulfatreduktion in Gang gekommen ist, entsteht Schwefelwasserstoff, und die Geruchsintensität nimmt zu.

Desinfektion Bei der Durchführung von Desinfektionsmaßnahmen kann das Desinfektionsmittel selbst riechen, was vor allem auf das freie Chlor zutrifft. Bei der Chlorierung von Phenolen entstehen typische „apothekenartige" Geruchseindrücke.

Bei der Desinfektion von Wässern mit hoher organischer Belastung riecht das Wasser nach Aufzehrung des Chlors muffig. Dieses Phänomen ist von Grübel *et al.* (2011) eingehend untersucht worden. Ausgangssubstanzen waren Aminosäuren, die bei Chlorzugabe zu geruchsaktiven Aldehyden, Nitrilen, Chloraminen und Chloriminen weiterreagierten.

Ferner ist zu fragen, ob als „hohe organische Belastung" überhaupt im Wasser gelöste Substanzen eine Rolle spielen oder ob nicht in erster Linie Biofilme als Reaktionspartner des Chlors infrage kommen.

Grenzwert

Trinkwasserverordnung vom August 2013: Geruchsschwellenwert 3 bei 23 °C.

Bemerkung: Bei der routinemäßigen Untersuchung kann alternativ eine qualitative Untersuchung (Geruch gemäß Richtlinie 98/83/EG) durchgeführt werden, mit dem Ziel, einen für den Verbraucher annehmbaren Geruch zu attestieren und anormale Veränderungen auszuschließen. Es ist das Analysenverfahren nach DIN EN 1622 anzuwenden.

Vorgeschichte: Nach der DIN 2000 soll das Wasser geruchlos sein. In die Gesetzgebung wurde der Geruchsschwellenwert erstmals mit der EG-Trinkwasserrichtlinie vom Juli 1980 eingeführt, und zwar mit den Grenzwerten Geruchsschwellenwert 2 bei 12 °C, Geruchsschwellenwert 3 bei 25 °C (Indikatorparameter). Die EG-Trinkwasserrichtlinie vom November 1998 stellt nur noch die Forderung auf: „für den Verbraucher annehmbar und ohne anormale Veränderung". Fassungen der Trinkwasserverordnung von 1986, 1990 und 2001: Geruchsschwellenwert 2 bei 12 °C, Geruchsschwellenwert 3 bei 25 °C (Indikatorparameter).

3.7 Färbung

3.7.1 Allgemeines

Die Färbung ist eine optische Eigenschaft des Wassers, die darin besteht, dass Licht eines bestimmten Wellenlängenbereiches stärker absorbiert wird als das anderer Wellenlängenbereiche, und zwar ohne seitlich abgelenkt zu werden. Wenn das Licht durch ungelöste Wasserinhaltsstoffe gestreut wird, handelt es sich um Trübung. Grundsätzlich wäre es sinnvoll, den Parameter „Färbung" nur auf solche Fälle anzuwenden, bei denen die farbgebenden Komponenten (z. B. Huminstoffe) in echt gelöster Form vorliegen. In der Praxis ist eine Unterscheidung zwischen Färbung und Trübung allerdings oft schwierig: Vielen Trübungen kann auch eine Farbe zugeordnet werden, und außerdem gibt es Übergangsbereiche zwischen „gelöst" und „ungelöst".

Der Parameter „Färbung" ist im Zusammenhang mit der Interpretation von Wasseranalysen nicht besonders informativ. Zwei Gesichtspunkte sind jedoch bemerkenswert: Die Färbung ist ein Parameter, der mit kontinuierlich registrierenden Geräten bei geringem Aufwand auf gefärbte organische Substanzen angewendet werden kann. Verlegt man die Messung in den Ultraviolettbereich des Spektrums, können auch farblose Substanzen erfasst werden, sofern sie im UV-Bereich Licht absorbieren.

Außerdem zählt die Färbung (ebenso wie die Trübung) zu den wichtigsten Reklamationsgründen unzufriedener Kunden. Die Färbung ist also ein „eher kundenorientierter Parameter“. Der Umgang mit den Parametern Färbung und Trübung kann daher durchaus pragmatisch gehandhabt werden.

3.7.2
Herkunft

Der wichtigste Anlass, überhaupt einen Parameter „Färbung“ in die Wasseranalytik einzuführen, dürften wohl Huminstoffe gewesen sein, die in manchen Wässern in solchen Konzentrationen vorhanden sind, dass das Wasser gefärbt erscheint, wobei alle Abstufungen von einem gerade noch erkennbaren Blassgelb bis zu einem tiefen Dunkelbraun vorkommen können (siehe hierzu auch Abschn. 6.3). Die enge Wechselbeziehung zwischen Huminstoffen einerseits und der Bestimmung der Färbung eines Wassers andererseits ergibt sich auch aus den folgenden Tatsachen: Die aus heutiger Sicht veraltete Maßeinheit für die Intensität der Färbung „mg/l Platin“ ist im Hinblick auf den Farbton (gelb) auf die Huminstoffe abgestimmt. Dies gilt auch für die Lichtwellenlänge bei der Messung der Farbe mit der Maßeinheit „spektraler Absorptionskoeffizient bei 436 nm“. Die Wellenlänge 436 nm entspricht blauem Licht, mit dem gelbe Färbungen besonders empfindlich gemessen werden können.

Gelbliche Färbungen durch Eisen(III) sind (wissentlich oder unwissentlich) ebenfalls schon mit dem Parameter „Färbung“ angegeben worden, jedoch konnte Eisen schon immer mit der Maßeinheit „mg/l Eisen“ zutreffender und präziser charakterisiert werden. Blaue Färbungen entstehen durch Korrosionsprodukte des Kupfers, grüne Färbungen durch Algen. Manche Algen erzeugen auch rötliche Farbtöne. Der rote Blutfarbstoff Hämoglobin sollte in Wasserproben nach Möglichkeit nicht vorkommen.

3.7.3
Eckpunkte des Parameterwertes

Grenzwert

Trinkwasserverordnung vom August 2013: Färbung (spektraler Absorptionskoeffizient Hg 436 nm): $0{,}5\,m^{-1}$.

Bemerkung: „Bestimmung des spektralen Absorptionskoeffizienten mit Spektralphotometer oder Filterphotometer.“

Vorgeschichte: In der EG-Trinkwasserrichtlinie vom Juli 1980 war ein Grenzwert für die Färbung noch mit einem Wert von 20 mg/l Platin angegeben. Seit Mai 1986 gilt der Grenzwert von $0{,}5\,m^{-1}$ als SAK 436 nm in unveränderter Form in allen Fassungen der Trinkwasserverordnung. In den Fassungen vom Mai 1986 und vom Dezember 1990 galt für die Färbung (ebenso wie für die Trübung) der Zusatz: „Kurzzeitige Überschreitungen bleiben außer Betracht.“ Damit wird eingeräumt, dass technisch kaum vermeidbare Färbungen im Trinkwasser vorkommen können, die im Rohwasser beispielsweise durch Anomalien des Witterungsverlaufs ausgelöst werden können. Die EG-Trinkwasserrichtlinie vom November 1998 stellt nur noch die Forderung auf: „für den Verbraucher annehmbar und ohne anormale Veränderung".

Trinkwasserverordnung vom Mai 2001: Grenzwert als spektraler Absorptionskoeffizient (SAK) 436 nm: 0,5 m^{-1} (Indikatorparameter).

Messwerte (Beispiele)
In den Analysenbeispielen in Anhang B findet man nur wenige Angaben der Färbung als SAK-Wert. Entweder stand der SAK bei entsprechend alten Analysen als Analysenmethode noch nicht zur Verfügung, oder es handelt sich um eine Rohwasseranalyse oder nur um eine Teilanalyse.

3.7.4 Änderungen des Parameterwertes

Eine Änderung der Färbung von Grund- oder Oberflächenwässern lässt sich mit vernünftigem Aufwand nicht erreichen. Bei der Wasseraufbereitung ändert sich die Färbung von Wässern durch alle Maßnahmen, die an den im Wasser enthaltenen Huminstoffen angreifen. Hierzu zählen die Flockung, die Elimination durch makroporöse Anionenaustauscherharze und die Adsorption an Aktivkohle. Der Einfluss von Oxidationsmitteln wie Ozon oder (freies) Chlor modifiziert die organischen Substanzen in der Weise, dass ihre Färbung zurückgeht und ihre biologische Abbaubarkeit zunimmt (siehe hierzu auch Abschn. 6.3 „Refraktäre Substanzen" und Abschn. 8.2 „Desinfektionsmittel").

3.7.5 Analytik

Als man noch keine objektive, physikalische Analysenmethode für die Färbung allgemein verfügbar hatte, suchte man eine Vergleichssubstanz mit geeigneter Eigenfärbung. Man entschied sich für Kaliumhexachloroplatinat (K_2PtCl_6), das eine gelbe Eigenfärbung besitzt und nicht nennenswert mit anderen Wasserinhaltsstoffen reagiert. Die Kaliumhexachloroplatinatlösung wurde durch Zusatz von Cobaltchlorid modifiziert. Vergleichslösungen wurden durch Verdünnen hergestellt. Die Ergebnisse wurden als Färbung in „mg/l Platin" angegeben. Durch Zusatz von blauem Kupfersulfat konnten grüne Farbtöne erzeugt werden. Daneben wurden als Vergleichsfarben verwendet: Methylorange, aus Rohrzucker hergestellte Karamelllösung sowie Farbscheiben, die auf „mg/l Platin" standardisiert waren (Höll, 1986). Vergleichsdaten zu diesen alten Bestimmungsmethoden gibt es nur wenige. Das Wasser zu Analysenbeispiel 26 hatte am 13.08.1968 eine Färbung entsprechend 40 mg/l Platin, die Färbung des daraus gewonnenen Reinwassers (Analysenbeispiel 27) entsprach 5–10 mg/l Platin (Heck, 1970).

Heute wird die Färbung als „spektraler Absorptionskoeffizient bei 436 nm" (SAK 436) in der Einheit „m^{-1}" gemessen und angegeben. Zu diesem Parameter existiert ein Parallelparameter für die Wellenlänge 254 nm, mit dem der Ultraviolettbereich des Spektrums erfasst wird (siehe Abschn. 6.4). Die Wellenlängen 254 und 436 nm lassen sich als Emissionslinien des Quecksilbers in Spektralfotometern besonders gut und mit hoher Leuchtstärke realisieren. Mitunter, z. B. in Anlage 4 der Trinkwasserverordnung vom Dezember 1990, wird daher vor die Wellenlängenangabe das Symbol Hg für Quecksilber gesetzt.

Messungen des SAK 436 sind auf Rohwässer nur bedingt anwendbar, da sie getrübt sein können. Dies trifft vor allem auf Oberflächenwässer und eisenhaltige Grundwässer zu.

3.7.6 Wirkungen

Die einzige direkte Wirkung der Färbung ist die wellenlängenabhängige Lichtabsorption. Damit kann die Färbung das Algenwachstum und die Desinfektion des Wassers durch UV-Bestrahlung behindern. Indirekte Wirkungen sind auf die (organischen) Substanzen zurückzuführen, die die Färbung verursachen.

3.8 Trübung

3.8.1 Allgemeines

Die Trübung wird durch ungelöste Wasserinhaltsstoffe verursacht, die das Licht streuen. Ebenso wie die Färbung hat auch die Trübung einen starken Bezug zum Trinkwasserkunden. Wenn ein Kunde „braunes Wasser" beanstandet, handelt es sich um eine durch Korrosionsprodukte von Stahl oder Gusseisen verursachte Trübung.

Darüber hinaus ist die Trübung ein wichtiger Parameter, mit dem die Wirksamkeit der Aufbereitung von Oberflächenwasser beurteilt werden kann. Außer dem überschüssigen CO_2 ist fast alles, was z. B. bei der Trinkwasseraufbereitung aus einem See- oder Talsperrenwasser entfernt werden muss, ungelöst: Bakterien, Algen, sonstige Planktonorganismen, Detritus sowie ungelöste anorganische Substanzen wie z. B. Tonpartikel oder Eisen(III)-Verbindungen.

3.8.2 Herkunft

Trübungen können auf sehr unterschiedliche Weise entstehen: Grundwässer sind im Allgemeinen gegen das Eindringen von Trübstoffen durch die Filterwirkung der Deckschichten gut geschützt. Ausnahmen können klüftige Festgesteinsgrundwasserleiter sein, in die bei Starkregen Trübstoffe eingeschwemmt werden können. Trübungen können auch bei der Förderung von Grundwasser auftreten, beispielsweise durch Korrosions- oder Verockerungsprozesse in Brunnen und Leitungen. In Oberflächenwässern findet man die bereits erwähnten „lebenden Trübstoffe" und anorganischen Substanzen. Flüsse transportieren aufgrund ihrer hohen Strömungsgeschwindigkeit teilweise auch sehr grobe Partikel, die bis in die Kategorie „Sand" oder sogar „Kies" reichen. Die erste Stufe bei der Nutzung von Flusswasser ist daher meistens ein „Sandfang".

Die Korrosionsprodukte der meisten Metalle sind entweder praktisch vollständig ungelöst wie die Eisen(III)-Verbindungen oder unter bestimmten Bedingungen teilweise ungelöst wie die Korrosionsprodukte von Zink, Kupfer und Blei. Das Auftreten von „braunem Wasser" zählt zu den häufigsten Trübungsphänomenen.

Die Konzentration von Trübstoffen ist von zahlreichen äußeren Einflüssen extrem stark abhängig. So wird die Dynamik der Planktonproduktion eines Oberflächengewässers von der Verfügbarkeit von Nährstoffen, sehr stark aber auch vom Witterungsverlauf diktiert. Entscheidend für das Verhalten von sedimentierbaren Trübstoffen ist jedoch ihre Fähigkeit, sich an Stellen geringer Strömung in einem Gewässer oder Leitungssystem anzusammeln und sich „aus gegebenem Anlass" wieder in Bewegung zu setzen. In Fließgewässern können Hochwasserwellen mit ihrer Frontpartie sedimentierte Trübstoffe aufwirbeln, in Leitungssystemen kann eine plötzliche Erhöhung der Fließgeschwindigkeit oder eine Umkehr der Fließrichtung Korrosionsprodukte, die sich als Schlamm abgelagert haben, mobilisieren. Wenn die Sedimentationsphase sehr lange dauerte und die Mobilisierungsphase kurz und vollständig verläuft, können nahezu beliebig hohe Trübstoffkonzentrationen erreicht werden.

Es ist technisch unmöglich, die Mobilisierung von Trübstoffen in Leitungssystemen zuverlässig auszuschließen. Ausnahmesituationen, in denen mit Trübungen gerechnet werden muss, sind: Rohrbrüche, Reparaturarbeiten und hohe Wasserentnahmen, beispielsweise durch die Feuerwehr. Besonders gefährdet sind solche Versorgungsunternehmen, deren Rohrnetz Gussleitungen enthält. Grundsätzlich muss diese Tatsache vom Gesetzgeber in der Weise berücksichtigt werden, dass technisch unvermeidbare Vorfälle nicht zu dem Tatbestand einer Verletzung von Grenzwerten führen. Diese Forderung gilt grundsätzlich auch für die Grenzwerte von Eisen und Mangan.

3.8.3 Eckpunkte des Parameterwertes

Grenzwert

Fassungen der Trinkwasserverordnung vom Mai 2001 und August 2013: 1,0 nephelometrische Trübungseinheiten (NTU).

Bemerkung: „Der Grenzwert gilt als eingehalten, wenn am Ausgang des Wasserwerks der Grenzwert nicht überschritten wird. Der Unternehmer und sonstige Inhaber einer Wasserversorgungsanlage [...] haben einen plötzlichen oder kontinuierlichen Anstieg unverzüglich der zuständigen Behörde zu melden." Letzteres gilt auch für das Verteilungsnetz. Gegen die Zusatzforderung, „Dies gilt auch für das Verteilungsnetz“, haben die Wasserverbände Einspruch erhoben (siehe Abschn. 1.10.5 „Grenzwerte für ungelöste Substanzen“).

Vorgeschichte: In der EG-Trinkwasserrichtlinie vom Juli 1980 war ein Grenzwert für die Trübung noch mit den Werten „10 mg/l SiO_2“ bzw. „4 Jackson-Einheiten“, unter bestimmten Voraussetzungen auch als Sichttiefe (mit Secchi-Scheibe) von 2 m angegeben. Die EG-Trinkwasserrichtlinie vom November 1998 stellt nur noch die Forderung auf, „für den Verbraucher annehmbar und ohne anormale Veränderung“, wobei jedoch gleichzeitig die Anmerkung gemacht wird: „Bei der Aufbereitung von Oberflächenwasser sollten die Mitgliedstaaten einen Parameterwert von nicht mehr als 1,0 NTU (nephelometrische Trübungseinheiten) im Wasser am Ausgang der Wasseraufbereitungsanlage anstreben.“ In den Fassungen der Trinkwasserverordnung vom Mai 1986 und vom Dezember 1990 war für die Trübung ein Grenzwert von 1,5 nephelometrischen Trübungseinheiten (NTU) festgeschrieben worden. Außerdem galt für die Trübung (ebenso wie für die Färbung) der Zusatz: „Kurzzeitige Überschreitungen bleiben außer Betracht.“ Damit wird eingeräumt, dass technisch kaum vermeidbare Trübungen im Trinkwasser vorkommen können, die beispielsweise im Rohwasser durch Anomalien des Witterungsverlaufs und in Rohrnetzen durch Mobilisierung von Korrosionsprodukten ausgelöst werden können.

Messwerte (Beispiele)

Sontheimer *et al.* (1980) schreiben 1980, dass zur Kontrolle der Filterwirksamkeit ein Wert von 0,1 Trübungseinheiten Formazin anzustreben sei. Bei der ordnungsgemäßen Trinkwasseraufbereitung ist dieser Wert technisch erreichbar (Analysenbeispiele 20 und 21) und kann in günstigen Fällen auch deutlich unterschritten werden. Der nach der Trinkwasserverordnung geforderte Grenzwert von 1,0 (früher 1,5) Trübungseinheiten Formazin ist demnach (wohl im Hinblick auf kleinere Versorgungsunternehmen mit eingeschränkten Möglichkeiten zur Trinkwasseraufbereitung) großzügig bemessen.

3.8.4 Änderungen des Parameterwertes

Eine Beeinflussung der Trübung von Rohwässern ist mit vernünftigem Aufwand nicht möglich. Bei der Trinkwasseraufbereitung greifen alle Maßnahmen der Sedimentation, Flockung und Filtration. Der Betrieb von Rohrnetzen kann durch Sanierungsmaßnahmen (Auskleidung alter Graugussleitungen mit Zementmörtel, Ersatz alter Leitungen) sicherer gemacht werden. Erfolgreich ist auch die Dosierung von Korrosionsinhibitoren. Siehe hierzu auch Abschn. 4.3.1 „Eisen“.

3.8.5 Analytik

Während es bei der Färbung gelungen ist, eine physikalische Messtechnik zu entwickeln, die ohne die Hilfe von Vergleichsstandards zu reproduzierbaren Ergebnissen führt, ist eine solche Messtechnik für die Trübung nicht in Sicht. Eine Schwierigkeit besteht darin, dass das Licht in alle Richtungen des Raumes gestreut werden kann und dass die Messeinrichtung sich auf einen kleinen Winkelausschnitt beschränken muss. Erschwerend kommt hinzu, dass die bevorzugten Streuwinkel korngrößenabhängig sind.

Eine alte Messmethode zur Anwendung vor Ort besteht darin, die „Sichttiefe" zu bestimmen, indem man eine weiße Scheibe mit einem Durchmesser von 20 cm („Secchi-Scheibe") im Wasser absenkt und die Tiefe notiert, in der die Scheibe gerade noch sichtbar ist. Das Ergebnis wird als Sichttiefe, z. B. in Metern, angegeben.

Zur Durchführung von Labormessungen eignen sich Trübungsstandards. Häufig benutzte Standards waren Suspensionen von Gummi arabicum und von Kieselgur. Das Ergebnis der vergleichenden Trübungsmessung mit Gummi arabicum wurde in „Anzahl Tropfen einer Stammlösung" angegeben. Die Verwendung des Trübungsstandards Kieselgur führte zu einer Angabe als „mg/l SiO_2".

Heute wird allgemein der Formazinstandard verwendet. Auch der Gesetzgeber benutzt zur Definition von Grenzwerten heute ausschließlich die Trübungseinheit Formazin. Formazin ist eine schwer lösliche organische Stickstoffverbindung mit der folgenden Formel: $CH_2{=}N{-}N{=}CH_2$. Sie wird aus den wasserlöslichen Ausgangsstoffen Hydrazinsulfat und Hexamethylentetramin durch Zusammengießen der Lösungen dieser Substanzen nach einer genau einzuhaltenden Vorschrift (DIN 38404-C2–5) hergestellt. Ein Volumen des Standards von 100 ml enthält 500 mg Hexamethylentetramin und 50 mg Hydrazinsulfat. Diesem Standard werden 400 Trübungseinheiten zugeordnet. Für die Anwendung im Trinkwasserbereich wird der Standard entsprechend verdünnt. Messung der Probe und Vergleichsmessung des Standards werden in Trübungsmessgeräten durchgeführt, in denen das gestreute Licht gemessen wird. Folgende Kürzel sind in Gebrauch: TE/F: „Trübungseinheiten Formazin"; FTU: „Formazin Turbidity Units"; FNU: „Formazin Nephelometric Units"; NTU: „Nephelometric Turbidity Units".

Wer die Ergebnisse von Trübungsmessungen, die mit verschiedenen Standards gemessen worden sind, miteinander vergleichen möchte, findet bei Wagner (2000) eine Grafik, auf der die korrespondierenden Trübungswerte abgelesen werden können.

3.9 Redoxspannung

Das Redoxpotenzial ist ein Maß für das Verhältnis zwischen reduzierenden und oxidierenden Wasserinhaltsstoffen. Sie wird mit einer Edelmetallelektrode (meist aus Platin) gemessen, die in das Wasser eintaucht. Enthält das Wasser beispielsweise Fe^{2+}-Ionen, so tendieren diese dazu, Elektronen an die Elektrode abzugeben und dabei zu Fe^{3+} zu oxidieren. Die Elektrode erhält dadurch ein negatives Potenzial. Enthält das Wasser Fe^{3+}-Ionen, tritt der umgekehrte Effekt ein, und die Elektrode erhält ein positives Potenzial. Das resultierende Potenzial ist in diesem Fall eine Funktion des Quotienten $[Fe^{3+}]/[Fe^{2+}]$, wobei die eckigen Klammern molare Konzentrationen ausdrücken. In der Praxis laufen häufig mehrere Redoxreaktionen an der Elektrode ab, die ein Mischpotenzial bilden. Man spricht dann von der „Redoxspannung".

Gemessen wird gegen eine Bezugselektrode. Standard ist die Standardwasserstoffelektrode. In der Praxis werden meist andere Bezugselektroden – beispielsweise die Silber/Silberchlorid-Elektrode – benutzt, weil sie leichter zu handhaben sind. Die damit gemessene Spannung kann auf die Standardwasserstoffelektrode umgerechnet werden. Als Messgeräte eignen sich pH-Messgeräte mit Umschaltmöglichkeit zur Spannungsmessung.

Die Messung der Redoxspannung ist störanfällig. So ist in der DIN 38404-C6 zu lesen: „Die Redox-Spannung ist in nicht vorhersehbarem Maß temperaturabhängig; sie kann sich auch mit dem pH-Wert ändern [...] Beläge auf den Oberflächen der Redox-Elektroden [...] können die Messung beträchtlich stören." Weitere Störungen ergeben sich dann, wenn bei niedrigen Redoxspannungen, also in einem Milieu, in dem Sulfat reduziert wird, Platinsulfid entstehen kann (Böttcher *et al.*, 1985). Auch Rückschlüsse auf die Einzelkomponenten, die sich am Zustandekommen einer Redoxspannung beteiligen, sind nicht möglich. Die Durchführung verlässlicher Messungen ist daher aufwendig und zeitraubend und erfordert ein hohes Maß an Sachkunde. Die DIN fordert daher, „bei den Untersuchungen nach dieser Norm Fachleute oder Facheinrichtungen einzuschalten".

Wer einerseits solche Einschränkungen in Kauf nimmt, muss sich andererseits erhebliche Vorteile versprechen. Die folgenden Beispiele zeigen, dass solche Vorteile tatsächlich existieren.

3.9.1
Kontrolle der Desinfektion

Die Desinfektionswirkung von Chlor wird durch organische Substanzen beeinträchtigt. Zu diesem Problem schreiben Grohmann *et al.* (2003): „Die Redoxspannung ist nicht Ursache einer sicheren Desinfektion, wohl aber zuverlässiges Indiz einer verfügbaren Konzentration der wirksamen Spezies HOCl. Es wurden zahlreiche Versuche zur Abtötungskinetik (von Mikroorganismen) in Abhängigkeit vom Chlorgehalt und mit der Redoxspannung als Parameter durchgeführt. Immer zeigte sich, dass reduzierende organische Stoffe die Redoxspannung herabsetzen und gleichzeitig die Desinfektionswirkung des Chlors mindern, auch wenn gleich hohe Chlorkonzentrationen gemessen wurden. Zur Beurteilung der Desinfektionswirkung des Chlors ist also nicht nur der Chlorgehalt im Wasser, sondern auch die Redoxspannung heranzuziehen."

In Schwimmbädern ist die zuverlässige Desinfektion besonders wichtig und gleichzeitig die Gefahr einer Belastung durch organische Substanzen besonders hoch. Für die Kontrolle der Desinfektionsmaßnahmen in Schwimmbädern bietet sich daher die Messung der Redoxspannung an. Sie ist für Schwimmbäder inzwischen obligatorisch.

Für eine sichere Desinfektion ist eine Redoxspannung oberhalb von 600 mV (gemessen gegen eine Silberchloridbezugselektrode) erforderlich (Höll, 2002). Bei pH 7 und einer Chlorkonzentration von 0,1 mg/l resultiert eine Redoxspannung von 700 mV. Unter diesen Bedingungen wird die Konzentration von Kolibakterien innerhalb von zehn Sekunden um mehr als drei Zehnerpotenzen verringert (Frimmel, 2003).

3.9.2
Kontrolle der Brunnenverockerung

Nach Höll (2002) neigen Brunnen zur Verockerung, wenn sie Eisen(II)-Ionen enthalten und die Redoxspannung ihres Wassers einen Wert von 10 mV (bezogen auf die Wasserstoffelektrode) übersteigt. Von den Brunnen der Berliner Wasserbetriebe neigen ca. 800 zur biologischen Verockerung. In den von ihnen geförderten Wässern werden Redoxspannungen im Bereich zwischen 100 und 200 mV gemessen (Petersohn, 2003).

Im Zusammenhang mit der biologischen Brunnenverockerung besteht der Vorteil der Redoxmessung darin, dass bei Eisen(II)-Konzentrationen von einigen mg/l bereits geringste Spuren von Sauerstoff im µg/l-Bereich ausreichen, um eine Verockerungsreaktion in Gang zu halten. Diese Sauerstoffspuren können analytisch kaum sinnvoll festgestellt werden, äußern sich aber in einer merklichen Erhöhung der Redoxspannung. Schon 1970 wurden Redoxmessungen an Brunnen propagiert, um deren Verockerungsneigung festzustellen (DVGW, 1970). In einer neueren Arbeit zum Thema „Verockerung" haben Opel *et al.* (2008) die Redoxspannungen in geothermalen Fluiden der thermischen Aquiferenergiespeicher in Berlin untersucht. Dabei wurde festgestellt, dass eine Abhängigkeit der Redoxspannung von den im Wasser enthaltenen Carbonationen besteht. Wenn dieser Einfluss durch empirische Korrekturfaktoren ausgeglichen wird und die Messung auf Wässer beschränkt wird, in denen das Fe^{2+}/Fe^{3+}-Redoxpaar vorherrscht, sind die Ergebnisse belastbar.

Grundsätzlich neigen Brunnen auch bei völliger Abwesenheit von Sauerstoff zur Verockerung, wenn das geförderte Wasser Eisen(II) enthält und die Nitratkonzentration über 0,8 mg/l liegt (s. Abschn. 4.3.1 „Herkunft").

3.9.3
Redoxspannung als Milieuindikator

Man kann Koordinatensysteme zeichnen mit dem Redoxpotenzial als Ordinate und dem pH-Wert als Abszisse („E_h/pH-Diagramme"). In solchen Systemen können Felder definiert werden, in denen bestimmte Wasserinhaltsstoffe stabil sind. Im Falle des Eisens leuchtet sofort ein, dass beispielsweise Eisen(II)-carbonat nicht unterhalb eines bestimmten pH-Wertes (von ca. 6,5) existieren kann (weil

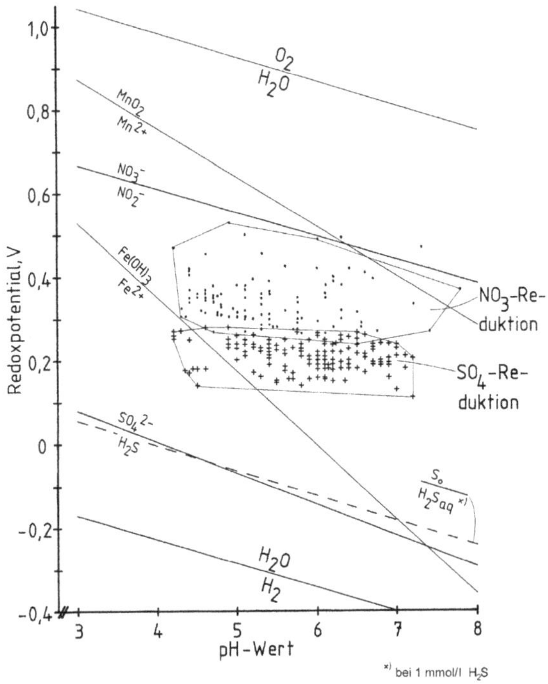

Abb. 3.5 E_h/pH-Diagramm der Redoxspannungsbereiche mit Nitrat- und Sulfatreduktion im Grundwasser des Fuhrberger Feldes und Stabilitätslinien verschiedener wichtiger Wasserinhaltsstoffe, nach Böttcher *et al.* (1985), mit freundlicher Genehmigung des Autors.

es sonst aufgelöst würde) und nicht oberhalb eines bestimmten Redoxpotenzials (von ca. 100 bei pH 7) beständig ist (weil es sonst oxidiert würde). Stabilitätsfelddiagramme existieren für alle wichtigen Wasserinhaltsstoffe, die in Abhängigkeit von Redoxpotenzial und/oder pH-Wert unterschiedliche Spezies ausbilden.

Zum Milieuindikator wird die Redoxspannung dadurch, dass bestimmte Redoxreaktionen nur innerhalb des dafür typischen Stabilitätsfeldes ablaufen können. Da die meisten Redoxreaktionen in der Natur durch Mikroorganismen bewirkt (katalysiert) werden, ist ein Stabilitätsfeld stets auch die Heimat der hierher gehörenden Mikroorganismen. Besonders deutlich wird dies im Wassergewinnungsgebiet „Fuhrberger Feld", in dem von Böttcher *et al.* (1985) zahlreiche Redoxmessungen durchgeführt worden sind. In Abb. 3.5 sind die Ergebnisse in einem Stabilitätsfelddiagramm dargestellt.

Man erkennt, dass sich für die Nitrat- und die Sulfatreduktion zwei Felder ausgebildet haben, die sich nur gering überlappen. Allerdings müssten die Messergebnisse für die Proben aus der Sulfatreduktionszone wesentlich tiefer liegen, nämlich unterhalb der SO_4^{2-}/H_2S-Stabilitätslinie. Dass sie durchweg um 300–350 mV höher liegen, liegt daran, dass es sich um Mischpotenziale handelt.

E_h/pH-Diagramme dürfen als thermodynamische Gleichgewichtssysteme nicht den Blick dafür verstellen, dass sich natürliche Wässer häufig keineswegs im Gleichgewicht befinden. Dies gilt für Lösungs- und Fällungsreaktionen ebenso wie für Redoxreaktionen. Manche Ungleichgewichte können als Grundlage für eine „chemische Stoppuhr" verwendet werden (siehe Abschn. 4.3.1 „Chemie, ‚chemische Stoppuhr'").

3.10 Aufgegebene Parameter (Abdampfrückstand, Glührückstand)

3.10.1 Allgemeines

Zahlreiche Faktoren führen dazu, dass die Zahl der zu untersuchenden Parameter tendenziell steigt – Gründe sind: zunehmende toxikologische Erkenntnisse, steigende Ansprüche an die hygienische Sicherheit, steigende Anzahl potenziell wassergefährdender Stoffe und wachsende analytische Fähigkeiten der Laboratorien. In Einzelfällen können Parameter aber auch aufgegeben werden, z. B. dann, wenn der Informationsgewinn in keinem vernünftigen Verhältnis zum Aufwand steht. Die Aufgabe eines Parameters birgt die Gefahr, dass interessante Zeitreihen ein „gewaltsames Ende" finden. Auf den Abdampfrückstand kann man jedoch bedenkenlos verzichten.

3.10.2 Abdampfrückstand, Glührückstand

Der Abdampfrückstand wurde früher häufig bestimmt (bei 105 °C). Meist hat man anschließend an die Bestimmung des Abdampfrückstandes den Glührückstand (bei 600–650 °C) ermittelt und den Glühverlust berechnet. Vor einer Interpretation des Glühverlustes als organische Substanz ist zu warnen, weil auch andere Prozesse in der Probe zu einem Gewichtsverlust führen können. In der EG-Trinkwasserrichtlinie von 1980 ist eine Bestimmung des Abdampfrückstandes bei 180 °C vorgesehen gewesen.

Wenn man von Sonderfällen absieht, beinhaltet der Abdampfrückstand ungefähr die gleiche Information wie die elektrische Leitfähigkeit (Abschn. 3.2.1). Diese ist mit einem erheblich geringeren Aufwand an Zeit und Energie durchzuführen. Der Abdampfrückstand hat für die Wasserversorgung daher nur noch ein historisches Interesse.

Zwischen dem Abdampfrückstand von Wässern einerseits und deren elektrischer Leitfähigkeit andererseits besteht eine recht gute Proportionalität (Sontheimer *et al.*, 1980); eine elektrische Leitfähigkeit von 1000 µS/cm korreliert dabei mit einem Abdampfrückstand von 700 mg/l.

4
Anorganische Wasserinhaltsstoffe, Hauptkomponenten

4.1
Erdalkalimetalle, Härte

Ausführungen zum Gesamtkomplex „Wasserhärte" findet der Leser außer in diesem Abschnitt noch in den Kap.n 7 („Calcitsättigung") und A („Tabellenanhang"). Bilder von Calciumcarbonat befinden sich auf der Website in den Ordnern „4.1.1 Calciumcarbonat in der Natur" und „7.9.7 Calciumcarbonat in technischen Anlagen".

Vorbemerkungen
In weiten Kreisen der mitteleuropäischen Bevölkerung ist das Wissen über das Wasser und seine Eigenschaften weitgehend verloren gegangen. Geblieben ist die Beurteilung des Wassers nach seiner Härte: „Weiches Wasser ist gut, hartes Wasser ist weniger gut." Diese Reduktion des Wissenstandes auf die Härte ist streng genommen kein schlechtes Zeichen: Die Versorgungsunternehmen haben im Einklang mit dem Gesetzgeber alle sonstigen Eigenschaften des Wassers so perfekt geregelt, dass man sich als Trinkwasserkunde um nichts anderes mehr kümmern muss als um die Härte (oder um die Pflege der Haushaltsgeräte).

Die folgenden Ausführungen orientieren sich an der historischen Entwicklung des Themas „Wasserhärte". Am Ende des Abschn. 4.1 werden einige neuere Überlegungen diskutiert.

Härtebegriff, Wirkungen der Härte
Die Begriffe „Härte", „Wasserhärte" und „Härtebildner" sind sprachlich nicht unmittelbar einleuchtend. Der Autor hat versucht, die sprachliche Herkunft des Härtebegriffs bis zu einer authentischen Quelle zurückzuverfolgen. Das ist ihm nicht gelungen. Offenbar ist der Begriff „hart" schon sehr früh geprägt worden, wahrscheinlich als Gegenbegriff zu „glitschig", einem Gefühl, das sich in jeder waschaktiven Brühe einstellt bzw. eingestellt hat. Selbst zu einer Zeit, als man noch Pflanzenasche („Pottasche") ausgelaugt hat, um eine waschaktive Brühe herzustellen, war diese glitschig.

Wasseranalysen – richtig beurteilt, 4. Auflage. Walter Kölle.
© 2017 WILEY-VCH Verlag GmbH & Co. KGaA. Published 2017 by WILEY-VCH Verlag GmbH & Co. KGaA.

Sehr spät erst hat man angefangen, über den Härtebegriff nachzudenken und ihn im Nachhinein mit einer gewissen Beliebigkeit sprachlich zu rechtfertigen. Es ist reizvoll, solche Erklärungsversuche zu sammeln:

- So schreibt Duflos (1852) im Jahre 1852 über hartes Wasser: „Fleisch, Hülsenfrüchte und derselben mehr, in solches Wasser gelegt und damit erwärmt, werden davon durchdrungen, die mineralischen Substanzen lagern sich in denselben ab und machen sie hart. Daher die Bezeichnung *hartes Wasser*, welche man im gemeinen Leben solchem Wasser giebt."
- Eine andere Variante geht davon aus, dass in hartem Wasser gewaschene Wäsche beim Trocknen hart wird.
- Im Jahre 1856 hat Clark in England ein Patent zur Bestimmung der Wasserhärte angemeldet. Dieses alte und in seiner unübertrefflichen Schlichtheit schon wieder elegante Analysenverfahren wurde folgendermaßen durchgeführt: Man füllte ein gemessenes Volumen des Wassers in einen verschließbaren Standzylinder und gab portionsweise Seifenlösung hinzu. Nach jeder Zugabe wurde der Zylinder geschüttelt. Der „Titrationsendpunkt" war erreicht, wenn alle Erdalkalimetalle als „Kalkseife" ausgefällt waren und sich beim Schütteln erstmals Schaum bildete. Die Seifenlösung wurde als „Clark-Seifenlösung" gehandelt. Im Zusammenhang mit der Reaktion von Seife mit den Ionen der Erdalkalimetalle ist bei Kirk und Othmer (1984) die folgende Erklärung nachzulesen: „The term hardness has its origin in the household laundry use of water. Some waters were considered harder to use for laundering because they required more soap to produce suds. The hardness of water was then taken to be a measure of the capacity of the water to cause the precipitation of soap."
- „Die Bezeichnungen ‚hart' und ‚weich' rühren von dem Gefühl her, das das betreffende Wasser beim Waschen mit Seife vermittelt" (Holleman und Wiberg, 1995). „Seife wird durch Wasserhärte in schwer lösliche Calcium- und Magnesiumseifen umgewandelt, sodass die Waschwirkung verloren geht und ein stumpfes, hartes (Name!) Gefühl auf der Haut entsteht" (Brockhaus, 1989).
- In persönlichen Gesprächen hört man mitunter die folgende Erklärung: „Mit Erfindung der Dampfmaschine und mit Beginn der Industrialisierung stellte die Wasserhärte in ihrer Erscheinungsform als Kesselstein ein zunehmendes Problem dar. Der Kesselstein war so hart, dass von daher der Begriff ‚Härte' als konsequent erscheint. Man hat aufwendige Enthärtungs- bzw. Entcarbonisierungsverfahren angewandt, vor allem auch beim Betrieb der Eisenbahn mit Dampflokomotiven."

Die Reaktion von Seife (z. B. Natriumstearat) mit den Ionen der Erdalkalimetalle im Wasser (z. B. Calciumionen) zu unlöslichen Verbindungen („Kalkseife", z. B. Calciumstearat) führt zu einem Seifenverlust von ca. 0,15 g/l und Härtegrad (Höll, 1986). Diese Reaktion hatte in der Vergangenheit eine sehr viel größere Bedeutung als heute, da Seife die einzige waschaktive Substanz war. Zur Standardausrüstung der Küchen unserer Großeltern gehörte ein Bord über dem Spülbecken mit drei Gefäßen für „Sand", „Seife" und „Soda": Sand zum Scheuern, Soda zur Enthärtung und Seife zum Waschen (Bild: Website Ordner „4 Sand, Seife, Soda").

Die historische Definition der Härte schließt alle Wasserinhaltsstoffe ein, die mit Fettsäuren unlösliche Salze bilden, also beispielsweise auch Eisen(II)- und Mangan(II)-Ionen. Man darf sich also nicht wundern, wenn man in älteren Unterlagen auf Angaben und Umrechnungen stößt, die wir heute als paradox empfinden.

Folgende Härtebegriffe wurden geprägt:

- Gesamthärte, Härte, Wasserhärte: Summe der Konzentrationen der Erdalkalimetallionen im Wasser, berechnet als „Summe Erdalkalien" in mmol/l oder in Grad deutscher Härte (°d oder °dH, veraltet).
- Calciumhärte, Magnesiumhärte, Magnesiahärte: Die Bedeutung ergibt sich aus der Bezeichnung.
- Karbonathärte: Derjenige Anteil der Härte, der dem Hydrogencarbonat ($\approx$ der Säurekapazität bis pH 4,3) zuzuordnen ist.
- Scheinbare Karbonathärte: In Wässern, die mehr Hydrogencarbonat als Härte (jeweils in mmol/l eq.) enthalten, entspricht die Differenz von Karbonathärte und Gesamthärte der scheinbaren Karbonathärte. Im Allgemeinen ist sie den Ionen des Natriums zuzuordnen.
- Nichtkarbonathärte: Gesamthärte abzüglich Karbonathärte.
- Gipshärte, Sulfathärte, Nitrathärte: Die Bedeutung ergibt sich aus den Bezeichnungen. Der Begriff Nitrathärte ist vor dem Hintergrund der Nitrifikation von Stickstoffverbindungen zu verstehen: Bei der Nitrifikation entsteht Salpetersäure, deren Neutralisation (z. B. durch Calciumcarbonat) zu Nitrathärte führt.
- Vorübergehende Härte: Karbonathärte. Die Bezeichnung leitet sich daraus ab, dass die Karbonathärte als Calciumcarbonat eliminiert werden kann (z. B. durch Erhitzen des Wassers).
- Permanente Härte, bleibende Härte: Nichtkarbonathärte. Die Bezeichnung leitet sich daraus ab, dass die Nichtkarbonathärte auch beim Erhitzen des Wassers erhalten bleibt.

Heute wird die Härte als Summe der Konzentrationen der Erdalkalimetallionen in mmol/l definiert. Meist wird die Definition eingeengt auf die Summe der Konzentrationen von Calcium und Magnesium. Dabei werden Strontium und Barium, die ebenfalls zu den Erdalkalimetallen zählen, vernachlässigt. Unter den folgenden Randbedingungen wirkt sich dies nicht als Fehler der Härtebestimmung aus:

- Wenn die Härte durch komplexometrische Titration bestimmt wird, werden Strontium und Barium gemeinsam mit dem Calcium miterfasst.
- Wegen der Schwerlöslichkeit des Bariumsulfats sind die Bariumkonzentrationen in natürlichen, sulfathaltigen Wässern meist vernachlässigbar gering.
- Die Strontiumkonzentrationen sind in der Bundesrepublik im Allgemeinen ebenfalls gering (Haberer, 1968a; Matthess, 1990).

Je nachdem, wie der Analytiker vorgeht, können bei der Analyse eines strontiumhaltigen Wassers drei unterschiedliche Ergebnisse erhalten werden: Strontium wird nicht gefunden, die Härte ist um den Anteil des Strontiums zu niedrig;

oder: Strontium wird nicht gefunden, die Härte ist trotzdem korrekt; oder: Die Angaben für Strontium *und* Härte sind korrekt.

Wie bereits erläutert, wurde (und wird zum Teil auch heute noch) die Härte nach unterschiedlichen Gesichtspunkten unterteilt, beispielsweise nach den beteiligten Kationen, nach den zuzuordnenden Anionen oder nach ihrem Verhalten. Der Zuordnung zu Anionen liegt kein Naturgesetz zugrunde, da die Kationen und die Anionen in wässriger Lösung „nichts voneinander wissen". Trotzdem kann die Zuordnung der Härte zu Anionen sinnvoll sein, z. B. um damit ihre Entstehungsgeschichte zu charakterisieren. Beispielsweise bildet sich bei der Auflösung von Calciumsulfat Sulfathärte, bei der Nitrifikation in kalkhaltigen Böden Nitrathärte und bei der Einwirkung von Kohlenstoffdioxid auf Kalk Karbonathärte.

Die allgemeinste Umrechnungsformel für die „unterschiedlichen Härten" lautet: 1 mmol/l eq. Härte entspricht 1 mmol/l eq. Calcium, Magnesium, Strontium, Barium, Hydrogencarbonat, Sulfat, Nitrat oder (nach Kationenaustausch) Natrium.

Tabelle A.6 im Tabellenanhang enthält Umrechnungsfaktoren für nicht molare Einheiten sowie die Definitionsgrundlagen für unterschiedliche (auch ausländische) Härteeinheiten. Die historische Einheit der Härte ist in Deutschland das Grad deutscher Härte (°d oder °dH); 1 °d entspricht 10 mg/l Calciumoxid. Um Magnesiumkonzentrationen in dieser Einheit ausdrücken zu können, muss man sie in die äquivalenten Konzentrationen von Calciumoxid umrechnen. Eine solche Operation ist aus heutiger Sicht nur noch mit Mühe nachzuvollziehen, und dies umso weniger, als das Calciumoxid nur eine Rechengröße darstellt, die selbst ziemlich weit von der Realität entfernt ist. Trotzdem haben solche historisch gewachsenen Begriffe eine erstaunliche Überlebensfähigkeit.

Wenn man die Härte als „Summe Erdalkalien" definiert, umfasst diese Definition insgesamt die Metalle Magnesium, Calcium, Strontium, Barium und Radium. Diese Metalle unterscheiden sich in ihren chemischen Eigenschaften auf charakteristische Weise. In Tab. 4.1 sind die Löslichkeiten (Sättigungskonzentrationen) der Sulfate, Hydroxide und Carbonate dieser Metalle aufgelistet.

Bemerkenswert ist die Abnahme der Sulfatlöslichkeiten um ca. sieben Zehnerpotenzen vom Magnesium zum Radium. Dagegen nimmt die Löslichkeit der Hydroxide um mehr als drei Zehnerpotenzen vom Magnesium zum Barium zu. Die Carbonate sind bei allen Metallen vergleichsweise schwer löslich. Nach den An-

Tab. 4.1 Löslichkeiten der Sulfate, Hydroxide und Carbonate der Erdalkalien bei Raumtemperatur (Holleman und Wiberg, 1995).

Metall	Sulfate (mg/l)	Hydroxide (mg/l)	Carbonate (mg/l)
Magnesium	260 000	9	110
Calcium	2410	1850	14
Strontium	113	4100	11
Barium	2	56 000	20
Radium	0,02	–	–

gaben von Tab. 4.1 ist die schwerst lösliche Verbindung des Magnesiums das Hydroxid, von Calcium und Strontium das Carbonat und von Barium das Sulfat. Abschließend sei erwähnt, dass auch das Beryllium streng genommen zu den Erdalkalimetallen zählt. Seine chemischen Eigenschaften gleichen jedoch mehr dem Aluminium als dem Magnesium.

Wirkungen der Wasserhärte im Haushalt

In Haushaltsgeräten wie Waschmaschine, Spülmaschine und Kaffeemaschine können sich Ablagerungen bilden, weil in ihnen Wasser erwärmt wird. An den Kalkabscheidungen im engeren Sinne ist nur das Calcium beteiligt, und auch dieses nur mit demjenigen Anteil, der den Äquivalenten Hydrogencarbonat entspricht („Karbonathärte"). Der Kalkabscheidung in Waschmaschinen und auf der Textilfaser wird durch Waschmittelzusätze vorgebeugt. Daher wird mit steigender Härte eine Erhöhung der Waschmitteldosierung empfohlen. Nach dem Waschmittelgesetz vom 01.09.1975 wurde die Härte als Gesamthärte folgendermaßen eingeteilt: sehr weich bis weich (< 7 °dH), weich bis mittelhart (7–14 °dH), mittelhart bis hart (14–21 °dH) und hart bis sehr hart (> 21 °dH). Nach dem Wasch- und Reinigungsmittelgesetz vom 01.02.2007 gilt eine Einteilung der Härte, die in Tab. 4.2 aufgeführt ist.

Beim Spülen von Geschirr in Spülmaschinen können auf empfindlichen Teilen, insbesondere auf Gläsern, „Kalkflecken" entstehen. Um diesen Einfluss zurückzudrängen, wird hartes Wasser in einem eingebauten Enthärter durch Calcium-Natrium-Austausch enthärtet. In die gleiche Richtung wirkt ein „Klarspüler", der dem letzten Spülwasser zugesetzt wird.

Teekessel und Kaffeemaschinen müssen bei Bedarf mit einem handelsüblichen „Entkalker" behandelt werden. Dabei handelt es sich in der Regel um Lösungen von Ameisensäure und/oder Zitronensäure, die gegenüber Kalk wirksam sind, aber Metalle und andere Werkstoffe kaum angreifen.

Wirkungen, die auf die Reaktion der Härte mit Seife zurückzuführen sind

Es bilden sich schmierige Beläge aus Kalkseife bzw. Magnesiaseife. Bei ungünstigen Abflussverhältnissen können Abwasserleitungen durch solche Abscheidungen verstopfen (Gegenmittel: Abflussreiniger auf der Basis von festem Natriumhydroxid). Zahlreiche Verbraucher verwenden zunehmend synthetische waschaktive Substanzen, auch solche in Seifenform („Wasch-Syndets").

Tab. 4.2 Härtebereiche nach dem Wasch- und Reinigungsmittelgesetz vom 01.02.2007.

Härtebereich	Entsprechend (mmol/l)	Entsprechend (°dH)
I weich	< 1,5	< 8,4
II mittel	1,5–2,5	8,4–14
III hart	> 2,5	> 14

Wechselwirkungen mit Lebens- und Genussmitteln

Die Wasserhärte bildet mit den Gerbstoffen des Tees unlösliche Verbindungen, die sehr störend sind, aber durch Zitronensäure verhindert werden können. Für die Zubereitung von Kaffee soll hartes Wasser günstiger sein als weiches. Das Weichkochen von Gemüse soll durch die Wasserhärte ungünstig beeinflusst werden.

Physiologische Wirkungen der Härte

Calcium und Magnesium sind essenzielle Elemente. Für den täglichen Bedarf des Menschen an diesen Elementen spielt die Härte des Trinkwassers so gut wie keine Rolle. Ein Einfluss der Härte auf Erkrankungen der Herzkranzgefäße („kardiovaskuläre Erkrankungen", „koronare Herzkrankheit") wurde verschiedentlich behauptet, ein eindeutiger Beweis dafür konnte jedoch nicht erbracht werden (Sonneborn, 1991).

Grenzwert

Trinkwasserverordnung vom August 2013: Calcium unterliegt den Regelungen, die für die Calcitsättigung gelten. Darüber hinausgehende Regelungen für Calcium, Magnesium bzw. die Härte bestehen nicht.

Vorgeschichte: Die EG-Trinkwasserrichtlinie vom Juli 1980 enthielt für Calcium keinen Grenzwert, sondern nur einen Richtwert von 100 mg/l; für enthärtetes Wasser galt eine Mindestkonzentration der Gesamthärte von 60 mg/l, berechnet als Calcium. Für die Alkalinität wurde ein Mindestwert von 30 mg/l, berechnet als Hydrogencarbonat, gefordert. In die Trinkwasserverordnung vom Mai 1986 waren diese Forderungen nicht übernommen worden. In die Trinkwasserverordnung vom Dezember 1990 wurden die folgenden Bestimmungen eingeführt: Grenzwert für Calcium 400 mg/l und für Magnesium 50 mg/l mit der für Magnesium geltenden Bemerkung: „Geogen bedingte Überschreitungen bleiben bis zu einem Grenzwert von 120 mg/l außer Betracht." Die Forderung nach einer Mindestkonzentration war in §5 der Trinkwasserverordnung vom Dezember 1990 wie folgt formuliert: „Bei der Trinkwasseraufbereitung für Wasserversorgungsanlagen zum Zwecke der Enthärtung darf nach Abschluss der Aufbereitung ein Gehalt an Erdalkalien von 1,5 mol/m^3 entsprechend 60 mg/l, berechnet als Calcium, und die Säurekapazität $K_{S4,3}$ von 1,5 mol/m^3 nicht unterschritten werden."

Trinkwasserverordnung vom Mai 2001: Auf eine Regelung der Härte wurde verzichtet. Davon unabhängig bestand nach §14 Abs. 1 der Trinkwasserverordnung eine Untersuchungspflicht für die Säurekapazität bis pH 4,3 sowie für Calcium und Magnesium (und Kalium), und zwar für Unternehmen mit einer Abgabe von mehr als 1000 m^3 pro Jahr mit einer Häufigkeit von mindestens einmal jährlich, für kleinere Anlagen einmal alle drei Jahre.

Neuere Überlegungen

Grohmann *et al.* (2011) vertreten den folgenden Standpunkt: Die Unterschiede der chemischen Eigenschaften von Magnesium und Calcium sind beträchtlich. Das Magnesium beteiligt sich nicht oder nur in geringem Umfang an der Bildung harter Ablagerungen. Außerdem scheinen sich die Magnesiumsalze der Fettsäuren (z. B. Magnesiumstearat) etwas besser in Wasser zu lösen als die entsprechenden Calciumverbindungen. Die Härtebestimmung mit Seifenlösung nach Clark war bei erhöhten Magnesiumkonzentrationen wohl auch immer etwas ungenau. Davon unabhängig spielt die Bildung unlöslicher Kalk- und Magnesiaseifen mit zunehmender Verwendung synthetischer Waschmittel ohnehin eine immer geringere Rolle. Die Autoren halten es daher für unangemessen, das Magnesium zusammen mit den anderen Erdalkalimetallen als „Härtebildner" abzustempeln.

Die Tatsache, dass Wässer, die an Calcit übersättigt sind, häufig auch einen positiven Sättigungsindex für Dolomit ($CaMg[CO_3]_2$) besitzen, führt im konkreten Einzelfall offenbar nicht zur Ausfällung von Dolomit. Der positive Sättigungsindex für Dolomit wurde mit dem Rechenprogramm PHREEQC für die Wasseranalysen 16, 19 und 25 des Analysenanhangs bestätigt. Die Analysenbeispiele 24 und 25 zeigen, dass unter den Bedingungen einer Schnellentcarbonisierung tatsächlich so gut wie kein Magnesium aus dem Wasser eliminiert und damit auch kein Dolomit abgeschieden wird.

In diesem Zusammenhang ist auch ein Sachverhalt interessant, der als „Schrägbeziehung im Periodensystem" bezeichnet wird. Danach besteht eine bemerkenswerte Ähnlichkeit der chemischen Eigenschaften zwischen Lithium und Magnesium sowie zwischen Beryllium und Aluminium. Beryllium und Magnesium sind daher keine besonders typischen Erdalkalimetalle.

Als Konsequenz aus diesen Überlegungen empfehlen die genannten Autoren, die chemische Eigenart der Erdalkalimetalle zu beachten und auf die Verwendung des Begriffs „Härtebildner" zu verzichten. Alle anderen historisch gewachsenen Bezeichnungen brauchen niemanden zu stören.

4.1.1 Calcium

Allgemeines

Symbol für Calcium: Ca; relative Atommasse: 40,078. Sein Anteil am Aufbau der Erdkruste liegt bei 3,6 %; es zählt somit zu den fünf häufigsten Elementen der Erdkruste. Calcium tritt als Kalk (Calciumcarbonat) und Dolomit (Calcium-Magnesiumcarbonat) gebirgsbildend auf. Schon die ältesten Kulturvölker verwendeten Kalk und Kalkmörtel als Baumaterial. Ebenfalls häufig sind Gips und Anhydrit (Calciumsulfate). Sehr viele Silicate und Tonminerale enthalten Calcium. Die Konzentration von Calcium im Meerwasser liegt bei 410 mg/l.

Herkunft

Calcium zählt zu den mengenmäßig wichtigsten Wasserinhaltsstoffen. Es kann durch die folgenden Reaktionen in Lösung gehen:

- Auflösung von Calciumcarbonat durch CO_2-haltiges Wasser. Bei der Grundwasserneubildung entstammt das CO_2 zur Hauptsache aus der Humuskomponente des Bodens.
- Auflösung von Calciumsulfat aus Gips führenden Schichten.
- Neutralisationsreaktionen. Als Säuren kommen in Betracht: Schwefelsäure und Salpetersäure aus dem „sauren Regen" und Salpetersäure als Folge der Nitrifikation von Stickstoffverbindungen bei der Düngung. Calciumquellen sind bei diesen Reaktionen hauptsächlich Kalk und Mergel, bei niedrigen pH-Werten auch Tonminerale und andere Silicate.
- Calciumchlorid ist ein Abfallprodukt der chemischen Industrie und des Kalibergbaus. Ein Teil der Chloridbelastung von Flüssen ist auf Calciumchlorid zurückzuführen, eine Belastung, die jedoch in den vergangenen Jahren deutlich reduziert werden konnte. Calciumchlorid wird auch im winterlichen Straßendienst anstelle von Natriumchlorid eingesetzt.

Chemie

Als Metall ist das Calcium vergleichsweise unedel, sodass es in der Technik nicht in nennenswertem Maße, z. B. als Legierungskomponente, eingesetzt wird. Allerdings wird metallisches Calcium in der Chemie und der Metallurgie als Reduktionsmittel verwendet.

Folgende Calciumverbindungen sind von Bedeutung:

Kalk Gestein mit Calcit als Hauptkomponente. Kalk zählt zu den häufigsten Mineralen der Erdkruste, er tritt gebirgsbildend auf. Kalk kann sich ebenso wie Ton als Sedimentgestein in Meeresbecken bilden. Dabei können Gemische von Kalk und Ton entstehen, die als Mergel (je nach Kalkgehalt: Kalkmergel, Mergel und Tonmergel) bezeichnet werden. Löß ist ein Lockersediment, das durch Windverfrachtung entstanden ist und meist ebenfalls Kalk enthält. Kalk und Mergel eignen sich zur Neutralisation von Säuren, insbesondere auch der bei der Nitrifikation in Böden entstehenden Salpetersäure. Durch Düngung mit Kalk oder Mergel wird einer Versauerung des Bodens vorgebeugt. Das bei den Neutralisationsvorgängen in Lösung gehende Calcium kann als „Nitrathärte" bezeichnet werden. Es ist für den Anstieg der Härte in vielen Grundwässern mitverantwortlich.

Calcit Trigonal kristallisierte Form des Calciumcarbonats, Hauptbestandteil des Kalks. In der Trinkwasserverordnung ist Calcit die Bezugsgröße für das Gleichgewichtssystem des Calciumcarbonats.

Aragonit Rhombisch kristallisierte Form des Calciumcarbonats. Aus einem mit Calciumcarbonat übersättigten Wasser können Calcit- oder Aragonitkristalle auskristallisieren. Der wichtigste Parameter, der darüber entscheidet, in welcher Kristallform das Calciumcarbonat auskristallisiert, ist die Temperatur. Beim Auskristallisieren aus reinem, calciumhydrogencarbonathaltigem Wasser entsteht unterhalb von 29 °C Calcit, darüber Aragonit, jedoch können bereits gebildete

Kristalle im „falschen“ Temperaturbereich lange überleben. In den Fassungen der Trinkwasserverordnung von 1986 und 1990 galt ein Temperaturgrenzwert von 25 °C, sodass alle Aussagen zum Gleichgewichtssystem des Calciumcarbonats auf Calcit zu beziehen waren. Auch ohne einen ausdrücklichen Temperaturgrenzwert bleibt diese Regelung bestehen. Manche Hersteller physikalischer Wasserbehandlungsgeräte argumentieren bei dem Versuch, die Wirksamkeit ihrer Geräte plausibel zu machen, mit den Unterschieden zwischen Aragonit und Calcit.

Dolomit Doppelsalz aus Magnesium- und Calciumcarbonat ($CaMg(CO_3)_2$), das ebenso wie Kalk gebirgsbildend auftritt. Halbgebrannter Dolomit besteht im Wesentlichen aus Magnesiumoxid und Calciumcarbonat, er wird als Entsäuerungsmaterial in Filtern eingesetzt. Der Bestandteil von halbgebranntem Dolomit, der sich im Sinne der Entsäuerung schneller umsetzt, ist das Magnesiumoxid.

Gips Gips ($CaSO_4 \cdot 2H_2O$) macht auf den ersten Blick den Eindruck einer wasserunlöslichen Verbindung. Tatsächlich ist aber die Löslichkeit von Gips nach Maßstäben des Wasserchemikers sehr hoch. Sie liegt in kaltem Wasser bei 2,4 g/l (als $CaSO_4 \cdot 2H_2O$). Dies entspricht 0,558 g/l Calcium (entsprechend 78,4 °d) und 1,34 g/l Sulfat.

Anhydrit Mineralbezeichnung für wasserfreies Calciumsulfat. Unter dem Einfluss von Wasser wandelt sich Anhydrit unter Wasseraufnahme langsam in Gips ($CaSO_4 \cdot 2H_2O$) um und nimmt dabei rund 60 % an Volumen zu. Probleme können dadurch beim Untertagebau und bei Geothermieprojekten entstehen.

Apatite Gruppe von Mineralen, die hauptsächlich aus Calcium- und Phosphationen bestehen. Nach den Nebenbestandteilen unterscheidet man Fluor-, Chlor- und Hydroxylapatit. Die anorganische Gerüstsubstanz von Knochen besteht im Wesentlichen aus Hydroxylapatit, $Ca_5[OH|(PO_4)_3]$. Apatite sind der wichtigste Rohstoff zur Gewinnung von Phosphat. Hauptabnehmer von Phosphat ist die Landwirtschaft. Bei der Phosphatdüngung wird meist auch Calcium aus dem Rohstoff Apatit auf den Acker gebracht.

Calciumnitrat Calciumnitrat gibt es als Handelsware für die Stickstoffdüngung, und zwar als Granulat und als Lösung. Im Rahmen dieses Buches ist die Tatsache von Bedeutung, dass Calciumnitrat im Boden durch Neutralisation von Salpetersäure nach Nitrifikationsreaktionen entsteht. Die Löslichkeit von Calciumnitrat in Wasser liegt in der Größenordnung „Kilogramm je Liter“. Calciumnitrat ist daher das effektivste „Vehikel“ zum Transport hoher Konzentrationen von chemisch gebundenem Sauerstoff („Nitratsauerstoff“). Das weitere Schicksal des Nitrats im Grundwasserleiter wird jedenfalls nicht durch Löslichkeitsgrenzen eingeengt.

Der mit großem Abstand wichtigste chemische Aspekt des Calciums sind die Gesetzmäßigkeiten der Calcitsättigung (das „Kalk-Kohlensäure-Gleichgewicht“).

Diesen Gesetzmäßigkeiten ist ein eigener Abschnitt (Kap. 7 „Calcitsättigung") gewidmet.

Eckpunkte der Konzentration

Grenzwert

Siehe Abschn. 4.1 „Härte".

Messwerte (Beispiele)

Grundsätzlich gilt, dass in Wässern, die weder Nitrat, noch Sulfat, sondern als wichtigstes Anion nur Hydrogencarbonat enthalten, die Calciumkonzentration selten einen Wert von 100 mg/l übersteigt, da der Bedarf an „zugehörigem CO_2", mit dem das Calcium in Lösung gehalten wird, mit steigender Calciumkonzentration überproportional zunimmt (siehe auch Kap. 7 „Calcitsättigung" und Analysenbeispiele 10 und 11).

Die Calciumkonzentrationen in Oberflächengewässern sind überwiegend geologisch bedingt. Üblicherweise wird ihnen nur eine geringe Aufmerksamkeit geschenkt; es ist daher nur eine begrenzte Zahl von Messergebnissen dokumentiert. Talsperrenwässer enthalten wenig Calcium (Analysenbeispiel 20). Die Calciumkonzentrationen in Flusswässern liegen nach Matthess (1990) in einem Konzentrationsbereich zwischen 0,3 (Klar-Älv in Schweden) und 128 mg/l (Mosel bei Koblenz). Nach Angaben der Internationalen Kommission zum Schutze des Rheins gegen Verunreinigung enthielt der Rhein im Jahre 1977 Calcium in einer Konzentration von 45 mg/l beim Abfluss aus dem Bodensee bei Stein am Rhein und von 81 mg/l bei Bimmen/Lobith an der deutsch-niederländischen Grenze. Die Calciumkonzentration im Rhein bei Düsseldorf-Benrath schwankt über die Jahre 1985 bis 1997 hinweg nur geringfügig um einen Wert von 74 mg/l (Preis, 1999). Die Calciumkonzentration der Leine ist recht konstant und liegt im Mittel bei 104 ± 15 mg/l (1043 Messwerte aus den Jahren 1968 bis 2000), obwohl die Belastungssituation der Leine in der Vergangenheit starken Wechseln unterlag (Abschn. 4.4.1 „Herkunft" und 6.3.2).

In Grundwässern können extrem harte Wässer durch Neutralisationsreaktionen mit Salpetersäure und/oder Schwefelsäure entstehen. Analysenbeispiel 8 belegt das mit einem Spitzenwert von 284 mg/l. Die gleichen Einflüsse sind auch bei den Analysenbeispielen 5 und 7 wirksam.

Ausschlusskriterien

Die wichtigsten Ausschlusskriterien für Calcium resultieren aus den Gesetzmäßigkeiten der Calcitsättigung. Siehe hierzu im Kap. 7 „Calcitsättigung" die dort diskutierten Ausschlusskriterien (Abschn. 7.7).

Konzentrationsänderungen im Rohwasser

Änderungen der Calciumkonzentration im Rohwasser werden bei praktisch allen Prozessen beobachtet, die die Härte beeinflussen. Bei Grundwässern spielen vor allem Neutralisationsreaktionen eine Rolle, an denen Kalk oder Tonminerale beteiligt sind. Die Säure stammt in der Regel aus den Niederschlägen oder aus der Nitrifikation von organischem Stickstoff oder von Ammonium aus der landwirtschaftlichen Düngung. Wenn anstelle von Natriumchlorid Calciumchlorid im winterlichen Straßendienst eingesetzt wird, kann dieses (örtlich begrenzt) ebenfalls zur Erhöhung der Calciumkonzentration beitragen.

Das Aufsteigen von Tiefengrundwasser aus gipsführenden geologischen Schichten („Gipskeuper") kann ebenfalls zu einem Anstieg der Calciumkonzentration führen. Das Aufsteigen calciumsulfathaltigen Wassers einerseits und der Anstieg der Calcium- und der Sulfatkonzentration durch Neutralisations- und Redoxreaktionen andererseits sind nur schwierig zu unterscheiden. Trotzdem konnte eine solche Unterscheidung Bedeutung erlangen, solange von einer Regelung Gebrauch gemacht werden konnte, dass bei geogen bedingten Sulfatgehalten eine höhere Sulfatkonzentration von z. B. 500 mg/l (und damit erhöhte Calciumkonzentrationen) zu tolerieren ist (Abschn. 1.10.3 „Ausnahmegrenzwerte"). Auf das direkt oder indirekt auf die Düngung zurückzuführende Sulfat (Calcium) ist eine solche Regelung nicht anwendbar.

Eine Verringerung der Calciumkonzentration im Rohwasser kann durch geeignete Vermeidungsstrategien erreicht werden. Wirksame Maßnahmen zum Grundwasserschutz sind: Reduzierung der Stickstoffdüngung, Vermeidung von Grünlandumbruch, Aufgabe von Ackerflächen zugunsten anderer Nutzungen und räumliche Entflechtung von Landwirtschaft und Wassergewinnung.

Konzentrationsunterschiede Roh-/Reinwasser

Die größten Konzentrationsunterschiede zwischen Roh- und Reinwasser treten beim Calcium durch Entcarbonisierungsmaßnahmen ein. In diesem Fall nimmt die Calciumkonzentration ab (Analysenbeispiele 24 und 25). Bei der Entsäuerung steigt die Calciumkonzentration, wenn Calciumhydroxid („Kalkhydrat") verwendet wird (Analysenbeispiele 20 und 21). Bei sehr weichen Wässern (z. B. Talsperrenwässern) ist dies erwünscht. Grundsätzlich können Beton oder Zementmörtel aus Bauwerken oder mit Zementmörtel ausgekleideten Leitungen die Calciumkonzentration ebenfalls beeinflussen. In älteren Bauwerken und Leitungen tendiert dieser Einfluss allerdings gegen null.

Analytik

Eine schwer lösliche Verbindung des Calciums, die früher zur gravimetrischen Calciumbestimmung herangezogen wurde, ist das Calciumoxalat. Die komplexometrische Titration von Calcium erfolgt mit EDTA (Ethylendiamintetraacetat), das mit allen Erdalkalimetallionen stabile Komplexe bildet. Bei dieser Analysenmethode werden Strontium und Barium, sofern vorhanden, miterfasst und als Calcium verrechnet. Die Ionenchromatografie sowie spektroskopische Analysenmethoden eignen sich zur spezifischen analytischen Bestimmung des Calciums.

Wirkungen

Calcium ist für Mensch, Tier und Pflanze essenziell. Der menschliche Körper enthält ca. 15 g Calcium pro kg Körpergewicht (hauptsächlich in den Knochen). Der Mensch hat einen Stoffwechselumsatz an Calcium von 50–300 mg pro Tag, der mit der Nahrung und den Getränken gedeckt werden muss. In therapeutisch wirksamer Form ist Calcium als „Calciumtabletten“ in der Apotheke erhältlich.

Im Zusammenhang mit der Wasserhärte haben Calciumionen im Haushalt Wirkungen, die nicht sehr spezifisch sind. Sie werden in Abschn. 4.1 „Härte“ behandelt.

Die Ausfällung von Kalk wird durch Überschreiten der Calcitsättigung ausgelöst. Ursachen dafür können sein: CO_2-Verlust, Erhöhung der Temperatur, Mischung zweier Wässer, von denen eines Natriumhydrogencarbonat enthält (Analysenbeispiel 16) oder Dosierung alkalisch wirkender Chemikalien, z. B. Natronlauge, Calciumhydroxid („Kalkhydrat“), Natriumcarbonat, Natriumsilicate. Der Kalk kann als „Kesselstein“, „Versinterung“ oder als „Kalkschlamm“ in Erscheinung treten.

Bilder zum Thema „Calciumcarbonat“:
Website, im Bildordner „4.1.1 Calciumcarbonat in der Natur“: Aragonit, Calcit auf Korfu, Kalksinterterrassen von Pamukkale, Türkei, Muschelkalk am Zeustempel in Olympia, Griechenland, Tropfsteinhöhle auf Antiparos Griechenland, Sinterkalk bei Malia, Kreta; Zusatzinformationen: Marmorsteinbruch bei Carrara, Italien, Natursteinfensterbank, Doppelbrechung von Kalkspat.

Hinweis: Bilder zum Thema „Calciumcarbonat in technischen Anlagen“ befinden sich in Abschn. 7.9.7.

4.1.2 Magnesium

Allgemeines

Symbol für Magnesium: Mg; relative Atommasse: 24,3050. Sein Anteil beim Aufbau der Erdkruste liegt bei 2,1 %; es zählt damit zu den ausgesprochen häufigen Elementen. Gebirgsbildend findet man Magnesium als Carbonat in Dolomit (Calcium-Magnesiumcarbonat). Das reine Magnesiumcarbonat ist der Magnesit ($MgCO_3$). Sehr weit verbreitet ist Magnesium in Silicaten, insbesondere auch in zahlreichen Tonmineralen. Ferner kommt Magnesium als Sulfat und Chlorid in zahlreichen Komponenten von Salzlagerstätten vor, z. B. als Kieserit ($MgSO_4 \cdot H_2O$) oder Carnallit ($KMgCl_3 \cdot 6H_2O$). Im Kalibergbau gibt es nur für kleine Anteile der Magnesiumsalze eine sinnvolle Verwendung, z. B. als Komponente von Düngern und für die Gewinnung von metallischem Magnesium. Der überwiegende Anteil der Magnesiumsalze muss entsorgt bzw. schadlos gelagert werden. Früher war in Fließgewässern die Magnesiumbelastung aus dem Kalibergbau ein großes Problem (Analysenbeispiel 18). Die Konzentration von Magnesium im Meerwasser liegt bei 1,3 g/l.

Herkunft

Aufschlussreich ist der Quotient der molaren Konzentrationen $[Mg^{2+}]/[Ca^{2+}]$. Er liegt häufig zwischen etwa 0,1 und 0,4. Eine höhere Beteiligung des Magnesiums an der Gesamthärte kann durch die folgenden Einflüsse eintreten: Oberflächengewässer: Abwässer, insbesondere aus der Kaliindustrie (Analysenbeispiel 18); Grundwässer: Einfluss von CO_2 auf Dolomitkomponenten im Boden, Neutralisationsreaktionen unter Beteiligung von Tonmineralen (Analysenbeispiel 13) und Auswaschung aus landwirtschaftlich genutzten Böden nach Magnesiumdüngung.

Chemie

Metallisches Magnesium ist ein technisch wichtiges Leichtmetall mit einer Dichte von 1,738 g/cm^3, das meist als Legierungskomponente verwendet wird. Es lässt sich an der Luft entzünden und brennt dann mit blendend heller Flamme (Anwendung in der Pyrotechnik und – historisch – als Lichtquelle bzw. Blitzlichtkomponente in der Fotografie und als „Stabbrandbombe" im Zweiten Weltkrieg).

In der Wasserversorgung wird metallisches Magnesium für den kathodischen Korrosionsschutz als „Opferanode" eingesetzt.

Ebenso wie es ein „Kalk-Kohlensäure-Gleichgewicht" gibt, existiert auch für Magnesium ein entsprechendes Gleichgewicht („Magnesit-Kohlensäure-Gleichgewicht"). Allerdings ist Calcit schwerer löslich als Magnesit, sodass das gesamte Gleichgewichtssystem – sofern Calcium vorhanden ist – vom Calcit diktiert wird. Unter diesen Umständen können ausreichend hohe Carbonatkonzentrationen, wie sie zum Erreichen des Magnesitgleichgewichts erforderlich wären, gar nicht erreicht werden (siehe auch Kap. 7 „Calcitsättigung").

Alle anderen Reaktionen des Magnesiums entsprechen allgemein denen der Erdalkalimetalle.

Eckpunkte der Konzentration

Grenzwert

Trinkwasserverordnung vom August 2013: kein Grenzwert.

Vorgeschichte: Die EG-Trinkwasserrichtlinie vom Juli 1980 enthielt einen Grenzwert für Magnesium von 50 mg/l, der in die Trinkwasserverordnung vom Mai 1986 mit der Bemerkung übernommen wurde: „ausgenommen bei Wasser aus magnesiumhaltigem Untergrund". In der Trinkwasserverordnung vom Dezember 1990 galt derselbe Grenzwert mit der Bemerkung: „Geogen bedingte Überschreitungen bleiben bis zu einem Grenzwert von 120 mg/l außer Betracht."

Trinkwasserverordnung vom Mai 2001: Auf eine Regelung der Magnesiumkonzentration wird verzichtet. Davon unabhängig besteht nach §14 Abs. 1 der Trinkwasserverordnung eine Untersuchungspflicht für Magnesium (und die Säurekapazität bis pH 4,3 sowie für Calcium und Kalium), und zwar für Unternehmen mit einer Abgabe von mehr als 1000 m^3 pro Jahr mit einer Häufigkeit von mindestens einmal jährlich, für kleinere Anlagen einmal alle drei Jahre.

Messwerte (Beispiele)

Die Magnesiumkonzentrationen sind im Allgemeinen in den Grenzen, die in Abschn. 4.1.2 „Herkunft" aufgeführt sind, mit den Calciumkonzentrationen korreliert. In der Leine lag die Magnesiumkonzentration in der Zeit von 1968 bis 1991 bei 58 ± 28 mg/l. Nach Aufgabe der Kaligewinnung im Einzugsbereich der Leine liegt die Magnesiumkonzentration seitdem bei 21 ± 9 mg/l (s. auch Abschn. 4.4.1 „Herkunft"). Bemerkenswert ist die hohe Standardabweichung. Es ist nicht auszuschließen, dass sie teilweise analytisch bedingt ist (s. Abschn. 4.1.2 „Analytik").

Wenn man von der Analyse des Leinewassers aus dem Jahr 1969 absieht, enthält der Analysenanhang nur eine einzige Analyse eines Wassers, bei dem die Magnesiumkonzentration deutlich über 50 mg/l liegt (Analysenbeispiel 12), wobei offen ist, ob hierfür eine geogene oder anthropogene Ursache vorliegt.

Ausschlusskriterien

Für Magnesium sind keine realistischen Ausschlusskriterien bekannt.

Konzentrationsänderungen im Rohwasser

Konzentrationsänderungen im Rohwasser können durch Faktoren ausgelöst werden, die bereits in Abschn. 4.1.2 („Herkunft") aufgeführt wurden. Argumente für eine gezielte Beeinflussung der Magnesiumkonzentration im Rohwasser sind nicht bekannt.

Konzentrationsunterschiede Roh-/Reinwasser

Bei der Trinkwasseraufbereitung führt die Entsäuerung durch halbgebrannten Dolomit zu einer Erhöhung der Magnesiumkonzentration. Der Quotient $[Mg^{2+}]/[Ca^{2+}]$ kann auch dadurch beeinflusst werden, dass die Calciumkonzentration geändert wird. Die Entcarbonisierung bzw. Teilentcarbonisierung eines Wassers erhöht den Wert des Quotienten (Analysenbeispiele 24 und 25). Den umgekehrten Effekt hat eine Entsäuerung durch Kalkhydrat (Analysenbeispiele 20 und 21).

Es existieren zahlreiche Natriumverbindungen als Zusatzstoffe zur Trinkwasseraufbereitung, bei denen ausschließlich das Anion wirksam ist. Einige dieser Zusatzstoffe konnten bisher auch als Magnesiumverbindungen eingesetzt werden. Nach der beim Umweltbundesamt geführten Liste der Aufbereitungsstoffe sind diese Magnesiumverbindungen als Zusatzstoffe nicht mehr zugelassen. Zulässig ist nur noch der Einsatz von halbgebranntem Dolomit zur Entsäuerung und von metallischem Magnesium für den kathodischen Korrosionsschutz.

Analytik

Bei der komplexometrischen Titration der Härte mit EDTA werden Calcium und Magnesium bei unterschiedlichen pH-Werten aus demselben Analysenansatz erfasst. Die Erfahrung hat gezeigt, dass bei dieser Bestimmungsmethode die Summen der Calcium- und Magnesiumkonzentrationen oft genauer ermittelt werden als die einzelnen Konzentrationen. Dies bedeutet, dass ein positiver Fehler bei der Calciumbestimmung oft einem negativen Fehler bei der Magnesiumbestimmung entspricht und umgekehrt. Da die Magnesiumkonzentration in der Regel deutlich niedriger ist als die des Calciums, ist der dadurch entstehende *prozentuale* Fehler beim Magnesium deutlich größer als beim Calcium. Dieses Problem tritt vor allem bei „schwierigen" Proben auf, z. B. bei Rohwässern, die höhere Konzentrationen von Eisen und Mangan enthalten. Die komplexometrische Titration war lange Zeit hindurch die Analysenmethode der Wahl zur Bestimmung von Calcium und Magnesium und ist es z. T. auch heute noch. In solchen Fällen dürfen an die Magnesiumkonzentrationen keine strengen Maßstäbe angelegt werden.

Die Ionenchromatografie sowie spektroskopische Analysenmethoden eignen sich ebenfalls zur Magnesiumbestimmung.

Wirkungen

Magnesium ist ein essenzielles Element für Mensch, Tier und Pflanze. In grünen Pflanzen ist es ein wichtiger Bestandteil des Chlorophylls. Der menschliche Körper enthält ca. 470 mg/kg Magnesium. Der tägliche Bedarf des Menschen liegt in der Größenordnung von 300 mg. Zur Deckung dieses Bedarfs spielt der Beitrag des Trinkwassers keine Rolle. In der Apotheke sind Präparate erhältlich, die dem alleinigen Zweck dienen, die Magnesiumversorgung zu erhöhen. Bittersalz ($MgSO_4 \cdot 7H_2O$) wird als Abführmittel gehandelt.

4.1.3 Strontium

Symbol für Strontium: Sr; relative Atommasse: 87,62. Sein Anteil am Aufbau der Erdkruste liegt bei 375 g/t. In der Natur kommen reine Strontiumminerale vor wie z. B. Strontianit ($SrCO_3$) und Coelestin ($SrSO_4$). Strontiumverbindungen werden in der Pyrotechnik verwendet, weil sie eine rote Flammenfärbung verursachen. Strontiumhydroxid diente früher als Hilfsmittel bei der Zuckergewinnung. Weitere Anwendungen sind sehr speziell, z. B. wird Strontium bei der Herstellung von Magnetwerkstoffen und von Leuchtfarben für Fernsehröhren und PC-Monitoren eingesetzt.

Analysenbeispiel 12 repräsentiert ein Grundwasser mit einer beträchtlichen Strontiumkonzentration. Dieses Wasser ist ein Modellfall dafür, wie Übersättigungen – in diesem Fall von Strontianit ($SrCO_3$) und Coelestin ($SrSO_4$) – entstehen und über lange Zeit aufrechterhalten werden können. Entsprechend den Erläuterungen zu Analysenbeispiel 12 ist davon auszugehen, dass das Strontium als Carbonat auf den landwirtschaftlichen Flächen vorliegt und durch den Säureeinfluss der Nitrifikation mobilisiert wurde.

Während der Versickerung des Wassers erniedrigt sich die CO_2-Konzentration durch Reaktion mit Calcit. Dabei wird ein Punkt 1 erreicht, bei dem sich das Wasser exakt im Zustand der Strontianitsättigung befindet. Dieser Punkt ist durch die folgenden Randbedingungen gekennzeichnet: pH-Wert: 7,15; Sättigungsindex für Calcit: –0,23; Säurekapazität bis pH 4,3: 4,68.

Während der Versickerung des Wassers erhöht sich die Sulfatkonzentration durch Reaktion des Nitrats mit Eisensulfiden. Dabei wird ein Punkt 2 erreicht, bei dem sich das Wasser exakt im Zustand der Coelestinsättigung befindet. Dieser Punkt ist durch die folgenden Randbedingungen gekennzeichnet: Calcium: 78 mg/l; Sulfat: 188 mg/l; Nitrat (noch nicht umgesetzt): 60 mg/l.

An Punkt 1 hat das Wasser immer noch calcitlösende Eigenschaften. Die Reaktion des CO_2 mit Calcit läuft daher – ohne auf die Anwesenheit des Strontiums Rücksicht zu nehmen – bis zu einem Punkt 3 ab, bei dem sich das Wasser exakt im Zustand der Calcitsättigung befindet. An Punkt 2 ist immer noch Nitrat vorhanden, das mit Eisensulfiden reagieren kann. Die Sulfatkonzentration steigt daher – ebenfalls ohne Rücksicht auf das Strontium – weiterhin an, bis an einem Punkt 4 das Nitrat aufgebraucht ist.

In der Entnahmetiefe des Brunnens hat das Wasser die Punkte 3 und 4 erreicht bzw. (bei einer räumlichen Definition der Punkte 3 und 4) hinter sich gelassen, und es ist ein Wasser entsprechend Analysenbeispiel 12 vorzufinden. Dieses Wasser befindet sich exakt im Zustand der Calcitsättigung, ist aber im Hinblick auf die Strontiumverbindungen übersättigt. Der Sättigungsindex für Strontianit liegt bei +0,16, der für Coelestin bei +0,10. Diese Übersättigungen sind nicht durch Auskristallisieren der entsprechenden Verbindungen abgebaut worden, da das gelöste Strontium offenbar keine geeigneten Kristallisationskeime im Grundwasserleiter vorgefunden hat.

Strontium ist weder giftig, noch lebensnotwendig. Es gleicht dem Calcium in allen chemischen Details und auch in seinem physiologischen Verhalten. Es wird vom menschlichen und tierischen Körper beispielsweise ebenso in die Knochen eingebaut wie das Calcium. Der menschliche Körper enthält ca. 4 mg/kg Strontium.

Anmerkung
Bei der Kernspaltung zählt das Strontiumisotop mit der Massenzahl 90 zu den langlebigsten Spaltprodukten, das außerdem mit einer vergleichsweise hohen Spaltausbeute von ca. 5,8 % entsteht. Strontium-90 ist ein Betastrahler mit einer Halbwertszeit von 28,1 Jahren. Da Strontium in die Knochen eingebaut und dort nur langsam wieder ausgeschieden wird, gilt Strontium-90 als besonders gefährlich.

Grenzwert

Wegen der fehlenden Toxizität und den normalerweise niedrigen Konzentrationen ist Strontium zu keinem Zeitpunkt als Parameter in eine EG-Trinkwasserrichtlinie oder eine Fassung der Trinkwasserverordnung aufgenommen worden.

Messwerte (Beispiele)

Strontiumkonzentration in 43 nordamerikanischen Flüssen, vor 1961, geometrisches Mittel: 63 µg/l (Matthess, 1990); im Bodensee, Nonnenhorn bei Lindau, geometrisches Mittel: 330 µg/l; im Rhein bei Düsseldorf-Flehe, geometrisches Mittel: 450 µg/l (DFG, 1982a).

4.1.4 Barium

Allgemeines

Symbol für Barium: Ba; relative Atommasse: 137,327. Sein Anteil am Aufbau der Erdkruste liegt bei 425 g/t. In der Natur kommt Barium als Baryt („Schwerspat", $BaSO_4$) und Witherit ($BaCO_3$) vor. Bariumsulfat wird aufgrund seiner hohen Dichte von 4,5 g/cm^3 in großem Umfang als Füll- und Beschwerungsmittel in der Papier- und Kautschukindustrie sowie in der Medizin als Röntgenkontrastmittel eingesetzt. Bariumsulfat wird auch als weißes Pigment bei der Herstellung von Farben verwendet. In der Pyrotechnik dienen Bariumverbindungen der Erzeugung grüner Flammenfärbungen. Der menschliche Körper enthält ca. 0,3 mg/kg Barium.

Herkunft

Schon bei Sulfatkonzentrationen von wenigen Milligramm pro Liter dürfte eine Bariumkonzentration von 1 mg/l nicht erreicht werden. Aus der Literatur sind Konzentrationen bis 10 mg/l Barium bekannt (Dieter, 1991). Solche Konzentrationen können nur in sulfatfreien Wässern erreicht werden. Beim Entstehen solcher Wässer muss also der erste Schritt darin bestehen, dass das Sulfat in Gegenwart höherer Konzentrationen organischer Substanz („Kohle") vollständig reduziert wird. In einem zweiten Schritt muss Barium in Lösung gehen, wobei die Ausgangssubstanz Bariumcarbonat (Witherit) sein kann. Situationen, in denen diese Bedingungen zusammentreffen, sind nicht als häufig anzusehen.

Chemie

Dem Chemiker ist Bariumchlorid bestens bekannt. Alle klassischen Analysenmethoden zur Bestimmung des Sulfats beruhen auf der Schwerlöslichkeit des Bariumsulfats.

Eckpunkte der Konzentration

Grenzwert

Fassungen der Trinkwasserverordnung vom August 2013 und Mai 2001: kein Grenzwert.

Vorgeschichte: Die EG-Trinkwasserrichtlinie vom Juli 1980 enthielt einen Richtwert für Barium von 100 µg/l, die Trinkwasserverordnung vom Dezember 1990 einen Grenzwert von 1 mg/l.

Messwerte (Beispiele)

Nach Dieter liegen Untersuchungen zum Vorkommen von Barium in bundesdeutschen Trink- und Grundwässern bisher (1991) nicht vor.

Bariumkonzentration in gesättigter Bariumsulfatlösung bei 10 °C: 1,06 mg/l.

Bariumkonzentration bei gleichzeitiger Anwesenheit von 10 mg/l Sulfat: 91 µg/l; bei gleichzeitiger Anwesenheit von 100 mg/l Sulfat: 16 µg/l. Aus diesen Angaben folgt rechnerisch ein Löslichkeitsprodukt des Bariumsulfats von $1{,}0 \times 10^{-10}$. Tatsächlich liegen die Analysenergebnisse für reale Wässer oft bei höheren Konzentrationen, als es dem Löslichkeitsprodukt des Bariumsulfats entsprechen würde. Sie sind also an Bariumsulfat übersättigt.

Bariumkonzentration in 43 nordamerikanischen Flüssen, vor 1961, geometrisches Mittel: 43 µg/l (Matthess, 1990).

Das Wasser der Granetalsperre enthielt 1999 im Mittel 35 µg/l Barium.

Nach ARW (1998) und AWBR (1998) wurden im Jahre 1997 im Rhein die folgenden Bariumkonzentrationen gemessen (Mittelwerte. In Klammern: Mittelwerte der korrespondierenden Sulfatkonzentrationen in mg/l):

Basel,	Strom-km	163,9:	33 µg/l	(28,6)
Karlsruhe,	Strom-km	359,3:	51 µg/l	(36,3)
Köln,	Strom-km	685,8:	66 µg/l	(60,1)
Düsseldorf-Flehe,	Strom-km	732,1:	69 µg/l	(63)

Das Wasserwerk Grasdorf der Stadtwerke Hannover AG speiste bis 1976 ein Trinkwasser in das Netz, das bei Sulfatkonzentrationen von über 150 mg/l ca. 100 µg/l Barium enthielt. Obwohl die Bariumkonzentration nur durch wenige Analysen abgesichert ist, signalisiert sie doch eine beträchtliche Übersättigung im Hinblick auf Bariumsulfat (Baryt). Interessant ist dieser Befund vor allem deshalb, weil in der Haupttransportleitung dieses Werks stellenweise Baryt in bis zu 0,2 mm großen, wasserklaren Kristallen auskristallisiert ist.

Anmerkung
Die Barytkristalle wurden an der Bundesanstalt für Geowissenschaften und Rohstoffe, Hannover röntgendiffraktometrisch identifiziert und vom Autor fotografisch dokumentiert. Der Befund ist ein Beispiel für das Auskristallisieren einer Komponente als Folge einer Übersättigung. Das entsprechende Bild befindet sich auf der Website in zwei Varianten im Ordner „4.1.4.4 Baryt in Trinkwasserleitung".

Analytik

Gelöstes Barium wird üblicherweise atomabsorptionsspektrometrisch bestimmt.

Wirkungen

Wegen seiner Schwerlöslichkeit übt Bariumsulfat auf den Organismus keinerlei Wirkungen aus. Lösliche Bariumverbindungen sind jedoch giftig und verursachen Muskelkrämpfe und Herzstörungen. Eine Dosis von ca. 10 mg/kg kann bereits tödlich wirken.

4.2 Alkalimetalle

Zu den Alkalimetallen zählen mit steigender Ordnungszahl die folgenden Elemente (in Klammern: Anteil an der Erdkruste in g/t): Lithium (20), Natrium (28 300), Kalium (25 900), Rubidium (90), Cäsium (3) und Francium (10^{-22}). Diese Elemente sind in ihrer metallischen Form extrem unedel und in ihren Verbindungen stets einwertig.

Anmerkung
Bei der Kernspaltung ist das Cäsiumisotop mit der Massenzahl 137 das langlebigste aller Spaltprodukte, das außerdem mit einer hohen Spaltausbeute von ca. 6,2 % entsteht. Cäsium 137 sendet Beta- und Gammastrahlen aus und besitzt eine Halbwertszeit von 30,2 Jahren. Da Cäsium 137 im Magen-Darm-Trakt resorbiert wird, gilt es als sehr gefährlich.

Von den Alkalimetallen spielen in der Wasserchemie im Wesentlichen nur Natrium und Kalium eine Rolle. Lithiumchlorid wird gelegentlich für Markierungsversuche benutzt. Der Anteil von Natrium und Kalium am Aufbau der Erdkruste ist beträchtlich. Außerdem haben diese beiden Metalle eine große Bedeutung für das Leben auf der Erde. Trotz der großen Mengen an Natrium und Kalium, die in den Gesteinen gebunden sind, ist die Geschwindigkeit, mit der Natrium und Kalium durch Verwitterungsprozesse freigesetzt werden, so klein, dass durch diesen Prozess in Flusswässern nur niedrige Konzentrationen von durchschnittlich 2,1 mg/l für Natrium und von 1,7 mg/l für Kalium erreicht werden (Mason und Moore, 1985). Für Natrium und Kalium gilt daher sinngemäß die gleiche Aussage, die auch für das Chlorid gilt: Wenn wir heute höheren Konzentrationen begegnen, dann kann man sicher sein, dass man es entweder mit Meerwasser zu tun hat oder dass die Alkalimetalle direkt oder indirekt aus den Ozeanen stammen. Um diesen Anteil der Salze von Alkalimetallen zu charakterisieren, wurde in der Geochemie der Begriff „zyklische Salze" geprägt. Beträchtliche Mengen an Alkalimetallionen werden heute dadurch freigesetzt, dass Salzlagerstätten ausgebeutet werden, die sich durch Verdunstung von Meerwasser in abgeschnittenen Meeresbecken gebildet haben.

Natrium und Kalium bilden weder ausreichend schwer lösliche Verbindungen, noch Komplexverbindungen, die sich für ihren analytischen Nachweis eignen würden. Für ihre Analyse sind aufwendigere Verfahren wie Ionenchromatografie oder spektroskopische Methoden erforderlich. In der Vergangenheit hat man daher auf die Bestimmung von Natrium und Kalium meist verzichtet. In diesem Fall konnte keine Ionenbilanz durchgeführt werden, um die Richtigkeit einer Analyse zu testen. Im Übrigen hat man die Alkalimetalle nicht für wichtig genug angesehen, um einen großen Analysenaufwand zu rechtfertigen. Einen Hinweis auf eine etwaige „Salzbelastung" bekam man über das wesentlich einfacher zu bestimmende Chlorid.

Wenn Natrium und Kalium nicht analytisch bestimmt worden sind, aber trotzdem eine Aussage zu diesen beiden Metallen oder zur „Salzbelastung" des Wassers gewünscht war, konnte man sich mit den folgenden Methoden behelfen:

- Analyse von Chlorid und stöchiometrische Umrechnung von Chlorid auf Natriumchlorid oder auf das Natriumion;
- Untersuchung aller Hauptinhaltsstoffe des Wassers. Unter der Voraussetzung, dass die Analyse korrekt ist, konnte das Ionenbilanzdefizit mit der „Summe Alkalimetalle" gleichgesetzt werden. Da bei den Alkalimetallen das Natrium dominiert, konnte auch angegeben werden: „Summe Alkalimetalle, berechnet als Natrium".

Im Analysenanhang wurde bei älteren Analysen, bei denen Natrium und Kalium nicht bestimmt worden waren, auf eine der beiden beschriebenen Weisen verfahren. In diesen Fällen wurde in einer Fußnote darauf hingewiesen.

Die Tatsache, dass die Alkalimetalle keine schwer löslichen Verbindungen bilden, ist eine gute Voraussetzung für eine hohe Mobilität. Tatsächlich ist das Natrium sehr mobil. Wenn es durch Verwitterungsprozesse aus Gesteinen freigesetzt worden ist, kann es auf seinem Weg in die Ozeane kaum mehr gebremst werden. Das Kalium verhält sich in dieser Hinsicht allerdings genau umgekehrt, Kaliumionen sind ausgesprochen wenig mobil.

Die unterschiedliche Mobilität von Natrium und Kalium wird deutlich, wenn man den molaren Quotienten $[K^+]/[Na^+]$ für die Gesteine der Erdkruste (0,54) mit dem korrespondierenden Wert für Meerwasser (0,021) vergleicht. Der größte Teil des bei der Verwitterung freigesetzten Kaliums hat offenbar den Weg zum Meer noch nicht gefunden.

Ein Kation, das dem Kaliumion in vielen Details gleicht, ist das Ammoniumion (NH_4^+). In diesem Buch wird es jedoch nicht als „verkapptes Alkalimetall", sondern als Stickstoffverbindung behandelt (Abschn. 4.5.3).

Bilder zum Thema „Alkalimetalle" bzw. „Natrium": siehe Bildordner „4.4.1 Auswahl 1, Natriumchlorid".

4.2.1 Natrium

Allgemeines

Symbol für Natrium: Na; relative Atommasse: 22,989 77. Die mit Abstand wichtigste Natriumverbindung ist das Natriumchlorid („Kochsalz"). Natriumchlorid wird durch Ausbeutung von Salzstöcken bergmännisch oder (in warmen Klimazonen) durch Eindunsten von Meerwasser in Salinen gewonnen.

Herkunft

Natrium und Chlorid treten häufig gemeinsam auf, beispielsweise als Gischt von Meerwasser, das über die Landflächen verfrachtet wird, sowie als Kochsalz, Streusalz und Regeneriersalz. Das Gleiche gilt für chloridhaltige Tiefenwässer. Selbst Kalidünger kann neben Chlorid auch beträchtliche Anteile von Natrium enthalten. Die Herkunft des Chlorids wird in Abschn. 4.4.1 „Herkunft" ausführlich behandelt. Die dortigen Ausführungen gelten in wesentlichen Punkten auch für das Natrium.

Natrium kann auch durch natürliche Ionenaustauschprozesse an Tonmineralen in das Wasser gelangen. In Analysenbeispiel 17 werden dabei 306 mg/l Natrium erreicht, und zwar bei einer sehr niedrigen Chloridkonzentration von 21 mg/l.

Chemie

Natriumchlorid ist der Rohstoff für praktisch alle Natriumverbindungen wie z. B. Soda, Natronlauge und Seife sowie für Chlor und alle Chlorverbindungen wie z. B. Salzsäure und Polyvinylchlorid (PVC). Den höchsten Natriumbedarf (in der Form von Soda) hat die Glasindustrie.

Seifen sind Natriumsalze höherer Fettsäuren, z. B. das Natriumsalz der Stearinsäure: Natriumstearat, $CH_3{-}(CH_2)_{16}{-}COO^{-}Na^{+}$.

Eckpunkte der Konzentration

Grenzwert

Fassungen der Trinkwasserverordnung vom August 2013 und vom Mai 2001: 200 mg/l Natrium (Indikatorparameter).

Vorgeschichte: Die durchschnittliche tägliche Kochsalzaufnahme eines Erwachsenen beträgt ein Vielfaches der physiologisch erforderlichen Kochsalzaufnahme. In der EG-Trinkwasserrichtlinie vom Juli 1980 wurde der Parameter „Natrium" unter dem Gesichtspunkt abgehandelt, dass die Regelung der Natriumkonzentration des Trinkwassers einen Beitrag dazu leisten sollte, die Kochsalzaufnahme der Bevölkerung zu erniedrigen. Ein Richtwert von 20 mg/l und ein Grenzwert von 175 mg/l (150 mg/l ab 1987) Natrium waren angegeben. In die Fassungen der Trinkwasserverordnung vom Mai 1986 und vom Dezember 1990 wurde der Grenzwert von 150 mg/l übernommen. Da die Beeinflussung der täglichen Kochsalzaufnahme über das Trinkwasser äußerst uneffektiv ist (Bergmann und Grossklaus, 1987), wurde der Natriumgrenzwert mit der EG-Trinkwasserrichtlinie vom November 1998 gelockert.

Anmerkung
Der Grenzwert korrespondiert rechnerisch mit 508 mg/l Kochsalz oder 308 mg/l Chlorid. Diese Konzentration entspricht ungefähr der Geschmacksgrenze des Chlorids, die von Höll (1986) mit 250 mg/l angegeben wird (siehe auch Abschn. 4.4.1 „Eckpunkte der Konzentration").

Grenzwerte nach der Mineral- und Tafelwasserverordnung vom 01.08.1984, geändert am 12.12.1990:

Mineralwasser: Wird bei einem natürlichen Mineralwasser im Verkehr oder in der Werbung auf den Gehalt an bestimmten Inhaltsstoffen oder auf eine besondere Eignung des Wassers hingewiesen, so sind die folgenden Anforderungen einzuhalten:

- „natriumhaltig": Die Konzentration muss über 200 mg/l liegen;
- „geeignet für die Zubereitung von Säuglingsnahrung": Die Konzentration muss unter 20 mg/l liegen;

- „geeignet für natriumarme Ernährung“: Die Konzentration muss unter 20 mg/l liegen.

Quellwasser und Tafelwasser: Quellwasser und Tafelwasser dürfen mit einem Hinweis auf ihre Eignung für die Säuglingsernährung gewerbsmäßig nur in den Verkehr gebracht werden, wenn ihr Gehalt an Natrium 20 mg/l nicht überschreitet.

Messwerte (Beispiele)

Wie bereits in Abschn. 2.2.2 (Regenwasser) erläutert, wird Meersalz mit der Atmosphäre verfrachtet. Dies wirkt sich auch auf die Natrium- und Chloridgehalte oberflächennaher und landwirtschaftlich wenig beeinflusster Grundwässer aus. Beispiele (in Klammern: ungefähre Distanz zur Küste): Hamburg (Wasserwerk Baursberg): Na^+ 59 mg/l, Cl^- 91 mg/l (75 km); Hannover (Wasserwerk Elze-Berkhof): Na^+ 14 mg/l, Cl^- 32 mg/l (195 km); München (Grundwasser im Voralpenraum, Analysenbeispiel 1): Na^+ 3,4 mg/l, Cl^- 5,5 mg/l (720 km). Hohe Natriumkonzentrationen können durch natürliche Ionenaustauschprozesse an Tonmineralen entstehen (Analysenbeispiele 16 und 17).

In nicht durch Ionenaustauschprozesse beeinflussten Grundwässern besteht eine Korrelation des Natriums mit Chlorid, wobei das molare Verhältnis Natrium zu Chlorid oft deutlich unter eins liegt (Abschn. 4.4.1 „Ausschlusskriterien, Äquivalentverhältnis Alkalimetalle/Chlorid“). In Anhang B (Analysenanhang) wird – sofern die entsprechenden Messwerte vorliegen – das molare Verhältnis $([K^+] + [Na^+])/[Cl^-]$ angegeben.

Konzentration im Meerwasser: 11 g/l Natrium.

Sättigungskonzentration von Natriumchlorid: 360 g pro kg Wasser (25 °C), entsprechend 142 g Natrium pro kg Wasser.

Ausschlusskriterien

Für Natrium sind keine realistischen Ausschlusskriterien bekannt.

Konzentrationsänderungen im Rohwasser

Den Änderungen der Natriumkonzentration im Rohwasser wird im Allgemeinen nur wenig Aufmerksamkeit geschenkt. Für eine gezielte Beeinflussung gibt es kaum einen sinnvollen Anlass. Ändern kann sich die Natriumkonzentration in Oberflächenwässern durch Abwassereinflüsse und in Grundwässern durch Streusalz, durch den Einfluss von Nebenbestandteilen von Kalidüngern, durch Salzbelastungen aus Salz führenden geologischen Schichten und durch Austauschprozesse an natürlichen Ionenaustauschern.

Konzentrationsunterschiede Roh-/Reinwasser

Mit den Techniken der Meerwasserentsalzung kann die Natriumkonzentration drastisch erniedrigt werden. Mit den klassischen Verfahren der Trinkwasseraufbereitung ist eine gezielte Erniedrigung der Natriumkonzentration jedoch nicht möglich. Eine (meist geringfügige) Erhöhung der Natriumkonzentration tritt ein, wenn natriumhaltige Aufbereitungschemikalien dosiert werden. Nach der Liste des Umweltbundesamtes (Stand: November 2012) sind zurzeit 20 Natriumverbindungen (und sechs Kaliumverbindungen) als Aufbereitungsstoffe zugelassen

Analytik

Analysen auf Natrium und Kalium werden meist gemeinsam oder unmittelbar nacheinander mit der gleichen Analysentechnik durchgeführt. Üblich sind die Emissionsspektrografie („Flammenfotometrie"), die Atomabsorptionsspektrografie und die Ionenchromatografie.

Wirkungen

Kochsalz ist für die Ernährung des Menschen so wichtig, dass es lange Zeit hindurch eines der wichtigsten Handelsgüter war. Handelswege waren die „Salzstraßen". Kochsalz war über Jahrhunderte hinweg nicht nur Speisewürze, sondern auch bei der Verwendung als „Pökelsalz" ein wichtiges Konservierungsmittel für Fleischprodukte.

Natriumcarbonat (Soda) und Kaliumcarbonat (Pottasche) haben waschaktive Eigenschaften. Soda wird heute noch im Supermarkt als „Waschsoda" angeboten.

Der menschliche Körper enthält 1,5 g/kg Natrium, der tägliche Bedarf des Menschen liegt bei ca. 1 g, die tatsächliche tägliche Aufnahme liegt bei 3–7 g. Natrium und Kalium sind die wichtigsten Kationen in den Körperflüssigkeiten. Mit ihrer Hilfe wird unter anderem der „Salzhaushalt" im Körper konstant gehalten. Wenn viel Flüssigkeit konsumiert wird, besteht die Gefahr, dass die Salzkonzentration absinkt. Der Körper muss schleunigst Flüssigkeit abstoßen. Wenn umgekehrt viel Salz konsumiert wird, muss bis zu dessen Ausscheidung eine entsprechend große Flüssigkeitsmenge im Körper festgehalten werden, da andernfalls die Salzkonzentration unzulässig stark steigen würde. Das Ausbalancieren des Salzhaushaltes im Körper kann die Ursache für spontane Schwankungen des Körpergewichts sein.

Natriummangel kann bei starken Flüssigkeitsverlusten, z. B. bei Durchfall, auftreten. Auch starker Schweißverlust führt zu Ungleichgewichten im Salzhaushalt. Die Getränkeindustrie hat Produkte auf den Markt gebracht, mit denen der Salzverlust bei sportlicher Betätigung ausgeglichen werden kann.

Die Natur hat Mensch und Tier mit einem Gefühl für den Salzhaushalt ausgestattet („Salzhunger"). Waldtieren wird regelmäßig Salz zum Lecken angeboten, während der Mensch Salzgebäck knabbert oder Fleischbrühe trinkt. Ein überhöhter Salzkonsum kann zu Bluthochdruck (Hypertonie) führen. Wirksam sind hierbei die Natriumionen. Unter Ernährungsfachleuten zählt die natriumarme Ernährung zu den wichtigsten Diätformen.

4.2.2
Kalium

Allgemeines

Symbol für Kalium: K; relative Atommasse: 39,0983. Wichtigster Rohstoff für die Gewinnung von Kaliumsalzen sind die „Abraumsalze" des Salzbergbaus: Sylvin

(KCl), Carnallit ($KMgCl_3 \cdot 6H_2O$) und andere, zum Teil sulfathaltige Salze. Salzbergbau wird heute überwiegend zur Gewinnung von Kalisalzen, hauptsächlich für Düngezwecke, betrieben.

Anmerkung
Kalium enthält mit einem Anteil von 0,0118 % ein natürliches radioaktives Isotop mit der Massenzahl 40. Kalium-40 hat eine Halbwertszeit von $1{,}27 \times 10^9$ Jahren. Aus dem Anteil dieses Isotops in natürlichem Kalium und der Halbwertszeit resultiert eine Zerfallsrate von ca. 31 Zerfällen pro Sekunde und Gramm natürliches Kalium (31 Bq/g). Die Strahlung, die von Kalium 40 ausgeht, ist ungefährlich. Der Umgang mit Kalium und seinen Verbindungen unterliegt keinen radioaktivitätsbedingten Einschränkungen. Bei der Durchführung geophysikalischer Bohrlochmessungen ist die von Kalium 40 ausgehende Gammastrahlung die Grundlage zur Lokalisierung von Kaliumverbindungen in Bohrlöchern. Da Kalium in Tonmineralen angereichert ist, werden dadurch Tonschichten angezeigt (Hölting, 1984).

Herkunft

Kalium kommt in Abwässern des Kalibergbaus vor. Bei einer 1989 durchgeführten Untersuchung war die Weser im Mittel mit 62 mg/l Kalium belastet (Grossklaus, 1991).

In Grundwässern beobachtet man erhöhte Kaliumkonzentrationen als Folge der Neutralisation von Säuren durch kaliumhaltige Tonminerale bei Abwesenheit von Kalk und niedrigen pH-Werten. In Analysenbeispiel 13 werden auf diese Weise 8,7 mg/l Kalium erreicht.

Kalium aus der Kalidüngung kann unter bestimmten Bedingungen bis in die Entnahmetiefe von Brunnen gelangen. Nach Scheffer/Schachtschabel (1998) stieg der jährliche Verbrauch an Kalidünger von 35 kg/ha Kalium (1950) auf 80 kg/ha (1980) und sank bis 1994/95 für Deutschland wieder auf 32 kg/ha ab. Für die Zeit von 1950 bis 1988 ergab sich ein Kaliumüberschuss von im Mittel 2200 kg/ha Kalium. Auf Sandböden wird je nach der Menge des Sickerwassers mit Auswaschungen von 20–50 kg/ha Kalium gerechnet. Für eine Grundwasserneubildung von 220 mm pro Jahr, wie sie für das Fuhrberger Feld gilt, würden sich daraus Kaliumkonzentrationen von 9,1–22,7 mg/l im neu gebildeten Grundwasser ergeben. Diese möglichen Belastungen sind vor dem Hintergrund des alten Grenzwertes nach Trinkwasserverordnung (12 mg/l) zu sehen. Bei einer Überschreitung des Kaliumgrenzwertes als Folge der Kalidüngung konnte von der Ausnahmeregelung für geogen bedingte Konzentrationen kein Gebrauch gemacht werden.

Kalium wird von Tonmineralen stark gebunden. Das Vordringen von Kalium in größere Tiefen kann vor allem in denjenigen Fällen ein Problem darstellen, in denen nur geringe Konzentrationen von Tonmineralen vorliegen und in denen die Flächen schon sehr lange Zeit landwirtschaftlich genutzt werden, sodass das Aufnahmevermögen der Tonminerale schon weitgehend erschöpft ist. Diese Bedingungen sind, wie Abb. 4.1 deutlich macht, für Teile des Fuhrberger Feldes erfüllt.

Da im Fuhrberger Feld Nitrat durch Denitrifikation in Sulfat umgewandelt wird, ist das Sulfat ein Indikator für die Intensität der Stickstoffdüngung, für den Einfluss eines Grünlandumbruches bzw. für den Anteil von Ackerflächen im Einzugsgebiet der Brunnen. Eine Korrelation zwischen Kalium- und Sulfatkonzentration

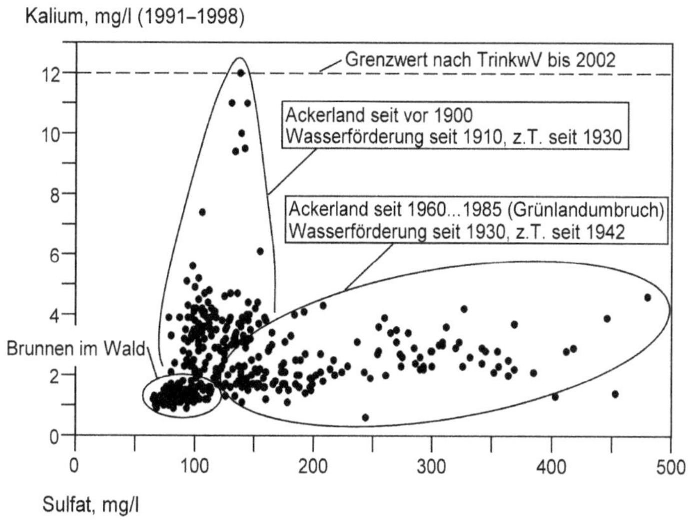

Abb. 4.1 Kaliumkonzentrationen in Brunnenwässern im Fuhrberger Feld.

ist in Abb. 4.1 nicht zu beobachten, denn schließlich gibt die Sulfatkonzentration keine Auskunft darüber, wie viel Tonminerale vorhanden sind oder wie erschöpft sie sind. Tatsächlich befinden sich bei den untersuchten Brunnen erhöhte Kaliumkonzentrationen in Wässern mit mittlerer Sulfatbelastung, wie sie sich nach langjähriger Ackernutzung (also ohne Einfluss eines Grünlandumbruchs) einstellt.

Chemie

Der Chemiker schätzt an Kalium die Tatsache, dass sich seine Salze in kristalliner Form besonders rein und effektiv darstellen lassen. So sind beispielsweise Kaliumpermanganat und Kaliumdichromat als Handelsware geläufig, die entsprechenden Natriumsalze dagegen weniger.

Kaliumsalze höherer Fettsäuren sind ebenso wie die entsprechenden Natriumsalze Seifen; sie haben jedoch eine weichere Konsistenz als die Natriumverbindungen und heißen deshalb „Schmierseifen".

Da Pflanzen Kalium enthalten, enthält Pflanzenasche Kaliumcarbonat, das durch Auslaugen als „Pottasche" gewonnen werden kann. Pottasche war Jahrhunderte hindurch das wichtigste Waschmittel. Kaliumcarbonat wird z. B. in der Glas- und der Porzellanindustrie benötigt. Kaliumnitrat („Salpeter") ist die sauerstoffhaltige Komponente von Schwarzpulver.

Eckpunkte der Konzentration

Grenzwert

- Trinkwasserverordnung vom August 2013: kein Grenzwert.

Vorgeschichte: Die EG-Trinkwasserrichtlinie vom Juli 1980 enthielt einen Grenzwert für Kalium von 12 mg/l, der in die Trinkwasserverordnung vom Mai 1986 mit der Bemerkung übernommen wurde: „ausgenommen bei Wasser aus kaliumhaltigem Untergrund". In der Trinkwasserverordnung vom Dezember 1990 galt derselbe Grenzwert mit der Bemerkung: „Geogen bedingte Überschreitungen bleiben bis zu einem Grenzwert von 50 mg/l außer Betracht."

Trinkwasserverordnung vom Mai 2001: Auf eine Regelung der Kaliumkonzentration wurde verzichtet. Davon unabhängig bestand nach §14 Abs. 1 der Trinkwasserverordnung eine Untersuchungspflicht für Kalium (und die Säurekapazität bis pH 4,3 sowie für Calcium und Magnesium), und zwar für Unternehmen mit einer Abgabe von mehr als 1000 m^3 pro Jahr mit einer Häufigkeit von mindestens einmal jährlich, für kleinere Anlagen einmal alle drei Jahre.

Messwerte (Beispiele)

Niedrige Kaliumgehalte werden in vielen See- und Talsperrenwässern und in einigen Grundwässern beobachtet. Die Konzentrationen liegen in solchen Wässern deutlich unter 1 mg/l.

Mittelwert der Kaliumkonzentration in Trinkwässern in der Bundesrepublik (2745 Trinkwässer, Probenahme: 1989): 2,2 mg/l (Grossklaus, 1991).

Konzentration in Meerwasser: 390 mg/l.

Sättigungskonzentration von Kaliumchlorid: 347 g pro kg Wasser (20 °C), entsprechend 182 g Kalium pro kg Wasser.

Ausschlusskriterien

Für Kalium sind keine realistischen Ausschlusskriterien bekannt.

Konzentrationsänderungen im Rohwasser

Die Kaliumkonzentration kann sich in Oberflächenwässern durch Abwassereinleitungen ändern. In Grundwässern kann bei Abwesenheit von Kalk eine Absenkung des pH-Wertes Kalium aus Tonmineralen mobilisieren. Die Kalidüngung kann den Kaliumgehalt von Grundwässern beeinflussen, jedoch nur langsam nach Absättigung der Sorptionsfähigkeit von Tonmineralen für Kalium. Für eine gezielte Beeinflussung der Kaliumkonzentration gibt es kaum einen sinnvollen Anlass.

Konzentrationsunterschiede Roh-/Reinwasser

Eine geringfügige Erhöhung der Kaliumkonzentration tritt ein, wenn kaliumhaltige Aufbereitungschemikalien dosiert werden. Nach der im Umweltbundesamt geführten Liste sind u. a. die folgenden Chemikalien erlaubt: Kaliumpermanganat und Kaliumphosphate.

Analytik

Die Analytik von Kalium entspricht der des Natriums.

Wirkungen

Kalium ist für Mensch, Tier und Pflanze essenziell. Der menschliche Körper enthält 2,2 g/kg Kalium, der tägliche Bedarf des Menschen liegt bei ca. 0,8 g. Die tatsächliche tägliche Aufnahme beträgt ca. 2–4 g.

Kalium und Natrium sind die wichtigsten Kationen in den Körperflüssigkeiten. Kaliummangel kann bei starken Flüssigkeitsverlusten, z. B. bei Durchfall, auftreten. In der Apotheke sind Medikamente zur zusätzlichen Zufuhr von Kalium erhältlich. Der Beitrag des Trinkwassers zur Kaliumversorgung des Menschen ist vernachlässigbar, ein Kaliumgrenzwert ist weder toxikologisch noch ernährungsphysiologisch begründbar.

Beim Verhalten des Kaliums in Wassergewinnungsgebieten ist zu bedenken, dass bei einem Kaliumdurchbruch in tiefere Bereiche eines Grundwasserleiters das gesamte Inventar an Tonmineralen in einen Zustand überführt worden ist, in dem es die Sorptionsfähigkeit für Kaliumionen verloren hat. Ob sich dieser Zustand auch auf die Sorptionsfähigkeit gegenüber anderen Wasserinhaltsstoffen (Schwermetalle, Pflanzenbehandlungsmittel) auswirkt, ist noch nicht untersucht worden.

4.3 Eisen und Mangan

Für den Wasserchemiker weisen Eisen und Mangan sehr viele Gemeinsamkeiten auf:

- Sie treten in natürlichen Wässern häufig gemeinsam auf,
- beide Metalle sind in ihrer reduzierten Form zweiwertig und wasserlöslich und in ihrer oxidierten Form praktisch unlöslich; bei der Oxidation erreicht das Eisen die dreiwertige und das Mangan die vierwertige Oxidationsstufe,
- ihre Elimination bei der Trinkwasseraufbereitung erfordert ähnliche technische Maßnahmen, häufig wird die Enteisenung und Entmanganung in einem einzigen Aufbereitungsschritt durchgeführt,
- nicht zuletzt gleichen sich auch die Störungen, die Eisen und Mangan bei der Trinkwasserverteilung und beim Kunden verursachen.

Ein wesentlicher Unterschied zwischen den beiden Metallen besteht darin, dass ihr Redoxverhalten unterschiedlich ist. Ferner können Belastungen des Trinkwassers mit Mangan praktisch immer bis zum Rohwasser zurückverfolgt werden, während Eisen sowohl aus dem Rohwasser, als auch aus Korrosionsprozessen stammen kann.

4.3.1 Eisen

Allgemeines

Symbol für Eisen: Fe; relative Atommasse: 55,847. Eisen ist am Aufbau der Erdkruste mit einem Anteil von 50 kg/t (5 %) beteiligt und ist damit nach Sauerstoff, Silicium und Aluminium das vierthäufigste Element der Erdkruste. Ganze Landstriche werden durch Eisenoxide braun gefärbt, ebenso das Material von Böden, soweit die braune Farbe nicht auf Humusbestandteile zurückzuführen ist. Auch Grundwasserleiter enthalten Eisenverbindungen.

Jährlich werden weltweit ca. zwei Mrd. Tonnen Staub aufgewirbelt und atmosphärisch verfrachtet. Der Staub enthält auch Eisen. Man schätzt, dass allein aus der Bodélé-Niederung (südliche Sahara) jährlich 6,5 Mio. Tonnen Eisen auf dem Luftweg exportiert werden (Bartholet, 2012; Bristow *et al.*, 2010).

Eisen ist (ebenso wie Phosphor) ein Bestandteil einer „globalen Nährstoffpumpe", die von der Fauna in Gang gehalten wird: Beispielsweise jagen Pottwale Tintenfische in der Tiefsee und scheiden ihre Stoffwechselprodukte in geringen, eisenarmen Tiefen aus. Seevögel transportieren Eisen (und Phosphat) aus dem Meer in das Landesinnere, wenn sie dort ihre Stoffwechselprodukte hinterlassen (Groß, 2016).

Die Trockensubstanz der Landpflanzen enthält im Mittel 140 mg/kg Eisen (Mason und Moore, 1985). Daher enthalten auch Kohlen und Asche stets beträchtliche Anteile an Eisen. Dies gilt auch für das fossile organische Material („Braunkohle") in reduzierten Grundwasserleitern.

Metallisches Eisen ist unedel. Dies macht das Eisen einerseits zu einem korrosionsanfälligen Werkstoff, andererseits aber zu einem idealen Reduktionsmittel, beispielsweise für die reduktive Dehalogenierung organischer Halogenverbindungen bei der Sanierung kontaminierter Grundwässer mithilfe von permeablen reaktiven Wänden (Kopinke *et al.*, 2003; Burmeier *et al.*, 2006; Ruhl *et al.*, 2009).

Da Eisen nicht nur in der Natur, sondern auch in der Technik eine dominierende Rolle spielt, ist dieses Element schlechterdings überall („ubiquitär") anzutreffen.

Im Jahre 1997 hat der Autor eine Umfrage unter deutschen Wasserversorgungsunternehmen durchgeführt, die Grundwasserwerke betreiben. Die Fragen bezogen sich auf die Eisenkonzentrationen der genutzten Grundwässer und die Jahresfördervolumina (sowie auf die Konzentrationen von Mangan und organischer Substanz). Mit dem Rücklauf der Umfrage wurde ein Jahresfördervolumen von insgesamt 1,223 Mrd. m^3 Grundwasser erfasst. Die Daten wurden nach sinkender Eisenkonzentration geordnet und in Abb. 4.2 gegen das jeweilige Jahresfördervolumen, für das die Konzentration gilt, aufgetragen.

Ein Anteil von 59 % des erfassten Grundwasservolumens enthält Eisen in Konzentrationen von 0,2 mg/l (Grenzwert nach Trinkwasserverordnung) und darüber. Mit dem erfassten Grundwasservolumen werden jährlich insgesamt 2240 t Eisen an das Tageslicht gebracht.

Interessant ist die Feststellung, dass bei den Konzentrationen 1 und 2 mg/l jeweils Andeutungen einer Stufe erkennbar sind. Ungefähr in diesem Konzentrationsbereich liegt auch die Sättigungskonzentration für Eisen(II) in natürlichen Wässern im Lösungsgleichgewicht mit Siderit (entsprechend dem „Siderit-Kohlensäure-Gleichgewicht"). Möglicherweise wird in diesen Wässern die Eisenkonzentration von der Sideritlöslichkeit diktiert.

Herkunft

Natürliche Prozesse

Gelöstes Eisen darf in natürlicher Umgebung „eigentlich" gar nicht existieren: In einer reduzierenden Umgebung besteht die stabile Form des Eisens im Wesentlichen aus Eisensulfiden, in einer oxidierenden Umgebung aus Eisen(III)-oxiden

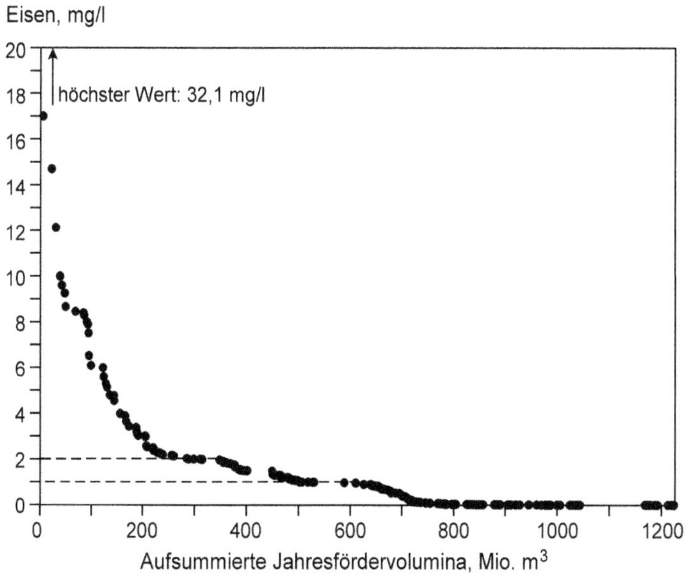

Abb. 4.2 Eisenkonzentrationen deutscher Grundwässer, aufgetragen gegen das jeweilige Jahresfördervolumen.

bzw. -oxidhydraten. Diese Verbindungen sind in Wasser praktisch unlöslich. Wenn wir dennoch erhöhte Konzentrationen von gelöstem Eisen(II) oder Eisen(III) beobachten, handelt es sich im Allgemeinen um vorübergehende Ungleichgewichte, die durch anthropogene Ursachen ausgelöst worden sind.

Niedrige Konzentrationen von Eisen(II) kommen in der Natur bei Verlagerungsprozessen vor, von denen Abb. 4.3 eine Vorstellung vermitteln soll.

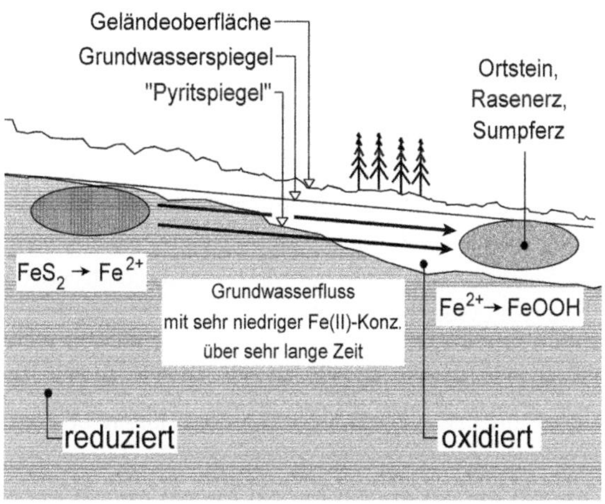

Abb. 4.3 Modellvorstellung zur Rolle von gelöstem Eisen(II) in der Natur (Bildung von Eisen(III)-oxidhydrat durch natürliche Verlagerungsprozesse).

Die Mobilisierung des Eisens ist in Abb. 4.3 mit dem Hinweis „$FeS_2 \rightarrow Fe^{2+}$“ angedeutet. Dabei kann es sich beispielsweise um die Reaktion (4.1) handeln. Das Eisen wird also durch einen oxidierenden Einfluss mobilisiert. Mit dem Grundwasserstrom gelangt das gelöste Eisen(II) in einen oxidierenden Bereich des Grundwasserleiters, wo es als Eisen(III)-oxidhydrat („Ortstein“, „Rasenerz“, „Sumpferz“) ausgefällt wird. Die Immobilisierung des Eisens, in Abb. 4.3 mit dem Hinweis „$Fe^{2+} \rightarrow FeOOH$“ angedeutet, geschieht wiederum durch einen oxidierenden Einfluss. Die Konzentration des Eisens, das sich in Bewegung befindet, ist niedrig, die Bildung der oxidischen Ablagerungen kann sich über Jahrtausende erstrecken. Die Erzablagerungen erreichen mitunter einen beträchtlichen Umfang. Im Mittelalter wurden die Rasenerze des Fuhrberger Feldes für die Herstellung von Waffen ausgebeutet.

Oberflächenwasser

Der Rhein enthielt bei Bimmen/Lobith im Jahre 1975 0,72 mg/l und 1998 1,29 mg/l $Eisen_{gesamt}$ (Mittelwerte, Untersuchung in der unfiltrierten Probe). Man könnte meinen, dass in dem oxidierenden Milieu eines Fließgewässers das gesamte Eisen in dreiwertiger Form vorliegen müsste. Dies gilt offenbar nicht generell. Bei der Untersuchung des Leinewassers wird seit Mitte 1995 zwischen $Eisen_{gesamt}$ und Eisen(II) differenziert. Danach enthält das Leinewasser südlich von Hannover 0,32 mg/l $Eisen_{gesamt}$, von denen 67 % zweiwertig vorliegen, allerdings mit starken Schwankungen der Einzelwerte (Mittelwerte von 173 Analysen aus der Zeit von Juli 1995 bis Dezember 1999). Dieser Befund lässt sich damit erklären, dass mit der Eisenbestimmung säurelösliche Silicate (Tonminerale) erfasst werden, die Eisen(II) und Eisen(III) in den jeweils zu beobachtenden Proportionen enthalten. Die Säure befindet sich in der Regel bereits in der Probenahmeflasche, um damit eine sofortige Stabilisierung des Eisen(II) zu erreichen. Auch eine Reduktion von Eisen(III) in der Probenflasche durch Wasserinhaltsstoffe ist vorstellbar.

Restseen des Braunkohletagebaus enthalten gelöstes, dreiwertiges Eisen, das aus der Verwitterung von Eisensulfiden unter Sauerstoffeinfluss stammt (Herzsprung *et al.*, 1998). Wenn solche Restseen hohe Konzentrationen an gelöstem dreiwertigem Eisen und außerdem einen Bodenkörper aus ungelösten Hydrolyseprodukten des dreiwertigen Eisens („basische Sulfate“) enthalten, ist ein solches System gegen Schwankungen des pH-Wertes gepuffert. Dies gilt auch für Restseen des Pyrittagebaus (Analysenbeispiel 28). Die pH-Werte, die sich unter diesen Bedingungen einstellen, liegen in der Nähe von 2,5. Die folgenden pH-Wert-Angaben belegen dies: 2,58 (Analysenbeispiel 28), 2,65 ... 2,35 ... 2,75 (Herzsprung *et al.*, 1998).

Durch reduzierende Einflüsse an der Grenzschicht zwischen Sediment und Wasserkörper eines Gewässers kann Eisen(II) gebildet werden, das in Lösung geht (Bernhardt, 1987a,b, 1996).

Grundwasser

Es sind vier Reaktionspfade bekannt, auf denen Grundwässer gelöstes Eisen(II) aufnehmen können: Reduktion von Eisen(III)-Verbindungen, Oxidation von Eisensulfiden durch Nitrat („Denitrifikation durch Pyrit"), Oxidation von Eisensulfiden durch Luftsauerstoff, Auflösung von Eisenverbindungen durch Säureeinfluss.

Reduktion von Eisen(III)-Verbindungen Bei der Mobilisierung von Eisen als Eisen(II)-Ionen im Grundwasserleiter hat immer die folgende Überlegung eine Rolle gespielt: „Eisen(II) kommt in reduzierten Grundwässern vor. Es muss daher zwangsläufig das Produkt eines Reduktionsvorganges sein. Ausgangssubstanzen sind ebenso zwangsläufig Eisen(III)-Verbindungen."

Dieses Argument wurde in der Vergangenheit von zahlreichen Autoren vertreten. In der hier wiedergegebenen Form ist dieses Argument jedoch falsch. Selbstverständlich werden Fälle beobachtet, in denen tatsächlich Eisen(III)-Verbindungen reduziert werden. Nach Erfahrungen des Autors ist das aber eher die Ausnahme. Es muss deshalb unbedingt in jedem Einzelfall geprüft werden, ob wirklich Eisen(III)-Verbindungen reduziert worden sind, oder ob die im nächsten Abschnitt diskutierte Alternative „Oxidation von Eisensulfiden" zutrifft. Wenn man diese zweite Alternative sehr stark vereinfacht darstellt, kann man sie folgendermaßen formulieren: „Eisensulfid (unlöslich) + Sauerstoff → Eisensulfat (löslich)". Eisenhaltige Grundwässer entstehen also vorzugsweise dann, wenn oxidierende (und nicht reduzierende) Einflüsse auf einen Grundwasserleiter einwirken.

Der Autor hat während seiner beruflichen Tätigkeit nur ein Mal eine Wasserprobe in der Hand gehabt, von der mit Sicherheit behauptet werden konnte, dass deren Eisengehalt durch Reduktion von Eisen(III)-Verbindungen in das Wasser gelangte. Die Probe stammte aus einem Untersuchungsgebiet in der Rheinebene, in dem das Verhalten von leichtem Heizöl in einem Grundwasserleiter studiert werden sollte, nachdem es dort zu Versuchszwecken versickert worden war (Kölle und Sontheimer, 1969). Das dort anstehende Grundwasser enthielt in seinem ungestörten Zustand Sauerstoff und Nitrat. Durch die reduzierende Wirkung des Öls wurden Sauerstoff und Nitrat gezehrt, und es traten Ammonium, Nitrit und Eisen(II) auf. Die Aufmerksamkeit galt damals ausschließlich dem Verhalten des Öls, sodass das Auftreten von Eisen(II) in der zitierten Arbeit *nicht* erwähnt wurde.

Eine vergleichbare Situation ist die Versickerung von Abwässern auf „Rieselfeldern". Wenn dies auf Grundwasserleitern geschieht, die reduzierbare Eisen(III)-Verbindungen enthalten, können diese durch die in den Abwässern enthaltenen organischen Substanzen reduziert werden.

Uferfiltrate enthalten häufig Eisen und Mangan (Analysenbeispiel 22). Für die Mobilisierung dieser Metalle bei der Uferfiltration gibt es zwei mögliche Hypothesen:

- Die Uferschichten wirkten jahrzehntelang im Sinne der Enteisenung und Entmanganung. Es baute sich ein Depot aus Eisen(III)- und Mangan(IV)-oxiden auf. Beim Absinken des Redoxpotenzials im Fließgewässer durch den Einfluss einer zunehmenden organischen Verschmutzung werden Eisen(III)- und Mangan(IV)-Verbindungen als Eisen(II) und Mangan(II) mobilisiert.

- Jedes Uferfiltrat besitzt eine Komponente, die von der Landseite auf die Brunnen zuströmt. Entsprechend den späteren Ausführungen kann das landseitige Grundwasser als Folge von Denitrifikationsprozessen Eisen und Mangan enthalten. Die Brunnen fördern dann ein Mischwasser, dessen Eisengehalt durch den landseitigen Zufluss diktiert wird.

Analysenbeispiel 22 enthält einige Angaben zu dem im Wasserwerk Düsseldorf-Flehe genutzten Uferfiltrat entsprechend den spärlichen Angaben in der vom DVGW herausgegebenen „Chemischen Wasserstatistik" von 1968. In dieser Analyse wird eine Eisenkonzentration von 0,1 mg/l ausgewiesen. Dieser Befund wird in Abschn. 4.3.2 („Mangan, Herkunft") noch einmal aufgegriffen und anhand von Zeitreihen, die bis zum Jahr 1998 reichen, erörtert.

Oxidation von Eisensulfiden durch Nitrat Gelöstes zweiwertiges Eisen kann durch Oxidation von Eisensulfiden durch Nitrat in das Wasser gelangen:

$$14NO_3^- + 5FeS_2 + 4H^+ \rightarrow 7N_2 + 10SO_4^{2-} + 5Fe^{2+} + 2H_2O \quad (4.1)$$

Diese Reaktion wird durch das Bakterium *Thiobacillus denitrificans* bewerkstelligt. Die dabei freigesetzten Fe^{2+}-Ionen haben drei Optionen: Sie können gelöst bleiben, sie können durch Nitrat zu Eisen(III)-oxidhydrat weiteroxidiert oder durch Carbonat als Siderit ($FeCO_3$) ausgefällt werden. Die Oxidation durch Nitrat wird von einem Mikroorganismus katalysiert, der mehrfach nachgewiesen, aber noch nicht mit einem Namen versehen wurde (Kölle *et al.*, 1983). Ottow (2011) schreibt dazu: „Diese anaerobe Eisen(II)-Oxidation mit Nitrat als Elektronen-Akzeptor ist unter Bakterien offenbar ein weit verbreiteter Prozess … Die verantwortlichen Bakterien sind noch weitgehend unerforscht …" Wenn die Reaktion rein chemolithoautotroph formuliert wird, kann als Reaktionsgleichung geschrieben werden:

$$NO_3^- + 5Fe^{2+} + 7H_2O \rightarrow \tfrac{1}{2}N_2 + 5FeOOH + 9H^+ \quad (4.2)$$

Bei der ersten dieser beiden Reaktionen werden vier Wasserstoffionen verbraucht, bei der zweiten Reaktion werden neun Wasserstoffionen freigesetzt. Wenn die zweite Reaktion auf vier Neuntel des Umsatzes der ersten Reaktion begrenzt wird, bleibt der Säurehaushalt unangetastet.

Die zweite Reaktion wird dadurch begrenzt, dass sie Bestandteil eines rückgekoppelten Systems ist. Wenn der pH-Wert so sehr absinkt, dass die Stoffwechselaktivität von *Thiobacillus denitrificans* gedrosselt wird, wird auch der Nachschub für den eisenoxidierenden Organismus gedrosselt, sodass dadurch der pH-Wert wieder ansteigen kann. Die dadurch bewirkte Stabilisierung des pH-Wertes (bei Werten um 6,5) ist auch in schwach gepufferten Wässern sehr effektiv. Man beobachtet also einen Vorgang, den man als „kinetische Pufferung" bezeichnen könnte.

In Grundwässern, die Hydrogencarbonat enthalten, besteht eine Möglichkeit zur „schadlosen Beseitigung“ der nach Reaktion (4.2) entstehenden Wasserstoffionen. Der eisenoxidierende Organismus kann unter diesen Bedingungen grundsätzlich einen höheren Umsatz erreichen und dabei deutlich mehr als vier Neuntel des mobilisierten Eisen(II) oxidieren. Gleichzeitig bedeutet eine hohe Konzentration an Hydrogencarbonat eine gute Voraussetzung für die Ausfällung von Eisen(II) als Carbonat (Siderit) nach Reaktion (4.3).

$$Fe^{2+} + HCO_3^- \rightarrow FeCO_3 + H^+ \qquad (4.3)$$

Beide alternativen Reaktionen (4.2) und (4.3) haben denselben Effekt, nämlich eine weitgehende Elimination des nach Reaktion (4.1) freigesetzten Eisen(II) in Wässern mit hohen Konzentrationen an Hydrogencarbonat. Zurzeit gibt es keine einfache Möglichkeit zu entscheiden, welche der beiden Alternativen mit welchem Umsatz an der Elimination des gelösten Eisen(II) beteiligt ist. Bei der Untersuchung von Material aus einem Grundwasserleiter unter einer Steinkohlenbergehalde ist es Van Berk (1987) gelungen, die Bildung von Siderit ($FeCO_3$) und von Mischcarbonaten des zweiwertigen Eisens und Calciums nachzuweisen und fotografisch zu dokumentieren. Durch thermodynamische Berechnung hat er außerdem gezeigt, dass Grundwässer eines Typs, der dem Analysenbeispiel 8 entspricht, sich recht genau im Zustand der Sideritsättigung befinden. Man kann daher davon ausgehen, dass die Ausfällung von Siderit einen Beitrag zur Elimination von Eisen(II) leistet. Abbildung 4.4 veranschaulicht die Vorgänge in je einem nicht stöchiometrischen Reaktionsschema für die beiden diskutierten Alternativen.

Im Vorgriff auf die Ausführungen in Abschn. 4.4.4 „Sulfat, Herkunft“ sei hier schon erwähnt, dass in Grundwasserleitern, in denen eine Sulfatreduktion ab-

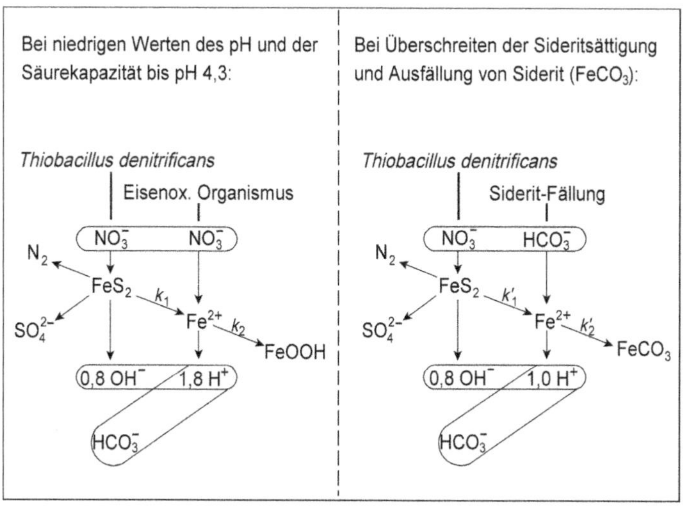

Abb. 4.4 Reaktionsschemata für die Denitrifikation durch Eisendisulfid bzw. für die Mobilisierung von Eisen(II) durch den oxidierenden Einfluss von Nitrat.

läuft, noch eine dritte Eliminationsmöglichkeit für Eisen(II) existieren muss, nämlich die Ausfällung als Eisensulfid bzw. -disulfid.

Die in Abb. 4.4 von Nitrat und Hydrogencarbonat ausgehenden Pfeile haben die Bedeutung „wirkt ein“, die anderen Pfeile „es entsteht“. Die Einrahmung von Komponenten soll auf eine Wechselbeziehung aufmerksam machen. Beispielsweise besteht in der linken Bildhälfte eine Konkurrenz der Organismen um das Nitrat. In beiden Bildhälften können Wasserstoffionen im Sinne einer Rückkoppelung auf die Stoffwechselleistung des Thiobacillus denitrificans Einfluss nehmen. Gleichzeitig besteht die Möglichkeit der Pufferung durch Hydrogencarbonat. Die Zahlenangaben für die Hydroxid- und Wasserstoffionen entsprechen molaren Mengen, bezogen auf einen Formelumsatz von einem Mol Eisen.

Die Reaktionen (4.2) und (4.3) führen gleichermaßen zu einer Elimination von gelöstem zweiwertigem Eisen. Um die Elimination von Eisen(II) quantifizieren zu können, wurde der Begriff „Eisenausbeute“ (%) geprägt. Eine Eisenausbeute von 100 % haben danach Wässer, in denen eine Elimination von gelöstem zweiwertigem Eisen nicht stattfindet, in denen also Reaktion (4.1) unverfälscht gilt. Als Maß für den Stoffumsatz der Denitrifikation dient das Sulfat, das nach Reaktion (4.1) entsteht. Dabei wird von der gemessenen Sulfatkonzentration ein „Blindwert“ von 50 mg/l abgezogen. Die Berechnungsmethode darf nicht auf Wässer angewendet werden, in denen eine Sulfatreduktion abläuft. Die für Konzentrationen in mg/l formulierte Gleichung lautet:

$$\text{Eisenausbeute} = 344 \times [\mathrm{Fe^{2+}}]/([\mathrm{SO_4^{2-}}] - 50)(\%) \tag{4.4}$$

Abbildung 4.5 zeigt die Eisenausbeuten für eine Reihe niedersächsischer Grundwässer.

Oxidation von Eisensulfiden durch Sauerstoff Während beim Abbau von Kohle oder sulfidischen Erzen die Oxidation von Eisensulfiden durch Sauerstoff an der Tagesordnung ist, ist dieser Reaktionstyp bei Grundwässern zum Glück selten. Dies liegt hauptsächlich daran, dass bei der Grundwasserneubildung fast immer so viel Nitrat in den Grundwasserleiter eindringt, dass als Folge der Denitrifikation eine Stickstoffproduktion abläuft, die den Grundwasserleiter vor eindringendem Sauerstoff schützt. Dieser Schutz bleibt erfahrungsgemäß auch bei Schwankungen des Grundwasserspiegels erhalten, wie sie im praktischen Brunnenbetrieb unvermeidlich sind.

In besonders gelagerten Fällen kann jedoch eine Oxidation von Eisensulfiden durch Sauerstoff erfolgen. Matthess (1990) berichtet von der „Breslauer Mangankatastrophe“ von 1906, bei der im Grundwasserleiter vorhandene Sulfide oxidiert wurden. Anlässlich eines Hochwassers wurden die Reaktionsprodukte mobilisiert, wobei Eisenkonzentrationen bis 400 mg/l und Mangankonzentrationen bis 200 mg/l beobachtet wurden. Ein ähnlicher Fall ist in den USA aufgetreten. Der pH-Wert des dort nach der Oxidation der Sulfide geförderten Wassers lag bei 2,5 bei einer Sulfatkonzentration von 1,33 g/l und einer Eisenkonzentration von 365 mg/l.

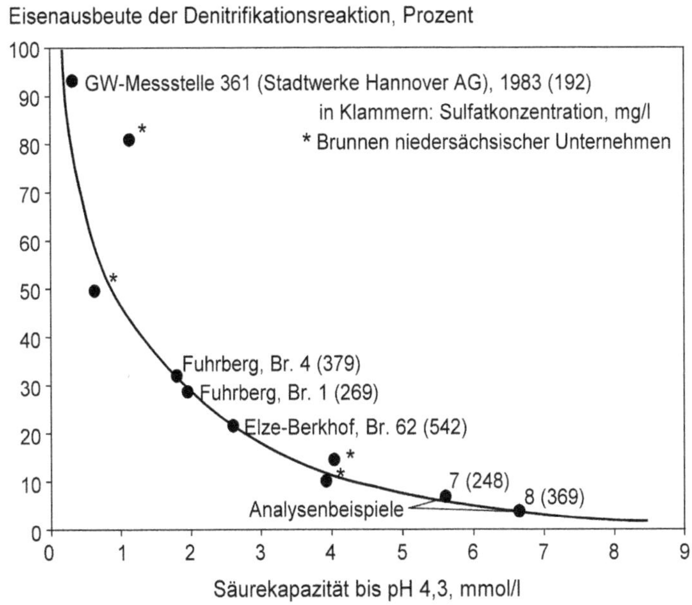

Abb. 4.5 Prozentuale Eisenausbeute der Denitrifikation in Abhängigkeit von der Säurekapazität bis pH 4,3.

Begünstigt werden solche Reaktionen durch eine sehr starke Grundwasserabsenkung, verbunden mit einer guten Durchlüftung des Grundwasserleiters und einem anschließendem Wiederanstieg des Grundwasserspiegels. In dem aus den USA geschilderten Fall betrug die Absenkung 36,5 m in einem pyrithaltigen Festgesteinsaquifer (Matthess, 1990). Die Oxidation von Pyrit durch Luftsauerstoff kann durch die entstehende Schwefelsäure zu Schäden an Bauwerken führen (s. Abschn. 4.4.4).

Auflösung durch Säureeinfluss Der pH-Wert von Grundwasser kann in oberflächennahen Schichten auf Werte unter 5 absinken. Unterhalb dieses pH-Wertes kann Eisen aus eisenhaltigen Verbindungen mobilisiert werden. Als Verbindungen kommen in Betracht: Tonminerale, Eisencarbonat und Eisensulfide. Bei der Auflösung von Eisensulfiden wird Schwefelwasserstoff freigesetzt. In solchen Fällen darf der Schwefelwasserstoff nicht als Folge einer Sulfatreduktion interpretiert werden.

Analysenbeispiel 13 stammt von einem Grundwasser aus 12,5 m Tiefe, das einen pH-Wert von 4,8 und eine Sauerstoffkonzentration von 9,5 mg/l aufwies. Die Konzentration des Eisens lag bei 0,05 mg/l, die des Mangans bei 0,52 mg/l.

Chemie, „chemische Stoppuhr"

Verhalten von metallischem Eisen und von gelöstem Eisen(II)

Eisen(II) ist äußerst reaktionsfähig. Für die Eisenanalytik muss die Probenahme so durchgeführt werden, dass man vorab einen konstanten Wasserstrahl des Probenwassers einstellt und dann damit ein präpariertes Probenahmegefäß füllt. Die Präparierung besteht darin, dass man das Gefäß mit Säure versetzt. In der entnommenen Probe verhindert die Säure die weitere Oxidation des Eisen(II) und löst eventuell vorhandenes Eisen(III) auf. Wenn man sicher ist, dass die Proben auf diese Weise entnommen wurden und dass Eisen(II) und Eisen(III) bzw. $\text{Eisen}_{\text{gesamt}}$ getrennt ermittelt worden sind, können die Analysendaten des Eisens recht informativ sein.

Wenn das zu untersuchende Wasser neben Eisen(II) auch Sauerstoff enthält, dann läuft im Wasser ein Oxidationsprozess ab, der als „chemische Stoppuhr" verwendet werden kann. Eine solche Stoppuhr wird in der Regel dadurch in Gang gesetzt, dass sich eisenhaltige und sauerstoffhaltige Wässer mischen. Aus dem Oxidationsfortschritt kann man Rückschlüsse darüber ziehen, wann die Mischung stattgefunden haben muss. Im Folgenden wird gezeigt, wie die seit der Mischung zweier Wässer verstrichene Zeit berechnet werden kann. Da nicht alle Faktoren, die den Reaktionsablauf beeinflussen, im Rahmen dieser Ausarbeitung berücksichtigt werden können, sind die erzielbaren Ergebnisse nicht besonders genau, eignen sich aber für Plausibilitätskontrollen.

Für die Berechnung der seit der Mischung verstrichenen Zeit t kann die folgende Gleichung verwendet werden:

$$t = t_{1/2} \times \left(\frac{\log q}{\log 2}\right) \times (0{,}114 \times [O_2]) \tag{4.5}$$

Dabei ist q der Quotient der Eisen(II)-Konzentrationen: $q = [Fe^{2+}]_{\text{Anfang}}/[Fe^{2+}]_{\text{Ende}}$ in mg/l oder mmol/l und $[O_2]$ die Sauerstoffkonzentration in mg/l. Im Normalfall wird man als Anfangskonzentration des Eisen(II) die gemessene Gesamtkonzentration einsetzen können. Die Endkonzentration entspricht der Eisen(II)-Konzentration zum Zeitpunkt der Probenahme, die mit der Eisen(II)-Konzentration in der stabilisierten Probe gleichgesetzt werden kann; $t_{1/2}$ ist die Halbwertszeit, mit der die Reaktionsgeschwindigkeit charakterisiert werden kann. Sie ist stark pH-abhängig. Die für unterschiedliche pH-Werte geltenden Halbwertszeiten sind der Tab. 4.3 zu entnehmen (Kölle, 1963). Das Rechenergebnis für t resultiert in der Zeiteinheit, in der $t_{1/2}$ in die Rechnung eingesetzt wird.

Wenn die bis zur Probenahme verstrichene Zeit (h) und das beteiligte Wasservolumen (m^3) bekannt sind, müsste es möglich sein, die Pumpenleistung in m^3/h zu berechnen. Wenn die Zeit und die Pumpenleistung bekannt sind, müsste das beteiligte Wasservolumen berechnet werden können. Daraus müssten sich Hinweise darauf ergeben, wo die Mischung stattfindet: Unmittelbar an der Brunnenwandung, beim Eintritt in die Kiesschüttung oder bereits außerhalb der Kiesschüttung.

Tab. 4.3 Halbwertszeiten der Eisen(II)-Oxidation in sauerstoffhaltigem Wasser in Abhängigkeit vom pH-Wert.

pH-Wert	Halbwertszeit $t_{1/2}$ (h)	(min)	(s)
6,5	20		
6,6	14		
6,7	9		
6,8	5	30	
6,9	3	30	
7,0	2		
7,1	1	15	
7,2		50	
7,3		30	
7,4		20	
7,5		12	
7,6		8	
7,7		5	
7,8		3	
7,9		2	
8,0		1	15
8,1			45
8,2			30
8,3			18
8,4			12
8,5			7,5

Nachstehend werden für die Analysenbeispiele 3 und 8 Ergebnisse vorgestellt, bei denen zwischen Mischung und Probenahme 25 bzw. 17 min verstrichen sein müssen. Diese Zeitspannen erscheinen lang. Wenn man für diese Brunnen durchschnittliche Brunnenausbaudaten zugrunde legt, kommt man zu dem Schluss, dass das beteiligte Wasservolumen um einen Faktor 10–20 größer gewesen sein muss als die im Brunnen stehende Wassersäule; die Mischung muss also außerhalb des Brunnens stattgefunden haben.

Die Analysen 2 und 3 im Anhang B (Analysenbeispiele) schildern einen Fall, bei dem einer von insgesamt drei Brunnen ein Wasser mit so viel Eisen lieferte, dass eine Enteisenungsanlage betrieben werden musste. Das Wasser dieses Brunnens enthielt außerdem Nitrat und Sauerstoff. Erst im Brunnen mischte sich das eisenhaltige Wasser in den Hauptwasserstrom ein. Störenfried war offenbar eine kleine „Linse" aus Eisensulfiden, in die hinein der Brunnen gebohrt worden war. Die Zeitspanne zwischen Mischung und Probenahme betrug entsprechend der hier vorgestellten Rechenvorschrift 25 min. Später versandete dieser Brunnen. Der in wenigen Metern Abstand neu gebohrte Brunnen lieferte ein eisenfreies Wasser.

Ein weiterer Anwendungsfall ergab sich bei Analysenbeispiel 8. Hier resultierte ein „Alter" nach Einmischung des sauerstoffhaltigen Wassers von 17 min.

Anmerkung
Die hier vorgestellte Berechnungsmethode geht davon aus, dass die Eisenoxidation nach der Kinetik abläuft, die für die Reaktion im „homogenen wässrigen Medium" gilt. Eine etwaige Beschleunigung der Eisenoxidation durch Mikroorganismen oder katalytische Effekte bleibt dabei außer Acht.

Allgemeines zur Chemie des Eisens

Die wichtigsten Verbindungen des Eisens sind die des Eisen(II) und Eisen(III). Eisen bildet zahlreiche Verbindungen, die nicht mit einfachen Formeln zutreffend wiedergegeben werden können, weil sie nicht stöchiometrische Mischformen bilden, die gleitend ineinander übergehen können. Oft werden Formeln und Reaktionsgleichungen idealisiert, sodass eine strenge Stöchiometrie vorgetäuscht wird. Ein Beispiel ist der Pyrrhotin („Magnetkies"), $Fe_{1-x}S$, idealisiert: FeS. Auch die Oxidhydrate des Eisens verhalten sich nicht stöchiometrisch, und zwar sowohl hinsichtlich der Wertigkeitsstufe als auch im Hinblick auf den Anteil des chemisch gebundenen Wassers. Als idealisierte Formel für den braunen Niederschlag, der sich bei der Oxidation des Eisen(II) und Ausfällung des Eisen(III) bildet, wird in diesem Buch FeOOH, die Formel von Eisenoxidhydroxid (Goethit bzw. Lepidokrokit) verwendet.

Im reduzierten Milieu dominieren Eisensulfide, von denen der Pyrit (FeS_2) der bekannteste Vertreter ist (Wisotzky, 2015). Im oxidierten, wässrigen Milieu bildet Eisen die erwähnten braunen Eisen(III)-oxidhydrate. Im pH-Bereich oberhalb etwa 4 sind sie praktisch unlöslich. Davon macht man bei der Trinkwasseraufbereitung Gebrauch. Die Eisenelimination beruht sowohl im Wasserwerk als auch bei der unterirdischen Wasseraufbereitung auf der Oxidation des gelösten zweiwertigen Eisens und der Abtrennung des dabei gebildeten Eisen(III)-oxidhydrats.

In Korrosionsprodukten kommen neben Eisensulfiden und Eisen(III)-oxidhydrat auch schwarze, magnetische Oxide der ungefähren Zusammensetzung Fe_3O_4 (Magnetit), Eisencarbonat ($FeCO_3$, Siderit) und andere Verbindungen vor.

Verhalten des Eisens bei der Wasseraufbereitung Eine höchst bemerkenswerte Eigenschaft von Eisen(III)-oxidhydrat besteht darin, dass es als Sorptionsmittel für Eisen(II), Mangan(II) und Ammonium wirkt. Ohne diese Sorptionseigenschaften wäre beispielsweise eine unterirdische Wasseraufbereitung nicht möglich. Es ist davon auszugehen, dass sich solche Sorptionsprozesse auch bei der klassischen Wasseraufbereitung im Wasserwerk günstig auswirken.

Anmerkung
Bekanntlich werden bei der unterirdischen Wasseraufbereitung im periodischen Wechsel sauerstoffhaltiges Wasser infiltriert und ein eisen-, mangan- und ammoniumfreies Wasser gefördert. Hierbei muss das Sauerstoffinventar des Infiltrationswassers mit dem gesamten Inventar des geförderten Wassers an Eisen(II), Mangan(II) und Ammonium in Kontakt kommen. Ohne zwischengeschaltete Fixierung der genannten Inhaltsstoffe an die im Untergrund abgeschiedenen Oxidhydrate wäre dies unmöglich.

Eckpunkte der Konzentration
Grenzwert

- Trinkwasserverordnung vom August 2013: 0,2 mg/l Eisen (Indikatorparameter).

Es ist zu beachten, dass beim *langfristigen* Betrieb einer Trinkwasserversorgung mit Eisengehalten im Bereich des Grenzwertes fast zwangsläufig mit Störungen (z. B. durch braunes Wasser) zu rechnen ist. In der DVGW-Empfehlung W 223 wird daher die Einhaltung einer Eisenkonzentration von < 0,02 mg/l empfohlen. Andererseits kann beim Auftreten *kurzfristiger* Störungen ein Grenzwert von 0,2 mg/l Eisen kaum eingehalten werden. In der aktuellen Fassung der Trinkwasserverordnung sind generelle Ausnahmemöglichkeiten nicht vorgesehen, ebenso fehlen Hinweise, wie mit einem Grenzwert für ungelöste Substanzen umzugehen ist (s. hierzu Abschn. 1.10.3 „Ausnahmegrenzwerte" und 1.10.5 „Grenzwerte für ungelöste Substanzen").

Vorgeschichte: Die EG-Trinkwasserrichtlinien vom Juli 1980 und vom November 1998 enthalten jeweils einen Grenzwert von 200 µg/l (0,2 mg/l) Eisen ohne zusätzliche Bemerkungen. Trinkwasserverordnung vom Mai 1986: Grenzwert: 0,2 mg/l. Anmerkungen: „Gilt nicht bei Zugabe von Eisensalzen für die Aufbereitung von Trinkwasser" und „kurzzeitige Überschreitungen bleiben außer Betracht". Trinkwasserverordnung vom Dezember 1990: Grenzwert: 0,2 mg/l ohne zusätzliche Bemerkungen; der Unvermeidbarkeit überhöhter Eisenkonzentrationen wurde in Kommentaren und Ausführungsverordnungen Rechnung getragen.

Trinkwasserverordnung vom Mai 2001: 0,2 mg/l Eisen (Indikatorparameter). Bemerkung: „Geogen bedingte Überschreitungen bleiben bei Anlagen mit einer Abgabe von bis 1000 m^3 im Jahr bis zu 0,5 mg/l außer Betracht."

Messwerte (Beispiele)

Vorbemerkung: Bei der Analyse von Eisen wird man mit der Tatsache konfrontiert, dass das Eisen zweiwertig und gelöst oder dreiwertig und suspendiert vorliegen kann. Siehe hierzu die Ausführungen in Abschn. 1.10.5 („Grenzwerte für ungelöste Substanzen"). Die folgenden Ausführungen beziehen sich auf „Gesamteisen".

Wasseraufbereitung: Mit einer ordnungsgemäßen Enteisenung sind Eisenkonzentrationen von 2 µg/l erreichbar. Im Allgemeinen begnügt man sich mit einer Analytik, deren Bestimmungsgrenze bei 20 µg/l (0,02 mg/l) liegt und toleriert die Leistung einer Enteisenungsstufe, wenn die Bestimmungsgrenze unterschritten wird.

Anmerkung
Das Unterschreiten einer Konzentration von ca. 10 µg/l kann beim Eisen in Einzelfällen schwieriger sein als beim Mangan. Das kann daran liegen, dass in diesen Fällen ein Teil des Eisens schon vor dem Filter oxidiert wird und dabei in eine schlecht filtrierbare Form übergeht. Die Gefahr einer Oxidation vor dem Filter ist beim Mangan wesentlich geringer.

Rohrnetz: Die Eisenkonzentrationen in einem Trinkwasserverteilungssystem können über viele Dezimalstellen hinweg schwanken. Unter günstigen Randbedingungen liegen die Konzentrationen bei 2–4 µg/l und damit oft niedriger als im Trinkwasser beim Verlassen des Wasserwerks. Dies liegt daran, dass Leitungen und Behälter als „Nachaufbereitungsstufe" wirken können, indem Eisen(III)-oxidhydrat durch Aussedimentieren eliminiert wird. Wenn man vermeiden möchte, dass sich dadurch im Verteilungssystem immer mehr Schlamm ansammelt, muss man bei der Aufbereitung möglichst niedrige Restkonzentrationen anstreben.

Eisen(II)-Konzentration im Grundwasser: Nach Denitrifikation durch Eisensulfide in kalkhaltigen Grundwasserleitern beobachtet man Werte um 4 mg/l bei pH-Werten um 7 (Analysenbeispiele 7 und 8). In kalkarmen Grundwasserleitern lag die höchste vom Autor beobachtete Konzentration in einer Grundwassermessstelle bei ca. 100 mg/l bei pH 6,05, in einem Wasserwerksbrunnen bei 34 mg/l bei pH 6,40. Analysenbeispiel 5 beschreibt ein Grundwasser (Brunnenwasser) mit einem Eisengehalt von 29,3 mg/l bei einem pH-Wert von 6,73.

Eisen(II)-Konzentration nach Pyritoxidation durch Luftsauerstoff: höchste beobachtete Konzentrationen: 365 mg/l bei pH 2,5 sowie 400 mg/l (Matthess, 1990).

Eisen(III)-Konzentration in einem Restsee des Pyritabbaus: 1,12 g/l bei pH 2,58 (Analysenbeispiel 28); in einem Restsee des Braunkohletagebaus: höchste beobachtete Konzentration: 547 mg/l bei pH 2,35 (Herzsprung *et al.*, 1998).

Ausschlusskriterien

Die Ausschlusskriterien ergeben sich aus den bisherigen Ausführungen:

- Hohe Konzentrationen gelösten Eisens in Oberflächenwässern sind nur als Eisen(III) bei pH-Werten um 2,5 vorstellbar.
- Bei der Denitrifikation durch Eisensulfide schaffen sich die beteiligten Mikroorganismen ein Milieu mit einem gemeinsamen pH-Optimum. Dieses liegt im pH-Bereich zwischen 6,0 und 7,2, wobei die höheren pH-Werte für die Wässer mit den höheren Werten der Säurekapazität bis pH 4,3 gelten. In den Wässern darf weder Sauerstoff, noch Nitrat vorhanden sein. Falls dies doch zutreffen sollte, muss die Wasserbeschaffenheit durch eine kurz vor der Probenahme erfolgte Mischung unterschiedlicher Wässer zwanglos erklärbar sein.
- Bei der Denitrifikation durch Eisensulfide muss die Eisenausbeute eine Abhängigkeit von der Säurekapazität bis pH 4,3 zeigen, die mit der Funktion in Abb. 4.5 in Einklang zu bringen ist.

Konzentrationsänderungen im Rohwasser

Oberflächengewässer

Die Konzentration von gelöstem Eisen(III) kann durch Maßnahmen beeinflusst werden, bei denen der pH-Wert erhöht wird. Dadurch wird das Eisen als Eisen(III)-oxidhydrat ausgefällt. Der Anteil des Eisens, der auf Trübstoffe (Tonminerale) zurückzuführen ist, schwankt mit der Trübung des Wassers.

Grundwasser, Eisen aus der Denitrifikation

Im Grundwasser kann die Konzentration von Eisen aus der Denitrifikation durch Eisensulfide grundsätzlich durch drei verschiedene Typen von Maßnahmen beeinflusst werden:

- Maßnahmen zum Grundwasserschutz, mit denen die Anlieferung von Nitrat an das Grundwasser gedrosselt wird, Vermeidung von Grünlandumbrüchen,
- räumliche Entflechtung von Wassergewinnung und Landwirtschaft,
- Maßnahmen zur gezielten Verringerung der Eisenausbeute.

Für die erste der genannten Maßnahmen benötigt man einen langen Atem. Je nach den örtlichen Verhältnissen kann es Jahrzehnte dauern, bis solche Maßnahmen greifen. Maßnahmen zur Verringerung der Eisenausbeute sind bisher nicht ernsthaft untersucht worden. Sie müssten zum Ziel haben, die Säurekapazität bis pH 4,3 des Grundwassers zu erhöhen.

Konzentrationsunterschiede Roh-/Reinwasser

Die Konzentrationsunterschiede zwischen Roh- und Reinwasser sind eher trivialer Natur. Bei einer ordnungsgemäßen Enteisenung muss das im Rohwasser enthaltene Eisen ($Eisen_{gesamt}$) praktisch restlos entfernt werden. Aus der Konzentrationsdifferenz und dem Fördervolumen kann der Schlammanfall kalkuliert werden. Wenn das Rohwasser Phosphat enthält, wird dieses gemeinsam mit dem Eisen eliminiert.

Analytik

Das klassische Reagenz auf gelöstes Eisen ist das Ammoniumthiocyanat („Ammoniumrhodanid"), das in salzsaurer Lösung mit dreiwertigem Eisen zu blutrot gefärbtem Eisen(III)-rhodanid reagiert. Zur Bestimmung von zweiwertigem Eisen musste dieses zuvor oxidiert werden.

Für die fotometrische (kolorimetrische) Eisenbestimmung wird heute ausschließlich die Bestimmung mit 1,10-Phenanthrolin („*o*-Phenanthrolin") angewandt. Dieses bildet mit zweiwertigem Eisen eine rote Komplexverbindung. Zur Bestimmung von dreiwertigem Eisen muss dieses zuvor reduziert werden.

Konzentrationen unterhalb 20 μg/l werden üblicherweise mithilfe der Atomabsorptionsspektrometrie bestimmt. Eine Unterscheidung zwischen Eisen(II) und Eisen(III) ist dann nicht möglich. Wegen des ubiquitären Vorkommens von Eisen existiert in diesem Konzentrationsbereich ein Blindwertproblem. Entsprechende Analysen sind daher aufwendig.

Was die Probenahme betrifft, so ist der Tatsache Rechnung zu tragen, dass das gelöste Eisen(II) in der Probe weiteroxidieren kann. Wenn die Oxidation durch Luftsauerstoff erfolgt, kann die Reaktion folgendermaßen formuliert werden:

$$2Fe^{2+} + \tfrac{1}{2}O_2 + 3H_2O \rightarrow 2FeOOH + 4H^+ \tag{4.6}$$

Anmerkung
Wie viel Prozent des ursprünglich vorhandenen Eisen(II) bis zum Zeitpunkt der Analyse im Labor in der nicht angesäuerten Probe „überlebt", hängt von zahlreichen Randbedingungen ab wie z. B. dem pH-Wert und dem Zeitaufwand zwischen Probenahme und Analyse. Bei der Rohwasseranalyse im Wasserwerk Elze-Berkhof der Stadtwerke Hannover AG liegt dieser Prozentsatz bei 75, im Wasserwerk Fuhrberg bei 92 %.

Die Reaktion verändert die Konzentrationen von Eisen(II) und Eisen(III). Die entstehenden Wasserstoffionen erniedrigen die Säurekapazität bis pH 4,3, erhöhen die Basekapazität bis pH 8,2 und beeinflussen nicht zuletzt auch den pH-Wert. Gleichzeitig ändern sich auch die elektrische Leitfähigkeit und die Ionenstärke. Eisen(II), das bei der Bestimmung der Oxidierbarkeit („Kaliumpermanganatverbrauch") noch vorhanden ist, wird als Oxidierbarkeit miterfasst und möglicherweise als organische Belastung des Wassers interpretiert.

Bei niedrigen Eisenkonzentrationen bis ca. 1 mg/l kann ein Teil dieser Fehler vernachlässigt werden. Dies ist auch der Grund dafür, dass entsprechende Verfahrensregeln oder Korrekturen im DVGW-Arbeitsblatt W 254 „Grundsätze für Rohwasseruntersuchungen" nicht vorgesehen sind.

Für den Umgang mit diesen Problemen gibt es die folgenden Strategien:

- Analyse der Probe während oder unmittelbar nach der Probenahme. Während der Probenahme wird von den oben genannten Parametern üblicherweise der pH-Wert gemessen. Die Eisen(II)-Konzentration und die Oxidierbarkeit werden in einer Probe ermittelt, die bei der Probenahme mit Säure stabilisiert wird.
- Rechnerische Normierung der Analysenergebnisse auf einen genau definierten Zustand. Man normiert auf den oxidierten Zustand der Probe, indem man die nach Reaktion (4.6) zu erwartende Produktion von Wasserstoffionen ermittelt und in Rechnung setzt. Der Beitrag des Eisen(II) zur Oxidierbarkeit wird ermittelt und von der „Bruttooxidierbarkeit" abgezogen.

In der Praxis erhält man die folgenden Analysenergebnisse:

- $[Fe^{2+}]_{sofort}$ und pH-Wert zum Zeitpunkt der Probenahme. Diese Daten dienen der Charakterisierung des Wassers als Naturprodukt und gestatten Rückschlüsse auf die geochemische Vorgeschichte des Wassers. Der Wert $[Fe^{2+}]_{sofort}$ wird zur Korrektur der Oxidierbarkeit nach Tab. A.2 eingesetzt, wenn diese aus der bei der Probenahme angesäuerten Probe bestimmt wird. $[Fe^{2+}]_{sofort}$ wird auch benötigt, wenn man die Oxidation des Eisens nach Reaktion (4.5) als „chemische Stoppuhr" verwenden möchte, wobei zu beachten ist, dass $[Fe^{2+}]_{sofort}$ den *Endpunkt* des interessierenden Oxidationsprozesses kennzeichnet.
- $[Fe^{2+}]_t$, $[Fe]_{gesamt}$ und Säurekapazität bis pH 4,3 ($K_{S4,3t}$) zum Zeitpunkt *t*, an dem die Analysen „$K_{S4,3}$" und „Oxidierbarkeit" im Laboratorium durchgeführt werden. Mit $[Fe^{2+}]_t$ wird nach Tab. A.2 die Karbonathärte korrigiert sowie die Oxidierbarkeit, falls diese aus einer nicht angesäuerten Probe bestimmt wird.

Anmerkung
Dass die Korrektur an dem (veralteten) Parameter Karbonathärte und nicht etwa an $K_{S4,3}$ durchgeführt wird, ist einerseits historisch bedingt. Anderer-

seits ist zu bedenken, dass $K_{S4,3t}$ das Ergebnis einer Titration ist, das nicht nachträglich korrigiert werden kann. Außerdem wird $K_{S4,3t}$ gemeinsam mit $[Fe^{2+}]_t$ in die klassische Ionenbilanz eingesetzt. Jede Abweichung von dieser Vorgehensweise würde einen unangemessen großen Rechenaufwand erfordern.

Wirkungen

Für Pflanzen, Tiere und den Menschen bedeutet Eisen einen lebensnotwendigen Mikronährstoff. Am bekanntesten ist die Rolle des Eisens im roten Blutfarbstoff, dem Hämoglobin. Der menschliche Körper enthält 60 mg/kg Eisen. Der tägliche Bedarf von Männern liegt bei 5–9 mg, der tägliche Bedarf von Frauen kann bis zu 28 mg erreichen.

Eisenverbindungen können sich als feste Korrosionsprodukte („Pusteln") in Leitungen aus Stahl oder Gusseisen bilden. Dies ist keine Wasser-, sondern eine Materialeigenschaft, die hier nicht weiter erörtert werden muss.

Weiche, schlammartige Korrosionsprodukte des Eisens können im Verteilungssystem aussedimentieren und bei Änderungen der Geschwindigkeit oder Richtung der Wasserströmung, vor allem aber auch bei Arbeiten am Rohrnetz und bei Wasserrohrbrüchen zu „braunem Wasser" führen. Braunes Wasser zählt zu den häufigsten Kundenreklamationen (Abschn. 1.12). Nahezu jede Art der Wassernutzung wird durch Korrosionsprodukte des Eisens beeinträchtigt.

Bilder zum Thema „Eisen"

Auswahl 1: Bildordner und PDF: „4.3.1 Auswahl 1, Pyrit, Denitrifikation, Verockerung(.pdf)": Pyrit (FeS_2) (Pyritkorn, Pyrit in fossilem Holz, pyritisierter Muschelabdruck, Gips ($CaSO_4 \cdot 2H_2O$) und Eisenoxidhydrat (FeOOH) als Oxidationsprodukte), Denitrifikation, Verockerung (Nitratverockerung im Labor, Test der Stöchiometrie, Verockerungsprodukte, säureunlösliche Komponenten von Verockerungsprodukten), Abscheidung von Eisen(III)-oxidhydrat auf einer Kaskade in einem Schlossteich, Bildung eines Eisen(III)-Oberflächenfilms auf eisenhaltigem Wasser.

Auswahl 2: Bildordner und PDF: „4.3.1 Auswahl 2, Eisenverbindungen(.pdf)": Goethit (α-FeOOH) als vererzte Gallionellen, Lepidokrokit (γ-FeOOH), Magnetit (Fe_3O_4), Siderit ($FeCO_3$), Vivianit ($Fe_3[PO_4]_2 \cdot 8H_2O$), Oxidation von „green rust" in mehreren Schritten.

Auswahl 3: Bildordner und PDF: „4.3.1 Auswahl 3, Enteisenung im Filter(.pdf)": Filterkorn aus drei Grundwasserwerken, Diskussion, ob sich Enteisenung und Entmanganung gegenseitig ausschließen.

Auswahl 4: Bildordner und PDF: „4.3.1 Auswahl 4, Enteisenung in Flockungsanlage(.pdf)": Bilder aus dem Wasserwerk Fuhrberg der Stadtwerke Hannover AG.

4.3.2 Mangan

Allgemeines

Symbol für Mangan: Mn, relative Atommasse: 54,93805. Mangan ist am Aufbau der Erdkruste mit einem Anteil von 950 g/t beteiligt. Das Massenverhältnis Eisen zu Mangan in der Erdkruste liegt bei 51.

Verwendet wird metallisches Mangan als Reduktionsmittel in der Metallurgie und als Legierungsbestandteil. Mangandioxid spielt eine Rolle bei der Herstellung von Glas („Glasmacherseife") und als Komponente von Zink-Kohle-Batterien („Trockenbatterien").

Landpflanzen enthalten durchschnittlich 630 mg/kg Mangan, bezogen auf die Trockenmasse (Mason und Moore, 1985), also 4,5-mal mehr als Eisen. Daher enthalten auch Kohlen, Braunkohlen und anderes fossiles organisches Material Mangan in nennenswerten Mengen. Da reduzierende Grundwasserleiter organisches Material enthalten, ist auch mit dem Auftreten von Mangan zu rechnen. Für die Frage der Mobilisierung des Mangans ist seine Bindungsform wichtig (Abschn. 4.3.2 „Herkunft"). Bei der Trinkwasseraufbereitung mit Aktivkohle ist zu beachten, dass diese im Anlieferungszustand ebenfalls Mangan enthalten kann, das an das Wasser abgegeben wird.

Bei der bereits in Abschn. 4.3.1 „Allgemeines" erwähnten Umfrage sind auch Daten zur Konzentration von Mangan in deutschen Grundwässern erfragt worden. Bei der Darstellung der Ergebnisse in Abb. 4.6 wurde ebenso verfahren wie im Falle des Eisens (Abb. 4.2).

Ein Anteil von 60 % des erfassten Grundwasservolumens enthält Mangan in Konzentrationen von 0,05 mg/l (Grenzwert nach Trinkwasserverordnung) und darüber (das vergleichbare Ergebnis für das Erreichen des Eisengrenzwertes liegt bei 59 %). Mit dem erfassten Grundwasservolumen werden jährlich insgesamt 251 t Mangan an das Tageslicht gebracht (vergleichbares Ergebnis für Eisen: 2240 t).

Herkunft

Oberflächenwasser

Die Leine enthielt im Zeitraum von Juli 1995 bis Dezember 1999 Mangan in einer mittleren Konzentration von 0,14 mg/l (vergleichbarer Wert für $\text{Eisen}_{\text{gesamt}}$: 0,32 mg/l). Ähnlich wie das Eisen kann auch das Mangan aus Tonmineralen oder aus zufließendem Grundwasser stammen.

Grundwasser

Die für das Eisen diskutierten Mobilisierungsmöglichkeiten gelten grundsätzlich auch für das Mangan.

Reduktion von Mangandioxid Ebenso wie für das Eisen gilt auch für das Mangan, dass die Mobilisierung durch Reduktion des Oxids (hier: des Mangandioxids) nicht als Standardreaktion der Manganmobilisierung betrachtet werden

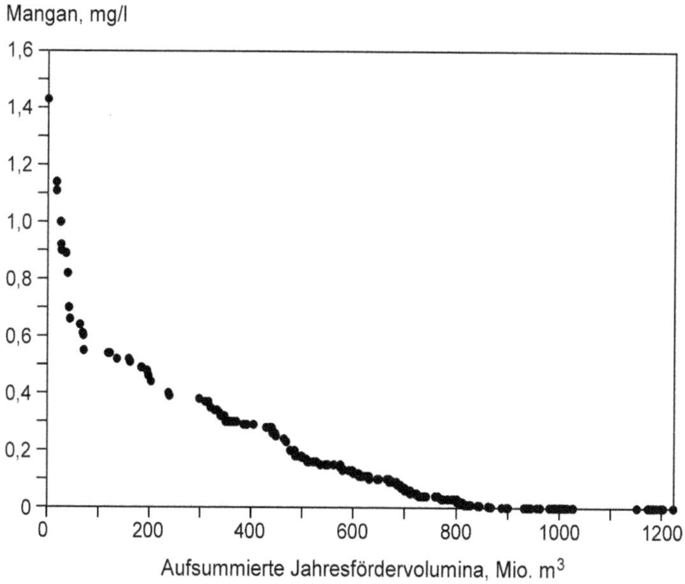

Abb. 4.6 Mangankonzentrationen deutscher Grundwässer, aufgetragen gegen das aufsummierte Jahresfördervolumen.

kann. Allerdings kann das Mangandioxid leichter reduziert werden als das Eisen(III)-oxidhydrat. Unter zwei Bedingungen sind solche Fälle bekannt geworden:

Wenn Uferfiltratstrecken durch reduzierende Stoffe belastet werden, kann aus oxidierten Manganoxiden gelöstes Mangan(II) mobilisiert werden (Tacke und Bayer, 1998). Abbildung 4.7 zeigt in der unteren Bildhälfte den Verlauf der Mangankonzentration im Rheinuferfiltrat des Wasserwerks Düsseldorf-Flehe und im Vergleich dazu in der oberen Bildhälfte den zugehörigen Verlauf der Ammoniumkonzentration. Als zusätzlicher Vergleich ist die Ammoniumkonzentration im Rhein bei Bad Honnef eingezeichnet.

Das Ammonium steht stellvertretend für reduzierende Inhaltsstoffe des Rheinwassers. Allerdings kommt auch das Ammonium selbst als Reduktionsmittel für Mangan(IV)-oxid infrage.

Auch bei der unterirdischen Wasseraufbereitung kann Mangan durch Reduktion mobilisiert werden. Bei dieser Aufbereitungstechnik wird das eliminierte Mangan als Mangandioxid ausgefällt und wird dabei zum Bestandteil eines Mangan(IV)-Depots in Brunnennähe. Wenn – beispielsweise durch Fehlsteuerung des Aufbereitungsprozesses – Eisen(II) in dieses Depot eindringt, kann die folgende Reaktion ablaufen:

$$MnO_2 + 2Fe^{2+} + 2H_2O \rightarrow Mn^{2+} + 2FeOOH + 2H^+ \qquad (4.7)$$

In solchen Fällen liegt das Mangandioxid im Überschuss vor. Wenn die Reaktion vollständig abläuft, wird die Konzentration des mobilisierten Mangan(II) nur

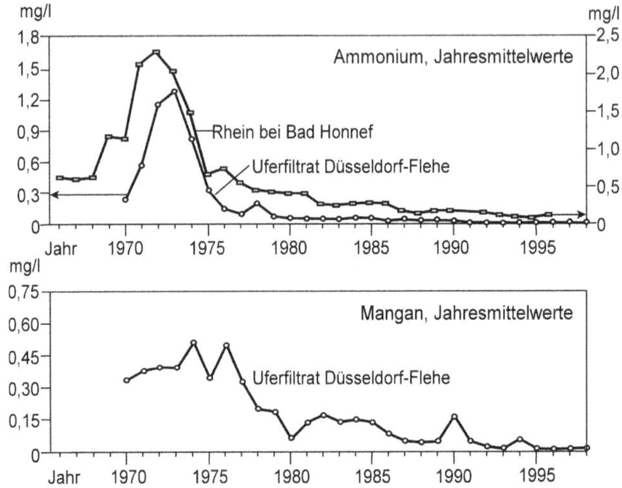

Abb. 4.7 Verhalten von Ammonium und Mangan bei der Uferfiltration im Wasserwerk Düsseldorf-Flehe nach Tacke und Bayer (1998) und Schullerer *et al.* (1998).

durch die Eisenkonzentration diktiert. Es resultiert dann eine molare Mangankonzentration, die der Hälfte der molaren Eisen(II)-Konzentration entspricht (da sich die relativen Atommassen nur geringfügig unterscheiden, gilt diese Aussage ungefähr auch für die Massenkonzentrationen).

Reaktion (4.7) kann auch als eine „Enteisenung durch Mangan(IV)" bezeichnet werden. Wenn die Reduktion von Mangan(IV) die Standardreaktion für die Mobilisierung von Mangan wäre, müssten solche Wässer weitgehend eisenfrei sein, denn es ist ja davon auszugehen, dass Mangan(IV) im Überschuss vorhanden ist und im Sinne der Enteisenung wirkt. Für alle Wässer, die neben Mangan(II) mehr als nur Spuren von Eisen enthalten, muss dieser Mobilisierungsmechanismus ausgeschlossen werden.

Wenn das Mangan im Uferfiltrat des Wasserwerks Düsseldorf-Flehe durch Reduktion mobilisiert worden ist, darf das Uferfiltrat entsprechend den bisherigen Ausführungen kein Eisen enthalten. Diese Ausschlussregel ist tatsächlich recht gut erfüllt: Die Eisenkonzentrationen lassen im Gegensatz zu den Mangankonzentrationen keinerlei Trend erkennen und liegen in Analysenbeispiel 22 bei 0,1 mg/l und bei den ab 1970 gemessenen Konzentrationen im Mittel deutlich darunter (ca. 0,06 mg/l).

Wässer, die Mangan(II), aber nur Spuren von Eisen enthalten, sind interessant: Sie können, wie bereits geschildert, durch Reduktion von Mangan(IV) entstehen, aber häufiger wird ein völlig anderer Mechanismus beobachtet: die gleichzeitige Mobilisierung von Eisen(II) und Mangan(II) aus einem sulfidischen Depot mit anschließender Ausfällung des Eisens (nächster Abschnitt).

Oxidation von Mangansulfiden durch Nitrat Die pH- und Redoxbedingungen, unter denen sich Mangansulfide bilden, unterscheiden sich nicht wesentlich von denjenigen, die für das Eisen gelten. Analog zu den entsprechenden Eisenverbindungen existieren die Mangansulfide MnS (Alabandin) und MnS_2 (Hauerit). Aufgrund dieser Ähnlichkeiten ist davon auszugehen, dass in einem reduzierten Grundwasserleiter, der Eisensulfide enthält, auch das Mangan in sulfidischer Bindung vorliegt. Die Mobilisierung des Mangans aus seinem Disulfid MnS_2 durch Nitrat dürfte dabei der Reaktion (4.1) (mit Ersatz von Fe durch Mn) aus seinem Monosulfid MnS der Reaktion (4.8) entsprechen.

$$8NO_3^- + 5MnS + 8H^+ \rightarrow 4N_2 + 5Mn^{2+} + 5SO_4^{2-} + 4H_2O \quad (4.8)$$

Wenn eine Mobilisierungsreaktion entsprechend Gln. (4.1) bzw. (4.8) zutrifft, müsste die Mangankonzentration unter sonst gleichen Randbedingungen mit dem Denitrifikationsumsatz steigen.

Als Maß für den Denitrifikationsumsatz kann die Sulfatkonzentration herangezogen werden. Leider unterliegen Korrelationen mit der Sulfatkonzentration gewissen Einschränkungen:

- Es existiert ein „Sulfatblindwert", der nicht auf Denitrifikationsreaktionen zurückzuführen ist. Dieser Blindwert ist nicht genau bekannt. Oft (z. B. in Gl. (4.4)) wird pauschal ein Wert von 50 mg/l eingesetzt.
- Wenn die Denitrifikation abgeschlossen ist, kann im weiteren Verlauf der Redoxprozesse Sulfat reduziert werden. Als Maß für den Denitrifikationsumsatz ist das Sulfat daher unsicher.
- Bei der Korrelation zwischen Sulfat- und Eisen(II)-Konzentrationen ist auch das Eisen unsicher, weil es durch Oxidation nach Reaktion (4.2) oder durch Ausfällung als Carbonat (Siderit) eliminiert werden kann.

Einer der wesentlichen Punkte, in denen sich Eisen und Mangan unterscheiden, ist die Tatsache, dass eine Oxidation des Mangans durch Nitrat analog Reaktion (4.2) *nicht* möglich ist. Mangan lässt sich nur mit gelöstem Sauerstoff oxidieren. Grundwasserleiter enthalten in den Schichten, in denen eine Denitrifikation abläuft, keinen Sauerstoff mehr. Mangan kann daher nach seiner Mobilisierung in der Regel nicht mehr oxidiert werden; seine „Überlebenschancen" sind optimal.

Wenn es gelingt, die Sulfatreduktion als Störfaktor weitgehend auszuschalten, kann eine Korrelation zwischen Sulfat- und Mangankonzentrationen zu glaubwürdigen Ergebnissen führen.

Anmerkung

Brunnen 4 des Wasserwerks Fuhrberg der Stadtwerke Hannover AG eignet sich für die Untersuchung solcher Korrelationen besonders gut: Konzentrationsänderungen verlaufen – als Folge von Grünlandumbrüchen – extrem schnell und über einen großen Konzentrationsbereich. Dadurch kann man mit den Daten eines einzigen Brunnens Korrelationen überprüfen. Randbedingungen, die von Brunnen zu Brunnen schwanken können, werden auf diese Weise konstant gehalten. Weitere Besonderheiten dieses Brunnens werden im Zusammenhang mit dem Verhalten des Ammoniums in Abschn. 4.5.3 erörtert.

Die Proportionalität zwischen Mangan und Sulfat stützt die Behauptung, dass Denitrifikationsreaktionen Mangan wirksam mobilisieren können (Abb. 4.8).

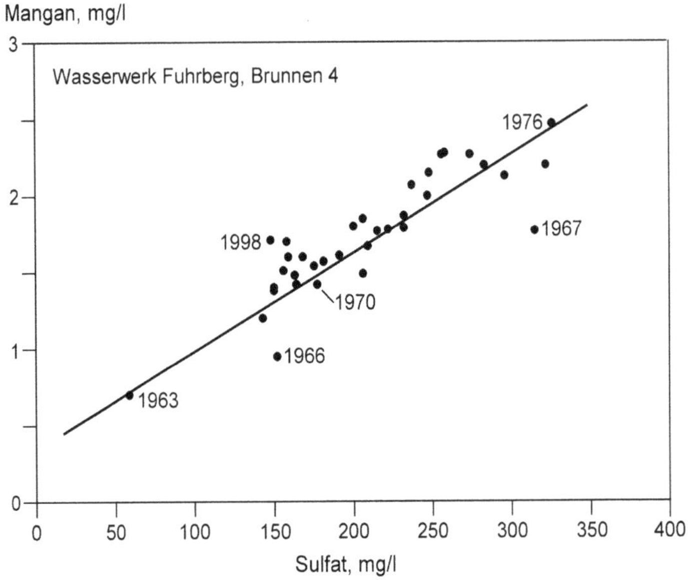

Abb. 4.8 Korrelation zwischen Mangan und Sulfat im Wasser des Brunnens 4 des Wasserwerks Fuhrberg (die eingefügten Jahreszahlen geben einen Eindruck von den Konzentrationsschwankungen).

Wässer, die hohe Mangankonzentrationen, aber praktisch kein Eisen enthalten, können auf die folgende Weise entstehen: In einem sauerstofffreien Grundwasserleiter findet eine Denitrifikation durch Eisen- und Mangansulfide nach Reaktion (4.1) statt, und zwar unter Bedingungen, unter denen das Eisen nach Reaktion (4.2) durch Nitrat weitgehend wieder eliminiert werden kann. Das Mangan bleibt in Lösung, weil es nicht mit Nitrat reagiert.

Mangan kann in einem sauerstofffreien Grundwasserleiter nicht oxidiert werden wie das Eisen und nicht reduziert werden wie das Sulfat. Aufgrund seiner guten „Überlebenschancen“ kann Mangan als Maß für den Umsatz der Denitrifikationsreaktion dienen. Nachteilig ist jedoch, dass man gezwungen ist, Randbedingungen anzunehmen, die nicht als selbstverständlich vorausgesetzt werden können. Hierzu gehört vor allem, dass man im Hinblick auf Eisen- und Mangansulfide ein konstantes Konzentrationsverhältnis und eine vergleichbare Reaktivität im Grundwasserleiter annehmen muss. Trotzdem kann das Mangan als Maßstab für den Denitrifikationsumsatz interessant sein. Als Konzentrationsverhältnis bietet sich das geochemische Massenverhältnis Eisen/Mangan von 51 an. Es resultieren die folgenden Verhältnisse (Konzentrationen in mg/l):

$$[Fe^{2+}]_{mobil.} = 51[Mn^{2+}]_{gemessen}$$
$$[SO_4^{2-}]_{mobil.} = 179[Mn^{2+}]_{gemessen}$$

Hierbei soll der Index „mobil.“ ausdrücken, dass die Eisen- und Sulfatkonzentrationen gemeint sind, die sich aus der Mobilisierungsgleichung (4.1) ergeben und noch nicht durch die Folgereaktionen der Eisenoxidation und der Sulfatreduktion verfälscht sind.

Das Inventar an Eisen und Mangan im Grundwasserleiter des Fuhrberger Feldes verhält sich so, als würde hier ein Eisen-Mangan-Verhältnis von 74 vorliegen. Dies bedeutet, dass die Überlegungen grundsätzlich richtig sind, aber von ihrer Genauigkeit her nur für Plausibilitätskontrollen verwendet werden sollten.

Oxidation von Mangansulfiden durch Sauerstoff Die bekannt gewordenen Fälle sind bereits im Zusammenhang mit der Herkunft des gelösten Eisens in Abschn. 4.3.1 „Herkunft" auch für das Mangan diskutiert worden. Ein spektakulärer Vorfall war die „Breslauer Mangankatastrophe" von 1906, bei der Mangankonzentrationen von 200 mg/l neben Eisenkonzentrationen von 400 mg/l aufgetreten sind.

Auflösung durch Säureeinfluss Wie bereits beim Eisen erwähnt, können unter landwirtschaftlich genutzten Flächen pH-Werte unter 5 auftreten. Unter diesen Bedingungen kann Mangan(II) selbst bei Sauerstoffkonzentrationen um 10 mg/l mobilisiert werden und gelöst bleiben, ohne oxidiert zu werden. In Analysenbeispiel 13 wurde eine Konzentration von 0,52 mg/l Mangan erreicht. Es gibt Hinweise darauf, dass das Mangan in diesem Fall aus Tonmineralen freigesetzt wurde (Erläuterungen zu Analysenbeispiel 13).

Chemie

Die wichtigsten Wertigkeiten des Mangans sind: 2, 4 und 7. Das zweiwertige Mangan bildet das Kation Mn^{2+}, das siebenwertige das Anion MnO_4^- (Permanganat). Vom vierwertigen Mangan sind im Wesentlichen nur die Oxide bzw. Oxidhydrate interessant, die pauschal mit der Formel MnO_2 wiedergegeben werden. Mangandioxid ist bei neutralen pH-Werten praktisch unlöslich. Es ist die Verbindung, in der Mangan bei der Trinkwasseraufbereitung eliminiert wird.

> **Anmerkung**
> Mangandioxid, das bei der mikrobiellen Oxidation von Mangan(II) gebildet wurde, kann als Bestandteil von Biofilmen vorliegen. Ein Biofilm kann die Eigenschaften des Mangandioxids im Extremfall so modifizieren, dass die Aussagen des Chemikers fragwürdig werden. Beispielsweise ist in solchen Fällen die Reaktionsgleichung (4.7) nur noch in einer „irgendwie abgeschwächten Form" anwendbar (siehe hierzu auch Abschn. 1.3.2 „Biofilme"). Farbaufnahmen von Biofilmen findet der Leser in Abschn. „4.3.2 Auswahl 1, Entmanganung im Filter (.pdf)" auf der Website.

Die Mangansulfide wurden bereits in Abschn. 4.3.2 „Herkunft" erwähnt. Sie sind vergleichsweise wenig bekannt, weil sie sich der Aufmerksamkeit sehr erfolgreich entziehen und weil man ihnen wohl auch nur geringe Bedeutung beigemessen hat. Dies ist wahrscheinlich auch eine Erklärung dafür, dass man die Breslauer Mangankatastrophe so interpretiert hat, als wäre das Eisen durch Oxidation von Sulfiden und das Mangan durch Säureeinfluss auf Oxide in Lösung gebracht worden (Matthess, 1990).

Tab. 4.4 Elementgehalte der Manganknollen (Mittelwerte der Masseprozente der Trockensubstanz) nach Ottow (1982).

Element	%	Element	%
Mangan	24,2	Kupfer	0,53
Eisen	14,0	Cobalt	0,35
Silicium	9,4	Barium	0,18
Aluminium	2,9	Blei	0,09
Natrium	2,6	Zirkonium	0,063
Calcium	1,9	Vanadium	0,054
Magnesium	1,7	Molybdän	0,052
Nickel	0,99	Zink	0,047
Kalium	0,8	Bor	0,029
Titan	0,67	Chrom	0,001

Mangan(II) erfordert für die Oxidation in die vierwertige Stufe ein höheres Redoxpotenzial als das Eisen für die Oxidation in die dreiwertige Stufe. Deshalb setzt die Entmanganung eine abgeschlossene Enteisenung voraus. Dies bedeutet gleichzeitig, dass Eisen(II) ein hervorragendes Reduktionsmittel für Mangandioxid ist. Bei der Trinkwasseraufbereitung sollte daher nach Möglichkeit vermieden werden, dass gelöstes Eisen(II) mit bereits abgeschiedenem Mangandioxid in Kontakt kommt. Dies ist einer der Gründe für die Vorteile einer räumlichen Trennung von Enteisenung und Entmanganung in zwei verschiedenen Filterstufen.

Eine der bemerkenswertesten Eigenschaften des Mangans besteht darin, in Meerestiefen von ca. 5000 m Manganknollen zu bilden. Die Manganknollen wachsen mit einer Geschwindigkeit von durchschnittlich 1 mm pro Mio. Jahre. Trotz einer Sedimentationsrate in der Größenordnung „Meter pro Mio. Jahre" bleiben die Knollen an der Sedimentoberfläche ein Phänomen, für das es mehrere Hypothesen, aber noch keine schlüssige Erklärung gibt.

Was den Wasserchemiker interessiert, ist die Tatsache, dass Manganknollen auch andere Elemente enthalten. In einem sauerstoffhaltigen Milieu sind die Bildung von Manganknollen der wichtigste Prozess zur Immobilisierung von Schwermetallen und die Knollen selbst das wichtigste Schwermetalldepot. Weltweit sind etwa 10^{12} t Mangan und beispielsweise 10^{10} t Nickel in den Manganknollen festgelegt. In Tab. 4.4 sind die Komponenten von Manganknollen als Mittelwerte nach sinkendem Anteil aufgelistet.

Die Eigenschaften der Manganknollen beweisen, dass Mangandioxid in sauerstoffhaltiger Umgebung ein hervorragendes Sorptionsmittel für bestimmte Schwermetalle darstellt. Man kann daraus die Hoffnung ableiten, dass auch bei der Elimination von Mangan im Rahmen der Trinkwasseraufbereitung Schwermetalle mitentfernt werden, auch wenn die im Wasserwerk zur Verfügung stehenden Zeiten vergleichsweise kurz sind.

Die selektive Anreicherung von Kupfer auf Filterschlamm eines Entmanganungsfilters wurde schon früh festgestellt (Kölle *et al.*, 1971), ebenso die Sorption von Schwermetallen und Arsen in Schlämmen von Enteisenungs- und Entmanganungsfiltern und in Sedimenten in Rohrleitungen, wobei die Autoren die Parallelität zur Anreicherung von Schwermetallen in Manganknollen betonen (Bacso und Szalay, 1978). Auch später wurden – insbesondere im Zusammenhang mit der Entsorgung von Wasserwerksschlämmen – zahlreiche Schlämme auf Spurenkomponenten untersucht, jedoch ohne Veröffentlichung der Ergebnisse.

Eckpunkte der Konzentration
Grenzwert

Trinkwasserverordnung vom August 2013: 0,05 mg/l Mangan (Indikatorparameter).

Ausnahmen sind nicht vorgesehen (s. hierzu Abschn. 1.10.3 „Ausnahmegrenzwerte"). Es ist zu beachten, dass beim langfristigen Betrieb einer Trinkwasserversorgung mit Mangangehalten im Bereich des Grenzwertes Störungen (z. B. durch Ablagerung von Manganoxiden im Rohrnetz) auftreten können. In der DVGW-Empfehlung W 223 wird daher die Einhaltung einer Mangankonzentration von < 0,01 mg/l empfohlen.

Vorgeschichte: Die EG-Trinkwasserrichtlinien vom Juli 1980 und vom November 1998 enthalten jeweils einen Grenzwert von 50 µg/l (0,05 mg/l) Mangan, ohne zusätzliche Bemerkungen. Trinkwasserverordnung vom Mai 1986: Grenzwert: 0,05 mg/l. Anmerkung: „Kurzzeitige Überschreitungen bleiben außer Betracht." Trinkwasserverordnung vom Dezember 1990: Grenzwert: 0,05 mg/l, ohne zusätzliche Bemerkungen.

Trinkwasserverordnung vom Mai 2001: 0,05 mg/l Mangan (Indikatorparameter). Bemerkung: „Geogen bedingte Überschreitungen bleiben bei Anlagen mit einer Abgabe von bis 1000 m^3 im Jahr bis zu einem Grenzwert von 0,2 mg/l außer Betracht."

Messwerte (Beispiele)
Wasseraufbereitung: Mit einer ordnungsgemäßen Entmanganung sind Mangankonzentrationen von 1–2 µg/l erreichbar. In der Regel handelt es sich dabei um eine biologische Entmanganung unter Mitwirkung manganoxidierender Mikroorganismen.

Rohrnetz: Die Mangankonzentrationen im Rohrnetz können niedriger liegen als im Trinkwasser ab Wasserwerk. Leitungen und Behälter wirken dann als „Nachaufbereitungsstufe". In diesem Fall wird ein Mangandepot im Rohrnetz aufgebaut. Wird ein weitgehend manganfreies Wasser in ein Rohrnetz mit Manganablagerungen eingespeist, erhöhen sich die Mangankonzentrationen im Wasser, das Mangandepot im Rohrnetz wird abgebaut. Die kritische Konzentration, bei der das Vorzeichen der Massenbilanz wechselt, hat für den langfristigen Betrieb eines Rohrnetzes eine große Bedeutung. Es ist davon auszugehen, dass die kritische Konzentration sehr stark vom Zustand des Rohrnetzes abhängt. Sie wird umso niedriger liegen, je weniger Manganoxide bereits abgelagert sind.

Höchste Konzentration in einem Grundwasser, das durch Denitrifikation durch Eisendisulfide geprägt ist: 3,5 mg/l (Wasserwerksbrunnen) und 4,1 mg/l (Grundwassermessstelle), beide nach Grünlandumbruch.

Mangankonzentration nach Oxidation von Sulfiden durch Luftsauerstoff: höchste beobachtete Konzentration: 200 mg/l (Matthess, 1990).

Ausschlusskriterien

Für die biologische Entmanganung im Wasserwerk wird allgemein eine Untergrenze des pH-Wertes von ca. 6,5 angegeben. Unterhalb von pH 6,0 kann auch bei längeren Reaktionszeiten, wie sie im Grundwasserleiter möglich sind, keine Entmanganung mehr erwartet werden. Manganhaltige Grundwässer mit pH-Werten über 6 dürfen keinen Sauerstoff enthalten, solche, die Sauerstoff enthalten, müssen pH-Werte unter 6 aufweisen. Diese Ausschlusskriterien gelten nicht streng. Es ist zu beachten, dass die Einstellung der entsprechenden Gleichgewichte Zeit beansprucht. Wenn sich, wie im Falle des Eisens in Abschn. 4.3.1 „Chemie, „chemische Stoppuhr““ diskutiert, im Absenkungstrichter eines Brunnens Wässer unterschiedlicher Beschaffenheit mischen, können die Ausschlusskriterien vorübergehend verletzt werden.

Braunes Wasser, das neben Eisen auch Mangan enthält, kann nicht (bzw. nicht ausschließlich) in einem Hausinstallationssystem entstanden sein.

Konzentrationsänderungen im Rohwasser

Oberflächengewässer

Der Konzentration von Mangan in Fließgewässern wird allgemein nur wenig Aufmerksamkeit geschenkt. In Trinkwassertalsperren ist darauf zu achten, dass an der Grenzfläche Sediment-Wasser keine reduzierenden Bedingungen eintreten, unter denen Mangan zurückgelöst werden kann. Dies ist vor allem durch Maßnahmen gegen die Eutrophierung erreichbar. Auch eine künstliche Belüftung tieferer Wasserschichten wurde in der Vergangenheit mit dem Ziel durchgeführt, an der Sedimentoberfläche oxidierende Bedingungen aufrechtzuerhalten (Sontheimer *et al.*, 1980).

Grundwasser

Mangan aus der Denitrifikation: Im Grundwasser kann die Konzentration von Mangan aus Denitrifikationsreaktionen grundsätzlich durch zwei verschiedene Typen von Maßnahmen beeinflusst werden. Eine dritte Maßnahme, wie sie beim Eisen als Beeinflussung der „Eisenausbeute“ erwähnt worden ist, ist beim Mangan nicht möglich. Damit resultieren nur die beiden folgenden Möglichkeiten:

- Maßnahmen zum Grundwasserschutz, mit denen die Anlieferung von Nitrat an das Grundwasser gedrosselt wird, Vermeidung von Grünlandumbrüchen,
- räumliche Entflechtung von Wassergewinnung und Landwirtschaft.

Konzentrationsunterschiede Roh-/Reinwasser

Die Konzentrationsunterschiede zwischen Roh- und Reinwasser sind – ebenso wie beim Eisen – eher trivialer Natur. Bei einer ordnungsgemäßen Entmanganung muss das im Rohwasser enthaltene Mangan(II) praktisch restlos entfernt werden. Aus der Konzentrationsdifferenz und dem Fördervolumen kann der Beitrag des Mangans zum Schlammanfall kalkuliert werden. Wenn das Rohwasser Schwermetalle, beispielsweise Nickel, enthält, besteht die Chance, dass es gemeinsam mit dem Mangan eliminiert wird.

Analytik

Die klassische Bestimmungsmethode für Mangan war seine Oxidation in die siebenwertige Stufe mit Kaliumperoxodisulfat und die kolorimetrische bzw. fotometrische Bestimmung als violettes Permanganat.

Heute wird die Bestimmung mit Formaldoxim durchgeführt, das mit dreiwertigem Mangan eine orangerote Komplexverbindung bildet.

Konzentrationen unterhalb von ca. 50 µg/l werden mithilfe der Atomabsorptionsspektrometrie bestimmt.

Wirkungen

Ebenso wie das Eisen ist das Mangan ein essenzieller Mikronährstoff für alle Lebewesen. Die Mangandüngung ist eine Maßnahme zur Behebung eines Manganmangels auf landwirtschaftlichen Flächen. Der menschliche Körper enthält 0,3 mg/kg Mangan, sein täglicher Bedarf liegt bei 3 mg.

Es gibt kein Aufbereitungsverfahren, bei dem sich Verfahrensfehler grausamer rächen würden als bei der Entmanganung. Wenn die Entmanganung innerhalb eines Filters nicht abgeschlossen werden kann, fangen die Schwierigkeiten damit an, dass die Filterdüsen durch Mangandioxid verstopfen. Dabei können Folgeschäden auftreten, die im schlimmsten Fall zur Zerstörung des Filters führen, beispielsweise durch zu hohen Druckaufbau beim Rückspülen. Im Rohrnetz sind Manganablagerungen eine latente Quelle für Trübungen und Verkeimungen.

Wenn Mangan ein Wasserwerk in hoher Konzentration (mehr als 0,5 mg/l) zweiwertig verlässt und im Verteilungssystem oxidiert wird, entsteht „graues Wasser". Gelangt Mangan in niedrigen Konzentrationen in ein Verteilungssystem, entstehen Ablagerungen, die fest genug sind, um normale Betriebsbedingungen unbeschadet zu überstehen. Eine geringe Abgabe von Mangan aus solchen Ablagerungen an das Wasser in Konzentrationen von einigen µg/l kann jedoch stattfinden.

Unter Extrembedingungen (Rohrbrüche, extreme Änderungen der Fließgeschwindigkeit oder -richtung) können größere Anteile der Ablagerungen losgerissen werden. Oft wird dies mit einer Aufwirbelung von schlammigen Eisen(III)-oxidhydraten verbunden sein, sodass sich das Mangan im braunen Wasser „versteckt".

Mangandioxid kann organische Substanzen (Huminstoffe) aus dem Wasser adsorbieren. Das Inventar eines Verteilungssystems an Mangandioxid ist daher gleichzeitig ein Inventar an organischer Substanz. Wenn das Wasser oxidierend wirkende Desinfektionsmittel enthält, kann die organische Substanz so modifiziert werden, dass sie nach Aufzehrung des Desinfektionsmittels mikrobiell besser verwertbar ist als ohne oxidierenden Einfluss (Kap. 8 „Mikrobiologische Parameter"). Dies kann zu Wiederverkeimungen führen (Heck, 1970).

Bilder zum Thema „Mangan"

Auswahl 1: Bildordner und PDF: „4.3.2 Auswahl 1, Entmanganung im Filter(.pdf)": Galerie mit Kiesproben aus der Einarbeitungsphase eines Entmanganungsfilters im Wasserwerk Fuhrberg der Stadtwerke Hannover AG, „Nahaufnahmen" des Filterkieses während der Einarbeitung in den Formaten 5 × 7,5 und 2 × 3 mm, REM-Aufnahmen von 16 Jahre altem Filterkies. Angaben zur Einarbeitung und zum „Mangan- und Nickelstoffwechsel" eines Filters. Beeinflussung des Rückspülverhaltens durch das Kornwachstum.

Auswahl 2: Bildordner und PDF: „4.3.2 Auswahl 2, Entmanganung im Untergrund(.pdf)": Bilder von Manganoxidabscheidungen im Untergrund und in Testsäulen (s. hierzu Rott *et al.*, 2001). Erläuterungen zur Funktionsweise der unterirdischen Wasseraufbereitung.

Auswahl 3: Bildordner und PDF: „4.3.2 Auswahl 3, Störungen durch Manganoxide(.pdf)": Bilder von Manganoxidabscheidungen im Filter, an Filterdüsen, in einem Hochbehälter und in einer Trinkwasserleitung.

Auswahl 4: Bildordner und PDF: „4.3.2 Auswahl 4, Manganknolle(.pdf)": Mehrere Bilder einer Manganknolle aus dem Jahre 1982.

4.4 Anionen (außer Nitrit und Nitrat)

Nach der klassischen „hygienisch-chemischen Trinkwasseruntersuchung" gelten Chlorid, Sulfat und Phosphat als chemische Verschmutzungsindikatoren, die auf eine Fäkalverunreinigung hinweisen können (siehe Abschn. 4.6).

4.4.1 Chlorid

Allgemeines

Symbol für Chlor: Cl; relative Atommasse: 35,4527. Chlor kommt in der Natur nahezu ausschließlich als Chlorid vor, und zwar überwiegend in Gesellschaft mit Natrium-, Kalium- und Magnesiumionen. Daneben existiert eine begrenzte Zahl natürlicher organischer Chlorverbindungen.

Die Gesteine der festen Erdkruste enthalten nur 130 g/t Chlorid im Vergleich zu 28 300 g/t Natrium- und 25 900 g/t Kaliumionen (Mason und Moore, 1985). Abflusslose Seen, in denen sich die löslichen Komponenten der Umgebung ansammeln, werden daher zu „Salzseen", in denen das Chlorid im Vergleich zu den Alkalimetallen unterrepräsentiert sein kann. Solche Seen enthalten dann neben Chlorid auch hohe Konzentrationen von Carbonat und Hydrogencarbonat und besitzen hohe pH-Werte („Sodaseen"). Ein typisches Beispiel ist der Mono-Lake in Kalifornien mit einem Äquivalentverhältnis ($[Na^+] + [K^+])/[Cl^-]$ von 2,33 und einem pH-Wert von ca. 10 (Analysenbeispiel 29).

Die geochemische Heimat des Chlorids sind die Ozeane, und zwar wahrscheinlich schon seit der Frühzeit der Erde. Wenn wir heute höheren Konzentrationen von Chlorid begegnen, dann kann man sicher sein, dass man es entweder mit Meerwasser zu tun hat oder dass das Chlorid direkt oder indirekt aus den Ozeanen stammt (als Anion von „zyklischen Salzen"). Beträchtliche Chloridmengen werden heute dadurch freigesetzt, dass Salzlagerstätten ausgebeutet werden, die sich durch Verdunstung von Meerwasser in abgeschnittenen Meeresbecken gebildet haben.

Wegen der genannten Zusammenhänge gibt es starke Querbeziehungen zu den Abschnitten über Natrium und Kalium.

Herkunft

Insgesamt existieren die folgenden für die Wasserversorgung wichtigen Chloridquellen.

Oberflächenwässer

- Kommunales Abwasser muss höhere Chloridkonzentrationen aufweisen als das in das Versorgungsnetz eingespeiste Trinkwasser. Eine wichtige Chloridquelle ist der Stoffwechsel des Menschen. Wenn jeder Erwachsene täglich im Durchschnitt 125 l Trinkwasser und 10–15 g Kochsalz verbraucht, ist allein dadurch schon mit einem Anstieg der Chloridkonzentration von 39–58 mg/l durch die Trinkwassernutzung zu rechnen. Chlorid zählt daher zu den chemischen Verschmutzungsindikatoren. Eine weitere Chloridquelle ist die Verwendung von Natriumchlorid in Haushalt und Gewerbe für die Regeneration von Enthärtungsanlagen (z. B. in Spülmaschinen). In Einzelfällen kann eine Chloridbelastung auch über das Grundwasser eintreten, sofern dieses (z. B. durch Streusalz) belastet ist und durch Undichtigkeiten in das Kanalnetz eindringen kann.
- Beim Salzbergbau und bei der Aufarbeitung des Salzes entstehen chloridhaltige Abfälle, die jahrzehntelang Oberflächengewässer belastet haben und z. T. heute noch belasten (IAWR-Salzbroschüre, 1988). Als Beispiel sei mit Abb. 4.9 die Chloridbelastung des Rheins gezeigt.

Die Zunahme der Chloridbelastung des Rheins mit zunehmendem Stromkilometer wird bestimmt durch die Einträge der Kaliminen im Elsaß und durch den Kohlebergbau an Saar, Mosel und Niederrhein. Zunehmende Reinhaltemaßnahmen in Verbindung mit einem Rückgang der Kali- und der Kohlegewinnung können zu dem beobachteten Rückgang der Chloridbelastung geführt haben.

Abbildung 4.10 zeigt den Verlauf der Chloridkonzentration der Leine. Auffällig sind die Schwankungen der Chloridkonzentration, die in dieser extremen Form nur durch die Einleitung chloridhaltiger Abwässer aus dem Kalibergbau erklärt werden können. Anfang 1992 wurde die Einleitung chloridhaltiger Abwässer ein-

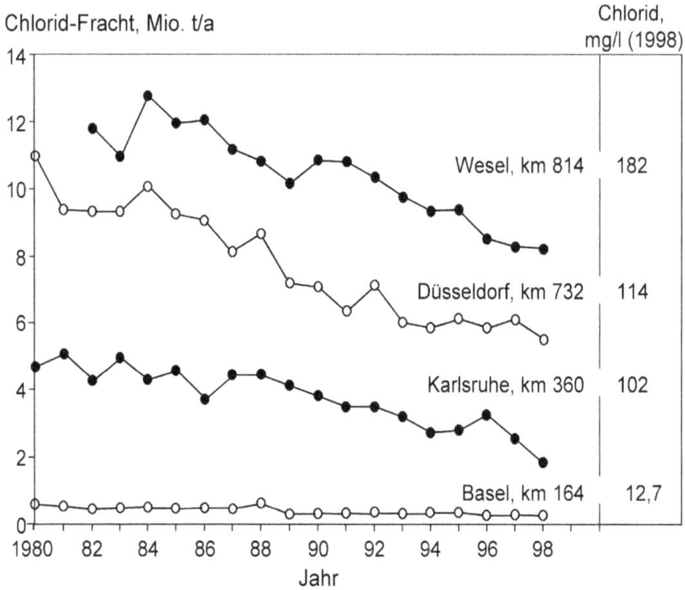

Abb. 4.9 Änderung der Chloridfracht des Rheins im zeitlichen Verlauf und entlang der Fließstrecke nach Schullerer *et al.* (1998).

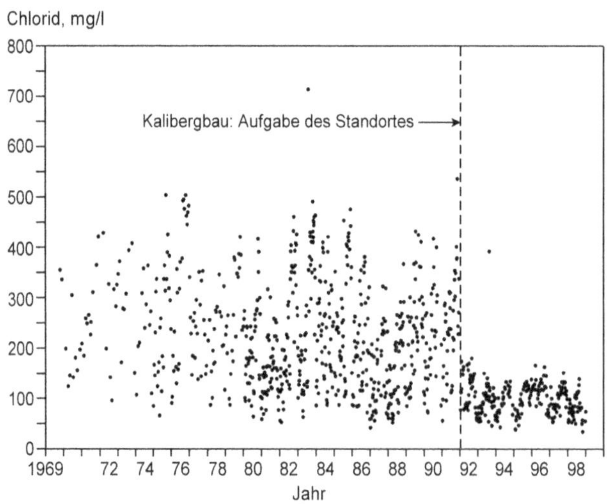

Abb. 4.10 Verlauf der Chloridkonzentration in der Leine.

gestellt. Mit einer einzigen Ausnahme bleiben die Chloridkonzentrationen deutlich unter 200 mg/l. Die Chloridkonzentration ist, wie Abb. 4.11 zeigt, deutlich mit der Magnesiumkonzentration korreliert.

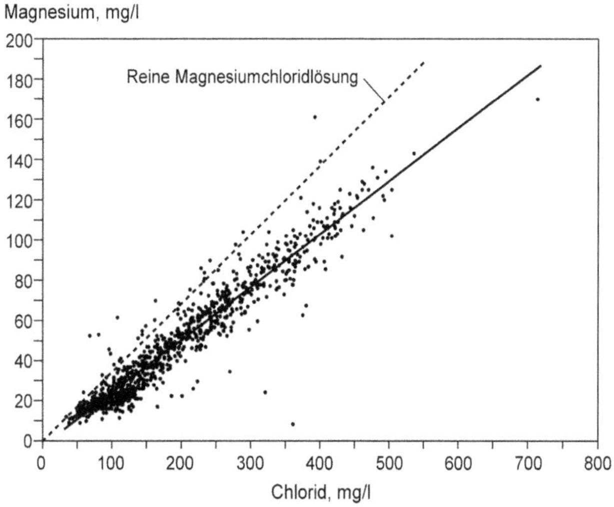

Abb. 4.11 Korrelation zwischen Chlorid und Magnesium in der Leine.

Grundwasser

- Niederschläge enthalten stets Chlorid aus dem Gischt der Ozeane. In Mitteleuropa werden Konzentrationen um 2 mg/l Chlorid gemessen, jedoch sind die Schwankungen beträchtlich. In Abhängigkeit vom Abstand zur Küste und von der Windstärke können auch mehrere g/l erreicht werden (Mason und Moore, 1985). Die Auswirkungen auf die Chloridgehalte des Grundwassers korrespondieren mit denen auf die Natriumgehalte (Abschn. 4.2.1 „Eckpunkte der Konzentration").
- Salz führende geologische Schichten („Zechstein") oder Salzstöcke können Salze und damit auch Chlorid an das Grundwasser abgeben. Dabei können Extremwerte der Konzentration erreicht werden.
- Sedimentgesteine (insbesondere Tonminerale), die sich unter marinen Bedingungen gebildet haben, können Kochsalz in Konzentrationen der Größenordnung Gramm pro Kilogramm Natriumchlorid enthalten. Die Wahrscheinlichkeit einer Abgabe von Chlorid an das Wasser hängt wesentlich von der Wasserdurchlässigkeit des Gesteins ab, die oft sehr gering ist.
- Die bergmännische Ausbeutung von Salzlagerstätten hat als wichtigstes Ziel die Gewinnung von Kalisalzen für Düngezwecke. Die am häufigsten verwendeten Kalidünger enthalten Kaliumchlorid, meist mit Natriumchlorid als Nebenbestandteil. Eine Chloriddüngung erfolgt in der Regel gemeinsam mit der Kalidüngung. Gärfuttersäfte, die sich bei der Silage von Gärfutter für die Rinderhaltung bilden, enthalten 3,5–7 g/l Chlorid (DLG-Merkblatt 245). Sie werden als Flüssigdünger eingesetzt. Auch Gülle und Jauche müssen Chlorid enthalten, über dessen Konzentrationen jedoch kaum Angaben zu finden sind. Aus den genannten Gründen ist unter landwirtschaftlich genutzten Flächen die Chloridkonzentration von Grundwässern immer erhöht. Abbildung 4.12

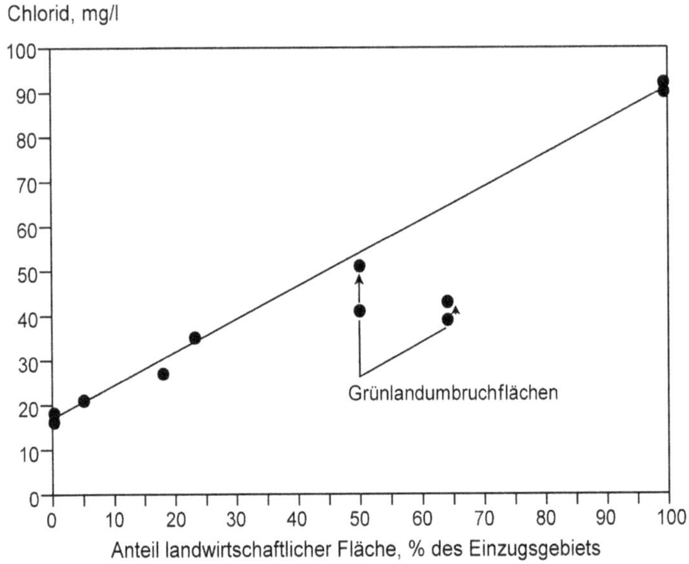

Abb. 4.12 Korrelation zwischen Chloridkonzentration von Grundwässern und dem Anteil landwirtschaftlich genutzter Flächen in Prozent des Einzugsgebietes.

verdeutlicht diesen Zusammenhang für einige Brunnen in niedersächsischen Wassergewinnungsgebieten. Die Abbildung macht auch deutlich, dass sich bei einer Änderung der Flächennutzung auch die Chloridbelastung ändert, beispielsweise steigt sie unter Grünlandumbruchflächen.

- Streusalz (Natriumchlorid, Calciumchlorid) kann die Chloridkonzentrationen von Grundwasser in der Nähe von Straßen und Fernstraßen erhöhen. Für den jährlichen Verbrauch an Streusalz in der Bundesrepublik gibt es unterschiedliche Angaben, die außerdem stark vom Witterungsverlauf abhängen. Plausibel erscheint ein mittlerer Verbrauch von ca. zwei Mio. Tonnen pro Jahr. Abbildung 4.13 zeigt den Streusalzeinfluss an einer Brunnenreihe im Fuhrberger Feld sehr deutlich. Wegen des nach Osten gerichteten Grundwassergefälles liegt der Schwerpunkt der Chloridbelastung östlich der Autobahn. Man erkennt außerdem die Auswirkung der Kalidüngung unter den von der Landwirtschaft beeinflussten Flächen.

Chemie

Von Chlor existieren neben elementarem, gasförmigem Chlor mit der Wertigkeitsstufe 0 die folgenden Wertigkeitsstufen:

−1 (Chlorid, Cl^-)
+1 (Hypochlorit, ClO^-)
+3 (Chlorit, ClO_2^-)
+4 (Chlordioxid, ClO_2)
+5 (Chlorat, ClO_3^-)
+7 (Perchlorat, ClO_4^-)

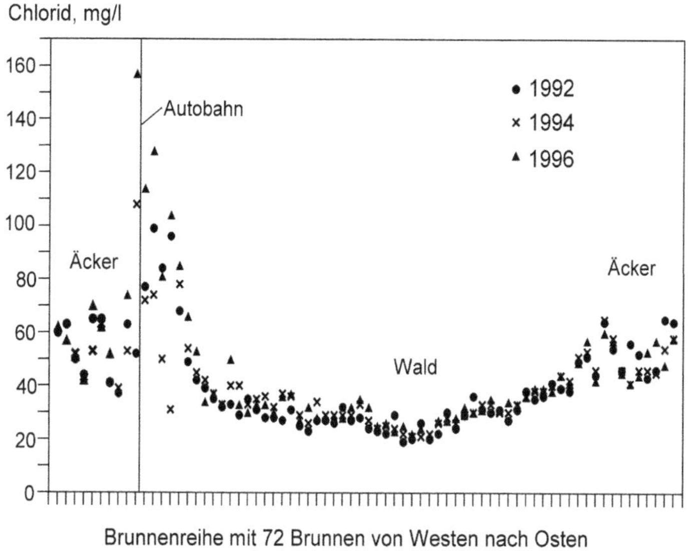

Abb. 4.13 Verlauf der Chloridkonzentration entlang einer Brunnenreihe im Fuhrberger Feld.

Die Oxidationsstufen Hypochlorit, Chlordioxid und Chlorit spielen im Zusammenhang mit der Desinfektion des Wassers eine wichtige Rolle und werden daher auch dort behandelt (Abschn. 8.2 „Desinfektionsmittel").

Die wichtigste Wertigkeitsstufe des Chlors ist die des Chlorids.

Die meisten Chloride sind in Wasser in z. T. sehr hohen Konzentrationen löslich. Ausnahmen sind das Silberchlorid (sowie Silberbromid und -iodid) sowie das Quecksilber(I)-chlorid („Kalomel"), die schwer löslich sind. Silbernitrat ist das klassische Reagenz auf Chlorid (sowie auf Bromid und Iodid). Eine bemerkenswerte Verbindung ist das Quecksilber(II)-chlorid („Sublimat"): Es ist in Wasser leicht löslich, dissoziiert aber nicht nennenswert in Quecksilber- und Chloridionen (siehe Abschn. 5.3.12).

Eckpunkte der Konzentration
Grenzwert

Trinkwasserverordnung vom August 2013: 250 mg/l Chlorid (Indikatorparameter).

Bemerkung: „Das Wasser sollte nicht korrosiv wirken." Anmerkung: „Die entsprechende Beurteilung, insbesondere zur Auswahl geeigneter Materialien im Sinne von §17 Abs. 1, erfolgt nach den allgemein anerkannten Regeln der Technik."

Vorgeschichte: Mit dem Grenzwert von 250 mg/l ist die Forderung der EG-Trinkwasserrichtlinie vom November 1998 in deutsches Recht übernommen worden. Die EG-Trinkwasserrichtlinie vom Juli 1980 enthielt noch keinen verbindlichen Grenzwert für Chlorid. Erstmals eingeführt wurde ein Grenzwert von 250 mg/l mit der Trinkwasserverordnung vom Dezember 1990. Die EG-Trinkwasserrichtlinie vom November 1998 führte den Grenzwert von 250 mg/l Chlorid auf europäischer Ebene ein. Die Bestimmungen der Trinkwasserverordnung vom Mai 2001 entsprachen denen der aktuellen Fassung.

Messwerte (Beispiele)

Beispiele für gering belastete Wässer: Alpenrhein: 2,0 mg/l; Hochrhein bei Schaffhausen: 5,2 mg/l (Mittelwerte für 1977 nach Sontheimer *et al.*, 1980); Grundwasser im Voralpenraum: 5,5 mg/l (Analysenbeispiel 1).

Grundwässer in Abhängigkeit von der Intensität landwirtschaftlicher Nutzung: bis ca. 100 mg/l.

Als Geschmacksgrenze werden 250 mg/l Chlorid (rechnerisch entsprechend 412 mg/l Kochsalz), als Grenze der Genießbarkeit 400 mg/l (rechnerisch entsprechend 660 mg/l Kochsalz) angegeben.

Konzentration im Meerwasser: 19 g/l Chlorid.

Sättigungskonzentration von Natriumchlorid:

358 g/l	(0 °C), entsprechend	218 g/l Chlorid,
367 g/l	(10 °C), entsprechend	223 g/l Chlorid,
380 g/l	(25 °C), entsprechend	231 g/l Chlorid.

Auffällig ist die geringe Temperaturabhängigkeit der Sättigungskonzentration. Grundwässer aus salzhaltigen geologischen Schichten, die ausreichend lange Zeit mit Natriumchlorid Kontakt hatten, können die Sättigungskonzentration näherungsweise erreichen.

Technisch tolerierbare Konzentration: Nach DIN 50930, Teil 2 wird der Neutralsalzeinfluss auf das Korrosionsverhalten unlegierter und niedrig legierter Eisenwerkstoffe definiert: „Bei Vorliegen von Korrosionselementen kann die örtliche Korrosion begünstigt werden, wenn:

$([Cl^-] + 2[SO_4^{2-}])/K_{S4,3} > 1$ (Konzentrationen in mol/m^3 bzw. mmol/l).“

Ähnliche Quotienten zur Definition des Neutralsalzeinflusses wurden auch im Zusammenhang mit der Korrosion von verzinkten Eisenwerkstoffen definiert.

Ausschlusskriterien, Äquivalentverhältnis Alkalimetalle/Chlorid

Für Chlorid sind keine realistischen Ausschlusskriterien bekannt.

Das Äquivalentverhältnis $([K^+] + [Na^+])/[Cl^-]$ liegt in reinem Kochsalz, Kaliumchlorid und Mischungen dieser beiden Salze exakt bei 1. Im Meerwasser liegt dieses Verhältnis bei ca. 0,9. In anthropogen weitgehend unbeeinflusstem Grundwasser werden bei niedrigen Chloridkonzentrationen (von weniger als 10 mg/l) Verhältnisse um 1 beobachtet (Analysenbeispiel 1).

Eine wichtige Chloridquelle für Grundwasser ist die landwirtschaftliche Nutzung der Einzugsgebiete, und zwar besonders die Düngung mit chloridhaltigem Kalidünger (Abb. 4.12). Tonhaltige Böden tauschen das Kalium gegen Calcium aus (Finck, 1979). Im Grundwasser sind dann die Alkalimetalle unterrepräsentiert. Bei den unter leichten Sandböden gewonnenen Brunnenwässern, die auch für Abb. 4.13 ausgewertet worden sind, liegen das Äquivalentverhältnis $[Na^+]/[Cl^-]$ bei 0,81 ± 0,13 und der korrespondierende Wert für $([K^+] + [Na^+])/[Cl^-]$ bei 0,86 ± 0,13 (500 Messwerte, 1991–2000). Der Effekt, dass – bezogen auf die Chloridkonzentration – die Alkalimetalle unterrepräsentiert sind, kann in Grundwässern unter schweren Böden zu Äquivalentverhältnissen im Bereich um 0,5 führen (Analysenbeispiele 2, 3, 7 und 8).

Höhere Äquivalentverhältnisse von 1 und z. T. über 1 entstehen allerdings nicht dadurch, dass Natrium und Kalium gemeinsam bis zum Grundwasser vordringen. Das Kalium wird auch in diesen Fällen weitgehend im Boden festgehalten. Als Modellvorstellung kann man in diesem Fall eine chloridarme Kalidüngung mit Kaliumsulfat annehmen, wie sie für einige Feldfrüchte (z. B. Kartoffeln) gefordert wird (Analysenbeispiele 4 und 5). Weitere mögliche Einflüsse auf das Äquivalentverhältnis sind Austauschvorgänge an Tonmineralen (Analysenbeispiele 16 und 17), die Verwitterung von Tonmineralen (Analysenbeispiel 13) sowie die Zumischung von Natriumchlorid aus Gülle, salzhaltigen Schichten des Untergrundes oder aus Streusalz.

Konzentrationsänderungen im Rohwasser

Oberflächenwasser

- Unterschiedliche Verdünnung von Abwässern bei verschiedenen Wasserführungen, aber ungefähr konstanter Fracht,
- Schwankungen von Abwassereinleitungen, insbesondere der Kaliindustrie, Einfluss von Betriebsferien.

Grundwasser

- Unterschiedliche Kombination von verschieden stark belasteten Brunnen,
- Schwankungen der Chloridanlieferung durch Kalidüngung oder durch Streusalz.

Konzentrationsunterschiede Roh-/Reinwasser

Mit den Techniken der Meerwasserentsalzung kann die Chloridkonzentration drastisch erniedrigt werden. Mit den klassischen Verfahren der Trinkwasseraufbereitung ist eine gezielte Erniedrigung der Chloridkonzentration jedoch nicht möglich. Eine (meist geringfügige) Erhöhung der Chloridkonzentration tritt ein, wenn chlor- bzw. chloridhaltige Aufbereitungschemikalien dosiert werden.

Bei den chlor- bzw. chloridhaltigen Dosierchemikalien kann es sich um die folgenden Stoffe handeln: Salzsäure zur pH-Korrektur und Flockungsmittel auf der Basis von Aluminiumchlorid oder Eisen(III)-chlorid. In Betracht kommt auch Chlor in der Anwendungsform als Chlorgas und als Hypochloritlösungen (z. B. „Bleichlauge"). Bei der Verwendung von Bleichlauge ist zu beachten, dass frische Lösungen stöchiometrisch als Lösungen von Chlorgas behandelt werden können (was sie ja auch sind), während gealterte Lösungen wegen der fortschreitenden Selbstzersetzung Chlorid als Ballaststoff enthalten.

In der Vergangenheit wurde in manchen Wasserwerken dem Rohwasser Chlor in einer solchen Dosierung zugesetzt, dass am Ende der Chlorzehrung noch freies Chlor nachzuweisen war. Dabei wurde auch das Ammonium oxidativ zerstört („Knickpunktchlorung"). In solchen Fällen war die Aufstockung des Chloridgehaltes bei der Wasseraufbereitung beträchtlich und konnte bei Grundwässern Werte bis gegen 20 mg/l erreichen (Kölle, 1981). Mit der Trinkwasserverordnung vom Dezember 1990 wurde die Chloranwendung auf die Desinfektion beschränkt, die Dosierung auf 1,2 mg/l limitiert und außerdem ein Grenzwert für Trihalogenmethane eingeführt. Diese Regelungen wurden im Wesentlichen auch in die beim Umweltbundesamt geführte Liste der Aufbereitungsstoffe übernommen.

Analytik

Hohe Salzbelastungen können durch Messung der elektrischen Leitfähigkeit erkannt werden, eine Vorgehensweise, die für kontinuierliche Kontrollen (z. B. bei einem potenziellen Meerwassereinfluss bei küstennahen Brunnen) und für Untersuchungen im Gelände (z. B. bei der Ermittlung der Tiefenfunktion der Salzbelastung in einem Bohrloch) geeignet ist.

Das klassische Analysenverfahren ist die maßanalytische Bestimmung nach Mohr (DIN 38405-D1-1), bei der das Wasser mit Silbernitratlösung titriert wird. Als Indikator für den Endpunkt der Titration wird Kaliumchromat verwendet, das mit überschüssigen Silberionen zu Silberchromat reagiert. Dieses unterscheidet sich farblich vom zugesetzten Kaliumchromat. Bromid und Iodid werden von diesem Verfahren miterfasst. Da die Konzentrationen dieser beiden Anionen im Vergleich zur Chloridkonzentration meist vernachlässigbar sind, entsteht durch die Miterfassung von Bromid und Iodid im Allgemeinen kein merklicher Fehler. Von diesem Verfahren existieren einige modernere elektrochemische Varianten.

Ein grundsätzlich anderes und von Silbernitrat unabhängiges Verfahren ist die Ionenchromatografie. Sie ist auf Chlorid spezifisch. Es können beispielsweise Chlorid und Bromid (und zahlreiche andere Anionen) getrennt bestimmt werden.

Wirkungen

Elementares Chlor führt zu Verätzungen der Atemwege und ist daher außerordentlich giftig. Die maximale Arbeitsplatzkonzentration (MAK) liegt bei 1,5 mg/m^3 bzw. 0,5 ppm. Bei einer Konzentration von 1 ppm (0,0001 Vol.-%) ist elementares Chlor bereits geruchlich wahrnehmbar. Besonders gefährlich ist die Freisetzung von Chlorgas aus defekten Chlorgasflaschen oder durch Einwirkung von Säure auf Chlorbleichlauge. Auch aus bestimmten Haushaltschemikalien kann durch Säureeinwirkung gasförmiges Chlor freigesetzt werden.

Chlorid besitzt hauptsächlich als Natriumchlorid eine große Bedeutung für den Stoffhaushalt von Mensch, Tier und Pflanze. Der erwachsene Mensch enthält 1,4 g/kg Chlorid und hat einen Mindestbedarf an Chlorid von 770 mg je Tag, entsprechend 1,27 g je Tag an Kochsalz. Die tatsächliche tägliche Salzzufuhr für gesunde Erwachsene wird für die Bundesrepublik Deutschland auf 10–15 g je Tag geschätzt. Der Beitrag des Trinkwassers zur Salzaufnahme liegt im Durchschnitt

Tab. 4.5 Korrosions- und Aufeisenungsraten nach Wagner *et al.* (1985), die Angaben „niedrig" und „hoch" beziehen sich auf den Neutralsalzgehalt.

Laufzeit (Monate)	Korrosionsrate ($g/(m^2\,d)$ als Fe)		Eisenabgaberate ($g/(m^2\,d)$ als Fe)		Eisenabgabe (%)	
	niedrig	hoch	niedrig	hoch	niedrig	hoch
1	0,55	1,4	0,05	0,78	9	57
6	0,25	0,95	0,02	0,45	8	47
9	< 0,05	0,6	< 0,01	0,23	–	38

bei weniger als 1 %. Bluthochdruckerkrankungen werden mit einer überhöhten Salzaufnahme in Verbindung gebracht (Grossklaus, 1991).

Chlorid ist eine Komponente von „Neutralsalzen". Die Erhöhung der elektrischen Leitfähigkeit des Wassers durch Neutralsalze begünstigt elektrochemische Prozesse und damit grundsätzlich auch Korrosionsprozesse an metallischen Materialien. Außerdem geht Chlorid keine Wechselwirkungen mit Metallen ein, die zur Bildung schützender Deckschichten führen. Das Chlorid ist daher ein wichtiger Parameter bei der Beurteilung der Wahrscheinlichkeit von Korrosionsschäden.

Im Hinblick auf Korrosionsprozesse an Gusseisen und Stahl findet sich eine anschauliche Schilderung der Wechselbeziehungen zwischen Kalibergbau, Gewässerzustand und Beeinträchtigung der Trinkwasserversorgung in der IAWR-Salzbroschüre (1988).

Messungen zur Bedeutung von Neutralsalzen bei der Korrosion von Stahlrohren wurden von Wagner *et al.* (1985) durchgeführt. Dabei haben sie festgestellt, dass die Einflüsse von Chlorid und Sulfat etwa gleich stark waren, während Nitrat das Korrosionsgeschehen nicht erkennbar beeinflusste. Tabelle 4.5 gibt die Ergebnisse wieder.

Die Angaben für niedrige Neutralsalzgehalte (1,5 mmol/l Anionenäquivalente) entsprechen dem von den Stadtwerken Karlsruhe verteilten Reinwasser aus dem Wasserwerk Rheinwald ohne Zusatz. Die Angaben für hohe Neutralsalzgehalte (ca. 11,5 mmol/l Anionenäquivalente) entsprechen einer Dosierung von 350 mg/l Chlorid bzw. 500 mg/l Sulfat (jeweils als Natriumsalze). Aus der Originalarbeit geht hervor, dass deutliche Effekte bereits bei wesentlich niedrigeren Konzentrationen einsetzen.

Durch die Neutralsalze werden sowohl die Korrosionsgeschwindigkeit als auch die Eisenabgabe an das Trinkwasser ungünstig beeinflusst. In den ersten sechs Monaten der Versuchsdauer wurde unter dem Einfluss hoher Neutralsalzkonzentrationen nur ungefähr die Hälfte des korrosionschemischen Eisenumsatzes in die festen Korrosionsprodukte eingebaut. Die andere Hälfte ist in das Wasser übergetreten, eine besonders unangenehme Konsequenz des Neutralsalzeinflusses.

Eine andere Rolle des Chlorids konnte der Autor im Jahre 1980 an einem besonders augenfälligen Beispiel beobachten. Die im Versorgungsgebiet der Stadt-

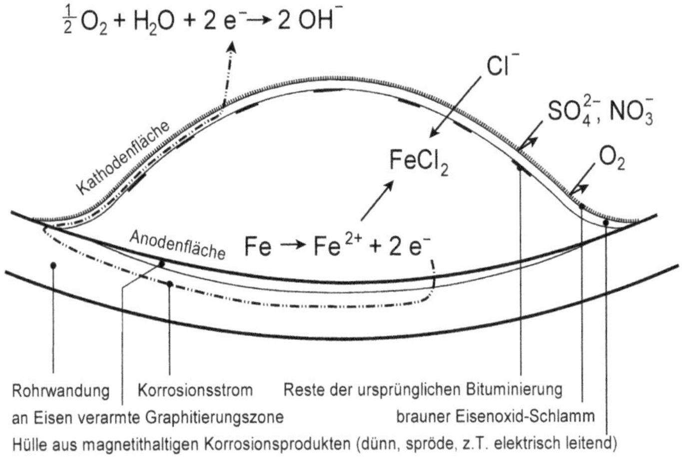

Abb. 4.14 Schema eines Korrosionsproduktes von Graugussleitungen, das innerhalb einer spröden Schale nur Eisen(II)-chlorid enthielt.

werke Hannover liegende Trinkwasserleitung aus Grauguss führte einige Jahrzehnte hindurch (bis 1976) ein Trinkwasser mit schwankenden, aber insgesamt hohen Chloridgehalten, die Werte bis über 200 mg/l erreichten. Die Leitung enthielt „Pusteln“ mit Durchmessern bis ca. 6 cm und Wandstärken von ca. 0,1 mm. Gefüllt waren diese Pusteln mit einer wasserklaren Lösung von Eisen(II)-chlorid, die eine Konzentration von ca. 3,3 g/l Fe^{2+} aufwies. Andere Korrosionsprodukte als die Pustelwand und die von ihr eingeschlossene Eisen(II)-Lösung waren nicht vorhanden. Abbildung 4.14 zeigt ein Schema einer solchen Pustel.

Der zugrunde liegende Korrosionsprozess kann mit der folgenden Modellvorstellung erklärt werden:

- In die Wandung der Pusteln wird neben anderen Oxiden bzw. Oxidhydraten des Eisens stellenweise auch Magnetit eingebaut, der ein guter Elektrizitätsleiter ist. So kann die Wandung als Kathode des Korrosionselements wirksam werden.
- Die Pustel wächst durch den im Innern herrschenden Überdruck. Es entstehen Mikrorisse, die durch zwei unterschiedliche Prozesse ausheilen können: Die eisenhaltige Lösung kommt in den Mikrorissen mit sauerstoffhaltigem Trinkwasser in Kontakt. Die dabei entstehenden Eisenoxidhydrate wirken als Kitt, durch den die Mikrorisse wieder ausheilen. Der zweite Prozess hat eine geringere Bedeutung, weil dabei keine elektrisch leitenden Produkte entstehen. Er beruht auf den an der Kathode entstehenden OH^--Ionen („Wandalkalität“), durch die Calcit ausgefällt wird.
- Zur Wahrung der Elektroneutralität müssen Anionen in das Innere der Pusteln eindringen. Offenbar kann deren Wandung eine so hohe Selektivität für Chlorid aufweisen, dass andere Anionen, die sekundäre Korrosionsprodukte bilden, keinen Zutritt in das Innere der Pustel haben.

Die Wandungen „normaler“, unauffälliger Pusteln sind weniger selektiv. Infolgedessen sind sekundäre Korrosionsprodukte (Oxide, Hydroxide, Oxidhydrate, Eisen(II)-carbonat, Eisen(II)-sulfid) enthalten, die sich aus den Anionen Nitrat, Hydrogencarbonat und Sulfat bilden (Kölle und Rösch, 1980). Dass oft auch Eisen(II)-chlorid beteiligt ist, wird meist übersehen, da es beim Trocknen der Korrosionsprodukte vollständig zu dunkelbraunen Krusten oxidiert.

Ein ähnlicher Vorgang, wie er in Abb. 4.14 skizziert ist, läuft auch ab, wenn auf Kupfer eine Lochkorrosion nach Typ 1 stattfindet. Die Rolle des Magnetits als Stromleiter und Kathode übernimmt hier das Kupfer(I)-oxid, das Halbleitereigenschaften besitzt und das die Angriffsstelle abdeckt. Im Innern der Angriffsstelle findet man Chloride und Oxide des Kupfers (DIN 50930, Teil 5). Eine Aufwölbung der Angriffsstellen zu Pusteln wird nicht beobachtet, vielmehr verlässt ein Teil der Kupferionen die Angriffsstelle und bildet auf deren Oberseite blaue und grüne basische Kupfercarbonate.

Bilder zum Thema „Chlorid“

Auswahl 1: Bildordner und PDF: „4.4.1 Auswahl 1, Natriumchlorid(.pdf)“: Bilder von Salinen (Lanzarote, Mozia bei Sizilien und Mallorca) und eines Salzsees (Zypern). Ergänzt wird die Bildfolge durch ein Bild, das am Toten Meer gemacht wurde sowie durch Angaben zum Salzgehalt des Toten Meers. Das letzte Bild zeigt eine Abraumhalde des Kalibergbaus am Steinhuder Meer.

Auswahl 2: Bildordner und PDF: „4.4.1 Auswahl 2, Chlorid in Korrosionsprodukten(.pdf)“: Farbaufnahmen zu der Prinzipzeichnung „Abb. 4.14“ (Korrosionsprodukt, das $FeCl_2$ enthält) sowie einige zusätzliche Aufnahmen zu dem Thema.

Auswahl 3: Bildordner und PDF: „4.4.1 Auswahl 3, Chlorideinfluss auf Korrosion“ (Streusalzeinfluss auf Kanaldeckel).

4.4.2 Bromid

Symbol für Brom: Br; relative Atommasse: 79,904. In elementarer Form ist Brom eine braune, stark ätzend riechende Flüssigkeit. In der Natur kommt Brom nicht elementar, sondern überwiegend als Bromid vor. Die Erdkruste enthält 2,5 g/t Brom, Meerwasser ca. 67 mg/l (hauptsächlich als Bromid). Brom kann direkt aus Meerwasser und aus bromhaltigem Carnallit (aus den Endlaugen der Kaliumchloridgewinnung) gewonnen werden. Brom ist für den Menschen nicht essenziell. Verwendet werden Bromverbindungen beispielsweise im Zusammenhang mit dem Flammschutz von Kunststoffen sowie als lichtempfindliches Silberbromid in der Fotografie.

Eine ausführliche Studie zum Vorkommen von Bromid im Grundwasser Ostfrieslands hat der Niedersächsische Landesbetrieb für Wasserwirtschaft, Küsten- und Naturschutz vorgelegt (NLWKN 2015). Die gemessenen Bromidkonzentrationen waren mit den Chloridkonzentrationen streng korreliert. Allerdings war die Korrelation von der Herkunft des Wassers abhängig: Die von Meerwasser beeinflussten Proben wiesen (bei Chloridgehalten von z. T. bis über 10 g/l) ein Chlorid-Bromid-Verhältnis im Mittel von 272 : 1 (Ems) und 285 : 1 (Küste) auf. Das vom Salzstock beeinflusste Grundwasser war durch ein Verhältnis von 706 : 1 gekennzeichnet, während das salzarme Grundwasser der Geest auf ein Verhältnis von 247 : 1 kam. Insgesamt 18 (von 299) Proben hatten einen Bromidgehalt von über 5 mg/l, der höchste gemessene Wert lag bei 52 mg/l. In einer Grundwassermessstelle nördlich von Hannover lag der höchste Bromidgehalt bei 67 µg/l. Das Chlorid-Bromid-Verhältnis lag oberflächennah bei ca. 1000 : 1, unterhalb von 8 m Tiefe bei ca. 500 : 1.

Für den Wasserchemiker interessant ist die Tatsache, dass bei der Desinfektion von Wasser mit Chlor Trihalogenmethane („Haloforme") entstehen können, in die auch Brom eingebaut werden kann. Dadurch erhöht sich die „Ausbeute" an Haloformen. Bromid wird durch Ozon zu Bromat oxidiert (s. Abschn. 8.2 „Desinfektionsmittel"). Für Haloforme und für Bromat existieren nach der Trinkwasserverordnung Grenzwerte von 0,05 mg/l (Haloforme) und 0,01 mg/l (Bromat).

4.4.3
Iodid (klassische Schreibweise: „Jodid")

Symbol für Iod: I; relative Atommasse: 126,904 47. In elementarer Form ist Iod ein grauschwarzer Feststoff, in der Gasphase (beim Sublimieren) und in Lösungsmitteln, die keinen Sauerstoff im Molekül enthalten, ist Iod violett, in anderen Lösungsmitteln braun. Die Erdkruste enthält ca. 0,5 g/t Iod, Meerwasser ca. 60 µg/l Iod (hauptsächlich als Iodat), Flüsse durchschnittlich ca. 5 µg/l. Das Grundwasser in der Bundesrepublik Deutschland enthält Iod in Konzentrationen zwischen 0,2 und ca. 20 µg/l mit Medianwerten um 3–4 µg/l. Die höchsten Konzentrationen wurden in Norddeutschland, die niedrigsten in Süddeutschland gemessen (Bittermann, 1999). Meeresalgen reichern Iod an (bis 19 g/kg Trockenmasse), der Mensch enthält (hauptsächlich in der Schilddrüse) Iod in der Größenordnung von 1 mg/kg. Bei der Kernspaltung entsteht radioaktives Iod-131, das Beta- und Gammastrahlung mit einer Halbwertszeit von ca. acht Tagen aussendet. Für den Ernstfall werden „Jodtabletten" (Kaliumiodid) ausgegeben, um die Aufnahme von radioaktivem Iod in den Organismus weitgehend zu blockieren.

Gewonnen wird Iod aus den iodhaltigen Mutterlaugen des Chilesalpeters und aus Erdölbohrwässern, auch aus der Asche von Meeresalgen hat man Iod gewonnen. Iod wird benötigt zur Herstellung von Röntgenkontrastmitteln, in der chemischen Analytik („Iodometrie") und zur Iodversorgung von Mensch und Tier. Iod ist ein essenzielles Spurenelement, das in die Schilddrüsenhormone eingebaut wird. Zur Iodversorgung des Menschen sind 180–200 µg Iod pro Tag erforderlich. Die Versorgung wird durch folgende Maßnahmen gewährleistet: Einsatz von Iod in der Landwirtschaft, Verzehr von Fisch, Verwendung von iodhaltigem Mineralwasser (Mindestgehalt: 1 mg/l Iod) und Verwendung von „Jodsalz" (bis 25 mg/kg Iod als Iodat). Für Iod und Iodverbindungen existiert nach der Trinkwasserverordnung kein Grenzwert.

4.4.4
Sulfat, Sulfit, Schwefelwasserstoff

Allgemeines
Symbol für Schwefel: S; relative Atommasse: 32,066. Schwefel ist am Aufbau der Erdkruste mit einem Anteil von 260 g/t beteiligt.

Formel für Sulfat: SO_4^{2-}; relative Molekülmasse: 96,064;

Formel für Sulfit: SO_3^{2-}; relative Molekülmasse: 80,064;

Formel für Schwefelwasserstoff: H_2S; relative Molekülmasse: 34,082.

Sulfat, Sulfit und Schwefelwasserstoff werden gemeinsam behandelt, weil sie über Redoxprozesse in besonders enger Beziehung zueinander stehen.

Sulfat, Herkunft
Oberflächengewässer
Seen und Trinkwassertalsperren enthalten wenig Sulfat. Als Beispiele seien genannt: Eckertalsperre 19 mg/l (1966), Breitenbachtalsperre 19 mg/l (1966), Analysenbeispiel 20: 22,6 mg/l (1999).

Die Sulfatkonzentrationen von Fließgewässern sind teilweise geologisch bedingt. Dies trifft beispielsweise auf die Sulfatkonzentration der Leine zu, nachdem sie durch den Kalibergbau nicht mehr belastet ist (Analysenbeispiel 19: 136 mg/l).

Eine weitere Quelle für Sulfateinträge in Oberflächengewässer sind Abschwemmungen aus landwirtschaftlichen Flächen sowie die Sulfatfrachten aus kommunalen und industriellen Abwässern. Im Rheinwasser lag die Sulfatkonzentration im Jahre 1975 im Bereich von 25 mg/l bei Basel und 74 mg/l bei Bimmen/Lobith (Grenze zu den Niederlanden). Im Jahre 1998 wurden bei Basel 33 und bei Bimmen/Lobith 75 mg/l Sulfat gemessen. Es ist festzustellen, dass die Sulfatbelastung mit der Fließstrecke zunimmt und dass sie sich seit 1975 nicht nennenswert geändert hat.

Grundwasser
Gips führende Schichten Grundwasser aus Gips führenden geologischen Schichten des Grundwasserleiters enthält naturgemäß Sulfat in erhöhten Konzentrationen. Dabei kann im Extremfall die Sättigungskonzentration erreicht werden (1,35 g/l als Sulfat).

Atmosphärische Verfrachtung Bei der Grundwasserneubildung erhält das versickernde Wasser das gesamte Inventar der Atmosphäre an Schwefelverbindungen als Sulfat. Wesentliche Anteile des atmosphärisch verfrachteten Sulfats gehen auf die Verbrennung fossiler Energieträger zurück. In den vergangenen Jahren sind diese Emissionen sehr deutlich zurückgegangen (Abschn. 2.2).

Im Jahre 1982 veröffentlichten Strebel und Renger (1982) Daten zur Chlorid- und Sulfatanlieferung an das Grundwasser des Fuhrberger Feldes, die in Tab. 4.6 auszugsweise und nur für die Sulfatanlieferung wiedergegeben werden.

Tab. 4.6 Sulfatanlieferung an das Grundwasser im Fuhrberger Feld nach Strebel und Renger (1982).

	Grünland	**Nadelwald**
Niederschlag (mm/a)	612	612
Grundwasserneubildung (mm/a)	255	215
Sulfatauswaschung (kg/(ha a))	108	249
Sulfatkonzentration im Grundwasser (mg/l)	42	117
Sulfatkonzentration im Niederschlag (mg/l)	17,6	40,8
Anteil der Interzeption im Grundwasser:	117 – 42 = 75 mg/l	
Anteil der Interzeption im Niederschlag:	40,8 – 17,6 = 23,2 mg/l	

Der Wert [100 × Sulfatauswaschung/Niederschlag] entspricht der Sulfatkonzentration im Niederschlag. Mit „Interzeption" wird das Ausfiltern von Luftbestandteilen (Aerosolen) durch die beträchtlichen Nadeloberflächen der Nadelgehölze bezeichnet. Dieser Anteil addiert sich zur Sulfatkonzentration des eigentlichen Niederschlags. Man erkennt, dass die Sulfatanlieferung unter Nadelwald beträchtlich gewesen ist. Wenn die Daten der Tab. 2.1 „Schwefeldioxidemissionen ... in Baden-Württemberg ..." verallgemeinert werden könnten, müsste bereits 1995 die Sulfatbelastung auf 26 % der Belastung von 1980 zurückgegangen sein. Nach mündlicher Auskunft der Autoren ist bis 1999 ein Rückgang im Fuhrberger Feld auf ca. ein Drittel festzustellen gewesen.

Schwefeleintrag durch Düngung Manche Mineraldünger enthalten Schwefel als Sulfat, beispielsweise Ammoniumsulfat, Kaliumsulfat und Superphosphat. Auch alle organischen Dünger enthalten Schwefel, über dessen Konzentration jedoch kaum Angaben zu finden sind, weil die Schwefelversorgung der Nutzpflanzen im Allgemeinen kein Problem darstellt.

Sulfat als Reaktionsprodukt der Denitrifikation Die Denitrifikation durch Eisensulfide ist in Abschn. 4.3.1 „Herkunft" ausführlich erörtert worden. Der in den Sulfiden enthaltene Schwefel wird dabei zu Sulfat oxidiert. Die Reaktion folgt der Gl. (4.1), die hier wiederholt wird:

$$14NO_3^- + 5FeS_2 + 4H^+ \rightarrow 7N_2 + 10SO_4^{2-} + 5Fe^{2+} + 2H_2O \tag{4.1}$$

Reduzierende Grundwasserleiter enthalten neben Eisensulfiden in der Regel auch fossile organische Substanz („Braunkohle"). In diesem Fall kann das Sulfat nach einer der beiden folgenden Reaktionen reduziert werden („Desulfurikation"):

$$5SO_4^{2-} + 10C \rightarrow 5S^{2-} + 10CO_2 \tag{4.9}$$

$$5SO_4^{2-} + 7{,}5C + 10H^+ \rightarrow 5S + 7{,}5CO_2 + 5H_2O \tag{4.10}$$

Die beiden Gln. (4.9) und (4.10) wurden aus rein stöchiometrischen Gründen so formuliert, dass bei einer Addition der beiden Gleichungen das Anion des Eisendisulfids $[S_2]^{2-}$ abgeleitet werden kann. Dabei wurden die Umsätze so gewählt, dass bei einer Addition aller drei Gln. (4.1), (4.9), (4.10) alle Glieder der Gleichung, die Schwefel und Eisen enthalten, „herausgekürzt“ werden können („gekürzt“ wurde beispielsweise: $5FeS_2$ gegen $5[Fe^{2+} + S^{2-} + S]$; zum Umgang mit Gleichungen siehe Abschn. 1.3.6). Dabei resultiert die folgende Summengleichung:

$$14NO_3^- + 17{,}5C + 14H^+ \rightarrow 7N_2 + 17{,}5CO_2 + 7H_2O \qquad (4.11)$$

In der Gesamtbilanz von Denitrifikation plus Desulfurikation wird Nitrat durch Kohle zu Stickstoff reduziert und die Kohle zu CO_2 oxidiert.

Würde Gl. (4.11) streng gelten, dürften Grundwässer aus reduzierenden Grundwasserleitern nach Abschluss aller Redoxreaktionen weder Sulfat noch Schwefelwasserstoff noch gelöstes Eisen(II) enthalten. Solange die Redoxreaktionen nicht abgeschlossen sind, geben die genannten Parameter nur ein kurzes Gastspiel (von einigen Hundert Jahren). Während dieses Gastspiels durchläuft der Schwefel einen Kreislauf vom Eisensulfid zum Sulfat und wieder zurück und das Eisen einen Kreislauf vom Eisensulfid zum gelösten Eisen(II) und wieder zurück. Alle für dieses Schema erforderlichen Reaktionen sind seit Jahrzehnten bekannt.

Die Wirklichkeit richtet sich nicht nach diesem Schema, und es ist interessant, nach den Gründen zu fragen. Dabei ist zu berücksichtigen, dass Reaktion (4.1) mit einer Halbwertszeit von 1–2,3 Jahren an Grenzflächen zwischen Wasser und Eisensulfiden und Reaktion (4.9) bzw. (4.10) mit einer Halbwertszeit von 76–100 Jahren an Braunkohleoberflächen abläuft (Böttcher *et al.*, 1992). Eine schnelle Schließung der Reaktionskreisläufe ist daher nicht möglich. Aufgrund dieser unterschiedlichen Reaktionsbedingungen können Konkurrenzreaktionen begünstigt werden:

- Aus dem Kreislauf „Eisensulfid – gelöstes Eisen(II)“ kann Eisen abgezweigt werden, und zwar mit den Reaktionen (4.2) (Oxidation durch Nitrat) und (4.3) (Ausfällung als Carbonat).
- Aus dem Kreislauf „Eisensulfid – Sulfat“ kann Schwefel abgezweigt werden, und zwar durch Oxidation von Sulfidschwefel (Schwefelwasserstoff) zu elementarem Schwefel, etwa nach der Reaktion:

$$2NO_3^- + 5H_2S \rightarrow 5S + N_2 + 4H_2O + 2OH^- \qquad (4.12)$$

Insgesamt ist die Elimination von Schwefelwasserstoff sehr wirkungsvoll. Im Grundwasserleiter zu Analysenbeispiel 6 sind wahrscheinlich 75 mg/l Sulfat reduziert worden (siehe Abschn. 6.3.2 „Herkunft refraktärer organischer Substanzen“). Bei den Analysenbeispielen 9, 10 und 11 waren es sicherlich nicht weniger. Es müssen also ursprünglich 27 mg/l Schwefelwasserstoff (oder mehr) entstanden und wieder auf Restgehalte von wenig mehr als der Geruchsschwellenkonzentration von 0,02 mg/l eliminiert worden sein.

Der Grundwasserleiter zu Analysenbeispiel 9 ist auf elementaren Schwefel untersucht worden. In einer Tiefe von 15 m wurden 142 mg/kg elementarer Schwefel festgestellt; mit zunehmender Tiefe nahm der Schwefelgehalt des Grundwasserleiters ab (Kölle, 1988). Durch die Abscheidung von elementarem Schwefel muss die Elimination von Eisen(II) als Sulfid eingeschränkt gewesen sein. Der negative Sättigungsindex muss auch die Elimination als Carbonat (Siderit) verhindert haben. Als Folge davon konnte die Eisenkonzentration auf einem hohen Wert von 18,4 mg/l verharren. In anderen Fällen (Analysenbeispiele 10 und 11) geht die Gesamtbilanz nach Reaktion (4.11) offenbar besser auf. Hier sind nur 2,17 und 2,21 mg/l Eisen(II) gelöst geblieben.

Oxidation von Eisensulfiden durch Sauerstoff Hohe Belastungen durch Sulfat und Eisen können beim Braunkohlentagebau entstehen. Im Einzugsbereich der Spree werden Sulfatkonzentrationen bis 1000 mg/l beobachtet (Gelbrecht *et al.*, 2016).

In einem Fall in den USA sind durch Oxidation von Sulfiden Sulfatkonzentrationen von 1,33 g/l bei einem pH-Wert von 2,5 entstanden (siehe Abschn. 4.3.1 „Herkunft").

Anmerkung

Der Kampf gegen Schwefelsäure aus der Sulfidverwitterung ist etwas sehr Alltägliches. Mineraliensammler führen ihn ebenso wie Konservatoren, die sulfidhaltige organische Substanz konservieren müssen. Das im Jahre 1628 im Hafen von Stockholm gesunkene und 333 Jahre danach gehobene Kriegsschiff Wasa soll inzwischen zwei Tonnen Schwefelsäure enthalten.

Chemie

Für industrielle Zwecke werden Lagerstätten mit elementarem Schwefel ausgebeutet. Große Mengen Schwefel werden auch als Schwefelwasserstoff bei der Gewinnung von Erdöl und Erdgas als Beiprodukt gewonnen. Ein weiterer Teil des industriell verarbeiteten Schwefels stammt aus sulfidischen Erzen.

Etwa 90 % des jährlich industriell gewonnenen Schwefels von 40 Mio. Tonnen werden zu Schwefelsäure verarbeitet. Davon geht der größte Anteil in die Produktion von Mineraldüngern wie Ammoniumsulfat und Superphosphat. Daneben existieren noch zahllose andere Einsatzfelder für Schwefelsäure, bis hin zum Bleiakkumulator, der in jedem Kraftfahrzeug unverzichtbar ist. Auch in der organischen Chemie wird Schwefelsäure benötigt.

Die wichtigsten Sulfate sind der Gips ($CaSO_4 \cdot 2H_2O$) und der Anhydrit ($CaSO_4$). Gips zählt zu den ältesten und wichtigsten Baustoffen. Er wird als Naturprodukt abgebaut oder bei chemischen Prozessen gewonnen, neuerdings auch als Produkt der Rauchgasentschwefelung von Kraftwerken. Insgesamt werden jährlich ca. 100 Mio. Tonnen Gips verarbeitet.

Während der Schwefel in den Sulfaten in sechswertiger Form vorliegt, ist er im Schwefeldioxid (SO_2) nur vierwertig. Schwefeldioxid entsteht bei der Verbrennung von Schwefel und bei der Umwandlung sulfidischer Erze in Oxide („Rösten").

Auch beim Verbrennen fossiler Energieträger wird deren Schwefelgehalt zunächst als Schwefeldioxid freigesetzt, das an der Atmosphäre langsam zu Schwefelsäure weiterreagiert und so zum „sauren Regen“ beiträgt.

Bei Redoxprozessen im Grundwasserleiter muss bei der Oxidation von Schwefelwasserstoff oder Sulfiden zu Sulfat und bei der Reduktion von Sulfat zu Schwefelwasserstoff die Stufe des Sulfits durchlaufen werden (dies würde eine Analogie zur Stufe des Nitrits bedeuten, die zwischen Ammonium und Nitrat durchlaufen wird). Sulfit ist allerdings in Rohwässern zur Trinkwassergewinnung bisher nicht beobachtet worden. Für die Wasserwirtschaft hat Sulfit daher keine Bedeutung als Wasserinhaltsstoff, sondern nur als Dosierchemikalie für Zwecke der Reduktion.

Bei dem am häufigsten eingesetzten Verfahren zur Gewinnung von Cellulose aus Holz oder Stroh wird eine saure Calciumsulfitlösung eingesetzt. Aus der Ligninkomponente des Holzes bildet sich dabei die Ligninsulfonsäure, die früher mit dem Abwasser der Zellstofffabriken in die Flüsse eingeleitet wurde. Heute wird die Ligninsulfonsäure unter Energiegewinnung verbrannt. Das dabei entstehende Schwefeldioxid wird zurückgewonnen und wieder in den Produktionsprozess eingeschleust.

Eine wichtige Rolle spielt das Sulfat in Trinkwässern als Komponente der Neutralsalze. Ebenso wie das Chlorid erhöht das Sulfat bei Stahl und Gusseisen sowohl die Korrosionsgeschwindigkeit als auch die Eisenabgabe an das Trinkwasser in Prozent des Korrosionsumsatzes (Abschn. 4.4.1 „Wirkungen“).

Wenn Sulfat in das Innere der festen Korrosionsprodukte des Eisens gelangen kann, wird es im Einflussbereich der Stahl- oder Gusseisenwandung zu Schwefelwasserstoff reduziert. Das Eisen reagiert dabei zu einem unübersichtlichen Gemisch von Sulfiden und Oxiden bzw. Hydroxiden. Diese Reaktion läuft unter Beteiligung von sulfatreduzierenden Mikroorganismen ab.

Wenn in ungeschützten Stahl- oder Gussleitungen sehr lange Zeit sulfathaltiges Wasser stagniert, kann die Sulfatreduktion im Extremfall den gesamten Wasserkörper erfassen. Die dabei entstehenden Geruchsprobleme sind unzumutbar.

Treffen hohe Konzentrationen von Sulfat mit einer starken Belastung an organischen Substanzen zusammen, können in kurzer Zeit große Mengen von Sulfat reduziert werden. In kommunalem Abwasser kann der entstehende Schwefelwasserstoff unter ungünstigen Umständen in die über dem Abwasser stehende Atmosphäre entweichen. An den nicht benetzten Flächen der Leitung wird der Schwefelwasserstoff zu Schwefelsäure oxidiert und verursacht dadurch an säureempfindlichen Werkstoffen schwerwiegende Schäden.

Bei Baumaßnahmen können pyrithaltige Lockergesteine unter Sauerstoffeinfluss geraten. Die dabei entstehende Schwefelsäure kann zu Schäden an Bauwerken führen. Droste und Wisotzky (2015) untersuchten im Zusammenhang mit dem Umbau der Emscher die Oxidation von Pyrit im Emschermergel, der bis 0,6 % Pyritschwefel enthält. Durch den Kalkgehalt des Mergels wird die entstehende Schwefelsäure neutralisiert.

Eckpunkte der Konzentration

Grenzwerte

Trinkwasserverordnung vom August 2013: 250 mg/l Sulfat (Indikatorparameter).

Bemerkung: „Das Wasser sollte nicht korrosiv wirken." Anmerkung: „Die entsprechende Beurteilung, insbesondere zur Auswahl geeigneter Materialien im Sinne von §17 Abs. 1, erfolgt nach den allgemein anerkannten Regeln der Technik."

Eine Ausnahmeregelung, mit der unter bestimmten Bedingungen erhöhte Sulfatkonzentrationen toleriert werden können, ist nicht mehr vorgesehen, s. hierzu Abschn. 1.10.3 „Ausnahmegrenzwerte".

Vorgeschichte: Trinkwasserverordnung vom Februar 1975: Grenzwert: 240 mg/l (2,5 mmol/l) Sulfat; Fußnote: „ausgenommen bei Wässern aus calciumsulfathaltigem Untergrund". EG-Trinkwasserrichtlinie vom Juli 1980: Grenzwert: 250 mg/l; Trinkwasserverordnung vom Mai 1986: Grenzwert: 240 mg/l Sulfat; Bemerkung: „ausgenommen bei Wässern aus calciumsulfathaltigem Untergrund"; Trinkwasserverordnung vom Dezember 1990: Grenzwert: 240 mg/l Sulfat; Bemerkung: „Geogen bedingte Überschreitungen bleiben bis zu einem Grenzwert von 500 mg/l außer Betracht"; EG-Trinkwasserrichtlinie vom November 1998: Grenzwert: 250 mg/l; Anmerkung: „Das Wasser sollte nicht korrosiv wirken", eine Ausnahmeregelung für geogen bedingtes Sulfat ist nicht vorgesehen.

Trinkwasserverordnung vom Mai 2001: 240 mg/l Sulfat (Indikatorparameter).

Bemerkung: „Das Wasser sollte nicht korrosiv wirken. Geogen bedingte Überschreitungen bleiben bis zu einem Grenzwert von 500 mg/l außer Betracht." Anmerkung: „Die entsprechende Beurteilung, insbesondere zur Auswahl geeigneter Materialien im Sinne von §17 Abs. 1, erfolgt nach den allgemein anerkannten Regeln der Technik."

Zielwert entsprechend Fließgewässermemorandum: 100 mg/l Sulfat, es sei denn, dass geogene Verhältnisse höhere Werte bedingen.

Sulfit: Für Sulfit gab es nie einen Grenzwert.

Schwefelwasserstoff: Für Schwefelwasserstoff gibt es keinen aktuellen Grenzwert. EG-Trinkwasserrichtlinie vom Juli 1980: Forderung: „organoleptisch nicht nachweisbar". Weitere Regelungen sind für Schwefelwasserstoff zu keinem Zeitpunkt getroffen worden, da er stets zuverlässig über den Geruch und zusätzlich über seine Oxidationsempfindlichkeit limitiert ist.

Messwerte (Beispiele)

Reduzierte Grundwässer nach Abschluss der Desulfurikation: < 5 mg/l Sulfat. Empfindlichere Messungen unterhalb der Standardbestimmungsgrenze von 5 mg/l werden üblicherweise nicht durchgeführt.

Grundwässer nach Ionensorption (Analysenbeispiele 14 und 15) und Quellwässer: ca. 5–15 mg/l Sulfat.

Talsperrenwässer, anthropogen unbeeinflusste Grundwässer: bis ca. 25 mg/l Sulfat.

Grundwässer aus nicht reduzierenden Grundwasserleitern bei landwirtschaftlicher Nutzung der Einzugsgebiete: 70 bis über 100 mg/l Sulfat (Analysenbeispiele 2 und 3).

Grundwässer aus reduzierenden Grundwasserleitern nach Grünlandumbruch: bis ca. 600 mg/l.

Grundwässer aus gipshaltigen geologischen Schichten: bis 1,35 g/l.

Sulfatkonzentration in Meerwasser: 2,7 g/l.

Wässer nach Oxidation von Sulfiden durch Luftsauerstoff: Die Konzentration der entstehenden Schwefelsäure unterliegt praktisch keinen Einschränkungen.

Technisch tolerierbare Konzentration: Nach DIN 50930, Teil 2 wird der Neutralsalzeinfluss auf das Korrosionsverhalten unlegierter und niedrig legierter Eisenwerkstoffe definiert: „Bei Vorliegen von Korrosionselementen kann die örtliche Korrosion begünstigt werden, wenn: $([Cl^-] + 2[SO_4^{2-}])/K_{S4,3} > 1$ (Konzentrationen in mol/m^3 bzw. mmol/l)." Ähnliche Quotienten zur Definition des Neutralsalzeinflusses wurden auch im Zusammenhang mit der Korrosion von verzinkten Eisenwerkstoffen definiert.

Schwefelwasserstoff: Konzentrationen werden selten gemessen. Oft begnügt man sich damit, im Analysenblatt einen Geruch nach Schwefelwasserstoff zu vermerken. In einem solchen Fall muss die Konzentration über der Geruchsschwellenkonzentration von 0,02 mg/l gelegen haben.

Ausschlusskriterien

Schon geringe Sulfatkonzentrationen begrenzen die Bariumkonzentration auf Werte unterhalb 1 mg/l (Grenzwert nach der Trinkwasserverordnung vom Dezember 1990, siehe Abschn. 4.1.4). In Grundwässern signalisiert Schwefelwasserstoff eine stark reduzierende Situation bzw. ein hinreichend hohes Alter, oxidierende Inhaltsstoffe können dann normalerweise nicht vorhanden sein, und falls doch, sind sie auf Mischungen zurückzuführen.

Konzentrationsänderungen im Rohwasser

Oberflächengewässer

Konzentrationsänderungen können bei Oberflächengewässern im Allgemeinen nur durch Abwässer ausgelöst werden. Für eine gezielte Beeinflussung der Sulfatkonzentration ist kein Grund ersichtlich.

Grundwasser

Sulfat aus gipshaltigen Schichten Mit Maßnahmen des Brunnenbaus und der Brunnenbewirtschaftung kann verhindert werden, dass Grundwässer mit extremen Sulfatkonzentrationen gefördert werden.

Sulfat aus der Denitrifikation Im Grundwasser kann die Konzentration von Sulfat aus Denitrifikationsreaktionen grundsätzlich durch zwei verschiedene Typen von Maßnahmen beeinflusst werden (siehe auch Abschn. 4.3.1 und 4.3.2 jeweils „Konzentrationsänderungen im Rohwasser"):

- Maßnahmen zum Grundwasserschutz, mit denen die Anlieferung von Nitrat an das Grundwasser gedrosselt wird, Vermeidung von Grünlandumbrüchen,
- räumliche Entflechtung von Wassergewinnung und Landwirtschaft.

Konzentrationsunterschiede Roh-/Reinwasser

Die Sulfatkonzentration ändert sich bei der Trinkwasseraufbereitung durch die Dosierung sulfathaltiger Dosiermittel wie Aluminiumsulfat und Eisen(II)-sulfat (nach Oxidation mit Chlor: Anwendung als $Fe(III)ClSO_4$). Aktivierte Kieselsäure (nach Aktivierung von Natriumsilicat mit Schwefelsäure) spielte vor der Einführung synthetischer Flockungshilfsmittel eine gewisse Rolle (Analysenbeispiel 27). Weitere sulfathaltige Zusatzstoffe sind für die pH-Regulierung: Schwefelsäure; für die Oxidation: Natriumperoxodisulfat, Kaliummonopersulfat; für die Reduktion: Schwefeldioxid, Natriumsulfit, Natriumdisulfit, Natriumhydrogensulfit, Natriumthiosulfat. Dabei gelten, wenn die Reduktionsmittel vollständig umgesetzt werden, die folgenden Umrechnungsfaktoren zur Berechnung des Anstiegs der Sulfatkonzentration:

$$f(SO_2 \rightarrow SO_4^{2-}) = 1{,}50\,, \quad f(SO_3^{2-} \rightarrow SO_4^{2-}) = 1{,}20\,,$$
$$f(S_2O_3^{2-} \rightarrow SO_4^{2-}) = 1{,}71\,.$$

Eine Elimination von Sulfat aus Trinkwasser ist mit Membranverfahren möglich. Bei der Eichsfelder Energie- und Wasserversorgungsgesellschaft mbH Duderstadt wird seit 1980 eine Umkehrosmoseanlage (zunächst als Versuchsanlage) zur Elimination von Sulfat aus dem Wasser der Rhume-Quelle betrieben (Bergmann, 1981).

Bei der Entcarbonisierung harter Wässer werden gemeinsam mit dem ausfallenden Kalk geringe Anteile des im Wasser enthaltenen Sulfats mitgefällt (Analysenbeispiele 24 und 25).

Analytik

Die meisten Analysenverfahren zur Bestimmung des Sulfats beruhen auf der Schwerlöslichkeit des Bariumsulfats: gravimetrisches Verfahren nach Ausfällung des Sulfats als Bariumsulfat, Titration mit Bariumperchloratlösung nach Elimination der Kationen mittels Ionenaustauscher, Trübungsmessung nach Zugabe von Bariumchlorid unter Bedingungen, unter denen die Fällung möglichst vollständig, die Sedimentation aber möglichst unvollständig ist. Sulfat ist auch mithilfe der Ionenchromatografie gut bestimmbar.

Wirkungen

Schwefel ist für alle Organismen essenziell. Der menschliche Körper enthält ca. 2,5 g/kg Schwefel, beispielsweise in bestimmten Aminosäuren bzw. in den Eiweißsubstanzen. Im Blut befinden sich 16 mg/l Sulfat, mit dem Urin werden im Durchschnitt 1,6 g/l Sulfat ausgeschieden.

Sulfat wirkt abführend. Als Abführmittel wurden und werden verabreicht: Bittersalz ($MgSO_4 \cdot 7H_2O$) und Glaubersalz ($Na_2SO_4 \cdot 10H_2O$). Die abführende

Wirkung ist der Hauptgrund für die Festlegung eines Sulfatgrenzwertes (240 bzw. 250 mg/l). An erhöhte Sulfatkonzentrationen kann sich der Mensch gewöhnen, daher wurden für geogen bedingte Überschreitungen des Grenzwertes vorübergehend Ausnahmen zugelassen.

Schwefeldioxid hat einen stechenden, säuerlichen Geruch. Mit Wasser bildet sich die schweflige Säure (H_2SO_3), die zu den wenigen reduzierend wirkenden Desinfektionsmitteln zählt. Das „Schwefeln" von Weinfässern durch Verbrennen von Kartonstreifen, die mit Schwefel imprägniert sind, gehört daher seit Jahrhunderten zur gängigen Praxis in Weinkellereien. Auf manchen Etiketten von Konserven konnte man bis in die jüngste Vergangenheit noch den Zusatz „geschwefelt" finden.

Schwefelwasserstoff besitzt den bekannten Geruch nach faulen Eiern. In Luft ist er noch in einem Volumenanteil von 1 : 100 000 (0,001 %) geruchlich wahrnehmbar. Schwefelwasserstoff ist giftig, da er schwermetallhaltige Enzyme blockiert. Bei einer Konzentration von 100 ppm treten Beschwerden auf, 1000 ppm wirken tödlich. Die Trinkwasserverordnung enthält keinen Grenzwert für Schwefelwasserstoff, da eine ausreichende Sicherheit über den Geruchsschwellenwert gewährleistet ist. Außerdem sind alle Verfahren zur Aufbereitung reduzierter Wässer mit einer Belüftung verbunden, an die sich Oxidationsreaktionen anschließen. Häufig handelt es sich um eine Oxidation von Eisen, Ammonium und Mangan. Diese Reaktionen können erst dann ablaufen, wenn der Schwefelwasserstoff zuvor durch Ausgasen bei der Belüftung bzw. durch Oxidation zu Sulfat eliminiert wurde.

Bilder zum Thema „Sulfat und Schwefel"

Auswahl 1: Bildordner und PDF: „4.4.4 Auswahl 1 Sulfat und Schwefel(.pdf)": H_2S-haltige Quelle in Griechenland mit Biofilm aus „Schwefelbakterien", elementarer Schwefel aus einem Grundwasserleiter und aus dem Krater des Teide (Teneriffa), Gipslagen im Gestein (Zypern), aus Sole auskristallisierter Gips, verwitternder Gips (Knossos, Kreta).

Auswahl 2: Bildordner und PDF: „4.4.4 Auswahl 2, Schwefel in Korrosionsprodukten" mit REM-Aufnahmen.

4.4.5
Carbonat, Hydrogencarbonat

Carbonat und Hydrogencarbonat sind zusammen mit dem Kohlenstoffdioxid (CO_2) Bestandteil des Gleichgewichtssystems der Calcitsättigung. Dieses wird in Kap. 7 („Calcitsättigung") behandelt. In Abschn. 3.5 („Kohlenstoffdioxid") werden allgemeine und historische Aspekte des Kohlenstoffdioxids erörtert. Der vorliegende Abschnitt befasst sich mit den allgemeinen Aspekten des Carbonats und Hydrogencarbonats.

Vorkommen

Carbonate kommen als Kalk und Dolomit in der Natur gebirgsbildend vor. Sie repräsentieren ca. 57 % des gesamten Kohlenstoffinventars der Erdkruste (Mason und Moore, 1985). Sodaseen enthalten Carbonat in gelöster Form (Analysenbeispiel 29).

Pflanzenasche enthält neben anderen Bestandteilen auch Kaliumcarbonat, das mit Wasser ausgelaugt werden kann. Beim Eindampfen der Lösung erhält man ein festes Produkt, das hauptsächlich aus Kaliumcarbonat besteht. Aus dieser Herstellungsmethode leitet sich die Bezeichnung „Pottasche" für Kaliumcarbonat und das englische „potassium" für Kalium ab. Pottasche wurde in der Vergangenheit (vor der Verfügbarkeit von Seife und Soda) zur Herstellung von Waschlauge verwendet.

Hydrogencarbonate kommen in der Natur fast ausschließlich gelöst vor. In wasserfreier Form können die Hydrogencarbonate der Alkalimetalle gewonnen werden. Das Natriumhydrogencarbonat wird gegen Magenübersäuerung eingesetzt („Bullrichsalz"). Außerdem findet man es in Rezepturen für Backpulver und Brausepulver.

Rolle in der Ionenbilanz

Oft werden Carbonat und Hydrogencarbonat als Komponenten des Kohlensäuresystems als sehr „sensibel" und „leicht verderblich" angesehen. Dies ist insofern richtig, als beispielsweise schon in der Probenahmeflasche Eisen(II) oxidiert werden kann, dessen Säureproduktion zu einer Erniedrigung der Konzentrationen der beiden Anionen führt. Andererseits gilt aber auch, dass Carbonat und Hydrogencarbonat in die Ionenbilanz eingehen, und diese gilt kompromisslos.

Zu erklären ist dieser scheinbare Gegensatz damit, dass sich zwar die Konzentrationen von Carbonat und Hydrogencarbonat ändern können, aber grundsätzlich nur so, dass die Ionenbilanz streng gewahrt bleibt. Die Reaktionsgln. (4.13)–(4.15) sollen das verdeutlichen. Die Summe der Ionenladungen rechts und links des Pfeils sind jeweils gleich, sodass diese Reaktionen zwar die Konzentration des Hydrogencarbonats beeinflussen, nicht aber die Ionenbilanz.

Oxidation von Fe^{2+}:

$$2Fe^{2+} + \tfrac{1}{2}O_2 + 4HCO_3^- \rightarrow 2FeOOH + 4CO_2 + H_2O \tag{4.13}$$

Nitrifikation:

$$NH_4^+ + 2O_2 + 2HCO_3^- \rightarrow NO_3^- + 2CO_2 + 3H_2O \tag{4.14}$$

Ausfällung von $CaCO_3$:

$$Ca^{2+} + HCO_3^- \rightarrow CaCO_3 + H^+ \tag{4.15}$$

Grenzwert

Alle Einschränkungen, denen Carbonat und Hydrogencarbonat unterliegen, sind von der Calcitsättigung abgeleitet (Kap. 7).

4.4.6
Phosphat

Allgemeines

Symbol für Phosphor: P; relative Atommasse: 30,974. Phosphor ist am Aufbau der Erdkruste mit 1050 g/t beteiligt. Magmatische Gesteine enthalten Phosphor in Konzentrationen bis über 600 g/t. Dies ist (neben dem Kaliumgehalt solcher Gesteine) eine der Grundlagen für die Fruchtbarkeit von Böden magmatischer Herkunft. Ausbeutungswürdige Phosphate in Sedimentgesteinen werden mit dem Sammelbegriff „Phosphorit" bezeichnet. Jährlich werden ca. 75 Mio. Tonnen Phosphatminerale abgebaut, hauptsächlich als Rohstoff für die Produktion von Düngemitteln. In der Lebensmittelproduktion ist Phosphat unverzichtbar und nicht substituierbar. Klärschlamm und Klärschlammasche können für das Recycling von Phosphor genutzt werden, eventuell nach einer „Phosphorrückgewinnung", mit der unerwünschte Komponenten des Klärschlamms (z. B. Schwermetalle) eliminiert werden.

Phosphor ist (ebenso wie Eisen) ein Bestandteil einer „globalen Nährstoffpumpe", die von der Fauna in Gang gehalten wird: Beispielsweise jagen Pottwale Tintenfische in der Tiefsee und scheiden ihre Stoffwechselprodukte in geringen, phosphatarmen Tiefen aus. Seevögel transportieren Phosphor (und Eisen) aus dem Meer in das Landesinnere, wenn sie dort ihre Stoffwechselprodukte hinterlassen (Groß, 2016).

Phosphat wird auch atmosphärisch verfrachtet, z. B. als Komponente von „Saharastaub" (Bartholet, 2012). Aktuelle Messungen gehen davon aus, dass aus der Bodélé-Niederung (südliche Sahara) jährlich ca. 120 000 t Phosphat als Staub exportiert werden (Bristow *et al.*, 2010). Dieses geochemische Transportphänomen hat eine große Bedeutung für die Ökologie des Atlantiks und die Fruchtbarkeit des Amazonasbeckens.

Phosphat hat eine starke Affinität zu Schwermetallen und zu festen Oberflächen. Große Bedeutung hat dies für die Wirkung von Phosphaten als Korrosionsinhibitoren und für die Elimination von Phosphaten im Rahmen der Abwasserreinigung („dritte Reinigungsstufe"). Weniger bekannt ist die Tatsache, dass die Affinität zu Schwermetallen und zu festen Oberflächen auch die Beschaffenheit von Rohphosphaten wesentlich mitbestimmt. Als sedimentäre Rohstoffe können Phosphate die folgenden Elemente enthalten: Arsen (Mittlerer Osten: bis 35 mg/kg), Cadmium (USA: bis 92 mg/kg), Chrom (USA: bis 637 mg/kg), Kupfer (Mittlerer Osten: bis 31 mg/kg), Quecksilber (Marokko: bis 0,86 mg/kg), Nickel (Mittlerer Osten: bis 80 mg/kg), Blei (Mittlerer Osten und Russland: bis 33 mg/kg), Uran (USA: bis 180 mg/kg) und Zink (Mittlerer Osten: bis 630 mg/kg). Bis zum Jahre 1998 war die Gewinnung von Uran aus uranreichen Phosphaten wirtschaftlich interessant (Dittrich und Klose, 2008). Rohphosphate magmatischen Ursprungs enthalten wesentlich weniger Fremdbeimengungen.

Ein wichtiges Kennzeichen des Phosphats ist seine Bedeutung für das Leben auf der Erde. Die Knochen der Wirbeltiere und des Menschen enthalten ca. 12 % Phosphor als Apatit. Bekannt sind auch die beiden folgenden Schlüsselfunktionen des Phosphats: Es ist Bestandteil der Nukleinsäuren und damit auch der DNS, in der das Erbgut aller Lebewesen verschlüsselt ist, während Adenosintriphosphat die Rolle eines molekularen „Energietransportvehikels“ spielt. Darüber hinaus enthalten zahlreiche weitere Biomoleküle Phosphor. Es existiert daher ein biologischer Phosphorkreislauf. Diesem Kreislauf werden von außen Phosphate zugeführt, die bergmännisch gewonnen und als Dünger verwendet werden, während Verluste dadurch eintreten, dass Phosphate in den Sedimenten von Gewässern fixiert werden. Die Düngewirkung von Phosphaten ist erwünscht in der Landwirtschaft, aber unerwünscht in Gewässern. Hier ist das Phosphat im Allgemeinen der Minimumfaktor bei der Eutrophierung, die sich ungünstig auf die Nutzung von See- und Talsperrenwässern zur Trinkwassergewinnung auswirkt (s. Abschn. 2.3).

Phosphate haben auch eine große Bedeutung als Zusatz zu Waschmitteln und als Reinigungsmittel in Geschirrspülmaschinen (weil sie waschaktiv sind, ohne zu schäumen). Wegen der eutrophierenden Wirkung der Phosphate werden sie zunehmend durch andere Substanzen ersetzt. Es existiert eine „Verordnung (EG) Nr. 648/2004 in Bezug auf die Verwendung von Phosphaten und anderen Phosphorverbindungen in Haushaltswaschmitteln“. Diese Verordnung soll drastisch verschärft werden. In einem Bericht an den Rat und das Europäische Parlament über die Verwendung von Phosphaten wurde (Dezember 2011) der Schluss gezogen, „dass die Verwendung von Phosphaten in für den häuslichen Bereich bestimmten Waschmitteln und Maschinengeschirrspülmitteln begrenzt werden soll, damit Phosphate in Detergenzien weniger stark zur Eutrophierung beitragen und die Kosten für die Phosphateliminierung in Kläranlagen sinken. Dabei können mehr Kosten eingespart werden, als durch die Neuformulierung von für den häuslichen Bereich bestimmten Waschmitteln anhand von Alternativen für Phosphate anfallen.“ Die Schwierigkeiten, Phosphate (hauptsächlich Pentanatriumtriphosphat) aus Geschirrspülern zu verbannen, werden von Osterath (2011) detailliert geschildert. Als Alternativen nennt die Autorin Mischprodukte z. B. aus Polycarboxylaten (Dispergiermittel), Carbonaten (pH-Korrektur) und Methylglycindiessigsäure („Trilon M“, Komplexbildner für Calcium).

Phosphate hemmen die Korrosion von Stahl, Gusseisen, Blei und Zink. Ferner verzögern sie beim Überschreiten der Calcitsättigung das Auskristallisieren von Calciumcarbonat („Steinbildung“, „Steinablagerung“). Polyphosphate können Eisen(II) und Mangan(II) komplexieren („maskieren“) und dadurch Fehler bei der Trinkwasseraufbereitung kaschieren. Nach der Liste des Umweltbundesamtes ist die Dosierung von Phosphaten zur Hemmung der Korrosion und (dezentral) der Steinablagerung zulässig. Eine Kaschierung gelöster Metalle durch Komplexbildung ist nicht zulässig.

Herkunft

Die umfassendste Studie zum Phosphatproblem ist im Jahre 1978 abgeschlossen worden. Sie ist als „Phosphatstudie“ bekannt geworden (Bernhardt, 1978). Die Pro-Kopf-Abgabe an Phosphor fäkalen Ursprungs liegt bei 1,6 g pro Tag. Dem stand im Jahre 1975 ein Verbrauch an Phosphaten für Wasch-, Spül- und Reinigungsmittel von 3 g P pro Einwohner und Tag gegenüber. Dieser Beitrag nahm seitdem durch (teilweisen) Ersatz des Phosphats in solchen Mitteln laufend ab. Ein dritter Beitrag stammt von diffusen Quellen, beispielsweise Abschwemmungen von landwirtschaftlich genutzten Flächen.

Oberflächengewässer

Als Bio-Element tritt Phosphat in höheren Konzentrationen im kommunalen Abwasser auf. Angegeben werden beispielsweise 10 mg/l Phosphor, entsprechend 31 mg/l Phosphat (Bernhardt, 1987a,b), 10 bis 20 mg/l Phosphor, entsprechend 31 bis 62 mg/l Phosphat (Hosang und Bischof, 1998) oder 20 bis 40 mg/l Phosphat (Matthess, 1990). Offenbar wurden abwasserbelasteten Gewässern in der Vergangenheit erhebliche Phosphatmengen zugeführt.

Die „Internationale Kommission zum Schutze des Rheins gegen Verunreinigung" gibt in ihren Zahlentafeln für 1977 für den Rhein die folgenden Phosphatkonzentrationen an:

Stein am Rhein (Abfluss aus dem Bodensee):	0,14 mg/l
Kembs (nördlich Basel):	0,30 mg/l
Koblenz:	1,17 mg/l
Bimmen/Lobith (Grenze Deutschland/Niederlande):	1,18 mg/l

Der Anstieg der Phosphatkonzentration mit der Fließstrecke ist hauptsächlich auf den Einfluss kommunaler Abwässer zurückzuführen.

Von der Leine liegen Daten zur Phosphatbelastung seit Anfang 1968 vor. Die Jahresmittelwerte sind als Zeitreihe im oberen Teil von Abb. 4.15 aufgetragen. Dabei ist die Zeitachse dem unteren, für den Zürichsee geltenden Teil der Darstellung angepasst worden.

Forster und Gammeter (1999) schildern die abwasserbedingte mikrobielle Belastung und die gemessenen Phosphatkonzentrationen des Zürichsees über eine Zeitspanne von 70 Jahren. Der untere Teil von Abb. 4.15 zeigt die Befunde. Sie spiegeln etwas von der Zivilisationsgeschichte des Menschen wider. Dass diese Verallgemeinerung erlaubt sein muss, zeigt ein Vergleich der Konzentrationsverläufe für das Phosphat in den beiden Bildhälften. Obwohl die beiden Gewässer Leine und Zürichsee kaum unterschiedlicher sein könnten, ist von 1968 an ein erstaunlich gut übereinstimmender Verlauf der beiden Kurven festzustellen. Diese Verbesserung des Gewässerzustandes seit etwa 1970 hat sich von der Öffentlichkeit weitgehend unbeachtet abgespielt. In der Höhe der Konzentrationen unterscheiden sich die beiden Bildhälften jedoch beträchtlich: Die niedrigste Konzentration in der Leine von 0,33 mg/l Phosphat (entsprechend 0,11 mg/l als P) entspricht etwa dem höchsten Wert im Zürichsee.

Zum Verlauf der Belastungen schreiben Forster und Gammeter, dass im Einzugsgebiet des Zürichsees der Ausbau der Abwasserkanalisation ab ca. 1930 begonnen hat, während die Kläranlagen erst ab Mitte der 50er-Jahre gebaut wurden. Zwischen 1955 und 1965 seien etwa zwei Drittel der Seeanwohner an die Kanalisation, nicht aber an eine Kläranlage angeschlossen gewesen. Dies drückt sich in hohen Befunden für die mikrobielle Belastung und in einem starken Anstieg der

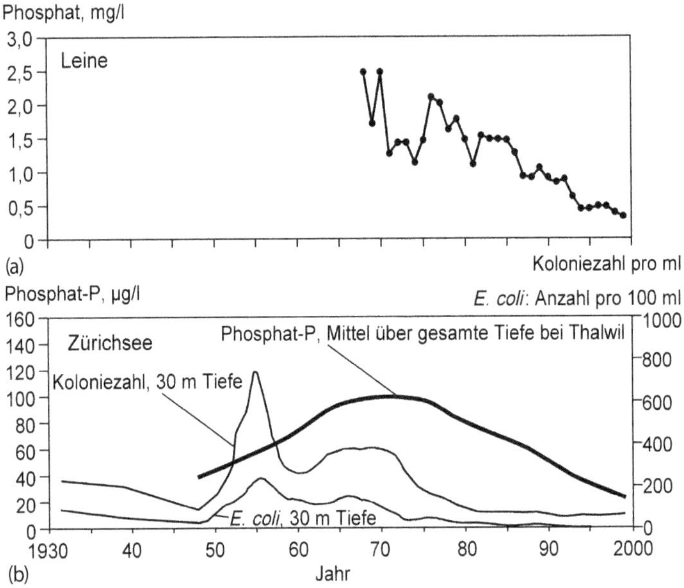

Abb. 4.15 (a) Verlauf der Phosphatkonzentration in der Leine (Jahresmittelwerte), (b) Verlauf der mikrobiellen und der Phosphat-P-Belastung des Zürichsees (gleitendes Mittel) nach Forster und Gammeter (1999).

Phosphatkonzentration aus. Durch den Bau von Kläranlagen verringerte sich die Belastung mit Escherichia Coli. Durch den Bau zusätzlicher Phosphateliminierungsanlagen bei der Abwasserbehandlung konnte ab 1970 auch eine Trendumkehr bei der Phosphatbelastung erreicht werden. Ab 1980 wurde die Flockungsfiltration als zusätzliche Reinigungsstufe in den Kläranlagen eingeführt. Dadurch konnte eine zusätzliche Reinigungswirkung vor allem im Hinblick auf die Befunde von Escherichia Coli erreicht werden.

Grundwasser

Sauerstoffhaltige Grundwässer enthalten im neutralen pH-Bereich Phosphat meist in einem Konzentrationsbereich um 30 µg/l (Höll, 1986; Matthess, 1990). Konzentrationen von mehr als 100 µg/l gelangen in einen Konzentrationsbereich, in dem Phosphat eventuell schon als Verschmutzungsindikator gewertet wird.

Tatsächlich werden jedoch in manchen Grundwässern erhebliche Phosphatkonzentrationen beobachtet. Dabei handelt es sich jedoch in der Regel um reduzierte Wässer. Die höchste im Analysenanhang dokumentierte Phosphatkonzentration eines Grundwassers liegt bei 1,3 mg/l, die höchste in Niedersachsen bekannt gewordene Phosphatkonzentration lag bei 3,93 mg/l. Dieser Brunnen war an der Elbemündung in die dortigen Braunkohlensande niedergebracht worden. Die hohe Phosphatkonzentration eines Grundwassers aus Braunkohlensanden war der Anstoß für die Überlegung, ob ein Zusammenhang zwischen Braunkohle im Grundwasserleiter und Phosphat im Grundwasser bestehen könnte.

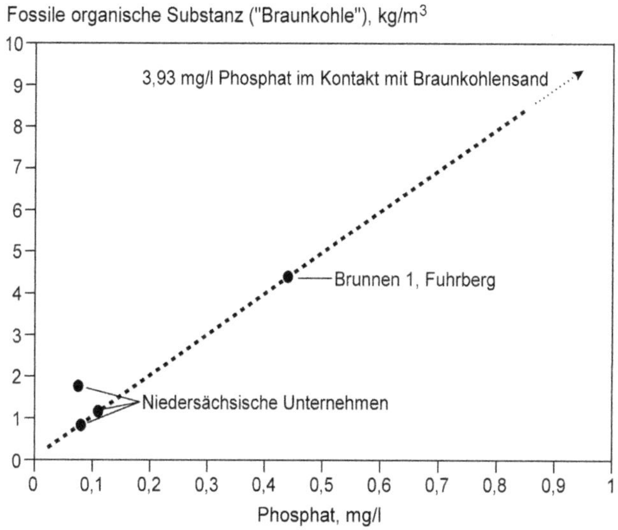

Abb. 4.16 Versuch einer Korrelation der Braunkohlekonzentration im Grundwasserleiter mit der Phosphatkonzentration im Grundwasser.

Von insgesamt vier Grundwasserleitern sind die Konzentrationen von Braunkohle untersucht und gegen die Phosphatkonzentrationen der jeweiligen Wässer aufgetragen worden. Entsprechend Abb. 4.16 kann vermutet werden, dass eine Korrelation tatsächlich existiert.

Ein Zusammenhang zwischen den Konzentrationen von Braunkohle und Phosphat ist plausibel, wenn man berücksichtigt, dass die Landpflanzen – bezogen auf ihre Trockenmasse – im Mittel 0,23 % Phosphor (entsprechend 0,7 % Phosphat) enthalten (Mason und Moore, 1985). Daher sind auch Kohlen stets phosphathaltig.

Es ist davon auszugehen, dass das Phosphat in Grundwasserleitern als HPO_4^{2-}- und $H_2PO_4^-$-Anionen in Lösung geht. Eine Modellrechnung für das Fuhrberger Feld ergibt, dass ein plausibles Phosphatinventar der hier vorkommenden Braunkohle dazu ausreicht, das Grundwasser über geologische Zeiträume hindurch mit Phosphat in den beobachteten Konzentrationen zu versorgen.

Anmerkung
Bei der Modellrechnung wurde eine Phosphatkonzentration der Kohle von 0,7 % angenommen, wobei dieser Prozentsatz dem ursprünglichen Gehalt der Kohle unmittelbar nach Bildung der Lagerstätte entsprechen soll. Bei einem Braunkohlegehalt des Grundwasserleiters von 4,4 kg/m^3, wie er für das Fuhrberger Feld festgestellt wurde, würde sich ein Phosphatinventar des Grundwasserleiters von ursprünglich 30 g/m^3 ergeben.

Die Interpretation des Phosphats als Indikator für Braunkohle im Grundwasserleiter kann bei der Beurteilung von Wässern hilfreich sein.

Erhöhte Phosphatkonzentrationen sowie Phosphat als mineralischer Rohstoff entstammen häufig auf mehr oder weniger großen Umwegen dem biologischen Phosphorkreislauf. Die ganz kurze Verbindung zu diesem Kreislauf ist die direkte Beeinflussung des Wassers durch organische Abfälle, Fäkalien oder Abwasser. Hier spielt das Phosphat die bekannte Rolle als „chemischer Verschmutzungsindikator". Etwas länger, nämlich größenordnungsmäßig 10 000 Jahre, ist die Distanz zum Phosphorkreislauf bei dem fossilen organischen Material in Grundwasserleitern. Auch der Phosphor in bestimmten, sedimentär gebildeten Phosphatlagerstätten, die heute bergmännisch ausgebeutet werden, hat vor langer Zeit dem Phosphorkreislauf angehört.

Chemie

Wenn man versuchsweise die Regel aufstellt, dass im Trinkwasser die Zahl Drei (dreiwertige Metalle und die Anionen dreibasiger Säuren) unerwünscht sei, dann gibt es davon nur eine einzige Ausnahme, nämlich das Phosphat. Insofern hat das Phosphat zusätzlich zu seiner herausragenden Bedeutung als „Bio-Element" auch in chemischer Hinsicht unter allen Wasserinhaltsstoffen eine gewisse Sonderstellung. Viele Besonderheiten des Phosphats (z. B. seine starke Neigung zur Sorption an Oberflächen) hängen mit seiner Dreibasigkeit zusammen.

Die Phosphate der Alkalimetalle sind leicht löslich. Schwer löslich ist das wasserhaltige Magnesium-Ammoniumphosphat ($NH_4Mg[PO_4] \cdot 6H_2O$), das im klassischen analytischen Trennungsgang als Nachweis für das Vorhandensein von Magnesium dient. In der Mineralogie ist diese Verbindung als Struvit bekannt. In Kläranlagen können sich Ablagerungen aus wasserklaren, rhombischen Struvitkristallen bilden, die an kritischen Stellen zu hydraulischen Engpässen führen. Ein weiteres schwer lösliches Phosphat ist das Eisen(II)-phosphat ($Fe_3[PO_4]_2 \cdot 8H_2O$, Vivianit), das sich als Folge der Phosphatdosierung in Gussleitungen bilden kann. Es ist eine Speicherform des Phosphats in Verteilungssystemen, hat aber darüber hinaus keine erkennbare Bedeutung.

Zu den Phosphaten, die in Wasser die geringste Löslichkeit aufweisen, zählt der Fluorapatit ($Ca_5[F|(PO_4)_3]$) gefolgt vom Hydroxylapatit ($Ca_5[OH|(PO_4)_3]$). Die anderen in natürlichen Wässern vorkommenden Phosphate, z. B. das Calciumhydrogenphosphat ($CaHPO_4$), liegen in ihrer Löslichkeit dazwischen. Die Löslichkeit der Apatite ist stark pH-abhängig: Eine Erniedrigung des pH-Wertes um eine Einheit erhöht (etwa von pH 8 an) die Sättigungskonzentration um den Faktor 100. Phosphat neigt sehr stark zur Sorption an Oxidhydrate und Tonminerale. Die Sorption von Phosphat an Eisen(III)-oxidhydrat bedeutet, dass Wässer, die während der Wasseraufbereitung eine Enteisenungsstufe durchlaufen haben, grundsätzlich phosphatfrei sind. Die Flockung mit Eisen(III) oder Aluminium ist eine der Möglichkeiten, bei der Abwasserbehandlung im Rahmen der dritten Reinigungsstufe das Phosphat zu eliminieren. An Eisen(III)-oxidhydrat sorbiertes Phosphat ist auch eine wichtige Speicherform des Phosphats in Gewässersedimenten (Stumm und Morgan, 1996).

Die starken Wechselwirkungen des Phosphats mit metallischen Oberflächen machen es, wie bereits erwähnt, zu einem wirkungsvollen Korrosionsinhibitor. Die Wechselwirkungen von Polyphosphaten mit den Oberflächen von Calcitkristallen behindern deren Wachstum und bremsen so die Bildung von Kalkabscheidungen. Die Mono-, Di-, Tri- und Polyphosphate des Natriums, Kaliums und Calciums sind Zusatzstoffe zur Hemmung der Korrosion und der Steinbildung im Trinkwasser.

Unter den wichtigen Elementen, die an biologischen Stoffkreisläufen teilnehmen, ist der Phosphor das einzige, das innerhalb des Kreislaufs keinen Redoxreaktionen unterliegt, sondern seine Wertigkeit +5 stets beibehält. Die Verknüpfung des Phosphors mit dem organischen Teil der Moleküle geschieht über Sauerstoffatome (Esterbindung).

Phosphorsäure kann nach der folgenden Reaktion Wasser abspalten: $H_3PO_4 \rightarrow HPO_3 + H_2O$. Dabei entstehen zahlreiche Zwischenprodukte, bei denen sich zwei oder mehr Moleküle unter Wasseraustritt zu größeren Einheiten verbinden („Kondensationsreaktion"). Die Diphosphorsäure ($H_4P_2O_7$) ist das erste Glied in dieser Kette. Um die Salze der „normalen" Phosphorsäure H_3PO_4 von den kondensierten Produkten zu unterscheiden, bezeichnet man sie als „Orthophosphate" oder „Monophosphate". In dem entstehenden Endprodukt der Kondensation HPO_3 lagern sich im Gegensatz zu der analogen Stickstoffverbindung HNO_3 (Salpetersäure) sehr viele Moleküle linear aneinander und bilden so die Polyphosphorsäure, die mit der Formel $(HPO_3)_x$ beschrieben werden kann. Deren Salze sind als Polyphosphate bekannt.

Interessant ist das Verhalten des Phosphats in Grundwässern, wenn eine oberflächennahe, versauerte Wasserschicht, die gelöstes Aluminium enthält, in einen reduzierten Grundwasserkörper eingemischt wird. Dies geschieht im Absenkungstrichter von Brunnen. Der Brunnen „verockert" dann unter Abscheidung eines braunen, röntgenamorphen Produkts aus Aluminiumhydroxid, Aluminiumphosphat und Huminstoffen.

Das Säureanhydrid der Phosphorsäure ist das Phosphorpentaoxid (P_2O_5). Es zieht begierig Wasser, z. B. aus der Atmosphäre, an sich und ist mit dieser Eigenschaft das schärfste Trockenmittel, das der Chemiker kennt.

Eckpunkte der Konzentration

Grenzwert

Trinkwasserverordnung vom August 2013 und vom Mai 2001: kein Grenzwert.

Vorgeschichte: Die EG-Trinkwasserrichtlinie vom Juli 1980 enthielt einen Grenzwert von 5 mg/l, berechnet als P_2O_5. Ein Phosphatgrenzwert von 6,7 mg/l (berechnet als PO_4^{3-}) wurde erst in die Trinkwasserverordnung vom Dezember 1990 übernommen.

Anmerkung

Da Phosphate gesundheitlich unbedenklich sind, bestand der Zweck eines Grenzwertes darin, im Zusammenhang mit der Phosphatdosierung einer Überdosierung nach dem Motto „viel hilft viel" einen Riegel vorzuschieben. Außerdem sollte der Phosphatgrenzwert Dosiergeräte disqualifizieren, die zu einer streng durchflussproportionalen Phosphatzugabe nicht in der Lage sind.

Messwerte (Beispiele)
In vielen sauerstoffhaltigen Grundwässern zwischen < 30 und ca. 100 µg/l (als PO_4^{3-} Höll, 1986).

Meerwasser: 90 µg/l (als P).

Die tolerierbare Phosphatkonzentration im Hinblick auf die Eutrophierung von Seen oder Talsperren ist niedrig. Entsprechend Abb. 4.15 hat man mit den Reinhaltemaßnahmen am Zürichsee Konzentrationen im Bereich 20 µg/l (als Phosphat-P) erreicht. Anzustreben sind nach Hässelbarth (1991a) Werte deutlich unter 40 µg/l, möglichst – insbesondere bei Trinkwassertalsperren und Seen – Werte unter 10 µg/l Phosphor. Allgemeingültige Konzentrationsangaben findet man allerdings selten, weil die Gewässer sehr individuell reagieren. Bernhardt (1987a,b) schreibt dazu:

„Überschreitet die mittlere Jahres-P-Konzentration in den Zuflüssen den für ein stehendes Gewässer spezifischen und noch tolerierbaren Konzentrationsbereich, so erhöht sich die Wahrscheinlichkeit, dass durch das hierdurch ausgelöste Überangebot an Phosphorverbindungen der Umfang der Algenproduktion derartig gesteigert wird, dass in dem Gewässer mehr Biomasse produziert wird, als unter aeroben Bedingungen am Gewässergrund wieder abgebaut werden kann. Hierdurch kommt es zu den bekannten Beeinträchtigungen bei der Gewinnung von Trinkwasser."

Kommunales Abwasser: Die häufigste Angabe liegt im Bereich 30 mg/l PO_4^{3-}.

Ausschlusskriterien
Grundsätzlich existieren Ausschlusskriterien im Hinblick auf die Löslichkeit von Calciumphosphaten, insbesondere Hydroxylapatit, die jedoch nur in wenigen Fällen wirklich greifen. Um bei der Phosphatdosierung in besonders harten Wässern die Ausfällung von Calciumphosphaten zu vermeiden, greift man in solchen Fällen auf Gemische von Mono- und Polyphosphaten zurück.

Wässer, die während der Trinkwasseraufbereitung eine Enteisenungsstufe passiert haben, sind phosphatfrei.

Konzentrationsänderungen im Rohwasser

Oberflächenwasser
Änderungen der Phosphatkonzentration im Rohwasser sind im Hinblick auf die Eutrophierung von Interesse. Es existiert daher ein indirekter, durch die Eutrophierungssituation gegebener Einfluss auf die Trinkwasserbeschaffenheit. Ein direkter Einfluss durch das „Phosphat als solches" ist auszuschließen, und zwar hauptsächlich deshalb, weil es bei der Trinkwasseraufbereitung in der Regel weitgehend eliminiert wird.

Da die höchsten Phosphatkonzentrationen im kommunalen Abwasser vorkommen, können in abwasserbelasteten Gewässern die wirksamsten Konzentrationsänderungen durch eine Verbesserung der Abwasserreinigung erreicht werden. In einer „dritten Reinigungsstufe" (nach der mechanischen und der biologischen Stufe) wird mit Eisen- oder Aluminiumsalzen (mitunter auch mit Kalk) eine Phosphatfällung durchgeführt. Auch der Einbau von Phosphor in lebende Organismen

(Binsen, Karpfen ...) kann im Sinne der Phosphorelimination genutzt werden. Wenn Trinkwassertalsperren durch diffuse Phosphateinträge vorwiegend aus der Landwirtschaft beeinträchtigt sind, kann eine Phosphatelimination aus dem Talsperrenzufluss interessant werden (Bernhardt, 1987a,b).

Erniedrigungen der Phosphatkonzentration treten als Folge des Algenwachstums ein, da Phosphat in die Biomasse eingebaut wird. Dieser Effekt ist örtlich und zeitlich begrenzt.

Konzentrationsanstiege werden an der Grenzfläche zwischen Wasser und Sediment beobachtet, wenn reduzierende organische Substanz überhandnimmt, wobei folgende (nicht stöchiometrisch formulierte) Reaktion anzunehmen ist:

$$\text{Eisen(III)-phosphat (ungelöst)} + \text{Sulfat} + \text{organischer C} \rightarrow$$
$$CO_2 + \text{Eisen(II)-sulfid} + \text{Phosphat (gelöst)} \qquad (4.16)$$

Grundwasser

Die Phosphatkonzentration des Grundwassers kann im Wesentlichen nur durch die Wahl des Brunnenstandortes beeinflusst werden. Eine Notwendigkeit dafür ist jedoch nicht erkennbar.

Konzentrationsunterschiede Roh-/Reinwasser

Oberflächenwässer durchlaufen bei der Wasseraufbereitung eine Flockungsstufe, aus Grundwässern müssen Eisen(II) und Mangan(II) eliminiert werden. Beide Aufbereitungsmaßnahmen führen auch zu einer Phosphatelimination, in der Regel auf Konzentrationen unter 0,05 mg/l. Aus der Massenbilanz zwischen Roh- und Reinwasser lässt sich der Phosphatgehalt des entstehenden Schlamms berechnen. Viele Wasserwerksschlämme sind als Dünger interessant.

Bei der Phosphatdosierung muss das in das Reinwasser dosierte Phosphat analytisch wiederzufinden sein. Wenn Polyphosphat beteiligt ist, müssen die Proben vor der eigentlichen Analyse durch Kochen mit Säure aufgeschlossen werden. Auch das Kation des Polyphosphats (Natrium, Kalium oder Calcium) muss grundsätzlich wiederzufinden sein. Schwierig oder unmöglich wird dies dann, wenn das Wasser das entsprechende Kation schon vor der Phosphatdosierung in hoher Konzentration enthält und die Dosierung selbst niedrig ist.

Analytik

Die Analytik des Phosphats beruht auf einer Reaktion mit Molybdationen, bei der die vier Sauerstoffionen im PO_4-Anion durch Mo_3O_{10}-Ionen ersetzt werden. In einem zweiten Schritt werden die Mo_3O_{10}-Ionen zu Molybdänblau, einem tiefblauen, wasserhaltigen Mischoxid des fünf- bis sechswertigen Molybdäns, reduziert. Die Intensität der blauen Farbe wird ausgemessen.

Die gleiche Art von Reaktion mit Mo_3O_{10}-Ionen tritt auch mit Kieselsäure ein. Sie wird zur Bestimmung von Silicat eingesetzt. Die Notwendigkeit, zwischen Phosphat und Silicat analytisch zu unterscheiden, führt zu einem komplizierten Analysenablauf.

Wenn bei der Phosphatbestimmung auch Polyphosphat oder organisch gebundenes Phosphat bestimmt werden sollen, sind vor der eigentlichen Analyse geeignete Aufschlussverfahren durchzuführen.

Wirkungen

Phosphor ist für alle Organismen essenziell. Der menschliche Körper enthält ca. 10 g/kg Phosphor als organische Verbindungen wie Nukleinsäuren und Adenosintriphosphat sowie als Hydroxylapatit in den Knochen. Der Mensch benötigt eine Zufuhr von täglich 1–1,2 g Phosphor. Die tägliche Ausscheidung wird mit 1,5–1,6 g angegeben. Zahlreiche Nahrungs- und Genussmittel enthalten in ihrer Rezeptur Phosphate: Wurst, Käse, Dosenmilch, Backwaren sowie Getränke wie Coca-Cola.

Phosphate haben eine außerordentlich breite Palette verschiedener Anwendungszwecke.

- Als Düngemittel trägt Phosphat einerseits zur Erzielung hoher Ernteerträge und andererseits zur Eutrophierung von Oberflächengewässern bei.
- Bei der Verwendung von Phosphaten in Lebensmitteln kommt ihre stabilisierende Wirkung auf Emulsionen zum Tragen.
- Die Wirkungen von Phosphaten im Korrosionsschutz erstrecken sich auf die Trinkwasserbehandlung, die Kühlwasserkonditionierung und die Oberflächenveredelung in der Metallverarbeitung.
- Phosphate können den Kalkausfall in Haushaltsgeräten verhindern oder verzögern. Darüber hinaus besitzen sie einen Reinigungseffekt. Davon macht man, soweit Phosphate noch eingesetzt werden, bei ihrer Nutzung als Waschmittelzusatz und Geschirrspülmittel Gebrauch.

Anmerkung

Manche Phosphate eignen sich als Flammschutz und als Trockenlöschpulver. Auch bei der Emaillierung, der Glasherstellung und in der Keramik werden Phosphate eingesetzt.

Bilder zum Thema „Phosphat"

Website: Bildordner und PDF: „4.4.6 Phosphat(.pdf)": Vivianit ($Fe_3[PO_4]_2 \cdot 8H_2O$) in einer Trinkwasserleitung nach Phosphatdosierung, Struvit ($NH_4Mg[PO_4] \cdot 6H_2O$) in einem Faulbehälter und einer Gülleaufbereitungsanlage in Hannover.

4.4.7 Kieselsäure (Silicat)

Allgemeines

Symbol für Silicium: Si; relative Atommasse: 28,0855. Silicium ist am Aufbau der Erdkruste mit einem Anteil von 27,7 % beteiligt. Es ist daher nach Sauerstoff das zweithäufigste Element der Erdkruste. Silicium ist Bestandteil des Quarzes sowie aller Silicate, einschließlich der Tonminerale. Wasser kommt während der größten Abschnitte des Wasserkreislaufs praktisch ununterbrochen mit Siliciumverbindungen in Kontakt, selbst die Kaffeetasse und das Trinkglas enthalten silicatisch gebundenes Silicium.

Auf unseren Analysenblättern fristet die Kieselsäure eine eher bescheidene Existenz. Sie hat kaum eine spektakuläre Wirkung, und nur wenige Empfänger eines Analysenblattes verschwenden an sie ihre Aufmerksamkeit. Man benötigt sie nicht einmal für die Vervollständigung der Ionenbilanz, weil sie in den infrage kommenden pH-Bereichen praktisch nicht dissoziiert ist. Der Hauptgrund, die Kieselsäure überhaupt zu analysieren, könnte in der Vergangenheit vor allem darin gelegen haben, dass sie zum „Abdampfrückstand" eines Wassers beiträgt.

Die geringe Aufmerksamkeit, die der Kieselsäure entgegengebracht wird, hat zur Folge, dass Analysenfehler denkbar gute Chancen haben bzw. hatten, unentdeckt zu bleiben.

Zunehmend kommt allerdings eine heimtückische Eigenschaft der Kieselsäure zum Tragen: Silicate sind so wenig dissoziiert, dass sie bei Ionenaustauschverfahren innerhalb eines Arbeitszyklus schon sehr früh ein Filter passieren können („Schlupf"). Dies stört besonders bei der Verwendung von vollentsalztem Wasser als Kesselspeisewasser. Mit steigender Erhöhung des Wirkungsgrades von Kraftwerken verschärft sich das Problem, weil die Anforderungen an Wasser und Werkstoffe steigen. Ablagerungen in Dampferzeugern und Turbinenschaufeln können zunehmend zu Schäden führen. Ein Zielwert von 5 µg/l (Summe aus gelöster und kolloidaler Kieselsäure) im Speisewasser und Dampf wird angestrebt, was erhöhte Anforderungen an die Analytik bedeutet (Reißner *et al.*, 2013).

Herkunft

Hauptsächlich: Verwitterung von Silicaten.

Chemie

Elementares Silicium ist ein Halbleiter. Ein wichtiger Verwendungszweck von Silicium ist die Herstellung von elektronischen Bauelementen („Siliciumchips") und von Solarzellen.

Das Silicium ist in allen Verbindungen, die für den Wasserchemiker interessant sind, vierwertig. Mit Wasser bildet es die Monokieselsäure (H_2SiO_4), die unter Wasserabspaltung zu größeren Moleküleinheiten kondensiert und schließlich „Kieselgel" bildet.

Die Eigenschaften von Siliciumdioxid und Kieselsäure sind offenbar nur schwierig genau zu bestimmen. Die Literaturangaben für die Löslichkeit von SiO_2 unterscheiden sich zum Teil beträchtlich. Mit dem Rechenprogramm PHREEQC erhält man für reines Wasser bei pH 7 und für eine Temperatur von 10 °C die folgenden Löslichkeiten: Quarz: 3,7 mg/l; Chalcedon (eine feinstkristalline Variante des Quarzes, die z. B. im Achat vorkommt): 11,1 mg/l; amorphes SiO_2: 86,5 mg/l.

Durch Wechselwirkungen des Wassers mit Quarz können maximal 3,7 mg/l Siliciumdioxid in Lösung gehen. Bei der Zersetzung von Tonmineralen können höhere Konzentrationen erreicht werden. Solange die Konzentration unter 86,5 mg/l liegt, sind die Lösungen gegenüber amorpher Kieselsäure untersättigt, gegenüber Quarz und Chalcedon dagegen übersättigt. Der Abbau einer Übersättigung gegenüber Quarz durch Auskristallisieren von Quarz ist sehr stark gehemmt. Es existieren jedoch andere Reaktionen, die zu einer Konzentrationsabnahme führen können: Bildung neuer sekundärer Silicate und Polymerisation zu immer schwerer löslichen amorphen Produkten. Aus diesem Grund sind die Kieselsäurekonzentrationen natürlicher Wässer im Allgemeinen uncharakteristisch und liegen meist zwischen den Löslichkeiten von Quarz und von amorpher Kieselsäure.

Aus vulkanischen Aschen können über geologische Zeiträume hinweg große Mengen an Kieselsäure herausgelöst werden, die an anderer Stelle in feinstkristalliner Form als Chalcedon wieder ausfällt. Durch ausfallende Kieselsäure kann beispielsweise Holz verkieseln. Das bekannteste Beispiel hierfür ist der „Petrified Forest" in Arizona.

Beim Zusammenschmelzen von Quarz, Natriumcarbonat und Kalk entsteht unter Abspaltung von CO_2 aus den Carbonaten Glas. „Normalglas" hat etwa die folgende Zusammensetzung: $Na_2O \cdot CaO \cdot 6SiO_2$ (Na_2O 12,9 %, CaO 11,6 %, SiO_2 75,5 %). Aufgrund der Zusammensetzung des Glases ist damit zu rechnen, dass beim längeren Stehen von Wasser in Glasflaschen Natrium und Kieselsäure aus dem Glas in Lösung gehen. Dies stört allerdings nur in Sonderfällen.

Werden Quarz und Natriumcarbonat ohne Beteiligung von Kalk zusammengeschmolzen, entstehen Natriumsilicate, die als „Wasserglas" bekannt sind und sich in Wasser lösen. Das Verhältnis Natrium zu Siliciumdioxid kann in weiten Grenzen variiert werden, von Na_4SiO_4 bis zum $Na_2Si_4O_9$. Die natriumreichen Produkte werden als phosphatfreie Reinigungsmittel, z. B. in Spülmaschinen eingesetzt.

Eckpunkte der Konzentration
Grenzwert

Trinkwasserverordnung vom August 2013 und vom Mai 2001: kein Grenzwert.

Vorgeschichte: Die EG-Trinkwasserrichtlinie vom Juli 1980 enthielt keinen Grenzwert für die Kieselsäure, hat jedoch in Artikel 8 auf die Verwendung von Zusatzstoffen hingewiesen, die nur in solchen Konzentrationen im Wasser zurückbleiben dürfen, dass die für den Stoff zulässige Höchstkonzentration nicht überschritten und die Volksgesundheit nicht gefährdet wird. Ein Kieselsäuregrenzwert von 40 mg/l (berechnet als SiO_2) wurde erst in die Trinkwasserverordnung vom Dezember 1990 (Anlage 3: „Zur Trinkwasseraufbereitung zugelassene Zusatzstoffe") übernommen.

Messwerte (Beispiele)
Grundwässer: Die Kieselsäurekonzentrationen in den Grundwasseranalysen des Analysenanhangs reichen von 2,3 mg/l (Analysenbeispiel 2) bis 29,2 mg/l (Analysenbeispiel 10). Die höheren Werte wurden in Wässern gemessen, die aus größeren Tiefen stammen und die durch hohe Umsätze von Redoxreaktionen geprägt sind.

Oberflächenwässer: Es ist davon auszugehen, dass die Kieselsäurekonzentrationen von Oberflächenwässern im Konzentrationsbereich unter 10 mg/l liegen (Analysenbeispiel 20).

Meerwasser: 3 mg/l (als Si), entsprechend 6,4 mg/l (als SiO_2).

In Thermalwässern werden Kieselsäurekonzentrationen bis ca. 300 mg/l beobachtet (Matthess, 1990).

Ausschlusskriterien

Für Kieselsäure sind keine Ausschlusskriterien bekannt.

Konzentrationsänderungen im Rohwasser

Konzentrationsänderungen im Grundwasser können durch die Intensivierung von Verwitterungsreaktionen ausgelöst werden (säureinduzierte Verwitterung von Tonmineralen).

Konzentrationsänderungen Roh-/Reinwasser

Bei der Dosierung aktivierter Kieselsäure wird die Kieselsäurekonzentration erhöht, bei der Enteisenung werden erfahrungsgemäß nur geringe Anteile der Kieselsäure von maximal 10 % eliminiert.

Analytik

Die Analytik der Kieselsäure beruht auf einer Reaktion mit Molybdationen und gleicht der Analytik von Phosphat. Siehe hierzu Abschn. 4.4.4 „Analytik".

Wirkungen

Silicium ist ein essenzielles Spurenelement. Der menschliche Körper enthält ca. 20 mg/kg silicatisch gebundenes Silicium. Die tägliche Ausscheidung liegt bei 5–30 mg (als Si). Der Siliciumbedarf wird durch die Nahrung gedeckt.

Viele Pflanzen enthalten Siliciumdioxid als Stützmaterial, Gräser bis zu 10 % (Scheffer/Schachtschabel, 1998). Kieselalgen bauen sich ein zweischaliges Skelett aus Siliciumdioxid. Bei der Zersetzung größerer Massen von Kieselalgen entsteht Kieselgur.

Die wässrigen Lösungen von Natriumsilicaten sind stark alkalisch, da es sich um Salze einer starken Lauge (Natronlauge) und einer sehr schwachen Säure (Kieselsäure) handelt. Neutralisiert man eine Natriumsilicatlösung vorsichtig mit Säure, erhält man „aktivierte Kieselsäure", die früher als Flockungshilfsmittel eingesetzt wurde. Polymerisationsreaktionen im Wasser sind dabei die Grundlage des Flockungseffektes. Die Kieselsäure wurde mit den Flocken teilweise wieder ausgeschieden (Analysenbeispiel 27). Im Dosierbehälter konnten Polymerisationsreaktionen durch Bedienungsfehler oder sonstige Unregelmäßigkeiten ausgelöst werden. Hier waren sie äußerst unerwünscht.

Die leichte Adsorbierbarkeit von Kieselsäure an festen Oberflächen führt dazu, dass man Kieselsäure auch in Korrosionsprodukten finden kann. In dieser Hinsicht verhält sich die Kieselsäure ähnlich wie das Phosphat. Ebenso, wie man Dosiermittel auf der Basis von Phosphaten entwickelt hat, hat man auch auf der Basis von Natriumsilicat Dosiermittel hergestellt, mit dem Ziel, die Bildung von Korrosionsschutzschichten günstig zu beeinflussen. Nach der Liste des Umweltbundesamtes ist die Dosierung von Silicaten nur in Verbindung mit Phosphaten, Natriumhydroxid, Natriumcarbonat oder Natriumhydrogencarbonat zulässig, wobei die Zugabe als SiO_2 limitiert ist.

Bei den Silicaten ist zu berücksichtigen, dass sie alkalisch reagieren. Da sich Trinkwässer nach der Trinkwasserverordnung im Zustand der Calcitsättigung befinden müssen und eine Überschreitung der Calcitsättigung nachteilige korrosionschemische Folgen haben kann (Abschn. 7.9.6), sind die Einsatzmöglichkeiten von Silicaten als Dosiermittel stark eingeschränkt.

Bilder zum Thema „Kieselsäure (Silicat)"
Website: Bildordner und PDF: „4.4.7 Siliciumdioxid(.pdf)": Bilder von Silicagel als Trockenmittel, Bilder von Achat sowie von verkieseltem Holz, hauptsächlich im Nationalpark Petrified Forest in Arizona, USA. Zusatzinformation: Schwingquarz als elektronisches Bauteil.

4.5 Stickstoff und Stickstoffverbindungen

Stickstoffgas

Stickstoffgas (N_2) ist der Hauptbestandteil der Atmosphäre (78,09 Vol.-%). Auch bezogen auf das gesamte Stickstoffinventar der Erde stellt der gasförmige Stickstoff die Hauptkomponente dar. Das Molekül N_2 ist so stabil, dass man es schon als die mit Abstand stabilste Verbindung des Stickstoffs bezeichnet hat. Die Stabilität des Stickstoffmoleküls hat die Evolution des Lebens auf der Erde entscheidend beeinflusst: Der Erwerb von Stickstoffverbindungen verursacht hohe Kosten (als Energieaufwand), und der Besitz von Stickstoffverbindungen (als Eiweiß) gilt als Luxus. Der Energieaufwand, den Raubtiere für ihre Ernährung aufwenden müssen, rechnet sich durch den Gewinn an eiweißreicher Nahrung. In der Natur gehen Organismen mit Stickstoffverbindungen sparsam um. Die Evolution hat zum Teil recht eigenartige Lösungen erfunden, mit denen Organismen ihre Stickstoffversorgung verbessern können, beispielsweise die Tricks der fleischfressenden Pflanzen (z. B. beim Sonnentau) oder die Symbiose zwischen Leguminosen und stickstoffbindenden Knöllchenbakterien. Dem Menschen ist es mithilfe der chemischen Technik gelungen, aus diesem engen „Versorgungskorsett" auszubrechen. Der Luxus, der dadurch entstehen konnte, ist inzwischen zum Problem geworden, auf das später eingegangen wird.

Wasser löst bei Atmosphärendruck und 0 °C im Gleichgewicht mit reinem Stickstoff 29,0 mg/l und im Gleichgewicht mit Luft 22,6 mg/l N_2. Die Vergleichszahlen für Sauerstoff sind: 70,1 mg/l im Gleichgewicht mit reinem Sauerstoff, und 14,6 mg/l im Gleichgewicht mit Luft (Sauerstoffanteil: 20,95 Vol.-%). Der im Wasser gelöste Stickstoff tritt im Allgemeinen nicht in Erscheinung und wird auch üblicherweise nicht gemessen. Es gibt jedoch Situationen, in denen Stickstoffübersättigungen auftreten, die störend wirken können:

- Bei der Belüftung von Wässern (insbesondere bei der Belüftung unter Druck) werden neben Sauerstoff auch größere Mengen Stickstoff gelöst. Wenn sich das Wasser auf dem Weg zum Zapfhahn des Kunden erwärmt, können – ausgelöst durch die plötzliche Druckentlastung bei der Wasserentnahme – milchige Trübungen auftreten, die hauptsächlich aus kleinen Stickstoffgasblasen bestehen. Die Wasserprobe klärt sich von unten nach oben.
- Bei der Denitrifikation im Grundwasserleiter wird Nitrat zu Stickstoff reduziert. Bei hohen Umsätzen dieser Reaktion können schon im Grundwasserleiter hohe Stickstoffübersättigungen entstehen (Rohmann und Sontheimer, 1985). Gasausscheidungen sind die Folge. Sie können in Heberleitungen und Saugpumpen sowie bei analytischen Messungen vor Ort stören.

Eine sehr einfache Methode, das Ausmaß der Stickstoffübersättigung eines Wassers abzuschätzen, wurde von Professor Günther Axt vorgeschlagen, aber nach Kenntnis des Autors nie publiziert: Man lasse das zu prüfende Wasser von unten nach oben durch einen senkrecht montierten, durchsichtigen Kunststoffschlauch strömen und am oberen Ende drucklos auslaufen. Jeder Punkt der Schlauchlänge ist durch einen hydrostatischen Druck (in Meter Wassersäule) gekennzeichnet, der dem Abstand dieses Punktes vom oberen Ende entspricht. Im Schlauch können sich Luftblasen bilden, wenn die Stickstoffübersättigung größer ist als der hydrostatische Druck an dieser Stelle. Der Punkt, an dem auf dem Weg des Wassers nach oben erstmals Blasen auftreten, entspricht der Stickstoffübersättigung in „Meter Wassersäule". Eine Übersättigung von 10 m Wassersäule bedeutet, dass das Wasser doppelt so viel Stickstoff enthält, wie es der Sättigungskonzentration bei Atmosphärendruck entspricht. Diese „Messung mit dem Zollstock" ist, wenn auch nicht besonders genau, so doch im Einzelfall recht informativ.

Stickstoffverbindungen, Stickstoffkreislauf

Tongesteine enthalten im Mittel 600 mg/kg Stickstoff als Ammonium. Außerdem ist Stickstoff ein entscheidend wichtiger Bestandteil aller Eiweißverbindungen und damit der gesamten Biosphäre. Der Stickstoffumsatz innerhalb der Biosphäre ist der Stickstoffkreislauf:

Nitrat wird von den Pflanzen aufgenommen. Das Nitrat ist der Stickstofflieferant zum Aufbau von Eiweißverbindungen und damit von Biomasse generell.

Organisch gebundener Stickstoff oder kurz „organischer Stickstoff" ist der in Biomasse und Humus festgelegte Stickstoff. Landpflanzen enthalten ca. 3 % organisch gebundenen Stickstoff in ihrer Trockenmasse. Dauergrünland enthält organischen Stickstoff in flächenbezogenen Massen bis größenordnungsmäßig 10 000 kg/ha (1 kg/m^2), Ackerland beträchtlich weniger.

Ammonium entsteht als Zersetzungsprodukt von organischem Stickstoff („Mineralisierung“). Von Mensch und Tier wird der organische Stickstoff überwiegend als Harnstoff ausgeschieden, der jedoch schnell und vollständig zu Ammonium und CO_2 zersetzt wird.

Nitrit steht zwischen Ammonium und Nitrat. Es kann als Zwischenprodukt bei der Oxidation des Ammoniums (Nitrifikation) und bei der Reduktion des Nitrats (Denitrifikation) auftreten. Insofern ist Nitrit immer ein Zeichen dafür, dass Redoxprozesse noch nicht zum Abschluss gekommen sind.

Nitrat ist das Endprodukt aller Redoxprozesse, an denen Stickstoff beteiligt ist, sofern genügend Sauerstoff verfügbar ist. Damit ist der Stickstoffkreislauf geschlossen.

Der Stoffaustausch zwischen dem atmosphärischen Stickstoff und dem Stickstoffkreislauf ist, wenn man von Einwirkungen des Menschen absieht, vergleichsweise gering:

Zufuhr in den Stickstoffkreislauf Durch elektrische Entladungen in der Atmosphäre (Gewitter) entstehen in geringem Umfang Stickoxide, die zu Nitrat oxidiert und mit dem Regen ausgewaschen werden. Manche Algen sowie die Knöllchenbakterien an den Wurzeln von Leguminosen sind in der Lage, Luftstickstoff für den Aufbau von Eiweißverbindungen verfügbar zu machen („Stickstofffixierung“).

Entzug aus dem Stickstoffkreislauf Bei der Denitrifikation von Nitrat entsteht als Endprodukt überwiegend Stickstoffgas, das wieder zum Bestandteil der Atmosphäre wird. Durch die Ernte von Feldfrüchten entsteht örtlich ein Stickstoffverlust. Der damit entzogene Stickstoff wird meist an anderer Stelle, z. B. als Bestandteil von Gülle oder häuslichen Abwässern, dem Stickstoffkreislauf wieder zugeführt.

Anthropogene Beeinflussung des Stickstoffkreislaufes Der wichtigste anthropogene Einfluss auf den Stickstoffkreislauf ist die Ammoniaksynthese nach Fritz Haber und Carl Bosch. Für die chemische Wirtschaft bedeutet die Synthese den ersten großen Einbruch in das Rohstoffmonopol Natur. Weltweit werden heute jährlich ca. 120 Mio. Tonnen Stickstoff zu Ammoniak umgesetzt, wobei fast 90 % zur Düngemittelproduktion eingesetzt werden (Holleman und Wiberg, 1995). Wegen der großen Bedeutung des gebundenen Stickstoffs als Düngemittel haben Haber 1918 und Bosch 1931 für die Ammoniaksynthese den Chemie-Nobelpreis erhalten.

Weitere anthropogene Einflüsse bestehen hauptsächlich darin, dass die Produktion von Nahrungsmitteln zunehmend im industriellen Maßstab in Ballungszentren betrieben wird. Der Stickstoffkreislauf läuft örtlich aus dem Ruder. Was früher als Wirtschaftsdünger (Gülle, Jauche, Stallmist) hochwillkommen war, wird zunehmend zum Entsorgungsproblem. Der Regelungsbedarf, mit dem die negativen Folgen eingedämmt werden sollen, nimmt zu.

Abwässer enthalten den gesamten Stickstoff aus dem Stoffwechsel des Menschen. Die Hauptmenge des Stickstoffs ist im Harnstoff enthalten, der sehr schnell zu Ammonium umgesetzt wird. Das Ammonium verbraucht bei der Nitrifikation sehr viel Sauerstoff (3,56 mg Sauerstoff pro mg Ammonium). Im Interesse der Gewässerreinhaltung wird das Ammonium daher häufig in der Kläranlage eliminiert. Dies erfolgt durch Nitrifikation des Ammoniums unter Sauerstoffeinfluss zu Nitrat mit anschließender Denitrifikation des Nitrats durch organische Substanzen unter Sauerstoffausschluss zu gasförmigem Stickstoff.

Nach der klassischen „hygienisch-chemischen Trinkwasseruntersuchung“ gelten Nitrat, Nitrit und Ammonium als chemische Verschmutzungsindikatoren, die auf eine Fäkalverunreinigung hinweisen können (siehe Abschn. 4.6).

4.5.1 Nitrat

Allgemeines

Formel: NO_3^-, relative Masse: 62,0049. Im industriellen Maßstab wird Nitrat als Salpetersäure erzeugt. Ausgangsstoff ist Ammoniak, das durch „katalytische Ammoniakverbrennung“ zunächst zu Stickoxid (NO) oxidiert wird, das zu Salpetersäure weiterreagiert.

Herkunft

Oberflächengewässer

Das Bodenseewasser enthielt 1971 in einer Tiefe von 60 m im Mittel 3,9 mg/l Nitrat (Rohmann und Sontheimer, 1985). Die Nitratkonzentration des Talsperrenwassers zu Analysenbeispiel 20 lag bei 4,3 mg/l.

In Fließgewässern stammt das Nitrat hauptsächlich aus Abwassereinleitungen. Im Rheinwasser lag die Nitratkonzentration im Jahre 1975 im Bereich von 4,7 mg/l bei Basel und 13,8 mg/l bei Bimmen/Lobith (Grenze zu den Niederlanden). Im Jahre 1998 wurden bei Basel 8,9 und bei Bimmen/Lobith 19 mg/l Nitrat gemessen. Die Nitratbelastung nimmt mit der Fließstrecke erwartungsgemäß zu und hat seit 1975 eher zu- als abgenommen. Die Nitratkonzentration in der Leine bei Grasdorf/Laatzen unterliegt starken Schwankungen, lässt aber seit Beginn der regelmäßigen Messungen im Jahre 1968 keinen Trend erkennen. Der Mittelwert von über 1000 Analysen (1968 bis 1999) liegt bei 20,9 mg/l mit einer Standardabweichung von 5,0 mg/l.

Grundwasser

Die Auswaschung von Nitrat aus dem Boden hängt von einer sehr großen Zahl von Randbedingungen ab. Besonders wichtig sind einerseits das Verhalten des Depots aus organischem Stickstoff im Boden und andererseits die laufende Stickstoffdüngung. Die folgenden Ausführungen werden auf diese beiden Aspekte konzentriert. Für Informationen, die darüber hinausgehen, sei auf die umfangreiche Fachliteratur zum Grundwasserschutz verwiesen.

Tab. 4.7 Charakterisierung von Böden nach ihren Gehalten an Humus und organischem Stickstoff nach Rohmann und Sontheimer (1985).

Humusgehalt		Organischer Stickstoff (t/ha)	
qualitativ	**Gew.-%**	**C/N = 10**	**C/N = 30**
Schwach	< 2	< 4,5	< 1,5
Mittel	2–4	4,5–8,4	1,5–2,8
Stark	4–8	8,4–15,6	2,8–5,2
Sehr stark	8–15	15,6–27,0	5,2–9,0
Anmoorig	15–30	27,0–45,0	9,0–15,0
Torf	> 30	> 30	> 10

Stickstoffdepot des Bodens Eine Vorstellung von der Größe der Stickstoffdepots im Boden gibt Tab. 4.7.

Das Verhältnis Kohlenstoff/Stickstoff (C/N) dient der Charakterisierung von Humus und von organischen Düngern. Ein niedriges C/N-Verhältnis bedeutet eine hohe Qualität als Stickstoffdünger. Das C/N-Verhältnis kann in weiten Bereichen schwanken. Die Angaben in der Tabelle haben Beispielcharakter. Häufig werden C/N-Verhältnisse beobachtet, die um den Wert 15 schwanken.

In Humus liegt der Stickstoff hauptsächlich in organisch gebundener Form vor. Die biologische Mineralisierung kann nach Rohmann und Sontheimer (1985) wie folgt beschrieben werden (R steht für die organische Grundsubstanz):

$$\mathrm{R{-}NH_2 + H_2O \rightarrow NH_3 + R{-}OH} \tag{4.17}$$

Gleichung (4.17) beschreibt als ersten Schritt der Mineralisierung die Bildung von Ammoniak (Ammonifizierung bzw. Desaminierung). Der Ammoniak reagiert mit dem Wasser unter Bildung von Ammonium.

Im zweiten Schritt der Mineralisierung wird das Ammonium durch nitrifizierende Bakterien in Nitrat überführt (Nitrifikation). Dieser Prozess verläuft in zwei Teilstufen. In der ersten Stufe bilden Bakterien der Gattung Nitrosomonas Nitrit, in der zweiten Stufe wird das Nitrit von Bakterien der Gattung Nitrobacter zu Nitrat weiteroxidiert.

$$\mathrm{NH_4^+ + 1\tfrac{1}{2}O_2 \rightarrow NO_2^- + H_2O + 2H^+} \tag{4.18}$$

$$\mathrm{NO_2^- + \tfrac{1}{2}O_2 \rightarrow NO_3^-} \tag{4.19}$$

Der Parameter, der den Umsatz der Reaktionen (4.18) und (4.19) im Wesentlichen limitiert, ist der Sauerstoff. Die Angaben zu den durchschnittlichen jährlichen Mineralisierungsraten für den Stickstoff in Ackerböden schwanken zwischen ca. 1 und 7 %.

Durch das Umpflügen von Grünland („Grünlandumbruch") kommt das besonders umfangreiche Stickstoffdepot von Grünland mit sehr viel Sauerstoff in Kontakt, sodass in kürzester Zeit große Mengen Stickstoff als Nitrat mobilisiert werden. Wässer, die durch Grünlandumbruch geprägt sind, werden durch die Analysenbeispiele 5 und 8 repräsentiert. Allerdings tritt in diesen beiden Fällen das Nitrat nicht als solches in Erscheinung, sondern wird durch Eisensulfide denitrifiziert, wobei sich näherungsweise im Verhältnis 1 : 1 Sulfat bildet.

Bei normaler Ackernutzung sollte sich zwischen Stickstoffdüngung und Stickstoffverlust ein Fließgleichgewicht einstellen, das von der Größe des Stickstoffdepots unabhängig ist. Der Stickstoffverlust setzt sich aus zwei Komponenten zusammen: aus dem Stickstoffentzug durch das Erntegut, das abtransportiert wird, und dem Verlust durch Auswaschung in das Grundwasser.

Das Ziel des Grundwasserschutzes besteht darin, die Auswaschung in das Grundwasser in möglichst engen Grenzen zu halten. Inzwischen wird es vielfach praktiziert, den durch die Mineralisierungsprozesse (4.17)–(4.19) bereits im Boden gebildeten mineralisierten Stickstoff („N_{min}“) bei der Stickstoffdüngung in Rechnung zu setzen, um damit eine Überdüngung zu vermeiden (Düngung nach der „N_{min}-Methode“). N_{min}-Messungen werden zu Vegetationsbeginn im Frühjahr durchgeführt. Die während der Vegetationsperiode auftretende Nachlieferung durch Mineralisierungsprozesse einerseits und der zusätzliche Stickstoffbedarf andererseits werden in der Regel nicht mehr gemessen, sondern geschätzt.

Stickstoffdüngung Bei manchen Stickstoffdüngern wird das Nitrat als solches auf die Felder gebracht („Salpeterdünger“): „Kalksalpeter“ besteht hauptsächlich aus Calciumnitrat, Natronsalpeter (Chilesalpeter) aus Natriumnitrat. Diese Dünger entwickeln im Boden keine Salpetersäure, da der Stickstoff bereits in der Form des Nitrats vorliegt. Der im Kalkstickstoff (Calciumcyanamid, $CaCN_2$) enthaltene Stickstoff wird zwar zu Salpetersäure oxidiert, jedoch tritt hier eine Neutralisation durch das gleichzeitig freigesetzte Calcium ein.

Der in allen anderen Stickstoffdüngern enthaltene Stickstoff wird im Boden zu Salpetersäure oxidiert: Wirtschaftsdünger (Gülle, Jauche, Stallmist), Gründünger, Harnstoff (Carbamid, $CO(NH_2)_2$), Ammoniak, Ammoniumsulfat („Ammonsulfat“) und Stickstoffdepotdünger. Beim Ammoniumnitrat wird das Ammonium zu Salpetersäure oxidiert.

Zur Rolle der Pflanzen bei der Versauerung des Bodens schreibt Finck (1979): „Praktisch kommt die maximale Versauerung wegen der Nährstoffaufnahme der Pflanzen jedoch nicht zum Tragen, weil für jedes aufgenommene Nitrat-Ion eine äquivalente Menge an alkalisch wirkenden Anionen (HCO_3^- bzw. OH^-) abgegeben wird. Legt man daher als praktischen Richtwert eine 50 %ige Ausnutzung zugrunde, so verringert sich der Maximalwert der Versauerung auf die Hälfte.“

Anmerkung
Die Behauptung, dass für jedes aufgenommene Nitration ein OH^--Ion abgegeben wird, ist chemisch absolut gleichrangig mit der Behauptung, dass die Pflanze das Nitrat als Salpetersäure aufnimmt.

Der „praktische Richtwert einer 50 %igen Ausnutzung“ bedeutet gleichzeitig, dass 50 % des Nitrats in tiefere Bereiche des Grundwasserleiters ausgewaschen werden und dass 50 % der Versauerungswirkung auf die Grundwasserbeschaffenheit Einfluss nehmen. Ziel des Grundwasserschutzes ist es, diese Verluste zu minimieren.

Chemie

Bei Verbrennungsprozessen und bei Blitzentladungen wird stets auch Stickstoff zu Stickoxiden oxidiert, die zu Salpetersäure weiterreagieren und zum „sauren Regen" beitragen (Abschn. 2.2.1 und 3.3.3). Auch bei allen Verbrennungsprozessen, für die der Mensch verantwortlich ist, können Stickoxide gebildet werden, deren Entstehung durch die folgenden Maßnahmen bekämpft wird: bei Kohle- und Gaskraftwerken durch die „Rauchgasentstickung" und bei der Gebäudeheizung durch moderne Heizungsanlagen, insbesondere durch die „Brennwerttechnik". Beim Betrieb benzinbetriebener Kraftfahrzeuge hilft der „Drei-Wege-Katalysator", bei Dieselfahrzeugen die Reduktion von Stickoxiden mit Harnstoff („AdBlue").

Die Bildung von Stickoxiden durch hohe Temperaturen wurde auch als „Luftverbrennung" bezeichnet. Mit diesem Prozess wurde früher auch im technischen Maßstab Salpetersäure hergestellt. Heute wird Salpetersäure nach dem wirtschaftlicheren Verfahren der katalytischen „Ammoniakverbrennung" erzeugt.

Nitrat ist ein starkes Oxidationsmittel. Kaliumnitrat ist der oxidierend wirkende Bestandteil von Schießpulver. Organische Substanzen mit einer ausreichend großen Zahl von Nitrogruppen ($-NO_2$) sind explosiv und werden als Sprengstoffe benutzt. Dies gilt auch für Salpetersäureester mehrwertiger Alkohole wie Glycerintrinitrat („Nitroglycerin").

Bei der Temperatur natürlicher Wässer ist das Nitrat so stabil, dass es in der Regel der Mithilfe von Mikroorganismen bedarf, um es zu einer Reaktion zu zwingen. Eine Ausnahme ist die Reaktion von Nitrat mit metallischem Zink zu Nitrit, beispielsweise in verzinkten Leitungen.

Im reduzierten Zustand sind Stickstoffverbindungen weitgehend immobil: Der organische Stickstoff, beispielsweise in Humus, ist ortsfest. Auch das Ammonium ist nicht sehr mobil, weil es sehr stark zur Adsorption an Tonminerale und andere Bodenbestandteile neigt. In oxidiertem Zustand, als Nitrat, ist der Stickstoff äußerst mobil. Calciumnitrat besitzt eine Löslichkeit in Wasser in der Größenordnung Kilogramm je Liter. Mit Nitrat können daher fast beliebig große Mengen bzw. Konzentrationen von Sauerstoff (als „Nitratsauerstoff") transportiert werden.

Das Nitration hat eine symmetrische trigonal-planare Struktur und ist daher an manchen Grenzflächen gut adsorbierbar. Von dieser Eigenschaft macht man bei der Bestimmung der adsorbierbaren organischen Halogenverbindungen („AOX") Gebrauch. Die Miterfassung von Halogeniden, die auf der Aktivkohle adsorbiert sind, würde das Ergebnis verfälschen. Man behandelt daher die Aktivkohle mit Nitrat, das die Halogenide erfolgreich verdrängt.

Auch in Grundwasserleitern kann Nitrat durch Ionensorptionsprozesse eliminiert werden, die allerdings noch nicht ausreichend untersucht worden sind (Abschn. 1.3.5 „Sorptionsreaktionen").

„Lebenserwartung" der Denitrifikation durch Eisendisulfide (Modellrechnung)
Die folgende Modellrechnung soll zeigen, dass die Kenntnis von Stoffdepotdaten für die Prognose der Grundwasserbeschaffenheit von sehr großem Nutzen sein kann. Als Ergebnis der Rechnung resultiert eine „rechnerische Lebenserwartung", die keine Rücksicht darauf nimmt, dass die Kinetik der Denitrifikation schleichend ungünstiger wird, weil die Größe und Reaktivität des Stoffdepots langsam abnehmen. Als Folge davon wird der Denitrifikationsumsatz nicht abrupt, sondern langsam sinken und die resultierende Nitratkonzentration langsam ansteigen. Trotzdem kann eine Modellrechnung auch dann nützlich sein, wenn sie diese Randbedingungen außer Acht lässt. So erhält man wenigstens eine Vorstellung von der Größenordnung der Zeiträume.

Die Modellrechnung geht von den folgenden Ausgangsdaten aus:

Grundwasserneubildung:	200 mm/a (0,2 $m^3/(m^2\,a)$)
Nitratkonzentration im neu gebildeten Grundwasser:	150 mg/l
Mächtigkeit des reduzierenden Aquiferbereichs:	1,5 m
Eisendisulfidkonzentration im reduzierenden Bereich:	200 g/t
Schüttdichte des Aquifers:	1,7 t/m^3

Nach Reaktion (4.1) zehrt 1 mg Nitrat 0,69 mg Eisendisulfid. Betrachtet man eine Säule des Grundwasserleiters von 1 m^2 Grundfläche, so liegt der Eisendisulfidvorrat in dieser Säule bei $200 \times 1{,}5 \times 1{,}7 = 510$ g. Dieser Vorrat reicht für die Denitrifikation von $510/0{,}69 = 739$ g Nitrat. Die auf 1 m^2 bezogene Nitratanlieferung beträgt $150 \times 0{,}2 = 30$ g pro Jahr. Die „Lebenserwartung" der Denitrifikation liegt bei $739/30 = 24{,}6$ Jahren.

Die Konzentration des Eisendisulfids ist mit 200 g/t niedrig angesetzt worden. Verwendet man unter sonst gleichen Randbedingungen den in Tab. A.7 angegebenen Mittelwert für die positiven Eisendisulfidbefunde in Niedersachsen von 1435 mg/kg, so resultiert eine „Lebenserwartung" von 177 Jahren. Auf 1770 Jahre würde das Ergebnis steigen, wenn die reduzierende Schicht 15 statt 1,5 m mächtig wäre.

Die hier geschilderten Verhältnisse lassen sich nicht auf Wassergewinnungsgebiete mit schwach ausgeprägter Reduktionskapazität übertragen, da in solchen Fällen auch Reaktionen mit dem organischen Kohlenstoff berücksichtigt werden müssen. Eine schwach ausgeprägte Reduktionskapazität bedeutet auch, dass sich das Nitratabbauvermögen des Grundwasserleiters relativ schnell erschöpfen kann. Für die Trinkwasserversorgung hat das eine große Bedeutung. Zu diesem Thema wurde daher ein umfangreiches Forschungsvorhaben durchgeführt, das vom DVGW und von Wasserversorgungsunternehmen finanziert worden ist. Insgesamt wurden 21 Wassergewinnungsgebiete untersucht (Bergmann *et al.*, 2013/2014). Das wichtigste Prognoseinstrument war in diesem Vorhaben das Nicomat-Verfahren (Wilde und Van Straaten, 2004). Dies ermöglichte Aussagen darüber, wie nachhaltig der Grundwasserleiter bewirtschaftet wird.

Eckpunkte der Konzentration

Grenzwert

Trinkwasserverordnung vom August 2013 und Mai 2001: 50 mg/l Nitrat (chemischer Parameter, dessen Konzentration sich im Netz nicht mehr erhöht).

Bemerkung: „Die Summe aus Nitratkonzentration in mg/l geteilt durch 50 und Nitritkonzentration in mg/l geteilt durch 3 darf nicht größer als 1 mg/l sein."

Anmerkung
Die Regelung für die Summe der Nitrat- und Nitritkonzentration greift praktisch nicht für Wasser am Ausgang des Wasserwerks, da an diesem Punkt die Nitritkonzentration generell auf 0,1 mg/l begrenzt ist. An anderen Probenahmepunkten begrenzen sich Nitrat und Nitrit gegenseitig. In Wasserleitungen kann (beispielsweise im Kontakt mit metallischem Zink) Nitrat zu Nitrit reduziert werden. Bei gegen null tendierenden Nitratkonzentrationen darf die Nitritkonzentration maximal gegen 3 mg/l tendieren, bei völliger Abwesenheit von Nitrit darf die Nitratkonzentration maximal 50 mg/l erreichen.

Vorgeschichte: Trinkwasserverordnung vom Februar 1975: Grenzwert: 90 mg/l. EG-Trinkwasserrichtlinie vom Juli 1980: Grenzwert: 50 mg/l; seitdem in allen Fassungen der Trinkwasserverordnung: Grenzwert: 50 mg/l Nitrat.

Zielwert entsprechend Fließgewässermemorandum: 25 mg/l.

Messwerte (Beispiele)

Grundwasser aus einem reduzierenden Grundwasserleiter nach längerer Verweilzeit enthält weniger als 0,02 mg/l Nitrat, es ist also nicht nachweisbar.

Meerwasser enthält 0,67 mg/l Nitrat.

Kritische Nitratkonzentration, bei deren Überschreitung auch bei Abwesenheit von Sauerstoff eine Verockerung von Brunnen einsetzt: 0,7 mg/l. Dieser Wert entspricht den Erfahrungen im Fuhrberger Feld und gilt für Eisenkonzentrationen von mehr als 2 mg/l.

Die Nitratkonzentrationen von Seen und Talsperren liegen häufig in der Größenordnung von 5 mg/l.

Maximale Sulfatkonzentration in einem Wasserwerksbrunnen des Fuhrberger Feldes nach Grünlandumbruch und Denitrifikation des Nitrats durch Eisensulfide: 557 mg/l. Das Sulfat ist ganz überwiegend (wahrscheinlich zu über 90 %) auf die Denitrifikation zurückzuführen, wobei die Massekonzentration des Ausgangsstoffes Nitrat ungefähr derjenigen des Endproduktes Sulfat entspricht. Es ist zu beachten, dass sich ein Grünlandumbruch oft nur aus einer Richtung auf einen Brunnen auswirkt. Er fördert dann ein mäßig belastetes Mischwasser. Während einer längeren Ruhezeit des Brunnens kann das Grundwasser im ungünstigen Fall so wandern, dass bei einer Wiederinbetriebnahme das belastete Wasser aus allen Seiten auf den Brunnen zuströmt. Die Belastung ist dann besonders hoch. Diese zweite Situation traf auf den hier zitierten Fall zu.

Der Mensch nimmt erhebliche Nitratmengen mit Gemüse und Salaten auf. Für Kopfsalat und Rote Rüben wurde ein Richtwert von 3 g/kg Nitrat (bezogen auf die Frischsubstanz) festgelegt, für Spinat ein solcher von 2 g/kg (Petri, 1991).

Fleischerzeugnissen wird Natrium- oder Kaliumnitrat oder -nitrit zu Konservierungszwecken zugegeben.

Ausschlusskriterien

Nitrat schließt die gleichzeitige Gegenwart reduzierter Komponenten aus. Hierzu zählen: Eisen(II), Schwefelwasserstoff und Methan. (Mangan(II) ist bei Gegenwart von Nitrat stabil, Ammonium wird ebenfalls nicht oxidiert.) Diese Ausschlusskriterien beruhen auf Redoxreaktionen, die so langsam sind, dass sie verletzt werden können. Das gleichzeitige Vorhandensein von Eisen(II) und Nitrat kann dadurch zustande kommen, dass die Reaktionen (4.1) und (4.2) noch nicht abgeschlossen sind oder dadurch, dass sich im Brunnenbereich nitrathaltige und eisenhaltige Wässer mischen. Schwefelwasserstoff und Methan können nur durch Mischung unterschiedlicher Wasserkörper mit Nitrat in Kontakt kommen.

Konzentrationsänderungen im Rohwasser

Oberflächengewässer

In Fließgewässern ergeben sich Konzentrationsänderungen beim Nitrat durch Änderungen im Volumen oder in der Beschaffenheit eingeleiteter Abwässer.

Grundwasser

Es greifen Maßnahmen zum Grundwasserschutz, mit denen die Anlieferung von Nitrat an das Grundwasser gedrosselt wird: Düngung nach der N_{min}-Methode, Vermeidung von Grünlandumbrüchen, Zwischenfruchtanbau, Änderung der Flächennutzungsstruktur, räumliche Entflechtung von Wassergewinnung und Landwirtschaft.

Es kann der Fall eintreten, dass die Sand- bzw. Kiesgewinnung in einem Wassereinzugsgebiet zu einer Abnahme der Nitratkonzentration des aus diesem Gebiet geförderten Wassers führt. Dies ist eine unmittelbare Folge der Tatsache, dass Seen deutlich geringere Nitratbelastungen aufweisen als das Grundwasser unter landwirtschaftlich genutzten Flächen (soweit keine Nitratelimination im Grundwasserleiter zum Tragen kommt). Diese günstige Wirkung ist gegen den nachteiligen Effekt abzuwägen, dass die betroffenen Teile des Wassergewinnungsgebietes gegen andere (z. B. bakteriologische) Einflüsse empfindlicher werden.

Konzentrationsänderungen Roh-/Reinwasser

Für die gezielte Denitrifikation im Wasserwerk wurden bisher bereits Wasserstoff, Ethanol und Essigsäure als Reduktionsmittel eingesetzt. In allen drei Fällen sind Mikroorganismen maßgeblich beteiligt.

Bei der Nitrifikation von Ammonium im Wasserwerksfilter müssen aus 1 mg Ammonium 3,44 mg Nitrat entstehen. Die „Nitratausbeute" dieser Reaktion scheint in manchen Fällen unvollständig zu sein. Einer der möglichen Gründe könnte darin liegen, dass ein Teil des Ammoniums an den Eisen(III)-oxidhydratschlamm sorbiert wird und bei der Filterspülung für die Bilanz verloren geht.

Bei der unterirdischen Wasseraufbereitung wird das bei der Nitrifikation entstehende Nitrat größtenteils für die Oxidation des im Untergrund sorbierten Eisen(II) verbraucht.

Analytik

Alle klassischen Analysenverfahren zur quantitativen Bestimmung des Nitrats beruhen darauf, dass der Einbau einer Nitrogruppe ($-NO_2$) in ein organisches Molekül (Nitrierung) zu einer Farbvertiefung führt. In extrem saurer Lösung gelingt es, Nitrat mit geeigneten organischen Substanzen quantitativ im Sinne einer Nitrierungsreaktion umzusetzen. Die auf der Nitroverbindung beruhende Färbung des Reaktionsansatzes wird gemessen. Zahlreiche organische Substanzen haben in diesem Zusammenhang Bedeutung erlangt, beispielsweise: Brucin, Phenoldisulfonsäure, Natriumsalicylat und das heute nach DIN vorgeschriebene 2,6-Dimethylphenol. Das zuletzt genannte Reagens eignet sich im niederen Konzentrationsbereich nur bis zu einer Konzentration von 2 mg/l Nitrat. Dies genügt den Anforderungen im Hinblick auf den Nitratgrenzwert von 50 mg/l. Zur Beurteilung der Verockerungstendenz von Wässern, die Eisen und Nitrat enthalten, ist jedoch eine möglichst genaue Analyse unterhalb von 1 mg/l erforderlich. Um diese Empfindlichkeit zu erreichen, muss man andere Verfahren wählen. Eine Möglichkeit besteht beispielsweise darin, das Nitrat mit metallischen Reduktionsmitteln (z. B. Zink) zu Nitrit zu reduzieren, das wesentlich empfindlicher analysiert werden kann.

Eine Analyse des Nitrats durch Ionenchromatografie ist möglich und hat sich bewährt.

Das Maximum der Lichtabsorption des Nitrats liegt im ultravioletten Bereich des Spektrums bei einer Wellenlänge von ca. 210 nm. Dies gestattet grundsätzlich eine direkte Messung im Wasser ohne Chemikalienzusatz. Ein Nachteil dieses Verfahrens sind Störungen durch organische Substanzen, insbesondere Huminstoffe, die in diesem Spektralbereich ebenfalls absorbieren. Mit einem größeren technischen Aufwand gelingt es, diese Störungen weitgehend zu kompensieren. Auf dieser Basis funktionieren registrierende Nitratmessgeräte, die im Durchlauf betrieben werden.

Wirkungen

Die wichtigste Wirkung von Nitrat ist seine Düngewirkung. Als Oxidationsmittel ist Nitrat schon eingesetzt worden zur Unterstützung der unterirdischen Wasseraufbereitung in stark reduzierendem Milieu und zur Sanierung von Grundwasserleitern, die mit organischen Schmutzstoffen (Mineralölprodukten) verunreinigt sind.

Für den Menschen ist Nitrat nur wenig toxisch. Von dem Nitrat, das mit der Nahrung oder mit dem Trinkwasser aufgenommen wird, scheidet der Körper 80 % über die Nieren, den Rest über die anderen Ausscheidungswege (z. B. den Schweiß) wieder aus. Bedeutung hat Nitrat in hygienischer Hinsicht vor allem als Ausgangsstoff für die unter bestimmten Bedingungen eintretende Bildung von Nitrit.

Natriumnitrat wird als Medikament bei Angina Pectoris und bei akuter Herzinsuffizienz verwendet.

Das zur Konservierung von Fleisch verwendete Pökelsalz ist ein Gemisch von Kochsalz und Natriumnitrat oder Natriumnitrit.

4.5.2 Nitrit

Allgemeines

Formel: NO_2^-; relative Masse: 46,0055. Nitrit wird im Wesentlichen nur als Konservierungsmittel und in der chemischen Industrie genutzt. Die Rolle als Konservierungsmittel wurde inzwischen hauptsächlich von Ascorbinsäure übernommen.

Herkunft

Nitrit ist ein Zwischenprodukt bei der Nitrifikation von Ammonium und bei der Denitrifikation von Nitrat. Nitrit konnte auch aus Chloramin („gebundenem Chlor") entstehen, solange die Behandlung eines Wassers mit Chloramin noch zulässig war (Abschn. 8.2.2 „Chloramin, gebundenes Chlor").

Unter nitrifizierenden Bedingungen kann Nitrit in Wasserwerksfiltern gebildet werden. Erhöhte Aufmerksamkeit erfordern Filter für Oberflächenwasser, da bei niedrigen Temperaturen im Winter die Ammoniumkonzentration im Rohwasser oft besonders hoch und die Geschwindigkeit der Nitrifikation im Filter besonders niedrig ist. Ein weiteres Problem kann die Chlorung von Filtern darstellen. Dabei kommt die Nitrifikation im ungünstigen Fall völlig zum Erliegen und kommt nach Beendigung der Chlorung nur langsam wieder in Gang. Während der Einfahrphase können hohe Nitritkonzentrationen erreicht werden.

Unter denitrifizierenden Bedingungen kann Nitrit im Grundwasserleiter entstehen. Verhängnisvoll kann das Zusammentreffen der folgenden Ursachen sein: Wenn Babynahrung mit stark nitrathaltigem Wasser zubereitet und dann längere Zeit auf dem Herd warmgehalten wird, kann durch denitrifizierende Organismen so viel Nitrit gebildet werden, dass Säuglinge erkranken können (Abschn. 4.5.2 „Wirkungen"). Ein zusätzliches Risiko besteht bei anfälligen Säuglingen darin, dass Nitrat auch innerhalb ihres eigenen Magen-Darm-Traktes zu Nitrit reduziert werden kann.

Chemie

Nitrit reagiert mit sekundären Aminen (R_2NH) unter Bildung von Nitrosaminen ($R_2N{-}NO$). Diese können krebserzeugend wirken.

$$R_2NH + HO{-}NO \rightarrow R_2N{-}NO + H_2O \tag{4.20}$$

R steht für eine organische Gruppe, beispielsweise die Ethylgruppe C_2H_5-. Da sekundäre Amine in der Natur in niedrigen Konzentrationen häufig vorkommen, ist bei Anwesenheit von Nitrit die Bildung von Nitrosaminen nicht auszuschließen.

Eckpunkte der Konzentration

Grenzwert

Trinkwasserverordnung vom August 2013 und vom Mai 2001: 0,5 mg/l Nitrit (chemischer Parameter, dessen Konzentration im Netz ansteigen kann).

Bemerkung: „Die Summe aus Nitratkonzentration in mg/l geteilt durch 50 und Nitritkonzentration in mg/l geteilt durch 3 darf nicht höher als 1 mg/l sein. Am Ausgang des Wasserwerks darf der Wert von 0,1 mg/l für Nitrit nicht überschritten werden."

Vorgeschichte: EG-Trinkwasserrichtlinie vom Juli 1980: Grenzwert: 0,1 mg/l. Trinkwasserverordnung vom Februar 1975: kein Grenzwert; Trinkwasserverordnung vom Mai 1986 und Dezember 1990: Grenzwert: 0,1 mg/l.

Messwerte (Beispiele)

Wässer, die „ausreagiert" sind, enthalten kein Nitrit. Die Konzentration wird dann im Allgemeinen mit < 0,01 mg/l, teilweise auch mit < 0,005 mg/l angegeben.

Im Analysenanhang sind Nitritkonzentrationen oberhalb der Bestimmungsgrenze dokumentiert für die Leine (Analysenbeispiele 18 und 19) sowie in geringsten Spuren im Wasser aus einer Trinkwassertalsperre (Analysenbeispiele 20 und 21).

Ausschlusskriterien

Für Nitrit sind keine Ausschlusskriterien bekannt.

Konzentrationsänderungen im Rohwasser

Oberflächenwasser

In Fließgewässern kann die Nitritkonzentration durch Änderung der Abwasserbelastung beeinflusst werden. In Oberflächenwässern wird das Nitrit mit einer größeren Wahrscheinlichkeit bei der Nitrifikation von Ammonium als bei der Denitrifikation von Nitrat gebildet. Nitritkonzentrationen von 0,9 und 1 mg/l sind in den Analysenbeispielen 18 und 19 für die Leine dokumentiert.

Grundwasser

In flachen Grundwasserleitern kann eine Erhöhung der Nitritkonzentration dadurch eintreten, dass als unmittelbare Folge der Wasserentnahme die Reaktionszeit verkürzt wird, sodass die zum Abschluss der Redoxprozesse erforderliche Zeit nicht mehr zur Verfügung steht.

Konzentrationsänderungen Roh-/Reinwasser

Bei der Trinkwasseraufbereitung darf das Nitrit im Reinwasser nicht mehr nachweisbar sein.

Analytik

Nitrit ist in der Lage, zwei Ausgangsreagenzien (Sulfanilamid und *N*-(1-Naphthyl)-ethylendiamin) zu einem roten Azofarbstoff zu verknüpfen. Diese Reaktion ist spezifisch und gehört zu den empfindlichsten Farbreaktionen der chemischen Analytik. Konzentrationen im Bereich von 5 µg/l sind noch bestimmbar. Auf Analysenformularen findet man die Bestimmungsgrenzen 0,005 und 0,01 mg/l.

Wirkungen

Das Nitrit kann auf zwei unterschiedlichen Pfaden eine toxische Wirkung entfalten: Einwirkung auf den roten Blutfarbstoff Hämoglobin und Bildung von Nitrosaminen, die krebserzeugend wirken können:

Einwirkung auf Hämoglobin

Hämoglobin ist die Antwort der Evolution auf die Frage, wie Sauerstoff möglichst wirkungsvoll transportiert werden kann. Es ist in den roten Blutkörperchen (Erythrozyten) enthalten und hat die Aufgabe, die Zellen des Körpers mit Sauerstoff zu versorgen. Im arteriellen Blut erreicht das Blut eine Konzentration an Sauerstoff von ca. 500 mg/l. Die Speicherung des Sauerstoffs geschieht an Eisen(II)-Ionen, von denen je vier in das Hämoglobinmolekül eingebaut sind.

Durch Nitrit wird das Eisen(II) des Hämoglobins zu Eisen(III) oxidiert. Das entstehende Produkt ist das Methämoglobin. Es kann keinen Sauerstoff mehr binden. Methämoglobin kann enzymatisch wieder zu Hämoglobin reduziert werden. Diese Reaktion ist bei Säuglingen in den ersten drei Lebensmonaten zu langsam, um eine Erkrankung (Methämoglobinämie, „Blausucht") zu verhindern.

Seit etwa 1960 ist in der Bundesrepublik kein Fall von ernährungsbedingter Methämoglobinämie von Säuglingen mehr bekannt geworden (Petri, 1991).

Bildung von Nitrosaminen

Die Bildung von Nitrosaminen wurde bereits in Abschn. 4.5.2 „Chemie" erwähnt. Die krebserzeugenden Eigenschaften von Nitrosaminen wurden im Tierversuch festgestellt. Keine der zahlreichen epidemiologischen Studien zum Problem Nitrat–Nitrit–Nitrosamine konnte einen Zusammenhang zwischen diesen Substanzen und dem Auftreten von Krebserkrankungen in der Bevölkerung nachweisen (Petri, 1991). Die Grenzwerte für Nitrit und Nitrat haben daher den Charakter von Vorsorgewerten.

4.5.3 Ammonium

Allgemeines

Formel: NH_4^+; Molekülmasse: 18,038. Das Ammonium verhält sich in vielen seiner Verbindungen ähnlich wie das Kalium. Dies liegt in erster Linie daran, dass die Ionenradien von Kalium und Ammonium ähnlich groß sind: 2,66 Å (Kalium) und 2,86 Å (Ammonium). Im Vergleich dazu hat Natrium nur einen Ionenradius von 1,96 Å.

In Böden werden hohe Konzentrationen von fixiertem Ammonium festgestellt, die nach Scheffer/Schachtschabel (1998) im Bereich zwischen 80 und 900 mg/kg als N liegen können. Träger des fixierten Ammoniums sind Kalifeldspäte, Glimmer und Tonminerale. Ein Teil des fixierten Ammoniums steht in einem Austauschgleichgewicht mit der Bodenlösung, ein anderer Teil ist irreversibel fixiert. Hierzu zählt vor allem das native Ammonium, das von den Ausgangsgesteinen ererbt worden ist. Es ist davon auszugehen, dass auch in tieferen Bereichen von Grundwasserleitern größere Mengen von Ammonium gespeichert sein können.

Herkunft

Oberflächengewässer

Als Bestandteil des Stickstoffkreislaufes kommt das Ammonium in Abwässern und abwasserbelasteten Oberflächenwässern in höheren Konzentrationen vor und verursacht hier bei seiner Oxidation einen erhöhten Sauerstoffverbrauch.

Für den Rhein sind die Ammoniumbelastung und deren Rückgang durch Reinhaltemaßnahmen aus Abb. 4.7 ersichtlich. Für die Leine zeigt Abb. 4.17 die Ammoniumkonzentrationen über einen Zeitraum von 33 Jahren. Man erkennt, dass große Schwankungen der Ammoniumkonzentration und zeitweise auch Extremwerte auftreten. Erst gegen Ende der 1980er-Jahre (also deutlich später als beim Rhein) ist ein Konzentrationsrückgang zu verzeichnen. Für die 1993 aufgetretenen Extremwerte wurde keine Erklärung gefunden. An den im Jahre 1990 und später gewonnenen Daten ist abzulesen, dass die Ammoniumkonzentrationen in den Sommermonaten besonders niedrig sind. Im Sommer muss also die Nitrifikation effektiver sein als im Winter.

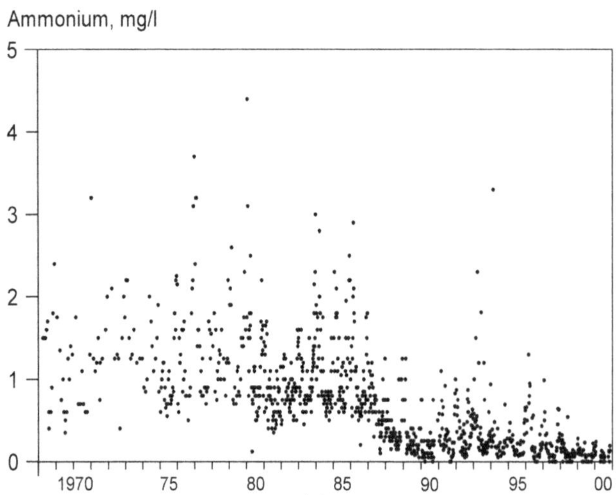

Abb. 4.17 Ammoniumbelastung der Leine bei Laatzen-Grasdorf seit 1968.

Grundwässer

Wenn Ammonium aus dem Boden in einen Grundwasserleiter ausgewaschen wird, dann wird es entweder oxidiert oder adsorbiert. Diese Regel enthält Vereinfachungen, und außerdem gilt sie keineswegs streng, aber als Ausgangspunkt der Diskussion ist sie geeignet. Jedenfalls ist sie der Grund dafür, dass man in Grundwässern Ammonium entweder nicht oder nur in Konzentrationen beobachtet, die im Vergleich mit dem Stoffumsatz des Stickstoffkreislaufes im Boden unauffällig sind.

Reduzierende Grundwasserleiter enthalten in ihren obersten Schichten meist noch etwas Sauerstoff. Derjenige Anteil des Ammoniums, der diese Schicht auf seinem Weg nach unten überwinden kann, ohne oxidiert zu werden, hat zunächst einmal „überlebt" und kann adsorbiert werden. Die Konzentration, die im Grundwasser beobachtet werden kann, muss daher ein Resultat unterschiedlicher Faktoren sein. Grundsätzlich ist davon auszugehen, dass die folgenden Prozesse eine Rolle spielen:

- Stoffumsatz der Mineralisierung organischen Stickstoffs mit Ammoniumfreisetzung im Boden,
- Ausmaß der Nitrifikation des Ammoniums im sauerstoffhaltigen Bereich des Bodens bzw. Grundwasserleiters,
- Konzentration von Tonmineralen und anderen zur Ammoniumsorption fähigen Mineralen in den tieferen Bereichen des Grundwasserleiters. Verteilung des Ammoniums zwischen wässriger und fester Phase entsprechend den herrschenden Adsorptionsgleichgewichten.

Diese Prozesse machen das Verhalten des Ammoniums im Grundwasserleiter unübersichtlich. Gesetzmäßigkeiten sind selten erkennbar.

In besonders gelagerten Einzelfällen kann allerdings eine lineare Abhängigkeit der Konzentration gelösten Ammoniums vom landwirtschaftlichen Einfluss beobachtet werden. Abbildung 4.18 zeigt dies für den Brunnen 4 des Wasserwerks Fuhrberg der Stadtwerke Hannover AG. „Landwirtschaftlicher Einfluss" ist in diesem Falle ungefähr gleichzusetzen mit der Sulfatkonzentration des Grundwassers (Abschn. 4.3.1 „Herkunft").

Für den Brunnen 4 des Wasserwerks Fuhrberg gelten Besonderheiten, von denen einige bereits in Abschn. 4.3.2 „Herkunft" im Zusammenhang mit der Mobilisierung von Mangan (Abb. 4.8) aufgeführt worden sind. Im Falle des Ammoniums spielt eine Rolle, dass es auf dem denkbar kürzesten Weg, gewissermaßen im „freien Fall", den Entnahmebereich des Brunnens erreicht.

Anmerkung

Brunnen 4 des Wasserwerks Fuhrberg ist ein Horizontalfilterbrunnen mit einer hohen Nennleistung von ca. 1000 m^3/h; im Einzugsbereich des Brunnens existieren keine schützenden Deckschichten; der Grundwasserleiter wird schon in geringer Tiefe anaerob, sodass das Ammonium von da an nicht mehr nitrifiziert werden kann; die Entnahmetiefe ist mit 24 m unter Gelände eher gering; der landwirtschaftliche Einfluss (hier: Grünlandumbruch) fand in unmittelbarer Nähe zum Brunnen statt; wegen der hohen Förderleistung herrschen in Brunnennähe besonders hohe Strömungsgeschwindigkeiten. Da die Korrelation von Ammonium und dem landwirtschaftlichen Einfluss

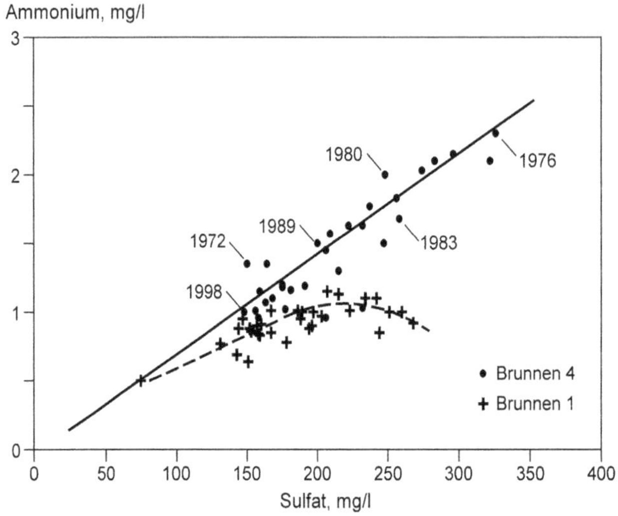

Abb. 4.18 Abhängigkeit der Ammoniumkonzentration vom landwirtschaftlichen Einfluss (hier Sulfatgehalt) im Grundwasser im Bereich der Brunnen 1 und 4 des Wasserwerks Fuhrberg.

an einem einzigen Brunnen durchgeführt wird, werden Randbedingungen, die von Brunnen zu Brunnen schwanken können, konstant gehalten.

Der baugleiche Brunnen 1 liegt im Wald. Von den nächsten landwirtschaftlich genutzten Flächen ist er ca. 800 m entfernt. Diese Distanz reicht bereits aus, um den Konzentrationsverlauf zu glätten, indem das freigesetzte Ammonium teilweise adsorptiv gebunden wird. Für diesen Brunnen besteht keine lineare Beziehung mehr zwischen Ammoniumkonzentration und landwirtschaftlichem Einfluss. Noch unübersichtlicher verhalten sich alle anderen Brunnen im „Fuhrberger Feld".

Wasserverteilungsanlagen

Zement kann beträchtliche Mengen von Ammonium enthalten. Zementmörtel gibt das Ammonium an das Wasser ab (Wendlandt, 1988). Hierdurch sind schon Probleme bei der Desinfektion von Wasser aufgetreten, z. B. anlässlich der Inbetriebnahme neuer Anlagenteile wie Hochbehältern oder Leitungen, die mit Zementmörtel ausgekleidet sind. Bei ausreichend langem Kontakt des Zementmörtels mit Wasser kommt die Abgabe von Ammonium zum Stillstand.

Chemie

Obwohl die Trinkwasserverordnung mit dem Ammonium „recht großzügig" umgeht, gibt es gute und z. T. zwingende Gründe dafür, bei der Trinkwasseraufbereitung das Ammonium restlos, also bis unter die übliche Bestimmungsgrenze von 0,05 mg/l zu eliminieren. Ein wichtiger Grund besteht darin, dass eine zuverlässige und vollständige biologische Entmanganung nicht möglich ist, solange noch Ammonium vorhanden ist. Für manganhaltige Rohwässer ist die Elimination des Ammoniums daher zwingend notwendig. Ferner sind Trinkwässer, die gleichzeitig Ammonium und Sauerstoff enthalten, nicht stabil: Das Ammonium kann partiell zu Nitrit oxidiert werden, wobei der Nitritgrenzwert von 0,1 mg/l schnell überschritten werden kann.

Im Wasserwerk und bei der unterirdischen Wasseraufbereitung wird das Ammonium dadurch eliminiert, dass es zunächst an vorhandene Feststoffe (hauptsächlich Eisen(III)-oxidhydrat) adsorbiert und anschließend zu Nitrat oxidiert („nitrifiziert") wird. In den meisten Wasserwerken verläuft die Nitrifikation so zuverlässig, dass sie als Aufbereitungsschritt meist gar nicht wahrgenommen wird. Dies hängt auch damit zusammen, dass die Nitrifikation (wegen der Zwischenspeicherung des Ammoniums in adsorbierter Form) keine eigene Reaktionszone im Filter beansprucht.

Trotzdem existieren in der Praxis Fälle, in denen die Nitrifikation im Wasserwerk gestört ist und in den Abläufen der Filter Ammoniumkonzentrationen über 0,05 mg/l beobachtet werden. Ursachen können sein: noch nicht abgeschlossene Einarbeitung von neuem Filterkies (nach erfolgreichem Start kann die Einarbeitung bis zu ihrem Abschluss noch bis zu drei Monate beanspruchen), hohe Ammoniumkonzentrationen, starke Schwankungen der Ammoniumkonzentration, tiefe Temperaturen, wie sie bei Oberflächenwässern im Winter vorkommen können, Einfluss von Desinfektionsmitteln, z. B. Rückspülen der Filter mit einem Spülwasser, das freies Chlor enthält. Ungünstig wirkt sich wahrscheinlich auch ein positiver Sättigungsindex aus, da Kalkabscheidungen auf dem Filterkorn die Ausbildung eines nitrifizierenden Biofilms möglicherweise behindern. Besonders nachteilig ist eine Kombination dieser Einflüsse.

Wenn auf einem Analysenblatt höhere Ammoniumkonzentrationen ausgewiesen sind, aber weder die hier aufgeführten Ursachen zutreffen, noch die Folgen einer unzureichenden Nitrifikation beobachtet werden (gestörte Entmanganung, Nitritbildung in den Filtern und im Rohrnetz), ist die Analyse möglicherweise fehlerhaft. Da Ammoniak bzw. Ammoniumsalze über die Laborluft verfrachtet werden können, kommt sie als Kontaminationsquelle in Betracht. Falls die Proben vor der Analyse filtriert werden, ist zu beachten, dass auch Filterpapiere aus der Laborluft Ammonium aufgenommen haben können, das sie während des Filtrationsvorgangs wieder abgeben. Fehlerhafte Mehrbefunde sind daher wahrscheinlicher als Minderbefunde.

Eckpunkte der Konzentration

Grenzwert

Trinkwasserverordnung vom August 2013: 0,5 mg/l Ammonium (Indikatorparameter).

Bemerkung: Die Ursache einer plötzlichen oder kontinuierlichen Erhöhung der üblicherweise gemessenen Konzentration ist zu untersuchen.

Eine generelle Ausnahmeregelung ist nicht vorgesehen. Siehe hierzu Abschn. 1.10.3 „Ausnahmegrenzwerte".

Vorgeschichte: EG-Trinkwasserrichtlinie vom Juli 1980: Richtwert: 0,05 mg/l; Grenzwert: 0,5 mg/l Ammonium. Trinkwasserverordnung vom Mai 1986: Grenzwert: 0,5 mg/l Ammonium; Bemerkung: „ausgenommen bei Wässern aus reduzierendem Untergrund“. Trinkwasserverordnung vom Dezember 1990: Grenzwert: 0,5 mg/l Ammonium, Bemerkung: „Geogen bedingte Überschreitungen bleiben bis zu einem Grenzwert von 30 mg/l außer Betracht.“ EG-Trinkwasserrichtlinie vom November 1998: Grenzwert: 0,5 mg/l Ammonium, ohne Ausnahmeregelung für geogen bedingtes Ammonium.

Trinkwasserverordnung vom Mai 2001: 0,5 mg/l Ammonium (Indikatorparameter).

Bemerkung: „Geogen bedingte Überschreitungen bleiben bis zu einem Grenzwert von 30 mg/l außer Betracht. Die Ursache einer plötzlichen oder kontinuierlichen Erhöhung der üblicherweise gemessenen Konzentration ist zu untersuchen.“

Messwerte (Beispiele)

Oberflächenwässer: stark abhängig von der Abwasserbelastung: < 0,01 mg/l in Trinkwassertalsperren (Analysenbeispiel 20), Alpenrhein bei Au-Lustenau, vor seinem Eintritt in den Bodensee, 1997: 0,1 mg/l (Mittelwert aus 27 Messwerten, AWBR, 1998), Rhein bei Bad Honnef: bis ca. 1,7 mg/l in den 1970er-Jahren (Abb. 4.7), Leine bei Grasdorf (Laatzen): bis ca. 4 mg/l, ebenfalls in den 1970er-Jahren (Abb. 4.17).

Sauerstoffhaltige Grundwässer: < 0,05 mg/l.

Trinkwässer, die einer ordnungsgemäßen Enteisenung und Entmanganung in biologisch aktiven Filtern unterzogen worden sind: < 0,05 mg/l.

Reduzierte Grundwässer unter Nadelwald und beim Fehlen von Deckschichten (Fuhrberger Feld): 0,1–0,2 mg/l Ammonium.

Wenn in ausgedehnten Wasserverteilungssystemen ein sauerstoffhaltiges Wasser verteilt wird, muss die Ammoniumkonzentration < 0,05 mg/l betragen, da andernfalls Störungen, insbesondere durch Nitritbildung, auftreten. Die Ausnahmeregelung für geogen bedingtes Ammonium konnte daher nur für sehr kleine und privat betriebene Anlagen gelten.

Das Abwasser kommunaler Kläranlagen enthält, solange keine Elimination von Stickstoffverbindungen durchgeführt wird, 25–50 mg/l Ammonium (Matthess, 1990).

Gülle: Verluste durch Ausgasung als NH_3, Nachlieferung aus organischem Stickstoff (hauptsächlich Harnstoff). Mittlerer Ammoniumgehalt größenordnungsmäßig bis 5 g/l (Rohmann und Sontheimer, 1985).

Ausschlusskriterien

Messbare Ammoniumkonzentrationen sind unverträglich mit dem Vorhandensein von Sauerstoff und Nitrat. Da diese Ausschlusskriterien auf Redoxreaktionen beruhen, gelten sie nicht streng.

Konzentrationsänderungen im Rohwasser

Oberflächenwasser

In Fließgewässern ergeben sich Konzentrationsänderungen beim Ammonium im Wesentlichen durch Änderungen bei der Abwasserbelastung.

Grundwasser

Tendenziell sind die Ammoniumkonzentrationen aus bewaldeten Einzugsgebieten niedriger als aus landwirtschaftlich genutzten Flächen. Der Versuch einer Beeinflussung der Ammoniumkonzentration im Grundwasser ist wegen des unübersichtlichen Verhaltens des Ammoniums wenig aussichtsreich.

Konzentrationsunterschiede Roh-/Reinwasser

Bei Gegenwart von Sauerstoff und Mikroorganismen (Nitrosomonas und Nitrobacter) wird Ammonium über die Stufe des Nitrits zu Nitrat oxidiert. Die entsprechenden Reaktionsgleichungen sind bereits in Abschn. 4.5.1 aufgeführt worden, werden aber hier nochmals wiederholt:

$$NH_4^+ + 1\tfrac{1}{2}O_2 \rightarrow H_2O + NO_2^- + 2H^+ \quad \text{(Nitrosomonas)} \tag{4.18}$$

$$NO_2^- + \tfrac{1}{2}O_2 \rightarrow NO_3^- \quad \text{(Nitrobacter)} \tag{4.19}$$

Die bei der Nitrifikation entstehenden Wasserstoffionen werden üblicherweise durch Hydrogencarbonat abgepuffert:

$$H^+ + HCO_3^- \rightleftharpoons CO_2 + H_2O \quad \text{(Kap. 7)}$$

Als Folge der Nitrifikation ändern sich daher mindestens sechs Parameter der Wasseranalyse: Konzentrationen von Sauerstoff, Ammonium, Nitrit und/oder Nitrat, CO_2, Hydrogencarbonat (Säurekapazität bis pH 4,3) und (je nach den Pufferungseigenschaften des Wassers mehr oder weniger stark) der pH-Wert.

Bei vollständiger Oxidation des Ammoniums bis zum Nitrat ergeben sich für die Konzentrationsänderungen Δ die folgenden Beziehungen:

$$-\Delta[O_2]\ (\text{mg/l}) = -3{,}56\Delta[NH_4^+]\ (\text{mg/l}) \tag{4.21}$$

$$\Delta[NO_3^-]\ (\text{mg/l}) = x \times -3{,}44\Delta[NH_4^+]\ (\text{mg/l}) \tag{4.22}$$

Die letztgenannte Beziehung lässt sich naturgemäß nur bei niedrigen Nitratkonzentrationen überprüfen, da andernfalls das Problem kleiner Differenzen großer Zahlen auftritt und die Ergebnisse zu ungenau werden. Da der Nitrifikation eine Adsorption des Ammoniums an die im Filter abgeschiedenen Schlämme vorausgeht, geht beim Rückspülen von Filtern adsorbiertes Ammonium verloren, das sich so der Nitrifikation entzieht. Daher wird ein zusätzlicher Faktor x eingeführt, der kleiner als 1 ist. Nach eigenen Erfahrungen kann x Werte um 0,85 annehmen.

$$\Delta K_{S4,3}\ (\text{mmol/l}) = y \times 0{,}11\Delta[NH_4^+]\ (\text{mg/l}) \tag{4.23}$$

Tab. 4.8 Stoffwechsel des Menschen und resultierende Konzentrationen chemischer Verschmutzungsindikatoren.

Element	Körperanteil[a)] (g/kg)	Ausscheidung als Element (g/d)	Konzentrationsangaben
C	181		Abwasser: ca. 0,6 g/l als CSB[b)]
N	30	8,4–16,3	Urin: 7,2–21 g/l als NH_4^+
N			Urin: 24,8–72 g/l als NO_3^-
P	10	1,5–1,6	Abwasser: bis 0,04 g/l als PO_4^{3-}
S	2,5	0,5–0,8	Urin: 1–2,4 g/l als SO_4^{2-}
Cl	1,4	6–9	Urin: 4–9 g/l als Cl^-

a) Anteil des Elements am Aufbau der körpereigenen Substanz.
b) Chemischer Sauerstoffbedarf nach der Dichromatmethode in mg/l O_2. Der angegebene Wert entspricht nach Hosang und Bischof (1998) ungefähr 120 g pro Einwohner und Tag.

Die Angabe für $\Delta K_{S4,3}$ gilt für die vollständige Oxidation des Ammoniums und ohne Sorptionseffekte. Das Ammonium unterliegt selbst einer Pufferung ($NH_4^+ \rightleftharpoons NH_3 + H^+$), die das Ergebnis beeinflusst und durch den Faktor y angedeutet wird. Bei hohen pH-Werten wird y kleiner als 1. Der daraus entstehende Fehler ist jedoch bei pH-Werten unter ca. 9 vernachlässigbar, sodass dieser Punkt hier nicht weiter verfolgt wird.

Analytik

Das klassische Reagenz auf Ammonium ist „Nesslers Reagenz". Damit kann Ammonium sehr spezifisch und empfindlich bestimmt werden.

Wirkungen

Nach Tab. 4.8 (Abschn. 4.6) scheidet der Mensch täglich 8,4–16,3 g Stickstoffverbindungen (berechnet als Ammonium) aus. Der tägliche Umsatz an Stickstoffverbindungen ist daher so groß, dass das mit dem Trinkwasser eventuell zugeführte Ammonium keine Auswirkungen auf den Stoffwechsel des Menschen hat.

Die wichtigste potenzielle Wirkung des Ammoniums ist die Möglichkeit, mit Chlor zu reagieren. Wässer mit erhöhten Ammoniumkonzentrationen können daher nicht bzw. nur im Ausnahmefall mit Chlor desinfiziert werden (Kap. 8).

In weitverzweigten Rohrnetzen stört Ammonium beispielsweise durch Nitritbildung (Abschn. 4.5.3 „Eckpunkte der Konzentration").

4.6 Chemische Verschmutzungsindikatoren

Die Argumentation mit chemischen Verschmutzungsindikatoren gerät langsam in Vergessenheit. Der Schwerpunkt der Trinkwasserhygiene hat sich fast vollständig auf die bakterielle Seite des Problems verlagert (Kap. 8).

Die chemischen Verschmutzungsindikatoren gehen ganz unmittelbar auf den Stoffwechsel von Mensch und Vieh zurück. Die Analytik war mit der klassischen „hygienisch-chemischen Analyse" auf den Stoffwechsel zugeschnitten.

Im Folgenden wird diese klassische, auf Fäkalverunreinigungen beruhende Betrachtungsweise ausführlich erörtert. Dies ist zum Verständnis der historischen Entwicklung der Trinkwasserhygiene und zur besseren Beurteilung alter Analysenprotokolle von Nutzen. Ebenso wichtig ist die Tatsache, dass der hohe hygienische Sicherheitsstandard, den die Trinkwasserversorgung in den technisch entwickelten Ländern erreicht hat, genau auf diesem historischen Sockel ruht. Die Trinkwasserverordnung hat das auf den chemischen Verschmutzungsindikatoren beruhende Prinzip der Wasserbeurteilung in entscheidenden Punkten übernommen und dabei auch berücksichtigt, dass die einzelnen Parameter auch ganz unabhängig von ihrer Indikatorfunktion eine eigenständige hygienische Bedeutung haben. Damit haben die chemischen Verschmutzungsindikatoren an Bedeutung eingebüßt.

Anmerkung
Die Trinkwasserverordnung vom Mai 2001 limitiert die Ammoniumkonzentration auf 0,5 mg/l, lässt aber bei einer geogenen Herkunft 30 mg/l zu. Hier muss die Indikatorfunktion des Ammoniums Pate gestanden haben. Umgekehrt liegt der Fall beim Nitrat. Dessen Grenzwert wurde auf 50 mg/l festgelegt, obwohl die Indikatorfunktion erst oberhalb dieses Wertes greift. Hier sollte das Nitrat in erster Linie aufgrund seiner eigenen Eigenschaften limitiert werden.

Das Alter fäkaler Verunreinigungen

Wahrscheinlich haben sich die meisten Atome unseres Körpers irgendwann einmal im Darm eines Dinosauriers befunden. Instinktiv haben wir das Gefühl, dass uns das heute nicht mehr aufzuregen braucht. Offensichtlich ist das Alter von fäkalen Ausscheidungen ein wichtiges hygienisches Kriterium. Für die Messung des Alters benötigt man eine chemische oder biologische „Stoppuhr". Im Zusammenhang mit den Verschmutzungsindikatoren bietet uns die Natur sogar drei „Stoppuhren":

- Nitrit: Als Zwischenprodukt bei der Nitrifikation und der Denitrifikation ist Nitrit stets ein Zeichen dafür, dass der zugrunde liegende Redoxprozess noch nicht abgeschlossen ist. Eine Altersangabe in exakten Zeiteinheiten ist beim jetzigen Kenntnisstand allerdings nicht möglich.
- Entropie: Als Maß für die Unordnung in einem System kann die Entropie (ohne Energiezufuhr von außen) nur zunehmen. Im Zusammenhang mit den chemischen Verschmutzungsindikatoren handelt es sich bei der Entropiezunahme

im Wesentlichen um Verdünnungsvorgänge. Auch hier sind exakte Zeitangaben nicht oder nur mit großem Aufwand möglich, aber auch nicht erforderlich. Wichtig ist das Resultat der Verdünnung: „Eine Verschmutzung ist nicht mehr nachweisbar."

- „Mikrobiologische Stoppuhr" entsprechend Abb. 8.1.

Die Parameter

In Tab. 4.8 werden Angaben zum Stoffwechsel des Menschen gemacht, die aus verschiedenen Quellen zusammengetragen wurden. Die für den Urin angegebenen Konzentrationen sind so hoch, dass die Verwendung der aufgeführten Parameter als chemische Verschmutzungsindikatoren plausibel ist. Das Stickstoffinventar des Urins liegt in der Form des Harnstoffs vor. Für die Tabelle wurden die entsprechenden Konzentrationen von Ammonium und Nitrat berechnet.

Die für den Urin angegebenen Konzentrationen können mit einer Division durch das pro Kopf und Tag verbrauchte Wasservolumen (Liter) in die Abwasserkonzentration umgerechnet werden.

Für die Trinkwasserversorgung gilt, dass alle drei „Stoppuhren" abgelaufen sein müssen: Nitrit darf nicht oder nur in sehr geringen Konzentrationen vorhanden sein, die Verdünnung der übrigen chemischen Inhaltsstoffe muss so weit fortgeschritten sein, dass die resultierenden Konzentrationen unauffällig sind, und die bakteriellen Verschmutzungsindikatoren müssen den Forderungen der Trinkwasserverordnung entsprechen.

Als chemische Verschmutzungsindikatoren gelten die folgenden Parameter, die unmittelbar aus Tab. 4.8 abgeleitet werden können: Oxidierbarkeit, Ammonium, Nitrit, Nitrat, Phosphat, Sulfat und Chlorid. Zusätzlich spielten nach Höll (1986) die folgenden Parameter eine gewisse Rolle: Alkalimetalle, Oxidierbarkeit mit freiem Chlor („Chlorzahl"), Konzentration von Urochrom (Indikator für Harn) und von Koprosterin (chemischer Fäkalindikator).

Anmerkung

Die höchste vom Autor jemals in einem *Trinkwasser* gemessene Ammoniumkonzentration lag bei 25 mg/l. Auch die anderen Verschmutzungsindikatoren waren entsprechend erhöht. Es handelte sich um eine Verunreinigung, die als kriminelle Handlung vorgenommen worden war. Der Kursivdruck soll ausdrücken, dass das untersuchte Wasser entsprechend dem Analysenbefund natürlich *kein* Trinkwasser war.

5
Anorganische Wasserinhaltsstoffe, Spurenstoffe

Die Stoffgruppe „anorganische Spurenstoffe“ ist sehr allgemein definiert und umfasst zahlreiche Parameter unabhängig von ihrer hygienischen Bedeutung. In der Trinkwasserverordnung findet man diese Parameter daher entsprechend ihrer hygienischen Bedeutung an verschiedenen Stellen. Bromid und Iodid zählen zwar zu den Spurenstoffen, werden aber – ebenso wie Chlorid – in Kap. 4 behandelt.

Mensch und Tier benötigen zur Aufrechterhaltung ihrer Lebensfunktionen neben den Nährstoffen und Vitaminen auch Mineralstoffe. Der Bedarf des Menschen an den einzelnen Elementen wird in den jeweiligen Abschnitten aufgeführt. Einige Elemente sind in niedrigen Konzentrationen essenziell, in höheren Konzentrationen toxisch. Dies gilt beispielsweise für Fluorid, Kupfer und Selen. Im Folgenden werden die für den Stoffwechsel des Menschen wichtigen Elemente, ungefähr geordnet nach abnehmendem Bedarf, wiedergegeben.

Hauptelemente Wasserstoff, Sauerstoff (Wasser), Kohlenstoff, Stickstoff, Natrium, Phosphor, Kalium, Chlorid, Schwefel, Magnesium, Calcium.

Essenzielle Spurenelemente Eisen, Mangan, Zink, Kupfer, Iod, Cobalt, Fluorid, Chrom, Selen.

Sonstige In dieser Gruppe befinden sich Spurenelemente, für die keine Mangelerscheinungen beim Menschen bekannt sind oder die sich nur im Tierversuch als wichtig für den Stoffwechsel erwiesen haben: Molybdän, Silicium, Arsen, Vanadium, Zinn.

Von allen anderen Elementen sind keine lebenserhaltenden Wirkungen bekannt. Wenn sie dennoch eine Wirkung auf den Organismus ausüben, kann es sich daher nur um eine toxische Wirkung handeln. Die toxische Wirkung kann auch erwünscht sein (bzw. erwünscht gewesen sein), soweit sie sich gegen pathogene Keime richtet oder einer sonstigen medizinischen Indikation entsprach. Beispiele hierfür sind: Antimon („Brechweinstein“, organische Antimonverbindungen als Chemotherapeutika), Arsen („Atoxyl“, „Salvarsan“), Blei („Bleipflaster“), Quecksilber („Sublimatpastillen“, „Saatbeizmittel“) und Silber („Höllenstein“). Bis in die jüngste Vergangenheit spielten toxische Organozinnverbindungen eine Rolle als Antifoulinganstriche auf Schiffsrümpfen.

Wasseranalysen – richtig beurteilt, 4. Auflage. Walter Kölle.
© 2017 WILEY-VCH Verlag GmbH & Co. KGaA. Published 2017 by WILEY-VCH Verlag GmbH & Co. KGaA.

Ebenso wie bei den Hauptkomponenten eines Wassers ist auch bei den Spurenkomponenten danach zu fragen, in welchen Konzentrationen diese Substanzen in der Natur vorkommen, durch welche Reaktionen sie mobilisiert werden können, welche anthropogenen Belastungspfade existieren und welche Konsequenzen aus Analysenergebnissen abzuleiten sind.

Die Analytik der Spurenstoffe muss in den erforderlichen niedrigen Konzentrationen mit hinreichender Genauigkeit anwendbar sein. Die Verfügbarkeit von Analysendaten ist daher unter anderem auch eine Funktion des Entwicklungsstandes der instrumentellen Analytik. Einige der im Folgenden zitierten Ergebnisse wurden mithilfe der Röntgenfluoreszenzspektrometrie gewonnen (Kölle *et al.*, 1971), bei allen anderen Schwermetallanalysen wurde, soweit bekannt, die Atomabsorptionsspektrometrie eingesetzt. Fluorid wurde mithilfe der ionensensitiven Elektrode bestimmt, während Aluminium überwiegend konventionell durch Farbreaktion bestimmt wurde.

5.1 Datenbasis

Allgemeine Information über die interessierenden Stoffgruppen findet man in den Lehrbüchern für anorganische Chemie, Geochemie und Bodenkunde. Darüber hinaus existiert eine Reihe sehr spezieller Untersuchungen, aus denen in den folgenden Abschnitten Ergebnisse wiedergegeben werden.

Zur Datenbasis sind Befunde an Wasserproben und an Stoffdepots zu rechnen. Dabei haben die Daten von Stoffdepots insofern eine besondere Bedeutung, als sie Information zum „Stoffwechsel" von Spurenstoffen in der Natur beinhalten.

Schon sehr früh wurden am Engler-Bunte-Institut der Universität Karlsruhe Schwermetalluntersuchungen durchgeführt. Haberer (1968b) hat Fließgewässer in Süddeutschland untersucht, während Kölle *et al.* (1971) in der Zeit von 1968 bis 1970 Rheinwasser sowie Proben aus Rheinwasserwerken von verschiedenen Stufen der Trinkwasseraufbereitung untersucht haben. Die Auswertung der Rheinwasserdaten gestaltete sich schwierig, da für einige Metalle mehrgipflige Häufigkeitsverteilungen gefunden wurden. In den folgenden Abschnitten werden für einige Elemente Mittelwerte dieser Rheinwasserdaten zitiert, und zwar mit Zusatzangaben darüber, wie die Mittelwerte berechnet wurden und für welchen Prozentsatz der Daten sie gelten.

In der Zeit von 1970 bis 1978 hat die Deutsche Forschungsgemeinschaft ein Schwerpunktprogramm „Schadstoffe im Wasser – Metalle" durchgeführt (DFG, 1982a), das durch die zunehmende anthropogene Belastung der Gewässer ausgelöst worden war. Untersucht wurden 22 Metalle und Metalloide in den folgenden Gewässern: Bodensee, Donau, Rhein, Neckar, Main, Ruhr und Weser. Darüber hinaus wurde das Verhalten von Schwermetallen bei der Gewinnung und Aufbereitung von Trinkwasser erforscht. Sonderuntersuchungen waren beispielsweise der Rolle des Bors als Leitelement für die Gewässerbelastung durch Waschmittel sowie der Komplexierung und Remobilisierung von Schwermetallen gewidmet.

Eine groß angelegte Untersuchung zur Verteilung von Schwermetallen in westdeutschen Wässern und Bachsedimenten wurde in der Zeit von 1977 bis 1985 von der Bundesanstalt für Geowissenschaften und Rohstoffe in Hannover (BGR) durchgeführt (BGR, 1985). Die Untersuchung stand hauptsächlich unter dem Zeichen der Lagerstättensuche („geochemische Prospektion“) und der Auffindung anthropogener Einflüsse. Dabei wurden nahezu 82 000 Probenahmestellen beprobt. Untersucht wurden in den Wasserproben: pH-Wert, elektrische Leitfähigkeit, Cadmium, Cobalt, Kupfer, Fluorid, Nickel, Blei, Uran und Zink. Die Sedimente wurden auf die folgenden Elemente analysiert: Barium, Cadmium, Cobalt, Chrom, Kupfer, Fluorid, Lithium, Nickel, Blei, Strontium, Uran, Vanadium, Wolfram, Zink und Zinn.

Das Niedersächsische Landesamt für Bodenforschung (NLfB) in Hannover hat gemeinsam mit der Bundesanstalt für Geowissenschaften und Rohstoffe einen „Digitalen Atlas Hintergrundwerte“ für Niedersachsen auf CD-ROM herausgegeben, bei dem ungefähr der gleiche Parameterumfang wie bei der Untersuchung der BGR verwendet wurde (NLfB , 2000). Die Untersuchungen erstreckten sich auf Fließgewässer und deren Sedimente, Grundwasser, Böden und Gesteine, wobei ein Teil der Daten mit denen der BGR deckungsgleich ist. Die Arbeiten zum Thema „Hydrogeochemische Hintergrundwerte der Grundwässer Deutschlands...“ wurden weitergeführt und auch im Internet verfügbar gemacht (Wagner *et al.*, 2011).

Daten zur Wasserbeschaffenheit von Rhein und Mosel werden in den „Zahlentafeln der physikalisch-chemischen Untersuchungen des Rheins sowie der Mosel/Koblenz“ der „Internationalen Kommission zum Schutze des Rheins gegen Verunreinigung“ („Internationale Rheinschutzkommission“) veröffentlicht.

Naturgemäß haben die Wasserwerke ein besonders großes Interesse an der Reinhaltung der Oberflächengewässer, speziell auch des Rheins. Im Januar 1970 wurde die „Internationale Arbeitsgemeinschaft der Wasserwerke im Rheineinzugsgebiet“ (IAWR) gegründet. In ihr sind insgesamt 118 Wasserwerke aus acht Ländern zusammengeschlossen, die rund 20 Mio. Menschen und einen Teil der im Rheineinzugsgebiet angesiedelten Industrie versorgen (Brauch und Jülich, 1999). Die IAWR ist die Dachgesellschaft für die „Arbeitsgemeinschaft Rhein-Wasserwerke e. V.“ („ARW“, gegründet im Dezember 1957), die „Arbeitsgemeinschaft Wasserwerke Bodensee-Rhein“ („AWBR“, gegründet 1967) und die niederländisch-belgische „Samenwerkende Rijn- en Maaswaterleidingbedrijven“ (RIWA). IAWR, ARW, AWBR und RIWA geben Jahresberichte heraus, in denen die gesamten analytischen Informationen über die anorganischen und organischen Wasserinhaltsstoffe wiedergegeben werden, die innerhalb des jeweiligen Berichtsjahres gewonnen worden sind. Die wissenschaftliche Koordination liegt beim „Technologiezentrum Wasser Karlsruhe“ (TZW).

Im Jahre 1990 begann das Land Niedersachsen unter Federführung des Niedersächsischen Landesamtes für Ökologie mit dem Ausbau des Landesmessnetzes Grundwasserbeschaffenheit. Im Zusammenhang mit dem Bau zusätzlicher Grundwassergütemessstellen wurde ein geochemisches Begleitprogramm beschlossen, in dem Material aus den einzelnen Bohrungen auf Spurenstoffe zu

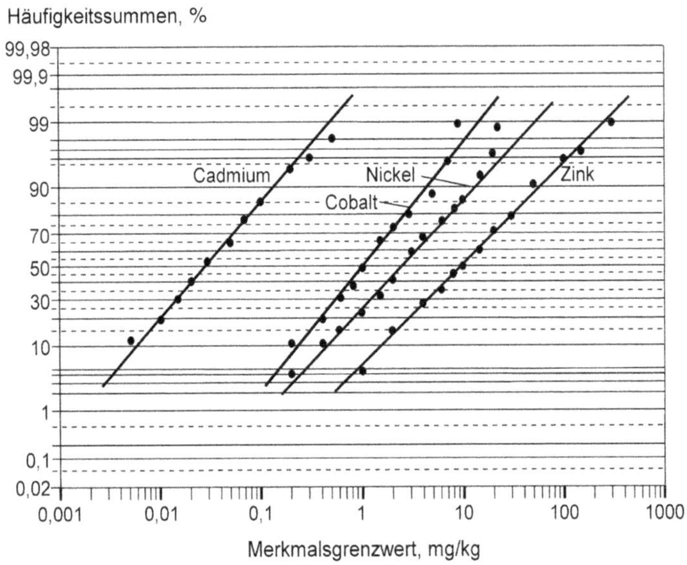

Abb. 5.1 Metallkonzentrationen aus dem geochemischen Begleitprogramm für den Ausbau des Niedersächsischen Landesmessnetzes Grundwasserbeschaffenheit, Konzentrationsbereich 0,001–1000 mg/kg.

untersuchen war. Der Untersuchungsumfang erstreckte sich auf die folgenden Parameter: fossile organische Substanz („Braunkohle"), Kalk, reduzierter Schwefel (berechnet als Pyrit), Eisen (gesamt), Aluminium, Arsen, Blei, Cadmium, Chrom, Cobalt, Kupfer, Nickel und Zink (Kölle, 1996, 1999). Die Metalle wurden im Salpetersäureauszug bestimmt. Die Ergebnisse sind im Tabellenanhang in Tab. A.7 aufgeführt. Die logarithmischen Häufigkeitsverteilungen der gemessenen Metallkonzentrationen sind in den Abb. 5.1 und 5.2 dargestellt (je 151 Messwerte). Die Konzentrationen erstrecken sich über insgesamt acht Zehnerpotenzen. Für die beiden Darstellungen wurde der Konzentrationsbereich in zwei Teilbereiche zu je sechs Dezimalstellen aufgeteilt. In der Überlappungszone von vier Dezimalstellen findet man die Elemente Nickel und Zink in beiden Darstellungen.

Ebenfalls 1990 hat das Rheinisch-Westfälische Institut für Wasserchemie und Wassertechnologie GmbH (IWW) in Mülheim/Ruhr eine Seminarveranstaltung mit dem Titel „Probleme der Öffentlichen Wasserversorgung mit metallischen Spurenstoffen" durchgeführt und in Band 5 (1991) der „Berichte aus dem IWW" veröffentlicht. Angesprochen werden in diesem Band die Auswirkungen der Gewässerversauerung und der intensiven landwirtschaftlichen Bodennutzung. Ferner werden Verfahren zur Entfernung von metallischen Spurenstoffen aus Wasser vorgestellt.

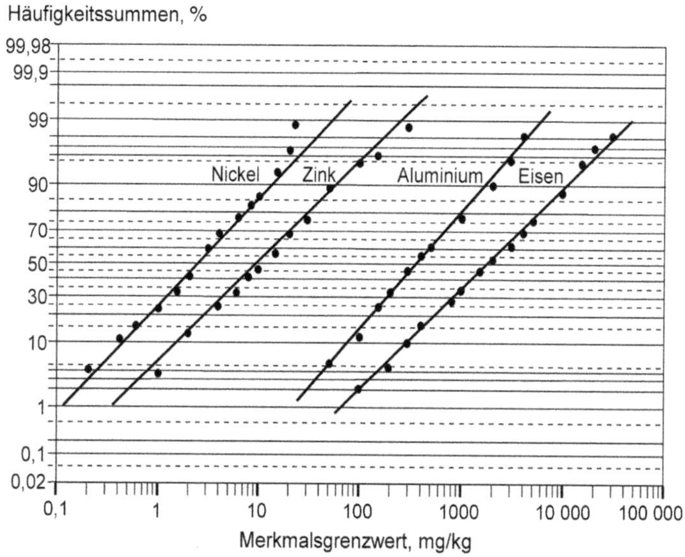

Abb. 5.2 Wie Abb. 5.1, Konzentrationsbereich 0,1–100 000 mg/kg.

5.2 Mobilisierungs- und Immobilisierungsprozesse

Die Kenntnis der Mobilisierungs- und Immobilisierungsprozesse ist in mehrfacher Hinsicht wichtig: Beispielsweise ergeben sich bei der Schwermetallmobilisierung in der Natur möglicherweise Vermeidungsstrategien, während Immobilisierungsprozesse für die Trinkwasseraufbereitung interessant sein können. Schließlich ist bei Korrosionsprozessen zu fragen, wie man den Korrosionsumsatz bzw. die Schwermetallabgabe an das Trinkwasser minimiert. Schon allein die Festlegung von Probenahmevorschriften für die Untersuchung der betreffenden Elemente ist ohne Kenntnis der beteiligten Prozesse nicht sinnvoll möglich.

5.2.1 Prozesse in der Natur

Im Laufe einer langen Evolution hat sich der Mensch an natürliche Wässer angepasst, wie er sie in der Natur vorfindet. In erster Linie sind dies Quellen, Bäche, Flüsse und Seen. Substanzen, die hier als „Spurenstoffe" bezeichnet werden, sind in solchen Wässern – solange sie nicht anthropogen verunreinigt sind – nur in solchen Konzentrationen vorhanden, in denen sie vom Menschen toleriert oder sogar als essenzielles Element benötigt werden.

Eine Beschäftigung mit Spurenstoffen ist im Wesentlichen dann erforderlich, wenn andere als die genannten Wässer zur Trinkwasserversorgung herangezogen werden müssen. Hierzu zählen abwasserbelastete Oberflächenwässer, aber grundsätzlich auch Grundwässer. Besonders interessant ist die Frage, welche geo-

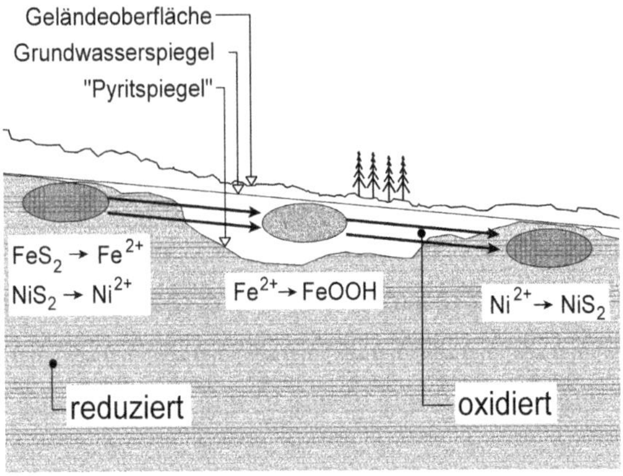

Abb. 5.3 Trennung von Eisen und Nickel durch eine natürliche Abfolge unterschiedlicher Redoxbedingungen (Schema).

chemischen Prozesse bei der Belastung von Wässern durch Spurenstoffe eine Rolle spielen.

Ein Mechanismus, der in einem Grundwasser zu erhöhten Nickelkonzentrationen führen kann, wird schematisch in Abb. 5.3 gezeigt, die aus Abb. 4.3 abgeleitet ist: Aus einem sulfidischen Eisen-Nickelerz werden beide Metalle durch oxidierende Einflüsse mobilisiert. Die Lösung gelangt in einen oxidierten Bereich des Grundwasserleiters, in dem das Eisen als Eisen(III)-oxidhydrat ausgefällt wird. Dabei bleibt das Nickel zwangsläufig in Lösung, da es unter den herrschenden Redoxbedingungen nicht in eine schwer lösliche oxidierte Verbindung überführt werden kann. In einem nachfolgenden reduzierenden Bereich des Grundwasserleiters kann es als Sulfid in vergleichsweise hoher Konzentration ausgefällt werden.

Wird das so entstandene sulfidische Depot erneut – z. B. durch Nitrat – mobilisiert, können hohe Nickelkonzentrationen im Wasser entstehen. Dabei steht das Nickel stellvertretend für alle Metalle, die schwer lösliche Sulfide, aber keine schwer löslichen Oxide einer höheren Oxidationsstufe bilden.

Die Konzentration, die ein Spurenstoff in einem Gewässer erreicht, hängt vor allem von der Effektivität des Mobilisierungsprozesses ab. Die Zeitspanne, während der ein Mobilisierungsprozess bis zur Erschöpfung des Stoffdepots ablaufen kann, hängt dagegen vor allem von der Größe des Stoffdepots (Masse des Spurenstoffs pro Volumeneinheit des Grundwasserleiters) ab. In der folgenden Tab. 5.1 sind einige Daten von Nickeldepots in Niedersachsen zusammengestellt.

Die hohe Effektivität der Spurenstoffmobilisierung durch Oxidation von Sulfiden führt dazu, dass es vorwiegend die Wässer aus reduzierten Grundwasserleitern sind, bei denen mit dem Auftreten von Spurenstoffen zu rechnen ist. Nach Erfahrungen des Autors enthält knapp die Hälfte der niedersächsischen Grundwässer Nickel in Konzentrationen von 5 µg/l und darüber.

Tab. 5.1 Nickeldepots und potenzielle Nickelmobilisierung in Niedersachsen, Quellen: Lockergesteine: Tab. A.7, alle anderen: NLfB (2000).

Gestein	Konzentration (mg/kg)	Mobilisierung
Sandstein, Kalk	7	Langsam durch Säureeinfluss
Ton	45	Sehr langsam durch Verwitterung
Basische Magmatite	69	Sehr langsam durch Verwitterung
Lockergesteine	2,38	Äußerst effektiv bei Oxidation von Sulfiden

Die höchste bisher in der Bundesrepublik beobachtete Nickelkonzentration in einem Grundwasser lag bei 0,96 mg/l. Alle Randbedingungen, unter denen dieser Befund ermittelt wurde, deuten darauf hin, dass das Nickel durch Oxidation von Sulfiden mobilisiert wurde. Wenn die Bedingungen für die Deponierung und die anschließende Mobilisierung von Nickel günstig waren, gilt dies natürlich auch für andere Metalle, die schwer lösliche Sulfide bilden. Die fragliche Wasserprobe enthielt außer Nickel noch 1,02 mg/l Cobalt und 1,32 mg/l Zink. Andere Schwermetalle sind nicht untersucht worden. Dieses Wasser wird übrigens für die Trinkwassergewinnung nicht genutzt.

In den niederländischen Grundwässern werden steigende Konzentrationen von Arsen, Cobalt, Nickel und Zink beobachtet. Van Beek und Van der Jagt (1996) führt auch in diesem Fall die Mobilisierung dieser Elemente auf die Oxidation von Eisensulfiden durch Nitrat zurück. In den Zonen des Grundwasserleiters, in denen der höchste Stoffumsatz stattfindet, erreichen die Konzentrationen der genannten Elemente Spitzenwerte von 50 µg/l für Arsen und von 0,5–1 mg/l für Cobalt, Nickel und Zink. Als wichtigste Gegenmaßnahme wird eine Verringerung der Nitratanlieferung aus der Stickstoffdüngung gefordert.

5.2.2
Mobilisierung durch Korrosionsprozesse

Naturgemäß ist die Mobilisierung durch Korrosionsprozesse auf solche Elemente beschränkt, die in der Wasserversorgung als Werkstoff oder als Komponente in Werkstoffen (unter Einbeziehung der Lote) verwendet werden. Fast ausschließlich durch Korrosionsprozesse werden Blei und Kupfer mobilisiert. Nickel kann aus Edelstählen mobilisiert werden. Die Erfahrung hat gezeigt, dass messbare Konzentrationen von Nickel (und Cobalt) in der Mehrzahl der Fälle durch Oxidation von Sulfiden in der Natur in das Wasser gelangen.

Die Mobilisierung toxischer Komponenten aus Werkstoffen wird aus zwei Richtungen in die Zange genommen: durch Erniedrigung der Grenzwerte im Wasser und durch Verschärfung der Anforderungen an die Werkstoffe selbst. Der erstgenannte Fall trifft auf Blei und Kupfer zu. Die Erniedrigung des Bleigrenzwertes auf 10 µg/l wird in dem vom Gesetzgeber vorgesehenen zeitlichen Rahmen dazu führen, dass kein Weg mehr daran vorbeiführt, Bleileitungen durch Leitungen aus anderen Materialien zu ersetzen. Die Anforderungen an die Werkstoffe werden in einer neu formulierten DIN 50930-6 geregelt. Sie richtet sich beispielsweise gegen das Auftreten von Arsen und Antimon in Werkstoffen.

Die hier angedeuteten Entwicklungen wirken sich nicht nur auf die Trinkwasserbeschaffenheit aus, sondern tragen auch dazu bei, dass die Belastung des Abwassers und damit auch der kommunalen Klärschlämme mit Schwermetallen reduziert wird. Im Interesse des Recyclings der im Klärschlamm enthaltenen Nährstoffe (insbesondere Phosphor) ist dies erwünscht.

5.2.3
Sonstige Mobilisierungsprozesse

Schwermetalle können in Industrieabwässern enthalten sein (Metallverarbeitung, Galvanikbetriebe, Gerbereien …). Metallische Materialien, die im Dachdeckerhandwerk verwendet werden, sind Blei, Kupfer und Zink. Spuren dieser Metalle werden an das abfließende Regenwasser abgegeben und finden sich in den Fließgewässern bzw. deren Sedimenten (bei Trennkanalisation) oder werden – gemeinsam mit den aus Trinkwasserleitungen mobilisierten Metallen – zu einem hohen Anteil im Klärschlamm festgehalten (bei gemeinsamer Ableitung von Regen- und Abwasser).

Schließlich werden laufend große Mengen an Schwermetallen in die Atmosphäre emittiert. Als wichtigste Quellen ist neben der Metallverarbeitung die Verbrennung fossiler Energieträger anzusehen. Müller *et al.* (1991) schätzen beispielsweise die jährliche, anthropogen bedingte Cadmiumemission in die Atmosphäre auf 6300 t weltweit. Die Bleiemission aus verbleiten Kraftstoffen erreichte etwa im Jahr 1970 allein in Westdeutschland einen Spitzenwert von über 10 000 t im Jahr (Abb. 5.5).

Alle hier aufgeführten Mobilisierungsprozesse haben auch eine Auswirkung auf unsere Gewässer. Die unmittelbaren Auswirkungen auf das Trinkwasser sind – verglichen mit den in den Abschn. 5.2.1 und 5.2.2 erwähnten Prozessen – jedoch eher gering.

5.2.4
Spurenstoffe in der Landwirtschaft

Spurenstoffe spielen in der Landwirtschaft als „Spurennährelemente“, als „nützliche Elemente“ und als „anorganische Schadstoffe“ eine wichtige Rolle (Scheffer/Schachtschabel, 1998). Die Übergänge zwischen diesen Gruppen von Spurenstoffen sind fließend, da Spurennährstoffe in niedrigen Konzentrationen lebenswichtig und oberhalb einer spezifischen Belastung schädlich sind, wobei die Belastung aus der Konzentration und der Pflanzenverfügbarkeit resultiert.

Als Spurennährelemente gelten: Mangan, Eisen, Kupfer, Zink, Bor und Molybdän, als nützliche Elemente: Silicium, Cobalt und Selen. Schadstoffe sind: Fluorid, Cadmium, Blei, Quecksilber, Nickel und Chrom.

Auch für die Spurenelemente existieren Stoffkreisläufe, die allerdings durch externe Faktoren stark gestört sein können: Mit den Feldfrüchten werden dem Boden Spurenstoffe entzogen und mit der Düngung durch Wirtschaftsdünger (z. B. Gülle) und Klärschlamm wieder zugeführt. In diesen Kreislauf werden Spurenstoffe eingeschleust: Mangelsituationen werden in Sonderfällen durch Düngungsmaßnahmen behoben, z. B. bei Kupfer, Zink, Bor und Molybdän. Kupfer ist außerdem in Fertigfutter für Schweine enthalten, sodass die Kupferkonzentration von Schweinegülle Werte bis 20 mg/l erreichen kann (Scheffer/Schachtschabel, 1998). Die bereits in Abschn. 5.2.3 erwähnte atmosphärische Verfrachtung von Substanzen ist auch für die Landwirtschaft ein wichtiger Faktor.

Der Klärschlamm aus kommunalen Kläranlagen enthält Spurenstoffe aus dem natürlichen Stoffkreislauf sowie aus der technischen Anwendung der entsprechenden Metalle. Besondere Bedeutung haben Eisen, Zink, Kupfer und Blei, die als Werkstoffe für Wasserleitungen eingesetzt werden bzw. wurden. Daneben existieren weitere Quellen für Spurenstoffe, z. B. Metall verarbeitende Betriebe und Laboratorien. Die Klärschlammverordnung soll bei einer landwirtschaftlichen Verwertung von Klärschlamm eine unzulässige Aufstockung der Spurenstoffkonzentrationen des Bodens verhindern (Abschn. 2.8.3). Im Vordergrund steht dabei der Schutz des Bodens, der Bodenorganismen und der Feldfrüchte.

Die Wahrscheinlichkeit, dass das Grundwasser durch Spurennährelemente aus der Landwirtschaft gefährdet wird, ist eher gering: Sowohl die Konzentrationen als auch die Mobilität der infrage kommenden Elemente sind erheblich geringer als beispielsweise die von Chlorid oder Nitrat. Andererseits trifft es zu, dass Grundwasserleiter und deren Deckschichten hinsichtlich ihrer Schutzwirkung äußerst unterschiedlich sein können, was im Einzelfall zu berücksichtigen ist.

5.3 Parameter

In den folgenden Abschnitten werden die einzelnen Spurenstoffe erörtert. *Strontium* und *Barium* sind sowohl Spurenstoffe, als auch Erdalkalimetalle. Sie werden in der Gruppe „Erdalkalimetalle, Härte“ in den Abschn. 4.1.3 und 4.1.4 aufgeführt. *Bromat* tritt praktisch ausschließlich als Reaktionsprodukt von Bromid mit starken Oxidations- bzw. Desinfektionsmitteln in Erscheinung. Es wird daher in Abschn. 8.2.4 („Ozon“) behandelt.

Die praktische Bedeutung der einzelnen Stoffe in gesundheitlicher Hinsicht ist eine nur schwer durchschaubare Funktion ihrer Toxizität sowie ihrer Verbreitung, der Art ihrer Anwendung, der Aufmerksamkeit für diesen Stoff in den Medien und wahrscheinlich noch weiterer Parameter. Ein Spiegelbild der praktischen hygienischen Bedeutung eines Stoffes könnte das Internet sein. Für einen Stoff mit hoher Bedeutung wird man mit einer Suchmaschine vermutlich mehr Treffer erhalten als für einen Stoff mit geringerer Bedeutung. Tabelle 5.2 zeigt das Ergebnis eines entsprechenden Tests.

Danach muss das Blei die größte Bedeutung als giftiges Schwermetall besitzen, gefolgt von Quecksilber und Arsen. Diese Feststellungen erscheinen plausibel. Was das Blei betrifft, so kommt es als Erz häufig vor, es ist seit Jahrtausenden bekannt, es ist leicht gewinnbar, leicht zu bearbeiten und äußerst vielseitig nutzbar (bzw. in der Vergangenheit nutzbar gewesen). Seine Toxizität ist hoch, Vergiftungsfälle sind seit Jahrhunderten bekannt. Ähnliche Argumente kann man auch für Quecksilber finden. Die Anwendungen von Quecksilber sind weniger verbreitet als diejenigen für Blei, dafür ist die Toxizität des Quecksilbers höher als die des Bleis. Bei Arsen spielen hauptsächlich arsenhaltige Grundwässer eine Rolle als Ursache einer Vergiftung. Beim Kupfer spielt die Leberschädigung bei Säuglingen durch kupferhaltiges Wasser aus privaten Anlagen eine Rolle, beim Antimon die früher weitverbreitete Anwendung von „Brechweinstein". Aluminium ist ein Sonderfall, weil Störungen bei Menschen, Tieren und Pflanzen auftreten können.

5.3.1 Aluminium

Symbol für Aluminium: Al; relative Atommasse: 26,9815. Aluminium kommt in der Erdkruste mit einem Anteil von 8,13 % vor. Es ist damit nach Sauerstoff und Silicium das dritthäufigste Element in der Erdkruste und das häufigste Metall. Die technische Bedeutung des Aluminiums braucht hier nicht besonders betont zu werden.

In der Natur findet man Aluminium vor allem in zahlreichen Silicaten und Tonmineralen. Technisch wichtige Aluminiumvorkommen sind der Bauxit, ein Gemisch unterschiedlich kristallisierter Aluminiumhydroxide, und der Kryolith ($Na_3[AlF_6]$), der heute fast ausschließlich künstlich hergestellt wird. Für die elektrolytische Gewinnung des Aluminiums wird eine Schmelze von (aus Bauxit hergestelltem) Aluminiumhydroxid in Kryolith eingesetzt.

Es erscheint paradox, dass das häufigste Metall der Erdrinde hier als Spurenstoff geführt wird. Tatsache ist, dass bei den in natürlichen Wässern häufig anzutreffen-

Tab. 5.2 Vergiftungen: Anzahl der Treffer im Internet bei der Eingabe der nachstehend angegebenen Suchbegriffe am 17.11.2012 (Mittelwerte aus den Ergebnissen von je zwei Suchmaschinen mit ähnlicher Trefferzahl).

Suchbegriff	Anzahl Treffer	Suchbegriff	Anzahl Treffer
Bleivergiftung	41 150	Zinkvergiftung	5715
Quecksilbervergiftung	33 200	Selenvergiftung	4595
Arsenvergiftung	21 200	Chromvergiftung	447
Cyanidvergiftung	12 750	Nickelvergiftung	324
Cadmiumvergiftung	8700	Bariumvergiftung	288
Aluminiumvergiftung	8440	Zinnvergiftung	247
Fluoridvergiftung	7430	Antimonvergiftung	206
Kupfervergiftung	7415	Uranvergiftung	132

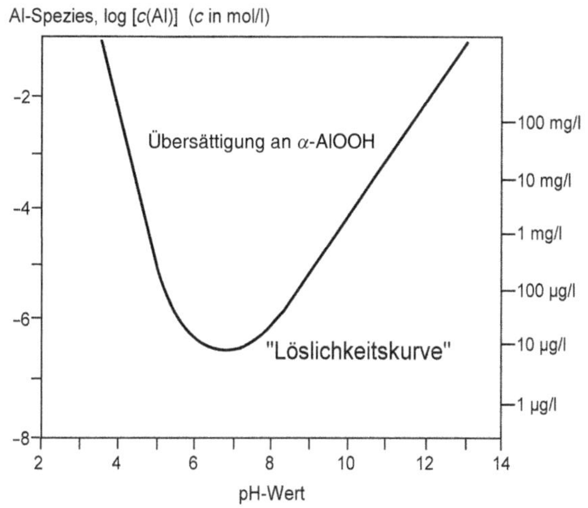

Abb. 5.4 Konzentration von gelöstem Aluminium in Abhängigkeit vom pH-Wert (Löslichkeitskurve).

den pH-Werten Aluminiumverbindungen zu Aluminiumhydroxid hydrolysieren. Die dabei entstehenden Restkonzentrationen sind im neutralen pH-Bereich sehr niedrig. Meerwasser enthält beispielsweise 1 µg/l Aluminium. Abbildung 5.4 zeigt die Löslichkeitskurve des Aluminiums.

In stark saurem oder stark alkalischem Milieu können die Aluminiumkonzentrationen sehr hohe Werte annehmen. Die Pyritverwitterungslösung nach Analysenbeispiel 28 erreichte bei einem pH-Wert von 2,56 eine Aluminiumkonzentration von 6,72 g/l.

In kalkfreien Grundwasserleitern können sich in den oberflächennahen Bereichen Grundwässer mit sehr niedrigen pH-Werten bilden. Böttcher *et al.* (1985) haben im oberflächennahen Grundwasser im Fuhrberger Feld Aluminiumkonzentrationen bis ca. 10 mg/l gemessen.

Wenn sich ein saures, aluminiumhaltiges Grundwasser mit einem Grundwasser aus größerer Tiefe mit höherem pH-Wert im Bereich eines Wasserwerksbrunnens mischt, kann sich im Brunnen Aluminiumhydroxid abscheiden (Baudisch, 1991). Dieser Prozess hat die gleichen Auswirkungen wie eine Brunnenverockerung und kann auch ebenso bekämpft werden. Desinfektionsmittel sind allerdings wirkungslos, da bei der Abscheidung von Aluminiumhydroxid keine Mikroorganismen beteiligt sind.

Erhöhte Aluminiumkonzentrationen stehen im Verdacht, im Boden Schäden an Feinwurzeln und Bodenorganismen zu verursachen. Zahlreiche Autoren bringen erhöhte Aluminiumkonzentrationen mit dem Waldsterben in Zusammenhang. Auch Fische sollen durch erhöhte Aluminiumkonzentrationen geschädigt werden.

Ein Zusammenhang zwischen erhöhten Aluminiumkonzentrationen und Demenzerkrankungen wird diskutiert. Nierenpatienten müssen sich vor aluminiumhaltigen Dialyselösungen in Acht nehmen. Angestrebt werden in diesem Fall Werte unter 10 µg/l.

Bei der Aufbereitung von Oberflächenwasser zu Trinkwasser zählt die Flockung zu den wichtigsten Aufbereitungsstufen. Dabei zählen Aluminiumsulfat und Polyaluminiumchlorid zu den bevorzugten Flockungsmitteln. Bernhardt (1996) fordert eine Restkonzentration an Aluminium im aufbereiteten Wasser von 20–30 µg/l. Dies entspricht einer deutlichen Unterschreitung des geltenden Grenzwertes.

Präparate auf der Basis von Aluminiumhydroxid werden als Medikamente zum Abstumpfen überschüssiger Magensäure verabreicht.

Grenzwert

Trinkwasserverordnung vom Mai 2001 und vom August 2013: 0,2 mg/l Aluminium (Indikatorparameter).

Vorgeschichte: Aluminium wird zum ersten Mal in der EG-Trinkwasserrichtlinie vom Juli 1980 mit einem Grenzwert von 0,2 mg/l aufgeführt. Trinkwasserverordnung vom Mai 1986: kein Grenzwert. Trinkwasserverordnung vom Dezember 1990: Grenzwert: 0,2 mg/l (besondere Untersuchung auf Anforderung).

Aluminium zählt nicht zu den essenziellen Spurenelementen und besitzt nur eine geringe Toxizität. Die Festlegung des Grenzwertes hat hauptsächlich ästhetische Gründe, da in dem für Trinkwasser zulässigen pH-Bereich Aluminium bei Konzentrationen von mehr als ca. 0,1 mg/l bereits zu Trübungen führt (Wilhelm und Dieter, 1991).

Messwerte (Beispiele)

In ordnungsgemäß aufbereiteten Talsperrenwässern nach Flockung mit Aluminiumsalzen: < 30 µg/l.

In sauren, oberflächennahen Grundwässern: häufig größenordnungsmäßig 10 mg/l;

In sauren Verwitterungslösungen: bis mehrere g/l (Analysenbeispiel 28).

Bilder zum Thema „Aluminium": Bildordner und PDF: „5.3.1 Aluminium(.pdf)". Bilder eines aluminiumhaltigen Verockerungsprodukts aus einem Fuhrberger Brunnen, einschließlich REM-Aufnahmen dieses Produkts, Aluminiumabscheidungen in Trinkwasserleitungen. Zusatzinformationen: Bauxit, metallisches Aluminium, Aluminiumoxid (Rubin).

5.3.2 Antimon

Symbol für Antimon: Sb; relative Atommasse: 121,760. Antimon kommt in der Erdkruste mit einem Anteil von 0,2 g/t vor. Im Meerwasser findet man 0,3 µg/l Antimon. Technisch wird Antimon hauptsächlich als Legierungskomponente,

z. B. zur Herstellung von „Hartblei“ und Lagermetallen benötigt. In jedem Bleiakkumulator befinden sich Strukturelemente aus Hartblei.

Antimon gehört der fünften Hauptgruppe des Periodensystems an, die die folgenden Elemente enthält: Stickstoff, Phosphor, Arsen, Antimon und Bismut. In dieser nach steigender Atommasse geordneten Reihe nimmt der metallische Charakter der Elemente zu, jedoch gelten auch Antimon und Bismut immer noch als Halbmetalle.

Antimon und Arsen gleichen sich in vielen ihrer Eigenschaften. Sie kommen auch häufig gemeinsam vor. Beide Elemente bevorzugen in ihren Verbindungen die Wertigkeitsstufen 3 und 5.

Die Kenntnisse über die Schadwirkung von Antimonverbindungen sind lückenhaft. Toxische Wirkungen des Antimons sind vor allem dadurch bekannt geworden, dass man früher Antimonverbindungen als Medikamente verwendet hat. Äußerer Kontakt mit Antimonverbindungen kann zu Erkrankungen der Haut und der Atemwege führen (Thron, 1991).

Die Rechtfertigung für die Festlegung eines Grenzwertes für Antimon resultiert daraus, dass es sich um ein toxisches Element handelt und dass es als Legierungsbestandteil in Loten verwendet wird. Auch als Verunreinigung in Kupferlegierungen kann Antimon auftreten.

Grenzwert

Trinkwasserverordnung vom Mai 2001 und vom August 2013: Grenzwert: 5 µg/l Antimon (chemischer Parameter, dessen Konzentration im Netz ansteigen kann).

Vorgeschichte: EG-Trinkwasserrichtlinie vom Juli 1980: 10 µg/l; Trinkwasserverordnung vom Mai 1986: kein Grenzwert; Trinkwasserverordnung vom Dezember 1990: 10 µg/l (besondere Untersuchung auf Anforderung).

Messwerte (Beispiele)

Alle bisherigen Untersuchungen haben gezeigt, dass Antimon nicht zu den gängigen Verunreinigungen zählt. In unbelasteten deutschen Oberflächengewässern hat man < 0,1–0,2 µg/l Antimon gefunden, in Grundwässern < 1 µg/l (Thron, 1991). Es ist kein Fall bekannt geworden, in dem der Grenzwert auch nur näherungsweise erreicht worden wäre.

Fälle, in denen das Antimon durch Korrosionsprozesse mobilisiert wurde, sind bisher nicht dokumentiert worden.

5.3.3 Arsen

Allgemeines

Symbol für Arsen: As; relative Atommasse: 74,9216. Arsen kommt in der Erdkruste mit einem Anteil von 1,8 g/t vor. Meerwasser enthält 2,6 µg/l Arsen. Technisch wird Arsen ebenso wie Antimon als Legierungsbestandteil zum Härten von Blei verwendet, das für die Herstellung von Schrot, Bleiakkumulatoren und Letternmetall eingesetzt wird.

Dass Arsenverbindungen giftig sind, weiß man aus der Kriminalgeschichte (bzw. aus unzähligen Kriminalgeschichten). Arsentrioxid („Arsenik") zählt zu den ältesten Giften, die mit Tötungsabsicht verwendet wurden. Die Giftigkeit von Arsenverbindungen wird bei der Herstellung von Holzkonservierungsmitteln und Schädlingsbekämpfungsmitteln, beispielsweise im Weinbau ausgenutzt. Für Wein gilt daher ein im Vergleich zum Trinkwasser erhöhter Grenzwert von 100 µg/l. Die physiologischen Wirkungen des Arsens machen es grundsätzlich auch als Medikament interessant. Beispielsweise hat man Hautkrankheiten mit Arsenverbindungen behandelt. Als Mittel gegen Syphilis hat man Salvarsan, ebenfalls eine Arsenverbindung, eingesetzt.

Neben der akuten Toxizität besitzt Arsen auch chronische Giftwirkungen, die sich an verschiedenen Organen manifestieren können. Zu den chronischen Giftwirkungen zählt auch eine karzinogene Wirkung von Arsenverbindungen. Seitdem dies bekannt ist, werden arsenhaltige Medikamente nicht mehr verordnet. Die chronische Giftwirkung ist auch der Grund für die Herabsetzung des Grenzwertes auf 10 µg/l.

Geochemische Mobilisierung

Für Arsen sind zwei unterschiedliche Mobilisierungsmechanismen bekannt:

- Abgabe von Arsen aus Buntsandstein oder anderen geologischen Formationen durch einfache Auflösungsprozesse und
- Freisetzung von Arsen aus arsenhaltigen Sulfiden durch Oxidationsprozesse, z. B. im Zusammenhang mit der Denitrifikation durch Eisensulfide.

Der erste dieser beiden Mechanismen kann zu hohen Arsenkonzentrationen von über 1 mg/l führen. Besonders problematisch ist die Situation im Süden Asiens, die von Daigle (2016) ausführlich geschildert wird. Die Autorin schreibt dazu: „Die Ebenen am Fuß des Himalaja gehören zu den arsenreichsten Gebieten der Erde. Nachdem sich das gewaltige Gebirge beim Zusammenstoß Indiens mit Eurasien aufgefaltet hatte, legte die Erosion an seinen Flanken arsenhaltigen Pyrit (Schwefelkies) frei. Reißende Flüsse beförderten das Mineral, das an der Luft verwitterte und dabei wasserlösliche Arsenverbindungen bildete, quer durch Indien, Bangladesch, China, Pakistan und Nepal. Unterwegs reagierten diese Verbindungen mit Eisen oder anderen Schwermetallen, wobei kleine Körner entstanden, die sich im Flussbett nach und nach als gebänderte Sedimente mit hohem Arsengehalt absetzten. So gelangte das giftige Element in die schlammigen Ablagerungen, aus denen die Flüsse Ganges, Brahmaputra und Meghna innerhalb von Jahrtausenden ein riesiges flaches Delta aufschütteten: heute ein dicht besiedeltes Gebiet, in dem 500 Mio. Menschen auf einer Fläche von 700 000 km^2 leben." Wegen der hygienischen Probleme bei der Nutzung von Flusswasser propagierte man den Bau von Brunnen und schuf damit die Grundlage für epidemische Arsenvergiftungen.

Eine Arseneliminierung ist möglich, aber in Südasien wegen der Armut und dem niedrigen Bildungsstand der Bevölkerung mit Schwierigkeiten verbunden.

Grundsätzlich kann eine Arseneliminierung im Wasserwerk durch Flockung oder durch Filtration über gekörntes Aluminiumoxid („Aktivtonerde“) erfolgen. Das Aluminiumoxid kann durch Natronlauge regeneriert werden (Hörner, 1991). Vor der Flockung bzw. Adsorption des Arsens muss dieses durch Oxidation in die fünfwertige Stufe gebracht werden. Andere Verfahren (Umkehrosmose, Ionenaustauschverfahren) konnten sich nicht durchsetzen.

Beim zweiten Mechanismus – Freisetzung von Arsen aus arsenhaltigen Sulfiden – entstehen Wässer, die neben Arsen normalerweise auch noch Eisen(II) und Mangan(II) enthalten. Meist wird bei der Enteisenung und Entmanganung das Arsen ebenfalls eliminiert. Allerdings ist zu berücksichtigen, dass die Arsenkonzentration im Filterschlamm mit steigender Arsenkonzentration und sinkender Eisen- bzw. Mangankonzentration ansteigt. Es können Fälle eintreten, bei denen das Problem nicht mehr auf der Seite des Wassers, sondern auf der Seite der Schlammentsorgung liegt (Koppers, 1985). Besonders elegant ist die Arseneliminierung im Zuge einer unterirdischen Wasseraufbereitung (Groth *et al.*, 1997).

Korrosionschemische Mobilisierung

Hierzu erläutert der DVGW (Mendel *et al.*, 2001): „Der Grenzwert für Arsen hat sich nicht geändert. Allerdings ist zu bemerken, dass Arsen sich in Teil II der Anlage 2 befindet, d. h. bei den Parametern, die sich während der Verteilung ändern können. Dies ist bedingt durch den möglichen Austrag von Arsen aus bestimmten Metalllegierungen. In Zukunft werden die Gehalte unerwünschter Schwermetalle in metallenen Werkstoffen für den Trinkwasserbereich durch die bereits im Entwurf vorliegende DIN 50930-6 begrenzt.“

Arsen in Organismen

Arsen kommt in zahlreichen Bindungsformen vor. In Wasserorganismen dominieren organische Bindungsformen des Arsens. Kohlmeyer *et al.* (2003) haben Untersuchungen zur Arsenspeziation durchgeführt und dabei die folgenden Bindungsformen festgestellt: Arsenit, Arsenat, Monomethylarsonat, Dimethylarsinat, Trimethylarsinoxid, Tetramethylarsoniumion, Arsenobetain, Arsenocholin und Arsenozucker.

Grenzwert

Trinkwasserverordnung vom Mai 2001 und vom August 2013: Grenzwert: 10 µg/l Arsen (chemischer Parameter, dessen Konzentration im Netz ansteigen kann).

Vorgeschichte: Trinkwasserverordnung vom Februar 1975: 40 µg/l (0,5 mmol/m^3); EG-Trinkwasserrichtlinie vom Juli 1980: 50 µg/l; Trinkwasserverordnung vom Mai 1986: 40 µg/l; Trinkwasserverordnung vom Dezember 1990: 10 µg/l (Inkraftsetzung am 01.01.1996, bis zu diesem Zeitpunkt galt der alte Grenzwert von 40 µg/l weiter).

Messwerte (Beispiele)

Arsenkonzentration im Jahre 1991 in 88 Grundwassergütemessstellen im Fuhrberger Feld, geometrischer Mittelwert: $0{,}5 \times 5^{\pm 1}$ µg/l bei einem Höchstwert von 15 µg/l, Mobilisierung im Zusammenhang mit der Denitrifikation durch Eisensulfide.

Aus den Niederlanden werden Arsenkonzentrationen in Grundwassermessstellen von < 0,01 bis 55 µg/l berichtet (Matthess, 1990). Mit diesen Untersuchungen sollte der Einfluss der Grundwasserversauerung untersucht werden.

Dieter (1991) schildert drei Vergiftungsfälle: Antofagasta in Nordchile, Taiwan und ein Gebiet im Gangesdelta in Indien. Die höchste Arsenkonzentration wird mit 2 mg/l zitiert.

Rhein, geometrisches Mittel aus 86 % der Messwerte, 1968–1970: 3,1 µg/l.

Bodensee, Nonnenhorn bei Lindau, geometrisches Mittel, 1971–1974: 2,7 µg/l (DFG, 1982a).

Rhein, Düsseldorf-Flehe, geometrisches Mittel, 1971–1977: 2,8 µg/l (DFG, 1982a).

Über 88 % der deutschen Trinkwasserwerke liefern ein Trinkwasser mit < 1 µg/l Arsen (Dieter, 1991). Etwa 300 deutsche Wasserwerke haben mit Arsen im Konzentrationsbereich zwischen 10 und 40 µg/l zu tun. Sie waren von der Erniedrigung des Arsengrenzwertes unmittelbar betroffen (Hörner, 1991).

Fälle, in denen das Arsen durch Einflüsse von Leitungsmaterialien mobilisiert wurde, sind bisher nicht dokumentiert worden.

5.3.4 Blei

Allgemeines

Symbol für Blei: Pb; relative Atommasse: 207,2. Blei ist das Endprodukt der radioaktiven Zerfallsreihen von Uran und Thorium. Dabei entstehen unterschiedliche Bleiisotope, die die Angabe einer relativen Atommasse für natürliches Blei unsicher machen. Blei kommt in der Erdkruste mit einem Anteil von 13 g/t vor. Meerwasser enthält 0,03 µg/l Blei. Das für die Bleigewinnung wichtigste Erz ist der Bleiglanz (Galenit, PbS).

Zur geschichtlichen Bedeutung des Bleis werden in Holleman und Wiberg (1995) die folgenden Ausführungen gemacht: „Elementares Blei war bereits den ältesten Kulturvölkern ([…] ca. 3000 v. Chr.) als Grundstoff für Gebrauchsgegenstände bekannt. Entsprechend alt ist die Kunde von Bleivergiftungen. Vielfach wird der Untergang der Römer, die Blei u. a. für Küchengeräte und Wasserrohrleitungen nutzten und bis zu 60 000 t Blei pro Jahr produzierten, auf chronische Vergiftungen durch Blei zurückgeführt."

Die kulturhistorische Bedeutung des Bleis wird übrigens auch in der Sprache deutlich. Die Begriffe „Bleistift", „Senkblei", „Bleikristall", „bleiern" und „bleigrau" haben sich schon weitgehend verselbständigt. Ähnliches beobachtet man auch im Englischen. Die Bedeutung des Bleis ist in erster Linie darauf zurückzuführen, dass es leicht gewinnbar ist, ohne Schwierigkeit bearbeitet werden kann und gegen Korrosionsangriffe recht gut beständig ist.

Blei wurde in mittelalterlichen Bauwerken zum Verankern von Stahlklammern (durch Vergießen mit flüssigem Blei) und zum Einfassen von Glaselementen in Fenstern verwendet. Blei diente als Hilfsmaterial für das Dachdeckerhandwerk und als Rohrmaterial für Hausanschlussleitungen und für die Installation innerhalb von Gebäuden. Die Verschlüsse von Wein- und Sektflaschen hat man mit Bleifolie geschützt.

Bleitetraethyl wurde bis in die jüngste Vergangenheit als Antiklopfmittel in Kraftstoffen eingesetzt.

Auch heute noch verwendet man Blei in Bleiakkumulatoren, als Lagermetall, als Letternmetall in der Buchdruckerei, als Legierungskomponente in Lötzinn, als Abschirmungsmaterial im Strahlenschutz, als Kabelummantelung, als Plombenmaterial und als Schrot. Bleigewichte findet man an Vorhangsäumen zur Beschwerung; zur Beseitigung von Unwuchten an Autorädern hat man früher ebenfalls Bleigewichte eingesetzt (seit Juni 2002 verboten). Bleiverbindungen werden in Bleiglas („Bleikristall") und in Glasuren eingesetzt. Mennige (Pb_3O_4) war lange Zeit hindurch eine wichtige Komponente von Korrosionsschutzanstrichen und ein beliebtes Farbpigment (die „Miniatur" als farbige Illustration alter Handschriften leitet sich von dem lateinischen Wort *minium* für Mennige ab). Weitere historische Farbpigmente sind: Bleiweiß ($2PbCO_3 \cdot Pb(OH)_2$), Chromgelb ($PbCrO_4$) und Chromrot ($PbCrO_4 \cdot PbO$). Sie spielen bei der Restauration historischer Objekte noch eine bescheidene Rolle.

Zink, das zur Feuerverzinkung verwendet wird, wird aus verfahrenstechnischen Gründen 1 % Blei als Legierungskomponente zugesetzt. Daher geben verzinkte Stahlleitungen bis zur Aufzehrung der Verzinkung neben Zink auch Spuren von Blei an das Wasser ab.

Geochemische Mobilisierung

In geochemischer Hinsicht zählt Blei zu den Schwermetallen mit ausgesprochen geringer Mobilität. Ein Fall ist in Niedersachsen bekannt geworden, bei dem ein Grundwasser aus einem Festgesteinsaquifer vorübergehend Trübungen enthielt, die als Bleisulfid identifiziert werden konnten.

Mobilisierung durch Pigmente

Wenn der Mensch erhöhten Bleikonzentrationen ausgesetzt war oder ist, muss eine anthropogene Ursache vermutet werden. In den vergangenen Jahrzehnten hat man diesen Ursachen den Kampf angesagt. Wie Muscat (2001) ausführt, sind in den USA bleihaltige Anstriche in Innenräumen bis in die jüngste Vergangenheit noch eine der Ursachen für Bleivergiftungen. In Deutschland hat schon Bismarck 1887 ein Gesetz gegen die Verwendung gesundheitsschädlicher Farben erlassen, seit 1930 ist ihre Verwendung in Innenräumen endgültig untersagt, und Anfang der 1980er-Jahre hat die Post für ihr beliebtes „Postgelb" (Bleichromat) eine schwermetallfreie Alternative eingeführt.

Mobilisierung durch verbleite Kraftstoffe und bleihaltige Zusatzstoffe

Langwierig war der Weg zu bleifreien Kraftstoffen (von Storch *et al.*, 2000). Abbildung 5.5 zeigt den Verlauf des Benzinabsatzes in der Bundesrepublik seit 1950 und die auf der Verbrennung von verbleitem Benzin beruhende Bleiemission.

Insgesamt wurden erhebliche Massen an Blei emittiert. Über den Luftpfad konnte sich das Blei praktisch ubiquitär verbreiten. In Gewässersedimenten kann sowohl die Zunahme als auch die später eintretende Abnahme der Bleiemissionen gut verfolgt werden (Hagner, 2000). Wahrscheinlich wird man noch in Jahrhunderten eine Konzentrationsspitze des Bleis in Gewässer- und Meeressedimenten beobachten und zur Datierung der Sedimentschichten heranziehen.

Eine ähnliche Funktion wie im Benzin besitzt das Blei in dem Kunststoff PVC: Es beugt der vorzeitigen Zersetzung des Kunststoffs bei der thermischen Verarbeitung vor. Bei der Herstellung von PVC-Leitungen wurden dem Material daher Bleiverbindungen zur Stabilisierung zugesetzt. In den vergangenen Jahren hat man versucht, diese Stabilisatoren durch bleifreie Produkte zu ersetzen, ohne dass Abstriche an den mechanischen Eigenschaften der Rohre gemacht werden müssen. Nach Aussage des DVGW ist dies nur teilweise gelungen, sodass sich bleifreie PVC-Rohre nicht marktbeherrschend durchsetzen konnten. Nach Inbetriebnahme eines bleihaltigen PVC-Rohres geht innerhalb kurzer Zeit die Bleiabgabe an das Trinkwasser praktisch auf null zurück. Eine gesundheitliche Gefährdung durch Blei aus PVC kann daher ausgeschlossen werden. Vorbehalte gegen PVC-Rohre gründen sich allerdings auch auf ihren Chlorgehalt (wobei ein konkretes

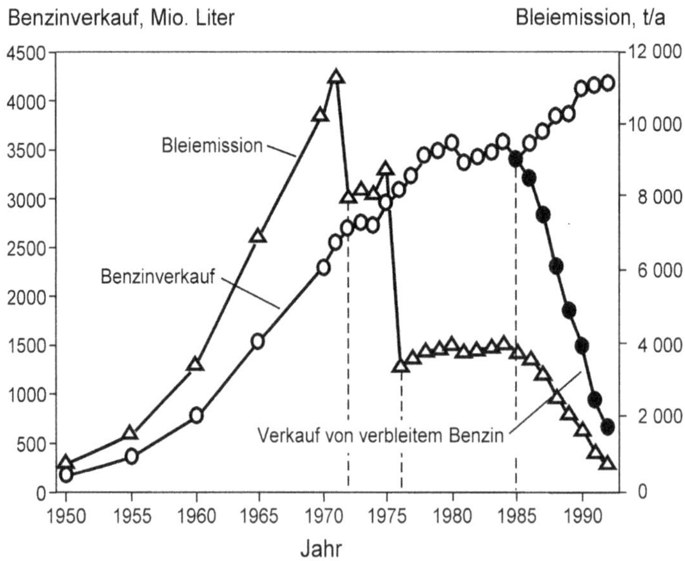

Abb. 5.5 Benzinabsatz in der Bundesrepublik und die auf der Verbrennung von verbleitem Benzin beruhende Bleiemission nach von Storch *et al.* (2000) (mit freundlicher Genehmigung der Autoren).

Umweltproblem durch Chlor in PVC erst im Brandfall entsteht, der für Wasserleitungen wenig wahrscheinlich ist).

Korrosionschemische Mobilisierung

Eine konkrete und unmittelbare Gefährdung des Trinkwasserkunden durch Blei kann bei der Verwendung von Bleileitungen eintreten. Im Jahre 1886 traten in Dessau in beträchtlichem Umfang akute Bleivergiftungen auf. Ursache waren Bleileitungen, die einem Wasser ausgesetzt waren, das sich – nach heutigem Sprachgebrauch – nicht im Zustand der Calcitsättigung befand. Die „Dessauer Bleikalamität" war der Auslöser dafür, sich erstmals intensiv mit der Calcitsättigung zu befassen (Abschn. 7.9.1 „Korrosion von Blei"). Auch dann, wenn sich Wässer im Zustand der Calcitsättigung befinden und sich auf Bleirohren eine gut schützende Deckschicht ausgebildet hat, wird Blei an das Wasser abgegeben.

Im Jahre 1985 wurde die Verwendung von Bleileitungen von den Medien thematisiert und auf breiter Front angegriffen. Aus dieser Zeit stammen zahlreiche Untersuchungen, die von Versorgungsunternehmen durchgeführt bzw. in Auftrag gegeben wurden. Dabei hat es sich als zweckmäßig erwiesen, jeweils zwei Proben zu entnehmen: Eine Probe nach nächtlicher Stagnation des Wassers und eine Probe nach ausgiebigem Wasserverbrauch. Zweckmäßigerweise wurde die Probenahme dem Kunden überlassen. Überraschungseffekte traten auf, wenn sich bleihaltige Partikel aus der Deckschicht gelöst haben. Dieser Fall war beispielsweise dann gegeben, wenn Leitungen beprobt wurden, die sehr lange Zeit nicht benutzt wurden („tote Leitungen"). In diesen Fällen waren Rücksprachen beim Kunden und Wiederholungsmessung erforderlich.

Die Bleiabgabe aus Bleileitungen wird von drei Arten von Parametern diktiert:

- von einer spezifischen, von der Trinkwasserbeschaffenheit abhängigen Konstanten Pb^{∞}, die ein Maß für die Bleisättigungskonzentration bei langer Stagnationsdauer darstellt,
- von den Dimensionen (Länge und Durchmesser) der Leitung und
- von den Betriebsbedingungen.

Ausführliche Schilderungen dieser Zusammenhänge stammen von Wagner und Kuch (1981) sowie Wagner (1982). Der niedrigste dokumentierte Pb^{∞} -Wert liegt bei 0,12 mg/l. Besonders niedrige Pb^{∞} -Werte werden durch Dosierung von Orthophosphat erreicht. Ein Bleigrenzwert von 40 µg/l im Tagesmittel konnte unter günstigen Randbedingungen und mit niedrigen Pb^{∞} -Werten noch eingehalten werden. Der Grenzwert von 10 µg/l lässt sich mit Sicherheit nur noch dann einhalten, wenn die Leitungen ausgetauscht werden. Daher ist eine lange Übergangsfrist vorgesehen gewesen (siehe „Grenzwerte").

Abschließend sei eine weitere Kontaminationsquelle genannt: Da Schrot und Luftgewehrmunition aus Bleilegierungen hergestellt werden, findet man teilweise erhebliche Blei- und Arsen- bzw. Antimongehalte dort, wo Bleimunition verschossen wird, z. B. im Bereich von Tontaubenschießständen.

Grenzwert

Trinkwasserverordnung vom August 2013: Grenzwert: 0,01 mg/l (10 µg/l) Blei (chemischer Parameter, dessen Konzentration im Verteilungsnetz einschließlich der Trinkwasserinstallation ansteigen kann).

Bemerkung: Grundlage ist eine für die durchschnittliche wöchentliche Trinkwasseraufnahme durch Verbraucher repräsentative Probe. Die zuständigen Behörden stellen sicher, dass alle geeigneten Maßnahmen getroffen werden, um die Bleikonzentration in Trinkwasser so weit wie möglich zu reduzieren. Maßnahmen zur Erreichung dieses Grenzwertes sind schrittweise und vorrangig dort durchzuführen, wo die Bleikonzentration im Trinkwasser am höchsten ist.

Aktuelle Angaben zur Entnahme einer repräsentativen Probe sind in Abschn. 10.2 – Ausführungen für das Jahr 2009 – zu finden.

Vorgeschichte: Wagner und Kuch (1981) schildern das seit Jahrhunderten andauernde Ringen um eine Lösung des Bleiproblems. Trinkwasserverordnung vom Februar 1975: 40 µg/l (0,2 mmol/m^3); EG-Trinkwasserrichtlinie vom Juli 1980: 50 µg/l in fließendem Wasser (Bemerkung: Bei Bleileitungen sollte der Bleigehalt in einer nach dem Abfließen des Wassers entnommenen Probe nicht mehr als 50 µg/l betragen. Wird eine Wasserprobe unmittelbar oder nach dem Abfließen entnommen und überschreitet der Bleigehalt häufig oder erheblich 100 µg/l, müssen geeignete Maßnahmen getroffen werden, um die Risiken einer Bleiaufnahme durch den Verbraucher zu verringern); Trinkwasserverordnung vom Mai 1986: 40 µg/l, Trinkwasserverordnung vom Dezember 1990: 40 µg/l.

Trinkwasserverordnung vom Mai 2001: Grenzwert: 0,01 mg/l (10 µg/l) Blei (chemischer Parameter, dessen Konzentration im Netz ansteigen kann).

Bemerkung: Grundlage ist eine für die durchschnittliche wöchentliche Wasseraufnahme durch Verbraucher repräsentative Probe; hierfür soll nach Artikel 7 Abs. 4 der Trinkwasserrichtlinie ein harmonisiertes Verfahren festgesetzt werden. Die zuständigen Behörden stellen sicher, dass alle geeigneten Maßnahmen getroffen werden, um die Bleikonzentration in Wasser für den menschlichen Gebrauch innerhalb des Zeitraums, der zur Erreichung des Grenzwertes erforderlich ist, so weit wie möglich zu reduzieren. Maßnahmen zur Erreichung dieses Wertes sind schrittweise und vorrangig dort durchzuführen, wo die Bleikonzentration in Wasser für den menschlichen Gebrauch am höchsten ist.

Messwerte (Beispiele)

Zum Thema „Blei im Grundwasser“ schreibt Matthess (1990): „Die Grundwässer weisen infolge der geringen Löslichkeit der Verbindungen des Bleis und seiner geringen geochemischen Beweglichkeit meist keine nachweisbaren Bleimengen [...] auf.“

Blei aus Bleileitungen, Messwerte für Wässer, die sich *nicht* im Zustand der Calcitsättigung befanden, Dessau, 1886: bis 11 mg/l.

Blei aus Bleileitungen, häufige Messwerte für Wässer, die sich im Zustand der Calcitsättigung befinden, unter nicht stagnierenden Bedingungen: < 40 µg/l.

Blei in 43 nordamerikanischen Flüssen, geometrisches Mittel, vor 1961: 4,9 µg/l (Matthess, 1990).

Rhein, geometrisches Mittel aus 63 % der Messwerte, 1968–1970: 3,2 µg/l.

Bodensee, Nonnenhorn bei Lindau, geometrisches Mittel, 1971–1974: 1,2 µg/l (DFG, 1982a).

Rheinwasser, gelöste Phase, geometrisches Mittel, Düsseldorf-Flehe, 1971–1977: 14 µg/l (DFG, 1982a).

Rheinwasser, gelöste Phase, geometrisches Mittel, Lobith (Grenze D/NL), 1975: 5,1 µg/l (Internationale Rheinschutzkommission).

Deutsche Flüsse, gelöste Phase, geometrisches Mittel, 1977–1983: 2 µg/l (BGR, 1985).

Rheinwasser, gelöste Phase, geometrisches Mittel, Basel 1997: 0,9 µg/l (AWBR, 1998).

Rheinwasser, gelöste Phase, Düsseldorf-Flehe, 1997: alle Werte < 1 µg/l (ARW, 1998).

Bilder zum Thema „Blei“: Bildordner und PDF: „5.3.4 Blei(.pdf)“. Bilder einer Bleileitung, Bilder vom Aufbau von Deckschichten, die sich in unterschiedlichen Bleileitungen gebildet hatten, Angaben zur Zusammensetzung der Deckschichten. Zusatzinformationen: mit Blei vergossene Stahlklammer, Blei auf Dach, Bilder von natürlich vorkommendem Bleiglanz sowie von Cerussit mit wechselhafter Vorgeschichte.

5.3.5 Bor

Symbol für Bor: B; relative Atommasse: 10,811. Bor kommt in der Erdkruste mit einem Anteil von 10 g/t vor. Meerwasser enthält 4,5 mg/l Bor. Die wichtigsten Borminerale sind Kernit und Borax, beides Natriumtetraborate der allgemeinen, vereinfachten Formel $Na_2B_4O_7 \cdot xH_2O$. Borverbindungen werden in der Glas- und Keramikindustrie sowie zur Herstellung von Fluss- und Lötmitteln eingesetzt.

Für die Wasserwirtschaft besonders wichtig ist die Verwendung von Perboraten in der Waschmittelindustrie als Bleichmittel. Perborate kommen durch Anlagerung von Wasserstoffperoxid an Natriumborat zustande. Man erhält auf diese Weise „Wasserstoffperoxid in einer trockenen Transportform“. Nachdem die Perborate beim Waschprozess das Wasserstoffperoxid an die Waschflotte abgegeben haben, gelangen sie als Borate in das Abwasser und erreichen dort Konzentrationen um 0,1 mg/l Bor.

Borate bilden in natürlicher Umgebung keine schwer löslichen Verbindungen, sondern sind sehr mobil. Sie können daher als nicht fäkale Abwasserindikatoren bezeichnet werden. Allerdings werden sie in Klärschlämmen mit durchschnittlich 18 mg/kg Bor angereichert. Landwirtschaftliche Dünger enthalten 0,01–0,5 %

Bor. Dieses Element ist daher auch ein allgemeiner Indikator für Abfallablagerungen und für landwirtschaftliche Belastungen (Kerndorff, 1991).

Bor ist kein essenzielles Element. Borverbindungen besitzen nur geringe physiologische Wirkungen. Über die Nahrung werden täglich 10–80 mg Bor aufgenommen.

Grenzwert

Trinkwasserverordnung vom Mai 2001 und August 2013: 1 mg/l Bor (chemischer Parameter, dessen Konzentration sich im Verteilungsnetz einschließlich der Trinkwasserinstallation in der Regel nicht mehr erhöht).

Vorgeschichte: EG-Trinkwasserrichtlinie vom Juli 1980: 1 mg/l, Trinkwasserverordnung vom Mai 1986: kein Grenzwert, Trinkwasserverordnung vom Dezember 1990: 1 mg/l

Die Borkonzentrationen in den Gewässern liegen im Allgemeinen deutlich unter dem Grenzwert.

Messwerte (Beispiele)

Unbelastete Grundwässer: größenordnungsmäßig 10–100 µg/l Bor (Matthess, 1990).

Mono Lake (USA, Analysenbeispiel 29): 298 mg/l (geologisch bedingte Konzentration in einem abflusslosen See).

Mineralwässer: bis 3,23 mg/l (Kerndorff, 1991).

Bor in 43 nordamerikanischen Flüssen, geometrisches Mittel, vor 1961: 10 µg/l (Matthess, 1990).

Bodensee, Nonnenhorn bei Lindau, geometrisches Mittel, 1971–1974: 24 µg/l (DFG, 1982a).

Rheinwasser, gelöste Phase, geometrisches Mittel, Basel 1997: 43 µg/l (AWBR, 1998).

Rheinwasser, gelöste Phase, Düsseldorf-Flehe, 1997: 110 µg/l (ARW, 1998).

Grundwässer im Fuhrberger Feld: unbelastete Brunnen: < 50 µg/l, landwirtschaftlich belastete Brunnen: 50 bis ca. 200 µg/l.

5.3.6 Cadmium

Allgemeines

Symbol für Cadmium: Cd; relative Atommasse: 112,411. Die Erdkruste enthält 0,2 g/t Cadmium. In Meerwasser findet man 0,1 µg/l Cadmium. Cadmium kommt nicht in technisch verwertbaren Mengen in eigenständigen Erzen vor, sondern ist praktisch immer mit Zinksulfid vergesellschaftet. Cadmium ist daher stets ein Nebenprodukt der Zinkgewinnung.

Wegen der Giftigkeit des Cadmiums ist sein Einsatz in der Technik rückläufig. Verwendet werden bzw. wurden Cadmium und seine Verbindungen für metallische Schutzüberzüge, Stabilisatoren in PVC, wiederaufladbare Nickel-Cadmium-Batterien und Farbpigmente („Cadmiumgelb", CdS).

Cadmium ist in fossilen Brennstoffen mit einem Anteil von 0,01–2 mg/kg enthalten. Die Cadmiumemission in die Atmosphäre ist daher beträchtlich. Insgesamt sind dabei neben den mit fossilen Brennstoffen betriebenen Feuerstellen auch Hüttenwerke und Müllverbrennungsanlagen beteiligt.

Rohphosphat kann – je nach Herkunft – bis zu 150 mg/kg Cadmium enthalten. Der Cadmiumgehalt von Phosphatfertigprodukten für die Landwirtschaft und die Trinkwasserbehandlung kann durch den Bezug cadmiumarmer Rohstoffe und durch den industriellen Fertigungsprozess beeinflusst werden. Beim Einkauf von Phosphat zur Trinkwasserbehandlung achte man auf die Produktspezifikation der Hersteller. Trotzdem können konzentrierte Phosphatdosierlösungen Spuren von Cadmium enthalten, die die analytische Bestimmungsgrenze überschreiten. In einem konkreten Fall wurde durch eine fehlerhafte Probenahme ein so hoher Anteil von noch nicht in das Wasser eingemischter Phosphatdosierlösung erfasst, dass das aus dem Phosphat stammende Cadmium in der Probe über der Bestimmungsgrenze lag.

Zink enthält wegen des gemeinsamen geogenen Vorkommens von Zink und Cadmium stets geringe Cadmiumspuren. In der Vergangenheit konnte durch verbesserte Verhüttungstechniken der Cadmiumgehalt von Zink deutlich reduziert werden. Beim Einkauf von verzinkten Leitungen achte man auf DIN-gerechtes Material, das die Anforderungen nach DIN 2444 erfüllt.

Cadmium ist für alle Organismen toxisch. Dazu trägt auch die Tatsache bei, dass vom Körper aufgenommenes Cadmium nur sehr langsam wieder ausgeschieden wird. Man rechnet mit einer „biologischen Halbwertszeit" von 15–30 Jahren. Traurige Berühmtheit hat Cadmium 1955 in Japan erreicht. Dort erkrankten zahlreiche Menschen an der „Itai-Itai-Krankheit", die durch Reisanbau auf cadmiumverunreinigten Feldern verursacht worden war (Müller *et al.*, 1991).

Geochemische Mobilisierung

Die Cadmiumkonzentration in nicht kontaminierten Gewässern überschreitet normalerweise nicht den Wert von 1 µg/l (Müller *et al.*, 1991). Der Autor hat einen Fall beobachtet, bei dem – wahrscheinlich durch Oxidation von Sulfiden – in einem Grundwasser 3,6 µg/l Cadmium freigesetzt worden sind.

Korrosionschemische Mobilisierung

In einem konkreten Fall waren in einen Brunnen, der ein sehr „aggressives" Wasser fördert, verzinkte Steigleitungen eingebaut worden, deren Verzinkung in kürzester Zeit abgetragen wurde. Dabei resultierten sehr hohe Zinkkonzentrationen sowie Cadmiumgehalte oberhalb der Bestimmungsgrenze.

Grenzwert

Trinkwasserverordnung vom August 2013: 3 µg/l Cadmium (chemischer Parameter, dessen Konzentration im Verteilungsnetz einschließlich der Trinkwasserinstallation ansteigen kann).

Bemerkung: einschließlich der bei Stagnation von Wasser in Rohren aufgenommenen Cadmiumverbindungen.

Vorgeschichte: Trinkwasserverordnung vom Februar 1975: 6 µg/l (0,05 mmol/m^3); EG-Trinkwasserrichtlinie vom Juli 1980: 5 µg/l; Trinkwasserverordnung vom Mai 1986: 5 µg/l; Trinkwasserverordnung vom Dezember 1990: 5 µg/l.

Trinkwasserverordnung vom Mai 2001: Grenzwert: 5 µg/l Cadmium (chemischer Parameter, dessen Konzentration im Netz ansteigen kann).

Bemerkung: „einschließlich der bei Stagnation von Wasser in Rohren aufgenommenen Cadmiumverbindungen".

Messwerte (Beispiele)

Mittlere Cadmiumkonzentrationen in unbelasteten Grundwässern: größenordnungsmäßig 1 µg/l (Matthess, 1990).

Rhein, arithmetisches Mittel aus 10 % der Messwerte, 1968–1970: 7 µg/l.

Bodensee, Nonnenhorn bei Lindau, geometrisches Mittel, 1971–1974: 0,3 µg/l (DFG, 1982a).

Rheinwasser, gelöste Phase, geometrisches Mittel, Düsseldorf-Flehe, 1971–1977: 1,6 µg/l (DFG, 1982a).

Rheinwasser, gelöste Phase, geometrisches Mittel, Lobith (Grenze D/NL), 1975: 1,3 µg/l (Internationale Rheinschutzkommission).

Deutsche Flüsse, gelöste Phase, geometrisches Mittel, 1977–1983: 0,2 µg/l (BGR, 1985).

Rheinwasser, gelöste Phase, Basel 1997: alle Werte < 0,02 µg/l (AWBR, 1998).

Rheinwasser, gelöste Phase, Düsseldorf-Flehe, 1997: alle Werte < 0,3 µg/l (ARW, 1998).

5.3.7
Chrom

Symbol für Chrom: Cr; relative Atommasse: 51,9961. Die Erdkruste enthält 100 g/t Chrom. In Meerwasser findet man 0,5 µg/l Chrom. Das einzige technisch wichtige Chromerz ist der Chromeisenstein ($FeCr_2O_4$).

In seinen Verbindungen bevorzugt das Chrom die Wertigkeiten III und VI. Die Verbindungen des Chrom(III) verhalten sich ähnlich wie die des Eisen(III) und hydrolysieren im neutralen pH-Bereich zu schwer löslichem, grünem Chrom(III)-hydroxid. In der sechswertigen Stufe bildet Chrom die Anionen Chromat (CrO_4^{2-}, gelb) und Dichromat ($Cr_2O_7^{2-}$, orange).

Chrom gilt als essenzielles Spurenelement. Der tägliche Bedarf des Menschen wird auf 50–200 µg geschätzt. Toxisch wirken nur Verbindungen des sechswertigen Chroms aufgrund ihrer oxidierenden Wirkung auf Zellbestandteile. Außerdem besitzt Chrom(VI) auch mutagene Eigenschaften und kann Hautallergien hervorrufen (Roßkamp, 1991a).

Chrom ist der wichtigste Legierungsbestandteil zur Herstellung von Spezialstählen. Es hat auch eine große Bedeutung für den Korrosionsschutz durch „Verchromen". Chrom erhielt seinen Elementnamen vom griechischen Wort für „Farbe". Es darf daher nicht verwundern, dass Chromverbindungen bei der Herstellung von Farbpigmenten (z. B. „Chromgelb", $PbCrO_4$) eine wichtige Rolle gespielt haben. Chromate werden auch als Korrosionsschutzpigmente eingesetzt. Chromate und Dichromate sind wichtige Oxidationsmittel, z. B. in der chemischen Industrie bei der Produktion von Farbstoffen und im Laboratorium, beispielsweise zur Bestimmung der Oxidierbarkeit mit Kaliumdichromat.

Chromate benötigt man beim Gerben von Leder, in der Galvanikindustrie und bei der Imprägnierung von Holz (die oft zu beobachtende grünliche Verfärbung von Bauholz ist auf die Reaktion Cr(VI) → Cr(III) zurückzuführen). Diese drei Einsatzzwecke besitzen das höchste Gefährdungspotenzial für Gewässer.

Die niedrigen Chromkonzentrationen, die in unbelasteten Gewässern vorkommen, sind im Wesentlichen auf die geringe Wasserlöslichkeit der Chrom(III)-Verbindungen zurückzuführen. Sehr gut löslich sind die Verbindungen des sechswertigen Chroms. Chrom(VI) ist in natürlichen Wässern in der Bundesrepublik bisher nur in Konzentrationen unter 1 µg/l beobachtet worden. Eine Oxidation von Chrom(III) zu Chromat durch oxidierende Desinfektionsmittel ist möglich (Sacher und Thoma, 2013).

Der Autor ist nur ein Mal mit einem erhöhten Chrombefund in Grundwasser konfrontiert worden. Es handelte sich um einen zur Notversorgung der Bevölkerung gebauten Brunnen im Stadtgebiet, der mit Chromat aus einer unmittelbar benachbarten Holzhandlung belastet war (1 mg/l als Chrom).

Grenzwert

Trinkwasserverordnung vom August 2013: 50 µg/l Chrom (Parameter, dessen Konzentration sich im Verteilungsnetz einschließlich der Trinkwasserinstallation in der Regel nicht mehr erhöht).

Vorgeschichte: Trinkwasserverordnung vom Februar 1975: 50 µg/l; EG-Trinkwasserrichtlinie vom Juli 1980: 50 µg/l; Trinkwasserverordnung vom Mai 1986: 50 µg/l; Trinkwasserverordnung vom Dezember 1990: 50 µg/l.

Trinkwasserverordnung vom Mai 2001: Grenzwert: 50 µg/l Chrom (chemischer Parameter, dessen Konzentration sich im Netz nicht mehr erhöht).

Bemerkung: „Zur Bestimmung wird die Konzentration von Chromat auf Chrom umgerechnet."

Der Grenzwert für Chrom richtete sich ursprünglich gegen eine anthropogene Verunreinigung von Wässern durch Chromat. In den USA wird Chromat als

„möglicherweise krebserzeugend beim Menschen" eingestuft, ein gesundheitlicher Zielwert von 0,02 µg/l (20 ng/l) wurde festgelegt (Sacher und Thoma, 2013).

Messwerte (Beispiele)

Eine umfangreiche Studie zum Vorkommen von Chrom(III) und Chrom(VI) in deutschen Roh- und Reinwässern sowie in Netzproben wurde vom DVGW finanziert und im Technologiezentrum Wasser, Karlsruhe, durchgeführt (Sacher und Thoma, 2013). In den Rohwässern lagen die Konzentrationen durchgängig unter 1 µg/l. In allen untersuchten Wässern lag das Chrom überwiegend als Chromat vor. Eindeutige Hinweise auf die Herkunft des Chromats konnten (mit einer Ausnahme) nicht gefunden werden. In den Trink- und Netzwässern waren die Konzentrationen deutlich niedriger als in den Rohwässern.

Ältere Befunde (Gesamtchrom):

Mittlere Chromkonzentrationen in unbelasteten Grundwässern: < 1 µg/l mit einem dokumentierten Extremwert von ca. 10 µg/l (Matthess, 1990).

Chrom in 43 nordamerikanischen Flüssen, geometrisches Mittel, vor 1961: 7,1 µg/l (Matthess, 1990).

Bodensee, Nonnenhorn bei Lindau, geometrisches Mittel, 1971–1974: 3 µg/l (DFG, 1982a).

Rheinwasser, gelöste Phase, geometrisches Mittel, Düsseldorf-Flehe, 1971–1977: 14 µg/l (DFG, 1982a).

Rheinwasser, gelöste Phase, geometrisches Mittel, Lobith (Grenze D/NL), 1975: 10,6 µg/l (Internationale Rheinschutzkommission).

Rheinwasser, gelöste Phase, Basel 1997: geometrisches Mittel: 0,2 µg/l (AWBR, 1998).

Rheinwasser, gelöste Phase, Düsseldorf-Flehe, 1997: 12 von 13 Werten: < 2 µg/l; ein Wert: 43,4 µg/l (ARW, 1998).

5.3.8 Cyanid

Formel für Cyanid: CN^-; relative Molekülmasse: 26,018. Cyanid kommt in der Natur nicht vor, sondern wird ausschließlich technisch erzeugt. Einen natürlichen „Backgroundwert" oder „Mobilisierungsreaktionen", wie sie für Metalle erörtert worden sind, gibt es für Cyanid daher nicht. Die den Cyaniden zugrunde liegende Säure ist die Cyanwasserstoffsäure bzw. Blausäure. Diese wird der organischen Chemie zugerechnet.

Benötigt werden Cyanide in großen Mengen zur Härtung von Stahl sowie zur Synthese organischer Verbindungen. Cyanide werden außerdem in der Galvanikindustrie und als Schädlingsbekämpfungsmittel benutzt. Kokereistandorte können mit Cyaniden aus dem Kokereiprozess belastet sein.

Cyanid wird auch für die Extraktion von Gold und Silber aus edelmetallarmen Erzen eingesetzt. In guter Erinnerung ist die Verschmutzung der Flüsse Theiß und Donau mit der giftigen Cyanidlauge aus einer rumänischen Goldmine im Februar 2000.

Cyanid bildet mit zahlreichen Schwermetallionen Komplexverbindungen, in denen Cyanid und Metall sehr enge Bindungen eingehen. So gibt beispielsweise „gelbes Blutlaugensalz" ($K_4[FeCN_6]$) weder eine chemische Reaktion auf Eisen, noch auf Cyanid. Diese Komplexverbindung ist daher auch nicht giftig. Die Bildung von Cyanokomplexen führt zu einem analytischen Problem, da die Analysenmethode auf unterschiedlich stark komplex gebundenes Cyanid abgestimmt werden kann.

Blausäure ist eines der am schnellsten wirkenden Gifte. Es blockiert die Zellatmung. Kaliumcyanid („Zyankali") zählt neben Arsen(III)-oxid zu den klassischen Giften, die mit Tötungsabsicht verwendet wurden.

Der Grenzwert für Cyanid richtet sich gegen anthropogene Gefährdungen, wie sie beispielsweise an der Theiß aufgetreten sind. In einem bekannt gewordenen Fall ist eine Gefährdung von Grundwasser dadurch eingetreten, dass Cynidabfälle im Wald „entsorgt" wurden.

Grenzwert

Trinkwasserverordnung vom August 2013: 50 µg/l Cyanid (chemischer Parameter, dessen Konzentration sich im Verteilungsnetz einschließlich der Trinkwasserinstallation in der Regel nicht mehr erhöht).

Vorgeschichte: Der Grenzwert überdauerte unverändert alle Fassungen der EG-Trinkwasserrichtlinie und der Trinkwasserverordnung.

Messwerte (Beispiele)

In der Literatur sind kaum Ergebnisse von positiven Cyanidbefunden zu finden. Althaus und Schössner (1991) berichten von Untersuchungen aus den Jahren 1976 bis 1981, bei denen 99,8 % der Proben aus deutschen Wasserwerken Cyanidkonzentrationen unter 0,025 mg/l aufwiesen.

5.3.9 Fluorid

Symbol für Fluor: F; relative Atommasse: 18,9984. Die Erdkruste enthält 625 g/t Fluor, in Meerwasser sind 1,3 mg/l Fluorid gelöst. Die wichtigsten fluoridhaltigen Minerale sind der Fluorit („Flussspat", CaF_2) und der Fluorapatit ($Ca_5[F|(PO_4)_3]$).

Flussspat wurde schon sehr früh bei der Erzverhüttung den Erzen als Flussmittel zugesetzt, um die Schlacke bei niedrigeren Temperaturen zum Schmelzen zu bringen. Diese Anwendung hat dem CaF_2 als Mineral und indirekt auch dem Element den Namen gegeben. Kryolith ($Na_3[AlF_6]$) ist für die elektrolytische Gewinnung von metallischem Aluminium von Bedeutung.

Da Calciumfluorid schwer löslich ist, wird die Fluoridkonzentration in natürlichen Wässern durch die Calciumkonzentration limitiert. Das dem Analysenbeispiel 1 zugrunde liegende Wasser könnte im Lösungsgleichgewicht mit Calciumfluorid maximal 2,3 mg/l, das (härtere) Wasser entsprechend Analysenbeispiel 8 maximal 1,5 mg/l Fluorid enthalten.

Fluorid zählt zu den essenziellen Elementen. Der menschliche Körper enthält 10 mg/kg Fluorid, hauptsächlich in den Zähnen und in den Knochen.

Grenzwert

Trinkwasserverordnung vom August 2013: 1,5 mg/l Fluorid (chemischer Parameter, dessen Konzentration sich im Verteilungsnetz einschließlich der Trinkwasserinstallation in der Regel nicht mehr erhöht).

Vorgeschichte: Der Grenzwert von 1,5 mg/l überdauerte unverändert alle Fassungen der EG-Trinkwasserrichtlinie und der Trinkwasserverordnung. Die Werte einer nützlichen und einer schädlichen Wirkung des Fluorids liegen ungewöhnlich nahe beieinander.

Zielwert entsprechend Fließgewässermemorandum: 1 mg/l.

Messwerte (Beispiele)

Die Fluoridkonzentrationen deutscher Trinkwässer liegen – von wenigen Ausnahmen abgesehen – bei 0,1–0,3 mg/l (Hässelbarth, 1991b).

5.3.10
Gadolinium

Allgemeines

Symbol für Gadolinium: Gd; relative Atommasse: 157,25; Anteil an der Erdkruste: 5,9 g/t; Konzentration im Meerwasser: 0,7 ng/l. Gadolinium wird neben anderen Seltenerdmetallen aus Monazit und Bastnäsit gewonnen.

Gadolinium ist ein Element aus der Gruppe der Lanthanoide (Seltenerdmetalle). In der Technik gibt es Anwendungen in der Metallurgie, in der Reaktortechnik und in der Elektronik. Für die Wasserchemie ist Gadolinium dadurch interessant, dass es in der Form stabiler Komplexverbindungen als Kontrastmittel in der Magnetresonanztomografie (Kernspintomografie) eingesetzt wird und danach in das Abwasser gelangt. Birka *et al.* (2011) erwähnen, dass in Deutschland jährlich (2009) knapp 100 MRT-Untersuchungen je 1000 Einwohner durchgeführt werden und dass pro Untersuchung üblicherweise 1,2 g Gadolinium eingesetzt werden. Sie geben außerdem die Strukturformeln der verwendeten Komplexverbindungen sowie das Beispiel eines „Lanthanoidmusters" für das Stadtgebiet Münster an.

Messwerte

Untersuchungen in Berlin haben gezeigt, dass die Havel im Mittel ca. 0,8 µg/l Gadolinium mit sich führt, allerdings mit einem ausgeprägten Wochentagsrhythmus. Insgesamt gelangen im Raum Berlin jährlich ca. 64 kg Gadolinium in die Kläranlagen. Im Vergleich mit den Konzentrationen anderer Seltenerdmetalle ergibt sich dadurch für Gadolinium eine ausgeprägte Konzentrationsanomalie (Knappe *et al.*, 2003).

Hygienische Bedeutung

Freie Gadoliniumionen sind toxisch. Die als Kontrastmittel eingesetzten Komplexverbindungen sind normalerweise gut verträglich. Ein Grenzwert existiert nicht.

5.3.11
Kupfer

Allgemeines

Symbol für Kupfer: Cu; relative Atommasse: 63,546. In der Erdkruste sind 55 g/t Kupfer enthalten; Meerwasser enthält 3 µg/l Kupfer. Die wichtigsten Kupfererze sind: Kupferkies ($CuFeS_2$), Buntkupferkies (Cu_5FeS_4) und Kupferglanz (Cu_2S).

Kupfer ist schon den ältesten Kulturvölkern seit ca. 5000 v. Chr. bekannt. Die Bronzezeit beginnt ca. 3000 v. Chr., als man lernte, das Kupfer mit Zinn zu legieren. Heute werden weltweit einige Zigmillionen Tonnen Kupfer produziert. Aufgrund der hohen elektrischen Leitfähigkeit wird es in der Elektroindustrie verwendet, für den Einsatz als Wasserleitungsrohre sind die gute Korrosionsbeständigkeit dieses Metalls und seine vergleichsweise geringe Giftigkeit von Bedeutung. Ferner wird Kupfer zum Decken von Dächern und als Bestandteil zahlloser Legierungen verwendet. Die bekanntesten Legierungen des Kupfers sind Messing (Legierungsbestandteil: Zink) und Bronze (Legierungsbestandteil: Zinn).

Kupfer ist ein essenzielles Element. Der menschliche Körper enthält 1–2 mg/kg Kupfer; der tägliche Bedarf liegt bei 0,5–2 mg. Eine einmalige Kupferzufuhr von größenordnungsmäßig 7 mg kann jedoch, wie Dieter *et al.* (1991) berichten, bereits zu Vergiftungserscheinungen führen.

Geochemische Mobilisierung

Die Kupferkonzentrationen in unbelasteten Gewässern sind niedrig. Der Grenzwert richtet sich daher ausschließlich gegen Kupfer, das aus Leitungsmaterialien an das Wasser abgegeben wird.

Korrosionschemische Mobilisierung

Mit erhöhten Kupferkonzentrationen in Trinkwasser ist im pH-Bereich unterhalb von 7,4 zu rechnen.

In einigen Fällen hat man die Erkrankung von Säuglingen (von denen einige starben) auf stark erhöhte Kupferkonzentrationen im Trinkwasser zurückgeführt. Die Autoren (Dieter *et al.*, 1991) schreiben dazu: „Alle Erkrankungen traten ausschließlich bei Säuglingen auf, die mit Beginn der ersten Lebenswoche nicht gestillt worden waren und deren Nahrung mit saurem und über längere Zeit in Kupferrohren der Hausinstallation abgestandenem Wasser aus Hausbrunnen zubereitet worden war.“ In Versorgungsgebieten der öffentlichen Trinkwasserversorgung sind solche Erkrankungen bisher nicht aufgetreten.

Grenzwert

Trinkwasserverordnung vom August 2013: 2 mg/l Kupfer (chemischer Parameter, dessen Konzentration im Verteilungsnetz einschließlich der Trinkwasserinstallation ansteigen kann). Auf eine Untersuchung im Rahmen der Überwachung nach §19 Abs. 7 (Prüfung auf Parameter, die sich im Netz verändern können, für Anlagen, die nur vorübergehend oder für die Wahrnehmung öffentlicher Aufgaben betrieben werden) kann in der Regel verzichtet werden, wenn der pH-Wert im Wasserversorgungsgebiet größer oder gleich 7,8 ist.

Vorgeschichte: Trinkwasserverordnung vom Februar 1975: kein Grenzwert; EG-Trinkwasserrichtlinie vom Juli 1980: Richtzahl: 0,1 mg/l beim Austritt aus den Pump- oder Aufbereitungsanlagen und ihren Nebenanlagen, 3 mg/l nach zwölfstündigem Verbleib in der Leitung und am Punkt der Bereitstellung für den Verbraucher; Trinkwasserverordnung vom Mai 1986: kein Grenzwert; Trinkwasserverordnung vom Dezember 1990: Richtwert: 3 mg/l mit den folgenden Anmerkungen: „Der Richtwert gilt nach einer Stagnationszeit von 12 Stunden. Innerhalb von 2 Jahren nach der Installation von Kupferrohren gilt der Richtwert ohne Berücksichtigung der Stagnation.“ Als Fußnote: „Die Werkstoffe Kupfer und verzinkter Stahl sind in Abhängigkeit von der Wasserqualität nur entsprechend dem Stand der Technik zu verwenden oder einzusetzen.“ Trinkwasserverordnung vom Mai 2001: Grenzwert: 2 mg/l Kupfer; die Untersuchung im Rahmen der Überwachung nach §19, Abs. 7 ist nur dann erforderlich, wenn der pH-Wert im Versorgungsgebiet kleiner als 7,4 ist.

Als Stand der Technik gelten die folgenden Einsatzbereiche für Kupferrohre (Dieter *et al.*, 1991):

- Säurekapazität bis pH 4,3 $\leq$ 2,0 mmol/l *und* Basekapazität bis pH 8,2 $\leq$ 0,1 mmol/l

oder

- Säurekapazität bis pH 4,3 $\geq$ 2,0 mmol/l *und* Basekapazität bis pH 8,2 $\leq$ 1,0 mmol/l.

Messwerte (Beispiele)

Kupfer in 43 nordamerikanischen Flüssen, geometrisches Mittel, vor 1961: 6,2 µg/l (Matthess, 1990).

Rhein, arithmetisches Mittel aus 100 % der Messwerte, 1968–1970: 8,6 µg/l.

Bodensee, Nonnenhorn bei Lindau, geometrisches Mittel, 1971–1974: 4,6 µg/l (DFG, 1982a).

Rheinwasser, gelöste Phase, geometrisches Mittel, Düsseldorf-Flehe, 1971–1977: 11 µg/l (DFG, 1982a).

Rheinwasser, gelöste Phase, geometrisches Mittel, Lobith (Grenze D/NL), 1975: 8,7 µg/l (Internationale Rheinschutzkommission).

Deutsche Flüsse, gelöste Phase, geometrisches Mittel, 1977–1983: 2 µg/l (BGR, 1985).

In einem Einzelfall konnte in einem Grundwasser Kupfer in einer Konzentration von 6,1 µg/l festgestellt werden, das wahrscheinlich durch Oxidation von Sulfiden in das Wasser gelangte.

Im Jahre 1988 wurden in Hannover zahlreiche Analysen von Wasserproben aus Kupferleitungen städtischer Einrichtungen untersucht. Das Wasser hatte einen pH-Wert von 7,8 und war dem ersten der beiden genannten Einsatzbereiche zuzuordnen. Der geometrische Mittelwert mit Standardabweichung von allen Proben lag bei $160 \times 2{,}4^{\pm 1}$ µg/l. Gesetzmäßigkeiten, die mit der Stagnationsdauer oder der Wassertemperatur in Zusammenhang zu bringen waren, konnten nicht erkannt werden.

Bilder zum Thema „Kupfer": Bildordner und PDF: „5.3.11 Kupfer(.pdf)". Korrosionsfälle an Kupferleitungen, Korrosion eines Brunnenfilters unter Abscheidung eines Kupfer-Eisen-Sulfids, Testanordnung zur Ermittlung der Position des Sulfids in der Spannungsreihe, Entzinkung von Messing, Bildung von Lokalelementen an einer mit Kupfer beschlagenen Türe. Zusatzinformationen: Kupfer im Dachdeckerhandwerk, Kupferminerale.

5.3.12
Nickel und Cobalt

Allgemeines

Symbol für Nickel: Ni; relative Atommasse: 58,6934. In der Erdkruste sind 75 g/t Nickel enthalten; Meerwasser enthält 7 µg/l Nickel.

Symbol für Cobalt: Co; relative Atommasse: 58,9332. Gehalt in der Erdkruste: 25 g/t; im Meerwasser: 0,4 µg/l.

Eisen, Cobalt und Nickel stehen gemeinsam in der achten Nebengruppe des Periodensystems und weisen daher viele Gemeinsamkeiten auf. Sie kommen auch häufig gemeinsam vor, z. B. in Eisenmeteoriten in einem Massenverhältnis von 100 : 0,7 : 9,5 (Mason und Moore, 1985). Auch stehen für die technische Gewinnung dieser Metalle keine reinen Nickel- oder Cobalterze zur Verfügung, sondern nickelhaltige Eisenerze und cobalthaltige Eisen- und Kupfererze.

Beide Metalle werden als Legierungskomponente eingesetzt, das Nickel hauptsächlich in der Stahlindustrie und für die Herstellung von Münzen und Essbestecken. Sondereinsatzzwecke sind für Nickel: Funktion als Hydrierungskatalysator in der organischen Chemie und als Komponente von Ni-Cd-Akkumulatoren; für Cobalt: Herstellung von Permanentmagneten und von Hartmetall („Widia") sowie Blaufärbung von Gläsern („Cobaltblau").

Nickel und Cobalt sind essenziell. Der menschliche Körper enthält 14 µg/kg Nickel und 30 µg/kg Cobalt. Bekannt ist die Rolle des Cobalts als Bestandteil des Vitamins B_{12}. Beide Metalle besitzen bei Zuführung über den Magen-Darm-Trakt nur eine geringe Toxizität. Nickel kann jedoch bei oraler Einnahme und bei Hautkontakt Allergien auslösen. Das Allergierisiko ist der Hauptgrund für die Festlegung eines Nickelgrenzwertes (Roßkamp und Kölle, 1991). Cobalt besitzt keine Toxizität, die im Rahmen der Wasserversorgung zu berücksichtigen wäre.

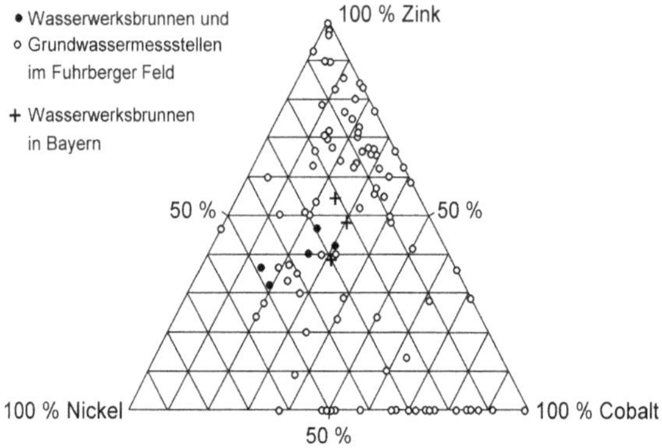

Abb. 5.6 Prozentuale Beiträge der Metalle Zink, Nickel und Cobalt an der Gesamtbelastung von Wasserproben mit diesen drei Metallen.

Geochemische Mobilisierung

Nickel und Cobalt werden hier gemeinsam aufgeführt, weil sie chemisch eng verwandt sind und bei der geochemischen Mobilisierung durch Oxidation ihrer Sulfide zusammen mit Zink gemeinsam auftreten. Diese Art der Mobilisierung ist bereits in Abschn. 5.2.1 erörtert worden.

Im Jahre 1991 wurden im Fuhrberger Feld 88 Grundwassergütemessstellen beprobt und auf Arsen, Zink, Nickel und Cobalt untersucht. Abbildung 5.6 zeigt die Beiträge der Metalle Zink, Nickel und Cobalt an der Gesamtbelastung von Wasserproben mit diesen drei Metallen im Dreiecksdiagramm. Zusätzlich sind in das Diagramm drei Befunde an bayerischen Wasserwerksbrunnen sowie fünf Befunde an Horizontalfilterbrunnen (Probenahme aus einzelnen Filtersträngen) im Fuhrberger Feld eingetragen.

Man erkennt, dass die Proben aus Grundwassermessstellen außerordentlich stark streuen. Demgegenüber zeigen die Befunde an Wasserwerksbrunnen ein etwas einheitlicheres Bild, sogar über Landesgrenzen hinweg. Diese Beobachtung lässt den Schluss zu, dass die „Schwermetallnester" im Grundwasserleiter äußerst inhomogen und kleinräumig verteilt sind. In der Nähe von Wasserwerksbrunnen, wo sich die Wässer aus einem größeren Einzugsbereich mischen, findet offenbar ein Konzentrationsausgleich statt, sodass die Unterschiede in der Zusammensetzung des Schwermetallinventars geringer werden.

Das gemeinsame Vorkommen von Zink, Nickel und Cobalt ist typisch für geogene Schwermetallbelastungen, die durch Oxidation von Sulfiden in das Wasser gelangen. Daraus können sich Hinweise zur Unterscheidung von geogenen und anthropogenen Belastungen, z. B. aus Galvanikbetrieben, ergeben.

Korrosionschemische Mobilisierung

In der Trinkwasserverordnung vom Mai 2001 wird Nickel als chemischer Parameter, dessen Konzentration im Verteilungsnetz einschließlich der Hausinstallation ansteigen kann, geführt. Dies hat insbesondere Auswirkungen auf die Modalitäten der durchzuführenden Kontrollen. Einzuhalten ist der Grenzwert unabhängig von der Art der Nickelmobilisierung.

Argumente aus der Begründung zur Novellierung der Trinkwasserverordnung vom Dezember 1990 (Bundesratsdrucksache 721/00, November 2000)
„Der Grenzwert für Nickel wird entsprechend der Trinkwasserrichtlinie von derzeit 0,05 auf 0,02 mg/l herabgesetzt. Damit soll vermieden werden, dass eine Nickelbelastung von Wasser für den menschlichen Gebrauch zur weiteren Zunahme der in der Bevölkerung bereits weit verbreiteten Nickelallergien – die überwiegend auf den unmittelbaren Kontakt mit Modeschmuck o. ä. zurückzuführen sind – beiträgt. Hinsichtlich der noch diskutierten oralen Toxizität von Nickel hat der Grenzwert z. Z. eher Vorsorgecharakter."

„Eine steigende Nickelbelastung wird in einigen Rohwässern aufgrund der Oxidation sulfidischer Erze im Untergrund durch Nitrat beobachtet. Häufigste Ursache für die Überschreitung des Grenzwertes für Nickel im Wasser für den menschlichen Gebrauch ist jedoch die Vernickelung der Oberflächen von Bauteilen in der Hausinstallation und die Verwendung von Nickel als Legierungselement in Loten und Armaturenwerkstoffen. Dem verstärkten Eintrag von Nickel muss durch eine Verbesserung der allgemein anerkannten Regeln der Technik vorgebeugt werden."

Grenzwert

Trinkwasserverordnung vom August 2013: Grenzwert: 20 µg/l Nickel (chemischer Parameter, dessen Konzentration im Verteilungsnetz einschließlich der Trinkwasserinstallation ansteigen kann).

Bemerkung: Grundlage ist eine für die durchschnittliche wöchentliche Wasseraufnahme durch Verbraucher repräsentative Probe.

Für Cobalt existierte zu keinem Zeitpunkt ein Grenzwert.

Vorgeschichte: Ein Grenzwert für Nickel in Höhe von 50 µg/l wurde erstmals mit der EG-Trinkwasserrichtlinie vom Juli 1980 eingeführt. In den Fassungen der Trinkwasserverordnung vom Mai 1986 und Dezember 1990 blieb der Grenzwert in dieser Höhe bestehen.

Trinkwasserverordnung vom Mai 2001: Grenzwert: 20 µg/l Nickel (chemischer Parameter, dessen Konzentration im Netz ansteigen kann).

Bemerkung: Grundlage ist eine für die durchschnittliche wöchentliche Wasseraufnahme durch Verbraucher repräsentative Probe; hierfür soll nach Artikel 7 Abs. 4 der Trinkwasserrichtlinie ein harmonisiertes Verfahren festgesetzt werden.

Die Tatsache, dass die korrosionschemische Nickelmobilisierung als häufigste Ursache für die Überschreitung des Grenzwertes gilt, ist nicht zuletzt darauf zurückzuführen, dass ein Versorgungsunternehmen ein geochemisch vorbelastetes Wasser, das den Nickelgrenzwert überschreitet, gar nicht als Trinkwasser abgeben *kann*, ohne dass sämtliche in der Verordnung vorgesehenen Mechanismen greifen, um den Missstand zu beheben. Die Versorgungsunternehmen unternehmen alle Anstrengungen, das Nickel loszuwerden, beispielsweise durch Optimierung von Aufbereitungsmaßnahmen, Stilllegung von Brunnen und Schließung von Wasserwerken. Missstände in der Hausinstallation konnten dagegen lange unentdeckt bleiben. Wenn dann eine gezielte Untersuchung durchgeführt und auf dieser Basis eine Statistik erstellt wird, kommt diese zu einem entsprechend ungünstigen Ergebnis. Es ist zu begrüßen, dass auch der Expositionspfad „Hausinstallation“ mit der novellierten Trinkwasserverordnung in geregelter Weise erfasst wird.

Messwerte (Beispiele)

Grundwasser, punktuell als Folge der Denitrifikation durch nickel- und cobalthaltige Eisensulfide: bis größenordnungsmäßig 1 mg/l Nickel und Cobalt (Abschn. 5.2).

Nickelkonzentration im Jahre 1991 in 88 Grundwassergütemessstellen im Fuhrberger Feld, Medianwert: 3 µg/l bei einem Höchstwert von 502 µg/l, Mobilisierung im Zusammenhang mit der Denitrifikation durch Eisensulfide.

Nickel in 43 nordamerikanischen Flüssen, geometrisches Mittel, vor 1961: 10 µg/l (Matthess, 1990).

Rhein, geometrisches Mittel aus 67 % der Messwerte, 1968–1970, Nickel: 2,1 µg/l.

Bodensee, Nonnenhorn bei Lindau, geometrisches Mittel, 1971–1974, Nickel: 2,8 µg/l (DFG, 1982a).

Rheinwasser, gelöste Phase, geometrisches Mittel, Düsseldorf-Flehe, 1971–1977, Nickel: 7,7 µg/l (DFG, 1982a).

Rheinwasser, gelöste Phase, geometrisches Mittel, Lobith (Grenze D/NL), 1975: Nickel: 6,7 µg/l; Cobalt: 1,9 µg/l (Internationale Rheinschutzkommission).

Deutsche Flüsse, gelöste Phase, geometrisches Mittel, 1977–1983: Nickel: 3 µg/l; Cobalt: 1 µg/l (BGR, 1985).

Rheinwasser, gelöste Phase, geometrisches Mittel, Basel 1997, Nickel: 1,5 µg/l (AWBR, 1998).

Rheinwasser, gelöste Phase, geometrisches Mittel, Düsseldorf-Flehe, 1997, Nickel: 2,1 µg/l (ARW, 1998).

5.3.13 Quecksilber

Symbol für Quecksilber: Hg; relative Atommasse: 200,59. Die Erdkruste enthält 0,08 g/t Quecksilber. In Meerwasser findet man 0,2 µg/l Quecksilber. Wegen seiner Flüchtigkeit gelangt Quecksilber sehr leicht in die Umwelt. Quecksilber ist das einzige bei Raumtemperatur flüssige Metall mit einem Schmelzpunkt von −38,84 °C und einer hohen Dichte von 13,595 g/cm^3. Außerdem ist Quecksilber giftig und damit auch medizinisch wirksam. Diese Eigenschaften machen bzw. machten das Quecksilber für zahlreiche Anwendungsfälle interessant. Wegen seiner Giftigkeit ist das Quecksilber für zahlreiche Anwendungsfälle bereits verboten worden. Im Rahmen des United Nations Environment Programme (UNEP) haben sich am 19.01.2013 in Genf 140 Nationen verpflichtet, die Emission von Quecksilber drastisch einzuschränken („Minamata Convention"). Die im Folgenden aufgeführten Anwendungen haben teilweise nur noch historische Bedeutung.

Messtechnik Metallisches Quecksilber diente (und dient zum Teil auch heute noch) zum Bau von Messgeräten wie Durchflussmessgeräte, Barometer, Manometer und Thermometer. Relikte aus dieser Phase der Messtechnik findet man noch bei der Angabe des Blutdrucks in „mmHg" und bei dem Sprachgebrauch: „Das Quecksilber zeigt 20 °C."

Elektrodenmaterial Die Kalomelelektrode wird in der Praxis meist an Stelle der Normalwasserstoffelektrode als Bezugselektrode verwendet. Quecksilberelektroden werden in der Polarografie eingesetzt.

Konditionierung von Zinkoberflächen Wenn die Zinkoberfläche in einer Zink-Kohle-Batterie (Standardbatterie für den täglichen Bedarf in elektrischen Kleingeräten) Lokalelemente aufweist, kann eine Selbstentladung einsetzen, die die Lagerfähigkeit beeinträchtigt. Mit Quecksilber kann die Zinkoberfläche so konditioniert werden, dass die Potenzialunterschiede eingeebnet werden und die Selbstentladung weitgehend verhindert wird. Inzwischen hat man die Eigenschaften des Zinks verbessert und das Quecksilber aus den Batterien wieder verbannt.

Gasentladungslampen Jede Leuchtstofflampe bzw. Energiesparlampe enthält eine kleine Menge Quecksilber (Energiesparlampen größenordnungsmäßig 2 mg). Auch in zahlreichen Ausführungen von Speziallampen wird die Lichtemission des Quecksilbers bei elektrischer Anregung genutzt. Die charakteristischen Spektrallinien bei 254 und 436 nm hat man zum Standard für die Angabe des spektralen Absorptionskoeffizienten von Wässern gemacht.

Amalgambildung Chloralkalielektrolyse zur Erzeugung von Natronlauge und Chlorgas aus Natriumchlorid (zunehmend verdrängt durch das „Membranverfahren"), Herstellung von Plombierungsmaterial für die Zahnbehandlung (zunehmend verdrängt durch andere Techniken), Verwendung von goldhaltigem Quecksilber zur „Feuervergoldung" metallischer Gegenstände. Ein trauriges Kapitel ist die Goldgewinnung aus Erzen durch „Extraktion" mit Quecksilber, weil bei dieser Technik Vergiftungen an der Tagesordnung sind.

Biologische Wirkung Herstellung von Fungiziden, Verwendung als Saatbeizmittel (in Deutschland seit 1982 verboten) und zur Holzimprägnierung. Früher spielte Quecksilber als antiseptische Salbe und „Sublimatpastillen" in der Medizin eine Rolle.

Farbpigment Zinnober (HgS) wurde als leuchtend rotes, lichtechtes Farbpigment verwendet.

Analytik Einsatz von „Nesslers Reagenz“ ($K_2[HgI_4]$) zur Ammoniumbestimmung.

Eine bemerkenswerte Verbindung ist das Quecksilber(II)-chlorid („Sublimat“): Es ist in Wasser leicht löslich, dissoziiert aber nicht nennenswert in Quecksilber- und Chloridionen. Mit Quecksilbersulfat kann man daher Chloridionen „unschädlich“ machen („maskieren“). Quecksilbersulfat wird daher dem Reaktionsansatz zur Bestimmung des chemischen Sauerstoffbedarfs mit Kaliumdichromat zugegeben, um zu verhindern, dass Chloridionen unter den stark oxidierenden Bedingungen zu Chlor oxidiert werden und dadurch einen chemischen Sauerstoffbedarf verursachen, der analytisch nicht gefragt ist.

Ebenso bemerkenswert ist die Tendenz des Quecksilbers, unter dem Einfluss von Mikroorganismen organische Verbindungen des Typs CH_3Hg^+ und $(CH_3)_2Hg$ (Methylquecksilber) zu bilden. Diese Verbindungen reichern sich im Fettgewebe von Organismen und damit auch in der Nahrungskette an.

Quecksilber besitzt eine hohe akute und chronische Toxizität. Vergiftungen mit metallischem Quecksilber können auch über den Luftpfad eintreten. Bekannt geworden sind die in Minamata, Japan epidemisch aufgetretenen Vergiftungsfälle, die hauptsächlich auf den Verzehr von Fisch zurückzuführen waren, der durch Methylquecksilber belastet war.

Mobilisierung Die hohe Flüchtigkeit des Quecksilbers führt dazu, dass dieses Metall in großen Mengen in die Umwelt gelangt. Die Quecksilberemission in die Umwelt hat man auf weltweit 6100 t pro Jahr geschätzt (Umweltdaten (2006), Angaben für das Jahr 1989). Davon sind 2500 t/a natürlichen Ursprungs (z. B. Vulkanismus). Der Mensch hat 3600 t pro Jahr zu verantworten. Die auf die anthropogenen Emittenten entfallenden Anteile verteilen sich nach mehreren unterschiedlichen Quellen entsprechend den in Tab. 5.3 aufgeführten Prozentsätzen. Den höchsten Anteil der anthropogenen Emissionen hat die stationäre Verbrennung, also in erster Linie die Kohlekraftwerke. Das Quecksilber gelangt in die Rauchgase und teilweise auch in das Abwasser nasser Rauchgasentschwefelungsanlagen. Der „Quecksilberstoffwechsel“ von Kraftwerken wird intensiv untersucht mit dem Ziel, die Emissionen wirksam zu reduzieren (Riethmann, 2013).

Zusätzlich zu den in der Tabelle berücksichtigten Quellen existiert ein weiteres Problem: der kleingewerbliche Goldabbau, hauptsächlich in Afrika und Südamerika, bei dem das Gold aus den Erzen als Amalgam gewonnen wird. Das United Nations Environment Programme (UNEP) schätzt, dass dadurch jährlich 1400 t Quecksilber in die Atmosphäre emittiert werden.

In den 1990er-Jahren hat man geschätzt, dass größere Krematorien aus den Amalgamfüllungen Verstorbener jährlich größenordnungsmäßig 10 kg Quecksilber emittieren (Fischer, 2015, Der Spiegel vom 27.01.1997).

Im Oktober 2013 haben 92 Staaten das „Minamata-Abkommen“ unterzeichnet. Es hat zum Ziel, die Quecksilberemissionen weltweit drastisch zu reduzieren.

Tab. 5.3 Anteil verschiedener Emittenten an der gesamten anthropogenen Quecksilberemission (verschiedene Quellen, zitiert nach Riethmann, 2013).

Emittenten	Anteil (%)
stationäre Verbrennung	63
Zementproduktion	16
Produktion von Eisen und Stahl	8
Produktion von Nichteisenmetallen	8
Natronlaugeproduktion	5

Trinkwasserverordnung vom August 2013: Grenzwert: 1 µg/l Quecksilber (chemischer Parameter, dessen Konzentration sich im Verteilungsnetz einschließlich der Trinkwasserinstallation in der Regel nicht mehr erhöht).

Vorgeschichte: Trinkwasserverordnung vom Februar 1975: 4 µg/l; EG-Trinkwasserrichtlinie vom Juli 1980: 1 µg/l; seitdem in allen Richtlinien und Verordnungen: 1 µg/l.

Messwerte (Beispiele) Die aktuelle Quecksilberbelastung in der Bundesrepublik wird detailliert in einer Bundestagsdrucksache vom 21.03.2016 geschildert (Drucksache 18/7940).

Bodensee, Nonnenhorn bei Lindau, geometrisches Mittel, 1971–1974: 0,075 µg/l (DFG, 1982a).

Bodensee in Seemitte und im Bodenseeabfluss, 2005: 1,2–2,6 ng/l; in den Zuflüssen: 1,2–9,5 ng/l Gesamtquecksilber. Die Anteile an gelöstem Quecksilber schwankten sehr stark zwischen 35 und 100 % (Petri *et al.*, 2006).

Rhein, arithmetisches Mittel aus 6 % der Messwerte, 1968–1970: 2,4 µg/l.

Rheinwasser, gelöste Phase, geometrisches Mittel, Düsseldorf-Flehe, 1971–1977: 0,31 µg/l (DFG, 1982a).

Rheinwasser, gelöste Phase, geometrisches Mittel, Lobith (Grenze D/NL), 1975: 0,16 µg/l (Internationale Rheinschutzkommission).

Rheinwasser, gelöste Phase, Basel 1997: alle Werte < 0,01 µg/l (AWBR, 1998).

5.3.14 Selen

Symbol für Selen: Se; relative Atommasse: 78,96. Die Erdkruste enthält 0,05 g/t, Meerwasser 0,2 µg/l Selen. Selen steht im Periodensystem der Elemente in der gleichen Gruppe wie Sauerstoff und Schwefel. In vielen seiner Eigenschaften gleicht es dem Schwefel, in der Natur kommt es hauptsächlich als Spurenbestandteil in Sulfiden vor. Bei der Aufarbeitung sulfidischer Erze fällt es als Nebenprodukt an.

Technische Verwendung hat Selen bereits seit dem 19. Jahrhundert vor allem aufgrund seiner Eigenschaften als Halbleiter gefunden: in Selengleichrichtern, Fotozellen und als lichtempfindliche Beschichtung auf den Walzen von Xerox-Kopierern. In Gleichrichtern und Fotovoltaikanlagen wurde das Selen inzwischen vollständig vom Silicium verdrängt.

Selen ist ein essenzielles Spurenelement. Der menschliche Körper enthält 0,2 mg/kg Selen. Die Nahrung soll 0,2–1,0 μg/g Selen enthalten. Außerhalb dieses Konzentrationsbereiches können Selenmangel- bzw. Vergiftungserscheinungen auftreten. Für den Fall einer Unterversorgung mit Selen sind geeignete Nahrungsergänzungsmittel im Handel. Bei der Verbrennung von Kohle und beim Rösten von schwefelhaltigen Erzen wird Selen emittiert. Es wird vermutet, dass dadurch die biologische Verfügbarkeit von Selen verbessert wird. In Europa kommen im Allgemeinen keine nennenswerten Unter- oder Überversorgungen mit Selen vor (Lombeck und Menzel, 1991).

Grenzwert

Trinkwasserverordnung vom August 2013: Grenzwert: 10 μg/l Selen (chemischer Parameter, dessen Konzentration sich im Verteilungsnetz einschließlich der Trinkwasserinstallation in der Regel nicht mehr erhöht).

Vorgeschichte: Trinkwasserverordnung vom Februar 1975: 8 μg/l (0,1 mmol/m^3); EG-Trinkwasserrichtlinie vom Juli 1980: 10 μg/l; Trinkwasserverordnung vom Mai 1986: kein Grenzwert; Trinkwasserverordnung vom Dezember 1990 und vom Mai 2001: 10 μg/l (im Jahre 1990 mit dem Zusatz: „besondere Untersuchung auf Anforderung“).

Messwerte (Beispiele)

Bodensee, Nonnenhorn bei Lindau, geometrisches Mittel, 1971–1974: 0,9 μg/l Selen (DFG, 1982a).

Rheinwasser, gelöste Phase, geometrisches Mittel, Düsseldorf-Flehe, 1971–1977: 4,0 μg/l (DFG, 1982a).

Rheinwasser, gelöste Phase, geometrisches Mittel, Lobith (Grenze D/NL), 1975: 6,0 μg/l (Internationale Rheinschutzkommission).

Rheinwasser, gelöste Phase, Basel 1997: alle Werte < 1 μg/l (AWBR, 1998).

Rheinwasser, gelöste Phase, Düsseldorf-Flehe, 1997: alle Werte < 1 μg/l (ARW, 1998).

5.3.15 Silber

Symbol für Silber: Ag; relative Atommasse: 107,8682. Die Erdkruste enthält 0,07 g/t, in Meerwasser sind 0,3 μg/l Silber gelöst. Silber kommt in der Natur gediegen, als Silbererz und als Spurenbestandteil in anderen Erzen vor. Beträchtliche Silbermengen hat man schon im Altertum aus Bleierzen erschmolzen. Auch aus Kupfererzen wird Silber als Nebenbestandteil gewonnen.

Silber wird benötigt in der fotografischen Industrie, zur Herstellung von Silbermünzen, Besteck („Tafelsilber"), Schmuck und Spiegeln. Silberlegierungen werden in der Elektrotechnik und zur Herstellung von Hartloten benötigt. Silber wirkt antiseptisch und wurde schon früh auch in der Medizin zur Herstellung antiseptischer Salben und als „Höllenstein" (Ätzstift aus Silbernitrat zum Behandeln infizierter Wundränder) verwendet. Die antiseptische Wirkung wird auch bei der „Silberung" von Wasser genutzt. Fein verteiltes Silber wird auch Materialien in Filtern zugesetzt, die nicht verkeimen sollen. Silbernanopartikel werden in der Medizin verwendet, um Keime abzutöten, und in der kosmetischen Industrie, um Seifen, Cremes und Lotionen haltbar zu machen.

In der chemischen Analytik wird Silbernitrat schon seit den Anfangsgründen der Chemie zum Nachweis und zur quantitativen Bestimmung von Chlorid benutzt. Silberchlorid besitzt bei 10 °C eine Löslichkeit in chloridfreiem Wasser von 0,98 mg/l, entsprechend 0,67 mg/l Silber. Eine Chloridkonzentration von 100 mg/l reduziert die Löslichkeit auf 2 µg/l, entsprechend 1,5 µg/l Silber.

Silber ist nicht essenziell und besitzt nur eine geringe Toxizität. Die tägliche Silberaufnahme des Menschen liegt üblicherweise bei etwa 70 µg. Silbervergiftungen sind bisher fast ausschließlich durch Medikamentenmissbrauch bekannt geworden (Dieter und Möller, 1991).

Grenzwert

Trinkwasserverordnung vom August 2013 und Mai 2001: kein Grenzwert.

Vorgeschichte: Trinkwasserverordnung vom Februar 1975: kein Grenzwert; EG-Trinkwasserrichtlinie vom Juli 1980: 10 µg/l, im Ausnahmefall bis 80 µg/l; Fassungen der Trinkwasserverordnung vom Mai 1986 und Dezember 1990: 10 µg/l, jeweils mit Regelungen für die Verwendung von Silber für Desinfektionszwecke. Regelungen für die Verwendung von Silber für Desinfektionszwecke: Liste der Aufbereitungsstoffe und Desinfektionsverfahren: Konservierung des gespeicherten Wassers in Kleinanlagen zur Eigenversorgung und mobilen Versorgungsanlagen nur bei nicht systematischem Gebrauch im Ausnahmefall: zulässige Zugabe: 0,1 mg/l Ag, Höchstkonzentration nach Abschluss der Aufbereitung: 0,08 mg/l Ag; Bemerkung: Für die Dauer der Zulässigkeit der Anwendung von Silberprodukten gelten die Bestimmungen des Chemikalienrechtes (Biozidrichtlinie).

Messwerte (Beispiele)

Amerikanische Trinkwässer, im Mittel: 0,23 µg/l (Matthess, 1990).

Rhein, arithmetisches Mittel aus 14 % der Messwerte, 1968–1970: 2,9 µg/l.

In Flusswässern sind nach Dieter und Möller (1991) 0,3–1,3 µg/l Silber gelöst.

5.3.16
Thorium

Symbol für Thorium: Th. Ebenso wie das Uran zählt das Thorium zu den natürlich vorkommenden Actinoiden. Sein Anteil an der Erdkruste beträgt 12 mg/kg. Die Thoriumkonzentration des Meerwassers liegt in der Größenordnung 10^{-5} µg/l. Thorium-232 ist das einzige natürlich vorkommende Thoriumisotop. Es ist radioaktiv mit einer Halbwertszeit von $1{,}4 \cdot 10^{10}$ Jahren. In speziellen Reaktoren kann aus Thorium ein Kernbrennstoff (Uran-233) erbrütet werden. Aufgrund der langen Halbwertszeit des Thoriums ist seine Radioaktivität nur gering. Trotzdem kann inkorporiertes Thorium bei sehr langer Einwirkungsdauer Krebs auslösen. Jahrzehntelang hat man für Lampen, die mit Gas betrieben wurden, Gasglühstrümpfe produziert, deren Hauptbestandteil – wegen seiner hohen Lichtausbeute – Thoriumoxid war. In einer deutschen Großstadt existierte eine thoriumhaltige Altlast, und zwar ein ehemaliger Standort zur Produktion von Gasglühstrümpfen. Von den Aufsichtsbehörden wird der Standort einerseits als „verstrahlt", andererseits als ungefährlich eingestuft. Eine Verunreinigung von Wasser durch Thorium ist aus chemischen Gründen unwahrscheinlich, ein Grenzwert existiert nicht.

5.3.17
Uran

Allgemeines

Symbol für Uran: U. Es ist unter den natürlich vorkommenden Elementen dasjenige mit der höchsten Ordnungszahl im Periodensystem der Elemente: 92. Seine relative Atommasse ist 238,0289. In der Erdkruste kommt Uran mit einem Anteil von 4 mg/kg vor. Das wichtigste Uranerz ist die Pechblende (Uraninit, UO_2). Meerwasser enthält 3,3 µg/l Uran. Von Uran existieren drei natürlich vorkommende Isotope: U-238 (99,27 %, HWZ: $4{,}5 \cdot 10^9$ Jahre), U-235 (0,72 %, HWZ: $7{,}0 \cdot 10^8$ Jahre) und U-234 (Tochternuklid von U-238 mit einem Anteil von 0,005 %, HWZ: $2{,}45 \cdot 10^5$ Jahre). 1 µg Natururan strahlt mit einer Aktivität von 25,28 mBq.

Die Gesellschaft Deutscher Chemiker (GDCh) widmet dem Uran drei Beiträge in den Nachrichten aus der Chemie 56 (12/2008): einen historischen Rückblick auf die Entdeckung der Kernspaltung, einen Beitrag zur Fluorchemie des Urans und einen analytischen Beitrag.

Die Kernspaltung haben Otto Hahn, Lise Meitner und Fritz Straßmann im Jahre 1938 entdeckt. Davor spielte Uran nur eine bescheidene Rolle in der Fotografie und bei der Färbung von Glas und Glasuren.

Am 2. Dezember 1942 begann der erste Versuchsreaktor mit einer Leistung von zunächst 0,5 W in Chicago zu arbeiten. Er bestand aus 6 t Natururan und Grafit als Moderator (Wiechowski, 1953). Am 16. Juli 1945 explodierte die erste Atombombe auf einem Versuchsgelände in Neu-Mexiko. Bekanntlich wurden danach sowohl die Kernenergiegewinnung, als auch die Kernwaffen weiterentwickelt.

Zum Betrieb heutiger Kernkraftwerke wird „angereichertes Uran" mit einem Anteil von ca. 3 % U-235 eingesetzt. Bei der Anreicherung des U-235 entsteht „abgereichertes Uran", das im Wesentlichen aus U-238 mit stark verringertem Anteil an U-235 besteht. Für das abgereicherte Uran gibt es zurzeit nur wenig Verwendung. Man setzt es beispielsweise ein zur Herstellung von panzerbrechender Munition und von Ballastgewichten (z. B. im Flugzeugbau).

Uran kommt in der Natur in den Wertigkeiten 4 und 6 vor. In der oxidierten sechswertigen Form ist Uran in Wasser löslich und mobil, in der vierwertigen Form schwer löslich und über geologische Zeiträume hinweg immobil.

Vorkommen und Mobilisierung

Uran kommt in der Erdkruste ubiquitär vor, allerdings in unterschiedlichen Konzentrationen: Sandsteine, Kalke, Dolomite enthalten 0,45–2,2 mg/kg, Magmatite bis 10 mg/kg, Phosphaterze 30–200 mg/kg und Kohlen bis über 20 mg/kg.

Für landwirtschaftliche Nutzflächen in Deutschland wird ein mittlerer Urangehalt von 0,59 mg/kg angegeben. Durch die Phosphatdüngung kann sich die Konzentration langsam erhöhen. Die Gefahr der Auswaschung von Uran in das Grundwasser wird als vernachlässigbar bezeichnet (Bundestags-Drucksache 17/6019 vom 31.05.2011).

Bereiche des Untergrundes, in denen eine oxidierte in eine reduzierte Zone übergeht, bedeuten für das Uran eine geochemische Barriere, an der sich vierwertiges Uran ansammelt. Dieses Verhalten des Urans hat zur Anreicherung von Uran in Kohlevorkommen geführt bis hin zu abbauwürdigen Ablagerungen in reduzierten geologischen Schichten.

Anmerkung
Die Anreicherung von Uran in Kohlen bedeutet, dass die in manchen Kohlekraftwerken anfallende Asche nach kerntechnischen Maßstäben mehr Energie enthält als die Kohlemenge, aus der sie entstanden ist. Auch ist bereits diskutiert worden, ob Flugasche aus Kohlekraftwerken als radioaktiver Abfall oder Sondermüll entsorgt oder auf Uran aufgearbeitet werden soll.

Über mögliche Mechanismen der Uranmobilisierung ist nichts Genaueres bekannt. Allerdings kann die intensive Nutzung von Grundwasservorkommen die Redoxverhältnisse tendenziell in den oxidierten Bereich verschieben und dadurch die Uranmobilisierung fördern. In Mineralwässern konnten die folgenden Uranspezies beobachtet werden: $Ca_2UO_2(CO_3)_3$ (Calciumuranylcarbonatkomplex) und $UO_2(CO_3)_3^{4-}$ (freier Uranylcarbonatkomplex) (Bernhard und Geipel, 2007). Jekel *et al.* (2010) diskutieren die Stabilitätsbereiche für verschiedene Uranspezies in Karlsruher Leitungswasser.

Wirkung

Das Bundesinstitut für Risikobewertung (BfR) hat gemeinsam mit dem Bundesamt für Strahlenschutz (BfS) im Jahre 2007 eine Empfehlung herausgegeben mit dem Titel: „BfR empfiehlt die Ableitung eines europäischen Höchstwertes für Uran in Trink- und Mineralwasser" (BfR, 2007). In dieser Stellungnahme wird das Thema „Uran" erschöpfend behandelt. Uran kann aufgrund seiner chemischen Toxizität Nierenschäden verursachen. Besonders gefährdet sind Säuglinge und Kleinkinder. Wirkungen der radioaktiven Strahlung des Urans treten erst bei wesentlich höheren Konzentrationen ein.

Nachdem die Verbraucherschutzorganisation foodwatch e. V., Berlin mit den Ergebnissen einer Kampagne über Uran in Trinkwasser an die Öffentlichkeit gegangen war, haben im August 2008 praktisch alle Institutionen, die für die menschliche Gesundheit bzw. für das Trinkwasser Verantwortung tragen, Stellungnahmen zum Problem „Uran in Trinkwasser" abgegeben, beispielsweise das Bundesministerium für Gesundheit, das Umweltbundesamt, der Verband kommunaler Unternehmen, die Deutsche Vereinigung des Gas- und Wasserfaches e. V. und das Technologiezentrum Wasser in Karlsruhe. Auch die Bergakademie Freiberg, in der das Metall Uran im Mittelpunkt steht, hat sich zum Thema „Uran im Trinkwasser" sehr detailliert geäußert.

Analytik und Grenzwert

Uran kann mithilfe der Atomabsorptionsspektrometrie nicht mit hinreichender Empfindlichkeit bestimmt werden. Geeignet sind die Massenspektrometrie mit induktiv gekoppeltem Plasma (ICP-MS), die voltammetrische Spurenbestimmung (Henze, 2008) und die laserinduzierte Fluoreszenzspektroskopie bei niedriger Temperatur (Bernhard und Geipel, 2007).

Grenzwert

Trinkwasserverordnung vom August 2013: Grenzwert: 10 µg/l Uran (Parameter, dessen Konzentration sich im Verteilungsnetz einschließlich der Trinkwasserinstallation in der Regel nicht mehr erhöht).

Der Grenzwert gilt ausdrücklich auch für Säuglinge und Kleinkinder. Davon unabhängig gilt ein Grenzwert von 2 µg/l für abgepacktes Wasser, für das mit dem Hinweis geworben werden darf: „geeignet für die Zubereitung von Säuglingsnahrung". Hierbei gilt dasselbe Argument wie bei dem „Säuglingswert" von 10 mg/l für Nitrat (s. Abschn. 1.10.2).

Vorgeschichte: Uran war in den vorangegangenen Fassungen der Trinkwasserverordnung nicht ausdrücklich berücksichtigt. Die Weltgesundheitsorganisation hat 2004 einen Leitwert von 15 µg/l und das Umweltbundesamt 2005 einen solchen von 10 µg/l empfohlen.

Elimination

Gelöstes Uran(VI) kann mit verschiedenen Verfahren aus dem Wasser eliminiert werden: Nanofiltration, Sorption in „Biofiltern" (*Bacillus sphaericus*) und Adsorption an Eisenhydroxid (Bahr und Jekel, 2008). Besonders effektiv ist die Filtration über hochselektive schwach basische Anionenaustauscher (Riegel und Höll, 2007, 2008; Riegel, 2012), ein Verfahren, das sich inzwischen auch in der Praxis durchsetzt.

Ein umfangreiches Verbundvorhaben zur Elimination von Uran bei der Trinkwasseraufbereitung wurde von Jekel *et al.* (2010) durchgeführt. In vier beteiligten Wasserwerken wurden die folgenden Verfahren getestet: oxidische Sorbentien (z. B. Eisenhydroxid), Flockung und Filtration, Membranverfahren, Ionenaustauschverfahren und Kombinationen dieser Verfahren. Die besten Ergebnisse wurden mit den Ionenaustauschverfahren erzielt. Dabei wurden Uranbeladungen bis 30 g/kg beobachtet.

Messwerte

Die Verbraucherschutzorganisation foodwatch e. V. hat im Frühjahr 2008 in einer Kampagne alle zuständigen Landesbehörden der 16 Bundesländer nach Uranmesswerten in Trinkwässern befragt. Dabei hat sie insgesamt 8177 Messwerte mitgeteilt bekommen, wobei sich die verschiedenen Bundesländer in unterschiedlichem Maße beteiligt haben. Die meisten Proben enthielten Uran in Konzentrationen < 2 µg/l. Ein Anteil von 9,8 % der Messwerte lag im Konzentrationsbereich zwischen 2 und 10 µg/l, 1,8 % der Werte überstieg 10 µg/l. Die meisten erhöhten Urankonzentrationen wurden in Baden-Württemberg und Bayern gemessen.

Die globale durchschnittliche Urankonzentration in Flusswasser liegt bei 0,3 µg/l. In der Elbe bei Magdeburg wurden in den Jahren 2002 und 2003 Konzentrationen zwischen 1 und 5 µg/l gemessen, in den durch Bergbaufolgen belasteten Zuflüssen bis 44 µg/l (Baborowski und Bozau, 2008).

Bilder zum Thema „Uran“: Bildordner und PDF: „5.3.17 Uran(.pdf)“: Zusatzinformation: Uranmineral sowie Glasvasen mit typischer „Uranfärbung“.

5.3.18
Zink

Allgemeines

Symbol für Zink: Zn; relative Atommasse: 65,39. Der Zinkgehalt der Erdkruste liegt bei 70 g/t; in Meerwasser sind 10 µg/l Zink gelöst. Technisch wird Zink aus Zinkblende (ZnS) und aus Galmei ($ZnCO_3$) gewonnen. Das dabei erhaltene Rohzink enthält als Nebenbestandteile vor allem noch Eisen, Blei und Cadmium. Das Zink muss daher gereinigt werden. Übliche Methoden sind die fraktionierende Destillation (Siedepunkt des Zinks: 908,5 °C) oder die elektrolytische Abscheidung des Zinks aus einer Zinksulfatlösung, die zunehmend die Destillation ablöst.

Zink wird zur Herstellung von Legierungen, insbesondere Messing, eingesetzt. Die Standardbatterien für den täglichen Bedarf in elektrischen Kleingeräten sind Zink-Kohle-Batterien.

Zink wird zur Verzinkung von Stahl für die unterschiedlichsten Anwendungen eingesetzt. Eine Verzinkung kann als Schmelztauchverzinkung („Feuerverzinkung“) durch Eintauchen in ein Bad aus geschmolzenem Zink oder auf elektrolytischem Wege als galvanische Verzinkung durchgeführt werden. Für die Wasserversorgung wichtig sind die verzinkten Stahlrohre für die Hausinstallation. Sie durchlaufen eine Feuerverzinkung und enthalten im Zinküberzug daher stets ca. 1 % Blei als technisch unvermeidbare Legierungskomponente sowie Spuren von Cadmium.

In der Medizin werden zinkhaltige Präparate zum Einnehmen verordnet. Zinksulfat, Zinkoxid und andere Zinkverbindungen werden als Salbe, Gel und Puder zur Behandlung von Hauterkrankungen eingesetzt.

Für den Menschen und die Tierwelt ist Zink nach dem Eisen das zweitwichtigste Spurenelement. Zink ist Bestandteil von über 200 Enzymen. Der menschliche Körper enthält ca. 40 mg/kg Zink, der tägliche Bedarf liegt bei 20 mg. Der Zinkbedarf kann ohne Schwierigkeit über die Nahrung gedeckt werden. Zink hat nur eine geringe Toxizität (Meyer und Roßkamp, 1991).

Geochemische Mobilisierung

Eine geochemische Mobilisierung des Zinks erfolgt gemeinsam mit Nickel und anderen Metallen durch Oxidation der Sulfide (siehe Abschn. 5.2.1 und Abb. 5.6). Konzentrationen bis über 1 mg/l wurden in Extremfällen bereits beobachtet.

Korrosionschemische Mobilisierung

Die korrosionschemische Mobilisierung von Zink ist schon früh und mit großem Aufwand analysiert worden. WERNER *et al.* haben 1973 das Verhalten von feuerverzinkten Stahlrohren im Kontakt mit Trinkwasser untersucht. Meyer (1991) hat den Übergang von Schwermetallen aus der Hausinstallation in das Trinkwasser gemessen. Eine kurzgefasste Übersicht über das Verhalten von Zink bieten Meyer und Roßkamp (1991). Danach hängt die Zinkabgabe an das Wasser vom Alter der Rohre, von der Dauer der Stagnation des Wassers und vom pH-Wert ab. Unter sonst gleichen Versuchsbedingungen (Rohralter: acht Monate, Stagnationsdauer: 8 h) ist die geringste Zinkabgabe mit Konzentrationen um 2 mg/l im pH-Bereich um 8 zu beobachten. Mit abnehmendem pH-Wert steigt die Zinkabgabe an das Stagnationswasser beträchtlich an und führt bei einem pH-Wert um 6,8 zu einer Konzentration von ca. 20 mg/l. Schon nach wenigen Jahren Betriebsdauer ist die Reinzinkphase aufgezehrt, und der Korrosionsprozess setzt sich in der Eisen-Zink-Legierungsphase fort. Wenn auch diese aufgezehrt ist, korrodiert nur noch das Eisen. Die dann entstehende Deckschicht aus Korrosionsprodukten hat im Idealfall besser schützende Eigenschaften als sie ohne den Umweg über die Verzinkung zu erreichen gewesen wären.

Grundsätzlich ist die Verwendung verzinkter Stahlleitungen in der Hausinstallation mit einem größeren Risiko verbunden als die Verwendung anderer Werkstoffe. Im Internet liest man unter dem Stichwort „Wasserleitung“ folgende Aussage (Mai 2012): „Frühere Leitungen aus Metallen wie verzinktes Stahlrohr korrodieren in Verbindung mit Wasser und Sauerstoff übermäßig und sind deshalb nicht für eine Trinkwasserinstallation geeignet.“

Bilder zum Thema „Zink“: Website im Abschnitt „5.3.18 Zink“.

Grenzwert

- Trinkwasserverordnung vom August 2013 und 2001: kein Grenzwert.

Die Vorgeschichte aller Regelungen und Grenzwerte zum Thema „Zink" sind durch die weitverbreitete Verwendung verzinkter Leitungen in der Vergangenheit geprägt: Trinkwasserverordnung vom Februar 1975: 2 mg/l; EG-Trinkwasserrichtlinie vom Juli 1980: Richtzahl: 0,1 mg/l beim Austritt aus den Pump- oder Aufbereitungsanlagen und ihren Nebenanlagen, 5 mg/l nach zwölfstündigem Verbleib in der Leitung und am Punkt der Bereitstellung für den Verbraucher; Trinkwasserverordnung vom Mai 1986: kein Grenzwert; Trinkwasserverordnung vom Dezember 1990: Richtwert: 5 mg/l, mit den folgenden Anmerkungen: „Der Richtwert gilt nach einer Stagnationszeit von 12 Stunden. Innerhalb von 2 Jahren nach der Installation von verzinkten Stahlrohren gilt der Richtwert ohne Berücksichtigung der Stagnation." Als Fußnote: „Die Werkstoffe Kupfer und verzinkter Stahl sind in Abhängigkeit von der Wasserqualität nur entsprechend dem Stand der Technik zu verwenden oder einzusetzen."

Als Stand der Technik gilt der folgende Einsatzbereich für verzinkte Stahlrohre (Meyer und Roßkamp, 1991): Basekapazität bis pH 8,2: < 0,5 mmol/l *und* Säurekapazität bis pH 4,3: > 1,0 mmol/l. Seit Mai 2001 wird auf die Festlegung eines Grenzwertes verzichtet.

Messwerte (Beispiele)

Eine außergewöhnlich detaillierte Übersicht über Vorkommen, Gewinnung und Verwendung von Zink sowie über sein Verhalten in der Umwelt und in Organismen unter Einbeziehung der für Zink geltenden Grenzwerte wurde von Malle (1992) erstellt. Diese Arbeit enthält auch eine Darstellung, die hier als Abb. 5.7 wiedergegeben ist, aus der hervorgeht, dass die Zinkbelastung des Rheins von ca. 260 µg/l im Jahre 1971 auf 33 µg/l 1990 zurückgegangen ist.

Der Autor schreibt ferner: „Ältere Literaturangaben über Zinkgehalte in unbelastetem Wasser sind obsolet geworden, nachdem nachgewiesen wurde, dass die Probe leicht bei Probenahme und Probenaufbereitung kontaminiert werden kann." Meerwasser soll danach in größerer Tiefe 0,6 µg/l Zink enthalten, im oberflächennahen Wasser noch weniger.

Grundwasser, punktuell als Folge der Denitrifikation durch zinkhaltige Eisensulfide: bis über 1 mg/l (Abschn. 5.2).

Zinkkonzentration im Jahre 1991 in 88 Grundwassergütemessstellen im Fuhrberger Feld, geometrischer Mittelwert: $12 \times 4^{\pm 1}$ µg/l bei einem Höchstwert von 388 µg/l, Mobilisierung im Zusammenhang mit der Denitrifikation durch Eisensulfide.

Rhein, 1968–1970, geometrisches Mittel aus 68 % der Messwerte, 26 µg/l, geometrisches Mittel aus 32 % der Messwerte: 180 µg/l.

Rheinwasser, mittlere Konzentration bei Bimmen, 1971: 260 µg/l (Malle, 1992).

Bodensee, Nonnenhorn bei Lindau, geometrisches Mittel, 1971–1974: 45 µg/l (DFG, 1982a).

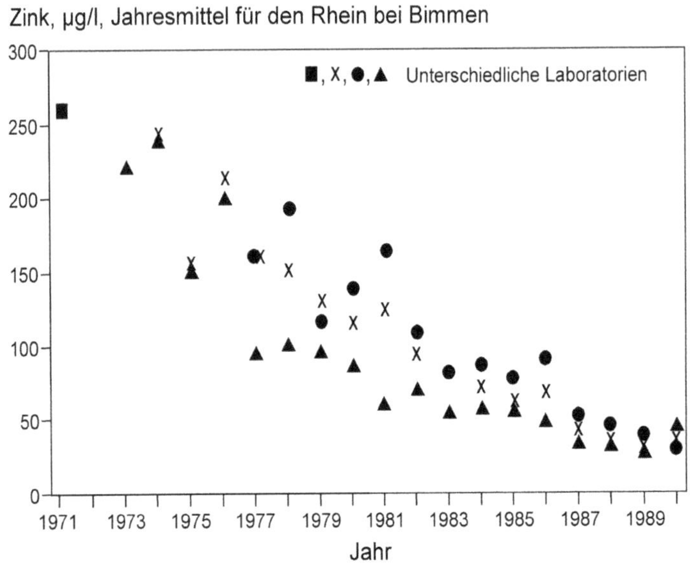

Abb. 5.7 Gesamtzinkgehalt im Rhein bei Bimmen/Lobith (Grenze D/NL) nach Malle (1992).

Rheinwasser, gelöste Phase, geometrisches Mittel, Düsseldorf-Flehe, 1971–1977: 120 µg/l (DFG, 1982a).

Rheinwasser, gelöste Phase, geometrisches Mittel, Lobith (Grenze D/NL), 1975: 89 µg/l (Internationale Rheinschutzkommission).

Deutsche Flüsse, gelöste Phase, geometrisches Mittel, 1977–1983: 15 µg/l (BGR, 1985).

5.3.19 Zinn

Allgemeines

Symbol für Zinn: Sn; relative Atommasse: 118,710. Der Zinngehalt der Erdkruste liegt bei 2 g/t, in Meerwasser sind 0,8 µg/l Zinn gelöst. Das Element besteht aus zehn stabilen Isotopen. Das Metall ist seit Jahrtausenden bekannt, es hat – zusammen mit dem Legierungsbestandteil Kupfer – einer ganzen Menschheitsepoche seinen Stempel aufgedrückt („Bronzezeit"). Auch heute noch benützt man Zinnlegierungen, z. B. Bronze, Lagermetalle und Weichlote („Lötzinn"). Für den Wasserchemiker interessant sind die organischen Zinnverbindungen. Öffentliche Aufmerksamkeit haben organische Zinnverbindungen erstmals Anfang 2000 gefunden, nachdem Tributylzinn (TBT) in Sportbekleidung gefunden worden war.

Verwendung von organischen Zinnverbindungen

Diese Verbindungsklasse ist ein besonders interessantes Beispiel für den Konflikt zwischen der durchaus erwünschten Giftigkeit von Substanzen (hier beispielsweise als Antifoulinganstrich auf Schiffsrümpfen) und der unerwünschten Giftigkeit (hier als ökotoxische Verbindungen).

Verwendet werden Organozinnverbindungen zur Stabilisierung von PVC, zur Imprägnierung von Textilien, als Komponente von Antifoulinganstrichen von Schiffsrümpfen, als Katalysatoren in der Kunststoffproduktion, im Pflanzenschutz und zur Oberflächenvergütung von Glas. Inzwischen eingestellt wurde die Verwendung im industriellen Holzschutz, als Desinfektionsmittel, zur Konditionierung von Kühlkreisläufen, bei der Papierherstellung und bei Silikondichtmassen.

Detaillierte Informationen über organische Zinnverbindungen im Wasser findet der Leser bei BGVV (2001); Klingmüller und Watermann (2003); Moltmann *et al.* (2007).

Zum Thema „Antifouling-Anstriche" schreiben Klingmüller und Watermann (2003): „Tributylzinn (TBT) wird seit den 1970er Jahren als Zusatzstoff für Farben verwendet, um ein Fouling der Schiffsaußenwände (z. B. durch Bewuchs mit Röhrenwürmern, Algen oder Seepocken) zu verhindern. Heute sind ca. 75 % der Welthandelsflotte mit TBT-SPC (Tributylzinn Selfpolishing Copolymer) Systemen ausgerüstet. Diese selbstpolierenden Antifoulingfarben reduzieren wirkungsvoll den Treibstoffverbrauch und verhindern die Einschleppung fremder Organismen in Ökosysteme.

Moltmann *et al.* (2007) schreibt zum gleichen Thema: „Ab 1. Juli 2003 dürfen keine zinnorganischen Verbindungen auf Schiffen, die die Flagge eines EU-Mitgliedlandes tragen, aufgebracht werden. Ab dem 01.01.2008 dürfen Schiffe, die einen Hafen eines Mitgliedstaates anlaufen, nicht mit einem zinnorganischen Schiffsanstrich versehen sein, es sei denn, sie tragen eine Deckschicht, die als Barriere ein Auslaugen verhindert."

Auf europäischer Ebene sind die Verwendung und das Inverkehrbringen von Tributylzinn in Antifoulingprodukten seit 2003 verboten. Der größte Anteil der produzierten TBT-Menge wird jedoch nach Südostasien (Sitz zahlreicher Werften) exportiert und dort verwendet.

Konzentrationen Da organische Zinnverbindungen relativ gut adsorbierbar sind, findet man in Wasserproben nur Konzentrationen im unteren ng/l-Bereich. In Sedimenten findet eine Akkumulation bis in den zweistelligen µg/kg-Bereich statt (Moltmann *et al.*, 2007). Tributylzinn und Triphenylzinn werden in Fischen – hauptsächlich in deren Leber – akkumuliert. Im Jachthafen Verden wurden Konzentrationen bis ca. 500 µg/kg mit einem Spitzenwert von 2750 µg/kg (bezogen auf das Fanggewicht) gemessen. Es wurde festgestellt, dass für die erhöhten TPT-Belastungen hauptsächlich der Einsatz eines TPT-haltigen Pflanzenschutzmittels (gegen Kartoffelfäule) verantwortlich war. Das Mittel wurde daraufhin aus dem Verkehr genommen (Steffen und Wunsch, 2006). Abraham *et al.* (2016) fanden in Oberflächensedimenten der Ostsee Metaboliten von Tributylzinn in Konzentrationen von 100–500 ng/g.

Grenzwert Kein Grenzwert.

5.3.20 Asbest

Einen kurz gefassten „Steckbrief" für Asbest findet man im Merkblatt Nr. 1.8/7 des Bayerischen Landesamtes für Umwelt: „Asbest im Sinne der Gefahrenstoffverordnung sind Silikate mit Faserstruktur, die in verschiedenen Modifikationen (Aktinolith, Amosit, Anthophyllit, Chrysotil, Krokydolith, Tremolit) vorkommen. Vor allem in den 50er und 60er Jahren des letzten Jahrhunderts wurden Asbestfasern bei der Herstellung von Zementmörtelrohren zur Verbesserung der mechanischen Eigenschaften der Rohre eingesetzt. Die Gefährlichkeit von Asbestzement liegt darin, dass er Fasern freisetzen kann, die bei inhalativer Aufnahme zu Lungenkrebs führen können. Aus diesem Grund sieht die Gefahrstoffverordnung ein generelles Herstellungs- und Verwendungsverbot für Asbestprodukte vor. Im Gegensatz zur Aufnahme über die Atemwege wird die orale Aufnahme von Asbestfasern über Magen und Darmtrakt als unkritisch angesehen. Eine Neuverlegung von Asbestzementrohren ist in Deutschland bereits seit dem 01.01.1995 nicht mehr erlaubt. Bereits verlegte Leitungen dürfen weiter betrieben und nach der Gefahrenstoffverordnung auch repariert werden."

Informationen zur Analytik von Asbestfasern in Trinkwasser findet der Leser in der Wasser-Information Nr. 40, 9/93 des DVGW und bei Meyer (1982). Erforderlich ist ein Elektronenmikroskop mit Zusatzfunktionen zur stofflichen Charakterisierung abfiltrierter Fasern. Die Untersuchung ist zeit- und kostenaufwendig und daher für Routinekontrollen ungeeignet. Der Gesetzgeber hat daher nie einen Grenzwert für die Konzentration von Asbestfasern in Trinkwasser festgelegt, sondern sich darauf beschränkt, Bedingungen festzulegen, unter denen eine Abgabe von Asbestfasern aus Asbestzementrohren an das Trinkwasser nicht möglich ist. Die kritische Größe ist der pH-Wert der Calciumcarbonatsättigung. Zusätzlichen Schutz gegen die Ablösung von Asbestfasern können gegebenenfalls Ablagerungen auf der Rohrinnenoberfläche bieten (z. B. Eisenoxide).

Bilder zum Thema „Asbest": Website unter „5.3.20 Asbest".

Grenzwert

Trinkwasserverordnung vom August 2013: kein spezifischer Grenzwert; es gilt die allgemeine Forderung, „das Trinkwasser sollte nicht korrosiv wirken". Außerdem gelten Zusatzbestimmungen zur Calcitlösekapazität.

Vorgeschichte: Trinkwasserverordnung vom Mai 1986: „Bei Asbestzementwerkstoffen darf im pH-Bereich 6,5–9,5 der pH-Wert des abgegebenen Wassers nicht mehr als 0,2 pH-Einheiten unter dem pH-Wert der Calciumcarbonatsättigung liegen." In der Novelle vom Dezember 1990 wird der allgemeinere Begriff „Faserzementwerkstoffe" benutzt. Der pH-Wert der Calciumcarbonatsättigung durfte nicht unterschritten werden. Seit Mai 2001 gilt die allgemeine Forderung, dass das Trinkwasser nicht korrosiv wirken sollte.

6
Organische Wasserinhaltsstoffe

Vorbemerkung

Geruch und Färbung eines Wassers können sowohl durch organische, als auch durch anorganische Inhaltsstoffe verursacht werden. Als Untersuchungsparameter werden sie im Kap. 3 „Physikalische, physikalisch-chemische und allgemeine Parameter“ ausführlich behandelt. Dort sind auch die Grenzwerte aufgeführt.

6.1
Allgemeines

Die einfachsten organischen Substanzen bestehen aus Kohlenstoff und Wasserstoff. In sehr vielen organischen Substanzen sind darüber hinaus die folgenden Elemente enthalten: Sauerstoff, Stickstoff, Schwefel, Phosphor, Chlor, seltener auch andere Elemente.

Es gibt zwei große Klassen organischer Substanzen. Welcher Klasse eine Substanz angehört, ist eine Frage der Einheitlichkeit oder Uneinheitlichkeit der Molekülstrukturen oder einfach eine Frage von Ordnung und Unordnung. Ordnung ist etwas, was mühsam und unter Energieeinsatz erkauft werden muss, beispielsweise in der Pflanzenzelle bei der Synthese biologisch wichtiger Substanzen oder in der Retorte des Chemikers bei der Synthese von Kunststoffen. Unordnung muss bekanntlich nicht erkauft werden, sie passiert einfach: Die Entropie (im vorliegenden Fall die strukturelle Entropie organischer Substanzen) kann ohne Energieeinsatz nur zunehmen. Aus diesem Grunde können uneinheitliche Substanzen bei beliebig vielen und höchst unterschiedlichen Prozessen entstehen, sei es, dass Kaffee geröstet, ein Schnitzel verdaut oder fossiles Holz in einem Grundwasserleiter oxidiert wird (siehe Abschn. 6.3.2). Duflos (1852) schildert bereits 1852 die Herstellung einer synthetischen Humussubstanz aus Zucker, Herdering *et al.* (2004) synthetisieren Huminstoffmodelle mit variablen Stickstoff-, Schwefel- und Carboxylgruppengehalten mit Hydrochinon als organischer Grundsubstanz.

Niedermolekulare Substanzen wie z. B. Zucker, Fette oder niedermolekulare Kohlenwasserstoffe sind verhältnismäßig einheitlich. Hochmolekulare Substanzen mit Molekülen, die einheitliche Strukturelemente oder eine hohe molekulare

Wasseranalysen – richtig beurteilt, 4. Auflage. Walter Kölle.
© 2017 WILEY-VCH Verlag GmbH & Co. KGaA. Published 2017 by WILEY-VCH Verlag GmbH & Co. KGaA.

Ordnung aufweisen, sind beispielsweise die Eiweißverbindungen, die Nukleinsäuren, Stärke und Cellulose. Die hohe molekulare Ordnung ist eine Voraussetzung dafür, dass diese Substanzen eine Funktion erfüllen, sei es in lebenden Organismen als „Biomoleküle", als Nahrungsmittel oder als Werkstoffbasis im Alltagsgebrauch wie beispielsweise Holz, Wolle, Farbstoffe oder Wirkstoffe.

Für Substanzen mit Molekülen uneinheitlicher Beschaffenheit existieren pauschale Bezeichnungen, z. B. „Huminstoffe". Sie haben keine spezifischen Funktionen, die mit denen der Substanzen mit einheitlichen Molekülen vergleichbar wären. Der Grund dafür, dass in der organischen Chemie Substanzen mit Molekülen uneinheitlicher Beschaffenheit oder sehr hoher molekularer Unordnung vorkommen, beruht auf den folgenden Eigenarten organischer Substanzen:

- Die Zahl der Möglichkeiten, wie sich Atome zu organischen Substanzen verknüpfen lassen, nimmt mit steigender Molekülgröße extrem stark zu.
- Die Molekülgröße organischer Substanzen kann sehr hohe Werte (z. B. ausgedrückt als Molekülmasse) annehmen.

Der biologische Abbau organischer Substanzen wird durch Enzyme bewirkt. Enzyme lösen ganz bestimmte Reaktionen an ganz bestimmten Molekülstrukturen aus. Wenn solche Strukturen in einem organischen Substrat gar nicht vorhanden sind oder nur selten und nach einem Zufallsprinzip vorkommen, können Enzyme nichts oder fast nichts ausrichten. Dies bedeutet, dass Substanzen mit Molekülen uneinheitlicher Beschaffenheit gegenüber biologischen Abbaureaktionen unempfindlich sind; sie sind refraktär. Dies ist die typischste ihrer Eigenschaften, sie hat sogar eine namengebende Bedeutung. Als Sammelbegriff für diese Substanzen ist die Bezeichnung „refraktäre organische Substanzen" („Refractory Organic Substances") geprägt worden (Frimmel und Abbt-Braun, 1997). Daraus leiten sich die folgenden Kürzel ab: ROS, ROSE („Refractory Organic Substances in the Environment") und ROSIG („refraktäre organische Substanzen in Gewässern").

Unter den natürlichen hochmolekularen Substanzen kommt dem Lignin eine Sonderrolle zu, weil es schon bei seiner Bildung uneinheitliche Strukturelemente aufweist. Lignin kommt mit einem Anteil von bis zu 30 % in Holz vor, mit geringeren Anteilen findet man Lignin aber auch in sehr vielen anderen Pflanzen und Pflanzenteilen. Lignin hat daher als Rohstoff für die Bildung von Huminstoffen eine große Bedeutung. Bei der Zellstoffgewinnung gelangt das Lignin, mit Sulfonsäuregruppen versehen, in die Sulfitablauge, die heute überwiegend eingedampft und verbrannt wird, aber früher eine große Rolle bei der Verschmutzung von Fließgewässern spielte (Abb. 6.2).

6.2
Substanzen, die aus Molekülen einheitlicher Beschaffenheit bestehen

6.2.1
Eigenschaften einheitlicher organischer Substanzen

Substanzen mit Molekülen einheitlicher Beschaffenheit haben definierte Strukturformeln. Niedermolekulare Substanzen haben genau messbare Eigenschaften wie Farbe, Schmelzpunkt, Siedepunkt und Löslichkeit in unterschiedlichen Lösungsmitteln. Wichtig ist, dass viele dieser Substanzen entweder nahrhaft oder toxisch sind. Nach der Trinkwasserverordnung sind daher vor allem Substanzen aus dieser Klasse mit einem Grenzwert belegt. Chlorkohlenwasserstoffe und Pflanzenbehandlungsmittel sind Beispiele für hygienisch bedenkliche Substanzen. Für nahrhafte Substanzen wurden keine spezifischen Grenzwerte festgelegt. Trotzdem sind sie im Trinkwasser unerwünscht, vor allem, weil sie das Wachstum von Mikroorganismen fördern. Eine Limitierung dieser Substanzen ist daher durch die bakteriologischen Anforderungen an Trinkwasser gewährleistet.

In analytischer Hinsicht gibt es grundsätzliche Unterschiede zu den refraktären Substanzen. Die folgenden Formulierungen wurden deshalb gewählt, weil für refraktäre Substanzen das genaue Gegenteil gilt: Substanzen mit Molekülen einheitlicher Beschaffenheit kommen in Konzentrationen vor, die eindeutig für diese Substanz gelten. Analysenverfahren können mit „Eichsubstanzen" kalibriert werden. Das Ergebnis einer analytischen Bestimmung bezieht sich im Allgemeinen auf den Stoff selbst und ist, vereinfacht ausgedrückt, entweder richtig oder falsch. Für einzelne Substanzen werden einzelne Ergebnisse (z. B. mg/l Chloroform) erhalten. Man spricht daher auch von „Einzelsubstanzen" und von „Einzelsubstanzanalytik". Stoffe mit uneinheitlicher Beschaffenheit können dagegen nur anhand bestimmter Strukturelemente (z. B. „organisch gebundener Kohlenstoff") oder bestimmter Wirkungen (z. B. „spektraler Absorptionskoeffizient") erfasst werden (siehe Abschn. 6.3.1).

6.2.2
Herkunft einheitlicher organischer Substanzen

Biogener Herkunft sind beispielsweise Methan und algenbürtige Stoffe. Anthropogen ist die Herkunft der folgenden Substanzen bzw. Substanzgruppen: niedermolekular: Treibstoffe, aromatische Kohlenwasserstoffe (Benzol, Toluol, Xylole, „BTX"), Weichmacher, z. B. für PVC, sowie diejenigen Substanzen bzw. Substanzgruppen, für die Grenzwerte nach der Trinkwasserverordnung existieren. Hochmolekular: Bohrhilfsmittel, die im Brunnenbau eingesetzt werden, sowie organische Flockungshilfsmittel.

6.2.3
Wirkungen einheitlicher organischer Substanzen

Die Wirkungen einheitlicher organischer Substanzen sind so vielfältig, dass sie hier nur angedeutet werden können: Nährstoffe (Zucker, Eiweiß ...), Substanzen zur Steuerung biologischer Prozesse (Enzyme ...), Botenstoffe (Duftstoffe ...), Stoffe zur Verteidigung (Gifte ...) und sehr viele andere. Für die Wasserversorgung wichtig sind die Xenobiotika, also Substanzen, die nicht auf biologischem Wege synthetisiert worden sind. Besonders interessieren die Giftwirkungen solcher Substanzen. Im Allgemeinen wird es sich dabei um anthropogene Substanzen handeln, die entweder „in der Retorte des Chemikers" synthetisiert wurden (z. B. Pflanzenbehandlungsmittel) oder eine andere anthropogene Ursache haben (z. B. Produkte unvollständiger Verbrennungsvorgänge). Dabei interessiert auch die Frage, ob die Substanzen im Organismus akkumuliert werden können. Bei den toxischen Substanzen unterscheidet man zwischen akuter und chronischer Toxizität. Besonders gefährlich sind Wirkungen, die zur Entartung von Zellen führen (Kanzerogenität) oder auf die Erbsubstanz (Mutagenität) oder den Embryo (Teratogenität) einwirken.

Für die Wasserversorgung gilt die einfache Regel, dass einheitliche organische Substanzen unabhängig von ihren individuellen Eigenschaften grundsätzlich nicht in das Trinkwasser gehören. Natürlich gilt dies besonders auch für Xenobiotika. Besonders konsequent hat man diese Regel bei der Festlegung des Grenzwertes für „Pflanzenschutzmittelwirkstoffe und Biozidproduktwirkstoffe" umgesetzt. Für die meisten Substanzen dieser Gruppe gilt unabhängig von ihren speziellen Wirkungen derselbe Grenzwert von 0,1 µg/l.

Anmerkung
Die Forderung, dass bestimmte Substanzen grundsätzlich nicht in Gewässer bzw. in das Trinkwasser gehören, kann zu Absolutheitsansprüchen führen, die unerfüllbar sind. Auf dieses Problem hat Bode (2008) hingewiesen.

6.3
Refraktäre Substanzen

In der bereits in Kap. 4 erwähnten Umfrage bei deutschen Grundwasserwerken ist auch die organische Belastung der Rohwässer abgefragt worden. Es kann davon ausgegangen werden, dass es sich bei den angegebenen Konzentrationen praktisch ausschließlich um refraktäre organische Substanzen handelt. Die Konzentrationsangaben waren nicht einheitlich, sie wurden daher mit empirischen Umrechnungsfaktoren einheitlich auf die Dimension „mg/l Huminstoff" gebracht. Folgende Beziehungen wurden verwendet:

$$\begin{aligned}\text{Huminstoff (mg/l)} &\approx 2{,}0 \times \text{DOC (mg/l C)}\\ &\approx 0{,}834 \times \text{KMnO}_4\text{-Verbrauch (mg/l KMnO}_4\text{)}\\ &\approx 3{,}30 \times \text{Oxidierbarkeit Mn(VII)} \rightarrow \text{Mn(II) (mg/l O}_2\text{)}\end{aligned}$$

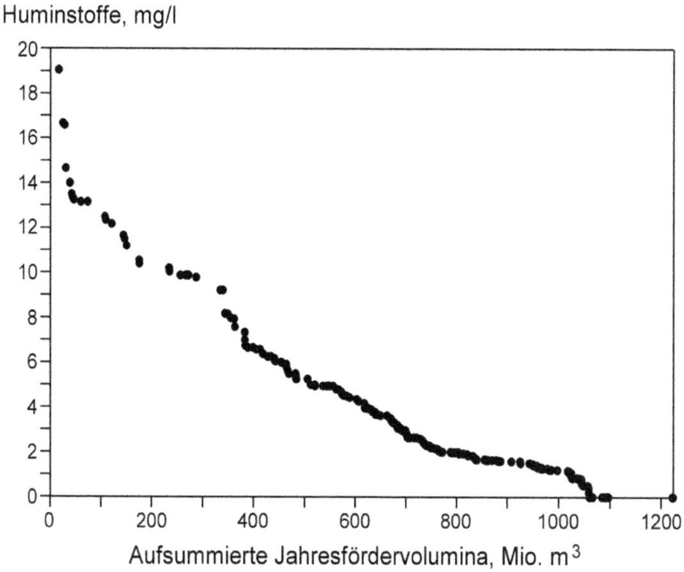

Abb. 6.1 Huminstoffkonzentration deutscher Grundwässer, aufgetragen gegen das jeweilige Fördervolumen.

Dabei handelt es sich um eine starke Vereinfachung, aber um die einzige Möglichkeit, die Daten in einen einzigen Datenpool zu zwängen. Wenn nicht anders vermerkt, werden im Folgenden Huminstoffe in „mg/l Huminstoff" angegeben. Abbildung 6.1 zeigt das Ergebnis der Umfrage.

Abbildung 6.1 korrespondiert mit Abb. 4.2 (Umfrageergebnis für Eisen) und mit Abb. 4.6 (Umfrageergebnis für Mangan). Die höchste Konzentration in Abb. 6.1 ist dem Rohwasser des Wasserwerks Fuhrberg der Stadtwerke Hannover AG zuzuordnen (Analysenbeispiele 6 und 26). Die Huminstoffe dieses Wasserwerks sind zahlreichen Forschergruppen als Untersuchungsmaterial zur Verfügung gestellt worden. Auf die Erfahrungen mit den Fuhrberger Huminstoffen wird in den folgenden Ausführungen und in den Beispielen im Analysenanhang zurückgegriffen.

Wenn man die extrem hohen Huminstoffbelastungen ausklammert, sind alle in Abb. 6.1 wiedergegebenen Konzentrationen recht gleichmäßig über die erfassten Rohwässer verteilt. Da sowohl die Fördervolumina als auch die Konzentrationen bekannt sind, können auch Frachten berechnet werden. Die Summe der Frachten aller erfassten Rohwässer liegt bei 6390 t Huminstoff pro Jahr.

6.3.1
Eigenschaften refraktärer organischer Substanzen

Refraktäre Substanzen haben keine Eigenschaften, wie wir sie von Vertretern der anderen Substanzklasse gewohnt sind. Strukturformeln können nicht angegeben werden, höchstens Aussagen statistischer Art über das Vorkommen bestimmter Atomsorten (z. B. Chlor) oder Strukturmerkmale (z. B. Säurefunktionen). In jüngster Zeit haben intensive analytische Arbeiten einiges zur Strukturaufklärung beigetragen, auch wenn es sich dabei nur um Teilstrukturen handelt (Frimmel *et al.*, 2002). Die Farben der Huminstoffe variieren ziemlich monoton von hellem Gelb bis zu tiefem Braun. Vor allem sind sie weder nahrhaft noch toxisch.

Aussagen zur Konzentration dieser Stoffe erfordern eine Übereinkunft darüber, welche Analysenmethode man dieser Aussage zugrunde legen möchte. Angaben dieser Art haben den Gebrauchswert einer Konzentration, beziehen sich aber nicht auf die Substanz als solche, sondern auf eine Wirkung, die sie ausübt (z. B. Färbung), auf die Analysenmethode, mit der das Ergebnis erzielt worden ist (z. B. mg/l Kaliumpermanganatverbrauch) oder auf eine charakteristische Atomsorte innerhalb der organischen Substanz (z. B. mg/l organischer Kohlenstoff). Analysenmethoden dieser Art sind weitverbreitet. Sie werden traditionsgemäß als „pauschal" oder „summarisch" bezeichnet.

Eine Bedingung, die von pauschalen Analysenmethoden hinlänglich gut erfüllt wird, ist eine lineare Konzentrationsabhängigkeit, wenn man Wasser mit einem hohen Analysenergebnis in unterschiedlichen Verhältnissen mit reinem Wasser verdünnt.

Natürlich machen die pauschalen Analysenmethoden keinen Unterschied zwischen Einzelsubstanzen und refraktären Substanzen. Diese Analysenmethoden sind daher auch in dem Sinne pauschal, als sie die Einzelsubstanzen grundsätzlich mit einschließen. Die älteste dieser Methoden, der Kaliumpermanganatverbrauch, hat sich daher schon vor langer Zeit als allgemeiner Verschmutzungsindikator eingebürgert.

Refraktäre Substanzen sind in der Bundesrepublik im Rahmen eines von der Deutschen Forschungsgemeinschaft geförderten Schwerpunktprogramms intensiv untersucht worden. Eine umfassende Übersicht über die dabei erhaltenen Ergebnisse präsentieren Frimmel *et al.* (2002). In den Jahren danach hat sich These (2005) in Berlin mithilfe der Größenausschlusschromatografie und der hochauflösenden Massenspektrometrie an die Aufgabe herangewagt, Einzelsubstanzinformationen über Fulvinsäuren unterschiedlicher Herkunft zu erhalten. Im niedermolekularen Bereich des Substanzspektrums konnte sie die Summenformeln von 300 unterschiedlichen Molekülen definieren und dazu passende Strukturvorschläge machen. These und Reemtsma (2005) haben einige Ergebnisse dieser Arbeiten 2005 der Fachwelt vorgestellt. Diese bemerkenswerten analytischen Erfolge ändern nichts daran, dass man es bei den Fulvinsäuren – und noch mehr bei den höhermolekularen Huminstoffen – mit „ziemlich unordentlichen" Stoffen zu tun hat.

6.3.2
Herkunft refraktärer organischer Substanzen

Refraktäre organische Substanzen kommen in praktisch allen natürlichen Wässern vor, da sie eine Endstation organischer Stoffe auf ihrem Weg in den ungeordneten Zustand darstellen. In einem aeroben Milieu, insbesondere in anthro-

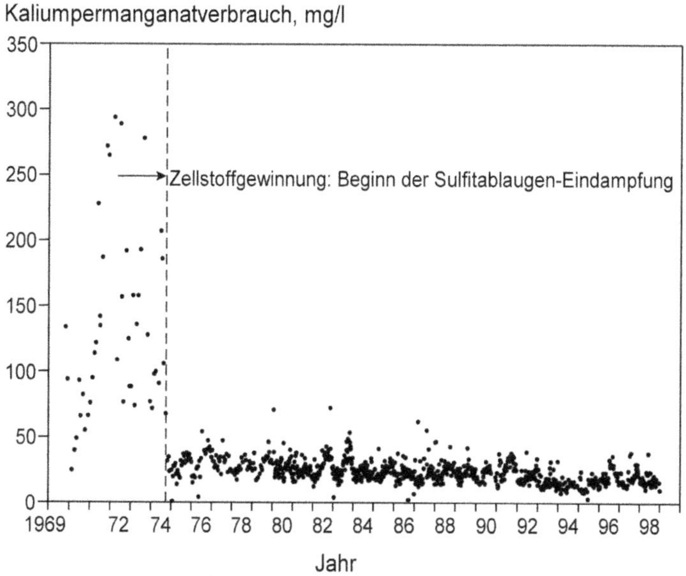

Abb. 6.2 Organische Belastung der Leine bei Laatzen-Grasdorf seit 1969.

pogen unbelasteten Oberflächengewässern, werden im Allgemeinen nur niedrige Konzentrationen refraktärer Substanzen beobachtet, die keine nachteiligen Auswirkungen auf die Trinkwasserversorgung haben. Diese Substanzen werden hier nicht weiter behandelt.

In Oberflächengewässern spielten bis ca. 1974 Abwässer der Zellstoffgewinnung eine große Rolle. Die dabei freigesetzten Ligninsulfonsäuren sind mit den Huminstoffen verwandt, aber durch ihren Schwefelgehalt und durch Unterschiede in ihren optischen Eigenschaften von den Huminstoffen unterscheidbar. Abbildung 6.2 zeigt die als Kaliumpermanganatverbrauch angegebene organische Belastung der Leine bei Laatzen-Grasdorf, die bis 1974 hauptsächlich durch Ligninsulfonsäuren diktiert wurde. Nach Beendigung der Einleitung der Abwässer sank die organische Belastung der Leine auf niedrige Werte, die nun einem jahreszeitlichen Rhythmus folgen. Um diesen Rhythmus über einen längeren Zeitraum zu bestätigen, sind für die Darstellung in Abb. 6.3 für die Jahre 1975 bis 1992 alle Messwerte danach aufgeschlüsselt worden, in welchem Monat die Probenahme stattgefunden hat. Die zwölf Messwertgruppen wurden jeweils gemittelt und als „Monatsmittelwerte aus 18 Jahren" dargestellt. Man erkennt eine Periodizität, die sich auf komplexe Weise aus der Abwasserbelastung, der Temperaturabhängigkeit des biologischen Abbaus, dem Algenwachstum und der Wasserführung ergibt.

Besondere Aufmerksamkeit wird im Folgenden den natürlichen Stoffumsetzungen in Gewässern geschenkt, die zu sehr hohen Konzentrationen führen. Durch die Brunnen des Wasserwerks Fuhrberg werden jährlich immerhin ca. 160 t Huminstoffe (berechnet als gelöster organischer Kohlenstoff) zutage geför-

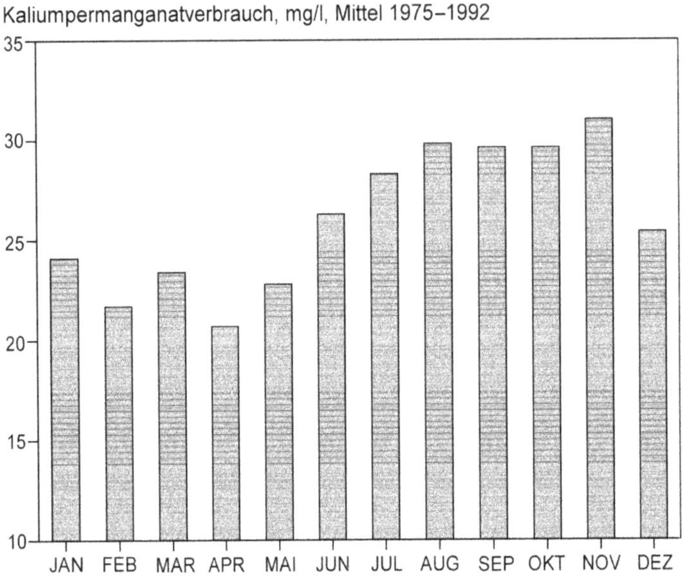

Abb. 6.3 Periodische Schwankungen der organischen Belastung der Leine.

dert. Im Analysenanhang sind solche Wässer in den Beispielen 6 und 9 dokumentiert. Möglicherweise existieren Parallelen zwischen der Huminstoffgenese in Grundwasserleitern und der Bildung brauner Wässer in Moorgebieten oder in Restseen des Braunkohletagebaus.

Jedenfalls wird man nach einem Mechanismus der Huminstoffmobilisierung Ausschau halten müssen, der ganz besonders effektiv ist. Dabei sollten die folgenden Randbedingungen erfüllt sein:

- Der Ausgangsstoff, aus dem Huminstoffe mobilisiert werden, muss in so großen Massen vorhanden sein, dass hohe Stoffumsätze über lange Zeiträume gesichert sind;
- die Mobilisierung muss grundsätzlich auch in großen Tiefen von Grundwasserleitern ablaufen können;
- ferner muss der Ausgangsstoff Strukturelemente enthalten, die eine besonders hohe „Huminstoffausbeute" ermöglichen.

Diese drei Bedingungen werden von fossilem Holz, Braunkohle und Torf ideal erfüllt: Dass Braunkohle und Torf in örtlich hohen Konzentrationen vorkommen, muss nicht besonders bewiesen werden. Was größere Tiefen von Grundwasserleitern betrifft, so ist für die Analysen 6 und 9 nachgewiesen, dass die dortigen Grundwasserleiter im gesamten Tiefenbereich fossile organische Substanz enthalten. Für das Fuhrberger Feld kann eine mittlere Konzentration an partikulärer organischer Substanz („Braunkohle") von 4 kg/m^3 angenommen werden. Der überwiegende Anteil davon besteht aus fossilem Holz. Im Einflussbereich jedes

Horizontalfilterbrunnens des Wasserwerks Fuhrberg befindet sich somit fossiles Holz mit einer Masse von größenordnungsmäßig 1 Mio. Tonnen (Kölle, 1989).

Umsetzungen von Präkursoren der Huminstoffe

Die detailliertesten Aussagen zu Abbau- und Umwandlungsprozessen von Pflanzeninhaltsstoffen sind im Schrifttum des Fachgebietes Bodenkunde zu finden. Die folgenden Teilaussagen zur Mobilisierung refraktärer Substanzen sind mit einigen Vereinfachungen dem Lehrbuch für Bodenkunde Scheffer/Schachtschabel (1998) entnommen.

- Abbau von Cellulose und Hemicellulosen unter Sauerstoffeinfluss (aerob): Der Abbau erfolgt vollständig.
- Abbau von Cellulose und Hemicellulosen unter Sauerstoffausschluss (anaerob): Ein Abbau erfolgt ebenfalls, jedoch langsamer und meist unvollständig. Voraussetzung dafür ist die Anwesenheit reduzierbarer Komponenten wie Nitrat, Sulfat, Mangan(IV) oder Eisen(III).
- Abbau von Lignin unter Sauerstoffeinfluss: Ein Abbau ist möglich. Voraussetzung dafür ist, dass gleichzeitig eine andere Kohlenstoffquelle wie z. B. Cellulose zur Verfügung steht. Es handelt sich um einen cometabolischen Prozess, da sich Lignin allein nicht als Kohlenstoff- oder Energiequelle für Mikroorganismen eignet.
- Abbau von Lignin unter Sauerstoffausschluss: Ein Abbau ist nicht möglich.

In anaeroben Bereichen von Grundwasserleitern, die fossiles Holz enthalten, (und in vergleichbaren Situationen) können offenbar die folgenden Prozesse ablaufen:

Cellulose und Hemicellulosen werden anaerob abgebaut. In Grundwasserleitern wird dabei fast ausschließlich Sulfat reduziert. Diese Reaktion ist sehr langsam. Im Fuhrberger Feld haben Böttcher *et al.* (1992) dafür eine Halbwertszeit von 76–100 Jahren ermittelt. Untersuchungen zur Herkunft von Huminstoffen können daher recht langwierig und im Laboratorium nur schwierig durchzuführen sein.

Andere Inhaltsstoffe als Sulfat kommen als Reaktionspartner des fossilen Holzes nicht mit nennenswerten Umsätzen infrage: Sauerstoff und Nitrat werden mit wesentlich höherer Geschwindigkeit durch Eisensulfide reduziert, die nach bisherigen Erfahrungen in reduzierten Grundwasserleitern stets vorhanden sind. Reaktionsfähige Spezies von Mangan(IV) und Eisen(III) können in solchen Grundwasserleitern grundsätzlich nicht erwartet werden.

In dem Maße, in dem Cellulose und Hemicellulosen anaerob abgebaut werden, wird das damit vergesellschaftete Lignin freigelegt. Dieses kann nicht abgebaut werden, weil das Milieu anaerob ist. Offenbar kann aber eine Reaktion ablaufen, bei der das Lignin (oder Teile davon) in niedermolekularere Derivate überführt und in wasserlöslicher Form freigesetzt werden.

Durch ihre Wasserlöslichkeit werden die Ligninderivate mobil und dadurch von den cellulosehaltigen, aber immobilen Holzresten getrennt. So bekommen die Ligninderivate zwar die Chance, wieder in ein aerobes Milieu zu gelangen, durch die Trennung von den Holzresten haben sie aber die Chance verspielt, gemein-

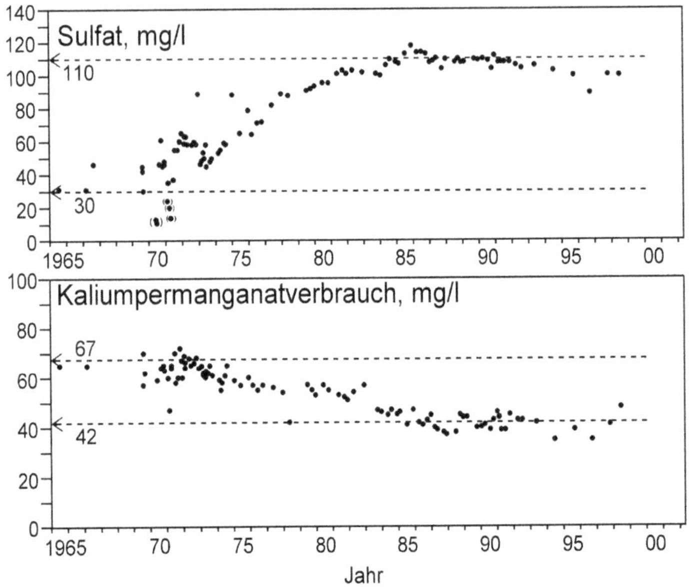

Abb. 6.4 Anstieg der Sulfatkonzentration und gegenläufige Erniedrigung der organischen Belastung als Kaliumpermanganatverbrauch (mg/l $KMnO_4$) am Brunnen 3 des Wasserwerks Fuhrberg der Stadtwerke Hannover AG.

sam mit der Cellulose im Cometabolismus abgebaut zu werden. Damit sind die Ligninderivate refraktär geworden und tragen fortan die Bezeichnung „refraktäre organische Substanz".

Wenn diese Modellvorstellung der Huminstoffmobilisierung zutrifft, dann müssen sich Änderungen im Umsatz der Sulfatreduktion auch in der organischen Belastung des Grundwassers widerspiegeln. Ein solcher Fall ist am Brunnen 3 des Wasserwerks Fuhrberg der Stadtwerke Hannover AG zu beobachten. In diesem Bereich des Grundwasserleiters hat vor Inbetriebnahme des Brunnens eine intensive Sulfatreduktion stattgefunden, die auf eine geringe Fließgeschwindigkeit des ungestörten Grundwassers zurückgeführt wird. Die für die Sulfatreduktion zur Verfügung stehende Zeit ist in der zweiten Hälfte der 60er-Jahre verkürzt worden, und zwar einfach dadurch, dass der Brunnen gebaut und in Betrieb genommen wurde. Als Folge davon ist, wie Abb. 6.4 zeigt, die Sulfatkonzentration langsam gestiegen und der Kaliumpermanganatverbrauch spiegelbildlich dazu gesunken. Zusätzliche Information enthalten die Erläuterungen zu Analysenbeispiel 6.

Wenn man die Analysenwerte für 1965/66 und 1990 zugrunde legt, beträgt nach den Daten von Abb. 6.4 die Differenz der Sulfatkonzentration ca. +80 mg/l und die des Kaliumpermanganatverbrauchs ca. −25 mg/l. Damit kann die Modellvorstellung einer Plausibilitätsbetrachtung unterworfen werden: Auszugehen ist von der Summenformel $(C_6H_{10}O_5)_x$ für Cellulose, die nach der folgenden Reaktionsgleichung reagiert:

$$C_6H_{10}O_5 + 3SO_4^{2-} + H_2O \rightarrow 6CO_2 + 3H_2S + 6OH^- \tag{6.1}$$

Danach werden 162 mg Cellulose von 288 mg Sulfat zu 264 mg CO_2 oxidiert. Die Cellulose möge mit einem Anteil von 70 % und das Lignin mit einem Anteil von 30 % im fossilen Holz vorhanden sein. Bei einem Umsatz von 162 mg Cellulose werden demnach 162 × (30/70) = 69,4 mg Lignin aus dem fossilen Holz freigesetzt. Bei einem Sulfatumsatz von 80 mg/l werden je Liter Wasser 69,6 × (80/288) = 19,3 mg/l Lignin freigesetzt.

Dieser Wert sollte den beobachteten Rückgang des Kaliumpermanganatverbrauchs widerspiegeln. Verwendet man einen empirischen Faktor von 0,834 zur Umrechnung des Kaliumpermanganatverbrauchs in „Fuhrberger Huminstoffe", so resultiert ein Rückgang der Huminstoffkonzentration von 25 × 0,834 = 20,8 mg/l. Diese Betrachtung enthält zahlreiche Annahmen und sonstige Unsicherheiten, auch solche analytischer Art. Vor diesem Hintergrund ist festzustellen, dass eine überraschend gute Übereinstimmung zwischen dem aus dem Sulfatumsatz abgeschätzten Ligninumsatz (19,3 mg/l) und dem als Kaliumpermanganatverbrauch gemessenen Ligninumsatz (20,8 mg/l) besteht. Damit kann die diskutierte Modellvorstellung als plausibel eingestuft werden.

Über die „Sockelbelastung" von 40 mg/l Kaliumpermanganatverbrauch, die auch im Jahre 1990 noch bestehen bleibt, können keine Aussagen gemacht werden. Sicherlich ist die diskutierte Modellvorstellung nicht der einzige Mechanismus, der zu hohen Konzentrationen refraktärer Substanzen führt.

Die erörterte Modellvorstellung erklärt die hohen Huminstoffbelastungen der Wässer zu den Analysenbeispielen 6 und 9, nicht aber die wesentlich geringere Belastung der Wässer zu den Analysen 10 und 11, obwohl auch hier eine vollständige Sulfatreduktion stattgefunden hat. Der wichtigste Unterschied zwischen den betreffenden Grundwasserleitern besteht darin, dass die zu den Analysen 10 und 11 gehörenden Grundwasserleiter Kalk enthalten, die zu den Analysen 6 und 9 gehörenden dagegen nicht.

Es kommen mehrere Faktoren in Betracht, die dazu beitragen können, dass die Huminstoffkonzentration in kalkhaltigen Grundwasserleitern niedriger ist als in kalkfreien Grundwasserleitern. Es ist wahrscheinlich, dass in beiden Fällen vergleichbare Mengen von Huminstoffen mobilisiert, aber unterschiedliche Anteile davon nachträglich wieder eliminiert werden.

Zum einen bildet sich in kalkhaltigen Grundwasserleitern – unter sonst gleichen Randbedingungen – als Folge der Denitrifikation mehr Eisen(III)-oxidhydrat als in kalkarmer Umgebung (Reaktion (4.2)). Eisen(III)-oxidhydrat besitzt hervorragende Sorbenseigenschaften für Huminstoffe (Teermann und Jekel, 2002). Schon allein dadurch wird die Huminstoffelimination in kalkhaltigen Grundwasserleitern begünstigt. Außerdem können entsprechend den Ausführungen in Abschn. 7.8.1 Redoxprozesse beträchtliche Umschichtungen im Calcitinventar eines Grundwasserleiters auslösen, die die Huminstoffelimination ebenfalls begünstigen.

Die partielle Huminstoffelimination durch die kombinierte Ausfällung von Eisen(III)-oxidhydrat und Kalk lag auch der Aufbereitungstechnik des Wasserwerks Fuhrberg zugrunde (Analysenbeispiele 26 und 27). Hier betrug die Huminstoffelimination in der Flockungsstufe nur ca. 40 % (gemessen als Kaliumpermanganatverbrauch), während sie in kalkhaltigen Grundwasserleitern auf ca. 90 % geschätzt werden kann. Allerdings verhalten sich die zur Verfügung stehenden Reaktionszeiten wie eine Stunde im Wasserwerk zu einigen 100 Jahren im Grundwasserleiter.

6.3.3 Wirkungen refraktärer organischer Substanzen

Für die Wasserversorgung wichtig sind die folgenden Wirkungen refraktärer Substanzen:

- Organische Stoffe verursachen eine Zehrung oxidierender Desinfektionsmittel. Dadurch kann die Desinfektion erschwert und in Einzelfällen sogar unmöglich gemacht werden, da für die Zugabemengen an Desinfektionsmitteln Grenzwerte bestehen.
- Ein zusätzlicher Einfluss besteht darin, dass organische Stoffe das Redoxpotenzial erniedrigen und dadurch die Wirksamkeit von Desinfektionsmitteln beeinträchtigen.
- Durch die Einwirkung von Chlor, Ozon oder anderen Oxidationsmitteln oder oxidierenden Desinfektionsmitteln werden refraktäre Substanzen so modifiziert, dass sie als Nährstoff für Bakterien interessant werden. Dieses aus der Praxis bekannte Phänomen ist durch gezielte Untersuchungen von Hambsch *et al.* (1993) bestätigt worden. Dabei kann eine gefährliche Rückkoppelung entstehen: Je mehr desinfiziert wird, desto mehr wird, wenn das Desinfektionsmittel aufgezehrt ist, das Bakterienwachstum gefördert, was wiederum verstärkte Desinfektionsmaßnahmen nach sich zieht. Für die Wasserversorgung kann dies verheerende Auswirkungen haben (Heck, 1970). Bei der Trinkwasseraufbereitung kann aus diesem Effekt Nutzen gezogen werden, da die Oxidation als Vorstufe für einen biologischen Abbau eingesetzt werden kann.
- Bei der Chlorung von Wässern, die refraktäre organische Substanzen enthalten, entstehen Trihalogenmethane, andere niedermolekulare Chlorverbindungen sowie adsorbierbare Halogenverbindungen (AOX).
- Bei der Elimination gesundheitlich bedenklicher Einzelsubstanzen durch Adsorption an Aktivkohle treten refraktäre organische Substanzen als Konkurrenten um die Adsorptionsplätze auf.
- Refraktäre organische Substanzen wirken sich auf die spektralen Absorptionskoeffizienten (SAK-Werte) des Wassers aus, in höheren Konzentrationen färben sie das Wasser gelb bis braun. Die Färbung ist als solche unerwünscht, erschwert aber darüber hinaus auch die UV-Desinfektion von Wasser.
- Manche refraktäre Substanzen, besonders solche aus Oberflächengewässern, haben einen günstigen Einfluss auf die Deckschichtbildung bei der Korrosion von Gusseisen und Stahl (DIN 50930, Teil 2).

Frimmel (1988) schildert weitere, insbesondere gewässerrelevante Eigenschaften der Huminstoffe, darunter beispielsweise die Komplexbildungskapazität gegenüber Metallen. Wenig beachtet wird auch die Tatsache, dass Huminstoffe eine

„Protonenkapazität" besitzen. Dadurch erhöht sich ihre Pufferwirkung gegenüber pH-Wert-Veränderungen. Gleichzeitig erhöht sich dadurch auch der Messwert für die Säurekapazität bis pH 4,3 (siehe hierzu Abschn. 7.4).

Erniedrigung der Konzentration im Rohwasser
Bei abwasserbelasteten Oberflächengewässern greifen Maßnahmen zur weitergehenden Abwasserreinigung. Im Hinblick auf die Sulfitablauge aus der Zellstoffgewinnung gelang ein entscheidender Schritt 1974. Seitdem wird sie nicht mehr in die Gewässer eingeleitet, sondern eingedampft und verbrannt (Abb. 6.2).

Für die Erniedrigung der Konzentration refraktärer Substanzen in Grundwässern ist keine Strategie bekannt, die allgemein und gezielt anwendbar wäre.

Erniedrigung der Konzentration bei der Trinkwasseraufbereitung
Refraktäre organische Substanzen können bis zu erstaunlich hohen Konzentrationen im Trinkwasser toleriert werden, solange das Wasser nicht sichtbar gelb gefärbt ist und die möglichen Reaktionen der refraktären Substanzen berücksichtigt werden. Eine (teilweise) Elimination refraktärer Substanzen ist mit den folgenden Methoden möglich:

- Filtration über stark basisches makroporöses Anionenaustauscherharz oder andere Adsorberharze. Bei der Regeneration der Harze entstehen flüssige Abfallkonzentrate („Eluate"), deren Entsorgung schwierig ist (Kölle, 1981).
- Flockung mit Eisen(III)- oder Aluminiumsalzen. Es ist zu beachten, dass eine gute Wirksamkeit der Flockung pH-Werte unter 7 voraussetzt. Flockungsanlagen werden praktisch an jeder Trinkwassertalsperre betrieben. Eine Variante des Verfahrens besteht darin, das Wasser über gekörntes, aktives Aluminiumoxid zu filtrieren. Dieses Verfahren hat sich in der Praxis bisher nicht durchsetzen können.
- Behandlung des Wassers mit Ozon mit anschließendem mikrobiellem Abbau der Substanzen auf Aktivkohle (Jekel und Sontheimer, 1978; Topalian und Sontheimer, 1981). Eine Elimination der Substanzen ohne Ozonvorbehandlung ist grundsätzlich möglich, aber in der Regel unwirtschaftlich.

6.3.4
Bilder zum Thema „organische Substanzen"

Bildordner und PDF: „6.3.4 Fossile organische Substanz, Huminstoffe(.pdf)". Schlauchkerne von der Aufschlussbohrung 2 im Fuhrberger Feld, staubfeine organische Substanz, Kohlekörner, zentimetergroße Kohlestücke, „Humussäurereaktion" zur Abschätzung der Konzentration von organischer Substanz, Eluat aus der Adsorberharzanlage des Wasserwerks Fuhrberg.

6.4
Organische Wasserinhaltsstoffe, Parameter

Die ältesten Parameter zur Charakterisierung der Belastung eines Gewässers mit organischen Substanzen sind pauschaler Natur: der biochemische Sauerstoffbedarf (BSB) und der Kaliumpermanganatverbrauch (Oxidierbarkeit Mn(VII) → Mn(II)). Später folgten weitere pauschale Parameter: organischer Kohlenstoff (DOC), Oxidierbarkeit mit Kaliumdichromat (entspricht „chemischer Sauerstoffbedarf", CSB) und der spektrale Absorptionskoeffizient (SAK). Diese Parameter werden in den folgenden Abschnitten erörtert. Im Vorgriff auf die Schilderung dieser Parameter sei hier bereits erwähnt, dass die Parameter nach bestimmten Gesetzmäßigkeiten voneinander abhängig sind. Tabelle 6.1 gibt Untersuchungsergebnisse für unterschiedliche Wässer wieder, für die mindestens zwei pauschale Parameter bestimmt worden sind.

Zwei Parameter, nämlich der DOC und der CSB (als Oxidierbarkeit mit Kaliumdichromat), werden ihrer theoretischen Definition als organischer Kohlenstoff und als chemischer Sauerstoffbedarf mit guter Näherung gerecht. Besonderes Interesse verdient daher der Quotient CSB/DOC. Er liegt theoretisch bei 5,33 für Methan (CH_4) und 0,67 für Oxalsäure (HOOC–COOH). Zwischen diesen beiden Extremen liegen alle organischen Substanzen. Für langkettige Paraffinkohlenwasserstoffe gilt beispielsweise ein Quotient, der sehr nahe bei 4 liegt. Das in Tab. 6.1 aufgeführte Müllsickerwasser besitzt einen CSB/DOC-Quotienten von 3,4. Alle

Tab. 6.1 Charakterisierung von Wässern durch pauschale organische Parameter (Beispiele).

	DOC (mg/l C)	Ox. $KMnO_4$ (mg/l O_2)	Ox. $K_2Cr_2O_7$ (mg/l O_2)	BSB_5 (mg/l O_2)	SAK254 nm (m^{-1})
Rhein, Bimmen[a)]	11,8	8,86	25	5,9	–
Rhein, Basel[b)]	2,02	–	5,59	–	4,20
Rhein, Duisburg[b)]	3,98	–	11,51	–	10,36
Elbe, Hamburg[b)]	9,10	–	25,8	–	21,9
Müllsickerwasser[c)]	2,10	–	7,17	0,81	1,76
F. Rohwasser 1980[d)]	10,6	–	27,1	–	–
F. Brunnen 3 1992–1998[d)]	12,6	10,1	–	–	47,6
F. Brunnen 4 1992–1998[d)]	6,5	5,6	–	–	24,3
F. Rohwasser 1991–1992[d)]	9,4	7,7	–	–	–
F. Reinwasser 1991–1992[d)]	5,73	2,76	–	–	–

a) Internationale Rheinschutzkommission, Zahlentafeln 1977, arithmetische Mittelwerte aus je 26 Einzelwerten; die Angabe für den organischen Kohlenstoff lautet „TOC".
b) Sontheimer und Göckler (1981), geometrische Mittelwerte aus der Zeit von 1977–1979.
c) Weis *et al.* (1989), die tatsächlichen Zahlenwerte sind um den Faktor 1000 größer als hier angegeben.
d) Archivdaten der Stadtwerke Hannover AG; „F." steht für das Wasserwerk Fuhrberg.
e) („Ox." steht für „Oxidierbarkeit")

anderen Angaben zur Oxidierbarkeit mit Kaliumdichromat führen zu Quotienten, die zwischen etwa 2,1 und 2,9 liegen.

Beim Vergleich der Analysendaten für die Fuhrberger Brunnen 3 und 4 stellt man fest, dass sich das Wasser aus Brunnen 4 so verhält, als bestünde es aus Wasser des Brunnens 3 in einer Verdünnung mit reinem Wasser von nahezu 1 + 1 ($\text{Parameterwert}_{\text{Br. 3}}/\text{Parameterwert}_{\text{Br. 4}} \approx 1{,}9$). Umgekehrt ist beim Vergleich der Daten des Fuhrberger Rohwassers mit denen des Reinwassers festzustellen, dass sich die Beschaffenheit des Wassers während der Wasseraufbereitung ändert: Die Oxidierbarkeit nimmt stärker ab als der DOC.

Der Quotient BSB/CSB ergibt eine Maßzahl für die biologische Abbaubarkeit organischer Substanzen. In Tab. 6.1 sind nur zwei Proben vertreten, für die sowohl der BSB_5 als auch der CSB als Oxidierbarkeit mit Kaliumdichromat gemessen wurden. Für das Rheinwasser bei Bimmen liegt dieser Quotient bei 0,236, für das Müllsickerwasser bei 0,113.

Ergänzend zu den pauschalen Analysenmethoden haben sich immer mehr Analysenmethoden für Einzelsubstanzen oder definierte Substanzgruppen durchgesetzt. Diese Methoden erhielten eine zunehmende Bedeutung durch die Verschmutzung der Gewässer durch Mineralöle und waschaktive Substanzen. Später kam das Problem der Chlorkohlenwasserstoffe hinzu, die sowohl in abwasserbelasteten Oberflächenwässern als auch verschiedentlich in Grundwässern und – auch als Haloforme – in Trinkwässern gefunden wurden. Eine sehr heterogene Substanzgruppe sind die Pflanzenschutzmittelwirkstoffe und Biozidproduktwirkstoffe (in älteren Fassungen der Trinkwasserverordnung „Pflanzenbehandlungs- und Schädlingsbekämpfungsmittel"), mit denen sich die Wasserversorgung seit 1986 auseinandersetzen muss. Die jüngsten Substanzgruppen sind beispielsweise die Arzneimittelwirkstoffe, die zunehmend in der aquatischen Umwelt gefunden werden sowie die perfluorierten Tenside.

6.4.1
Biochemischer Sauerstoffbedarf

Pauschale Aussagen über die organische Belastung eines Abwassers oder Gewässers waren schon immer von großem Interesse, und zwar vor allem deshalb, weil beim mikrobiellen Abbau der organischen Substanz ein Sauerstoffbedarf auftritt. Fische und alle sonstigen höheren Organismen in einem Gewässer benötigen ebenfalls Sauerstoff. Eine starke Abwasserbelastung kann dazu führen, dass der Sauerstoff in einem Gewässer schneller gezehrt wird, als er aus der Atmosphäre nachgeliefert werden kann. Dabei resultieren niedrige Sauerstoffkonzentrationen, und das Gewässer droht anaerob zu werden, es „kippt um". Fische und andere höhere Organismen überleben eine solche Situation nicht.

Zur Beurteilung der Belastung des Sauerstoffhaushaltes eines Gewässers durch Abwasser hat man schon früh den biochemischen Sauerstoffbedarf („BSB") entwickelt. Dabei misst man die Abnahme der Sauerstoffkonzentration in einer Standflasche oder die Volumenabnahme eines gasförmigen Sauerstoffvorrates während einer gewissen Standzeit. Eine häufig gewählte Standzeit beträgt fünf Tage. Das dabei resultierende Ergebnis ist der BSB_5 in mg/l Sauerstoff.

Die Zehrung von Sauerstoff entsteht primär durch die Oxidation organischer Substanzen. Während des Zehrungsprozesses beginnt auch die Nitrifikation des Ammoniums. Der Anteil des Ammoniums an der Sauerstoffzehrung interessiert jedoch nicht. Diesen Anteil kann man aus der Ammoniumkonzentration berechnen. Ihn quantitativ korrekt zu bestimmen wäre dagegen sehr zeitaufwendig. Es gibt zwei Möglichkeiten, mit diesem Problem umzugehen: Entweder man beschränkt die Standzeit auf fünf Tage und vertraut darauf, dass die Nitrifikation das Ergebnis während dieser Zeit noch nicht zu sehr verfälscht hat, oder man gibt der Probe einen Nitrifikationshemmer (Allylthioharnstoff, ATH) zu.

Jeder Einwohner verursacht durch seinen Stoffwechsel einen mittleren BSB_5 von 60 g pro Tag. Diesen Wert bezeichnet man auch als „Einwohnergleichwert" (Hosang und Bischof, 1998).

6.4.2
Chemischer Sauerstoffbedarf (bestimmt mit Kaliumdichromat)

Schon früh ist ein Interesse für eine „absolute Bezugsgröße" entstanden. „Absolut" bedeutet in diesem Zusammenhang, dass die Konzentrationsangabe unabhängig davon sein soll, ob die Substanzen im Abwasser biologisch abbaubar sind (und einen BSB verursachen) oder ob sie nicht abgebaut werden können, weil sie entweder (wie die Huminstoffe) refraktär oder (wie z. B. Chlorkohlenwasserstoffe) persistent sind. Einer der Gründe für dieses Interesse ist die Beurteilung biologisch gereinigter Abwässer an der Stelle, an der sie in ein Oberflächenwasser eingeleitet werden. Wenn die biologische Reinigung erfolgreich war, ist der BSB naturgemäß niedrig, trotzdem kann die chemische „Restverschmutzung" immer noch hoch sein. Sie wird als chemischer Sauerstoffbedarf („CSB") gemessen. Gleichrangig hierzu wird auch der Begriff „Oxidierbarkeit" verwendet. Um die Oxidierbarkeit mit Kaliumdichromat von derjenigen mit Kaliumpermanganat zu unterscheiden, ist eine eindeutige Zusatzangabe erforderlich. Beispielsweise könnte geschrieben werden: „Oxidierbarkeit $Cr(VI) \rightarrow Cr(III)$".

Zum chemischen Sauerstoffbedarf schreiben Hosang und Bischof (1998): „Eine besondere Bedeutung hat der Kaliumdichromat-CSB für die Messung der Restverschmutzung. Er dient zur Ermittlung der Schadeinheiten für die Abwasserabgabe. Um nicht nur die über den BSB_5 erfassten biologisch leichter abbaubaren Stoffe, sondern auch die biologisch schwerer abbaubaren Stoffe zu erfassen, wird die Menge der organischen Stoffe im Abwasserabgabengesetz nicht als biochemischer Sauerstoffbedarf BSB, sondern als chemischer Sauerstoffbedarf CSB gemessen."

Die Analysenmethode zur Bestimmung des chemischen Sauerstoffbedarfs sollte die folgenden Anforderungen erfüllen: Organische Substanzen sollten möglichst vollständig oxidiert werden (z. B. Kohlenstoff zu CO_2 und Wasserstoff zu H_2O), während Ammonium und Chlorid nicht (zu Nitrat und Chlor) oxidiert werden sollten. Eine Analysenmethode, die diese Anforderungen erfüllt, ist die

Bestimmung des chemischen Sauerstoffbedarfs mit Kaliumdichromat in stark schwefelsaurer Lösung bei Gegenwart von Silberionen und von Quecksilber(II). Hierbei dient Silber als Katalysator, während Quecksilber das Chlorid als $HgCl_2$ vor Oxidation schützt.

Alle am Kaliumdichromat-CSB beteiligten Chemikalien besitzen ein hohes Verschmutzungspotenzial für die Umwelt. Ausgebrauchte Reaktionsgemische müssen daher gesammelt und aufgearbeitet werden. Theoretisch können mit einem einzigen Reaktionsansatz zur Bestimmung eines einzigen (niedrigen) CSB-Wertes 1000 m^3 Wasser verunreinigt werden, wobei als Kriterium der Quecksilbergrenzwert nach der Trinkwasserverordnung zugrunde gelegt wurde. Ein geringeres Verschmutzungspotenzial hat – wegen des kleineren Reaktionsvolumens – die Bestimmung des CSB mit dem Küvettenschnelltest.

Es hat nicht an Versuchen gefehlt, den CSB hinsichtlich seiner Umweltrelevanz zu „entschärfen". Grundsätzlich hat es sich als möglich erwiesen, die Messung des DOC instrumentell so zu steuern, dass der während der Messung verbrauchte Sauerstoff simultan mitbestimmt wird. Solche Entwicklungen konnten sich allerdings nicht durchsetzen.

Andererseits ist nur schwer einzusehen, warum der DOC in den meisten konkreten Anwendungsfällen nicht genauso gut zur Beschreibung einer Verschmutzungssituation oder Berechnung einer Abwasserabgabe geeignet sein soll wie der CSB. Tatsächlich gibt es zahlreiche Bestrebungen, den CSB zunehmend durch den DOC oder TOC zu ersetzen und den CSB nur noch dann zu bestimmen, wenn dies aus naturwissenschaftlichen Gründen oder zur Kalibrierung eines anderen Verfahrens zwingend geboten erscheint.

Kommunales Abwasser besitzt eine Oxidierbarkeit mit Kaliumdichromat von ca. 600 mg/l Sauerstoff (Hosang und Bischof, 1998).

6.4.3
Oxidierbarkeit (chemischer Sauerstoffbedarf bestimmt mit Kaliumpermanganat), Kaliumpermanganatverbrauch

Die älteste Methode, eine Aussage zur organischen Belastung eines Wassers oder Abwassers zu erhalten, ist die Bestimmung des Kaliumpermanganatverbrauchs (mg/l $KMnO_4$) bzw. des chemischen Sauerstoffbedarfs mit Kaliumpermanganat (mg/l O_2) bzw. der Oxidierbarkeit Mn(VII) → Mn(II) (mg/l O_2). Zur Umrechnung zwischen Kaliumpermanganatverbrauch und Oxidierbarkeit Mn(VII) → Mn(II) sei auf Tab. A.2 verwiesen.

Mit der Oxidation durch Kaliumpermanganat kann allerdings nur ein Bruchteil des Oxidationseffektes erreicht werden, der mit Kaliumdichromat möglich ist. Holluta und Hochmüller (1959) haben mit einer großen Zahl unterschiedlicher Testsubstanzen vergleichende Untersuchungen zum Oxidationseffekt dieser beiden Oxidationsmittel durchgeführt. Ihre Ergebnisse sind auf der Website im Ordner „VERSCHIEDENES\TABELLEN" in Tab. A.8 auszugsweise wiedergegeben. Tabelle A.8.1 enthält die Ergebnisse von Tests mit den beiden Oxidationsmitteln an unterschiedlichen Abwässern.

Bei einer kritischen Würdigung der in den Tab. A.8 und 12.8.1 wiedergegebenen Daten kommt man zu dem Schluss, dass sich der Kaliumpermanganatverbrauch bzw. die Oxidierbarkeit Mn(VII) → Mn(II) denkbar schlecht dafür eignen, die organische Belastung eines Gewässers oder Abwassers zu charakterisieren. Tatsächlich ist diese Analysenmethode in den vergangenen Jahrzehnten sehr stark unter Beschuss geraten. Dabei wird jedoch leicht übersehen, dass die Oxidierbarkeit Mn(VII) → Mn(II) auch unschätzbare Vorteile besitzt. Ihre Umweltrelevanz ist wesentlich geringer als die der Oxidation mit Kaliumdichromat. Der mit Abstand größte Vorteil besteht aber darin, dass der Kaliumpermanganatverbrauch das einzige „Fenster in die Vergangenheit" ist, wenn man sich für die zeitliche Entwicklung von organischen Belastungen interessiert. Beispielsweise hätten die Abb. 6.2–6.4 in diesem Abschnitt nicht gezeichnet werden können, wenn die zugrunde liegende Analysenmethode zwischenzeitlich aufgegeben worden wäre.

Auch der Gesetzgeber verwendet die Oxidierbarkeit Mn(VII) → Mn(II) zur Festlegung eines pauschalen Grenzwertes für die organische Belastung des Trinkwassers.

Grenzwert

Trinkwasserverordnung vom August 2013 und Mai 2001: Grenzwert: 5 mg/l O_2 (Indikatorparameter). Bemerkung: „Dieser Parameter braucht nicht bestimmt zu werden, wenn der Parameter TOC analysiert wird."

Aus dem Zusammenhang ergibt sich, dass die Oxidierbarkeit mit Kaliumpermanganat gemeint ist.

Vorgeschichte: Trinkwasserverordnung vom Februar 1975: kein Grenzwert; EG-Trinkwasserrichtlinie vom Juli 1980: Oxidierbarkeit ($KMnO_4$): 5 mg/l O_2, Bemerkung: „Messung in heißem Zustand und saurem Medium"; Trinkwasserverordnungen vom Mai 1986 und Dezember 1990: 5 mg/l O_2, Bemerkung: „maßanalytische Bestimmung der Oxidierbarkeit mittels Kaliumpermanganat/Kaliumpermanganatverbrauch".

6.4.4
Gelöster organischer Kohlenstoff („DOC"), gesamter organischer Kohlenstoff („TOC")

Der organisch gebundene Kohlenstoff in einem Wasser ist eine absolute und objektiv messbare Größe und gleicht insofern der Oxidierbarkeit mit Kaliumdichromat. Zur Messung des organischen Kohlenstoffs muss man die Probe auf einen pH-Wert unter 4,3 ansäuern und das CO_2 vollständig ausblasen. Wird die Wasserprobe danach Bedingungen ausgesetzt, unter denen organische Substanzen zuverlässig oxidiert werden, ist das dabei entstehende und in der Gasphase messbare CO_2 ein Maß für die im Wasser enthaltenen organischen Substanzen, ausgedrückt durch ihren Kohlenstoffgehalt.

Wenn ein Wasser keine ungelösten Komponenten enthält, ist der DOC mit dem TOC identisch. Aus einer ganzen Reihe von Gründen bevorzugt man in der Wasserversorgung den DOC, unter anderem deshalb, weil ungelöste Substanzen messtechnisch schwieriger zu erfassen sind und zu größeren Streuungen der Messwerte führen als gelöste. In Grundwässern und ordnungsgemäß aufbereiteten Trinkwässern besteht der organische Kohlenstoff ohnehin aus gelösten Verbindungen.

Im Laufe der Zeit hat sich der DOC zum wichtigsten Bezugswert zur Charakterisierung der organischen Belastung eines Wassers entwickelt. In nicht mit organischen Substanzen verunreinigten Grundwässern zeigt der DOC Huminstoffe an. In Oberflächenwässern werden neben Huminstoffen und (falls noch vorhanden) Ligninsulfonsäuren aus der Zellstoffgewinnung vor allem auch Substanzen aus dem biologischen Geschehen im Gewässer erfasst: Bakterien, Algen und algenbürtige organische Substanzen.

Die Huminstoffe eines Grundwassers und die organische Grundbelastung eines Oberflächengewässers haben zwei Dinge gemeinsam: Sie haben keine nennenswerte hygienische Bedeutung und sie unterliegen nur geringen Konzentrationsschwankungen. Aus diesem Grund braucht auch kein Grenzwert festgelegt zu werden. Ganz anders stellt sich die Situation dar, wenn eine „anormale Veränderung", insbesondere ein Konzentrationsanstieg, eintritt. In diesem Fall kann es sich bei Grundwasser um einen Abwassereinfluss oder um den Bruch einer Transportleitung für wassergefährdende Flüssigkeiten handeln. Bei Oberflächenwässern können ebenfalls Abwässer oder dramatische Abläufe biologischer Prozesse (Algenblüten und deren Folgen) die Ursache sein.

Der Analysenanhang enthält die Analysen von insgesamt 14 Wasserproben, für die der organische Kohlenstoff angegeben ist, in der Regel zusammen mit dem Kaliumpermanganatverbrauch und der Oxidierbarkeit Mn(VII) → Mn(II).

Grenzwert

Trinkwasserverordnung vom August 2013 und Mai 2001: organisch gebundener Kohlenstoff (TOC, Indikatorparameter): Anforderung: ohne anormale Veränderung.

Vorgeschichte: Trinkwasserverordnung vom Februar 1975: kein Grenzwert; EG-Trinkwasserrichtlinie vom Juli 1980: kein Grenzwert, Bemerkung: „Alle möglichen Ursachen für eine Erhöhung der normalen Konzentration müssen untersucht werden." Trinkwasserverordnungen vom Mai 1986 und vom Dezember 1990: kein Grenzwert.

Zielwerte entsprechend Fließgewässermemorandum: TOC 4 mg/l, DOC 3 mg/l, es sei denn, dass geogene Verhältnisse höhere Werte bedingen.

6.4.5
Ausblasbarer organischer Kohlenstoff („POC“, Purgeable Organic Carbon)

Eine Untergruppe des gelösten organischen Kohlenstoffs ist der ausblasbare organische Kohlenstoff. Im August 2011 wurde mit der DIN 38409-46 eine Analysenvorschrift zur Bestimmung dieses Parameters festgelegt. Dabei handelt es sich um einen Abwasserparameter, der im Zusammenhang mit dem Schadstoffverlagerungsverbot (Verlagerung von Abwasserinhaltsstoffen in die Atmosphäre) nach §3(2) der Abwasserverordnung bedeutsam ist.

Zur Bestimmung dieses Parameters werden mit einem Trägergasstrom CO_2 und flüchtige organische Substanzen ausgeblasen. Nach Abtrennung des CO_2 werden die organischen Substanzen verbrannt und als CO_2 bestimmt. Die Erfassbarkeit der Substanzen hängt von den folgenden Randbedingungen ab: Flüchtigkeit aus der wässrigen Lösung (ausgedrückt als Henry-Konstante, die von Dampfdruck und Wasserlöslichkeit abhängt), Temperatur und Ausblasdauer.

Mit dieser Methode wurden von den genannten Autoren sechs Abwasserproben aus der chemischen Industrie untersucht. Es wurden 110–530 mg/l POC gemessen.

6.4.6
Polyzyklische aromatische Kohlenwasserstoffe („PAK“)

Polyzyklische aromatische Kohlenwasserstoffe sind ein Bestandteil von Steinkohlen (Achten *et al.*, 2008). Die größten Mengen werden jedoch bei unvollständig verlaufenden Verbrennungsvorgängen freigesetzt. Über Rauchgase und Auspuffgase werden sie in der Umwelt sehr weit verbreitet. Dies gilt auch für die Freisetzung von PAK bei Wald- und Steppenbränden. Naturgemäß finden sich auch hohe Konzentrationen von PAK in Steinkohlenteer und im Einflussbereich ehemaliger Kokereistandorte. Allerdings ist zu berücksichtigen, dass, wie Borneff *et al.* (1968) bereits 1968 festgestellt haben, geringe Mengen von PAK auch durch Biosynthese in Pflanzen gebildet werden.

In der Gruppe der PAK befinden sich Substanzen mit karzinogenen Eigenschaften. In der Umwelt beobachtet man besonders häufig sechs Substanzen, die als Referenzsubstanzen zur Definition des PAK-Grenzwertes Eingang in die EG-Trinkwasserrichtlinie vom Juli 1980 und in die Fassungen der Trinkwasserverordnung vom Mai 1986 und Dezember 1990 gefunden haben. Von diesen Substanzen sind drei stark karzinogen. Borneff und Kunte (1991) haben diese Substanzen aus zwei Gründen als Grenzwertparameter vorgeschlagen: Sie sind aufgrund ihrer karzinogenen Eigenschaften abzulehnen; sie sind aber darüber hinaus auch ein chemischer Indikator für Abwasser. Mit der EG-Trinkwasserrichtlinie vom November 1998 wurden die Referenzsubstanzen neu definiert: Das Benzo[*a*]pyren wurde wegen seiner ausgeprägten karzinogenen Eigenschaften mit einem eigenen Grenzwert von 0,01 µg/l belegt und das nicht karzinogene Fluoranthen als Referenzsubstanz eliminiert. Der Grenzwert für die verbleibenden vier Referenzsubstanzen wurde auf 0,1 µg/l halbiert. Da das Fluoranthen oft einen besonders hohen Anteil an der Gesamtmenge der PAK gestellt hat, ist die Erniedrigung des Grenzwertes folgerichtig.

PAK im Rohwasser werden im Zuge der Trinkwasseraufbereitung durch alle Aufbereitungsmaßnahmen partiell eliminiert. Oxidation, Filtration, Flockung und Adsorption an Aktivkohle sind wirksam. Schon mit einer einfachen Filtration in einem Sandschnellfilter können 66–75 % der PAK eliminiert werden. Hohe Eliminationsraten von 90 % können in der Praxis mit Aktivkohle erreicht werden. Eine optimal eingestellte Flockung bringt es auf 95–99 % Elimination (Borneff und Kunte, 1991). Danach ist die Einhaltung des PAK-Grenzwertes am Ausgang des Wasserwerks normalerweise kein großes Problem.

Bitumen enthält einige Milligramm Polyzyklen pro Kilogramm, Steinkohlenteer erheblich mehr. Sowohl Bitumen als auch Steinkohlenteer wurden als Innenanstrich von Trinkwasserleitungen verwendet. Grundsätzlich können aus geteerten Leitungen PAK an das Wasser abgegeben werden (Borneff und Kunte, 1991). Maier *et al.* (2000a,b) haben festgestellt, dass die Abgabe von PAK an das Wasser durch Biofilme wirksam verhindert wird. Sie definieren Bedingungen zum Betrieb von Versorgungsnetzen, unter denen keine PAK abgegeben werden. Insbesondere ist Desinfektionsmitteln, die keine Depotwirkung haben (also z. B. der UV-Desinfektion), der Vorzug zu geben, weil sie die Biofilme schonen. Auch Druckstöße und Stagnationssituationen sind zu vermeiden.

Grenzwerte (chemische Parameter, deren Konzentrationen im Verteilungsnetz einschließlich der Trinkwasserinstallation ansteigen können)

Trinkwasserverordnung vom August 2013 und Mai 2001: Benzo[*a*]pyren: 0,01 µg/l; andere polyzyklische aromatische Kohlenwasserstoffe: 0,10 µg/l, Bemerkung: Summe der nachgewiesenen und mengenmäßig bestimmten nachfolgenden Stoffe: Benzo[*b*]fluoranthen, Benzo[*k*]fluoranthen, Benzo[*ghi*]perylen und Indeno[1,2,3-*cd*]pyren.

Vorgeschichte: Trinkwasserverordnung vom Februar 1975:
0,25 µg/l (ca. 0,02 mmol/m^3) ohne Spezifikation durch Referenzsubstanzen; EG-Trinkwasserrichtlinie vom Juli 1980, Trinkwasserverordnungen vom Mai 1986 und vom Dezember 1990: Grenzwert 0,2 µg/l für die folgenden Referenzsubstanzen (Summe der Konzentrationen): Fluoranthen, Benzo[*b*]fluoranthen, Benzo[*k*]fluoranthen, Benzo[*a*]pyren, Benzo[*ghi*]perylen und Indeno[1,2,3-*cd*]-pyren.

6.4.7 Organische Chlorverbindungen

Bei den organischen Chlorverbindungen handelt es sich um eine sehr große Gruppe organischer Substanzen, die nur eine einzige Eigenschaft gemeinsam haben, nämlich ein oder mehrere Chloratome im Molekül. Diese Substanzgruppe wird zweckmäßigerweise mit dem AOX bestimmt, der von Kühn und Sontheimer (1973) als Parameter intensiv untersucht worden ist. Organische Chlorverbindungen, die als AOX erfasst werden, können beispielsweise in Abwässern der chemischen Industrie enthalten sein. Sie entstehen aber auch bei der Desinfektion huminstoffhaltiger Wässer mit freiem Chlor. Die polaren Anteile des AOX sind, trotz intensiver analytischer Anstrengungen, größtenteils unbekannt. Hartmann und Reckhow (2003) haben unter anderem Chlorbutanone und chlorierte Malonsäure gefunden. Im Allgemeinen sind die Analysenwerte des bei der Chlorung entstehenden AOX sehr viel höher als die der Trihalogenmethane, die parallel dazu ebenfalls entstehen (siehe Abschn. 6.4.10 und Analysenbeispiel 27).

Da der AOX unspezifischer auf Verunreinigungen mit Chlorverbindungen anspricht als andere Analysenmethoden, eignet er sich besonders gut für Überwachungszwecke, z. B. bei der Überwachung von Brunnen und Vorfeldmessstellen nach dem DVGW-Arbeitsblatt W 254.

Lösungsmittel auf der Basis von Chlorkohlenwasserstoffen haben einen großen Vorteil: Sie brennen nicht. Und sie haben einen großen Nachteil: Sie sind gesundheitsschädlich. Aufgrund ihrer guten Lösungsmitteleigenschaften und ihrer Unbrennbarkeit konnten sich Chlorkohlenwasserstoffe überall durchsetzen, wo diese Eigenschaften gefragt waren: beispielsweise zur Textilreinigung in chemischen Reinigungsbetrieben, zur Entfettung von Metalloberflächen in Metall verarbeitenden Betrieben, zum Abbeizen alter Farbreste und zur Extraktion von Wirkstoffen aus Naturstoffen.

Die Dichte der Chlorkohlenwasserstoffe liegt ausnahmslos über 1 g/ml. Dies bedeutet, dass sie bei Unfällen oder Leckagen bis in die tiefsten Stellen eines Grundwasserleiters vordringen können. Dadurch wird die Sanierung eines Schadensfalles aufwendig.

Chlorkohlenwasserstoffe waren früher verfügbar als die Analytik, mit denen man sie mit hinreichender Empfindlichkeit in der Umwelt feststellen konnte. Nachdem in zunehmendem Umfang Chlorkohlenwasserstoffbefunde bekannt wurden, ist eine Art „Aufholjagd“ entstanden, mit der die Untersuchungen intensiviert wurden und die eingetretenen Schäden repariert werden sollten. Das wichtigste Zeugnis aus dieser Zeit ist die HOV-Studie, die 1987 fertiggestellt wurde (Niemitz, 1987).

Chlorkohlenwasserstoffe sind Xenobiotika. Sie galten lange als persistent. Für einige schwerflüchtige Chlorkohlenwasserstoffe trifft dies auch zu. Leichtflüchtige Chlorkohlenwasserstoffe können im Grundwasserleiter dechloriert werden. Das Tetrachlorethen (Perchlorethen, „Per“) unterliegt dabei der folgenden Dechlorierung: $C_2Cl_4 \rightarrow C_2HCl_3 \rightarrow C_2H_2Cl_2 \rightarrow C_2H_3Cl \rightarrow C_2H_4$ (Nerger und Roßkamp, 1991). Bei C_2H_3Cl handelt es sich um Vinylchlorid. Dieses hat eine doppelte Bedeutung, nämlich als Baustein (Monomer) von Polyvinylchlorid (PVC) und als Abbauprodukt von Tetrachlorethen bzw. Trichlorethen („Tri“). Die umfangreichste Studie zum Abbau von Chlorkohlenwasserstoffen stammt von Böckle (1999). Die Autorin konnte Randbedingungen definieren, unter denen der Abbau besonders effektiv verläuft.

Grenzwerte (chemische Parameter, deren Konzentrationen sich im Verteilungsnetz einschließlich der Trinkwasserinstallation in der Regel nicht mehr erhöhen)

Trinkwasserverordnung vom August 2013 und Mai 2001: 1,2-Dichlorethan: 3 µg/l; Tetrachlorethen und Trichlorethen: 10 µg/l, Bemerkung: „Summe der nachgewiesenen und mengenmäßig bestimmten Einzelstoffe". Anmerkung: „Voraussetzung für die Summenbildung ist mindestens das jeweilige Erreichen der Bestimmungsgrenze des analytischen Verfahrens."

Vorgeschichte: Trinkwasserverordnung vom Februar 1975: kein Grenzwert; EG-Trinkwasserrichtlinie vom Juli 1980: keine belastbaren Angaben, Bemerkung: „Der Gehalt an Haloformen muß soweit als irgendmöglich verringert werden." Trinkwasserverordnung vom Mai 1986: 1,1,1-Trichlorethan, Trichlorethylen, Tetrachlorethylen und Dichlormethan: 25 µg/l (Summe der Konzentrationen); Tetrachlorkohlenstoff: 3 µg/l; Trinkwasserverordnung vom Dezember 1990: Der Grenzwert für Tetrachlormethan/Tetrachlorkohlenstoff wurde beibehalten, die Auswahl der übrigen Referenzsubstanzen wurde ebenfalls beibehalten, die Summe ihrer Konzentrationen wurde jedoch auf 10 µg/l erniedrigt.

Anmerkung
Weitere organische Chlorverbindungen, die getrennt diskutiert werden, sind: Organochlorpestizide (als Untergruppe der Pflanzenschutzmittel und Biozidprodukte): Abschn. 6.4.8; polychlorierte und polybromierte Biphenyle: Abschn. 6.4.9; und Trihalogenmethane: Abschn. 6.4.10.

Zielwerte entsprechend Fließgewässermemorandum: AOX: 25 µg/l. Polyfluorierte Verbindungen (PFC) und übrige organische Halogenverbindungen je Einzelstoff: 0,1 µg/l, es sei denn, dass toxikologische Erkenntnisse einen noch niedrigeren Wert erfordern, zum Beispiel für gentoxische Substanzen.

6.4.8
Pflanzenschutzmittel- und Biozidproduktwirkstoffe

Ältere Bezeichnungen für diese Stoffgruppe: „Pflanzenschutzmittel und Biozidprodukte" bzw. „organisch-chemische Stoffe zur Pflanzenbehandlung und Schädlingsbekämpfung einschließlich ihrer toxischen (bzw. relevanten) Hauptabbauprodukte, PBSM" bzw. „Pestizide".

Das Bundesamt für Verbraucherschutz und Lebensmittelsicherheit führt eine Liste mit allen in der Bundesrepublik zugelassenen Pflanzenschutzmitteln mit Angaben zu: Handelsbezeichnung, Zulassungsnummer, Zulassungsende, Wirkstoff und Wirkungsbereich (siehe Literaturverzeichnis: „Bundesamt…"). Die Liste wird laufend aktualisiert. Im Dezember 2012 waren ca. 890 Pflanzenschutzmittel mit ca. 210 Wirkstoffen zugelassen. Die pauschale Aufwandmenge pendelt seit dem Jahre 1994 um einen Wert von 3 kg/ha. Insgesamt lag der Verbrauch an Wirkstoffen in der Bundesrepublik im Jahre 2010 bei 40 844 t (Dechet *et al.*, 2016). Die Wirkstoffe werden in Untergruppen eingeteilt, die im „Abkürzungsverzeichnis und Glossar" unter dem Stichwort „Pestizide" aufgeführt sind. Den

Pflanzenschutzmitteln wird allgemein eine hohe Aufmerksamkeit gewidmet. Bei der Eingabe des Suchbegriffs „Pflanzenschutzmittel“ in eine Internetsuchmaschine wurden im Juli 2012 etwa 1,5 Mio. Treffer erzielt.

Aus der Sicht der Trinkwasserversorgung begann die Pestizidproblematik im Jahre 1980 mit der ersten EG-Trinkwasserrichtlinie.

EG-Trinkwasserrichtlinie vom Juli 1980

Mit dieser Richtlinie wurde erstmals die Forderung aufgestellt, dass das Trinkwasser keine Pflanzenbehandlungs- und Schädlingsbekämpfungsmittel (unter Einbeziehung der polychlorierten und polybromierten Biphenyle und Terphenyle) enthalten dürfe. Diese Forderung wurde – ohne Rücksicht auf die damaligen analytischen Möglichkeiten und ohne Bewertung der toxikologischen Eigenschaften der einzelnen Substanzen – mit einem sehr niedrigen Grenzwert untermauert: 0,1 µg/l für die Einzelsubstanz und 0,5 µg/l für deren Summe.

Diese Entscheidung basierte auf den folgenden Überlegungen:

- Diese Stoffe gehören grundsätzlich nicht in das Trinkwasser.
- Die Wirkstoffe werden entsprechend den für ihre Zulassung erforderlichen Tests im Boden zurückgehalten bzw. abgebaut, sodass keine Gefahr dafür besteht, dass sie in den Rohwässern auftauchen.

Die zweite Überlegung hat sich als nicht unbedingt tragfähig erwiesen. Das Problem lässt sich als „Hundert-minus-x-Regel“ formulieren: Die Aussagen, eine Substanz würde zu 99 oder 99,9 oder 99,99 % eliminiert, sind messtechnisch nicht unterscheidbar und damit im analytischen Sinne identisch. Die nicht eliminierten Anteile der Substanz liegen dann bei 1 bzw. 0,1 bzw. 0,01 % und differieren somit dramatisch, nämlich jeweils um den Faktor 10. Zwei Wirkstoffe können daher „ungefähr gleich gut“ eliminiert werden und trotzdem zu höchst unterschiedlichen Belastungen von Rohwässern führen. Nach einer Abschätzung von Müller-Wegener und Milde (1991) muss die zum Schutz des Grundwassers erforderliche Wirkstoffeliminierung besser sein als 99,99 %. Diese Forderung war keineswegs für alle Wassereinzugsgebiete erfüllt.

Weitere Entwicklung des Pestizidproblems

Auf das Jahr 1980 folgte eine chaotische Entwicklung, die hier nicht mehr nachgezeichnet werden muss. Im Verlauf dieser Entwicklung wurden geeignete Analysenverfahren entwickelt und in die deutsche und internationale Normung eingeschleust. Eine weitere Normalisierung der Situation ergab sich im Verlauf der Gesetzgebung und durch die Ausführungsverordnungen der Länder. Für die instrumentelle Analytik bedeutete diese Entwicklung einen Innovationsschub, der in der Folge dazu führte, dass auch andere Stoffgruppen analytisch erschlossen wurden, insbesondere Arzneimittelrückstände (Abschn. 6.4.13), Röntgenkontrastmittel (Abschn. 6.4.14) und perfluorierte Verbindungen (Abschn. 6.4.15).

Im Juni 1989 wurde vom Bundesgesundheitsamt, Berlin ein Wirkstoffkatalog für chemische Stoffe zur Pflanzenbehandlung und Schädlingsbekämpfung als Hilfe zum Vollzug der Trinkwasserverordnung veröffentlicht. Wegen der Bedeutung dieses Katalogs als „Schrittmacher" in der PBSM-Problematik wird er auf der Website im Ordner „VERSCHIEDENES\TABELLEN" als Tab. A.9a aufgeführt.

Im Jahre 2006 haben Sturm *et al.* DVGW-Mitgliedsunternehmen über positive Befunde von Pflanzenschutzmitteln und deren Metaboliten befragt (Sturm *et al.*, 2006; Sturm und Kiefer, 2007). Die Ergebnisse sind auf der Website in Tab. A.9b aufgeführt. Sie sind aufgeschlüsselt nach Befunden in Grund- und Oberflächenwasser. Außerdem ist für jeden Wirkstoff die Anzahl positiver Befunde angegeben. Die Tabelle ist besonders informativ, weil die Anzahl positiver Befunde eine Vorstellung von der Bedeutung eines Wirkstoffs (Metabolits) vermittelt.

Im Jahre 2008 hat das Bundesinstitut für Risikobewertung eine aktualisierte Liste herausgegeben, in der für mehr als 300 Wirkstoffe die ADI-Werte (Acceptable Daily Intake, zulässige tägliche Aufnahmemenge eines hygienisch bedenklichen Stoffes), die TWLW (Trinkwasserleitwerte, gesundheitlich lebenslang duldbare Höchstkonzentrationen eines Pflanzenbehandlungsmittels, siehe „Abkürzungsverzeichnis und Glossar") und die TWMW (Trinkwassermaßnahmewerte, vorübergehend duldbare Höchstkonzentrationen eines Pflanzenbehandlungsmittels) aufgelistet sind BfR (2008).

Bereits im Jahre 2005 haben Schmidt *et al.* (2005) versucht, die Ursachen von Fundmeldungen zu Pflanzenschutzmitteln im Grundwasser in Deutschland aufzuklären. An dieser Studie waren u. a. das Institut Fresenius, Taunusstein und der Industrieverband Agrar Frankfurt, beteiligt. Die Gruppierung verwandter Fundursachen in Klassen zeigte, dass sich die häufigsten Ursachen für die Pflanzenschutzmittelbefunde wie folgt verteilen:

- Abwassereinfluss auf Messstellen (26 Meldungen/17,2 %),
- Probenkontaminationen bzw. Analysenfehler (19 falsch positive Funde/12,6 %),
- Punktquelleneinfluss (16 Meldungen/10,6 %),
- technisch ungeeignete Messstellen (15 Meldungen/9,9 %),
- Altdeponien/Altlasten (14 Meldungen/9,3 %).

Relevante und nicht relevante Metaboliten von Pflanzenschutzmitteln

Mit dem Begriff „relevant" war ein unspezifischer Begriff gewählt worden, der alle denkbaren Wirkungen einschließt. Die relevanten Metaboliten haben in der Gesetzgebung den gleichen Rang wie die Pflanzenschutzmittel selbst. Nicht relevante Metaboliten sind solche, die keine Wirkungen mehr haben.

Dass diese Definition problematisch ist, belegte das Technologiezentrum Wasser (TZW) in Karlsruhe im Jahre 2006. Es hat gezeigt, dass aus dem bis kurz zuvor unbekannten und wegen seiner stoffinhärenten Eigenschaften als „nicht relevant" zu bewertenden DMS (N,N-Dimethylsulfamid) bei der Ozonung unter bestimmten Umständen das stark gentoxische und wahrscheinlich humankarzinogene NDMA (N,N-Dimethylnitrosamid) entsteht.

Für die Relevanz von Metaboliten gelten daher zwei unterschiedliche Messlatten, die von Dieter (2008) wie folgt definiert wurden: „Nicht relevante Metaboliten (nrM) sind Abbauprodukte von Wirkstoffen aus Pflanzenschutzmitteln

(PSM), die weder ein pestizides noch ein ökotoxisches noch ein humantoxisches (Rest)wirkpotenzial besitzen und deshalb EU-stoffrechtlich nicht als relevant bewertet werden. Dennoch sind sie trinkwasserrelevant, weil sie so wie zahlreiche hydrophile/polare Umweltkontaminanten anderer Herkunft als ‚relevante Kontaminanten' (relKont) das Trinkwasser erreichen können."

In der Empfehlung des Umweltbundesamtes nach Anhörung der Trinkwasserkommission des Bundesministeriums für Gesundheit beim Umweltbundesamt wurden im Jahr 2008 die Begriffe „nicht relevanter Metabolit" (nrM), „relevanter Kontaminant" (relKont), „gesundheitlicher Orientierungswert" (GOW) und „Vorsorge-Maßnahmewert" (VMW) präzisiert.

Der DVGW betont: „Der erfolgreiche Schutz der Rohwasserressourcen für die Trinkwassergewinnung wird neben der Fortentwicklung des Zulassungsverfahrens nach den Maßgaben der neuen Pflanzenschutzmittelzulassungsverordnung (110/2009/EG vom 21.10.2009) auch maßgeblich von der Bereitschaft der Anwender, der Pestizidhersteller, dem Bundesamt für Verbraucherschutz und Lebensmittelsicherheit als Zulassungsbehörde und den Wasserversorgungsunternehmen abhängen, miteinander zielgerichtet zu kooperieren" (Castell-Exner und Gerhardy, 2010).

Glyphosat

Glyphosat wird hier gesondert erwähnt, weil im Jahre 2015 eine heftige Diskussion über seine Schädlichkeit eingesetzt hat, und zwar vor dem Hintergrund, dass 2015 eine Neuzulassung des Wirkstoffs beschlossen werden sollte. Glyphosat ist ein Breitbandherbizid der Stoffklasse Phosphonate, das seit den 1970er-Jahren eingesetzt wird. Es wurde ursprünglich von der Firma Monsanto vertrieben. Der Wirkstoff hat die folgende

Strukturformel:

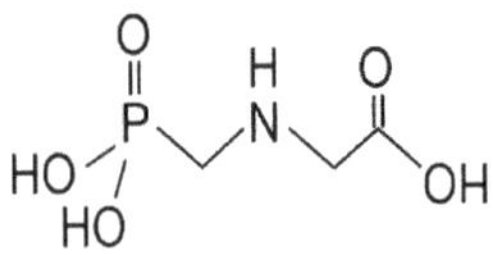

Glyphosat

Im Jahre 2012 wurden weltweit 720 000 t dieses Wirkstoffs eingesetzt, meist in der Anwendungsform „Roundup". Glyphosat ist im Boden biologisch abbaubar. Bei der Untersuchung von Proben aus Grundwassermessstellen hat das Umweltbundesamt bei weniger als 1 % der Proben eine Überschreitung des Trinkwassergrenzwertes von 0,1 µg/l festgestellt. Auch in Bier und in Urinproben konnte Glyphosat nachgewiesen werden, was vor dem Hintergrund immer empfindlicherer Nachweismethoden eher trivial ist.

Das Bundesinstitut für Risikobewertung (BfR) betont, dass Glyphosat bei bestimmungsgemäßer Anwendung weder das Krebsrisiko erhöht, noch eine frucht- oder entwicklungsschädigende Wirkung hat. Die Weltgesundheitsorganisation (WHO) hält dagegen Glyphosat für „wahrscheinlich krebserregend". Der Naturschutzbund Deutschland (NABU) fordert daher ein Verbot von Glyphosat. Das Umweltbundesamt (UBA) lehnt Glyphosat aus ökologischen Gründen ab.

Grenzwerte

Trinkwasserverordnung vom August 2013: Pflanzenschutzmittelwirkstoffe und Biozidproduktwirkstoffe: 0,1 µg/l (chemischer Parameter, dessen Konzentration sich im Verteilungsnetz einschließlich der Trinkwasserinstallation in der Regel nicht mehr erhöht).

Bemerkung: Pflanzenschutzmittel und Biozidprodukte bedeuten: organische Insektizide, organische Herbizide, organische Fungizide, organische Nematizide, organische Akarizide, organische Algizide, organische Rodentizide, organische Schleimbekämpfungsmittel, verwandte Produkte (u. a. Wachstumsregulatoren) und die relevanten Metaboliten, Abbau- und Reaktionsprodukte. Es brauchen nur solche Pflanzenschutzmittel und Biozidprodukte überwacht zu werden, deren Vorhandensein im betreffenden Wassereinzugsgebiet wahrscheinlich ist. Der Grenzwert gilt jeweils für die einzelnen Pflanzenschutzmittelwirkstoffe und Biozidproduktwirkstoffe. Für Aldrin, Dieldrin, Heptachlor und Heptachlorepoxid gilt der Grenzwert von 0,000 03 mg/l.

Pflanzenschutzmittelwirkstoffe und Biozidproduktwirkstoffe insgesamt: 0,5 µg/l. Bemerkung: Der Parameter bezeichnet die Summe der bei dem Kontrollverfahren nachgewiesenen und mengenmäßig bestimmten einzelnen Pflanzenschutzmittelwirkstoffe und Biozidproduktwirkstoffe. Anmerkung: Voraussetzung für die Summenbildung ist mindestens das jeweilige Erreichen der Bestimmungsgrenze des analytischen Verfahrens.

Vorgeschichte: Trinkwasserverordnung vom Mai 2001: im Prinzip wie aktuelle Regelung. Trinkwasserverordnungen vom Mai 1986 und Dezember 1990: a) chemische Stoffe zur Pflanzenbehandlung und Schädlingsbekämpfung einschließlich toxischer Hauptabbauprodukte und b) polychlorierte, polybromierte Biphenyle und Terphenyle; einzelne Substanz 0,0001 mg/l, insgesamt 0,0005 mg/l. Die Trinkwasserrichtlinie von 1980 hat der Tatsache Rechnung getragen, dass die Bildung einer Summe (hier: „Pestizide insgesamt") mathematisch nicht exakt möglich ist, wenn ein oder mehrere Summanden nicht genau definiert sind, da das Ergebnis unterhalb der Bestimmungsgrenze lag. Zu diesem Punkt gibt die Richtlinie eine „Rechenvorschrift", die darin besteht, dass nur die über der Bestimmungsgrenze liegenden (real gemessenen) Werte zu addieren sind. In der Praxis wurde in den meisten Fällen ohnehin so verfahren. Diese Verfahrensregel führt jedoch dazu, dass jede Verbesserung des Kontrollverfahrens die Gefahr in sich birgt, dass im Einzelfall mehr Pestizide nachgewiesen und mengenmäßig bestimmt werden. Dadurch könnte die Summe der Konzentrationen steigen und womöglich der Summengrenzwert überschritten werden.

Zielwerte entsprechend Fließgewässermemorandum: Pestizide, Biozide und deren Metabolite je Einzelstoff: 0,1 µg/l, es sei denn, dass toxikologische Erkenntnisse einen noch niedrigeren Wert erfordern, zum Beispiel für gentoxische Substanzen.

6.4.9 Polychlorierte und polybromierte Biphenyle und Terphenyle, PCB und PCT

Die mengenmäßig größte Bedeutung haben (bzw. hatten) die polychlorierten Biphenyle (PCB). Dies sind unbrennbare Öle und wachsartige Substanzen mit hoher Zeitstandfestigkeit und guten elektrischen Eigenschaften, deren Viskosität durch unterschiedliche Chlorierungsgrade in weiten Grenzen variiert werden kann. Sie wurden in großem Umfang als Transformatorenöl, Isolierflüssigkeit (z. B. in Kondensatoren), Kühlflüssigkeit und Hydrauliköl sowie als Zusatz zu Lacken und Dichtungsmassen eingesetzt. Die PCB sind hochgiftig. Sie gelten als Umweltgift und Nervengift. Außerdem sind sie krebsverdächtig und erbgutverändernd. Wenn PCB hohen Temperaturen ausgesetzt werden, entstehen polychlorierte Dibenzo-*p*-dioxine und chlorhaltige Dibenzofurane (siehe Abschn. 6.4.20).

PCB besitzen nur eine geringe Wasserlöslichkeit und sind daher in Oberflächengewässern hauptsächlich an Feststoffpartikel adsorbiert. Über das Vorkommen von PCB in Gewässern findet man nur spärliche Hinweise. Bekannt ist das Auftauchen von niedrigchlorierten PCB Anfang der 1970er-Jahre auf erschöpfter Aktivkohle eines Rheinuferfiltratwasserwerks und von höher chlorierten PCB im Fettgewebe von Rheinfischen (Kölle *et al.*, 1972). Auch in den Sedimenten des Bodensees sind PCB gefunden worden, die möglicherweise aus Antifoulinganstrichen von Schiffen abgegeben wurden (Kölle und Stieglitz, 1974).

In den USA wurde die Herstellung von PCBs 1977, in der Bundesrepublik Deutschland erst im Jahr 1983 eingestellt. Entsprechend der Schadstoffverordnung dürfen in Deutschland seit dem 01.01.1989 PCB, PCB-haltige Produkte und Geräte nicht mehr hergestellt, importiert, exportiert oder verkauft werden.

Polybromierte Biphenyle wurden als Flammschutzmittel in Kunststoffen eingesetzt. Sie sind krebserzeugend und gelten als Umweltgift und Nervengift. Auch für diese Substanzklasse gilt ein Herstellungsverbot. Detaillierte Zusatzinformationen hält das Umweltbundesamt bereit.

Grenzwert

- Trinkwasserverordnung vom August 2013: kein Grenzwert.

Vorgeschichte: Nach den Trinkwasserverordnungen vom Mai 1986 und Dezember 1990 ist mit den polychlorierten und polybromierten Biphenylen und Terphenylen so umgegangen worden, als handelte es sich um eine Untergruppe der Pflanzenschutzmittel. In den Kommentarbänden zur Trinkwasserverordnung werden diese Stoffe nicht als eigene Substanzgruppe behandelt. In der EG-Trinkwasserrichtlinie vom November 1998 und in der Trinkwasserverordnung vom Mai 2001 werden diese Substanzen überhaupt nicht mehr genannt. Es ist daher davon auszugehen, dass von dieser Substanzgruppe keine nennenswerte Gefährdung mehr ausgeht.

6.4.10 Trihalogenmethane („Haloforme")

Die Bildung von Trihalogenmethanen wird in Abschn. 8.2.1 („Chlor, freies Chlor") angesprochen. Bei dieser Substanzgruppe handelt es sich um die folgenden Einzelsubstanzen:

$CHCl_3$	Trichlormethan, Chloroform
$CHBrCl_2$	Bromdichlormethan
$CHBr_2Cl$	Dibromchlormethan
$CHBr_3$	Tribrommethan, Bromoform

Die bromhaltigen Verbindungen entstehen dann, wenn das Wasser Bromid enthält. Die Ausbeute an bromhaltigen Trihalogenmethanen ist – verglichen mit der Bromidkonzentration des Wassers – im Allgemeinen sehr hoch. Dies ist darauf zurückzuführen, dass das Bromid von Chlor zu Brom oxidiert wird, das mit organischen Substanzen zu bromhaltigen Trihalogenmethanen weiterreagieren kann. Trägt das Brom nicht zur Trihalogenmethanbildung bei, wird es zu Bromid reduziert, das von Chlor sofort wieder zu Brom oxidiert wird. Auf diese Weise bekommt es immer wieder eine neue „Chance" zur Bildung bromhaltiger Trihalogenmethane.

Die Bildung von Trihalogenmethanen ist von einer Reihe von Parametern abhängig: Art und Konzentration der im Wasser enthaltenen organischen Substanzen, Bromidkonzentration, Höhe der Chlordosierung, Reaktionsdauer und Temperatur. Der Beitrag der Wasserbeschaffenheit zur Bildung von Trihalogenmethanen wird als „Haloformbildungspotenzial" bezeichnet. Es wird gemessen, indem man „pessimale" Versuchsbedingungen schafft, also besonders hohe Chlorkonzentrationen besonders lange einwirken lässt. Um im aufbereiteten Wasser nach der Dosierung von Chlor möglichst niedrige Konzentrationen von Trihalogenmethanen zu erreichen, ist es das Ziel der Trinkwasseraufbereitung, vor der Chlordosierung das Haloformbildungspotenzial soweit wie irgend möglich zu senken. Hierfür geeignet sind alle Maßnahmen, mit denen organische Substanzen vom Typ der Huminstoffe aus dem Wasser eliminiert werden können: Flockung, Aktivkohlefiltration, Ozonung mit anschließender biologischer Behandlung in einem Aktivkohlefilter und die Behandlung mit Adsorberharz.

Wie alle Chlorkohlenwasserstoffe gelten auch die Trihalogenmethane als toxisch bzw. karzinogen (Roßkamp, 1991b). Insofern sind Anstrengungen zur Erniedrigung der Konzentration dieser Substanzen im Trinkwasser gerechtfertigt. Diese Anstrengungen dürfen jedoch auf keinen Fall auf Kosten der bakteriologischen Sicherheit gehen.

Grenzwert

Trinkwasserverordnung vom August 2013: Trihalogenmethane 0,05 mg/l (50 µg/l) (chemischer Parameter, dessen Konzentration im Verteilungsnetz einschließlich der Trinkwasserinstallation ansteigen kann).

Bemerkung: Summe der am Zapfhahn des Verbrauchers nachgewiesenen und mengenmäßig bestimmten Reaktionsprodukte im Trinkwasser, die bei der Desinfektion oder Oxidation des Wassers entstehen: Trichlormethan (Chloroform), Bromdichlormethan, Dibromchlormethan und Tribrommethan (Bromoform); eine Untersuchung im Versorgungsnetz ist nicht erforderlich, wenn am Ausgang des Wasserwerks der Wert von 0,01 mg/l nicht überschritten wird. Das Gesundheitsamt kann befristet höhere Konzentrationen am Zapfhahn in der Trinkwasserinstallation bis 0,1 mg/l zulassen, wenn dies aus seuchenhygienischen Gründen als Folge von Desinfektionsmaßnahmen erforderlich ist.

Vorgeschichte: Trinkwasserverordnung vom Februar 1975: kein Grenzwert; Empfehlung des Bundesgesundheitsamtes zum Problem „Trihalogenmethane im Trinkwasser“ (1979): Einhaltung einer Konzentration von 25 µg/l; EG-Trinkwasserrichtlinie vom Juli 1980: kein Grenzwert, Bemerkung: „Der Gehalt an Haloformen muß soweit irgendmöglich verringert werden“; Trinkwasserverordnung vom Mai 1986: kein Grenzwert; Trinkwasserverordnung vom Dezember 1990 in Anlage 3 (zur Trinkwasseraufbereitung zugelassene Zusatzstoffe): Grenzwert bei Chlorung: 10 µg/l Trihalogenmethane mit einem „Ausnahmegrenzwert“ von 25 µg/l für bakteriologisch kritische Situationen; EG-Trinkwasserrichtlinie vom November 1998: 100 µg/l, Anmerkung: „Die Mitgliedstaaten sollten nach Möglichkeit einen niedrigeren Wert anstreben, ohne hierdurch die Desinfektion zu beeinträchtigen.“ Der Grenzwert gilt erst nach einer zehnjährigen Übergangsfrist. Während dieser Zeit sollen geeignete Maßnahmen getroffen werden, um die Trihalogenmethankonzentration so weit wie möglich zu reduzieren. Trinkwasserverordnung vom Mai 2001: im Prinzip wie aktuelle Regelung, jedoch ohne Ausnahmeregelung für seuchenhygienische Notfälle.

Es fällt auf, dass der Grenzwert nach der EG-Trinkwasserrichtlinie um den Faktor 10 (und während einer festgelegten Übergangsfrist sogar um den Faktor 15) höher liegt als der bisher niedrigste Parameterwert nach der Trinkwasserverordnung. Dies kann nur mit der Rücksichtnahme auf solche Wasserwerke erklärt werden, die Flusswasser stellenweise noch nach der klassischen Technik aufbereiten: Knickpunktchlorung – Flockung – Sedimentation – Filtration – „Sicherheitschlorung“. Dabei können sehr hohe Haloformkonzentrationen entstehen. Eine Alternative dazu ist der verstärkte Einsatz von Ozon und biologisch wirkender Aktivkohlefilter sowie der Verzicht auf die Chlordosierung oder ihre Beschränkung auf eine „Sicherheitschlorung“ (Sontheimer *et al.*, 1980).

6.4.11
Benzol

Benzol ist der einfachste aller aromatischen Kohlenwasserstoffe. Er kommt in Rohölen, Kraftstoffen und Lösungsmitteln vor und dient als Rohstoff für die Synthese anderer organischer Stoffe. Benzol gilt als karzinogen und wird daher zunehmend aus dem Umfeld des Menschen eliminiert.

In der Bundesratsdrucksache 721/00 wird der Parameter Benzol wie folgt kommentiert: „Für Benzol, das unter ungünstigen Umständen aufgrund anthropogener Belastungen der Umwelt, z. B. durch unsachgemäßes Verhalten im Bereich einer Tankstelle, in das Wasser gelangen kann, gilt ein Grenzwert von 0,001 mg/l" (1 µg/l).

Grenzwert

Trinkwasserverordnung vom August 2013 und Mai 2001: 1 µg/l Benzol (chemischer Parameter, dessen Konzentration sich im Verteilungsnetz einschließlich der Trinkwasserinstallation in der Regel nicht mehr erhöht).

Vorgeschichte: Der Parameter „Benzol" wird erstmals in der EG-Trinkwasserrichtlinie vom November 1998 mit einem Grenzwert von 1 µg/l aufgeführt.

6.4.12
Acrylamid, Epichlorhydrin und Vinylchlorid

Acrylamid ($CH_2{=}CH{-}CONH_2$) ist die Ausgangssubstanz von Polyacrylamid, von dem unterschiedlich modifizierte Fertigprodukte hergestellt werden. Polyacrylamid ist in Wasser quellbar und in niedriger Konzentration wasserlöslich. Produkte auf Polyacrylamidbasis dienen als Flockungshilfsmittel und kommen daher unmittelbarer, nämlich als Zusatzstoff, mit dem Wasser in Berührung als andere Materialien.

> **Anmerkung**
> Ende April 2002 hat die schwedische Behörde für Lebensmittelsicherheit (Swedish National Food Administration) festgestellt, dass Acrylamid auch bei der Zubereitung stärkehaltiger Nahrungsmittel bei hohen Temperaturen entstehen kann. In Extremfällen sollen Konzentrationen bis in den Konzentrationsbereich mg/kg beobachtet worden sein. Da der Mensch schon immer hohe Temperaturen bei der Nahrungszubereitung angewendet hat, haben diese Befunde in allen Medien große Aufmerksamkeit gefunden.

Epichlorhydrin ($[CH_2OCH]{-}CH_2Cl$) Dieser Stoff ist die Ausgangssubstanz der Epoxidharze, die als hochwertiges Beschichtungsmaterial für Wasser führende Anlagenteile verwendet werden. Nach der Bundesratsdrucksache 721/00 soll Epichlorhydrin auch in Flockungsmitteln vorkommen.

Anmerkung
Im Falle eines Unfalls mit größeren Mengen Epichlorhydrin kann eine akute Gefährdung der betroffenen Personen, insbesondere auch der Hilfskräfte, und der Umwelt eintreten. In diesem Zusammenhang sei an den Unfall mit einem schienengebundenen Kesselwagen erinnert, der sich am 09. September 2002 in Bad Münder ereignet hat. Etwa 50 Personen haben sich in den Krankenhäusern von Springe und Hameln behandeln lassen. Das Flüsschen Hamel ist, wie vor Ort festgestellt wurde, stromabwärts der Unfallstelle zum toten Gewässer geworden.

Vinylchlorid (CH_2=CHCl) ist das Monomer von Polyvinylchlorid (PVC). PVC ist ein nicht brennbarer Kunststoff, der als Leitungsmaterial eingesetzt wird. „Weich-PVC" erhält man durch Zusatz eines „Weichmachers" (Phthalsäureester) in teilweise hohen prozentualen Anteilen.

Grenzwerte

Trinkwasserverordnung vom August 2013 und Mai 2001:

- Acrylamid 0,1 µg/l (chemischer Parameter, dessen Konzentration sich im Verteilungsnetz einschließlich der Trinkwasserinstallation in der Regel nicht mehr erhöht). Die Anforderungen nach §11 (Anforderungen an Aufbereitungsstoffe) bleiben unberührt.
- Epichlorhydrin 0,1 µg/l (chemischer Parameter, dessen Konzentration im Verteilungsnetz einschließlich der Trinkwasserinstallation ansteigen kann).
- Vinylchlorid 0,5 µg/l (chemischer Parameter, dessen Konzentration im Verteilungsnetz einschließlich der Trinkwasserinstallation ansteigen kann).

Für alle drei Parameter gilt die Bemerkung: „Der Grenzwert bezieht sich auf die Restmonomerkonzentration im Trinkwasser, berechnet auf Grund der maximalen Freisetzung nach den Spezifikationen des entsprechenden Polymers und der angewandten Polymerdosis. Der Nachweis der Einhaltung des Grenzwertes kann auch durch die Analyse des Trinkwassers erbracht werden."

Für Acrylamid gilt die zusätzliche Bemerkung: Die Anforderungen nach §11 (Aufbereitungsstoffe und Desinfektionsverfahren) bleiben unberührt. Acrylamid kann noch im Ultraspurenbereich analytisch erfasst werden (Buhlert und Weber, 2005).

Vorgeschichte: In die EG-Trinkwasserrichtlinie vom November 1998 und in die Trinkwasserverordnung vom Mai 2001 wurden die drei hier behandelten organischen Einzelsubstanzen neu aufgenommen: Acrylamid, Epichlorhydrin und Vinylchlorid. Den drei Substanzen ist gemeinsam, dass es sich um die molekularen Bausteine (Monomere) hochmolekularer Verbindungen (Polymere) handelt. Bei der Synthese der Polymere sollten die Monomere so vollständig umgesetzt werden, dass das Endprodukt möglichst keine Monomere („Restmonomere") mehr enthält. Um zu gewährleisten, dass die Polymere keine Restmonomere in gesundheitsgefährdenden Konzentrationen an das Wasser abgeben, sind Grenzwerte definiert worden. Der Gesetzgeber gestattet, dass die Monomere als solche im Wasser analysiert werden, gestattet aber auch einen Rückgriff auf die Produktspezifikation des Herstellers. Aus diesen Daten und den betrieblichen Randbedingungen lässt sich die maximal zu erwartende Konzentration im Wasser abschätzen.

6.4.13 Arzneimittelrückstände

Erstmals im Jahre 1991 stieß man bei der Pestizidanalyse eher zufällig auf Arzneimittelrückstände (Buchberger, 2006). Seitdem wurde die Analytik weiterentwickelt mit der Konsequenz, dass die positiven Befunde zunahmen. Es ist nicht möglich, die bisher durchgeführten Untersuchungen und deren Befunde im Rahmen dieses Buches umfassend darzustellen. Es werden im Folgenden daher Leseempfehlungen gegeben.

Leseempfehlungen (chronologisch geordnet)

Brauch *et al.* (2002): Auf den 206 Seiten dieses umfassenden Berichts wird für Baden-Württemberg der Verbleib von 74 ausgewählten Arzneimittelwirkstoffen in der Umwelt erörtert (105 Grundwassermessstellen, 80 Proben aus Fließgewässern, Klärschlämme aus 30 Kläranlagen, Böden sowie Schweinegülle und Putenmist).

Ternes *et al.* (2002) untersuchen den Effekt der Trinkwasseraufbereitung im Hinblick auf die Elimination von Arzneimittelrückständen. Wirksam sind Aktivkohle, Membrantechniken und weiterführende oxidative Behandlungsmaßnahmen („AOP").

Alexy *et al.* (2003) haben den Verbrauch und die Umweltkonzentrationen von Antibiotika untersucht, insbesondere ihr Verhalten in einer Kläranlage. Untersucht wurden der Kläranlagenzulauf, der Kläranlagenablauf, der Belebtschlamm und der Überschussschlamm auf die Stoffe Chloramphenicol, Clarithromycin, Roxithromycin, Dehydro-Erythromycin, Clindamycin, Trimethoprim, Sulfamethoxazol, Metronidazol, Ofloxacin, Norfloxacin, Ciprofloxacin, Enoxacin.

Track und Kreysa (2003): Dieses Buch (254 Seiten) enthält 21 Beiträge über die unterschiedlichsten Aspekte der Belastung von Gewässern durch organische Spurenstoffe. Ebenso berücksichtigt werden auch Tierarzneimittelrückstände sowie Antibiotikaresistenzen in Abwasser, Oberflächenwasser und Trinkwasser.

Sacher *et al.* (2003) haben die Stoffe Ibuprofen, Diclofenac, Benzafibrat, Carbamazepin, Sotalol, Sulfamethoxazol, Iopamidol und Iopromid in den Flüssen Donau, Rhein, Neckar und Körsch untersucht und dabei festgestellt, dass die Konzentrationen dieser Stoffe mit denen der Abwasserindikatorsubstanz Bor korreliert sind. Auch in Grundwässern wurden Arzneimittelrückstände gesucht und gefunden. Eine Korrelation mit Bor war auch hier festzustellen, ein Hinweis darauf, dass die betroffenen Grundwässer durch Abwasser beeinflusst sein mussten.

Rohweder (2003): umfassender Bericht an die Bund-Länder-Kommission (173 Seiten) mit Analysenergebnissen für 82 Wirkstoffe, die mit Strukturformeln angegeben werden.

Koschorrek *et al.* (2005): umfassender Bericht des Umweltbundesamtes über Arzneimittel in der Umwelt (268 Seiten). Der Bericht besteht aus Beiträgen einzelner Autoren. Unterkapitel: „Recht und Leitfaden", „Verbrauchsmengen", „Exposition", „Abbau und Wirkungen", „Risikomanagement" und Diskussion (Umweltbewertung).

Frimmel und Müller (2006): In ihrem Buch „Heil-Lasten – Arzneimittelrückstände in Gewässern" lassen die Herausgeber insgesamt 15 Autoren zu Wort kommen. Die folgenden Themen werden behandelt: „Demographische Entwicklung und Heilmittelverbrauch", „Abfall- und Abwassermanagement bei der Arzneimittelproduktion der Schering AG", „Pro und Contra der Antibiotikagabe in der Krankenhaushygiene", „Arzneimittelrückstände in Gewässern – eine Herausforderung für die Toxikologie", „Vorkommen und Herkunft von Arzneistoffen in Fließgewässern", „Tierarzneimittel in der Umwelt: Vorkommen, Verhalten, Risiken", „Ökotoxikologische Wirkungen von Pharmazeutikarückständen auf aquatische Organismen", „Arzneimittelrückstände und Gewässerschutz", „Verhalten von Arzneimittelrückständen bei der Abwasserreinigung" und „Verhalten von Arzneimittelrückständen bei der Trinkwasseraufbereitung".

Landesamt für Natur, Umwelt und Verbraucherschutz Nordrhein-Westfalen (2007): „Eintrag von Arzneimitteln und deren Verhalten und Verbleib in der Umwelt – Literaturstudie", LANUV-Fachbericht 2.

Moltmann *et al.* (2007): Untersucht wurden die Gewässerrelevanz endokriner Stoffe und Arzneimittel, die Neubewertung des Vorkommens, Erarbeitung eines Monitoringkonzepts sowie Ausarbeitung von Maßnahmen zur Reduzierung des Eintrags in Gewässer. Über 600 Verdachtsstoffe für endokrine Disruptoren wurden gelistet. Mit dem Begriff „endokrine Disruptoren" werden Stoffe zusammengefasst, die wie Hormone wirken und so das empfindliche Gleichgewicht des Hormon bildenden endokrinen Systems von Tier und Mensch stören können.

Schulte-Oehlmann *et al.* (2007), „Versuch einer Bestandsaufnahme". Vor dem Hintergrund der Vielzahl an weltweit vertriebenen Humanpharmaka wurde durch unterschiedliche Autoren der Versuch unternommen, „Priorisierungslisten" für Arzneimittelwirkstoffe mit potenzieller Umweltrelevanz zu erstellen. Die folgenden Wirkstoffe sind in jeder der Listen erwähnt: Ciprofloxazin, Clarythromycin (Antibiotika), Carbamazepin (Antiepileptikum), Bezafibrat (Lipidsenker), Clofibrinsäure (Lipidsenker-Metabolit), Ethinylöstradiol (Sexualsteroid) und Cylophosfamid (Zytostatikum). Die Wirkstoffe Erythromycin und Sulfamethoxazol (Antibiotika), Ibuprofen, Indometacin, Propyphenazon (Analgetika), Atenolol (Betablocker) und Ifosfamid (Zytostatikum) finden sich übereinstimmend in drei von vier Prioritätslisten.

Sacher *et al.* (2008): Über einen Zeitraum von zehn Jahren wurden an vier Probenahmestellen am Rhein die folgenden Substanzen analysiert: Diclofenac, Ibuprofen, Ketoprofen, Indometacine und Fenoprofen (Analgetica, Antipyretica, Antirheumatica), die Lipidsenker (oder Metaboliten von Lipidsenkern) Clofibrinsäure, Bezafibrat, Gemfibrozil, Fenofibrat und Fenofibrinsäure, das Antiepileptikum Carbamazepin (das auch als Antidepressivum verwendet wird), und der Blutdrucksenker Pentoxifyllin. Die Substanzen Carbamazepin und Diclofenac wurden regelmäßig in Konzentrationen von einigen 100 ng/l gefunden, entsprechend einer Jahresfracht von mehreren Tonnen. Über den Untersuchungszeitraum hinweg blieben die Konzentrationen nahezu konstant. Hinweise auf eine Verbesserung der Eliminationsleistung von Kläranlagen haben sich nicht ergeben.

Flöser und Ternes (2008) berichten über eine gemeinsame Sitzung der Arbeitsgruppen „Krankenhausabwasser" und „Anthropogene Spurenstoffe im Wasserkreislauf" der Deutschen Vereinigung für Wasserwirtschaft, Abwasser und Abfall e. V. Thema war die Frage, ob eine weitergehende zentrale Behandlung des Abwassers notwendig ist oder ob eine dezentrale Abwasserbehandlung am Krankenhaus sinnvoller erscheint. Diskutiert wurde die Elimination von Arzneimittelrückständen und von antibiotikaresistenten Keimen. Die Teilnehmer kamen zu dem Schluss, dass eine zentrale Behandlung an der Kläranlage die sinnvollere Lösung ist.

Keil *et al.* (2008): Strategien zum Umgang mit Arzneimittelwirkstoffen im Trinkwasser – Humanarzneimittelwirkstoffe: Handlungsmöglichkeiten zur Verringerung von Gewässerbelastungen – eine Handreichung für die Praxis, mit Beteiligung der folgenden Institute: Institut für sozial-ökologische Forschung (ISOE) GmbH, Goethe-Universität Frankfurt am Main, Institut für Atmosphäre und Umwelt, Universitätsklinikum Freiburg, Institut für Umweltmedizin und Krankenhaushygiene, Forschungszentrum Karlsruhe GmbH, Institut für Technikfolgenabschätzung und Systemanalyse. Themen: Verbrauchsmengen, gemessene Maximalkonzentrationen in Oberflächengewässern, Grundwasser und Trinkwasser, Gefahrenabschätzung, psychologische Aspekte, Rechtslage, Verbreitungspfade und Handlungsmöglichkeiten (z. B. „grüne Wirkstoffe", gezielte Verschreibungspraxis, Ausweichen auf nicht medikamentöse Therapien, verstärkte Aufklärung von Ärzten und Patienten, gezielte Entsorgung nicht verbrauchter Medikamente, verbesserte Abwasserreinigung).

Lucke *et al.* (2008): In einer halb technischen Versuchsanlage zur weitergehenden Abwasserreinigung haben die Autoren organische Spurenstoffe (Pflanzenschutzmittel, pharmazeutische Wirkstoffe und Coffein) und ihr Verhalten bei der weitergehenden Abwasserbehandlung untersucht. Das Kombinationsverfahren aus Pulveraktivkohle und Fällung/Flockung erwies sich als sehr wirkungsvoll. Die Reinigungsleistung der Aktivkohlestufe lag häufig über 90 %.

Bode (2008): Editorial in *Vom Wasser* 3/08 mit kritischen Anmerkungen zu den Konsequenzen der modernen Spurenanalytik.

Gießen (2011): Die Autorin gibt in der Pharmazeutischen Zeitung (Zeitschrift der Deutschen Apotheker) eine ausführliche Übersicht über die verschiedenen Aspekte des Problems.

UBA (2011): Das Umweltbundesamt hat unter dem Titel „Texte 46/2011" den Forschungsbericht eines Kollektivs von neun Autoren (Erstautor: Kümmerer) veröffentlicht. Der Bericht behandelt die Problematik „Arzneimittelrückstände" auf 213 Seiten erschöpfend. Interessant sind die detaillierten Stoffdossiers für 33 Wirkstoffe: Acetylsalicylsäure, Allopurinol, Amoxicillin, Carbamazepin, Clarithromycin, Clindamycin, Diclofenac, Fenofibrat, Ibuprofen, Isosorbiddinitrat, Levodopa, Lincomycin, Metamizol, Metformin, Metoprolol, Mycophenolsäure,

Naftidrofuryl, Omeprazol, Opipramol, Oxcarbazepin, Paracetamol, Pentoxifyllin, Phenoxymethylpenicillin, Piracetam, Ranitidin, Sulfadimethoxin, Sulfamethazin, Sulfamethoxazol, Sulfasalazin, Tilidin, Trimethoprim, Valproinsäure und Verapamil.

WHO (2012): Auf der internationalen Ebene gibt die World Health Organization (WHO) detaillierte Auskunft über das Vorkommen von Arzneimitteln in Gewässern und im Trinkwasser. Der Bericht enthält auf insgesamt 52 Seiten die folgenden Kapitel: „Vorkommen von Arzneimitteln in Wasser", „Abschätzung der Gesundheitsgefährdung durch Arzneimittel in Trinkwasser", „Aufbereitungstechniken zur Elimination von Arzneimitteln aus dem Wasser", „Vermeidungstechniken", „Schlussfolgerungen, Empfehlungen und Wissenslücken" sowie ein umfangreiches Literaturverzeichnis.

Hannappel *et al.* (2014): Das Bundesministerium für Umwelt, Naturschutz, Bau und Reaktorsicherheit hat unter dem Förderkennzeichen 3711 23 225 ein Vorhaben des Umweltbundesamtes finanziert, mit dem Antibiotika und Antiparasitika im Grundwasser unter Standorten mit hoher Viehbesatzdichte untersucht wurden. Die bisherigen Ergebnisse deuten auf keine allgemein problematische Belastung des Grundwassers mit Tierarzneimitteln hin; in Bayern und Sachsen z. B. gab es an den beprobten Grundwassermessstellen und Quellen gar keine Funde. In Regionen mit sehr hoher Viehbesatzdichte im Nordwesten Deutschlands gibt es jedoch an wenigen Standorten sehr hohe Funde eines einzelnen Tierarzneimittels (Sulfamethoxalol), die einer näheren Ursachenforschung und Interpretation bedürfen. Die Autoren machen Vorschläge zum besseren Schutz des Grundwassers.

Diskussion

Zu begrüßen ist, dass die Zusammenhänge zwischen Massentierhaltung, Tierarzneimitteln und Antibiotikaresistenzen zunehmend – auch in der Politik – thematisiert werden. Nach Angaben der Landwirtschaftskammer NRW vom April 2012 werden in der Bundesrepublik jährlich 900 t Antibiotika in der Tierhaltung eingesetzt, in der Humanmedizin 250–300 t pro Jahr. Der Antibiotikaeinsatz in der Tierhaltung ist gesetzlich geregelt (Arzneimittelgesetz, 2016). Zuständig für Arzneimittel, die zur Anwendung bei Tieren bestimmt sind, ist das Bundesamt für Verbraucherschutz und Lebensmittelsicherheit. Zum Zwecke der Überwachung der Wirksamkeit von Antibiotika führt das Bundesamt für Verbraucherschutz und Lebensmittelsicherheit wiederholte Beobachtungen, Untersuchungen und Bewertungen von Resistenzen tierischer Krankheitserreger gegenüber Stoffen mit antimikrobieller Wirkung, die als Wirkstoffe in Tierarzneimitteln enthalten sind, durch (Resistenzmonitoring). Das Resistenzmonitoring schließt auch das Erstellen von Berichten ein.

Buchberger (2006) kommt in seinem Übersichtsartikel zu dem Schluss, dass von den Arzneimitteln in den Gewässern aufgrund ihrer niedrigen Konzentrationen keine Gefahr ausgeht. Er gibt jedoch Folgendes zu bedenken: „Schließlich sagen Studien auch klar aus, dass die Auswirkungen auf die Ökologie von Gewässern und Böden bisher unzureichend bewertet werden konnten. Weiterer Forschungsbedarf ist somit gegeben, und auch die analytische Chemie ist weiterhin gefordert, die Methoden zu erweitern und so zu verbessern, dass sie allen Anforderungen von Gewässermonitoringprogrammen entsprechen."

Bei solchen Feststellungen darf man nicht aus den Augen verlieren, dass der analytisch erfassbare Konzentrationsbereich von Spurenstoffen einer „nach unten offenen Skala" folgt. Auf diesem „Weg nach unten" lässt man irgendwann alle (toxisch, hygienisch, ökologisch ...) relevanten Konzentrationen hinter sich. Zunehmend sieht man sich mit verwirrenden Aussagen konfrontiert wie beispielsweise: „Dieser Befund ist bedenklich, aber ungefährlich."

Dieser Sachverhalt wird von Bode (2008) sehr klar thematisiert. Die Forderung, ein bestimmter Stoff gehöre nicht in das Wasser, sei unerfüllbar und führe in eine Sackgasse. Er schreibt: „Statt ihrer [dieser Forderung] müssen klare, eindeutige Konzentrationen definiert werden, bis zu deren Höhe ein jeweiliger Spurenstoff in bestimmten Wässern erlaubt ist oder umgekehrt, welche Konzentrationen nicht hinnehmbar sind und deshalb Maßnahmen – welcher Art auch immer – erfordern." Im Hinblick auf die Reinigungsleistung von Kläranlagen warnt er davor, für teures Geld wenig zielführende oder sogar verfehlte Maßnahmen zu ergreifen.

Grenzwert: keiner; Vorgeschichte: keine.

Zielwerte entsprechend Fließgewässermemorandum: endokrin wirksame Substanzen je Einzelstoff sowie Pharmaka (inkl. Antibiotika) je Einzelstoff: je 0,1 µg/l, es sei denn, dass toxikologische Erkenntnisse einen noch niedrigeren Wert erfordern, z. B. für gentoxische Substanzen.

6.4.14
Röntgenkontrastmittel

Aktuell werden zwei unterschiedliche Typen von Röntgenkontrastmitteln benutzt:

- Bariumsulfat als Suspension. Bariumsulfat ist praktisch wasserunlöslich und eignet sich daher vor allem zur Untersuchung des Verdauungstraktes. Aufgrund seiner Schwerlöslichkeit ist Bariumsulfat nicht toxisch und auch kein Problem für die aquatische Umwelt.
- Organische Iodverbindungen. Die verwendeten Substanzen sind sehr gut wasserlöslich und in der Regel gut verträglich. Sie eignen sich daher zur Untersuchung der Nieren, der Harnwege und der Blutgefäße. Die Iodverbindungen werden durch den Urin ausgeschieden und gelangen auf diesem Weg in die Umwelt. Die folgenden Ausführungen betreffen daher die organischen Iodverbindungen.

Bei den iodhaltigen Röntgenkontrastmitteln handelt es sich um triiodierte Benzolderivate mit der folgenden Struktur:

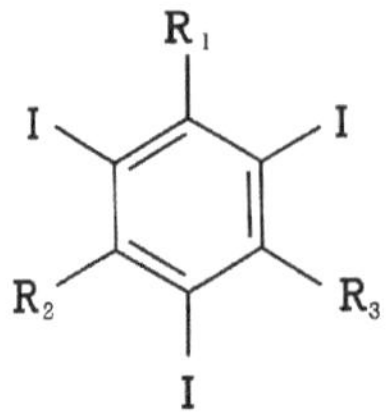

R1, R2 und R3 sind Substituenten, die das Verhalten der Substanz (z. B. ihre Wasserlöslichkeit) mitbestimmen, z. B. $-CO-NH-CH_2-CH(OH)-CH_2OH$. Folgende Substanzen sind von Bedeutung: Iopromid, Iopamidol, Iohexol und Diatrizoat. Diese Substanzen können pauschal als „adsorbierbares organisches Iod" (AOI) analytisch erfasst werden.

Iodorganische Röntgenkontrastmittel werden von Kläranlagen nur unzureichend eliminiert. Es gibt daher Bestrebungen, den Urin der untersuchten Patienten getrennt zu erfassen, um die Röntgenkontrastmittel abzufangen, bevor sie in die Umwelt gelangen können (Heinzmann und Pineau, 2005; Heinzmann *et al.*, 2006, 2007).

In Gewässern werden iodorganische Röntgenkontrastmittel seit dem Jahre 2001 untersucht. Die Arbeitsgruppe um Jekel, Berlin hat auf der Basis von Festphasenadsorption und HPLC-MS ein Analysenverfahren entwickelt, mit dem Einzelsubstanzen erfasst werden können (Putschew und Jekel, 2001).

Konzentrationen: Die Konzentration iodierter Röntgenkontrastmittel folgt einem ausgeprägten Wochenrhythmus, der von den Aktivitäten der Röntgenabteilungen in Krankenhäusern und Arztpraxen geprägt wird. Am Klärwerk Ruhleben (Berlin) werden bis ca. 160 µg/l, am Klärwerk Falkenberg (Berlin) bis ca. 60 µg/l gemessen (Angaben als adsorbierbares organisches Iod (AOI) nach Jekel, 2003). Weitere Angaben zeigt Tab. 6.2.

Die Körsch ist ein kleiner, abwasserbelasteter Nebenfluss des Neckars, der Tegeler See ist einer der Berliner Seen.

Tab. 6.2 Konzentrationen von Iopromid und Iopamidol in Proben aus Oberflächengewässern.

Gewässer	Iopromid (ng/l)	Iopamidol (ng/l)
Donau[a)]	40	50
Rhein[a)]	60	100
Neckar[a)]	140	225
Körsch[a)]	125	800
Tegeler See[b)]	1000	500

a) Nach Brauch *et al.* (2002).
b) Nach Jekel (2003).

Bedeutung: „Die human- und ökotoxikologische Bedeutung der Röntgenkontrastmittel und ihrer Metaboliten ist vermutlich gering“ (Jekel, 2003). Röntgenkontrastmittel sind charakteristische anthropogene Indikatorsubstanzen, die sich aufgrund ihrer hohen Wasserlöslichkeit und biochemischen Stabilität sowie ihrem konservativen Verhalten bei Sorptionsprozessen als Markersubstanzen eignen, um Leckagen von Abwasserkanälen festzustellen (Glauner *et al.*, 2005).

Elimination: Eine Behandlung der Röntgenkontrastmittel mit Ozon ist nur wenig wirksam. In anaeroben Bereichen des Untergrundes ist eine Deiodierung bis 70 % möglich (Jekel, 2003). Metzger *et al.* (2005) haben die Elimination von iodierten Röntgenkontrastmitteln bei der kommunalen Abwasserbehandlung untersucht. Bei Zugabe von 10 mg/l Pulveraktivkohle zu biologisch gereinigtem Abwasser konnte eine Elimination von 75 % erreicht werden, bei Zugabe von 20 mg/l Pulverkohle stieg die Elimination auf bis zu 90 %.

Grenzwert: keiner; Vorgeschichte: keine.

6.4.15
Perfluorierte Verbindungen

Perfluorierte Verbindungen werden seit über 50 Jahren produziert, haben aber erst in jüngster Zeit die Aufmerksamkeit der Analytiker erregt, weil die analytischen Methoden erstmals hinreichend empfindlich waren, weil außerdem spektakuläre Verschmutzungen von Gewässern aufgetreten sind und weil nicht zuletzt diese Verbindungsklasse zunehmend auch in Organismen (auch Menschen) gefunden wurden.

Vorwiegend handelt es sich um Tenside mit der Formel $CF_3(CF_2)_nCOO^-$ (perfluoriertes Alkylcarboxylat) und $CF_3(CF_2)_nSO_3^-$ (perfluoriertes Alkylsulfonat). In den fluorierten Tensiden ist der Perfluoralkylrest nicht nur wasserabweisend, sondern gleichzeitig auch Schmutz und Fett abweisend. Darüber hinaus besitzen die fluorierten Tenside eine außergewöhnliche chemische und thermische Stabilität. Diese Eigenschaften verleihen den perfluorierten Tensiden und ihren Abkömmlingen Eigenschaften, die sie zu sehr nützlichen, in der Umwelt jedoch problematischen Chemikalien machen. Als „Leitsubstanzen“, auf die sich die Analytiker häufig konzentrieren, gelten Perfluoroctanoat (PFOA) und Perfluoroctansulfonsäure (PFOS).

Ein pauschaler Parameter für diese Verbindungsklasse ist das „adsorbierbare organisch gebundene Fluor“ (AOF). Lange *et al.* (2014) fanden in Grundwassermessstellen bis 800 µg/l Fluor als AOF, von dem bis zur Hälfte verschiedenen Einzelsubstanzen zugeordnet werden konnte.

Verwendung: Die perfluorierten Tenside werden für die folgenden Anwendungen eingesetzt: Imprägniermittel für Teppiche, Textilien, Lederwaren und Papier, für galvanische Bäder, Feuerlöschschäume, Hydraulikflüssigkeiten und andere Anwendungen.

Konzentrationen: Perfluorierte Verbindungen sind persistent und daher langlebig und kommen infolgedessen ubiquitär vor. Flüchtige Ausgangssubstanzen perfluorierter Tenside verbreiten sich auch auf dem Luftpfad. Sie wurden auf einer Probenahmefahrt der GKSS (Helmholtz-Zentrum Geesthacht) mit dem Forschungsschiff „Polarstern" von Bremerhaven nach Kapstadt in Konzentrationen beobachtet, die ausgehend von ca. 200 pg/m^3 Luft bei Bremerhaven auf ca. 2 pg/m^3 Luft bei Kapstadt abnahmen (Sturm, 2008). In Gewässern findet man perfluorierte Tenside in Konzentrationen im ein- bis zweistelligen ng/l-Bereich. In Einzelfällen (z. B. bei kriminellem oder grob fahrlässigem Umgang mit entsprechend verunreinigten Abfallstoffen) werden deutlich höhere Konzentrationen gemessen (Skutlarek *et al.*, 2006; Ittershagen *et al.*, 2007; Lange *et al.*, 2007; Lange und Brauch, 2008).

Elimination: Eine Elimination perfluorierter Verbindungen bei der Wasseraufbereitung erfordert weitergehende Maßnahmen, beispielsweise die Behandlung mit Aktivkohle.

Grenzwert: Für perfluorierte Verbindungen existiert kein verbindlicher Grenzwert. Allerdings hat die Trinkwasserkommission des Bundesministeriums für Gesundheit im Jahre 2006 einen „lebenslang duldbaren Leitwert" von 0,3 µg/l und als „Vorsorgewert" 0,1 µg/l als Summe von PFOA und PFOS festgelegt. Mit der Richtlinie 2006/122 EG (Amtsblatt der Europäischen Union) wurde die Verwendung von PFOS und verwandter Verbindungen verboten. Für „unverzichtbare Anwendungen" sind Ausnahmen möglich.

6.4.16
Organophosphonsäuren

Über die Rolle von Organophosphonsäuren in Gewässern ist nur wenig bekannt. Dies liegt zum Teil daran, dass sie analytisch nur schwierig zu erfassen sind. Schmidt *et al.* (2008) schreiben: „Schwierigkeiten bei der Analytik von Phosphonsäuren ergeben sich aus ihrem ionischen und polaren Charakter, ihrer geringen Reaktivität, dem Fehlen von starken UV-Chromophoren und ihrer ausgeprägten Komplexbildungstendenz, die in natürlichen Wässern in einer Vielzahl von Metall-Spezies resultiert." Die Autoren berichten über eine erfolgreiche Analysenmethode, deren erster Schritt die „Anreicherung an funktionalisierten Festphasen" ist.

Struktur: Strukturmerkmale: $-CH_2-PO(OH)_2$; meist: $=N-CH_2-PO(OH)_2$.

Verwendung: Komplexbildner, Stabilisatoren, Korrosionsinhibitoren, Antiscalants (Mittel zur Verhinderung von Belägen) in: Kühlwassersystemen, Membran- und Entsalzungsanlagen. Ferner: Verwendung als Wasch- und Reinigungsmittel, als Hilfsmittel in der Papier- und Textilindustrie und bei der Ölförderung sowie in der Medizin.

Konzentrationen: 0,1–2 µg/l in Oberflächenwässern.

Grenzwert: keiner.

6.4.17
Hydrazin, Dimethylhydrazin

In derselben Arbeit, in der Schmidt *et al.* (2008) über die Analytik von Organophosphonsäuren berichten, schildern sie auch die Analytik von Hydrazin und Dimethylhydrazin. Die Schwierigkeiten entsprechen ungefähr denen, die bei der Analyse von Phosphonsäuren auftreten. Die Analyse gelingt nach Derivatisierung mit 4-Cyanobenzaldehyd und Extraktion.

Verwendung: Hydrazin und Dimethylhydrazin werden für die folgenden Einsatzzwecke verwendet: Raketentreibstoff, Korrosionsinhibitoren, Konditionierung von Kesselspeisewasser in Kraftwerken, Ausgangs- oder Zwischenprodukt in der chemischen Synthese, alkalisches Gasabsorptionsmittel für CO_2 und SO_2, elektrochemische Stromerzeugung.

Wirkung: Hydrazin und Dimethylhydrazin haben sich im Tierversuch als krebserzeugend erwiesen.

Konzentrationen: Hydrazin (Niederrhein), Mittelwert: 34 ng/l (Maximalwert: 120 ng/l); Dimethylhydrazin (Niederrhein), Mittelwert: 4 ng/l (Maximalwert: 17 ng/l).

Grenzwert: keiner.

6.4.18
Melamin

Melamin ist eine organische Substanz, deren Molekül 66,7 % Stickstoff enthält. Sie hat die folgende Strukturformel:

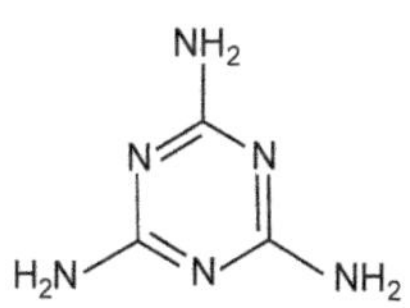

Melamin wird zur Herstellung von Kunstharzen, Flammschutzmitteln, Reinigungsschwämmen und anderen Produkten mit einem weltweiten Verbrauch von 900 000 t pro Jahr verwendet. Der hohe Stickstoffgehalt war der Grund dafür, dass diese Substanz in China Lebensmitteln und Tierfutter zugesetzt wurde, um einen hohen Proteingehalt vorzutäuschen, der als Gesamtstickstoff ermittelt wird.

An gepanschter Trockenmilch sind 294 000 Kinder erkrankt, von denen sechs starben.

Schulz *et al.* (2007) haben Melamin und dessen Abbauprodukte in verschiedenen deutschen Oberflächen-, Grund- und Trinkwasserproben untersucht. In Oberflächenwässern im Einzugsbereich der Donau schwankten die ermittelten Konzentrationen beträchtlich: In einigen Proben war Melamin nicht nachweisbar (Bestimmungsgrenze: 0,4 µg/l), die höchste Konzentration wurde mit 17 µg/l im Wasser der Blau gemessen. Nach Ansicht der Autoren handelt es sich bei Melamin und dessen Abbauprodukten um eine bisher zu wenig berücksichtigte Umweltkontaminante.

6.4.19
Methyltertiärbutylether (MTBE)

Methyltertiärbutylether hat die Formel $(CH_3)_3C{-}O{-}CH_3$. Er hat eine relativ hohe Wasserlöslichkeit von ca. 50 g/l, einen Siedepunkt von ca. 55 °C und einen Geruchsschwellenwert von 15 µg/l. Die Substanz ist schwer abbaubar, ihre Toxizität ist gering. Aufgrund der großen Produktions- bzw. Umsatzmengen besteht eine latente Gefahr der Gewässerverunreinigung. Mit naturnahen Aufbereitungsverfahren kann MTBE nicht aus dem Wasser eliminiert werden.

Anwendung: MTBE verbessert die Verbrennung von Ottokraftstoffen und erniedrigt dadurch die Emission von Kohlenwasserstoffen und Kohlenmonoxid aus Verbrennungsmotoren. Außerdem erhöht MTBE die Klopffestigkeit von Treibstoffen und ersetzt mit dieser Eigenschaft teilweise die aromatischen Kohlenwasserstoffe (Benzol und substituierte Benzole), die ihrerseits das Bleitetraethyl als Antiklopfmittel ersetzt haben. Im Jahr 2002 wurden in den USA ca. zehn Mio. Tonnen MTBE produziert. Im Jahre 2001 wurden in der Bundesrepublik 680 000 t MTBE als Additiv den Ottokraftstoffen zugesetzt.

Wirkung: Die Senatskommission zur Prüfung gesundheitsschädlicher Arbeitsstoffe der Deutschen Forschungsgemeinschaft hat MTBE als einen Stoff definiert, für den „aus In-vitro- oder aus Tierversuchen Anhaltspunkte für eine krebserzeugende Wirkung vorliegen“. Ökotoxikologisch ist MTBE in Untersuchungen mit den üblichen Testorganismen (Fische, Crustaceen, Algen) weitgehend unauffällig (akute EC/LC/IC-Werte > 100 mg/l). In längerfristigen Untersuchungen wurde als bewertungsrelevanter Wirkwert ein NOEC (No Effect Concentration) von 26 mg/l (Testorganismus: *Mysidopsis bahia*) ermittelt.

Konzentrationen: Im Rhein werden im Regelfall MTBE-Konzentrationen von weniger als 1 µg/l beobachtet, allerdings mit starken Schwankungen und Konzentrationsspitzen bis über 5 µg/l (Baus *et al.*, 2008). Im Hinblick auf eine mögliche Beeinträchtigung des Grundwassers wurde in ländlichen Gebieten in Deutschland das Wasser aus 90 Brunnen (Tiefe: 20–100 m) auf MTBE untersucht. In neun Brunnen lag die Konzentration oberhalb der analytischen Bestimmungsgrenze von 0,05 µg/l. Innerhalb städtischer Gebiete waren die Befunde zahlreicher. In drei Fällen wurden Konzentrationen bis über 5 µg/l festgestellt (Klinger *et al.*, 2002).

Grenzwert: Zurzeit existiert kein verbindlicher Grenzwert. Die US Environmental Protection Agency schlägt als „health based advisory levels" Konzentrationen von 20–40 µg/l vor. Das California State Departement hat einen Grenzwert von 5 µg/l festgelegt, mit dem auch einer geruchlichen und geschmacklichen Beeinträchtigung des Wassers Rechnung getragen werden soll (Klinger *et al.*, 2002).

6.4.20
Sonstige organische Spurenstoffe

Anthropogene organische Spurenstoffe haben gute Chancen, in der Biosphäre zu überleben. In unregelmäßigen Abständen wird über neue Spurenstoffe berichtet, die mit der zunehmenden Leistungsfähigkeit moderner Anreicherungs- und Analysentechniken analytisch zugänglich geworden sind.

Abschn. 6.4.20 ist ein „Sammelbecken" für solche neuen Befunde.

Dioxine

Als „Dioxine" im weitesten Sinne werden chlorhaltige Dibenzo-*p*-dioxine sowie chlorhaltige Dibenzofurane bezeichnet. Am bekanntesten ist das 2,3,7,8-Tetrachlordibenzo-*p*-dioxin, das als „Seveso-Gift" traurige Berühmtheit erlangt hat. Nachstehend werden dessen Strukturformel sowie diejenige des Tetrachlordibenzofurans wiedergegeben:

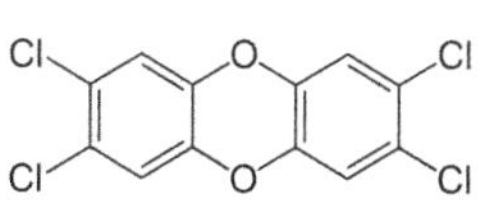

2,3,7,8-Tetrachlordibenzo-*p*-dioxin ("Seveso-Gift")

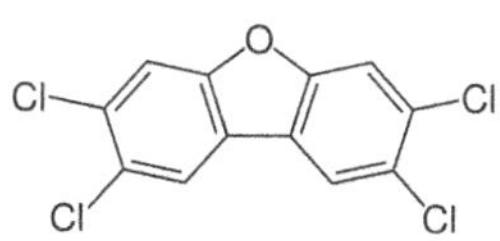

2,3,7,8-Tetrachlordibenzofuran

Von den chlorhaltigen Dibenzodioxinen und Dibenzofuranen existieren insgesamt 210 Verbindungen, die sich in der Anzahl und Position der Chloratome sowie in ihrer Giftigkeit unterscheiden.

Dioxine entstehen aus organischen Ausgangsstoffen bei einer großen Anzahl unterschiedlicher Prozesse im Temperaturbereich zwischen 300 und ca. 600 °C, wenn gleichzeitig Chlor (als Chlorid oder chlorhaltige organische Substanz) vorhanden ist. Als Beispiele seien genannt: Verbrennungsprozesse, Erhitzung von polychlorierten Biphenylen sowie von Speisefetten. Durch Emissionen in die Atmosphäre haben sich Dioxine in der Umwelt weit verbreitet.

Auf den ersten Blick mag es verwundern, dass sehr verschiedenartige Prozesse zu einer vergleichsweise einheitlichen Substanzgruppe führen können. Das hat mehrere Gründe. Der wichtigste Grund ist wohl die hohe Empfindlichkeit des analytischen Nachweises: Bereits eine verschwindend kleine „Ausbeute" an Dioxinen kann aus den genannten Prozessen eine Dioxinquelle machen.

Dioxine sind in Wasser nahezu unlöslich. Sie werden daher überwiegend von ungelösten Komponenten im Wasser adsorbiert. Ein Grenzwert für Trinkwasser existiert nicht.

Die Grenzwerte für Nahrungsmittel liegen im Konzentrationsbereich Picogramm pro Gramm (1 : 10^{12}). Sie sind nicht toxikologisch begründet, sondern orientieren sich an den unvermeidlichen Backgroundkonzentrationen. Ein Anstieg der Dioxinkonzentrationen über die Grenzwerte bzw. Backgroundwerte hinaus ist ein Anzeichen dafür, dass „etwas nicht stimmt". Bei dem „Dioxinskandal" im Januar 2011 handelte es sich um Gesetzesverstöße bei der Futtermittelproduktion. Eine gesundheitliche Gefährdung für die Bevölkerung bestand jedoch nicht.

Süßstoffe

Als „Süßstoffe" werden organische Substanzen bezeichnet, die eine höhere Süßkraft als Zucker besitzen und als Süßungsmittel zugelassen sind (in der EU zehn Substanzen). Der Saccharose („Rohrzucker", „Rübenzucker") wird die relative Süßkraft 1 zugeordnet. Einige Süßstoffe erreichen eine relative Süßkraft von einigen Tausend. Süßstoffe werden als Zuckerersatzstoffe beispielsweise von Diabetikern benutzt. Da Süßstoffe keinen oder so gut wie keinen Nährwert besitzen, sind sie auch bei Menschen beliebt, die sich kalorienbewusst ernähren wollen. Nachstehend werden die Formeln von zwei Süßstoffen wiedergegeben:

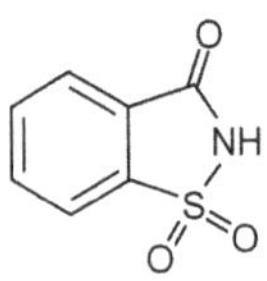

Saccharin

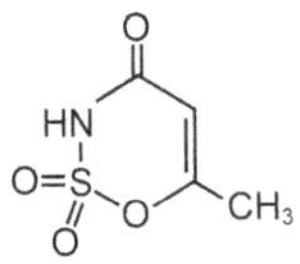

Acesulfam

Saccharin ist der älteste Süßstoff. Auf Acesulfam ist man aufmerksam geworden, nachdem sich gezeigt hat, dass diese Substanz gegenüber Redoxeinflüssen sehr stabil ist und außerdem nur eine geringe Sorptionsneigung besitzt. Acesulfam eignet sich daher als Tracer für Oberflächenwasser. In Oberflächengewässern wurden Konzentrationen bis 10 µg/l nachgewiesen (Scheurer, 2012; Storck *et al.*, 2012). Grenz- oder Richtwerte existieren nicht.

Antivirenmittel

Antivirenmittel werden zur Behandlung von Herpes-, Hepatitis-, Grippe- und HIV-Infektionen eingesetzt. Am bekanntesten ist das Grippemittel Tamiflu. Das Vorkommen von Antivirenmitteln und ihr Verhalten in Kläranlagen und in Oberflächengewässern wurde von Prasse (2012) eingehend untersucht. In Kläranlagen werden weitgehend eliminiert: Acyclovir, Penciclovir, Abacavir, und Stavudine. Nicht nennenswert eliminiert werden: Nevirapin, Oseltamivir, Zidovudin. Die Konzentrationen in den Kläranlagenzuläufen erreichten bis zu 2 µg/l, in den Abläufen bis zu 560 ng/l, in Oberflächengewässern bis 190 ng/l. Der Abbau dieser Mittel in biologischen und auch in oxidativen Prozessen mit Ozon führt nicht zu einer Mineralisierung, sondern zur Bildung von teilweise stabilen Transformations- und Oxidationsprodukten.

Thioharnstoff, Allylthioharnstoff

Im Thioharnstoff ist das Sauerstoffatom des Harnstoffs durch Schwefel ersetzt. Es resultiert die Formel $S{=}C(NH_2)_2$. Im Allylthioharnstoff ist im Thioharnstoff eines der Wasserstoffatome durch die Gruppe $-CH{=}CH_2$ ersetzt. Beide Verbindungen sind Komplexbildner (Verwendung von Thioharnstoff als Silberputzmittel, als Additiv in galvanischen Bädern und in zahlreichen anderen technischen Prozessen) und Ureaseinhibitoren (Hemmung bzw. Regelung der Nitrifikation von Ammoniumstickstoff in Kulturböden durch Thioharnstoff, Unterbindung der Nitrifikation bei der Messung des BSB_5 durch Allylthioharnstoff). Die Verbindungen sind potenziell krebserzeugend und teratogen.

Wie Stevens *et al.* (2012) mitteilen, wurde man von wasserchemischer Seite auf Thioharnstoff dadurch aufmerksam, dass in einer Berliner Kläranlage die Nitrifikation mehrmals zusammenbrach. Ursache war die Einleitung von Thioharnstoff. Die analytische Bestimmung ist aufwendig: Flüssigkeitschromatografie mit anschließender massenspektrometrischer Bestimmung (Lucke *et al.*, 2013).

Triclosan

Triclosan hat antiseptische und desodorierende Eigenschaften. Diese Verbindung wird daher primär als Komponente von Reinigungs- und Desinfektionsmitteln in Arztpraxen und Krankenhäusern eingesetzt. Im Laufe der Jahre hat sich Triclosan immer mehr Anwendungsgebiete erobert, beispielsweise als Zusatz zu kosmetischen Präparaten und Zahncremes sowie zur Konditionierung von Sporttextilien und Teppichen. In der Europäischen Union werden jährlich ca. 350 t Triclosan verarbeitet. Diese Menge führt in Verbindung mit dem breiten Anwendungsgebiet zu einer merklichen Umweltbelastung (Meinecke *et al.*, 2012).

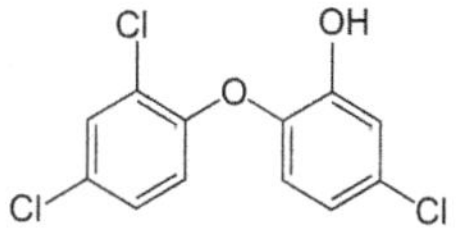

Triclosan

Die Substanz gilt als algentoxisch und umweltgefährlich und soll die Resistenzbildung bei Mikroorganismen fördern. In der Schweiz gilt ein Grenzwert von 20 ng/l, in der Bundesrepublik wurde in einem Screening festgestellt, dass 75 % der untersuchten Proben von Oberflächenwässern Triclosankonzentrationen von über 5 ng/l aufwiesen.

Weichmacher

Weichmacher werden benötigt, um Kunststoffe zu konditionieren. Jährlich werden mehrere Millionen Tonnen Weichmacher produziert, eine Tatsache, die zunehmend problematisiert wird. Einige Weichmacher sollen hormonelle Wirkungen haben und für den Menschen fruchtschädigend und fruchtbarkeitsschä-

Tab. 6.3 Belastung der Bevölkerung mit dem Weichmacher Diethylhexylphthalat (DEHP). Angaben als Mediane bzw. medianbasierte Werte. Aufnahme in Mikrogramm pro Kilogramm Körpergewicht und Tag (µg/(kg KG d)).

Lebensmittel	Konzentration (µg/kg)	Aufnahme (µg/(kg KG d))
Trinkwasser	0,2	0,001
Mineralwasser	0,1	0,002
Brot	170	0,37
Butter	3000	0,68

digend sein. Zu den verbreitetsten Weichmachern zählen die Phthalate, von denen das Di(2-ethylhexyl)phthalat (DEHP) das bekannteste ist. Strukturell verwandt sind die Verbindungen Diisodecylphthalat (DIDP) und Diisononylphthalat (DINP). Das DEHP hat die folgende Strukturformel:

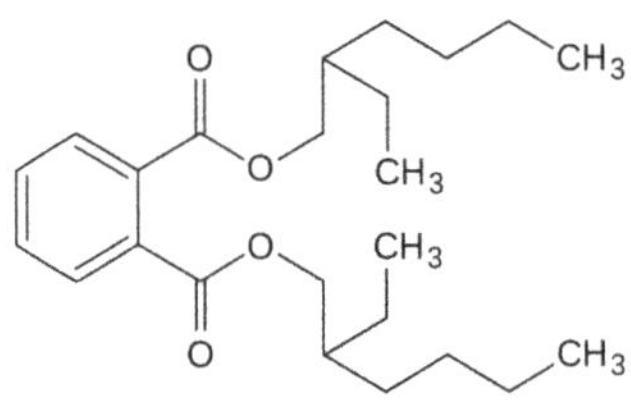

Di(2-ethylhexyl)phthalat (DEHP)

Die meisten Berichte in den Medien über das Vorkommen und die Bedeutung von Weichmachern bleiben merkwürdig vage. Angaben zu den Schadwirkungen von Weichmachern sind auf den Internetseiten des Bundesinstituts für Risikobewertung zu finden. Konzentrationsangaben findet man in einer Studie des Umweltbundesamtes (Heinemeyer *et al.*, 2012) mit detaillierten Angaben zum Umgang mit Messdaten, die teilweise unterhalb der Bestimmungsgrenze liegen. Aus dieser Studie wurden einige Angaben in die Tab. 6.3 übernommen.

Wie die Tab. 6.3 zeigt, liegen die Probleme weniger auf Seiten des Wassers, sondern vor allem auf der Lebensmittelseite. Ein Grenzwert für Trinkwasser existiert nicht und ist auch nicht in der Diskussion. Verbote existieren für bestimmte Weichmacher (z. B. DEHP) in bestimmten Anwendungen (z. B. Kosmetika).

Bauchemikalien

In der Bauindustrie werden große Mengen von Hilfsmitteln eingesetzt, die teilweise auch in die aquatische Umwelt gelangen können, beispielsweise Betonverflüssiger/Fließmittel, UV-Stabilisatoren, Flammschutzmittel und Biozide. Mengenmäßig bedeutsam sind die Betonverflüssiger Naphthalinsulfonat-Formaldehyd-Kondensate, Melaminsulfonat-Formaldehyd-Kondensate oder Ligninsulfonate und neuerdings die aus Japan stammenden Polycarboxylate/Polycarboxylatether. Im Wasser des Rheins wurden in der gelösten Phase bis ca. 1 µg/l Naphthalinsulfonat-Formaldehyd-Kondensate gefunden Lange (2014). Im

Juli 2013 wurde im Hauptausschuss III der Wasserchemischen Gesellschaft der Fachausschuss „Bauchemie und Wasserqualität" gegründet, in dem das Thema „Bauchemikalien" bearbeitet wird.

Polare Indikatorsubstanzen

Im BMBF-Forschungsverbund „Risikomanagement von neuen Schadstoffen und Krankheitserregern im Wasserkreislauf (RiSKWa)" wurden polare organische Spurenstoffe als Indikatoren im anthropogen beeinflussten Wasserkreislauf definiert. Jekel und Dott (2013) nennen insgesamt neun Umweltsituationen, in denen Indikatorsubstanzen von Interesse sind und belegen das mit 64 Literaturzitaten und einer detaillierten Liste von 65 Indikatorsubstanzen. Die Arbeit eignet sich nicht als Grundlage zur Beurteilung der Wasserqualität.

Fracking-Chemikalien

Unter „Fracking" („Hydraulic Fracturing") versteht man die Erschließung von Gas- und Erdölvorkommen in Festgesteinen in großer Tiefe (bis mehrere Tausend Meter). Hierzu müssen in dem Gestein Risse erzeugt und stabilisiert werden. Hierzu sind zahlreiche Chemikalien im Einsatz, die an dieser Stelle nicht vollständig aufgeführt werden können. Als Beispiele seien genannt: anorganische Chemikalien wie Salzsäure zur Auflösung von Zement und Gesteinskomponenten sowie Laugen und Carbonate zur pH-Korrektur. Organische Chemikalien: Polymergele, Biozide wie beispielsweise quartäre Ammoniumverbindungen (bei der Gewinnung organischer Rohstoffe können keine oxidierenden Desinfektionsmittel eingesetzt werden, wie sie bei der Wasserdesinfektion verwendet werden), oberflächenaktive Substanzen, Gefrierschutzmittel (z. B. Alkohole), Substanzen zur Eisenkomplexierung wie Thioglykolsäure, Substanzen zur Verminderung der Reibung wie Polyacrylamid und Ethylenglykol, Korrosionsinhibitoren wie Ameisensäure und Acetaldehyd und viele mehr (Plank und Echt, 2014; Elsner *et al.*, 2014). Bei der Vielfalt der üblicherweise eingesetzten Substanzen ist die große Skepsis von Umweltverbänden und Wasserfachleuten gegenüber dem Fracking verständlich. Man kann nur hoffen, dass Fracking-Chemikalien nie in einer realen Wasseranalyse auftauchen. Neuerdings wird erwogen, die Gesteine dadurch aufzubrechen, dass sie mit flüssigem CO_2 oder Stickstoff tiefen Temperaturen ausgesetzt werden. Zur Vertiefung des Themas kann außerdem die folgende Internetplattform empfohlen werden:

FracFocus 2.0 in: http://fracfocus.org. Es handelt sich um eine US-amerikanische Internetplattform, die von den folgenden Regierungsstellen betrieben wird: US Energy Information Administration, US Department of Energy, US Environmental Protection Agency und US Geological Survey. Unter anderem werden die folgenden Informationen angeboten: „Hydraulic Fracturing, how it works, Groundwater Protection, Chemical Use". In der zuletzt genannten Rubrik werden 58 Substanzen in 13 Substanzgruppen aufgeführt.

Wärmeträgerflüssigkeiten

Die Gefährdung des Grundwassers durch Wärmeträgerflüssigkeiten wurde von Ilieva *et al.* (2014) in einer umfangreichen Literaturstudie untersucht. Folgende Substanzgruppen wurden als wassergefährdend eingestuft: Korrosionsinhibitoren, Alkalien, Farbstoffe, Antischaummittel, Tenside, Lösungsmittel und Duftstoffe. Insgesamt 36 Einzelstoffe (darunter auch einige anorganische Chemikalien) wurden erfasst.

Schmidt *et al.* (2016) untersuchten die biologische Abbaubarkeit von Komponenten der Geothermiewärmeträgerfluide. Glykol und Propylenglykol, die als Frostschutzmittel dienen, sind biologisch abbaubar und verursachen eine hohe Sauerstoffzehrung, bei Abwesenheit von Sauerstoff werden Nitrat und Eisen(III) reduziert. Zusätzliche Additive (z. B. 2-Ethylhexansäure und Benzotriazol als Korrosionsinhibitoren) haben sich in Abbauversuchen als persistent und teilweise auch als ökotoxisch erwiesen.

Mikroplastik, Nanopartikel

Untersuchungen, Tagungen und Berichte zum Thema „Mikroplastik in Gewässern" haben etwa seit dem Jahre 2012 geradezu inflationär zugenommen. Wer sich über dieses Thema (mit Stand von Anfang 2015) erschöpfend informieren möchte, sei auf die zusammenfassende Arbeit von Bannick *et al.* (2015) verwiesen.

Als „Mikroplastik" (MP) werden Kunststoffpartikel mit einer Größe < 5 mm bezeichnet. Man unterscheidet primäre Mikroplastikpartikel, die schon beim Herstellungsprozess dieser Größenkategorie angehören, und sekundäre Mikroplastikpartikel, die durch Fragmentierung von „Makroplastik" (Verpackungsmaterial, Kunststoffflaschen und Folien) durch die Scheuerwirkung von Wellenbewegungen entstehen. Primäre Mikroplastikpartikel (engl.: „microbeads") werden seit 1972 hauptsächlich in der Kosmetikindustrie als Schleifmittel und Füllstoffe eingesetzt, beispielsweise für Gesichts-Peeling sowie in Zahnpasten. Silbernanopartikel werden in der Medizin und der Kosmetikindustrie wegen der antibakteriellen Wirkung des Silbers eingesetzt. Auch industrielles Rohmaterial leistet einen Beitrag zur MP-Belastung der Gewässer. Eine weitere Quelle sind Kunststofffasern, die beim Waschen von Textilien freigesetzt werden können, sowie Gummiabrieb, der mit den Straßenabläufen in die Umwelt gelangt. Man hat MP bereits als „Fußabdruck des Anthropozäns" bezeichnet. Weitere Informationen findet man bei Löder (2014) und beim Bayerisches Landesamt für Umwelt (2014).

Mikroplastikpartikel werden von kleinen Wasserorganismen aufgenommen, die ihre Nahrung durch Filterung von Wasser aufnehmen. Man fand MP in kleinen Tieren, Muscheln, Fischen und Seehunden. MP verursacht Störungen der endokrinen Funktionen und beeinträchtigt die Reproduktion der Organismen.

Für die Bestimmung von Mikroplastikpartikeln existiert noch keine standardisierte Analytik, daher sind Untersuchungsergebnisse nicht oder nur bedingt vergleichbar. Bei der Untersuchung von Sedimenten können die Partikel durch Schweretrennung in gesättigter Kochsalzlösung angereichert werden (Schwarz,

2012). Anschließend wird das Material auf Membranfiltern abfiltriert und mit einem Mikroskop, das mit einem FTIR-Spektrometer gekoppelt ist, untersucht. Weitere Untersuchungsmethoden sind die Raman-Spektroskopie sowie Fernerkundungsverfahren. Die Messergebnisse werden häufig auf die Wasseroberfläche bezogen.

Mani *et al.* (2015) berichten, dass im Rhein an elf Probenahmestellen auf einer Strecke von 820 km im Mittel 892 000 Partikel pro km^2 gemessen wurden, als Tagesfracht werden 191 Mio. Partikel und als Jahresfracht 10 t angegeben. Die Vergleichszahlen für den Genfer See und den Lago Maggiore liegen bei 220 000 Partikel pro km^2.

6.4.21 Aufgegebene Parameter (Kjeldahl-Stickstoff; mit Chloroform extrahierbare Stoffe; gelöste oder emulgierte Kohlenwasserstoffe, Mineralöle; Phenole; oberflächenaktive Stoffe)

Die in diesem Abschnitt aufgeführten Parameter haben im Zusammenhang mit der Analyse von Trinkwasser nie eine ernstzunehmende Rolle gespielt, oder sie sind aufgegeben worden. Der Parameter „mit Chloroform extrahierbare Stoffe" wurde ersatzlos aufgegeben, die anderen Parameter können (bzw. konnten) zur Bearbeitung spezieller Fragestellungen im Zusammenhang mit der Untersuchung von Abwässern, abwasserbelasteten Fließgewässern oder in sonstigen Ausnahmefällen von Nutzen sein. Die Parameter sind in der Trinkwassergesetzgebung erstmals in der EG-Trinkwasserrichtlinie vom Juli 1980 genannt worden. Für den Anwendungsfall „Trinkwasser" sind sie „aus analytischer Sicht verunglückt". Diese Formulierung wurde von Frimmel entlehnt, der sich 1991 mit den Parametern „Phenole", „Kjeldahl-Stickstoff" und „mit Chloroform extrahierbare Stoffe" ausführlich auseinandergesetzt hat.

Insgesamt existieren gegen die Anwendung dieser Parameter (mit jeweils unterschiedlicher Gewichtung) die folgenden Argumente:

- fehlende Interpretierbarkeit der Ergebnisse, beispielsweise deshalb, weil nicht eindeutig zwischen anthropogener und biogener Herkunft unterschieden werden kann,
- fehlende Analysenmethoden für den erforderlichen Konzentrationsbereich bzw. hoher analytischer Aufwand, verbunden mit geringer Aussagekraft,
- Verwendung umweltrelevanter und gesundheitsschädigender Chemikalien, einschließlich der Möglichkeit einer Querkontamination von Wasserproben über die Laboratmosphäre.

Der Leser wird mit diesen Parametern wahrscheinlich nur selten konfrontiert. Trotzdem sollen zu den fünf Parametern im Folgenden einige Anmerkungen gemacht werden.

Kjeldahl-Stickstoff

Mit dem Kjeldahl-Aufschluss wird die Summe der Konzentrationen von Ammonium und organisch gebundenem Stickstoff (insbesondere aus Eiweiß bzw. Aminosäuren) erfasst. Als Analysenparameter bezieht sich der Kjeldahl-Stickstoff nur auf den organisch gebundenen Stickstoff.

Insofern handelt es sich um einen Verschmutzungsindikator. Der Parameter wurde für organische Feststoffe und Abwässer entwickelt. Für Trinkwässer ist die Analysenmethode unbrauchbar, da sie mit hohem Analysenaufwand nur schlecht interpretierbare Ergebnisse liefert.

> **Anmerkung**
> Wer den Gehalt eines huminstoffbelasteten Wassers an organisch gebundenem Stickstoff abschätzen möchte, sei auf Frimmel (1991) verwiesen, der feststellt: „Da es sich beim DOC des Trinkwasserbereiches im Wesentlichen um huminstoffähnliche Verbindungen handelt, kann mit dem für diese Substanzklasse typischen Stickstoffgehalt von ca. 2 bis 4 % gerechnet werden. Je mg/l DOC ergibt sich ein organischer Stickstoff von ca. 0,06 mg/l. Die Abschätzung dürfte kaum ungenauer sein als die Bestimmung des Kjeldahlstickstoffs in dem Bereich."

Mit Chloroform extrahierbare Stoffe

Es ist davon auszugehen, dass es sich bei diesem Parameter um den „Kohle-Chloroform-Extrakt" („CCE") handelt, bei dem die organischen Stoffe zunächst an Aktivkohle adsorbiert und dann mit Chloroform extrahiert werden. Diese Untersuchungstechnik wurde (mit unterschiedlichen Lösungsmitteln) ursprünglich vor allem auf Flusswässer angewandt und stammt noch aus einer Zeit, als man eine ausreichend große Substanzmasse benötigte, um eine Art Trennungsgang zur weitergehenden Charakterisierung der organischen Wasserinhaltsstoffe durchführen zu können. So hat Holluta (1960b) die organische Belastung von Flusswässern auf dem Umweg über eine Aktivkohleadsorption mit den damals verfügbaren Methoden aufgetrennt in Phenole, Säuren, Basen, Amphotere und Neutralstoffe. In anderen Fällen hat man die extrahierten Substanzen benutzt, um damit Aufbereitungsversuche durchzuführen. Später hat man diese Untersuchungstechnik als solche zum Parameter erhoben und als „Kohle-Chloroform-Extrakt" standardisiert. Diese Methode heute zur Charakterisierung von Trinkwasser anwenden zu wollen, wäre absurd (Frimmel, 1991; Hässelbarth *et al.*, 1991, siehe auch Ausführungen zum Jahr 1990 in Kap. 10).

Phenole

Phenolbelastungen können auftreten, wenn Altlasten an Kokereistandorten bearbeitet werden oder wenn Rohwässer für die Trinkwassergewinnung durch solche Altlasten verunreinigt sind. In solchen Fällen ist auf die bestehenden Analysenverfahren und die dortigen Interpretationen zurückzugreifen. Wer sich über die Belastung von Oberflächenwässern mit Phenolen und über die analytischen Verfahren zur Bestimmung und Identifizierung von Phenolen informieren möchte, sei auf den Forschungsbericht *Schadstoffe im Wasser, Band 2 Phenole* der Deutschen Forschungsgemeinschaft verwiesen (DFG, 1982b). Abschließend sei erwähnt, dass der Parameter „Phenol & Homologe“ vorübergehend Bestandteil des routinemäßigen Untersuchungsprogramms der Internationalen Kommission zum Schutze des Rheins gegen Verunreinigung gewesen ist.

Gelöste oder emulgierte Kohlenwasserstoffe, Mineralöle
In den Jahren 1950 bis etwa 1975 spielte die Ölverunreinigung unserer Gewässer eine sehr große Rolle. Besonders groß waren die Probleme am Rhein (Holluta, 1960a,b). Neben den Abwässern aus Ölraffinerien spielten auch die Bilgenwässer aus der Binnenschifffahrt sowie undichte Heizöltanks eine Rolle. In dem erwähnten Zeitraum sind zahlreiche Arbeiten zum Ölproblem erschienen, die hier nicht alle zitiert zu werden brauchen. Kritisch sind die folgenden Tatsachen: Der Stoffumsatz an Schmier- und Treibstoffen ist enorm, und selbst bei der Annahme sehr kleiner Leckraten ist davon auszugehen, dass große Mengen anthropogener Kohlenwasserstoffe in die Umwelt gelangen. Meerwasser kann auch durch natürliche Ölquellen am Meeresboden verschmutzt werden (Hu *et al.*, 2009, siehe auch Abschn. „6.4.21 Oel“ auf der Website).

Die Geruchsschwellenkonzentrationen von Kohlenwasserstoffgemischen sind teilweise sehr niedrig. Es wurde und wird auch heute noch zu Recht mit einem Verhältnis $1 : 10^6$ argumentiert, mit dem Mineralöle Trinkwasser verschmutzen können. Diese Probleme waren mitentscheidend dafür, im Jahre 1957 die Arbeitsgemeinschaft Rheinwasserwerke als älteste der Arbeitsgemeinschaften im Rheineinzugsgebiet zu gründen.

Wenn man von „Kohlenwasserstoffen“ oder „Mineralölen“ im Sinne eines Messparameters spricht, müssen zwei Situationen unterschieden werden:

- allgemeine Charakterisierung eines Wassers mit einem Grenzwert für Trinkwasser und
- spezifische Untersuchung real existierender Ölverunreinigungen, Untersuchungen im Vorfeld drohender Ölverunreinigungen.

Allgemeine Charakterisierung eines Wassers: Dieser Fall muss als analytisch verunglückt bezeichnet werden, da grüne Pflanzen und zahlreiche Algen biogene Kohlenwasserstoffe produzieren. Die EG-Trinkwasserrichtlinie vom Juli 1980 schreibt einen Grenzwert für Kohlenwasserstoffe von 10 µg/l vor. In diesem Konzentrationsbereich sind Kohlenwasserstoffe nur schwierig und mit großem Aufwand zuverlässig analysierbar. Eine Unterscheidung zwischen biogenen und petrochemischen Kohlenwasserstoffen ist noch schwieriger vorzunehmen, wenn nicht in vielen Fällen sogar aussichtslos.

Im Falle einer Ölverunreinigung setzen Abbauprozesse ein, denen auch die biogenen Kohlenwasserstoffe unterliegen. Verwendet man einen Kohlenwasserstoffbefund aus einer benachbarten, nicht verunreinigten Stelle des Geländes oder Gewässers als „Blindwert“ zur Korrektur des Befundes an der verunreinigten Stelle, können als Nettoergebnis negative Konzentrationen resultieren (Kölle und Sontheimer, 1969).

Die Schwierigkeiten bei der Mineralölanalytik erinnern den Autor an einen Vorfall, der sich 1970 in einem niedersächsischen Versorgungsunternehmen abgespielt hat. Dort war in einer bestimmten Straße eine Ölverunreinigung des Trinkwassers festgestellt worden. Man hatte eine unerlaubte Querverbindung zwischen dem Installationssystem einer Tankstelle mit Waschanlage und dem Stadtwerkenetz in Verdacht. Wegen mangelnder eigener Möglichkeiten sandte man eine Probe dieses Wassers an ein renommiertes Laboratorium. Das Untersuchungsergebnis lautete sinngemäß wie folgt: „Wir haben die Probe nach den Deutschen Einheitsverfahren untersucht. Eine Ölverunreinigung war nicht festzustellen. Wir bestätigen Ihnen jedoch gerne, dass die Probe stark und eindeutig nach Öl gerochen hat."

Vereinzelt wurden auch Fälle bearbeitet, in denen die Hausanschlussleitung für Trinkwasser aus Kunststoff bestand und der Einfüllstutzen für das Heizöl unmittelbar darüber montiert wurde. Selbst geringe Ölverunreinigungen im Bereich des Einfüllstutzens konnten auf die Trinkwasserleitung auftreffen, durch das Rohrmaterial diffundieren und so das Wasser beeinträchtigen. Typisch für diese Art der Verunreinigung ist die Abhängigkeit von der Tageszeit: Nach nächtlicher Stagnation ist der Geruchseindruck am stärksten.

Natürlich könnte man in einem solchen Fall nicht eher ruhen, als bis man mit dem Instrumentarium der modernen Analytik ein positives Signal auf Kohlenwasserstoffe erhält. Dieses Signal hätte dann nur (mit einer gewissen analytisch bedingten Unsicherheit) etwas bestätigt, was man vorher schon (ohne die geringste Unsicherheit) wusste.

Da die Nase empfindlich und sehr spezifisch und außerdem auch noch unerreicht schnell auf einen Ölgeruch reagiert, sollte man sich stärker auf die Nase als „Analyseninstrument" verlassen. Trotz der unbestreitbaren Vorteile der Nase ist der Geruchssinn etwas Subjektives. Es hat sich daher bewährt, einen Geruchseindruck durch eine zweite Person bestätigen zu lassen.

Wenn unbedingt das Ergebnis einer instrumentellen Analyse gefordert ist, kann auf die Techniken zurückgegriffen werden, mit denen Pflanzenbehandlungsmittel untersucht werden. Eine Schwierigkeit kann dann darin bestehen, dass manche Kohlenwasserstoffgemische extrem stark verzweigte Moleküle enthalten. Solche Gemische sind refraktär. Sie bleiben nach biologischen Abbauprozessen zurück, bei denen bevorzugt die weniger verzweigten Komponenten eliminiert werden. Eine Auftrennung refraktärer Kohlenwasserstoffe in einzelne Komponenten und deren Identifizierung ist nach Erfahrungen des Autors weder möglich noch sinnvoll.

Die spezifische Untersuchung real existierender Ölverunreinigungen sowie Untersuchungen im Vorfeld drohender Ölverunreinigungen sind heute noch ein Problem. Der Jahresbericht 1997 der Arbeitsgemeinschaft Wasserwerke Bodensee-Rhein (AWBR, 1998) beinhaltet dieses Problem als Schwerpunktthema. In insgesamt fünf Beiträgen werden die folgenden Themen behandelt:

- Henauer, E.: „Historische Entwicklung des ENI-Projektes" (Geschichte der Gefährdung der Bodenseewasserwerke durch die – inzwischen stillgelegte – ENI-Pipeline),
- Sacher, F.: „Analytische Möglichkeiten zur Charakterisierung von Rohölen und wasserlöslichen Rohölbestandteilen",
- Baldauf, G.: „Beurteilung von Rohölen aus der Sicht der Trinkwasserversorgung am Bodensee",
- Müller, U.: „Entfernung von Rohölbestandteilen durch Oxidation und Adsorption",
- Schick, R., Petri, M., Faisst, M., Stabel, H.-H., Baldauf, G.: „Untersuchungen zur Aufbereitung von Bodenseewasser im Falle einer Kontamination des Rohwassers mit Mineralölkohlenwasserstoffen".

Bilder: Bilder und zusätzliche Erläuterungen zum Thema „Ölverunreinigungen" findet der Leser auf der Website in Abschn. „6.4.21 Oel".

Oberflächenaktive Stoffe
Für oberflächenaktive Substanzen existieren mehrere Bezeichnungen: „waschaktive Substanzen", „Tenside" und „Detergenzien". Nach Trénel (1991) wurden im Jahre 1989 im damaligen Bundesgebiet 230 000 t Tenside verbraucht. Angesichts dieser Massen, die sich bestimmungsgemäß im Abwasser wiederfinden, erscheint die Aufnahme des Parameters „oberflächenaktive Stoffe" in die Trinkwasserverordnung gerechtfertigt.

Der Grenzwert für oberflächenaktive Stoffe in Trinkwasser lag in den Fassungen der Trinkwasserverordnung vom Mai 1986 und Dezember 1990 bei 0,2 mg/l. Moderne Tenside sind so gut abbaubar, dass in den Oberflächenwässern, in die Abwässer eingeleitet werden, durchschnittlich 0,05 mg/l Tenside (jeweils als methylenblauaktive und als bismutaktive Substanz) beobachtet werden. Auch in Böden werden Tenside durch Abbau und Sorption so gut eliminiert, dass bisher von keinem Tensidproblem im Grundwasser berichtet wird (Trénel, 1991).

Die Analytik ist aufwendig und insofern störanfällig, als in Gewässerproben leicht Mehrbefunde („Pseudotenside") ermittelt werden. Tenside sind in den infrage kommenden Konzentrationen nicht toxisch. Die Gefährdung unserer Rohwässer ist gering. Hinweise auf eine Belastung von Wässern mit Substanzen aus Waschmitteln ergeben sich auch durch den Parameter „Bor" (Abschn. 5.3.5). Vor dem Hintergrund dieser Feststellungen ist es nachvollziehbar, dass oberflächenaktive Stoffe in der Praxis nur selten untersucht werden.

6.5 Methan (Gärung und Faulung)

6.5.1 Allgemeines

Angesichts der großen Vielfalt organischer Verbindungen, die uns umgeben, wirkt die Aussage ungewohnt, dass, wie Stumm und Morgan (1981) ausführen, nur zwei Kohlenstoffverbindungen existieren, die nach den Maßstäben der Thermodynamik stabil sind, nämlich Methan (CH_4) und Kohlenstoffdioxid (CO_2). Im Folgenden werden Redoxprozesse zwischen zwei organischen Substanzen diskutiert, von denen die eine reduziert und die andere oxidiert wird. Damit identisch sind Redoxprozesse, bei denen innerhalb eines organischen Moleküls ein Teil reduziert und ein anderer Teil oxidiert wird. Damit für die beteiligten Mikroorganismen ein nutzbarer Energiegewinn entsteht, muss bei solchen Prozessen CH_4 und/oder CO_2 freigesetzt werden. Diese eigenständige Gruppe von Reaktionen bezeichnet man als Gärung (engl. „fermentation") bzw. (bei Schlämmen) als Faulung. Beispiele für Gärungsreaktionen sind:

$$2(CH_2O)_n \text{ (Zucker)} \rightarrow nCH_4 + nCO_2 \tag{6.2}$$

und

$$CH_3{-}COOH \text{ (Essigsäure)} \rightarrow CH_4 + CO_2 \tag{6.3}$$

Anmerkung
Methan kann nicht nur durch Gärungsprozesse, sondern auch durch Reduktion von CO_2 durch Wasserstoff entstehen (Ohle, 1958; Scherer *et al.*, 1998). Diese Reaktion wird hier nicht weiter verfolgt, da davon auszugehen ist, dass in der Natur die Gärungsprozesse dominieren. Im Übrigen existiert ein thermodynamischer Formalismus, bei dem die Vergärung von Zucker zu CH_4 und CO_2 in zwei Teilreaktionen aufgespaltet wird. Dabei wird in der ersten Teilreaktion Zucker zu CO_2 oxidiert. Mit der dabei freigesetzten Reduktionskapazität wird die Hälfte des produzierten CO_2 zu CH_4 reduziert (Stumm und Morgan, 1981). Eine Kombination der beiden Teilreaktionen führt zu (6.2).

Es existieren zahlreiche Spezies von Methanbakterien, die auf die genannten Reaktionen spezialisiert sind. Sie sind obligat anaerob. Die Reaktionen sind langsam und störanfällig und erreichen erst bei höheren Temperaturen hohe Stoffumsätze. Der Grund dafür ist die Tatsache, dass bei der Methangärung von Zucker nur 18,7 % der Energiemenge gewonnen werden kann, die bei der aeroben Veratmung der gleichen Zuckermenge zur Verfügung stehen würde.

Gleichung (6.3) ist vor allem deshalb interessant, weil Glucose als Baustein der Cellulose eine überragende Rolle in der Natur spielt. Auf dem Abwassersektor wurde der Begriff „Cellulosegärung" eingeführt, mit dem alle Reaktionsschritte auf dem Weg von der Cellulose bis zum CH_4 und CO_2 zusammengefasst werden. Der erste Schritt ist die Aufspaltung der Cellulose durch das Enzym Cellulase zu Cellobiose, einem Doppelzucker aus zwei Glucosemolekülen. Auf dem Weg zu den Endprodukten entstehen Buttersäure, Propionsäure und Essigsäure. Im letz-

Tab. 6.4 Abbaureaktionen. Die Reaktionen beziehen sich auf die standardisierte Formel CH_2O für Kohlenhydrate, die Energieumsätze auf jeweils ein Redoxäquivalent (Stumm und Morgan, 1996).

Reaktion	(kJ/eq.)
Oxidation durch Sauerstoff (aerobe Veratmung)	125
Oxidation durch Nitrat (Denitrifikation)	119
Oxidation durch Sulfat (Desulfurikation)	25
Vergärung zu CH_4 und CO_2	23

ten Schritt dieser Reaktionsfolge reagiert die Essigsäure nach (6.3) zu CH_4 und CO_2 weiter.

Entsprechend den bisherigen Ausführungen ist eine hohe Methanproduktion unter den folgenden Bedingungen zu erwarten: strikt anaerobes Milieu, lange Reaktionszeiten, hohe Konzentration organischer Stoffe und erhöhte Temperatur. Alle vier Bedingungen sind in den Faultürmen der Kläranlagen erfüllt, da ihr Betrieb entsprechend optimiert ist. Optimal sind die Bedingungen auch im Verdauungstrakt von Wiederkäuern, die beträchtliche Mengen Methan an ihre Umwelt abgeben. In Sümpfen, Mooren und reduzierten Grundwasserleitern entsteht Methan (in Sümpfen als „Sumpfgas") bei niedriger Temperatur und entsprechend geringerer Produktivität.

In Abschn. 6.3.2 wird die Rolle der Cellulose bei der Desulfurikation diskutiert. Damit stehen der Cellulose – abhängig vom Milieu – theoretisch insgesamt vier Abbaureaktionen zur Verfügung. In Tab. 6.4 sind diese Reaktionen zusammen mit dem jeweiligen Energiegewinn aufgelistet.

Für die in der Tabelle angegebenen Reaktionen gilt eine Reihe von Ausschlussregeln. Zunächst schließen sich die Reaktionen gegenseitig aus: Eine Reaktion mit niedrigerem Energiegewinn „zündet" erst dann, wenn die vorausgegangene Reaktion mit höherem Energiegewinn aus Mangel an Reaktionspartnern erschöpft ist. In der letzten Reaktion kommt die Cellulose ohne Reaktionspartner aus; sie gärt. Eine zweite Ausschlussregel besagt, dass die Oxidation von Cellulose durch Sauerstoff (aerobe Veratmung) und durch Nitrat (Denitrifikation) nur bei Abwesenheit von Eisensulfiden nennenswerte Umsätze erreicht. Entsprechend den Ausführungen in Abschn. 6.3.2 wird diese Regel durch die Praxis bestätigt. Als Reaktionen der Cellulose spielen in der Praxis der Trinkwassergewinnung daher nur die Desulfurikation und die Vergärung eine Rolle.

6.5.2 Methan

Allgemeines

Methan (CH_4) ist der einfachste aller Kohlenwasserstoffe und die am stärksten reduzierte Form des Kohlenstoffs. Methan kommt im Erdgas, Grubengas, Sumpfgas, und als Gashydrate in Meeressedimenten vor. Auch Wiederkäuer produzieren in ihrem Verdauungstrakt Methan.

Herkunft

In Grundwasserleitern bildet sich Methan unter Bedingungen, die in Abschn. 6.5.1 bereits erwähnt wurden. Scherer *et al.* (1998) haben 1177 Brunnenwässer aus 212 Wasserwerken des norddeutschen Flachlandes nach ihrem Reduktionsgrad klassifiziert und dabei festgestellt, dass Methan vorwiegend im anaerob-reduzierten Grundwassertyp anzutreffen ist. Solche Wässer stammen überwiegend aus Brunnen von über 100 m Tiefe. Die Wässer sind also entsprechend alt. Sie werden charakterisiert durch Nitratkonzentrationen $< 0{,}7$ mg/l und Sulfatkonzentrationen ≤ 5 mg/l.

Eckpunkte der Konzentration

Grenzwert

Der Gesetzgeber hat sich zu keinem Zeitpunkt veranlasst gesehen, einen Grenzwert für Methan festzulegen, da Methan nicht toxisch ist. Außerdem ist es aufgrund von Ausschlussregeln unmöglich, dass ein ordnungsgemäß aufbereitetes Trinkwasser überhaupt Methan enthält.

Messwerte

Die Methankonzentrationen liegen in den von Scherer *et al.* (1998) erfassten Wässern im Mittel (als 50-Perzentil) bei 1,5 mg/l. Als 90-Perzentil wird ein Wert von 17,5 mg/l angegeben.

Ausschlusskriterien

Entsprechend den bisherigen Ausführungen ist mit Methan in Rohwässern nur dann zu rechnen, wenn diese stark reduziert sind und weder Sauerstoff noch Nitrat noch Sulfat enthalten. Für Sauerstoff und Nitrat gilt diese Ausschlussregel verhältnismäßig streng. Würde durch Mischung unterschiedlicher Wässer in einem Brunnen ein Mischwasser entstehen, das Methan und Sauerstoff bzw. Nitrat enthält, wären Störungen durch eine Massenentwicklung Methan abbauender Organismen („Verschleimung“) zu erwarten.

Bei der Trinkwasseraufbereitung ist das Methan – sofern es nicht schon bei der Belüftung weitgehend eliminiert wird – der Wasserinhaltsstoff, der als erster oxidiert wird. Wenn die Enteisenung, die Nitrifikation und die Entmanganung erfolgreich abgeschlossen werden konnten, ist dies ein Beweis dafür, dass auch das Methan restlos eliminiert wurde.

Analytik

Methan wird im Gaschromatografen mit Flammenionisationsdetektor bestimmt. Da das Methan zum Ausgasen aus der Wasserprobe neigt, bietet sich für die Entnahme und Vorbereitung der Probe die Headspace-Technik an.

Wirkungen

In den infrage kommenden Konzentrationen übt Methan keine physiologischen Wirkungen auf den Menschen aus.

Methan kann die Trinkwasseraufbereitung empfindlich stören, da es zur vollständigen Oxidation zu CO_2 4,0 mg Sauerstoff pro mg Methan benötigt. Der zur Oxidation des Methans verbrauchte Sauerstoff steht den anderen Redoxreaktionen nicht mehr zur Verfügung. Zu beachten ist auch, dass die Oxidation des Methans unter Mitwirkung spezialisierter Mikroorganismen außerordentlich schnell über die Zwischenstufen Methanol, Formaldehyd und Ameisensäure zum CO_2 verläuft. Dabei können Massenentwicklungen methanoxidierender Mikroorganismen entstehen, die zu Schleimbildungen führen. Solche Störungen sind in norddeutschen Wasserwerken bei der Umstellung von offenen Belüftungsanlagen auf Druckbelüftung beobachtet worden. Fatale Auswirkungen kann Methan auch bei der unterirdischen Wasseraufbereitung haben. Störungen dieser Art sind es, die Versorgungsunternehmen dazu veranlassen, überhaupt Untersuchungen auf Methan in Auftrag zu geben.

7
Calcitsättigung

7.1
Einführung

Der Abschnitt „Calcitsättigung" befasst sich mit CO_2 (Kohlenstoffdioxid), Kohlensäure (H_2CO_3), Hydrogencarbonat (HCO_3^-) und Carbonat (CO_3^{2-}) sowie mit Calciumionen (Ca^{2+}) und Calciumcarbonat ($CaCO_3$). (Zur Verwendung der Begriffe: siehe Abschn. 3.5). Weil sich CO_2, Kohlensäure, Hydrogencarbonat und Carbonat ineinander umwandeln können, ist es in vielen Fällen sinnvoll, sie als „anorganischen Kohlenstoff" zusammenzufassen. Das Gleichgewichtssystem der Kohlensäure und die Calcitsättigung gelten als besonders schwierige Themen der Wasserchemie. Dies hat die folgenden Gründe:

- Kohlenstoffdioxid, Kohlensäure und ihre Anionen lassen sich nicht auf die gleiche eindeutige Weise analysieren, wie man das von den anderen Wasserinhaltsstoffen gewöhnt ist. Sie gehorchen einem komplizierten Gleichgewichtssystem und können sich, wenn dieses System von außen beeinflusst wird, ineinander umwandeln. Die einzige Eigenschaft dieser Verbindungen, die sich für ihre Analyse eignet, ist ihr Verhalten gegenüber Säure und Lauge. Gleichzeitig sind Säure und Lauge die wichtigsten Faktoren, die das Gleichgewichtssystem beeinflussen und die Verbindungen dazu veranlassen, sich umzuwandeln. Die Endpunkte solcher Prozesse sind durch bestimmte pH-Werte charakterisiert. Die Analyse besteht also darin, dass die Verbindungen mit Säuren oder Laugen bis zum Erreichen dieser Endpunkte titriert werden. Nachteilig ist, dass die Verbräuche von Säure bzw. Lauge zu denjenigen Analysenverfahren zählen, die ganz besonders unspezifisch und somit auch (für diesen Anwendungsfall) ungenau sind. Früher hat man diese Ungenauigkeiten in Kauf genommen. Heute liegt zwischen Messergebnis und chemischer Aussage ein dornenreicher Weg von Rechnungen und Korrekturen.
- Das Streben nach logischen und jederzeit nachvollziehbaren Formulierungen führt zu der Tendenz, Messergebnis und chemische Aussage zunehmend getrennt zu betrachten und dadurch logisch zu entkoppeln. Würde man diese Entkoppelung auf die Temperaturmessung anwenden, entstünden Formulierungen etwa der folgenden Art: „Die Länge der Quecksilbersäule in der Ther-

Wasseranalysen – richtig beurteilt, 4. Auflage. Walter Kölle.
© 2017 WILEY-VCH Verlag GmbH & Co. KGaA. Published 2017 by WILEY-VCH Verlag GmbH & Co. KGaA.

mometerkapillare betrug [...] Millimeter nach DIN [...]. Bei der Berechnung der Wassertemperatur nach DIN [...], Rechenverfahren [...], resultiert ein Wert von 10,5 °C.“ Zum Glück darf man bei der Temperaturmessung denjenigen, die das Thermometer kalibriert und abgelesen haben, soweit vertrauen, dass die Aussage: „Wassertemperatur: 10,5 °C“ normalerweise nicht infrage gestellt werden muss. Beim Gleichgewichtssystem der Kohlensäure ist das anders, die Entkoppelung von Messergebnis und chemischer Aussage ist aus den im vorangehenden Absatz genannten Gründen erforderlich. Dadurch werden die Zusammenhänge aber vergleichsweise unanschaulich.

- Es gibt wenig Fachgebiete, die auf eine längere historische Entwicklung zurückblicken können als das Wasserfach. Man darf sich daher nicht wundern, wenn das Wasserfach mit sprachlichen Überresten der Vergangenheit befrachtet ist. Solche Sprachfossilien haben ein zähes Leben, weil sie zwar unexakt, aber umso anschaulicher sind. Das Nebeneinander alter und moderner Begriffe und Maßeinheiten trägt ebenfalls nicht zum besseren Verständnis bei.

Der aktuelle Stand des Wissens über das Thema „Calcitsättigung“ ist in der DIN 38404-10 „Calcitsättigung eines Wassers“ dargestellt. Der Autor hat nicht die Absicht, den Informationsinhalt der DIN zu vermitteln. Vielmehr begnügt er sich damit, den Leser so weit an das Thema „Calcitsättigung“ heranzuführen, dass er auf eine weitere Vertiefung des Themas neugierig wird.

Wer ein Verständnis für die Calcitsättigung wecken möchte, darf die Anschaulichkeit nicht vollständig aufgeben, sondern muss eine Brücke schlagen zwischen Korrektheit und Anschaulichkeit. Bei den folgenden Ausführungen werden daher einige Sachverhalte vereinfacht bzw. idealisiert dargestellt. In solchen Fällen wird entweder direkt auf die Idealisierung hingewiesen, oder es wird das Zeichen $\approx$ benutzt, um die hinter diesem Zeichen stehende Aussage als Vereinfachung bzw. Idealisierung zu kennzeichnen. Im Vorgriff auf die späteren Ausführungen sei hier schon erwähnt, dass die präzisen Aussagen rechnerisch nach DIN 38404 zugänglich sind.

7.2 Kohlensäure

Wegen der Kompliziertheit des Themas „Calcitsättigung“ ist es lohnend, die Kohlensäure zunächst einmal mit einer anderen Säure, nämlich der Schwefelsäure zu vergleichen.

Schwefelsäure (H_2SO_4) besitzt ein Anhydrid, das Schwefeltrioxid (SO_3). Dieses reagiert mit Wasser nach der folgenden Reaktionsgleichung:

$$SO_3 + H_2O \rightleftharpoons H_2SO_4 \tag{7.1}$$

Auch die Kohlensäure besitzt ein Anhydrid, das CO_2, das nach einer ganz analogen Reaktionsgleichung zu Kohlensäure (H_2CO_3) reagiert:

$$CO_2 + H_2O \rightleftharpoons H_2CO_3 \tag{7.2}$$

Der wichtigste Unterschied zwischen beiden Reaktionen besteht darin, dass bei der Bildung von Schwefelsäure sehr viel Energie freigesetzt wird und die Umsetzung vollständig ist, während bei der Bildung der Kohlensäure nur ein kleiner Bruchteil des CO_2 entsprechend der Reaktionsgleichung reagiert. Der Hauptanteil des CO_2 bleibt als Gas gelöst.

Schwefelsäure kann in zwei Stufen dissoziieren:

$$H_2SO_4 \rightleftharpoons HSO_4^- + H^+ \tag{7.3}$$

$$HSO_4^- \rightleftharpoons SO_4^{2-} + H^+ \tag{7.4}$$

Kohlensäure kann ebenfalls in zwei Stufen dissoziieren:

$$H_2CO_3 \rightleftharpoons HCO_3^- + H^+ \tag{7.5}$$

$$HCO_3^- \rightleftharpoons CO_3^{2-} + H^+ \tag{7.6}$$

Wenn man 1 mmol CO_2 und 1 mmol SO_3 in Wasser auflöst, entstehen die in Tab. 7.1 aufgeführten Komponenten:

Tab. 7.1 Reaktionsprodukte und resultierender pH-Wert beim Auflösen von je 1 mmol CO_2 (44 mg) bzw. SO_3 (80 mg) in 1 l Wasser (10 °C).

Kohlensäuresystem		**Schwefelsäuresystem**	
Komponente	**Anteil (%)**	**Komponente**	**Anteil (%)**
CO_2	98,15	SO_3	0
H_2CO_3	0,003	H_2SO_4	0,000 001
HCO_3^-	1,85	HSO_4^-	9,85
CO_3^{2-}	0,000 003	SO_4^{2-}	90,15
pH-Wert	4,736	pH-Wert	2,744

Die Tabelle zeigt die großen Unterschiede zwischen diesen beiden Säuren. Jede Reaktion mit den Anionen der Kohlensäure läuft (bei pH-Werten unter 8) vor dem Hintergrund eines riesigen Reservoirs an gelöstem CO_2-Gas ab, mit dem die Anionen enge Wechselwirkungen pflegen.

Wenn man zu verdünnter Schwefelsäure einen Tropfen Natronlauge (NaOH) hinzugibt, werden Wasserstoffionen neutralisiert:

$$H^+ + OH^- \rightarrow H_2O \tag{7.7}$$

Die Folge dieses Neutralisationseffektes besteht im Wesentlichen darin, dass nachher weniger Wasserstoffionen vorhanden sind als vorher.

Gibt man in ein CO_2-haltiges Wasser einen Tropfen Natronlauge, so wird eine Folge mehrerer Reaktionen ausgelöst, die sich in einer Art Dominoeffekt über alle Komponenten des anorganischen Kohlenstoffs ausbreiten: Wasserstoffionen werden neutralisiert Gl. (7.7), neue Wasserstoffionen werden nachgeliefert, indem H_2CO_3 dissoziiert Gl. (7.5), und neues H_2CO_3 wird nachgeliefert, indem ein Teil des CO_2 mit Wasser reagiert Gl. (7.2). Diese Reaktionen kommen zum Stillstand, wenn sich ein neues Gleichgewicht eingestellt hat. CO_2 ist das letzte Glied in dieser Kette, es wird nicht nachgeliefert. Die Folge dieser Prozesse besteht also im Wesentlichen darin, dass nachher weniger CO_2 vorhanden ist als vorher.

7.2.1
Basekapazität bis pH 8,2

Wenn man die Zugabe von Natronlauge fortsetzt, wird ein Punkt erreicht, an dem das gesamte CO_2 aufgebraucht ist. Der anorganische Kohlenstoff besteht nun (fast) ausschließlich aus Hydrogencarbonat (HCO_3^-). Der pH-Wert eines solchen Wassers liegt bei 8,2 (oberhalb von pH 8,2, also bei weiterer Zugabe von Natronlauge, wird Hydrogencarbonat in Carbonat (CO_3^{2-}) umgewandelt). Wenn man die Konzentration der Natronlauge vorgibt und das Volumen der zugesetzten Natronlauge misst, hat man beim Erreichen des pH-Wertes 8,2 eine Titration durchgeführt und damit die Basekapazität bis pH-Wert 8,2 ermittelt (s. Abschn. 1.5 „Titration"). Bei der Bestimmung der Basekapazität bis pH 8,2 laufen die Reaktionen (7.7), (7.5) und (7.2) ab. Es ist erlaubt, diese drei Gleichungen zu addieren (siehe Abschn. 1.3.6 „Reaktionsgleichungen"). Dabei resultiert die pauschale Gleichung:

$$CO_2 + OH^- \rightarrow HCO_3^- \qquad (7.8)$$

Die Basekapazität bis pH 8,2 (mmol/l) ist daher ein Maß dafür, wie viel CO_2 (mmol/l) die Probe enthalten hat. Bei diesen beiden Aussagen „Basekapazität bis pH 8,2" (Ergebnis einer Analyse) und „CO_2-Konzentration" (chemische Interpretation einer Analyse) handelt es sich um zwei entkoppelte Aussagen, da die unmittelbare Umrechnung des Analysenergebnisses in die Konzentration eine Idealisierung darstellt. Dies gilt auch für einige der folgenden Aussagen.

7.2.2
Säurekapazität bis pH 4,3

Wenn man zu einem Wasser, das Hydrogencarbonat enthält, einen Tropfen Salzsäure (HCl) hinzufügt, dann laufen die Reaktionen, die durch Natronlauge ausgelöst werden, in umgekehrter Richtung ab (formal entspricht die Zugabe von H^+-Ionen einem Entzug von OH^--Ionen). Unterhalb von pH 8,2 lautet die pauschale Gleichung hierfür:

$$HCO_3^- + H^+ \rightleftharpoons CO_2 + H_2O \qquad (7.9)$$

Wenn man die Zugabe von Salzsäure fortsetzt, wird ein Punkt erreicht, an dem das gesamte Hydrogencarbonat aufgebraucht ist. Der anorganische Kohlenstoff besteht nun (fast) ausschließlich aus CO_2. Der pH-Wert eines solchen Wassers liegt bei 4,3.

Wenn Konzentration und Volumen der zugesetzten Salzsäure bekannt sind, hat man beim Erreichen des pH-Wertes 4,3 die Säurekapazität bis pH 4,3 ermittelt. Nach Reaktion (7.9) ist die Säurekapazität bis pH 4,3 (mmol/l) ein Maß dafür, wie viel Hydrogencarbonat (mmol/l) die Probe enthalten hat (idealisierte Aussage).

7.2.3 Säurekapazität bis pH 8,2

Wenn man zu einem Wasser, dessen pH-Wert oberhalb von pH 8,2 liegt, Salzsäure hinzufügt, wird Carbonat in Hydrogencarbonat umgewandelt:

$$CO_3^{2-} + H^+ \rightleftharpoons HCO_3^- \qquad (7.10)$$

Beim Erreichen des pH-Wertes 8,2 hat man das gesamte Carbonat aufgebraucht und in Hydrogencarbonat umgewandelt. Die hierfür erforderliche Säuremenge entspricht der Säurekapazität bis pH 8,2. Sie ist ein unmittelbares Maß für die Carbonatkonzentration (mmol/l) im Wasser (idealisierte Aussage).

Anmerkung
Bei der klassischen Überprüfung der Richtigkeit von Analysen wird die Säurekapazität bis pH 4,3 so in die Ionenbilanz eingesetzt, als würde es sich dabei um das Anion HCO_3^-, also um ein einwertiges Anion, handeln. Bei der Analyse von Wässern, deren pH-Wert oberhalb von 8,2 liegt, verbraucht das CO_3^{2-} als zweiwertiges Anion bei der Titration doppelt so viele Wasserstoffionen wie das HCO_3^-. Die Säurekapazität bis pH 4,3 von Wässern mit pH-Werten über 8,2 darf daher ebenfalls so in klassische Ionenbilanzen eingesetzt werden, als würde es sich um ein einwertiges Anion handeln (siehe auch Abschn. 1.6 „Ionenbilanz").

Abbildung 7.1 zeigt die Verteilung der Komponenten des anorganischen Kohlenstoffs entlang der pH-Achse. Die hier dargestellten Gesetzmäßigkeiten gelten unabhängig von den beteiligten Kationen, also beispielsweise auch für Lösungen von Natriumcarbonat und -hydrogencarbonat. Aus Abb. 7.1 kann man ablesen, dass bei jedem pH-Wert, der in natürlichen Wässern üblicherweise vorkommt, immer zwei Komponenten des anorganischen Kohlenstoffs in Anteilen von mehr als 1 % gemeinsam miteinander existieren. Diese Koexistenz zweier Komponenten kann unterschiedlich ausgedrückt werden. Im Zusammenhang mit der Calcitsättigung hat sich jedoch als klassische Formulierung eingebürgert, dass man eine Komponente als „zugehörig" zu einer anderen Komponente bezeichnet.

Grundsätzlich bedeutet es keinen Unterschied, ob man eine Zugehörigkeit von A zu B oder von B zu A definiert. In der Vergangenheit hat man aber die Konzentration von Hydrogencarbonat (als „Karbonathärte") als Ausgangspunkt genommen und das CO_2 als zugehörig behandelt. So entstand der historische Begriff „zugehörige Kohlensäure". Im vorliegenden Buch wird der Begriff „zugehöriges CO_2" benutzt, weil es sich bei dieser Komponente tatsächlich um CO_2 handelt.

Dabei gilt:

- Konzentration von Hydrogencarbonat (mmol/l) ≈ Säurekapazität bis pH 4,3 (mmol/l) und
- „Karbonathärte" (°dH) ≈ 2,8 × Säurekapazität bis pH 4,3 (mmol/l).

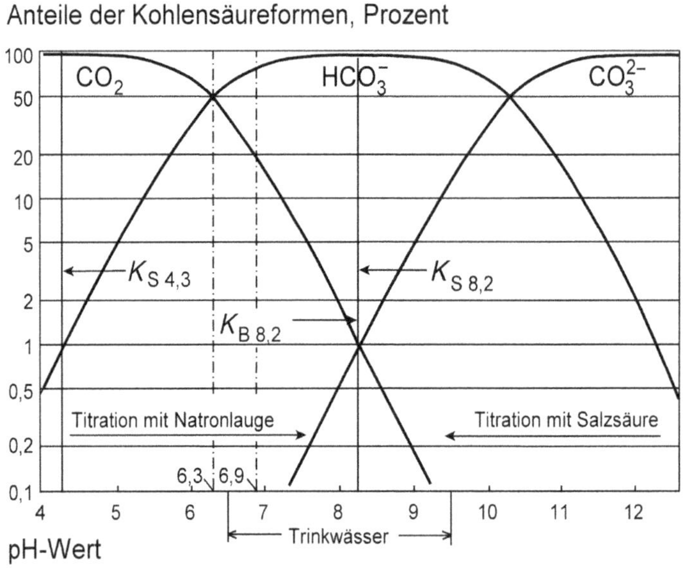

Abb. 7.1 Der anorganische Kohlenstoff in Abhängigkeit vom pH-Wert nach Sontheimer *et al.* (1980).

7.3
Rolle des Calciums

Wenn bei den bisher aufgeführten Reaktionen eine Lauge beteiligt war, wurde sie als „OH^-“, also ohne Kation, in die Gleichungen eingesetzt. Tatsächlich haben die Kationen in gewissen Grenzen, die noch zu diskutieren sind, keinen nennenswerten Einfluss auf den Ablauf der bisher geschilderten Reaktionen. Anstelle von Natronlauge können beispielsweise auch Kalilauge (KOH) oder Calciumhydroxid ($Ca(OH)_2$) verwendet werden.

Große Unterschiede gibt es jedoch, wenn man das Verhalten der Metallionen gegenüber Carbonationen betrachtet. Unter allen Metallen, die in natürlichen Wässern üblicherweise vertreten sind, besitzt das Calcium das Carbonat mit der geringsten Löslichkeit (Calcit). Es ist daher völlig ausreichend, wenn man sich auf das Calciumcarbonat-Kohlensäure-System konzentriert und alle Carbonat-Kohlensäure-Systeme, die für andere Metalle gelten könnten, unberücksichtigt lässt.

Anmerkung
Magnesiumcarbonat (Magnesit) ist besser löslich als Calcit, sodass bei der Bildung ungelöster Carbonate das Magnesium dem Calcium den Vortritt lässt. Die Carbonate der Alkalimetalle (Natrium und Kalium) sind noch besser löslich. Strontium und Barium bilden zwar Carbonate mit geringerer Löslichkeit als Calcit, kommen aber in den meisten Wässern nur in Spuren vor. Einen Sonderfall mit einer nennenswerten Konzentration von Strontium zeigt das Analysenbeispiel 12.

Betrachtet man unter diesen Gesichtspunkten die Zugabe einer Calciumhydroxidlösung („Kalkwasser“) zu einer CO_2-Lösung, dann muss zwangsläufig ein

Punkt erreicht werden, an dem sich so viele Carbonationen gebildet haben, dass Calciumcarbonat als Calcit ausfallen muss:

$$CO_3^{2-} + Ca^{2+} \rightarrow CaCO_3\downarrow \tag{7.11}$$

Der Abwärtspfeil in der Reaktionsgleichung soll andeuten, dass das entstehende Produkt unlöslich ist und (z. B. als Schlamm) ausfällt.

Mit einigem Geschick könnte es gelingen, einen Zustand zu erreichen, bei dem noch kein Calcit ausfällt, bei dem aber jede weitere Zugabe von Calciumhydroxid zur Ausfällung von Calcit führt. Damit hätte man den Zustand der Calcitsättigung exakt erreicht.

In der Natur entstehen Wässer, die sich im Zustand der Calcitsättigung befinden, nicht durch den Einfluss von Calciumhydroxid, sondern durch die Reaktion von CO_2 mit Calciumcarbonat nach der folgenden Gleichung:

$$CaCO_3 + CO_2 + H_2O \rightleftharpoons Ca^{2+} + 2HCO_3^- \tag{7.12}$$

Mit dieser Reaktion kann der Zustand der Calcitsättigung erreicht, aber nicht überschritten werden. Ein entsprechendes Versuchskonzept eignet sich daher recht gut zur Herstellung von Gleichgewichtswässern. Man kann eine große Zahl von Versuchen nach Reaktionsgl. (7.12) durchführen, die sich nur in einem einzigen Versuchsparameter unterscheiden, nämlich in der Menge an ursprünglich zugegebenem CO_2; das $CaCO_3$ muss in einem solchen Überschuss vorhanden sein, dass am Ende der Reaktion noch $CaCO_3$ als „Bodenkörper" vorhanden ist. Von den entstandenen Gleichgewichtswässern kann man den pH-Wert, die Säurekapazität bis pH 4,3 und die Basekapazität bis pH 8,2 bestimmen.

Anmerkung

Gleichung (7.12) ist wahrscheinlich eine der ältesten chemischen Reaktionsgleichungen überhaupt. Von großer Beständigkeit ist auch die Angewohnheit, das Calcium entsprechend dieser Gleichung dem Hydrogencarbonat zuzuordnen und als „Karbonathärte" zu bezeichnen. Weitere Ausführungen zu diesem Thema enthält der Abschn. 4.1.

In einem Koordinatensystem kann man einen der Parameter pH-Wert, Säurekapazität bis pH 4,3 und Basekapazität bis pH 8,2 gegen einen anderen auftragen und erhält dabei eine Gleichgewichtskurve. Die Ersten, die dies getan haben, sind Tillmans und Heublein (1912). In der klassischen Tillmans-Kurve ist die „zugehörige Kohlensäure" (das freie CO_2 (mg/l) im Zustand der Calcitsättigung) gegen die „Karbonathärte" in Grad deutscher Härte (°dH) aufgetragen. Den von Tillmans und Heublein gewonnenen Daten kann man zwei verschiedene Bedeutungen zuschreiben: eine reale Bedeutung für die Beurteilung eines Wassers im praktischen Anwendungsfall oder eine theoretische Bedeutung für die grundsätzliche Darstellung eines Prinzips. Aus damaliger Sicht waren diese Daten eine große Hilfe auch für den praktischen Anwendungsfall. Aus heutiger Sicht eignen sich diese Daten nur noch dazu, ein Prinzip zu verdeutlichen. Der Grund dafür ist die Tatsache, dass die damaligen Untersuchungen unter standardisierten Bedingungen durchgeführt wurden. Dabei ist die große Vielfalt unterschiedlicher Wässer unberücksichtigt geblieben.

Wenn im Folgenden die „Tillmans-Kurve" der grundsätzlichen Darstellung eines Prinzips dient, wird die allgemeinere Bezeichnung „Calcitsättigungskurve" verwendet.

7.3.1 Wässer im Zustand der Calcitsättigung

Zahlenwerte der Ergebnisse von Tillmans und Heublein sind auf der Website im Ordner „VERSCHIEDENES\TABELLEN" als Tab. A.5 aufgeführt und in Abb. 7.2 als Calcitsättigungskurve dargestellt. Während sich die Tabelle mit den Begriffen „Karbonathärte" (°dH) und „zugehöriger Kohlensäure" (mg/l) streng an die Vorlage von 1912 hält, wurden in Abb. 7.2 die molaren Bezeichnungen „Säurekapazität bis pH 4,3 ($K_{S4,3}$), mmol/l (≈ Hydrogencarbonat, mmol/l)" für die x-Achse und „Basekapazität bis pH 8,2 ($K_{B8,2}$), mmol/l" für die y-Achse gewählt. Zum Vergleich ist auf der zweiten y-Achse die CO_2-Konzentration in mg/l eingezeichnet. Es gilt:

- Karbonathärte (°dH) ≈ 2,8 × $K_{S4,3}$ (mmol/l) und
- freies CO_2 (mg/l) ≈ 44 × $K_{B8,2}$ (mmol/l).

Punkte auf der Kurve von Abb. 7.2 entsprechen Wässern im Zustand der Calcitsättigung. Für Punkte oberhalb der Kurve gilt, dass entsprechende Wässer überschüssiges CO_2 enthalten, während Punkte unterhalb der Kurve Wässer mit einem CO_2-Defizit charakterisieren.

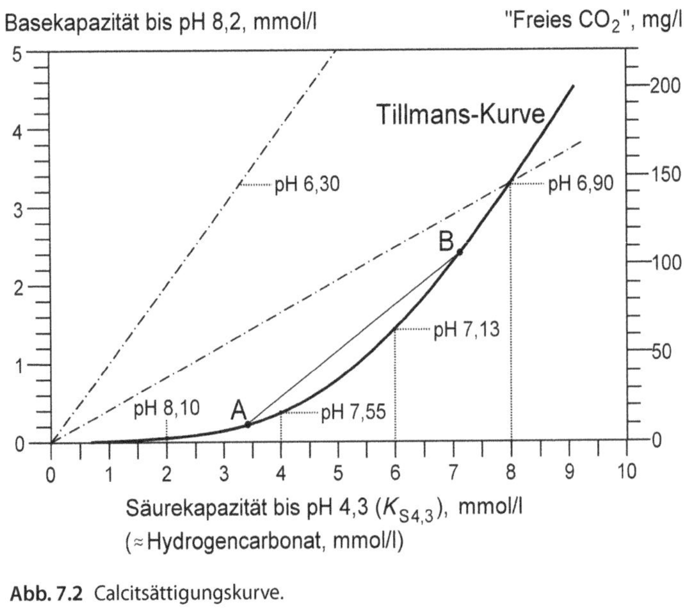

Abb. 7.2 Calcitsättigungskurve.

Anmerkung
Auch für Wässer im Zustand der Calcitsättigung müssen die Gesetzmäßigkeiten nach Abb. 7.1 erfüllt sein. Nach Abb. 7.1 können für jeden pH-Wert Konzentrationsverhältnisse der Komponenten CO_2, HCO_3^- und CO_3^{2-} zueinander abgelesen werden, die die Bedingungen des Kohlensäuregleichgewichts erfüllen. Über die tatsächlichen Konzentrationen ist damit nichts ausgesagt. Diese können (fast) beliebige Werte annehmen. In Abb. 7.2 geht jede Linie gleicher Konzentrationsverhältnisse von CO_2 und HCO_3^- vom Koordinatennullpunkt aus, wobei sich die Steigung aus dem Konzentrationsverhältnis selbst ergibt. Ihr Schnittpunkt mit der Calcitsättigungskurve entspricht der Situation, dass das Kohlensäuregleichgewicht und die Calcitsättigung gleichzeitig erfüllt sind. Als Beispiele sind solche Geraden für die pH-Werte 6,3 und 6,9 in den Abb. 7.1 und 7.2 strichpunktiert eingetragen, wobei allerdings nur die Gerade für den pH-Wert 6,9 einen realistischen Schnittpunkt mit der Calcitsättigungskurve besitzt.

Der Anstieg der Konzentration des zugehörigen CO_2 beschleunigt sich mit zunehmender Konzentration von Hydrogencarbonat (≈ Säurekapazität bis pH 4,3). Dies hat eine Reihe wichtiger Konsequenzen:

- Mit zunehmender Konzentration an Hydrogencarbonat wird jede weitere Konzentrationserhöhung immer aufwendiger, weil der Zusatzbedarf an zugehörigem CO_2 überproportional zunimmt. Dadurch entsteht eine natürliche Barriere gegen extrem hohe Konzentrationen von Hydrogencarbonat in harten Wässern (Analysenbeispiele 10 und 11).
- Zwei Wässer A und B, die sich entsprechend Abb. 7.2 jeweils im Zustand der Calcitsättigung befinden, ergeben im Fall einer Mischung Wässer, die nicht mehr auf der Calcitsättigungskurve, sondern auf der Verbindungsgeraden A–B liegen. Diese Mischwässer enthalten überschüssiges CO_2. Bilden sich solche Mischungen beispielsweise in einem Verteilungssystem, müssen sie daraufhin überprüft werden, ob sie hinsichtlich ihrer Calcitlösekapazität noch innerhalb des von der Trinkwasserverordnung vorgegebenen Toleranzbereiches liegen oder ob die unkontrollierte Mischwasserbildung vermieden werden muss.

7.3.2
Wässer, die vom Zustand der Calcitsättigung abweichen

Bei der Beurteilung eines Wassers im Hinblick auf die Calcitsättigung wird ein Teil der Probe experimentell oder rechnerisch in den Zustand der Calcitsättigung gebracht, ein Vorgang, der bei der Trinkwasseraufbereitung als Entsäuerung bezeichnet wird. Unter den zahlreichen Möglichkeiten der Entsäuerung eignen sich für die Beurteilung der Calcitsättigung nur zwei:

Die Entfernung (oder Dosierung) von CO_2 durch Austreiben mit Luft (oder Einleitung von CO_2): Das Austreiben von CO_2 mit Luft wird auch als „physikalische Entsäuerung" bezeichnet. Der pH-Wert des dabei erreichten Sättigungszustandes wird nach DIN charakterisiert durch den „Sättigungs-pH-Wert nach Austausch von Kohlenstoffdioxid".

Die Entsäuerung durch Calcit nach Reaktionsgl. (7.12): Der dabei erreichte Sättigungszustand wird nach DIN auf zwei unterschiedliche Arten charakterisiert: durch den „Sättigungs-pH-Wert nach Einstellung der Calcitsättigung durch Calcit“ und durch die pro Liter bei der Gleichgewichtseinstellung in Lösung gehende Calcitmasse („Calcitlösekapazität“) bzw. durch die „Calcitabscheidekapazität“ bei übersättigten Wässern.

Das Erreichen der Sättigung durch „Austausch von Kohlenstoffdioxid“ und durch „Einstellung der Calcitsättigung durch Calcit“ wird mit Abb. 7.3 erläutert. Ein Wasser, das überschüssiges CO_2 enthält, ist durch den Punkt C in Abb. 7.3 gekennzeichnet. Die Entfernung von CO_2 durch Austreiben mit Luft führt zu einer Abnahme des freien CO_2, ohne dass sich die Säurekapazität bis pH 4,3 ändert. Die Calcitsättigungskurve wird also in Punkt D geschnitten. Für das betrachtete Wasser ist der hier herrschende pH-Wert „der Sättigungs-pH-Wert nach Austausch von Kohlenstoffdioxid“.

Dasselbe Wasser kann durch Calcit entsäuert werden. Dabei entstehen für jedes Mol umgesetztes CO_2 zwei Mol Hydrogencarbonat. Der Vorgang endet, wenn der Punkt E auf der Kurve erreicht ist. Eine Übersättigung kann auf diese Weise nicht eintreten. Das betrachtete Wasser hat dann den „Sättigungs-pH-Wert nach Einstellung der Calcitsättigung durch Calcit“ erreicht.

Analog verläuft die Gleichgewichtseinstellung bei einem übersättigten Wasser C′. An Stelle einer Entfernung von CO_2 wird in diesem Falle eine Dosierung von CO_2 durchgeführt. An Stelle einer Entsäuerung durch Calcit findet eine Ausfällung von Calcit statt. Es werden die Punkte D′ (nach CO_2-Zugabe) und E′ (nach Ausfällung von Calcit) auf der Kurve erreicht.

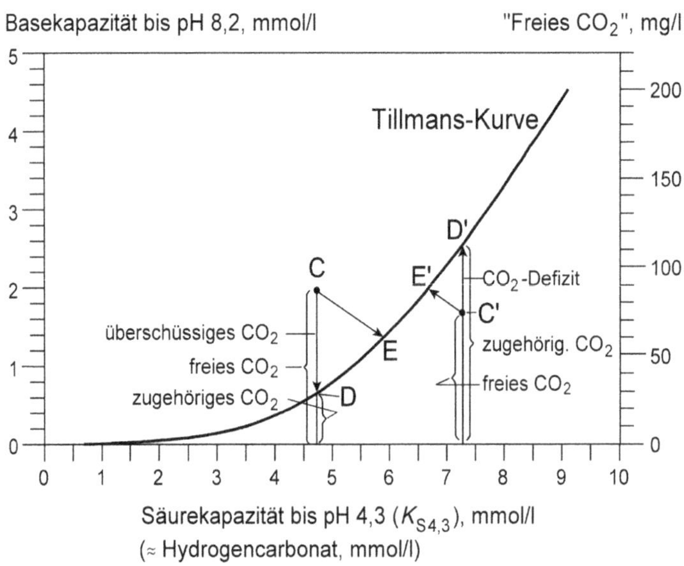

Abb. 7.3 Beurteilung der Abweichung eines Wassers von der Calcitsättigung.

7.3.3
Einfluss unterschiedlicher Parameter

Es ist bereits betont worden, dass die Daten von Tillmans und Heublein unter standardisierten Bedingungen ermittelt worden sind. Der wichtigste Parameter, der unberücksichtigt blieb, ist die Konzentration desjenigen Anteils des Calciums, der nicht dem Hydrogencarbonat zugeordnet werden kann (z. B. die „Gipshärte“). Eine große Rolle spielen auch die Temperatur und die Ionenstärke.

Die Auswirkungen dieser drei Einflussgrößen sind aus Abb. 7.4 an drei Beispielen ersichtlich. Die Ausgangsbedingungen entsprechen dem Analysenbeispiel Nr. 1 im Analysenanhang. In diesem Wasser wurden zunächst die Calciumkonzentration sowie die Säurekapazität bis pH 4,3 und die Basekapazität bis pH 8,2 variiert, um die unterbrochen eingezeichnete Calcitsättigungskurve zu erhalten. In den durch diese Kurve charakterisierten Wässern wurden Änderungen entsprechend den Angaben in Abb. 7.4 durchgeführt. Die so entstandenen Wässer wurden rechnerisch in den Zustand der Calcitsättigung gebracht und mit durchgezogenen Kurven dargestellt. Die Berechnungen wurden nach DIN 38404-10, Rechenmethode 3 durchgeführt. Man braucht nicht nachzurechnen, um festzustellen, dass der mögliche Fehler beträchtlich ist und nicht hingenommen werden kann.

Man erkennt, dass Calciumsulfat den Bedarf an zugehörigem CO_2 erhöht. Zurückzuführen ist dies auf den Einfluss des Calciums. Dieses erhöht die Tendenz zur Ausfällung von Calciumcarbonat und macht als „Gegengewicht“ eine zusätzliche CO_2-Dosis erforderlich. Eine Temperaturerhöhung muss ebenfalls durch eine

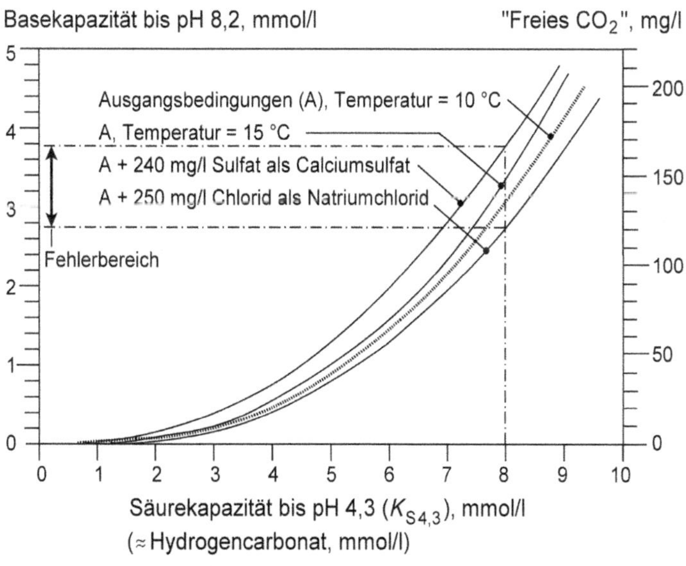

Abb. 7.4 Mögliche Abweichungen der Calcitsättigung von den Ausgangsbedingungen durch Änderung von Parametern der Wasserbeschaffenheit.

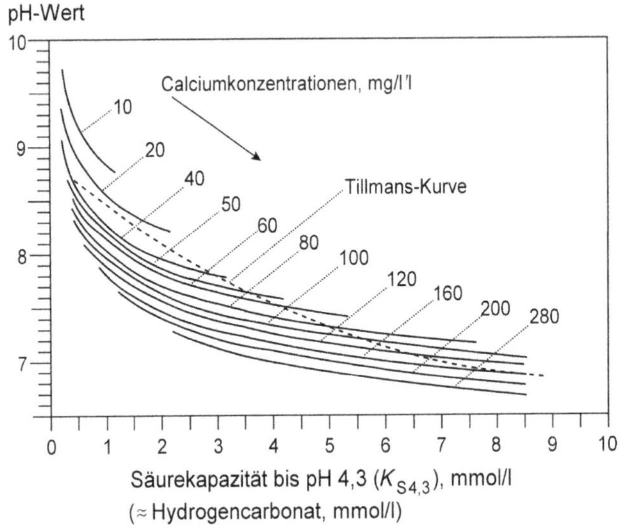

Abb. 7.5 Gleichgewichts-pH-Wert in Abhängigkeit von der Säurekapazität bis pH 4,3 und der Calciumkonzentration für 10 °C (Daten aus Tab. 1 in Grohmann, 1991).

erhöhte Konzentration von CO_2 kompensiert werden. Einen umgekehrten Effekt hat die Erhöhung der Ionenstärke (hier verursacht durch Natriumchlorid), sofern die Calciumkonzentration dabei unangetastet bleibt.

7.3.4 Der pH-Wert der Calciumcarbonatsättigung (Sättigungs-pH-Wert)

Auch der Sättigungs-pH-Wert kann gegen die Säurekapazität aufgetragen werden. Man erhält dann eine Darstellung entsprechend Abb. 7.5. Neben der „Tillmans-Kurve" ist hier auch eine Kurvenschar mit der Calciumkonzentration als zusätzlicher Variablen eingezeichnet.

Die der Kurvenschar zugrunde liegenden Daten entsprechen den Werten von Tab. 1, Rechenverfahren 1 nach DIN 38404-10 (entsprechend Tab. 1 in Grohmann, 1991). Auch diese Daten gelten nur unter standardisierten Randbedingungen.

7.3.5 Calcitlösekapazität

Ein Wasser, das überschüssiges CO_2 enthält, ist in der Lage, entsprechend Reaktionsgl. (7.12) Calcit aufzulösen; es besitzt also eine Calcitlösekapazität. Als Kriterien zur Beurteilung der Abweichung eines Wassers von der Calcitsättigung eignen sich sowohl das überschüssige CO_2 als auch die Calcitlösekapazität.

Auf den ersten Blick könnte man eine lineare Korrelation zwischen überschüssigem CO_2 und der Calcitlösekapazität vermuten. Da bei der Calcitlösung nach

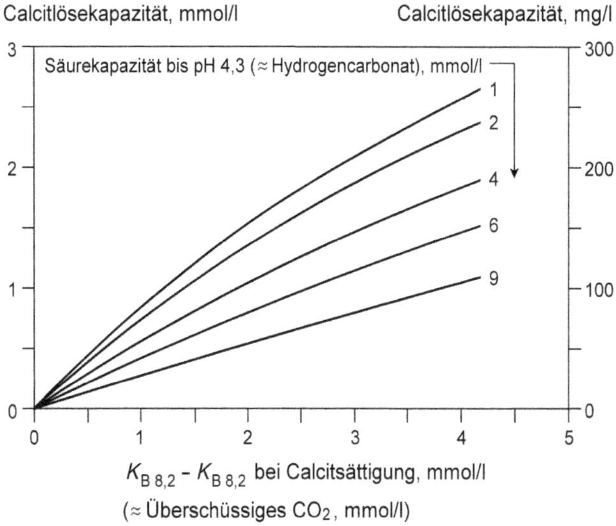

Abb. 7.6 Calcitlösekapazität in Abhängigkeit von der Konzentration an überschüssigem CO_2 und der Säurekapazität bis pH 4,3.

Gl. (7.12) die Hydrogencarbonatkonzentration und damit auch der Bedarf an zugehörigem CO_2 ansteigen, wird mit zunehmendem Reaktionsfortschritt ein steigender Anteil des CO_2 zugehörig und geht auf diese Weise für die Calcitlösung verloren. Die Korrelation zwischen der Konzentration an überschüssigem CO_2 und der Calcitlösekapazität ist also nicht streng linear. Abbildung 7.6 zeigt diese Korrelation sowie ihre Abhängigkeit von der Säurekapazität bis pH 4,3 des Wassers, das das überschüssige CO_2 enthalten hat.

7.4 Beurteilung eines Wassers im Hinblick auf die Calcitsättigung

Seit 1888 ist unbestritten, dass sich Wasser im Zustand der Calcitsättigung befinden muss (Heyer, 1888). Seit 1912 verfügt man über die Ergebnisse von Tillmans und Heublein (1912), durch die eine Beurteilung von Wässern im Hinblick auf die Calcitsättigung grundsätzlich möglich geworden ist (s. Tab. A.5).

Es existieren zwei grundsätzlich unterschiedliche Methoden, mit denen man die Abweichung eines Wassers vom Zustand der Calcitsättigung beschreiben kann. Die eine Methode orientiert sich an Parametern vom Typ „Potenzialdifferenz", die andere an Parametern vom Typ „Stoffumsatz" (bzw. „potenziellem Stoffumsatz"). Zum Typ „Potenzialdifferenz" gehören der Sättigungsindex und der Delta-pH-Wert, zum Typ „Stoffumsatz" gehören die „überschüssige Kohlensäure" (bzw. das „Kohlensäuredefizit") und die Calcitlösekapazität (bzw. Calcitabscheidekapazität). Im Zustand der Calcitsättigung haben alle hier genannten Parameter den Wert null. Für die Beurteilung eines Wassers ist es aber keineswegs gleichgültig, ob eine große Potenzialdifferenz mit einem kleinen Stoffumsatz oder eine kleine Potenzialdifferenz mit einem großen Stoffumsatz ausgeglichen werden kann. Der Grund, warum man sich überhaupt mit dem Problem „Calcitsättigung" beschäftigt, waren immer Stoffumsätze, und zwar diejenigen, die bei Korrosionsvorgängen und bei Wasseraufbereitungsmaßnahmen auftreten. Unter diesem Gesichtspunkt ist die Beurteilung eines Wassers auf der Grundlage eines Stoffumsatzkriteriums besonders plausibel. Die aktuelle Fassung der Trinkwasserverordnung trägt dieser Tatsache mit einem Grenzwert für die Calcitlösekapazität Rechnung.

Berechnung der Calcitsättigung

Die Fassungen der Trinkwasserverordnung vom Mai 2001 und danach regulieren die Calcitlösekapazität. Ab 2011 ist vorgeschrieben, dass das Berechnungsverfahren 3 nach DIN 38404-10 anzuwenden sei. Im Dezember 2012 ist diese DIN aktualisiert worden. Der Beuth-Verlag benutzt dafür die folgende Schreibweise: DIN 38404-10:2012-12. Mit der aktualisierten Norm wurde das Berechnungsverfahren 3 auf den neuesten Stand gebracht, alle anderen Berechnungsverfahren wurden aus der DIN gestrichen. Damit ist die Verwendung eines Computers unverzichtbar. Stock und Johannsen (2013) begründen diese Änderungen ausführlich.

Entsprechend den vorangegangenen Ausführungen setzt der Vollzug der Trinkwasserverordnung die Berechnung der Calcitsättigung nach DIN voraus. Die Trinkwasserverordnung macht keine Angaben zum Erscheinungsdatum der Norm, besteht aber in anderem Zusammenhang mehrfach auf den „allgemein anerkannten Regeln der Technik". Zur Anwendung der Norm DIN 38404-10 in ihrer Fassung vom Dezember 2012 gibt es daher keine belastbare Alternative.

Folgende Details sind zu erwähnen: Gegenüber der vorangegangenen Fassung der DIN vom April 1995 wurden mit der Fassung vom Dezember 2012 mögliche Fehlerquellen eliminiert. Neu aufgenommen wurde der Eingabeparameter Phosphat, weil Phosphat – wenn vorhanden – das Gleichgewicht beeinflusst. In den Rechenprogrammen werden grundsätzlich die Resultate für alle drei Rechenpfade gleichberechtigt wiedergegeben (Verwendung der Parameter $K_{S4,3}$ mit $K_{B8,2}$ oder $K_{S4,3}$ mit pH(T) oder $K_{B8,2}$ mit pH(T)). Wenn richtig analysiert wurde, sind die Ergebnisse identisch, wenn nicht, entscheidet der Nutzer, welcher Rechenpfad besonders vertrauenswürdig ist. Detaillierte Angaben werden zur Wasseraufbereitung (insbesondere Entsäuerung) mit unterschiedlichen Zusatzstoffen gemacht. Geprüft wird die Plausibilität der Rechenergebnisse. Die Calcitlösekapazität, die nach der Trinkwasserverordnung limitiert ist, wird in mg/l angegeben, im Rechenprogramm CAS 4.2 außerdem in mmol/l.

Aus den im Handel erhältlichen Rechenprogrammen seien zwei besonders erwähnt, weil deren Entwickler an der Neufassung der DIN aktiv mitgewirkt haben: CAS 4.2 von Privatdozent Dr. Klaus Johannsen, Hamburg-Harburg und WinWASI 5.0 der Firma Bieser und Partner, Bensheim (Ansprechpartner: Dipl.-Ing. Rüdiger Böckle). Der Autor dankt den Herren Johannsen und Böckle für die Überlassung der von ihnen entwickelten Rechenprogramme. Ein drittes Rechenprogramm wird als Onlinemodul vom Technologiezentrum Wasser, Karlsruhe

(TZW) als kostenloser Service angeboten. Ein viertes Programm wird von der Firma Pragmatis GmbH als Calcitsättigungsmodul innerhalb ihres „Labor-Informations- und Management-Systems" (LIMS) offeriert. Diese Angaben erheben keinen Anspruch auf Vollständigkeit. Diskutiert werden im Folgenden die drei erstgenannten Programme:

CAS 4.2

Über die zuvor genannten Optionen hinaus werden in dem Programm CAS 4.2 folgende Programmpunkte angeboten: Mischungsrechnungen mit bis zu drei Einzelwässern, Rechenergebnisse für das Erreichen von SI = 0 durch Dosierung von $CaCO_3$, $CaCO_3MgO$ („halbgebrannter Dolomit"), $Ca(OH)_2$, CO_2, NaOH, Na_2CO_3 und $NaHCO_3$: Chemikalienbedarf, resultierender pH-Wert, m-Wert, p-Wert, resultierende Ionenstärke und Natriumkonzentration. In einem analogen Datensatz werden die Rechenergebnisse für das Erreichen von pH 7,8 wiedergegeben. Die Bedeutung dieses pH-Wertes resultiert aus den folgenden Tatsachen: Bei pH-Werten von 7,8 und höher gilt der Grenzwert für die Calcitlösekapazität als eingehalten, außerdem ist bei diesen pH-Werten eine regelmäßige Kontrolle der Kupferabgabe aus Hausinstallationssystemen (unter Bedingungen, die die Trinkwasserverordnung definiert) nicht erforderlich. In einem dritten Datensatz werden die Rechenergebnisse für das Erreichen einer Calcitlösekapazität Dc von 5 mg/l wiedergegeben. Ferner wird der Sauerstoffbedarf zur Oxidation von Eisen(II), Mangan(II) und Ammonium angegeben; diese Parameter werden auch in der Ladungsbilanz berücksichtigt. Die Wasserhärte (°d) wird angegeben, verzichtet wird aber auf Angaben für die „Karbonathärte" und die „Kohlensäure".

Unter „Extras" findet man die folgenden Berechnungen und Optionen:

- Abhängigkeit der Kohlensäureformen von pH-Wert, Temperatur und Ionenstärke;
- Auswirkungen von Dosiermitteln auf die Wasserbeschaffenheit in Abhängigkeit von der Dosiermenge für: CO_2, NaOH, $NaHCO_3$, Na_2CO_3, $CaCl_2$, HCl, $Ca(OH)_2$, $CaCO_3$ und $CaCO_3MgO$;
- Berechnung nach DVGW-Arbeitsblatt W 216 (Versorgung mit unterschiedlichen Wässern);
- Zahlenwerte von Konstanten: Abhängigkeit von Temperatur und Ionenstärke;
- Zusammenfügen von Daten unterschiedlicher Wässer in einer Datei;
- Auswahl zwischen den Sprachen Deutsch und Englisch.

WinWASI 5.0

Die „Software für wasserchemische Berechnungen und Anlagendimensionierung" WinWASI der Firma Bieser und Partner basiert auf Microsoft Excel und arbeitet mit Makros. Das Programm wird auf einem USB-Stick ausgeliefert, der von der Lieferfirma als Dongle (Kopierschutzstecker) eingerichtet wird. In einer Untereinheit des Programms können die Programmfunktionen den eigenen Wünschen und Erfordernissen angepasst werden. Unter anderem werden die folgenden Optionen angeboten: Berechnung des Gleichgewichts-pH-Wertes nach

Austausch von CO_2 und nach Calcitsättigung, Berechnung des pH-Wertes bei einem Calcitlösevermögen von 5 mg/l, Angaben für die Härte („Gesamthärte" und „Karbonathärte" in °d) und für die Konzentrationen der „Kohlensäure" (zugehörig, überschüssig, frei) und die Calcitlöse- bzw. Abscheidekapazität bei 60 °C. Zwischen den Sprachen Deutsch und Englisch kann gewählt werden.

Die Vollversion von WinWASI 5.0 stellt außerdem die folgenden Arbeitsblätter zur Verfügung:

- Einzelwasser (Berechnung aller relevanten Daten zur Calcitsättigung eines Wassers),
- Auswirkungen von Zusätzen (Optionen für 46 Handelsprodukte),
- Auswirkungen der Mischung von Wässern,
- Gleichmäßigkeit von Wässern nach DVGW-Arbeitsblatt W 216,
- Mischungsverlauf,
- Korrosionswahrscheinlichkeit nach DIN 12502 und DIN 50930 (metallische Werkstoffe),
- Betonaggressivität,
- Temperaturverlauf,
- Eindampfung,
- Aufbereitungsverfahren: (CO_2-Riesler, Marmorfiltration, Dolomitfiltration, Langsamentcarbonisierung, Schnellentcarbonisierung, Enteisenung, Entmanganung, Nitrifikation, Denitrifikation, Umkehrosmose und Nanofiltration).

Rechenmodul des Technologiezentrums Wasser, Karlsruhe (TZW)

Das TZW bietet ein Onlinerechenmodul „Kalk-Kohlensäure – Gleichgewichts-Berechnung" zur kostenlosen Nutzung als Service an. Das Modul ist nur auf Wässer anwendbar, die die Grenzwerte nach der Trinkwasserverordnung einhalten. Bei der rechnerischen Bearbeitung von Rohwässern können eventuell der pH-Wert und die Konzentrationen von Nitrat und Sulfat eine Berechnung verhindern. Das Modul ist zugänglich in der Rubrik „Service" auf der Homepage des TZW (www.tzw.de). Der Nutzer kann mit dem Modul unangemeldet arbeiten und erhält als Ergebnis den Sättigungsindex, den pH-Wert nach Calcitsättigung und die Calcitlösekapazität. Bei der unangemeldeten Nutzung des Moduls sind Speichern und Drucken nicht möglich. Der Nutzer kann sich kostenlos registrieren und erhält dann zusätzliche Optionen: Angaben zur Ladungsbilanz und zur Chemikaliendosierung, Onlinespeicherung der Ergebnisse und Möglichkeit zur Ausgabe der Ergebnisse im PDF-Format.

Berechnung der Calcitsättigung mit dem Rechenprogramm PHREEQC

Das Programm wird von US Geological Survey (USGS) kostenlos zur Verfügung gestellt. Es kann aus dem Internet bequem heruntergeladen werden. Mit diesem Programm ist es möglich, für jedes Wasser den Sättigungsindex, den pH-Wert nach Austausch von CO_2, den pH-Wert nach Calcitsättigung und die Calcitlösekapazität (bzw. Calcitabscheidekapazität) zu berechnen. Auf der Website findet der Leser im Verzeichnis PHREEQC kurzgefasste Hinweise zur Handhabung des Programms.

Das Programm eignet sich für orientierende Rechnungen, solange man keine Behörde vom Vollzug der Trinkwasserverordnung überzeugen muss. Das Programm ist geradezu unverzichtbar, wenn man „unübliche“ Fragestellungen bearbeiten möchte, beispielsweise das Verhalten von Strontium oder von Kieselsäure.

Ergebnisse

Der Autor hat die drei Rechenprogramme zur Berechnung der Calcitsättigung auf alle berechenbaren Analysenbeispiele des Analysenanhangs angewandt und die Ausgabedateien jeweils im Dateiformat PDF zusammengeführt. Die Ergebnisse sind auf der Website im Ordner „VERSCHIEDENES\CALCITSAETTIGUNG“ zu finden. Den Dateien sind Erläuterungen vorangestellt, die zusammen mit der Durchsicht der Ausgabedateien eine recht gute Vorstellung von den drei Rechenprogrammen vermitteln. In den genannten Ordner wurden auch die Rechenergebnisse nach der Fassung der DIN vom April 1995 für alle Analysenbeispiele aufgenommen, ebenso die Ergebnisse nach der DIN vom Mai 1979 für die fünf Analysenbeispiele 13, 14, 20, 25 und 27.

Die im Buch selbst wiedergegebenen Analysenbeispiele wurden aktualisiert. Dabei wurden im Allgemeinen die Ergebnisse benutzt, die unter Verwendung der Daten für $K_{S4,3}$ und pH(T) berechnet worden sind. Bei Wässern mit pH-Werten unter 5 kann das Titrationsergebnis für $K_{S4,3}$ ungenau werden. Daher wurden für Analysenbeispiel 13 die Ergebnisse aus der Rechnung mit $K_{B8,2}$ und pH(T) verwendet.

Historische Aspekte

Alle anderen Beurteilungskriterien haben im Wesentlichen nur noch eine historische Bedeutung. Die experimentellen Methoden kranken unter anderem daran, dass sie nicht anwendbar sind, wenn das Wasser Inhibitoren enthält, die die Gleichgewichtseinstellung behindern. Trotzdem werden auch die älteren Parameter im Folgenden aufgeführt, da sie zum Verständnis historischer Analysen beitragen können.

Beurteilung nach Tillmans und Heublein (1912) Grundlage sind die Daten, die in Tab. A.5 (auf der Website) aufgeführt sind. Aus der Differenz zwischen den Daten einer realen Wasserprobe und den Daten nach Tillmans und Heublein ergibt sich die „überschüssige Kohlensäure“. Die Methode ist ungenau, veraltet und zur grenzwertrelevanten Beurteilung eines Wassers schon seit Jahrzehnten nicht mehr zulässig.

Bestimmung der Calcitsättigung durch Marmorlöseversuch nach Heyer (1888) Bei dieser Methode wird das Wasser im Rührversuch mit Calcit in das Gleichgewicht gebracht. In dem resultierenden Gleichgewichtswasser können grundsätzlich alle relevanten Parameter gemessen werden. Die Durchführung dieser Bestimmung ist aufwendig und fehleranfällig.

Bestimmung der Calcitsättigung durch den pH-Schnelltest nach Axt (1968) Hierbei handelt es sich um einen Marmorlöseversuch im Schnelltest, bei dem nur der „pH-Wert nach Einstellung der Calcitsättigung durch Calcit" bzw. (im Vergleich zur Originalprobe) der „Delta-pH-Wert" ermittelt wird. Ein Stoffumsatz ist damit nicht messbar.

Kontinuierliche Messung und Steuerung Mit einem Marmorlöseversuch in einem Durchflusssystem wird der „Delta-pH-Wert" ermittelt und kontinuierlich angezeigt. Das Gerät kann zur Überwachung und Steuerung in Wasserwerken eingesetzt werden. Gerätehersteller: Suche im Internet mit den Suchbegriffen *delta-pH* und *Wasserwerk*.

Berechnung der Calcitsättigung nach DIN 38404-10 vom Mai 1979 Diese Rechenmethode ist veraltet, da die Bildung undissoziierter Spezies der Wasserinhaltsstoffe („Komplexbildung") nicht berücksichtigt wurde. Ein Wasser, das sich nach der aktuellen DIN im Zustand der Calcitsättigung befindet, besitzt nach der veralteten DIN einen Sättigungsindex von ca. –0,2.

Berechnung der Calcitsättigung nach DIN 38404-10 vom April 1995 Es waren drei Rechenmethoden zulässig. Die Rechenmethode 3 kann als Vorläuferin der aktuellen DIN bezeichnet werden. Zu ihrer Anwendung ist ein Computerprogramm erforderlich. Wegbereiter waren Eberle und Donnert (1991) mit dem Programm BWASAtw4 in Visual Basic.

Vergleich von Ergebnissen unterschiedlicher Rechenverfahren
Für fünf charakteristische Wasseranalysen des Analysenanhangs wurden Berechnungen mit den drei unterschiedlich alten Fassungen der DIN 38404-10 sowie nach PHREEQC durchgeführt. Die Ergebnisse sind in Tab. 7.2 zusammengestellt, sie wurde auch in den Ordner PHREEQC auf der Website übernommen. Die nach DIN (aktuelle Fassung) und mit PHREEQC erhaltenen Ergebnisse stimmen z. T. gut überein.

Einfluss von Huminstoffen:
Huminstoffe enthalten Carboxyl- und Phenolgruppen, die zur Säurekapazität eines Wassers beitragen und dadurch die Calcitsättigung eines Wassers beeinflussen. Für die Ostsee ist dieser Einfluss von Hammer *et al.* (2016) und Kulinski *et al.* (2014) eingehend untersucht worden. Schon 2002 haben Frimmel *et al.* die „Protonkapazität" refraktärer organischer Substanzen untersucht. Für Huminstoffe aus einem Oberflächengewässer und aus Grundwasser aus dem Wassergewinnungsgebiet „Fuhrberger Feld" stellten sie eine Protonkapazität von 9,3–12,7 μmol pro mg DOC fest. Wenn man diese Angaben auf das Wasser entsprechend Analysenbeispiel 5 im Buch ($K_{S4,3}$ = 2,95 mmol/l und DOC =

Tab. 7.2 Rechenergebnisse zur Calcitsättigung, berechnet nach DIN 38404-10, Rechenverfahren 3, und nach PHREEQC, Version 2.15.0. Berechnung (wenn nicht anders angegeben) mit $K_{S4,3}$ und pH(T).

Analysenanhang Nr.	13	14	20	25	27
Sättigungsindex					
DIN: 1979-05	−4,45	−2,43	−1,80	+0,24	−0,41
DIN: 1995-04	−4,10	−2,17	−1,49	+0,48	−0,16
DIN: 2012-12	−4,10[a)]	−2,18	−1,50	+0,47	−0,19
PHREEQC (pH und HCO_3^-)	−4,10	−2,14	−1,45	+0,51	−0,16
pH gemessen	4,80	6,80	7,63	8,57	6,57
pH nach CO_2-Austausch					
DIN: 1979-05	9,25	9,23	9,43	8,26	8,05
DIN: 1995-04	7,38	8,84	9,12	8,08	7,80
DIN: 2012-12	9,08[a)]	9,05	9,19	8,07	7,83
PHREEQC	9,09	9,06	9,13	8,03	7,80
pH nach Calcitsättigung					
DIN: 1995-04	6,87	8,42	9,00	8,10	7,79
DIN: 2012-12	6,87[a)]	8,43	9,01	8,11	7,81
PHREEQC	6,86	8,34	8,93	8,08	7,78
Calcitlösekapazität (mmol/l)					
DIN: 1995–04	3,447	0,276	0,057	−0,030	0,027
DIN: 2012–12	3,409[a)]	0,281	0,057	−0,030	0,034
PHREEQC	3,338	0,337	0,072	−0,040	0,030

a) Berechnung mit $K_{B8,2}$ und pH(T).

8,8 mg/l) anwendet, resultiert eine organisch bedingte Säurekapazität von 0,082–0,112 mmol/l. Dies bedeutet, dass 2,8–3,8 % der titrierten Säurekapazität bis pH 4,3 auf Huminstoffe zurückzuführen sind.

Der Einfluss von Huminstoffen auf die Calcitsättigung von Wässern ist von der Fachwelt bisher ignoriert worden. Dies war berechtigt, weil dieser Einfluss üblicherweise relativ klein ist.

7.5 Analysenangaben

Analysenformulare müssen mindestens die nach der Trinkwasserverordnung aktuell geltende Angabe zur Calcitsättigung enthalten. Im Allgemeinen enthalten Analysenformulare mehr als nur diese eine Angabe. Folgende Angaben sind üblich:

Messwerte:

- gemessener pH-Wert einschließlich Wassertemperatur (in Abb. 7.3: pH-Wert am Punkt C bzw. C′),

- Säurekapazität bis pH 4,3,
- Basekapazität bis pH 8,2 (falls dieser Parameter gemessen und nicht – wie vielfach üblich – berechnet wurde), negativ: „Säurekapazität bis pH 8,2“.

Berechnete Werte:

- freies CO_2 („freie Kohlensäure“), mg/l,
- zugehöriges CO_2 („zugehörige Kohlensäure“), mg/l; manchmal wird auch das überschüssige CO_2 („überschüssige Kohlensäure“), also die Differenz zwischen freiem CO_2 und zugehörigem CO_2 angegeben,
- pH A: Gleichgewichts-pH-Wert nach Gleichgewichtseinstellung durch Austausch von Kohlenstoffdioxid, verkürzt: „Gleichgewichts-pH-Wert“ (in Abb. 7.3: pH-Wert am Punkt D bzw. D′),
- pHc ($CaCO_3$): „Gleichgewichts-pH-Wert nach Gleichgewichtseinstellung durch Reaktion mit Calcit“, verkürzt: pH-Wert nach Calcitsättigung (in Abb. 7.3: pH-Wert am Punkt E bzw. E′),
- SI ($CaCO_3$) Sättigungsindex für Calcit, verkürzt: Sättigungsindex, Differenz zwischen gemessenem pH-Wert und Gleichgewichts-pH-Wert;
- Differenz zwischen „gemessenem pH-Wert und pH-Wert nach Calcitsättigung“ (Δ-pH-Wert, Delta-pH-Wert). Dies war im Hinblick auf die Calcitsättigung der nach der Trinkwasserverordnung (in ihren Fassungen vom Mai 1986 und Dezember 1990) vorgeschriebene Grenzwertparameter. Dieser hatte Bestand bis zur Novelle der Trinkwasserverordnung vom Mai 2001. Im Analysenanhang wird dieser Parameter nicht mehr explizit angegeben.
- Dc Calcitlösekapazität, negativ: Calcitabscheidekapazität. Dieser Parameter hat mit der Trinkwasserverordnung vom Mai 2001 eine Bedeutung als neuer Grenzwertparameter erlangt.

7.6 Grenzwert

Trinkwasserverordnung vom Mai 2001 und danach: Die geltenden Regelungen werden hier verkürzt wiedergegeben. Ausführliche Wiedergabe: siehe Abschn. 3.3.1 („pH-Wert“).

Anforderung für die Wasserstoffionenkonzentration: $\geq 6{,}5$ und $\leq 9{,}5$ pH-Einheiten. Bemerkung: „Die berechnete Calcitlösekapazität am Ausgang des Wasserwerks darf 5 mg/l $CaCO_3$ nicht überschreiten; diese Forderung gilt als erfüllt, wenn der pH-Wert am Wasserwerksausgang $\geq 7{,}7$ ist. Bei der Mischung von Wasser aus zwei oder mehr Wasserwerken darf die Calcitlösekapazität im Verteilungsnetz den Wert von 10 mg/l nicht überschreiten.“

Die beiden hier aufgeführten Regelungen verdienen besonderes Interesse. Die Ausklammerung aller Wässer mit pH-Werten von 7,7 und darüber ist die Konsequenz einer einfachen Ausschlussregel. Tatsächlich ist kein Wasser „konstruierbar“, das oberhalb eines pH-Wertes von 7,7 eine deutlich höhere Calcitlösekapazität aufweist als 5 mg/l. Man kann beispielsweise das in der ersten Spalte der

Tab. 7.2 aufgeführte Wasser rechnerisch mit CO_2 auf den pH-Wert 7,7 bringen und mit Calcit bis zur Calcitsättigung „zurücktitrieren". Dabei wird eine Calcitlösekapazität von ca. 5 mg/l umgesetzt. Das in der dritten Spalte aufgeführte Wasser befindet sich mit einer Säurekapazität von 3,13 mmol/l bei pH 7,7 bereits im Gleichgewicht. Calcit kann von diesem Wasser daher überhaupt nicht gelöst werden. Bei der Säurekapazität von 3,13 mmol/l bietet auch der pH-Wert keinerlei Spielraum: Er lässt sich weder erhöhen (weil man in den Bereich der Übersättigung gelangen würde) noch erniedrigen (weil man den Bereich verlassen würde, für den die Regelung gilt).

Die Tolerierung einer Calcitlösekapazität im Verteilungsnetz von bis zu 10 mg/l kommt denjenigen Versorgungsunternehmen entgegen, die Trinkwasser aus mehr als einem Wasserwerk in ihr Versorgungsnetz einspeisen. Mit diesem Grenzwert ist ein Kompromiss gefunden worden zwischen der strengen Forderung einer Calcitlösekapazität von maximal 5 mg/l, wie sie für reine Wässer gilt, und der völligen Freigabe der Calcitlösekapazität für Mischwässer. Überprüft man Mischungen (1 + 1) zwischen dem sehr weichen Talsperrenwasser entsprechend Analysenbeispiel 21 und jeweils einem der harten Wässer entsprechend den Analysenbeispielen 2, 8, 11 und 23, so stellt man fest, dass keine dieser Mischungen innerhalb des Toleranzbereichs für die Calcitlösekapazität liegt. Wenn sich Wässer im Verteilungssystem unkontrolliert mischen sollen, sind daher den Unterschieden in der Wasserbeschaffenheit Grenzen gesetzt, die im Einzelfall auch greifen können. Von Fall zu Fall ist daher mit den Rechenmethoden nach DIN 38404-10 zu prüfen, ob eine unkontrollierte Mischung zulässig ist.

Im Zusammenhang mit der Steuerung von Wasseraufbereitungsanlagen ist zu berücksichtigen, dass sich der pH-Wert bzw. der Delta-pH-Wert besonders gut als Regelgrößen eignen, die Calcitlösekapazität dagegen nicht. Wie man leicht nachprüfen kann, werden jedoch mit zunehmender Säurekapazität bis pH 4,3 die Anforderungen an die Genauigkeit des pH-Wertes immer größer, wenn man sicher sein möchte, dass das Wasser hinsichtlich der Calcitlösekapazität zuverlässig im Toleranzbereich gehalten wird.

7.7 Ausschlusskriterien

Für die Calcitsättigung gibt es eine Ausschlussregel, welche besagt, dass ein Wasser nicht gleichzeitig calcitlösend und calcitabscheidend sein kann. Diese Aussage ist nicht ganz so trivial, wie sie klingt, und zwar aus zwei Gründen:

- Die Ausschlussregel gilt nicht streng. Es gibt Situationen, in denen ein Wasser überschüssiges CO_2 enthält und trotzdem calcitabscheidend ist. Solche paradoxen Zustände treten unmittelbar nach Entsäuerungsmaßnahmen mit Natronlauge oder Calciumhydroxid („Kalkhydrat") ein und dauern Sekunden bis maximal eine Minute. Sie entstehen dadurch, dass Ionen (hier OH^- und HCO_3^-) schneller reagieren als Gase (hier: CO_2). Dieser Zusammenhang wird in Abschn. 7.8.2 „Beeinflussung im Rahmen der Trinkwasseraufbereitung" näher erläutert.

- Immer wieder bekommt man Analysenblätter zu Gesicht, auf denen beispielsweise für die untersuchte Wasserprobe „überschüssige Kohlensäure" und gleichzeitig ein positiver Sättigungsindex ausgewiesen werden. Wenn die untersuchten Proben älter sind als eine Minute (bezogen auf eine vorausgegangene Entsäuerung), ist eine solche Angabe in sich widersprüchlich.

Tatsächlich kann man mit verschiedenen, unterschiedlich genauen Mess-, Rechen- oder Schätzmethoden widersprüchliche Ergebnisse der beschriebenen Art erhalten. Aber erstens ist dies keine Entschuldigung dafür, die Logik zu verletzen, und zweitens sind ungenaue Methoden nach der Trinkwasserverordnung nicht zulässig.

Man achte als Auftraggeber auf Widersprüche dieser Art in Analysenblättern. Sie sind nicht tolerierbar. Dem Auftragnehmer sollte dies mit ausreichender Deutlichkeit mitgeteilt werden.

Eine weitere Ausschlussregel besagt, dass ein Wasser zwar calcitlösend, aber nicht calcitabscheidend sein kann, da sich eine Übersättigung durch Auskristallisieren von Calcit „von alleine" abbauen sollte. Auch diese Regel gilt nicht streng. Es gibt calcitabscheidende Wässer, deren Übersättigung erstaunlich lange Zeitspannen anhalten kann. Zahlreiche der im Analysenanhang aufgeführten Analysen stammen tatsächlich von übersättigten Wässern, von denen eines (Analysenbeispiel 16) sogar stark übersättigt ist.

Wie schnell eine Übersättigung durch Auskristallisieren von Calcit abgebaut wird, hängt in erster Linie davon ab, wie viele Oberflächen („Kristallisationskeime") vorhanden sind, an denen Calcit abgeschieden werden kann. Sind keine oder nur sehr wenige Kristallisationskeime vorhanden, kann die Gleichgewichtseinstellung außerordentlich stark gehemmt sein. Die Wichtigkeit dieses Einflusses wird deutlich, wenn man sich vergegenwärtigt, welcher Aufwand notwendig ist, um im Laboratorium bei der Bestimmung der Calcitsättigung durch Marmorlöseversuch oder durch den pH-Schnelltest hinreichend kurze Reaktionszeiten zu erreichen.

Übersättigungen bis zu einem Sättigungsindex (SI) von +0,10 kommen so häufig vor, dass sie nicht als Verletzung von Ausschlusskriterien gewertet werden sollten. Selbst ein SI-Wert von 0,22 in Tiefengrundwässern kann noch durch „natürliche Hemmung" der Gleichgewichtseinstellung erklärt werden (Analysenbeispiel 11). Für hohe positive Sättigungsindices, wie sie in den Analysenbeispielen 16 und 17 (bis SI = +1,12) auftauchen, muss unbedingt eine Ursache gefunden werden. Folgende Ursachen kommen infrage:

- Mischung eines „normalen" Grundwassers mit einem Wasser, das nach Ionenaustausch eine hohe Konzentration von Natriumhydrogencarbonat enthält (Analysenbeispiel 16),
- unvollständige Gleichgewichtseinstellung nach Durchführung einer Entcarbonisierungsmaßnahme bei der Trinkwasseraufbereitung,

- Überdosierung eines Entsäuerungsmittels (z. B. Natronlauge) bei der Trinkwasseraufbereitung im Wasserwerk oder bei der Trinkwassernachbehandlung in Privatgebäuden,
- längere Stagnation von Wasser in einem Entsäuerungsfilter, das halbgebrannten Dolomit enthält,
- in stehenden Gewässern: Massenentwicklung von Algen,
- Messfehler, Übertragungsfehler ...

Die Überdosierung von Entsäuerungsmitteln bei der Trinkwassernachbehandlung in Privatgebäuden kann durch Dosierchemikalien eintreten, die zur Hemmung der Korrosion gehandelt werden, wenn diese neben Korrosionsinhibitoren auch alkalische Komponenten enthalten. Siehe auch Abschn. 7.9.6 „Calcitübersättigung".

7.8 Beeinflussung des Sättigungszustandes

7.8.1 Rohwasserseitige Beeinflussung, Stoffumsätze

In stehenden Gewässern können Algen so viel CO_2 (und als Folge davon auch Hydrogencarbonat und Carbonat) verbrauchen, dass der pH-Wert in der oberflächennahen Schicht des Gewässers auf weit über 10 ansteigen kann. Entsprechend stark steigt auch die Calcitübersättigung an. Im Bodensee werden auf diese Weise jährlich etwa 7500 t $CaCO_3$-Kristalle gebildet. Für die Aufbereitung des Bodenseewassers zu Trinkwasser stellt dies eine Herausforderung dar (Kempke *et al.*, 2006). Im Rahmen der Calcitfällung im Bodensee werden Kolloide als Kristallisationskeime verbraucht, ein wirkungsvoller Prozess der Selbstreinigung (Kempke *et al.*, 2008).

Die größte Säuremenge, mit der sich die Wasserwirtschaft üblicherweise auseinanderzusetzen hat, ist die Salpetersäure, die bei der Nitrifikation von organischem Stickstoff entsteht. Die Säure kann den pH-Wert und den Sättigungszustand des Wassers beeinflussen oder nach unterschiedlichen Mechanismen weiterreagieren. Dabei steigen im Allgemeinen die Härte, mitunter auch die Aluminiumkonzentration an. Es lohnt sich immer, darüber nachzudenken, wie man die Salpetersäuremenge als Folgeprodukt der Nitrifikation eindämmen kann. Dies ist eines der wichtigsten Ziele des Grundwasserschutzes.

Um eine gezielte Neutralisation der Säure schon im Boden zu erreichen, wird auf kalkarmen Böden von den Landwirten regelmäßig eine Kalkdüngung durchgeführt. In bestimmten Fällen werden inzwischen auch Waldböden mit Kalk behandelt.

Für eine weitergehende rohwasserseitige Beeinflussung des Sättigungszustandes gibt es unter normalen Umständen keinen vernünftigen Grund, und dies umso weniger, als entsprechende Maßnahmen sehr aufwendig sind. In ganz besonderen Fällen können jedoch rohwasserseitige Entsäuerungsmaßnahmen interessant werden. Ernsthafte Bemühungen in dieser Hinsicht sind von einem Versorgungsunternehmen bekannt geworden, das auf diese Weise vor allem die säurebedingte Auflösung von Aluminium im Untergrund zurückdrängen wollte.

In kalkhaltigen Grundwasserleitern können erhebliche Stoffumsätze und Umkristallisierungsprozesse stattfinden. Dies gilt vor allem für reduzierende Grundwasserleiter. In vielen Redoxreaktionen werden Wasserstoffionen erzeugt oder verbraucht. Wenn diese Reaktionen in einem kalkhaltigen Grundwasserleiter ablaufen, finden parallel dazu Reaktionen statt, mit denen sich die Calcitsättigung laufend neu einstellt. Es wird also in größerem Umfang Kalk aufgelöst bzw. wieder abgeschieden. Bei einer Aufeinanderfolge von Nitrifikation, Denitrifikation und Sulfatreduktion trifft beides zu: Es wird sowohl Kalk aufgelöst als auch in größerer Tiefe zum Teil wieder abgeschieden.

Abbildung 7.7 verdeutlicht das Zusammenspiel von Redoxreaktionen mit den Löse- und Abscheidungsreaktionen des Calcit-Kohlensäure-Systems. Rechnerische Ausgangsbasis ist das Wasser nach Analysenbeispiel 1 des Analysenanhangs. In einer Modellrechnung wird dieses Wasser mit 22,6 mg/l organischem Stickstoff versetzt, der zu 100 mg/l Nitrat nitrifiziert wird. Dieses Wasser trifft in der Modellrechnung auf einen reduzierten Bereich des Grundwasserleiters, der Kalk, Pyrit und fossiles Holz enthält. Es müssen daher eine Denitrifikation durch Pyrit und eine Sulfatreduktion durch fossiles Holz ablaufen. Für jeden Reaktionsschritt wurden nach DIN 38404-10 die Auswirkungen auf das Calcit-Kohlensäure-System berechnet.

Man erkennt, dass die bei der Nitrifikation entstehenden Wasserstoffionen einen beträchtlichen Anteil des Hydrogencarbonats ($K_{S4,3}$) nach der Reaktion $HCO_3^- + H^+ \rightarrow CO_2 + H_2O$ in CO_2 ($K_{B8,2}$) umwandeln. Die dabei verloren ge-

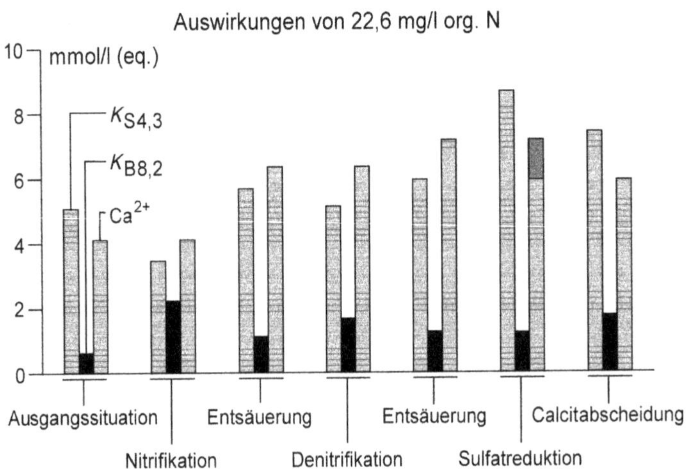

Abb. 7.7 Auswirkungen von 22,6 mg/l organischem Stickstoff (entsprechend 100 mg/l Nitrat) im neu gebildeten Grundwasser auf die Calcitsättigung in einem reduzierenden, kalkhaltigen Grundwasserleiter.

henden Anionenladungen des Hydrogencarbonats finden sich im Nitrat wieder. Im nächsten Schritt wird das Wasser durch den im Grundwasserleiter enthaltenen Kalk entsäuert, wobei die CO_2-Konzentration ($K_{B8,2}$) sinkt und die Konzentrationen von Hydrogencarbonat ($K_{S4,3}$) und Calcium steigen. Nach dem gleichen Schema verläuft die Denitrifikation mit anschließender Entsäuerung. Die Sulfatreduktion bedeutet formal einen Austausch von Sulfationen gegen Hydrogencarbonationen, ohne dass „zugehörige Kohlensäure" bereitgestellt wird. Das Wasser wird daher calcitabscheidend. Am Ende der Reaktionen ist das Sulfat aufgebraucht und das Gleichgewicht wiederhergestellt. Dann sind in diesem Beispiel von jedem Liter Wasser insgesamt 152 mg Calcit aufgelöst worden, von denen 62 mg wieder abgeschieden wurden. Der wieder abgeschiedene Anteil ist in Abb. 7.7 besonders hervorgehoben.

Es ist plausibel, wenn man annimmt, dass bei der Ausfällung von Calcit auch Huminstoffe durch Sorptionsreaktionen eliminiert werden und dass daher Grundwässer aus solchen Grundwasserleitern weniger stark mit gelösten Huminstoffen belastet sind als Wässer aus kalkfreien Grundwasserleitern (vgl. Abschn. 6.3.2).

Für den chemisch interessierten Leser seien im Folgenden die einzelnen Reaktionen aufgeführt. Dabei sind alle Gleichungen auf einen Formelumsatz gebracht worden, der die Abfolge der Reaktionen für einen einzigen Wasserkörper beschreibt, der durch Zugabe von 22,6 mg/l organischem Stickstoff definiert ist.

Hydrolyse:

$$\text{organischer Stickstoff} \rightarrow 3NH_4^+ \tag{7.13}$$

Nitrifikation:

$$3NH_4^+ + 6O_2 + 6HCO_3^- \rightarrow 3NO_3^- + 9H_2O + 6CO_2 \tag{7.14}$$

Entsäuerungsschritt 1:

$$6CO_2 + 6CaCO_3 + 6H_2O \rightarrow 6Ca^{2+} + 12HCO_3^{-*} \tag{7.15}$$

Denitrifikation:

$$3NO_3^- + FeS_2 + HCO_3^- \rightarrow 1\tfrac{1}{2}N_2 + 2SO_4^{2-} + FeOOH + CO_2 \tag{7.16}$$

Entsäuerungsschritt 2:

$$CO_2 + CaCO_3 + H_2O \rightarrow Ca^{2+} + 2HCO_3^{-*} \tag{7.17}$$

Sulfatreduktion:

$$2SO_4^{2-} + 4C + 4H_2O \rightarrow 4HCO_3^- + 2H_2S \tag{7.18}$$

Calcitabscheidung:

$$4HCO_3^- + 4Ca^{2+} \rightarrow 4CaCO_3 + 4H^{+*} \tag{7.19}$$

* Die mit Stern gekennzeichneten Gleichungen gelten jeweils nur bis zu dem Punkt, an dem die Calcitsättigung erreicht ist.

7.8.2
Beeinflussung im Rahmen der Trinkwasseraufbereitung

In calcitlösenden Wässern wird die Calcitsättigung bei der Trinkwasseraufbereitung durch Entsäuerungsmaßnahmen erreicht. Dabei ist zu beachten, dass die endgültige Einstellung der Calcitsättigung als letzter Aufbereitungsschritt erfolgt, da fast alle vorgeschalteten Aufbereitungsschritte Säure produzieren oder verbrauchen. Entsäuerungsmethoden sind: Das Austreiben von CO_2 mit Luft („physikalische Entsäuerung") und der Zusatz von Entsäuerungsmitteln in Filtern (halbgebrannter Dolomit, Calciumcarbonat) oder als Lösung (Natronlauge oder Calciumhydroxid („Kalkhydrat") als Kalkwasser oder Kalkmilch).

Wässer mit deutlich positivem Sättigungsindex können bei Entcarbonisierungsmaßnahmen entstehen. Solche Wässer werden vorteilhaft mit CO_2 in den Zustand der Calcitsättigung gebracht.

Ein besonderes Problem stellt die Entsäuerung eines Wassers mit Natronlauge oder Calciumhydroxid dar. An der Entsäuerung sind zwei Prozesse beteiligt: die Vermischung des Dosiermittels mit dem Wasser und die Reaktion der Hydroxidionen mit dem im Wasser gelösten CO_2. Erst nach Abschluss beider Prozesse befindet sich, wenn die Dosierung korrekt ist, das Wasser im Zustand der Calcitsättigung. Wenn man zunächst die Vermischung des Dosiermittels unberücksichtigt lässt, ergeben sich für die Hydroxidionen die folgenden Reaktionsmöglichkeiten:

$$CO_2 + OH^- \rightarrow HCO_3^- \qquad \text{Sollreaktion (langsam!)} \tag{7.20}$$

$$HCO_3^- + OH^- \rightarrow CO_3^{2-} + H_2O \qquad \text{„Umweg schnell"} \tag{7.21}$$

Das in schneller Reaktion gebildete Carbonat (CO_3^{2-}) kann auf zwei unterschiedliche Arten weiterreagieren, die beide langsam sind:

$$CO_3^{2-} + Ca^{2+} \rightarrow CaCO_3 \qquad \text{Alternative: Kalkausfällung} \tag{7.22}$$

$$CO_3^{2-} + CO_2 + H_2O \rightarrow 2HCO_3^- \qquad \text{Alternative: Sollreaktion über Umweg} \tag{7.23}$$

Die Sollreaktion besteht darin, dass CO_2 mit Hydroxidionen zu HCO_3^- reagiert. Für die Gesamtbilanz der Reaktion bedeutet es keinen Unterschied, ob die Reaktion auf direktem Weg nach Gl. (7.20) oder auf dem Umweg über Gln. (7.21) und (7.23) erfolgt. Wegen der Schnelligkeit von Gl. (7.21) verläuft sie tatsächlich größtenteils über diesen Umweg. In Reaktion (7.22) wird Kalk ausgefällt, der zu äußerst unangenehmen Versinterungen führen kann. Die Frage, ob Gl. (7.22) einen nennenswerten Umsatz erreichen kann, ist eine Funktion der Reaktionskinetik, die hauptsächlich davon abhängt, ob ortsfeste Kristallisationskeime vorhanden sind (siehe hierzu Abschn. 7.7). Sind Kristallisationskeime nicht vorhanden, ist die Ausfällung von Kalk gehemmt, und zwar so sehr, dass der gesamte Umsatz wunschgemäß über Gl. (7.23) läuft. Das entsäuerte Wasser sollte also frühestens dann auf feste Flächen treffen, wenn es ein Alter von größenordnungsmäßig einer Minute erreicht hat (bezogen auf den Zeitpunkt der Einmischung des Entsäuerungsmittels).

Solange die Einmischung des Entsäuerungsmittels in das Wasser noch nicht vollständig ist, enthalten Teile des Wasserkörpers besonders hohe Konzentrationen an Hydroxidionen. Dadurch wird die Tendenz zur örtlichen Kalkabscheidung eher noch verstärkt.

7.9 Bedeutung der Calcitsättigung

Auf der Erde läuft ein globaler „Calcitstoffwechsel“ ab, bei dem über geologische Zeiträume riesige Calcitmassen verfrachtet werden. Die entsprechenden Prozesse unterliegen den Gesetzmäßigkeiten der Calcitsättigung (s. hierzu Abschn. 4.1.1 und Bildordner 4.1.1). Die nachstehenden Ausführungen beschränken sich auf die Bedeutung der Calcitsättigung für die Trinkwasserversorgung.

7.9.1 Korrosion von Blei

Die Untersuchungen von Heyer (1888) wurden durch die Bleiepidemie in Dessau im Jahre 1886 ausgelöst. Damals erkrankten zahlreiche Bürger von Dessau, nachdem sie Trinkwasser mit Bleikonzentrationen bis ca. 11 mg/l genossen hatten. Ursache der hohen Bleikonzentrationen waren Bleileitungen, die „aggressivem“ Wasser ausgesetzt waren. Heyer stellte fest, dass sich im Kontakt mit calcitgesättigtem Wasser auf der Bleioberfläche eine Schutzschicht bildet, die die Abgabe von Bleiionen an das Wasser drastisch reduziert. Diese Schicht besteht überwiegend aus Hydrocerussit, einem „basischen Bleicarbonat“ mit der Formel $Pb_3[OH(CO_3)]_2$. Es ist daher plausibel, dass in Gegenwart von überschüssigem CO_2 die Schutzschichtbildung auf Blei gestört ist.

Die heutigen Ansprüche an eine sichere Trinkwasserversorgung gehen jedoch über das hinaus, was eine Bleideckschicht leisten kann (siehe auch Abschn. 5.3.4 „Blei“).

7.9.2 Die „Kalk-Rost-Schutzschicht“

Über Jahrzehnte hindurch konnte sich die Vorstellung von einer „Kalk-Rost-Schutzschicht“ halten. Sie besagt, dass sich unter günstigen Bedingungen auf Stahl und Gusseisen eine schützende Deckschicht bildet, an deren Aufbau neben Rost auch Kalk beteiligt ist. Um die erwünschte Abscheidung von Calcit zu erreichen, musste sich das Wasser im Zustand der Calcitsättigung befinden. In diesem Zusammenhang wurde auch eine „Kalk-Rost-Schutzschicht verhindernde Kohlensäure“ definiert. Wie spätere Untersuchungen, insbesondere von Kuch (1984) gezeigt haben, ist der Beitrag des Calcits zur Schutzwirkung von Deckschichten auf Stahl und Gusseisen vernachlässigbar (Sontheimer, 1988).

7.9.3 Korrosion von Zink

In verzinkten Stahlleitungen findet ein Zinkabtrag statt, der mit zunehmendem pH-Wert geringer wird. Der höchste pH-Wert, der sich ohne Übersättigung des Wassers einstellen lässt, ist der pH-Wert der Calcitsättigung.

7.9.4 Reaktionen mit Zementmörtel

Zahlreiche Flächen, mit denen das Trinkwasser bei der Trinkwasserversorgung in Kontakt kommt, bestehen aus Zement. Dies gilt vor allem auch für Leitungen, die mit Zementmörtel ausgekleidet sind. Wässer mit einer hohen Calcitlösekapazität können den Zement angreifen und den Zuschlagstoff (Sand, Kies) freisetzen, ein Vorgang, der als „Absanden" bezeichnet wird. Dadurch werden längerfristig die betroffenen Bauteile beschädigt und der Innenschutz von Rohrleitungen geschwächt, die mit Zementmörtel ausgekleidet sind. Davon unabhängig kann auch der freigesetzte Sand selbst störend wirken.

7.9.5 Reaktionen mit Asbestzement

Der Vorgang, der dem Absanden von Zementmörtel entspricht, ist beim Asbestzement die Freisetzung von Asbestfasern. Die Analyse von Asbestfasern im Wasser ist zeitraubend und aufwendig. Die Einhaltung der Regelungen für die Calcitsättigung nach der Trinkwasserverordnung verhindert die Abgabe von Asbestfasern an das Wasser zuverlässig und macht einen Grenzwert für Asbest und damit auch entsprechende Analysen überflüssig.

7.9.6 Calcitübersättigung

Im Trinkwasserbereich treten Calcitübersättigungen ausgesprochen häufig auf. Siehe hierzu auch Abschn. 7.7 „Ausschlusskriterien".

Der Gesetzgeber macht zum Thema „Calcitübersättigung" keine Angaben, weil von einer Übersättigung weder direkte, noch indirekte gesundheitliche Schadwirkungen bekannt sind. Umso wichtiger ist es, an dieser Stelle darauf hinzuweisen, dass die Verteilung calcitübersättigten Wassers hauptsächlich aus technischen Gründen nicht akzeptabel ist. Aus wasserchemischer Sicht ist diese Tatsache so trivial, dass sie im Allgemeinen als selbstverständlich vorausgesetzt wird. Allerdings findet man in der DIN 50930, Teil 2 „Korrosionsverhalten von metallischen Werkstoffen gegenüber Wasser" den Hinweis: „Die Bildung von Schutzschichten wird unter folgenden Voraussetzungen begünstigt: [...] pH-Wert möglichst hoch, aber < 8,5. Hierbei soll nach Möglichkeit eine Übersättigung an Calciumcarbonat vermieden werden [...]" Grohmann (1991) schreibt im Kommentarband zur Trinkwasserverordnung vom Dezember 1990, dass bei der Festlegung des zulässigen pH-Wert-Bereichs für Trinkwässer das Dilemma darin besteht, dass auf die Möglichkeit der Calcitausfällung Rücksicht genommen werden muss.

Auch für die Verteilung von kaltem Wasser innerhalb von Gebäuden gilt, dass der pH-Wert der Calcitsättigung nicht überschritten werden darf – eine Forderung, die insbesondere bei der Zugabe von Dosierchemikalien berücksichtigt werden muss. Zu den am häufigsten beobachteten Folgen positiver Sättigungsindices zählen Korrosionsprobleme, die offenbar dadurch ausgelöst werden, dass die Struktur metallischer Oberflächen durch örtliche Kalkausscheidungen inhomogen wird. Solche Inhomogenitäten fördern die Bildung von Lokalelementen und verstärken dadurch die Korrosion.

Es gibt allerdings einen Übergangsbereich, innerhalb dessen sich ein positiver Sättigungsindex noch nicht nachteilig bemerkbar macht. Typische Grenzfälle dieser Art sind:

- Grundwässer, deren geringfügige Übersättigung auf eine Reduktion von Sulfat zurückzuführen ist (Analysenbeispiele 10 und 11),
- Trinkwässer, deren Übersättigung auf eine geringfügige Erwärmung bei der Trinkwasserverteilung zurückzuführen ist,
- übersättigte Trinkwässer, die durch Inhibitoren vor einem unkontrollierten Kalkausfall geschützt sind. Hierzu gehören auch Wässer, die durch eine Phosphatdosierung stabilisiert werden, beispielsweise nach einer Teilentcarbonisierung.

Einen Sonderfall stellt die Warmwasserversorgung dar. Wenn sich das Wasser vor seiner Erwärmung im Zustand der Calcitsättigung befunden hat, muss das erwärmte Wasser grundsätzlich übersättigt sein. Störungen durch Kalkabscheidungen sind im Warmwasserbereich daher auch nie gänzlich auszuschließen. Trotzdem ist eine weitgehend störungsfreie Warmwasserversorgung möglich, wenn die Regeln der Technik eingehalten werden.

7.9.7 Bilder zum Thema „Calciumcarbonat in technischen Anlagen"

Bildordner und PDF: „7 Calciumcarbonat in technischen Anlagen(.pdf)": Bild zur Kalkabscheidung durch Wandalkalität, alkalische Dosierchemikalien, Entcarbonisierungsmaßnahmen, Einfluss von frischem Zementmörtel, Ionenaustauschprozesse, kathodischer Korrosionsschutz durch Fremdstrom, Kalkabscheidung durch Hitze sowie Rolle von Kalk bei der unterirdischen Enteisenung.

8
Mikrobiologische Parameter und Desinfektionsmittel

Vorbemerkung:
Die Belastung von Oberflächengewässern mit biologisch abbaubaren Substanzen hat einen unmittelbaren Einfluss auf den biologischen Zustand des Gewässers, der mit dem Saprobiensystem charakterisiert werden kann. Der biologische Zustand eines Oberflächengewässers wird in der klassischen Wasseranalyse üblicherweise nicht ausgewiesen und wird daher in diesem Buch nicht behandelt. Ein Sonderproblem ist (als Folge davon, dass biologisch verwertbare Substanzen in das Leitungsnetz gelangen) das mögliche Auftreten von Wasserasseln in Trinkwasserleitungen. Sie sind ungefährlich, aber dennoch unerwünscht. Ausführliche Informationen findet man bei Rathsack (2012).

Bei der Diskussion um Grenzwerte für chemische Wasserinhaltsstoffe gerät leicht in Vergessenheit, dass die mit Abstand größte Gefahr für die Gesundheit der Verbraucher auf dem bakteriologischen Sektor liegt. Dies kommt unter anderem auch dadurch zum Ausdruck, dass der erste Satz aller Fassungen der Trinkwasserverordnung bis einschließlich jener vom Dezember 1990 lautet: „Trinkwasser muss frei sein von Krankheitserregern."

Diese Grundforderung wurde mit der Trinkwasserverordnung 2001 präzisiert und mit den Fassungen vom Mai 2011 und August 2013 folgendermaßen modifiziert: „Trinkwasser muss so beschaffen sein, dass durch seinen Genuss oder Gebrauch eine Schädigung der menschlichen Gesundheit insbesondere durch Krankheitserreger nicht zu besorgen ist. Es muss rein und genusstauglich sein. Diese Anforderung gilt als erfüllt, wenn bei der Wasseraufbereitung und der Wasserverteilung mindestens die allgemein anerkannten Regeln der Technik eingehalten werden und das Trinkwasser den Anforderungen der §§5 bis 7 entspricht."

Frei von Krankheitserregern sind Grundwässer aus gut geschützten und ausreichend tiefen Grundwasserleitern sowie die ordnungsgemäß und störungsfrei daraus hergestellten und verteilten Trinkwässer. Alle anderen Wässer können Krankheitserreger oder unzulässig hohe Konzentrationen koloniebildender Mikroorganismen enthalten und müssen daher desinfiziert werden. Desinfektionsmaßnahmen sind auch nach technischen Eingriffen und Reparaturmaßnahmen an Wasseraufbereitungsanlagen und Leitungen erforderlich.

Wasseranalysen – richtig beurteilt, 4. Auflage. Walter Kölle.
© 2017 WILEY-VCH Verlag GmbH & Co. KGaA. Published 2017 by WILEY-VCH Verlag GmbH & Co. KGaA.

Grundsätzlich lassen sich Mikroorganismen durch die folgenden Maßnahmen eliminieren:

- Filtration: Sie ist verantwortlich dafür, dass Grundwässer und die Filtrate von Langsamsandfiltern im Allgemeinen frei von pathogenen Keimen sind. Der Eliminationsmechanismus besteht wohl im Wesentlichen darin, dass die Bakterien schneller von anderen Organismen gefressen werden, als sie sich vermehren können. Eine Filtration im engeren Sinne kann mit Membranfiltern durchgeführt werden. Im Laboratorium wird auf diese Weise „sterilfiltriertes Wasser" erzeugt.
- Strahlung: Geräte zur Desinfektion von Wasser durch UV-Bestrahlung sind im Handel. In der DDR wurden Gammastrahlenquellen mit Cobalt-60 als Strahler eingesetzt, um die biologische Brunnenverockerung zu verhindern.
- Bakteriengifte: Hierzu zählt Silber, das bei der „Silberung" von Wasser in Sonderfällen eingesetzt wird. Chloroform wird verwendet, um mikrobielle Reaktionen in Wasserproben auf ihrem Transport in das Untersuchungslaboratorium zu unterdrücken, was besonders bei der Untersuchung von Stickstoffverbindungen wichtig ist.
- Erhitzen: Das „Abkochen" von Wasser ist die letzte Notmaßnahme für den Fall, dass alle anderen Maßnahmen versagt haben oder aus anderen Gründen nicht infrage kommen. Im Laboratorium ist die Desinfektion von bakteriologischen Nährlösungen und von Geräten durch Erhitzen allgemein üblich.
- Einsatz von Desinfektionsmitteln: Bei den in der Wasserversorgung eingesetzten Desinfektionsmitteln handelt es sich ausnahmslos um starke Oxidationsmittel: Chlor und unmittelbar davon abgeleitete Verbindungen, Chlordioxid und Ozon. Auch Wasserstoffperoxid wird zur Desinfektion angewandt, allerdings nicht als Zusatzstoff für Trinkwasser, sondern nur zur Desinfektion von Leitungen und Geräten. Da sich Oxidationsmittel auch in einer Erhöhung des Redoxpotenzials ausdrücken, wird die Wirksamkeit einer Desinfektionsmaßnahme auch in Einheiten des Redoxpotenzials ausgedrückt.

Bis etwa 1975 wurde zwischen „Entkeimung", „Desinfektion" und „Sterilisation" sprachlich unterschieden. Dabei bedeutete „Entkeimung" eine Maßnahme zur Erniedrigung der Konzentration koloniebildender Mikroorganismen im Wasser ohne Rücksicht darauf, ob sie Krankheiten verursachen können. Die Desinfektion richtet sich gegen Krankheitserreger im Wasser, während die Sterilisation im Wasserfach eine Maßnahme ist, mit der das Handwerkszeug des Mikrobiologen (Geräte, Nährböden, Verdünnungswasser ...) behandelt wird. Die parallele Verwendung der Begriffe „Entkeimung" und „Desinfektion" hat mehr zur Verwirrung als zur Klarheit beigetragen. So gab es in Einzelfällen ermüdende Diskussionen darüber, unter welchen Bedingungen ein Wasser, das aufgrund von Herkunft und Untersuchungsbefunden nicht desinfiziert werden musste, mit Mitteln auf Chlorbasis entkeimt oder vorbeugend behandelt werden darf. Streitpunkt war dabei die Frage, ob man in einem solchen Fall an die Bestimmungen gebunden ist, die für ein Wasser gelten, das mit Mitteln auf Chlorbasis desinfiziert werden muss.

Der Begriff „Entkeimung" wird seit der Einführung der ersten Fassung der Trinkwasserverordnung vom Januar 1975 nicht mehr verwendet.

8.1 Bakteriologische Verschmutzungsindikatoren, Hygiene

Wenn von bakterieller Verschmutzung und von Krankheitserregern die Rede ist, handelt es sich im Allgemeinen um Fäkalverunreinigungen. Die Grundforderung der Hygiene besteht deshalb darin, jede Verschmutzung des Trinkwassers durch Abwasser oder Ausscheidungen von Mensch oder Vieh zu vermeiden. Diese Forderung resultiert ganz unmittelbar aus den leidvollen Erfahrungen mit Epidemien, die über den Pfad Abwasser–Trinkwasser verbreitet werden, insbesondere Typhus, Paratyphus, Cholera und Ruhr. Wenn in der Wasserversorgung von „Verschmutzung" die Rede ist, bezieht sich dieser Begriff vorrangig auf eine fäkale Verschmutzung. Für solche Verschmutzungen existieren sowohl mikrobiologische, als auch chemische Parameter. Die chemischen Verschmutzungsindikatoren werden in Abschn. 4.6 behandelt.

Die Gefährlichkeit eines Kurzschlusses zwischen Trinkwasser und Abwasser ist vor allem auf die folgende Tatsache zurückzuführen: Pathogene Keime lösen nicht bei jedem Menschen zwangsläufig eine Erkrankung aus. Manche Menschen sind infiziert, ohne dies zu wissen. Sie scheiden laufend pathogene Keime aus. Die Wahrscheinlichkeit, dass ein Abwasser pathogene Keime enthält, ist daher umso größer, je mehr Menschen an das System angeschlossen sind. Wird im Rahmen der Trinkwasserversorgung eine größere Bevölkerungsgruppe solchen Keimen ausgesetzt, kommt es zur Epidemie.

Bei dem hohen Stand der Trinkwasserhygiene, den wir inzwischen erreicht haben, sollte das Ausbrechen von Seuchen ausgeschlossen werden können. Kritisch sind allerdings Situationen, in denen mangelndes Hygienebewusstsein und Naturkatastrophen oder kriegerische Ereignisse zusammentreffen. In Erinnerung ist das Erdbeben in Haiti vom 12. Januar 2010, in dessen Folge eine Choleraepidemie ausbrach. Ein anderer Vorfall datiert vom Mai 2000: In der kanadischen Provinz Ontario sind Hunderte von Personen erkrankt, von denen fünf starben. Entsprechend der Pressenotiz war ein nachlässiger Umgang mit der Trinkwasserhygiene die Ursache. In der Notiz wird ausgeführt: „Vermutlich war das Wasser bei Überschwemmungen mit Jauche verschmutzt worden. Außerdem war ein Gerät defekt, das dem Wasser reinigendes Chlor zufügt."

Der Nachweis pathogener Keime in Trinkwasser ist aufwendig und eignet sich nicht für Routinekontrollen. Zur Aufrechterhaltung einer hygienisch einwandfreien Trinkwasserversorgung genügt es jedoch, mit geeigneten Untersuchungen eine fäkale Verschmutzung als solche ausschließen zu können. Zum Nachweis einer fäkalen Verschmutzung existieren bakteriologische und chemische Verschmutzungsindikatoren.

Anmerkung
Verschmutzungsindikatoren auf nicht fäkaler Grundlage bzw. allgemeine Abwasserindikatoren sind das Bor, das in der Form von Perboraten in Waschmitteln enthalten ist (siehe Abschn. 5.3.5) und die polyzyklischen aromatischen Kohlenwasserstoffe (Abschn. 6.4.6).

8.1.1 Bakteriologische Verschmutzungsindikatoren

Der Darm des Menschen ist von Bakterien besiedelt, die man als „Darmbewohner" (*Enterobacteriaceae*) bezeichnet. Zwischen ihnen und dem Menschen besteht eine enge Symbiose. Unter genetischen Gesichtspunkten können die Darmbewohner als „unser zweites Genom" bezeichnet werden (Groß, 2013). Für die Trinkwasserhygiene ist der wichtigste Darmbewohner das Bakterium „*Escherichia coli*" (*E. coli*, *Bacterium coli*, „Kolibakterien") in Konzentrationen von 10^5–10^9/g. Coliähnliche Keime („Coliforme") spielen als hygienisches Kriterium ebenfalls eine wichtige Rolle. Sie können sich nicht nur im Darm, sondern auch in der Natur vermehren. Darmbewohner sind ferner die „Fäkalstreptokokken" und die „Sulfit reduzierenden Sporen bildenden Anaerobier" (Clostridien).

Die bakteriologische Untersuchung von Trinkwasser auf *E. coli* lässt sich bis in das Jahr 1880 zurückverfolgen. Die hygienischen Kontrollen wurden von den Gesundheitsbehörden übernommen. Mit der ersten Fassung der Trinkwasserverordnung vom Januar 1975 wurden die hygienischen Kontrollen verbindlich geregelt, unter Einbeziehung der regelmäßigen Untersuchung aller Trinkwässer auf *E. coli*, coliforme Keime und andere Keime. In spätere Fassungen der Trinkwasserverordnung wurden weitere mikrobiologische Parameter aufgenommen, deren Untersuchung von der zuständigen Behörde in Sonderfällen angeordnet werden kann. Erfahrungsgemäß tritt dieser Fall nur selten ein.

Untersuchungsmethoden

Mikroorganismen können in den erforderlichen Probenvolumina nicht unmittelbar ausgezählt werden. Man muss daher von ihrer Fähigkeit Gebrauch machen, sich zu vermehren. Es existieren zwei verschiedene Untersuchungstechniken: Bei der Verwendung von Nährböden bietet man den Bakterien alles, was sie zur Vermehrung benötigen, in einem gelatinösen Medium, das die Bakterien daran hindert, sich frei zu bewegen. Sie müssen daher ortsfeste Kolonien bilden, die ausgezählt werden können. Bei der Verwendung flüssiger Kulturmedien können sich die Bakterien frei bewegen. Ihr Stoffumsatz wird im Falle der Untersuchung auf *E. coli* durch eine Farbreaktion (pH-Absenkung durch Säurebildung) und durch Gasbildung (aus der Zersetzung von Laktose) angezeigt. Treten diese Reaktionen ein, muss mindestens ein Bakterium dieses Stoffwechseltyps in dem Probenansatz vorhanden gewesen sein und sich vermehrt haben. Aussagen über die Konzentration der Organismen erhält man durch den Einsatz unterschiedlicher Probenvolumina. Ein positiver Befund für *E. coli* gilt erst dann als endgültig gesichert, wenn mindestens vier weitere Stoffwechselmerkmale der Organismen den Kriterien für fäkale *E.-coli*-Keime entsprechen. Um dies zu klären, sind zusätzliche Untersuchungen erforderlich. Durch diese Untersuchungen entscheidet es sich auch, ob man es mit fäkalen *E.-coli*-Keimen oder mit coliformen Bakterien zu tun hat. Zunehmend werden auch molekularbiologische Untersuchungstechniken entwickelt. Das Bundesministerium für Bildung und Forschung (BMBF) hat ein Projekt „Präventives Risikomanagement in der Trinkwasserversorgung (PRiMaT)" gefördert, in dessen Rahmen molekularbiologische Untersuchungstechniken entwickelt und validiert wurden. Grundlage des Verfahrens ist die Polymerasekettenreaktion (Polymerase Chain Reaction, PCR). Sie wird von Otto *et al.* (2015) ausführlich geschildert. Der Vorteil des Verfahrens liegt darin, dass die Zeitspanne zwischen Probenahme und Untersuchungsergebnis erheblich kürzer ist als bei den etablierten Methoden. Außerdem ist es möglich, auch auf Viren zu untersuchen sowie auf Mikroorganismen, die nicht kultivierbar sind. Die Methode eignet sich als Ergänzung der etablierten und nach der Trinkwasserverordnung vorgeschriebenen Kulturverfahren.

Zum Standardumfang bakteriologischer Kontrollen zählen die Untersuchungen auf *E. coli* und coliforme Keime in 100 ml Probenvolumen sowie auf Bakterien, die aus 1 ml Probenvolumen unter standardisierten Bedingungen zu sichtbaren Kolonien heranwachsen. In allen Fällen ist hierzu eine Bebrütungszeit bei einer definierten Temperatur erforderlich: *E. coli* und coliforme Keime: ca. ein bis zwei Tage bei 36 °C. Andere Keime werden ca. zwei Tage bebrütet.

Untersuchungen auf *E. coli* wurden früher vielfach so durchgeführt, dass 100 ml der Probe über Membranfilter filtriert wurden. Diese Filter wurden auf einen Nährboden aufgesetzt, sodass sich einzelne zählbare Kolonien bilden konnten. In diesem Falle wurde das Ergebnis in Anzahl Kolonien pro 100 ml Probenvolumen angegeben. Seit 1986 wird dieses Verfahren in der Trinkwasserverordnung nicht mehr aufgeführt und daher vom Gesetzgeber auch nicht mehr anerkannt. Zulässig ist seitdem nur noch die Untersuchung in einem flüssigen Kulturmedium, die zu einer Ja/Nein-Aussage führt. Das Probenvolumen beträgt für Trinkwasser 100 ml. Für verschmutzte Wässer kann das Probenvolumen in einer umfangreicheren Versuchsreihe („Verdünnungsreihe") variiert werden. Angegeben wird dann dasjenige Probenvolumen, in dem *E. coli* noch nachweisbar war. Der Befund wird als „Coli-Titer" in Millilitern angegeben. Analoges gilt auch für coliforme Keime.

Bei einem positiven Befund für *E. coli* liegt das Gesetz des Handelns bei der zuständigen Behörde (dem Gesundheitsamt). Das Versorgungsunternehmen hat den erforderlichen Maßnahmenkatalog abzuarbeiten. Es ist die Regel, dass die Maßnahmen im Konsens zwischen Behörde und Unternehmen beschlossen werden.

Bei der Untersuchung von Bakterien, die aus 1 ml Probenvolumen unter standardisierten Bedingungen zu sichtbaren Kolonien heranwachsen, resultieren Angaben als „Keimzahl" (veraltet) bzw. „Koloniezahl" oder „koloniebildende Einheiten" („KBE"). Angegeben wird die Anzahl Kolonien pro Milliliter Probenvolumen. Seit 1986 müssen die Proben doppelt angesetzt und ca. zwei Tage lang bei zwei

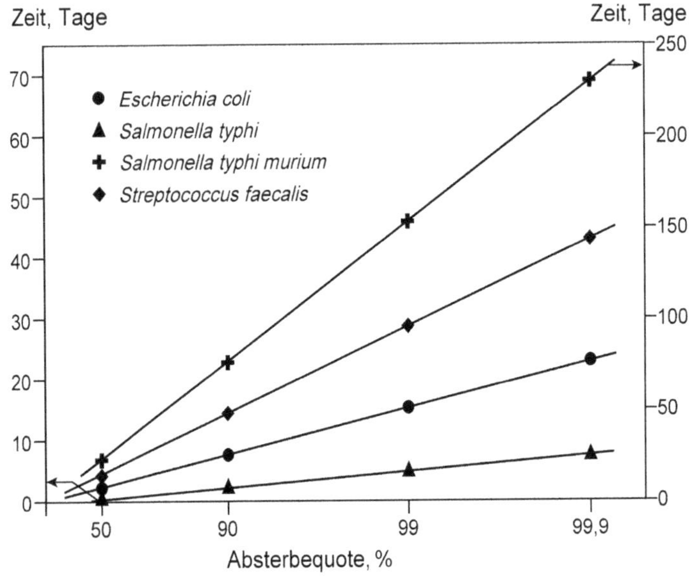

Abb. 8.1 Absterberate fäkaler Keime nach Carlson (1986).

verschiedenen Temperaturen (20 bzw. 22 und 36 °C) bebrütet werden. Die Bebrütungstemperatur ist zusätzlich anzugeben.

Außerhalb des Darmes können, wie Abb. 8.1 zeigt, Darmbewohner nur begrenzte Zeit überleben. Die Absterberate folgt einem Geschwindigkeitsgesetz erster Ordnung.

Grundsätzlich gilt, dass die möglichen Wechselwirkungen zwischen Abwasser und Organismen mit der Zeit und mit zunehmender Verdünnung abnehmen. Die Ausweisung von Schutzzonen in Wassergewinnungsgebieten orientiert sich an der Elimination von Mikroorganismen durch die natürliche Filterwirkung des Untergrundes. Ein weiterer biologischer Aspekt besteht darin, dass die Bakterienpopulation, die sich von den organischen Substanzen im Abwasser ernährt, mit abnehmender Konzentration dieser Substanzen geringere Stoffmengen umsetzen kann. Das hat Rückwirkungen auf die Population. Ihre Mitglieder werden immer anspruchsloser und langsamer. Von einem bestimmten Punkt an werden sie bei der normalen Bestimmung koloniebildender Einheiten nach der Trinkwasserverordnung nicht mehr erfasst. Erfahrungsgemäß haben sie dann auch keine hygienische Bedeutung mehr.

8.1.2 Grenzwerte

Die folgenden Angaben dienen nur der allgemeinen Information. Für die meisten der hier aufgeführten Parameter gelten Zusatzbestimmungen, die hier nicht erschöpfend aufgeführt werden können. Wegen der Bedeutung mikrobiologischer

Untersuchungen müssen konkrete Entscheidungen am vollständigen Gesetzestext orientiert und mit dem Gesundheitsamt abgesprochen werden. Hinweise für Wasseruntersuchungen in der Praxis findet man bei Feuerpfeil und Botzenhart (2008).

Trinkwasserverordnung vom August 2013:
Anlage 1

Teil I: Allgemeine Anforderungen an Trinkwasser

Escherichia coli (*E. coli*):	Grenzwert:	0/100 ml
Enterokokken	Grenzwert:	0/100 ml

Teil II: Anforderungen an Trinkwasser, das zur Abgabe in verschlossenen Behältnissen bestimmt ist

Escherichia coli (*E. coli*):	Grenzwert:	0/250 ml
Enterokokken:	Grenzwert:	0/250 ml
Pseudomonas aeruginosa:	Grenzwert:	0/250 ml

Pseudomonas aeruginosa ist ein Umweltbakterium und ein fakultativer Krankheitserreger für immungeschwächte Patienten. Der Keim überlebt im Wasserkörper unter Stagnationsbedingungen über einen langen Zeitraum. Er kann Biofilme bilden und vermehrt sich auch in Biofilmen (Hambsch *et al.*, 2016). Zur Vermeidung einer Verunreinigung des Wassers mit Pseudomonas empfehlen die Autoren die Einhaltung der allgemein anerkannten Regeln der Technik. Bei einer eingetretenen Verunreinigung helfen Desinfektionsmaßnahmen mit Chlor.

Anlage 3 Indikatorparameter

Teil I Allgemeine Indikatorparameter

Clostridium perfringens, einschließlich Sporen (routinemäßige Untersuchung): Grenzwert: 0/100 ml.
Dieser Parameter braucht nur bestimmt zu werden, wenn das Wasser von Oberflächenwasser stammt oder von Oberflächenwasser beeinflusst wird. Wird dieser Grenzwert nicht eingehalten, veranlasst die zuständige Behörde Nachforschungen im Versorgungssystem, um sicherzustellen, dass keine Gefährdung der menschlichen Gesundheit aufgrund eines Auftretens krankheitserregender Mikroorganismen, z. B. Cryptosporidium, besteht. Über das Ergebnis dieser Nachforschungen unterrichtet die zuständige Behörde über die zuständige oberste Landesbehörde das Bundesministerium für Gesundheit.
Bei Clostridium perfringens handelt es sich um Bakterien, die im Darm von Mensch und Tier, aber auch in Böden vorkommen. Die Trinkwasserverordnung enthält in Anlage 5 („Spezifikationen für die Analyse der Parameter") eine Arbeitsvorschrift zur Bestimmung dieses Parameters.

Coliforme Bakterien, Grenzwert: 0/100 ml. Für Trinkwasser, das zur Abgabe in verschlossenen Behältnissen bestimmt ist, gilt der Grenzwert 0/250 ml.
Koloniezahl bei 22 °C, Anforderung: ohne anormale Veränderung.
Bei der Untersuchung der Koloniezahl mit Plattengusskulturen gilt ein Grenzwert von 100/ml am Zapfhahn des Verbrauchers; 20/ml unmittelbar nach Abschluss der Aufbereitung im desinfizierten Wasser; 1000/ml bei Kleinanlagen zur Eigenversorgung sowie in Wasserspeichern an Bord von Fahrzeugen. Der Unternehmer und der sonstige Inhaber einer Wasserversorgungsanlage haben unabhängig vom angewandten Verfahren einen plötzlichen oder kontinuierlichen Anstieg unverzüglich der zuständigen Behörde zu melden.
Koloniezahl bei 36 °C, Anforderung: ohne anormale Veränderung.
Bei der Untersuchung der Koloniezahl mit Plattengusskulturen gilt ein Grenzwert von 100/ml. Der Unternehmer und der sonstige Inhaber einer Wasserversorgungsanlage haben unabhängig vom angewandten Verfahren einen plötzlichen oder kontinuierlichen Anstieg unverzüglich der zuständigen Behörde zu melden.

Teil II Spezieller Indikatorparameter für Anlagen der Trinkwasserinstallation

Legionella spec. 100/100 ml (techn. Maßnahmenwert)
Der Parameter *Legionella spec.* ist mindestens einmal jährlich entsprechend den Vorgaben in §14 Absatz 3 (Großanlagen zur Trinkwassererwärmung) zu untersuchen. Wasserversorgungsanlagen nach §3 Nummer 2 Buchstabe e (ständige Wasserverteilung), aus denen im Rahmen einer gewerblichen, nicht aber öffentlichen Tätigkeit Trinkwasser abgegeben wird, sind mindestens alle drei Jahre entsprechend den Vorgaben des §14 Absatz 3 zu untersuchen. Die erste Untersuchung muss bis zum 31. Dezember 2013 abgeschlossen sein. Für Wasserversorgungsanlagen nach §3 Nummer 2 Buchstabe d (mobile Anlagen) legt das Gesundheitsamt die Häufigkeit fest. Sind bei den jährlichen Untersuchungen auf *Legionella spec.* in drei aufeinanderfolgenden Jahren keine Beanstandungen festgestellt worden, so kann das Gesundheitsamt auch längere Untersuchungsintervalle von bis zu drei Jahren festlegen, sofern die Anlage und Betriebsweise nicht verändert wurden und nachweislich den allgemein anerkannten Regeln der Technik entsprechen. Diese Verlängerung der Untersuchungsintervalle ist nicht möglich in Bereichen, in denen sich Patienten mit höherem Risiko für Krankenhausinfektionen befinden (z. B. Krankenhäuser, Vorsorge- und Rehabilitationseinrichtungen, Einrichtungen für ambulantes Operieren, Dialyseeinrichtungen, Entbindungseinrichtungen).

In Anlage 4 sind Umfang und Häufigkeit der Untersuchungen geregelt,
in Anlage 5 die Spezifikationen für die Analyse der Parameter.

Trinkwasserverordnung vom Mai 2001 (Anlage 4, Regelungen für periodische Untersuchungen): „Der periodischen Untersuchung unterliegt auch die Untersuchung auf Legionellen in zentralen Erwärmungsanlagen der Hausinstallation [...], aus denen Wasser für die Öffentlichkeit bereitgestellt wird."

Vorgeschichte: Trinkwasserverordnung vom Mai 1986: keine Regelung, jedoch Erörterung des Problems im Kommentarband zur Trinkwasserverordnung (Seidel, 1987). Trinkwasserverordnung vom Dezember 1990: Regelung in §13: „Die zuständige Behörde kann anordnen, dass der Unternehmer oder sonstige Inhaber einer Wasserversorgungsanlage [...] die mikrobiologischen Untersuchungen auszudehnen oder ausdehnen zu lassen hat zur Feststellung, ob andere Mikroorganismen, insbesondere [...] Legionella pneumophila [...] enthalten sind [...]".

8.1.3
Infektionen über den Luftpfad

In weitverzweigten Warmwassersystemen und in Kühlkreisläufen können sich Mikroorganismen entwickeln, die den Menschen über den Luftpfad infizieren können. Stark gefährdet sind Personen mit geschwächtem Immunsystem bzw. einer besonderen Anfälligkeit der Atemwege, vor allem ältere Personen, die rauchen. Die Infektionen äußern sich als Atemwegserkrankungen, von denen die Legionärskrankheit (Legionellose) die schlimmste Form darstellt, die schon viele Todesopfer gefordert hat. Sie wird durch Legionellen (*Legionella pneumophila*) hervorgerufen. Nach Schätzungen des Robert-Koch-Instituts in Berlin erkranken in der Bundesrepublik jährlich ca. 6000–10 000 Personen an der Legionellose.

Ein möglicher Gefahrenherd ist das Duschwasser in Hotels. Dies gilt auch für Industriebetriebe und Anlagen der Bundeswehr, in denen die Mitarbeiter Duschgelegenheiten nutzen können, sowie für Badeanstalten und Sportstätten. Das Warmwasser stammt in solchen Fällen oft aus weit ausgedehnten Systemen, in denen zeit- und stellenweise Stagnationsbedingungen herrschen. Diese begünstigen die Entwicklung von Bakterien, die auf dem Luftpfad pathogen wirken. Auch der Betrieb von raumlufttechnischen Anlagen („RLT-Anlagen") stellt hohe Anforderungen an den Betreiber im Hinblick auf Reinhaltung und Desinfektion der Systeme.

Außerhalb des Geltungsbereichs der europäischen Gesetzgebung kann Chlor in so hohen Dosierungen angewandt werden, dass auch das Warmwasser in weitverzweigten Systemen gegen die Entwicklung pathogener Keime ausreichend geschützt ist. Innerhalb der EU sind so hohe Chlordosierungen entweder aufgrund der Gesetzgebung nicht zulässig oder aus anderen Gründen unerwünscht. Dies bedeutet, dass gegen die Entwicklung pathogener Keime in Warmwassersystemen nur ein Mittel verfügbar ist, nämlich der Betrieb des Systems bei mindestens 60 °C.

Demnach bedeutet die Temperatur von 60 °C die Mindesttemperatur zur Vermeidung bakteriologischer Probleme, gleichzeitig aber auch die Höchsttemperatur zur Vermeidung chemischer Probleme wie z. B. Kalkabscheidungen in Warmwasserbehältern und Leitungen. Es bleibt also keine andere Wahl, als dass man Warmwassersysteme bei *genau* 60 °C betreibt. Beim Einhalten dieser Warmwassertemperatur in einem weitverzweigten Netz kollidiert man bereits mit den Zielen einer energiebewussten Betriebsführung. Der Autor hat seit August 1997 bei insgesamt 38 Reisen in den von ihm genutzten Hotels die Warmwassertemperatur im Bad des Hotelzimmers gemessen. Abbildung 8.2 zeigt das Ergebnis.

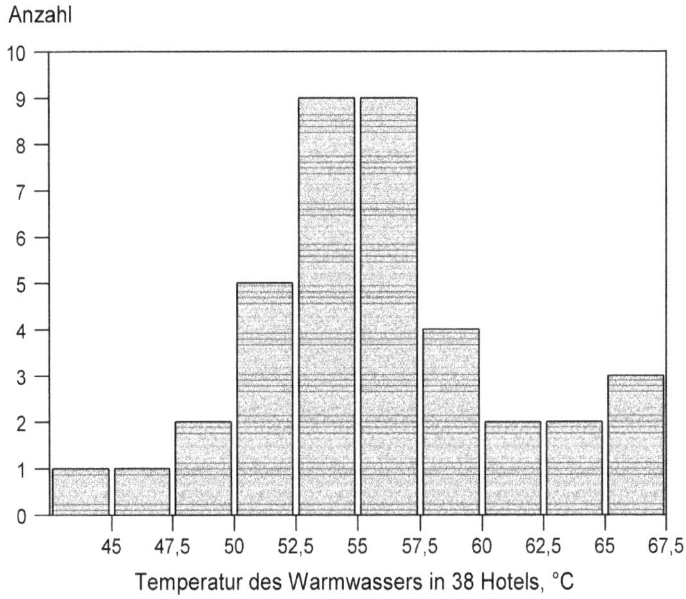

Abb. 8.2 Warmwassertemperatur in vom Autor benutzten Hotels (Messung nach Erreichen der Temperaturkonstanz).

Zahlreiche Hotels halten die Forderung, das Warmwassersystem bei 60 °C zu betreiben, recht gut ein. Bei den zwei besonders niedrigen Messergebnissen wurde im einen Fall auf einen Defekt an der Heizungsanlage hingewiesen, im anderen Fall handelte es sich um ein Hotel mit besonders umweltfreundlicher Betriebsführung, das außerdem nicht der europäischen Gesetzgebung unterliegt. In einigen Hotels geht man dagegen über die 60 °C weit hinaus, was im Einzelfall – abhängig von der Wasserbeschaffenheit – durchaus störungsfrei möglich sein kann.

In Hotels mit zu niedriger Warmwassertemperatur können auch gefährdete Personen duschen, wenn sie Spritzwasser vermeiden.

Das Vorkommen von Legionellen in öffentlichen Gebäuden wird von Hügler und Hambsch (2011) in einem umfangreichen Erfahrungsbericht geschildert. Dem Bericht liegen die Untersuchungsergebnisse für 660 Proben zugrunde. Legionellen wurden im erwärmten Wasser in 47 % der Proben nachgewiesen, in 26,5 % der Proben wurde der technische Maßnahmenwert von 100 KBE pro 100 ml Wasser überschritten, in Einzelfällen wurden Werte von über 100 000 beobachtet. Die höchsten Befunde ergaben sich für den Temperaturbereich von 25–45 °C.

Das Institut für Hygiene und Öffentliche Gesundheit der Universität Bonn hat im Auftrag der Bundesvereinigung der Firmen im Gas- und Wasserfach e. V. (figawa) eine bundesweite Statusanalyse zum Legionellenvorkommen in Trinkwasserinstallationen von Mehrfamilienhäusern mit zentraler Warmwasserversorgung erstellt. Ausgewertet wurden mehr als 1 Mio. Trinkwasserproben, die überwiegend aus Gebäuden mit gewerblicher Trinkwasserabgabe entnommen wurden.

Ergebnis: 84,5 % der Proben waren frei von Legionellen, 16,5 % der Anlagen sind mit Legionellen belastet. In 0,3 % der Proben wurde eine extrem hohe Legionellenkonzentration von über 10 000 koloniebildenden Einheiten pro 100 ml Probe nachgewiesen (Becker-Kaiser und Pikarek, 2016). Es war eine hochsignifikante (negative) Korrelation mit der Wassertemperatur festzustellen. Die Autoren empfehlen nachdrücklich, bei zirkulierenden Warmwassersystemen Wärmeverluste von mehr als 5 °C zu vermeiden.

8.1.4
Interne Probleme

Die Gewinnung, Aufbereitung und Verteilung von Trinkwasser hat so zu erfolgen, dass die Trinkwasserhygiene nicht durch interne Probleme infrage gestellt wird. Dies kann durch Einhalten der gesetzlichen Vorschriften und der Regeln der Technik (Regelwerke des DIN und des DVGW) in Verbindung mit der Aufsichtsfunktion der zuständigen Behörde (Gesundheitsamt) gewährleistet werden. Einige Probleme sollen im Folgenden angesprochen werden.

Stagnationsprobleme

Praktisch jedes Lebensmittel hat ein Haltbarkeitsdatum. Wasser ist unser wichtigstes Lebensmittel, trägt aber kein Haltbarkeitsdatum. Nachdem das Trinkwasser das Wasserwerk verlassen hat, führt seine Alterung zunehmend zu Problemen.

- Verteilungssysteme werden nach hydraulischen Kriterien (Minimierung der Pumpkosten) und nach den Anforderungen der Feuerwehr und nicht nach hygienischen Gesichtspunkten konzipiert. Vereinfachend kann man daher behaupten, dass wir im Interesse der Brandbekämpfung älteres Wasser trinken als „eigentlich" notwendig.
- Die Trinkwasserabgabe der Versorgungsunternehmen geht seit etwa 1985 laufend zurück. Trotzdem wachsen in den meisten Fällen die Rohrnetzlänge und die Zahl der Hausanschlüsse. Zwangsweise erreicht das Wasser auf dem Weg zum Verbraucher ein höheres Alter. Probleme, die daraus resultieren, sind in der Regel nur statistisch signifikant.
- Viele Versorgungsunternehmen betreiben ein Versorgungssystem, das noch alte Graugussleitungen enthält. In solchen Leitungen wirken sich Stagnationsprobleme besonders nachteilig aus (Abschn. 3.4.9 „Sauerstoff und Leitungsmaterialien"). Die Bildung von braunem Eisen(III)-oxidhydrat-Schlamm ist eine unmittelbare Folge der Stagnation des Wassers in Grauguss- oder Stahlleitungen.

Biofilme

Viele Mikroorganismen neigen dazu, sich auf festen Oberflächen anzusiedeln und Biofilme oder „Makrokolonien" zu bilden. Dieser Prozess kann vom Versorgungsunternehmen kaum beeinflusst werden (siehe hierzu auch Abschn. 1.3.2 „Biofilme"). Üblicherweise sind die Biofilme „friedlich". Zu beachten ist jedoch, dass

Biofilme die Nahrungsgrundlage für Wasserasseln (*Asellus aquaticus*) sein können und im ungünstigen Fall zur massenhaften Vermehrung der Asseln beitragen (Rathsack, 2012). Wenn sich in einem chlorfrei betriebenen Verteilungssystem Biofilme gebildet haben, kann es aber in Situationen, in denen aus hygienischen Gründen gechlort werden muss, Überraschungen geben. Insbesondere tritt eine erhöhte Chlorzehrung auf. Zu beachten ist auch, dass Biofilme eine Schutzfunktion haben, die durch Desinfektionsmaßnahmen zerstört werden kann (Abschn. 6.4.6). Informationen über Biofilme an Trinkwasserarmaturen präsentieren Heinrichs *et al.* (2012).

Die Masse eines Biofilms kann, wie die folgende Abschätzung zeigt, beträchtlich sein: Ein Leitungssystem mit einem Durchmesser DN 100 mm und einer Gesamtlänge von 100 km enthalte einen Biofilm von 0,1 mm Dicke. Bei einer ungefähren Dichte des Biofilms von 1,0 g/cm^3 entspräche dies einer Gesamtmasse von 3,1 t.

Wiederverkeimung

In Abschn. 8.2 („Desinfektionsmittel") wird erläutert, dass Desinfektionsmittel natürliche organische Substanzen so modifizieren können, dass sie für Mikroorganismen besser verwertbar sind als vorher. Wenn das Desinfektionsmittel aufgezehrt ist, kann ein Bakterienwachstum einsetzen, das die Befunde für „koloniebildende Einheiten" in die Höhe treibt. Solche Befunde haben keine Indikatorfunktion im Hinblick auf externe Verunreinigungen, sind aber trotzdem nicht akzeptabel. Es muss jedoch vermieden werden, dass man in einen verhängnisvollen Kreislauf gerät, bei dem ein vermehrtes Keimwachstum zu verstärkten Desinfektionsmaßnahmen führt, die wiederum ein vermehrtes Keimwachstum auslösen.

Unerlaubte Querverbindungen

Unerlaubte Querverbindungen zwischen dem öffentlichen Versorgungsnetz und privaten Anlagen zur Brauchwassergewinnung, Regenwassernutzung oder Wassermehrfachnutzung stellen eine Gefahr dar, die lange unterschätzt wurde. Der Gesetzgeber hat dieser Gefahr mit der folgenden Bestimmung Rechnung getragen.

Trinkwasserverordnung vom August 2013:

„Wasserversorgungsanlagen, aus denen Trinkwasser abgegeben wird, dürfen nicht ohne eine den allgemein anerkannten Regeln der Technik entsprechende Sicherungseinrichtung mit Wasser führenden Teilen, in denen sich Wasser befindet oder fortgeleitet wird, das nicht für den menschlichen Gebrauch bestimmt ist, verbunden werden." Zuwiderhandlungen gelten als Ordnungswidrigkeit.

Vorgeschichte: Trinkwasserverordnung vom Mai 2001: §13 Abs. 3: „Der Unternehmer und der sonstige Inhaber von Anlagen, die zur Entnahme oder Abgabe von Wasser bestimmt sind, das nicht die Qualität von Wasser für den menschlichen Gebrauch hat und die im Haushalt zusätzlich zu den Wasserversorgungsanlagen im Sinne des §3 Nr. 2 (Anlagen der Hausinstallation, die mit Trinkwasser der öffentlichen Wasserversorgung gespeist werden) installiert werden, haben diese Anlagen der zuständigen Behörde bei Inbetriebnahme anzuzeigen. Soweit solche Anlagen bereits betrieben werden, ist die Anzeige unverzüglich zu erstatten." §17 Abs. 2: „Wasserversorgungsanlagen, aus denen Wasser für den menschlichen Gebrauch abgegeben wird, dürfen nicht mit wasserführenden Teilen verbunden werden, in denen sich Wasser befindet oder fortgeleitet wird, das nicht für den menschlichen Gebrauch [...] bestimmt ist." Darüber hinaus sind eine farblich unterschiedliche Kennzeichnung unterschiedlicher Versorgungssysteme sowie eine eindeutige Kennzeichnung von Entnahmestellen für Nicht-Trinkwasser vorgeschrieben.

8.1.5
Bewertung

Es ist ausgesprochen gefährlich, den erreichten Sicherheitsstandard der Trinkwasserhygiene als etwas Selbstverständliches zu betrachten. Aufgrund der vorstehenden Ausführungen muss deutlich geworden sein, dass die Sicherheit der Trinkwasserversorgung in bakteriologischer Hinsicht absoluten Vorrang hat. Diese Tatsache wird leicht verdrängt oder schlicht vergessen. Nur so ist es zu erklären, dass beispielsweise aus Gründen des Umweltschutzes mitunter Wasserressourcen in die Diskussion gebracht werden, die sich für die Trinkwassergewinnung aus hygienischen Gründen nicht eignen oder dass man sich vor den chemischen Nebenprodukten der Desinfektion mehr ängstigt als vor den Folgen bakterieller Verunreinigungen.

Trotz der bestehenden Gefahren gilt aber auch, dass die hygienische Sicherheit der Trinkwasserversorgung in den Industriestaaten einen sehr hohen Stand erreicht hat. Trinkwasser ist das bestuntersuchte Lebensmittel und kann ein Leben lang ohne Vorbehalte genossen werden. Es dürfte kaum ein Wasserwerk existieren, das nicht für interessierte Besucher offen stehen würde. So kann man sich vor Ort von dem Aufwand überzeugen, mit dem unser Lebensmittel Nr. 1 gewonnen, aufbereitet und verteilt wird.

8.2
Desinfektionsmittel

8.2.1
Chlor („freies Chlor")

Chlor ist seit dem Beginn des 20. Jahrhunderts das „klassische" Desinfektionsmittel. Ansichten grundsätzlicher Art über die Desinfektion von Wasser und die Wirkung von Chlor im Wandel der Zeit äußert Grohmann (2004) in einem lesenswerten Positionspapier.

Wenn Chlor mit Wasser in Kontakt kommt, stellt sich ein Gleichgewicht ein, das durch die Gl. (8.1) gekennzeichnet ist. Dabei unterliegt das (nullwertige) Chlor einer Disproportionierung in Hypochlorit (Wertigkeit +1) und Chlorid (Wertigkeit −1).

$$Cl_2 + H_2O \rightleftharpoons ClO^- + Cl^- + 2H^+ \tag{8.1}$$

Anmerkung
Für die hypochlorige Säure und ihr Anion existieren zwei Schreibweisen: Die häufigere ist: HOCl und OCl^-. Im vorliegenden Buch wird in Analogie zu den anderen Sauerstoffsäuren des Chlors die Schreibweise HClO und ClO^- bevorzugt.

In Wasser lösen sich bei 25 °C 3,265 g/l Chlor. Wenn die bei der Auflösung des Chlors nach (8.1) entstehenden Wasserstoffionen neutralisiert werden, wird das Gleichgewicht in der Weise beeinflusst, dass die Löslichkeit des Chlors stark zunimmt. Verwendet man zur Neutralisierung Natronlauge, entsteht Chlorbleichlauge (oder einfach: „Bleichlauge") mit einer Konzentration an wirksamem Chlor von ca. 150 g/l. Mit Calciumhydroxid entsteht „Chlorkalk". „Caporit" ist eine hochprozentige Handelsform des Calciumhypochlorits.

Gehandelt wird Chlor als Chlorgas, Bleichlauge und, wie erwähnt, als Chlorkalk. Chlor kann auch am Ort des Verbrauchs auf elektrolytischem Weg hergestellt werden. Dabei sind zahlreiche Randbedingungen einzuhalten, die von Schmidt *et al.* (2010) ausführlich dargelegt werden.

Als Oxidationsmittel verhält sich Chlor, nachdem es einem Wasser zudosiert worden ist, wie ein „Allesfresser". Es oxidiert Eisen, Mangan, Ammonium, organische Substanz und schließlich sogar das Wasser selbst. Bei der zuletzt genannten Reaktion, die allerdings kinetisch gehemmt ist, entsteht Sauerstoffgas. Wenn Hypochlorit als Oxidationsmittel wirkt, wird es selbst reduziert:

$$ClO^- + H_2O + 2e^- \rightarrow Cl^- + 2OH^- \tag{8.2}$$

oder vereinfacht (nach Addition der Reaktionen (8.1) und (8.2) entsprechend den Regeln nach Abschn. 1.3.6):

$$Cl_2 + 2e^- \rightarrow 2Cl^- \tag{8.3}$$

Gleichung (8.3) verschweigt, dass das entstehende Chlorid überwiegend als Salzsäure freigesetzt wird. Mit jedem mg/l Chlordosierung erniedrigt sich daher im gechlorten Wasser die Säurekapazität bis pH 4,3 um bis zu 0,028 mmol/l.

Als Desinfektionsmittel entfaltet das Chlor bzw. Hypochlorit seine beste Wirkung bei niedrigen pH-Werten.

Seit der Novelle der Trinkwasserverordnung vom Dezember 1990 wird der Einsatz von Chlor auf die Desinfektion von Trinkwasser beschränkt. Die Möglichkeit, in Rohwässern Eisen, Mangan oder Ammonium zu oxidieren, wurde dadurch abgeschafft. Diese Komponenten kommen als Reaktionspartner des Chlors seitdem nicht mehr infrage. Allerdings wird in der Liste des Umweltbundesamtes der Fall berücksichtigt, dass die Desinfektion mit Chlor *zeitweise* durch Ammonium beeinträchtigt werden kann. In diesem Fall ist eine erhöhte Chlordosierung zulässig, die im aufbereiteten Reinwasser zu einer Konzentration von 0,6 mg/l an freiem

Chlor führt, wobei der Grenzwert für Trihalogenmethane von 50 µg/l einzuhalten ist. Die gezielte Reaktion von Chlor mit Ammonium zur Erzeugung von „gebundenem Chlor" wird in Abschn. 8.2.2 behandelt.

Praktisch jedes natürliche Wasser enthält organische Substanz, mit der das Chlor reagieren kann. Dabei können die folgenden Reaktionsprodukte entstehen: Chlorid, CO_2, „modifizierte organische Substanz", chlorierte organische Substanz (z. B. als „adsorbierbares organisches Chlor", „AOX") und Trihalogenmethane. Enthält das Wasser Phenole, können Chlorphenole entstehen, die besonders intensiv und unangenehm („apothekenartig") riechen. Die chlorierte organische Substanz und die Trihalogenmethane sind hygienisch unerwünscht. Dies gilt auch für die „modifizierte organische Substanz". Durch diesen Begriff sollen Substanzen definiert sein, die für Mikroorganismen besser nutzbar sind als die Ausgangssubstanzen vor der Chlorung des Wassers. Sie können daher Anlass zur Aufkeimung des Wassers geben, wenn das Chlor aufgezehrt ist. Siehe hierzu auch die Ausführungen in Abschn. 6.3.3 über die Wirkungen refraktärer organischer Substanzen.

Die meisten der hier geschilderten Eigenschaften sind als Nachteile einzustufen. Trotzdem hat die Desinfektion mit Chlor einen entscheidenden Vorteil. Chlor ist – besonders in der Handelsform der Chlorbleichlauge – vergleichsweise einfach zu handhaben.

Die folgenden Angaben zum Einsatz von Desinfektionsmitteln entstammen der „Liste der Aufbereitungsstoffe und Desinfektionsverfahren gemäß §11 Trinkwasserverordnung – 17. Änderung – Stand November 2012". Nach dieser Liste gehört das Chlor zu den Zusatzstoffen, die am stärksten reglementiert sind:

- Der Einsatzzweck ist beschränkt auf die Desinfektion und die Herstellung von Chlordioxid;
- die Dosierung ist begrenzt auf 1,2 mg/l, in hygienisch begründeten Ausnahmefällen auf 6 mg/l;
- in Wässern, die desinfiziert werden müssen, muss nach Abschluss der Aufbereitung die Chlorkonzentration mindestens 0,1 mg/l betragen;
- in Wässern, die desinfiziert werden müssen, ist nach Abschluss der Aufbereitung die Chlorkonzentration nach oben begrenzt auf 0,3 mg/l, in hygienisch begründeten Ausnahmefällen auf 0,6 mg/l;
- die Konzentration der Trihalogenmethane darf 50 µg/l (als Summe der positiv nachgewiesenen Verbindungen) nicht übersteigen.

Bei der Beurteilung von Wasseranalysen achte man auf Angaben zur Chlorkonzentration und zur bakteriologischen Beschaffenheit des Wassers. Hohe Chlorzehrungen (z. B. im Rahmen einer „Knickpunktchlorung") machen sich in einem entsprechenden Anstieg der Chloridkonzentration bemerkbar. Wenn die Chlordosierung als Chlorbleichlauge erfolgt, muss auch die Natriumkonzentration ansteigen. Nicht zuletzt ist auf Trihalogenmethane und eventuell auch auf adsorbierbare organische Halogenverbindungen (AOX) zu achten.

8.2.2
Chloramin („gebundenes Chlor")

Chlor reagiert mit Ammonium nach der folgenden Reaktionsgleichung:

$$NH_4^+ + Cl_2 \rightarrow NH_2Cl + 2H^+ + Cl^- \qquad (8.4)$$

Anmerkung
Der Einfachheit halber ist hier das Chlor als Cl_2 (und nicht als Hypochlorit) geschrieben. Bei einer weiteren Erhöhung der Chlorzugabe entstehen aus Harnstoff, Ammonium und – in geringerem Umfang – Aminosäuren Reaktionsprodukte, deren Chlorverbrauch bei der „Knickpunktchlorung" eine Rolle spielt. Einige dieser Substanzen sind für die Geruchsprobleme mitverantwortlich, die nach Chlorungsmaßnahmen oft auftreten. Ein Endprodukt dieser Reaktionen ist das Trichloramin (NCl_3). Diese Verbindung ist flüchtig, reizt die Augen und die Atmungsorgane und ist daher vor allem in Badeanstalten unerwünscht. Die „Ausbeute" an Trichloramin ist besonders hoch bei hohen Cl-N-Verhältnissen, langen Reaktionszeiten und niedrigen pH-Werten (Stottmeister, 2008; Schmalz und Zwiener, 2009).

Das bei Reaktion (8.4) entstehende Chloramin (NH_2Cl) hat immer noch oxidierende Eigenschaften. Es kann nach der folgenden Gleichung reagieren:

$$NH_2Cl + 2H_2O + 2e^- \rightarrow NH_4^+ + Cl^- + 2OH^- \qquad (8.5)$$

Die beiden Gleichungen lassen sich entsprechend den Regeln nach Abschn. 1.3.6 addieren. Dabei resultiert:

$$Cl_2 + 2e^- \rightarrow 2Cl^- \qquad \text{entspricht (8.2)}$$

Die Summe der Gleichungen, mit denen Chloramin gebildet wird und dann weiterreagiert, entspricht also dem Oxidationseffekt des freien Chlors entsprechend (8.3). Das Chloramin spielt die Rolle eines Zwischenproduktes. Es besetzt daher ein Zwischenplateau zwischen der starken Oxidationswirkung des freien Chlors und der völlig fehlenden Oxidationswirkung der Endprodukte (z. B. Chlorid). Chloramin galt daher jahrzehntelang unter der Bezeichnung „gebundenes Chlor" als eine etwas schwächer wirkende Alternative zum freien Chlor.

Damit gebundenes Chlor entstehen konnte, musste das Wasser Ammonium enthalten. Wenn das Wasser kein Ammonium enthielt oder das Ammonium im Rahmen der Trinkwasseraufbereitung durch Nitrifikation eliminiert worden war, mussten Ammoniumverbindungen (z. B. Ammoniumsulfat) dosiert werden. Für die Erzeugung von gebundenem Chlor existiert auch der Ausdruck „Chloraminierung".

Wenn man steigende Mengen von Chlor in ein ammoniumhaltiges Wasser dosiert und den Anstieg des Chlorgehaltes mit einem Reagenz beobachtet, das auf „Gesamtchlor" anspricht (also keinen Unterschied macht zwischen „freiem Chlor" und „gebundenem Chlor"), beobachtet man Folgendes: Zunächst steigt die Konzentration von Gesamtchlor, hier als „gebundenes Chlor", proportional zur Chlordosierung an. Wenn das Ammonium aufgezehrt ist, wird das entstandene

Chloramin zu weniger wirksamen Reaktionsprodukten weiteroxidiert, wobei die Konzentration von Gesamtchlor sinkt. Der tiefste dabei erreichte Punkt ist der „Knickpunkt". Jenseits dieses Punktes steigt die Konzentration von Gesamtchlor, dann als „freies Chlor", wieder an. Die Chlordosierung in ein ammoniumhaltiges Wasser über den Knickpunkt hinaus entspricht der „Knickpunktchlorung" (Mevius, 1987).

Die Knickpunktchlorung war über Jahrzehnte hinweg der allgemein übliche erste Schritt bei der Aufbereitung von Flusswasser (Sontheimer *et al.*, 1980). Welche Konsequenzen die Anwendungsbeschränkungen von Chlor für ein Wasserversorgungsunternehmen haben, das auf Oberflächenwasser angewiesen ist, schildert Schwarz (1991) in eindringlicher Weise.

Bei der Diskussion der Vor- und Nachteile von Chloramin müssen die Nachteile zuerst genannt werden, da sie ein größeres Gewicht haben als die Vorteile:

- Die Elimination von Krankheitserregern ist nicht mit ausreichender Sicherheit möglich. Die Verwendung von Chloramin zur Desinfektion ist nach der Trinkwasserverordnung auch nie zulässig gewesen. Seit der Trinkwasserverordnung in ihrer Fassung vom 12. Dezember 1990 ist auch die Dosierung von Ammonium nicht mehr zulässig. Damit ist die Erzeugung von Chloramin – zu welchem Zweck auch immer – nicht mehr möglich.
- Bei der Zehrung von Chloramin nach Gl. (8.5) wird Ammonium freigesetzt, das bei der Trinkwasserverteilung im Rohrnetz stören kann. Nachteilig ist vor allem die Oxidation des Ammoniums zu Nitrit, dessen Grenzwert von 0,1 mg/l leicht überschritten werden kann.

Zu den Vorteilen des Chloramins zählen:

- Die Geschwindigkeit, mit der Chloramin gezehrt wird, ist niedriger als die Chlorzehrung. Die (geringere) Wirksamkeit des Chloramins bleibt daher über längere Zeit bzw. über größere Distanzen in einem Verteilungsnetz erhalten. Wenn Chloramin zwar nicht zur sicheren Desinfektion taugt, so kann es doch die Vermehrung von Keimen im Wasser („Aufkeimung", „Wiederverkeimung") in Grenzen halten.
- Eine Modifizierung der organischen Substanz in dem Sinne, dass sie die Wiederverkeimung des Wassers fördert, tritt praktisch nicht ein. Ebenso wenig entstehen unerwünschte organische Nebenprodukte, insbesondere praktisch keine Trihalogenmethane.

Bei der Beurteilung von Wasseranalysen ist primär auf die gleichen Parameter zu achten wie bei der Dosierung von freiem Chlor. Zusätzlich können als Folge der Chloraminzehrung geringe Konzentrationen von Ammonium und Nitrit entstehen. Bei der Dosierung von Ammoniumsulfat wird auch Sulfat eingeschleppt. Die Konzentrationen von Trihalogenmethanen und von AOX sind sehr niedrig und wurden bei einer Behandlung mit „gebundenem Chlor" oft gar nicht bestimmt.

8.2.3
Chlordioxid

Chlordioxid besitzt eine hervorragende und vom pH-Wert unabhängige Desinfektionswirkung und neigt nur in geringem Maße zur Bildung von chlorierten organischen Substanzen. Die Geruchsbeeinträchtigung des Wassers ist deutlich geringer als bei der Dosierung von freiem Chlor.

Wegen der Instabilität von Chlordioxid gibt es keine Handelsform dieser Verbindung. Sie muss am Ort des Bedarfs erzeugt werden. Dafür existieren drei verschiedene Verfahren, die alle von Natriumchlorit ($NaClO_2$) ausgehen:

$$2ClO_2^- + Cl_2 \rightarrow 2Cl^- + 2ClO_2 \qquad (8.6)$$

Bei diesem Verfahren („Chlorit/Chlor-Verfahren“) wirkt Chlor als Oxidationsmittel, das Chlorit zu Chlordioxid oxidiert.

Neuerdings beginnt sich ein Verfahren durchzusetzen, bei dem statt Chlor Natriumperoxodisulfat ($Na_2S_2O_8$) verwendet wird. Da das Oxidationsmittel in diesem Fall in fester Form vorliegt, ist das Verfahren vergleichsweise einfach zu handhaben. Außerdem führt es zu stabileren wässrigen Chlordioxidlösungen in einem pH-neutralen, wässrigen Milieu (Küke, 2005).

Die dritte Option ist das „Chlorit/Säure-Verfahren“:

$$5ClO_2^- + 4H^+ \rightarrow 4ClO_2 + 2H_2O + Cl^- \qquad (8.7)$$

Bei dieser Reaktion läuft eine Disproportionierung ab: Im Chlorit (ClO_2^-) ist das Chlor dreiwertig, im Chlordioxid (ClO_2) vierwertig und im Chlorid (Cl^-) negativ einwertig. Für die Wertigkeiten des Chlors in Gl. (8.7) kann daher geschrieben werden: $(5 \times 3) = (4 \times 4 - 1)$.

Nach der Liste des Umweltbundesamtes (10. Änderung, Dezember 2008) gelten die folgenden Bestimmungen:

- Der Einsatzzweck ist beschränkt auf die Desinfektion;
- die Dosierung ist begrenzt auf 0,4 mg/l;
- in Wässern, die desinfiziert werden müssen, muss nach Abschluss der Aufbereitung die Chlordioxidkonzentration mindestens 0,05 mg/l betragen, nach oben ist die Chlordioxidkonzentration nach Abschluss der Aufbereitung begrenzt auf 0,2 mg/l;
- ein Höchstwert für Chlorit von 0,2 mg/l ClO_2^- nach Abschluss der Aufbereitung muss eingehalten werden. Der Wert für Chlorit gilt als eingehalten, wenn nicht mehr als 0,2 mg/l Chlordioxid zugegeben werden. Die Möglichkeit von Chloratbildung ist zu beachten.

Im Vergleich zur Chlordosierung erfordert die Dosierung von Chlordioxid einen höheren Aufwand für die Beschaffung, den Betrieb und die Wartung der Dosieranlage, für die Chemikalien und für die erforderlichen analytischen Kontrollen. Oft werden alle diese Funktionen vom Hersteller gemeinsam angeboten und bei Kaufabschluss vertraglich geregelt. Analytische Angaben findet man daher oft nicht auf dem Standardanalysenblatt, sondern in den Wartungsprotokollen der Vertragsfirma.

8.2.4 Ozon

Ozon (O_3) ist das stärkste Oxidations- und Desinfektionsmittel in der Wasserversorgung. Ebenso wie Chlordioxid muss auch Ozon am Einsatzort hergestellt werden, und zwar aus Sauerstoff oder Luft in „Ozoneuren", in denen stille elektrische Entladungen ablaufen, die einen Teil des Sauerstoffs in die energiereichere Form des Ozons zwingen.

Vorteile des Ozons sind seine hohe Wirksamkeit als Oxidations- und Desinfektionsmittel sowie die Tatsache, dass außer Sauerstoff keine Zusatzstoffe in das Wasser gelangen. Nachteilig ist, dass das Ozon so schnell weiterreagiert oder zerfällt, dass es keinerlei „Depotwirkung" besitzt.

Organische Substanzen werden noch stärker als beim Chlor so modifiziert, dass sie für Mikroorganismen besser nutzbar werden. Es besteht also die Gefahr der Wiederverkeimung des Wassers. In der Praxis macht man allerdings aus der Not eine Tugend und verwendet das Ozon zur Verbesserung des biologischen Abbaus organischer Substanzen in einem Aktivkohlefilter, das der Ozonungsstufe nachgeschaltet wird. Oft wird in solchen Fällen das Wasser vor seiner Abgabe in das Verteilungsnetz gechlort.

Mit dem Ziel einer Verbesserung des biologischen Abbaus organischer Substanzen wurde Ozon auch schon zur Sanierung verunreinigter Grundwasserleiter eingesetzt (Nagel *et al.*, 1982).

Auf Standardanalysenblättern findet man im Allgemeinen keine Angaben über Ozon. Auch sonstige „analytisch greifbare" Spuren hinterlässt das Ozon nicht.

Ozon ist in der Lage, Bromid (Br^-) zu Bromat (BrO_3^-) zu oxidieren. Bromat ist karzinogen.

Grenzwert für Bromat

Trinkwasserverordnung vom August 2013: 0,01 mg/l (10 µg/l) Bromat (chemischer Parameter, dessen Konzentration sich im Verteilungsnetz einschließlich der Trinkwasserinstallation in der Regel nicht mehr erhöht).

Vorgeschichte: Nach der EG-Trinkwasserrichtlinie vom 03. November 1998 ist das Bromat auf 10 µg/l begrenzt. Es gilt die Anmerkung: „Die Mitgliedstaaten sollen nach Möglichkeit einen niedrigeren Wert anstreben, ohne hierdurch die Desinfektion zu beeinträchtigen. Im Fall von Wasser gemäß Artikel 6 Absatz 1 Buchstaben a), b) und d) (Anmerkung: Wasser aus Zapfstellen in Gebäuden, Wasser aus Tankfahrzeugen, Wasser in Lebensmittelbetrieben) ist der Wert spätestens zehn Kalenderjahre nach In-Kraft-Treten dieser Richtlinie einzuhalten. Der Parameterwert für Brom (lies: „Bromat") beträgt für den Zeitraum zwischen fünf und zehn Jahren nach In-Kraft-Treten dieser Richtlinie 25 µg/l."

Trinkwasserverordnung vom Mai 2001: 0,01 mg/l (10 µg/l) Bromat (chemischer Parameter, dessen Konzentration sich im Netz nicht mehr erhöht).

Nach der Trinkwasserverordnung war Bromat vor 2001 nicht mit einem Grenzwert belegt.

8.2.5 Wasserstoffperoxid

Wasserstoffperoxid kann zur Desinfektion von Leitungsabschnitten und Armaturen eingesetzt werden. Einer seiner Vorteile besteht darin, dass dem Wasser mit Wasserstoffperoxid keine Zusatzstoffe (außer Wasser und Sauerstoff) zugesetzt werden und dass daher im Allgemeinen auch die Entsorgung problemloser ist.

Bei der Anwendung von Wasserstoffperoxid ist zu berücksichtigen, dass es sich zersetzen kann, wobei Wasser und Sauerstoffgas entstehen. Die Zersetzung wird durch Mangandioxid und durch Schwermetallionen sehr stark beschleunigt.

Als Desinfektionsmittel für Trinkwasser ist Wasserstoffperoxid nach der Liste des Umweltbundesamtes (10. Änderung, Dezember 2008) nicht zugelassen. Zur Oxidation ist es jedoch bis zu einer Zugabe von 17 mg/l zulässig, wobei die Restkonzentration nach abgeschlossener Aufbereitung 0,1 mg/l nicht überschreiten darf. In Einzelfällen diente es der Unterstützung der unterirdischen Wasseraufbereitung. Auch zur Oxidation von Eisen bei niedrigem pH-Wert wird es eingesetzt (Erläuterungen zu den Analysenbeispielen 26 und 27).

Auf Standardanalysenblättern findet man üblicherweise keine Angaben über Wasserstoffperoxid. Auch sonstige „analytisch greifbare“ Spuren hinterlässt Wasserstoffperoxid ebenso wenig wie das Ozon.

8.2.6 Desinfektionsverfahren in Sonderfällen

Der Einsatz von Desinfektionsmitteln bei der Bundeswehr und im Katastrophenfall Diese Fälle werden in der Liste der Aufbereitungsstoffe und Desinfektionsverfahren des Umweltbundesamtes wie folgt umschrieben: „Aufbereitungsstoffe, die für den Bedarf der Bundeswehr im Auftrag des Bundesministeriums der Verteidigung, für den zivilen Bedarf in einem Verteidigungsfall im Auftrag des Bundesministeriums des Innern sowie in Katastrophenfällen oder bei Großschadensereignissen bei ernsthafter Gefährdung der Wasserversorgung mit Zustimmung der für den Katastrophenschutz zuständigen Behörden eingesetzt werden“. Zugelassen sind Natriumhypochlorit und Calciumhypochlorit in einer Dosierung bis zu 260 mg/l freies Chlor sowie Natriumdichlorisocyanurat sowie Natriumdichlorisocyanurat-dihydrat in zulässigen Dosierungen von bis zu 40 bzw. 46,7 mg/l, entsprechend jeweils bis zu 26 mg/l freies Chlor.

Haushaltsreiniger Natriumhypochloritlösung („Chlorbleichlauge“), 2,8 g Natriumhypochlorit in 100 ml Lösung. Die Lösung kann sich – besonders bei Lichteinwirkung – unter Sauerstoffentwicklung zersetzen. Vorsicht! Bei der Einwirkung von Säuren (oder sauren Haushaltsreinigern) auf Natriumhypochloritlösung wird Chlorgas freigesetzt.

Desinfektionsmittel zur Schwimmbadpflege Natriumhypochloritlösung sowie Calciumhypochlorit als Granulat oder als Tabletten. Beliebt sind insbesondere die Produkte entsprechend dem folgenden Bild.

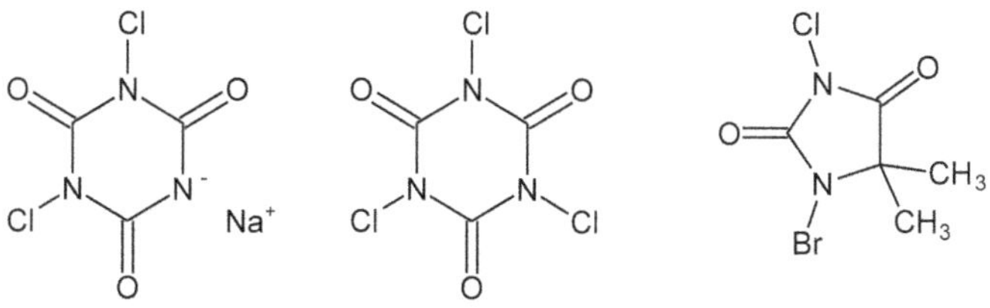

a b c

Spezielle Desinfektionsmittel

Natriumdichlorisocyanurat (a) ist in Wasser mit 250 g/l gut löslich. Das Produkt wird in Tablettenform angeboten. Mit dem Begriff „Chlortablette“ ist meist tablettiertes Natriumdichlorisocyanurat gemeint. Nach der Liste der Aufbereitungsstoffe und Desinfektionsverfahren des Umweltbundesamtes sind als Tablettierungshilfsmittel zulässig: Natriumcarbonat, Natriumhydrogencarbonat, Natriumchlorid, Adipinsäure, Natriumbenzoat, Polyoxymethylenpolyglykolwachse und Weinsäure.

Trichlorisocyanursäure (b) besitzt eine geringere Wasserlöslichkeit von 12 g/l und eignet sich daher für Maßnahmen zur Langzeitchlorung, z. B. mit einem „Dosierschwimmer“ im Schwimmbecken. Das Produkt kommt als 20 g-Tabletten und als 200 g-Tabletten in den Handel. Das Chlor wird nach der Reaktionsgl. (8.8) freigesetzt:

$$(OCN{-}Cl)_3 + 3H_2O \rightarrow 3HClO + (OCN{-}H)_3 \tag{8.8}$$

Die anderen im Bild „Spezielle Desinfektionsmittel“ aufgeführten Produkte reagieren nach einem analogen Reaktionsschema.

Die Chemikalie 1-Brom-3-chlor-5,5 dimethylimidazolidin-2,4-dion (1 Brom-3-chlor-5,5dimethylhydantoin, Produkt c im Bild) wird in Form von „Bromtabletten“ zur „geruchlosen Desinfektion“ von Schwimmbädern eingesetzt. Beliebt sind Bromtabletten in Anlagen von Urlaubshotels.

8.2.7 Elektrochemische Desinfektionsmethoden

In Wässern, die ausreichend hohe Chloridkonzentrationen aufweisen, kann an der Anode einer Elektrolysezelle Chlor erzeugt werden. Dies ist Stand der Technik in Anlagen zur Wasserenthärtung, in denen ein Kationenaustauscher mit Kochsalzlösung regeneriert wird. Das in der Kochsalzlösung elektrolytisch erzeugte Chlor soll eine Verkeimung des Austauschers verhindern.

Elektrochemische Desinfektionsmethoden sind Gegenstand intensiver Untersuchungen (Mangold und Weidlich, 2009). Als Vorteile nennen die Autoren die

Tatsache, dass Transport und Lagerung von Desinfektionsmitteln entfallen und die Betriebskosten niedrig sind. Grundsätzlich besteht auch die Möglichkeit, die Bildung von Biofilmen auf elektrisch leitenden Flächen zu verhindern.

9
Radioaktivität

9.1
Vorbemerkung

Der Abschnitt „Radioaktivität" soll den Leser einem allgemeinen Verständnis dieses Themas näherbringen. Er ist *nicht* als Informationsbasis oder Handlungsgrundlage für einen konkreten Anwendungsfall gedacht. Papiere, die diesen Anspruch in hervorragender Weise erfüllen, sind von der Deutschen Vereinigung des Gas- und Wasserfaches e. V. (DVGW) erstellt worden und werden von der Wirtschafts- und Verlagsgesellschaft Gas und Wasser mbH, Bonn vertrieben. Es handelt sich um:

- *Trinkwasserversorgung und Radioaktivität*, DVGW-Regelwerk, technische Mitteilung, Hinweis W 253, Dezember 2008.
- *Radioaktivitätsbedingte Notfallsituationen*, DVGW-Regelwerk, technische Mitteilung, Hinweis W 255, Dezember 2008.
- *Anschriften der Behörden und Messstellen für die Überwachung der Umweltradioaktivität*, DVGW-Regelwerk, Information Nr. 41, Dezember 2001, Anhang zum DVGW-Hinweis W 255.

Zu beziehen sind diese Mitteilungen von verschiedenen Stellen: per Download aus den Internetseiten des DVGW, von der Wirtschafts- und Verlagsgesellschaft Gas und Wasser mbH, Bonn (wvgw) und vom Beuth Verlag GmbH, Berlin.

Falls ein konkreter Informationsbedarf eintritt, wird dringend empfohlen, auf diese Papiere zurückzugreifen. Weitergehende Information findet der Leser bei Haberer (1958, 1989a,b), der sich schon seit den 1950er-Jahren mit dem Thema Radioaktivität befasst hat. Einige der folgenden Angaben sind den zitierten Arbeiten entnommen worden.

9.2
Allgemeines

Atome bestehen aus dem Atomkern und der Elektronenhülle. Der Atomkern ist aus positiv geladenen Protonen und den neutralen Neutronen zusammengesetzt.

Wasseranalysen – richtig beurteilt, 4. Auflage. Walter Kölle.
© 2017 WILEY-VCH Verlag GmbH & Co. KGaA. Published 2017 by WILEY-VCH Verlag GmbH & Co. KGaA.

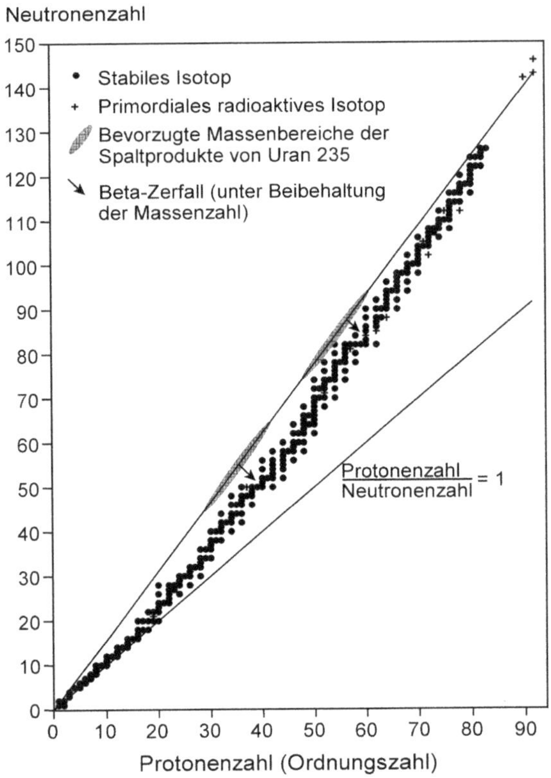

Abb. 9.1 Nuklidkarte.

Gemeinsam bezeichnet man Protonen und Neutronen auch als Nukleonen und die Kerne, die sie bilden, als Nuklide (wenn sie radioaktiv sind als Radionuklide). Atomkerne mit geringer Masse enthalten etwa gleich viele Protonen und Neutronen. Mit zunehmender Masse des Kerns verschiebt sich das Verhältnis zwischen Protonen und Neutronen immer mehr zugunsten der Neutronen. Der Kern des Urans wird beispielsweise von 92 Protonen und 146 oder (seltener) 143 Neutronen gebildet.

Die chemischen Elemente sind durch ihre Protonenzahl (Ordnungszahl) definiert. Kerne mit gleicher Protonen-, aber unterschiedlicher Neutronenzahl nennt man Isotope des betreffenden Elements. Die Summe von Protonen- und Neutronenzahl ist die Massenzahl. Die meisten Isotope der Elemente, welche die uns bekannte Materie bilden, sind stabil. Wenn man von allen natürlich vorkommenden Isotopen die Zahl der Neutronen und die der Protonen gegeneinander aufträgt, entsteht eine Darstellung entsprechend Abb. 9.1. Eine Darstellung der Nuklide, bei der die Protonenzahl auf der Ordinate und die Neutronenzahl auf der Abszisse aufgetragen sind, ist die klassische „Nuklidkarte".

Isotope, die nicht stabil sind, wandeln sich unter Energieabgabe in stabile Isotope um. Oft gelingt dies nicht in einem einzigen Schritt, sondern über eine oder mehrere radioaktive Zwischenprodukte hinweg. Die Energie, die dabei freigesetzt wird, wird in Form von Strahlung abgegeben:

- *Alphastrahlung* besteht aus Atomkernen der Massenzahl 4 (Atomkerne des Heliums). Diese Art der Strahlung kommt fast ausschließlich bei den natürlich radioaktiven Isotopen mit sehr hoher Massenzahl (Uran, Thorium und deren Zerfallsprodukten) vor. Bei der Aussendung eines Alphateilchens erniedrigt sich die Massenzahl um vier und die Ordnungszahl um zwei Einheiten.
- *Betastrahlung* bestehend aus energiereichen Elektronen. Diese Strahlung wird vor allem von radioaktiven Spaltprodukten, z. B. von denen des Uran-235, ausgesandt. Dabei entsteht aus einem Neutron ein Proton. Die Massenzahl bleibt daher konstant, während die Ordnungszahl um eine Einheit steigt.
- *Gammastrahlung* ist keine korpuskuläre, sondern elektromagnetische Strahlung mit sehr kleiner Wellenlänge. Sie kommt hauptsächlich in Verbindung mit den anderen Strahlenarten vor.

Die radioaktiven Isotope können folgendermaßen eingeteilt werden:

- primordiale Isotope. Sie existierten bereits bei der Bildung des Sonnensystems vor $4{,}6 \times 10^9$ Jahren. Hierzu zählen beispielsweise die Isotope des Urans und Thoriums sowie des Kalium-40. Ihr Zerfall verläuft so langsam, dass Reste von ihnen bis in die Gegenwart hinein überleben konnten;
- natürliche radioaktive Isotope, die durch die kosmische Höhenstrahlung in der Atmosphäre laufend neu gebildet werden, vor allem Wasserstoff-3 (Tritium) und Kohlenstoff-14;
- radioaktive Spaltprodukte, insbesondere von Uran-235 und Plutonium-239, sowie
- Aktivierungsprodukte und künstliche Radionuklide, die durch Bestrahlung (z. B. mit Neutronen) entstehen.

Der Zeitpunkt, an dem ein bestimmter Kern eines Radionuklids zerfällt, lässt sich nicht genau, sondern nur mit einer bestimmten Wahrscheinlichkeit vorhersagen. Eine größere Menge eines Radionuklids zerfällt nach einem Exponentialgesetz, wie es in Abschn. 1.4 diskutiert worden ist. Üblicherweise charakterisiert man Radionuklide nach ihrer Halbwertszeit. Es gibt sehr kurzlebige und sehr langlebige Isotope. Beispielsweise hat Beryllium-8 eine Halbwertszeit von 2×10^{-16} s und Selen-82 eine solche von ca. 10^{20} Jahren. Diese beiden Halbwertszeiten unterscheiden sich um 43 Zehnerpotenzen. Von einem Gramm Selen in seiner natürlichen Isotopenzusammensetzung zerfallen pro Jahr im Mittel ungefähr 4,6 Atomkerne.

Anmerkung
Im Zusammenhang mit der Radioaktivität sollte man sich von einer großen Zahl von Zehnerpotenzen nicht zu sehr beeindrucken lassen. Stabile Materie besitzt die Radioaktivität null und die Halbwertszeit unendlich. Die Anzahl von Zehnerpotenzen auf dieser Skala hat daher keine natürliche Grenze.

Für die Wasserversorgung sind extrem lange Halbwertszeiten uninteressant, weil die Anzahl der Zerfälle pro Massen- und Zeiteinheit gegen null tendiert. Ebenso sind extrem kurze Halbwertszeiten uninteressant, weil die Wahrscheinlichkeit, dass ein Nuklid lange genug überlebt, um einen Trinkwasserkunden zu erreichen, gegen null tendiert.

9.3 Radioaktive Spaltprodukte

Bei der Verschmelzung leichter Atomkerne und bei der Spaltung schwerer Kerne wird Energie freigesetzt. Der Grund dafür ist die Tatsache, dass die Kräfte, mit denen die Nukleonen im Kern gebunden sind, bei Kernen mittlerer Masse (etwa im Bereich des Eisens) am größten sind. Aus der Kernverschmelzung gewinnen die Fixsterne und die Sonne ihre Energie, ebenso die noch in Entwicklung befindlichen Fusionsreaktoren und die Wasserstoffbombe. Die Nukleartests mit Wasserstoffbomben in der Zeit ab 1953 führten zu einem Anstieg der Tritiumaktivität in der Atmosphäre, die nach dem Verbot für Atomwaffentests in der Atmosphäre im Jahr 1962 ein Maximum in den Jahren 1963/64 erreichte. Dieses Maximum lag um einen Faktor von mehr als 300 über dem natürlichen Hintergrundwert. Mithilfe des in Wassermoleküle eingebauten Tritiums kann man das damals versickerte Wasser in Grundwasserleitern lokalisieren.

Zur Kernspaltung eignen sich die Isotope Uran-235, das in natürlichem Uran mit einem Anteil von ca. 0,7 % vorkommt, Plutonium-239, das in Kernreaktoren aus Uran-238 „erbrütet" wird, sowie Uran-233, das aus Thorium-232 erbrütet wird. Die Spaltung solcher Kerne wird durch Neutronen ausgelöst. Dabei entstehen wiederum Neutronen, die weitere Spaltungen auslösen können und dadurch den Spaltungsprozess als Kettenreaktion in Gang halten. Als Spaltprodukte entstehen Nuklide geringerer Masse. Das Verhältnis von Neutronen zu Protonen in diesen Kernen entspricht ungefähr dem im Ausgangskern. Die Spaltprodukte müssen demnach in der Nuklidkarte durch Punkte gekennzeichnet sein, die in Abb. 9.1 in der Nähe der steileren Linie liegen. Diese Linie wurde so gezeichnet, dass sie für Uran-235 gilt. Die beiden entstehenden Kernbruchstücke sind nur im Ausnahmefall gleich groß. Die Mehrzahl der Bruchstücke besitzt ungleiche Massen. Die Schwerpunkte liegen bei den Massenzahlen 95 und 140. Sie sind in Abb. 9.1 besonders gekennzeichnet.

Die Spaltprodukte sind ausnahmslos radioaktiv. Im Vergleich zu anderen Kernen gleicher Masse enthalten sie zu viel Neutronen bzw. zu wenig Protonen. Diese Nuklide sind daher Betastrahler, von denen einige auch Gammastrahlung aussenden. Der Betazerfall führt dazu, dass die Nuklide auf der Nuklidkarte entlang der eingezeichneten Pfeile so lange wandern, bis sie sich in einen der eingezeichneten stabilen Kerne umgewandelt haben.

Im Moment der Kernspaltung wird Energie freigesetzt, die in umgebender Materie als Wärme in Erscheinung tritt und beispielsweise in einem Kernkraftwerk der Stromerzeugung dienen kann. Wird in einem Kernreaktor der Neutronenfluss unterbunden, bricht die Kettenreaktion ab. Wärme („Nachzerfallswärme") wird dann trotzdem noch produziert, vor allem durch den Zerfall von Spaltprodukten und überschweren Elementen („Transuranen"), die sich zuvor gebildet hatten.

9.4 Aktivierungsprodukte, Tritium

Die Atomkerne von Materialien, die in einem Reaktor erhöhter Neutronenbestrahlung ausgesetzt sind, können Neutronen einfangen und dadurch radioaktive Nuklide bilden; sie werden „aktiviert". Unter diesem Blickwinkel ist es bemerkenswert, dass in der Mehrzahl der zur Energiegewinnung genutzten Reaktoren das Wasser zentrale Funktionen ausübt: Es ist das Medium, das die Neutronen auf eine für die Erhaltung der Kettenreaktion optimale Geschwindigkeit abbremst („Moderator"), und gleichzeitig das Medium für die Wärmeübertragung bzw. die Kühlung. Offenbar entstehen bei der Neutronenbestrahlung von Wasser keine Aktivierungsprodukte, die einer Verwendung von Wasser in Reaktoren entgegenstehen würden. Dies kann auf die folgenden Gründe zurückgeführt werden:

- Die im Wasser insgesamt vertretenen Nuklide zeigen nur eine sehr geringe Tendenz, Neutronen einzufangen und dabei Aktivierungsprodukte zu bilden.
- Wenn die Nuklide des Wassers trotzdem Neutronen einfangen und dabei Aktivierungsprodukte bilden, sind sie z. T. so kurzlebig, dass sie keine Gefahr darstellen.
- Wenn ein Radionuklid mit längerer Halbwertszeit entsteht, ist die Energie seiner Strahlung so gering, dass es vergleichsweise ungefährlich ist. Dieser Fall trifft auf das Tritium zu.

Tritium hat eine Halbwertszeit von 12,4 Jahren. Es ist ein reiner Betastrahler, der sich in Helium-3 umwandelt. Die Strahlung von Tritium ist so energiearm („weich"), dass sie in Wasser bereits nach einer Weglänge von 0,005 mm absorbiert wird. Wendet man auf das Tritium Maßeinheiten an, in denen neben der Aktivität (radioaktive Zerfälle pro Zeiteinheit) auch die Energie der Strahlung berücksichtigt wird, resultieren vergleichsweise niedrige Dosiswerte bzw. hohe Toleranzwerte. Um zu verhindern, dass diese Werte im Trinkwasser überschritten werden, ist Tritium mit einem Grenzwert in Höhe von 100 Bq/l belegt worden.

9.5 Maßeinheiten

Die Zahl der pro Zeiteinheit stattfindenden Kernumwandlungen (Zerfälle) ist die „Radioaktivität" oder einfach „Aktivität" eines strahlenden Materials. Die Aktivität wird in der Einheit *Becquerel* (Bq) gemessen. Sie gibt die Zahl der Zerfälle je Sekunde an und hat daher die Dimension s^{-1}. In der Regel wird die Aktivität als spezifische Einheit verwendet und beispielsweise auf eine Fläche (z. B. eine kontaminierte Dachfläche), auf ein Volumen (z. B. Wasser) oder eine Masse (z. B. Trockenmasse eines Aufbereitungsschlammes) bezogen. Wegen der großen Zahl an Zehnerpotenzen, über die sich Aktivitäten erstrecken können, werden entsprechende Dezimal-Vorsilben benutzt (siehe Abschn. 1.2).

Die alte Einheit der Aktivität ist das Curie (Ci). Diese Einheit entspricht der Zerfallsrate von 1 g Radium-226, dies sind $3{,}7 \times 10^{10}$ Zerfälle pro Sekunde = $3{,}7 \times 10^{10}$ Bq.

Jeder radioaktive Strahl transportiert Energie. Wird diese Energie von Materie aufgenommen (absorbiert), wird diese um einen bestimmten Betrag erwärmt (in der Sprache der Physik wird eine Arbeit verrichtet, die als Wärmemenge in Erscheinung tritt). Da der Temperaturanstieg von der Masse der absorbierenden Materie abhängt, ist es sinnvoll, für die Einwirkung von Strahlung auf Materie eine massebezogene Einheit, die Energiedosis, zu verwenden. Die Einheit der Energiedosis ist das Joule (Wattsekunde) pro Kilogramm (J/kg). In der Radioaktivitätsmesstechnik wird diese Einheit *Gray* (Gy) genannt. Die alte Einheit für die Energiedosis war das Rad (rd). Dabei gilt: 1 Gy = 100 rd.

Mit der Einheit für die Äquivalentdosis *Sievert* (Sv) wird die unterschiedliche biologische Wirksamkeit der verschiedenen Strahlenarten berücksichtigt. Dies geschieht – ausgehend von der Einheit Gray – mit einem dimensionslosen Bewertungsfaktor. Es gilt: Äquivalentdosis (Sv) = Energiedosis (Gy) × Bewertungsfaktor. Für Beta- und Gammastrahlung ist der Bewertungsfaktor = 1, für Alphastrahlung = 20.

Die frühere Einheit der Äquivalentdosis ist das Rem (rem). Es gilt: 1 Sv = 100 rem.

Die Äquivalentdosis ist die Grundlage für die Abschätzung von Strahlenrisiken, denen ein Mensch oder bestimmte Organe des Menschen oder andere biologische oder ökologische Systeme ausgesetzt sind. Die in der Zeiteinheit vom Menschen aufgenommene Äquivalentdosis ist die Äquivalentdosisleistung. Diese entspricht der „Richtdosis" (in mSv/a) in der Trinkwasserverordnung. Tabelle 9.1 gibt einen Überblick über die aktuell geltenden Einheiten und deren Definition.

Tab. 9.1 Dosimetrische Größen und Einheiten (in Anlehnung an das Skriptum „Gammastrahlungsdosis- und Dosisleistungsbestimmung" des Instituts für Energietechnik der Technischen Universität Dresden).

Größe	Definition	Gesetzliche Einheit
Aktivität	Anzahl radioaktiver Umwandlungen pro Zeiteinheit	Bequerel 1 Bq = 1 s^{-1}
Energiedosis	gesamte in einem Masseelement absorbierte Strahlungsenergie geteilt durch diese Masseeinheit	Gray 1 Gy = 1 J/kg
Äquivalentdosis	Energiedosis multipliziert mit dem dimensionslosen Strahlungswichtungsfaktor der vorliegenden Strahlungsart	Sievert 1 Sv
Energiedosisleistung	Energiedosis pro Zeiteinheit	Gy/s
Äquivalentdosisleistung	Äquivalentdosis pro Zeiteinheit	Sv/s (mSv/a)

9.6 Daten

Angaben zum Vorkommen natürlicher Radionuklide enthält Tab. 9.2. Beim Vergleich der hier aufgeführten Tritiumaktivitäten mit dem von der EG festgelegten Grenzwert ist zu berücksichtigen, dass sich die jeweils verwendeten Einheiten um den Faktor 10^3 unterscheiden.

Zur Beurteilung der Strahlenbelastung, der ein Mensch ausgesetzt ist, kann es hilfreich sein, die Strahlendosen (in Millisievert bzw. in Millisievert pro Jahr, mSv bzw. mSv/a) zu kennen, die entsprechend den Angaben des Bundesamtes für Strahlenschutz von verschiedenen Quellen ausgehen:

0,3 mSv/a: radioaktive Komponenten des menschlichen Körpers (hauptsächlich Kalium-40);
2,1 mSv/a: mittlere Strahlenexposition in Deutschland durch natürliche Quellen, z. B. Radon (Schwankungsbereich zwischen 1 und 10 mSv pro Jahr);
2,0 mSv/a: mittlere zivilisatorische Strahlenexposition durch medizinische und technische Anwendungen;
0,01–0,03 mSv: Dosis einer Röntgenaufnahme des Brustkorbs;
0,03–0,07 mSv: Dosis eines Linienflugs Frankfurt–New York;
0,3 mSv: Jahresgrenzwert am Zaun des Zwischenlagers in Gorleben;
20 mSv: maximal zulässige Jahresdosis eines AKW-Mitarbeiters;
250 mSv: maximal zulässige Dosis eines Retters bei einem AKW-Unfall wie in Fukushima;
1000 mSv: Eintreten akuter Strahleneffekte.

Tab. 9.2 Konzentrationsbereiche natürlicher Radionuklide in verschiedenen Wasservorkommen in mBq/l = Bq/m^3 (nach dem DVGW-Merkblatt W 253).

Nuklid	Niederschlag	Oberflächenwasser	Grundwasser	Trinkwasser
Tritium	400–750	40–400	40–400	20–70
Kalium-40	4–75	40–2000	4–400	4–400
Uran-238	–	0,6–40	1–200	0,4
Radium-226	–	0,4–75	4–400	2–400
Radon-222	bis 4×10^6	2–30	bis 4×10^5	bis 4×10^4
Blei-210	20–70	2–70	2	0,7–2
Polonium-210	4–40	–	0,4–2	0,4
Thorium-232	–	0,04–0,4	0,4–70	< 1

9.7 Erfahrungen

Der Reaktorunfall von Tschernobyl hat einige Schwachstellen beim Verständnis radiologischer Zusammenhänge aufgezeigt. Vielfach waren weder die Maßeinheiten ausreichend bekannt, noch konnten Messergebnisse vernünftig beurteilt werden. Öffentlichkeit und Medien haben Erwartungshaltungen geäußert und Forderungen gestellt, die zum Teil unsachgemäß waren. Wenn durch unsachgemäße oder unnötige Messungen wertvolle Messkapazität blockiert wird, sind solche Forderungen ausgesprochen kontraproduktiv. Es ist dringend zu empfehlen, dass sich die Verantwortlichen über einige Fakten Klarheit verschaffen:

- In welchen Größenordnungen bewegen sich Messwerte überhaupt, insbesondere diejenigen für die natürliche Hintergrundstrahlung?
- Welche Mechanismen (Verdünnung, Migration, Adsorption …) diktieren die Verteilung von Kontaminationen in den vom Unternehmen genutzten Rohwässern? Hierzu schreibt der DVGW im Merkblatt W 253: „Es wird generell empfohlen, für die einzelnen Wasservorkommen einer Wasserversorgung den zu erwartenden Kontaminationsgrad für die denkbaren Ursachen einer radioaktiven Kontamination vorsorglich abzuschätzen. Hierbei sollten für die hydrologischen und geologischen Aspekte entsprechende Fachleute herangezogen werden. Die Ergebnisse solcher Abschätzungen sind nicht allein für radioaktive Stoffe verwertbar, sondern auch für andere Schadstoffe."
- Welche betrieblichen Maßnahmen stehen dem Unternehmen zur Verfügung, um eine Beeinträchtigung des Trinkwassers zu minimieren? Zu erwägen sind Eingriffe in die Trinkwasseraufbereitung oder der Verzicht auf besonders stark gefährdete Rohwässer.

9.8 Grenzwerte

Die Grenzwerte sowie nähere Angaben zur Ermittlung der Strahlenbelastung durch Trinkwasser sind in der dritten Verordnung zur Änderung der Trinkwasserverordnung vom 18. November 2015 enthalten.

In dieser Verordnung lautet der entscheidende Satz: „Trinkwasser darf keine Stoffe aufweisen, die ein oder mehrere Radionuklide enthalten, deren Aktivität oder Konzentration unter dem Gesichtspunkt des Strahlenschutzes nicht außer Acht gelassen werden kann. Diese Anforderung gilt als erfüllt, wenn die in Anlage 3a Teil I festgelegten Parameterwerte für radioaktive Stoffe nicht überschritten werden." In Tab. 9.3 sind diese Parameterwerte aufgelistet.

Die Parameterwerte für Radon-222 und Tritium sind in der Einheit Bq/l angegeben und entsprechen daher Konzentrationen. Die Richtdosis wird in mSv/a angegeben. Diese Einheit entspricht einer Äquivalentdosisleistung. Mit ihr wird die physiologische Wirkung der Strahlung berücksichtigt, die sehr stark von der

Tab. 9.3 Anlage 3a der Trinkwasserverordnung vom 18. November 2015: Anforderungen an Trinkwasser in Bezug auf radioaktive Stoffe, Teil I: Parameterwerte für Radon-222, Tritium und Richtdosis.

Laufende Nummer	Parameter	Parameterwert	Einheit
1	Radon-222	100	Bq/l
2	Tritium	100	Bq/l
3	Richtdosis	0,10	mSv/a

Art des Radionuklids abhängt. Zur Ermittlung der Richtdosis schreibt die Änderungsverordnung vom 18. November 2015 die folgende Vorgehensweise vor:

„Die Richtdosis wird anhand der gemessenen Radionuklidkonzentrationen und der im Bundesanzeiger (BAnz. Nr. 160a und Nr. 160b vom 28. August 2001) veröffentlichten Dosiskoeffizienten sowie einer jährlichen Aufnahme von 730 l Trinkwasser durch Multiplikation dieser drei Faktoren berechnet. Dabei sind grundsätzlich die in der nachfolgenden Tabelle aufgeführten Radionuklide zu berücksichtigen. Die Aktivitätskonzentrationen von K-40, Tritium und Radon-222 sowie kurzlebige Radon-Zerfallsprodukte bleiben unberücksichtigt. Wenn Informationen vorliegen, dass andere Radionuklide in dem Trinkwasser vorhanden sein können, deren Dosisbeitrag zu einer Überschreitung der Richtdosis führen kann, sind auch diese einzubeziehen.

Anstelle der Berechnung der Richtdosis kann die zuständige Behörde den Nachweis darüber, dass der Parameterwert für die Richtdosis nicht überschritten wird, als erbracht ansehen, wenn die Summe der Verhältniszahlen aus den gemessenen Radionuklidkonzentrationen und den in der [Tab. 9.4] angegebenen Referenz-Aktivitätskonzentrationen kleiner oder gleich 1 ist.“

„Anmerkung 1: Diese Tabelle enthält die für die häufigsten natürlichen und künstlichen Radionuklide berechneten Referenz-Aktivitätskonzentrationen. Hierbei handelt es sich um genaue Werte, die für eine Dosis von 0,1 mSv und anhand der zuvor genannten Grundlagen und Annahmen berechnet wurden. Die Referenz-Aktivitätskonzentrationen für weitere Radionuklide können auf die gleiche Weise berechnet werden.“

Die zweite Alternative zum Nachweis, dass der Parameterwert für die Richtdosis nicht überschritten wird, sei nachstehend mit einem Rechenbeispiel verdeutlicht:

Ein Wasser möge die folgenden Radionuklide enthalten: U-238: 1,2 Bc/l; Sr-90: 1,4 Bc/l; und Cs-134: 1,5 Bc/l. Daraus resultiert die folgende Kennzahl:

$$\frac{1{,}2}{3{,}0} + \frac{1{,}4}{4{,}9} + \frac{1{,}5}{7{,}2} = \mathbf{0{,}89}$$

Da das Ergebnis 0,89 kleiner als 1 ist, ist hiermit der Nachweis erbracht, dass der Parameterwert für die Richtdosis nicht überschritten wird.

Für die Durchführung, Umfang und Häufigkeit der Untersuchungen sei auf Teil III des Gesetzestextes verwiesen.

Tab. 9.4 Referenzaktivitätskonzentrationen für radioaktive Stoffe im Trinkwasser.

Laufende Nummer	Radionuklid	Referenzaktivitäts-konzentration (Bq/l)
Radionuklide natürlichen Ursprungs		
1	U-238	3,0
2	U-234	2,8
3	Ra-226	0,5
4	Ra-228	0,2
5	Pb-210	0,2
6	Po-210	0,1
Radionuklide künstlichen Ursprungs		
7	C-14	240
8	Sr-90	4,9
9	Pu-239/Pu-240	0,6
10	Am-241	0,7
11	Co-60	40
12	Cs-134	7,2
13	Cs-137	11
14	I-131	6,2

Vorgeschichte: Schon nach §3 der Trinkwasserverordnung vom Januar 1975 galt eine pauschale Forderung mit dem folgenden Wortlaut: „Andere als die in Anlage 1 aufgeführten Stoffe und radioaktive Stoffe darf das Trinkwasser nicht in solchen Konzentrationen enthalten, bei denen feststeht, dass sie in diesen Konzentrationen bei Dauergenuss gesundheitsschädlich sind." In den Fassungen der Trinkwasserverordnung vom Mai 1986 und vom Dezember 1990 lautet die entsprechende Formulierung: „Andere als die in Anlage 2 aufgeführten Stoffe und radioaktive Stoffe darf das Trinkwasser nicht in solchen Konzentrationen enthalten, die geeignet sind, die menschliche Gesundheit zu schädigen." Für die beiden genannten Fassungen der Trinkwasserverordnung galt außerdem: „Die zuständige Behörde kann anordnen, dass der Unternehmer oder sonstige Inhaber einer Wasserversorgungsanlage [...] die physikalischen, physikalisch-chemischen und chemischen Untersuchungen auf gesundheitsschädliche radioaktive Stoffe auszudehnen oder ausdehnen zu lassen hat." Die EG-Trinkwasserrichtlinie vom November 1998 nannte für Radioaktivitätsparameter erstmals Grenzwerte. Sie sind mit der Trinkwasserverordnung vom Mai 2001 praktisch unverändert in deutsches Recht umgesetzt worden. Trinkwasserverordnung vom Mai 2011: Tritium: 100 Bq/l (Indikatorparameter); Gesamtrichtdosis: 0,1 mSv/a (Indikatorparameter).

9.9 Gefährdungssituation in der Bundesrepublik

Bisherige Erfahrungen mit der Bestimmung der Gesamtrichtdosis zeigten im Rahmen eines DVGW-Forschungsprojektes, dass in der Bundesrepublik nur bei sehr wenigen Trink- und Mineralwässern der Grenzwert Gesamtrichtdosis überschritten wurde (Wisser *et al.*, 2007).

Das Bundesamt für Strahlenschutz (BfS) hat eine aktuelle Studie zur Strahlenexposition vorgelegt (BfS, 2009). Die Studie kommt u. a. zu folgendem Ergebnis:

Insgesamt liegt die Strahlenexposition durch natürliche Radionuklide über den Trinkwasserkonsum deutlich unterhalb der natürlichen Strahlenexposition durch sonstige Nahrungsmittel, kosmische und terrestrische Strahlung. Darüber hinaus ist die Exposition über medizinische Behandlungen ebenfalls um ein Vielfaches höher als über den Trinkwasserpfad.

10
Chronik der gesetzlichen Rahmenbedingungen

Zur Beurteilung von Wasseranalysen gehört auch eine Vorstellung davon, wie die gesetzlichen Rahmenbedingungen aussehen bzw. ausgesehen haben, die jeweils berücksichtigt werden müssen bzw. mussten. Die Regeln und Rechtsnormen für Trinkwasser sind seit über Hundert Jahren in einer laufenden Entwicklung begriffen. Diese Entwicklung wurde von Bernhardt (1987a,b); Schumacher (1991) und zahlreichen anderen Autoren ausführlich geschildert. Im Folgenden wird die Gesetzgebung unter chronologischen Gesichtspunkten kurz skizziert, wobei deren Auswirkung auf die Parameterlisten im Vordergrund steht. Diese Ausführungen sollen nur zu einer besseren Orientierung in qualitativen Fragen verhelfen, für Detailinformationen muss auf die Originaltexte, auf die zitierten Arbeiten und auf die Stellungnahmen der Fachverbände verwiesen werden. Die Originaltexte der jeweils aktuellen Trinkwasserverordnung sind beispielsweise in den Kommentarbänden zur Trinkwasserverordnung (Erich Schmidt Verlag, Berlin) und im Internet verfügbar.

In Tab. 10.1 auf der Website („VERSCHIEDENES\TABELLEN") sind die Trinkwassergrenzwerte für chemische Stoffe entsprechend den einzelnen Fassungen der Trinkwasserverordnung und der EG-Richtlinie aufgelistet. Dadurch wird (unter Verzicht auf Detailinformationen) die Entwicklung der Grenzwerte über einen Zeitraum von ca. 26 Jahren deutlich.

10.1
Rechtlicher Rahmen

Der rechtliche Rahmen, in dem sich die Trinkwassergesetzgebung bewegt, kann in groben Zügen folgendermaßen dargestellt werden:

Wasseranalysen – richtig beurteilt, 4. Auflage. Walter Kölle.
© 2017 WILEY-VCH Verlag GmbH & Co. KGaA. Published 2017 by WILEY-VCH Verlag GmbH & Co. KGaA.

Rang	Beispiel	Organ
Gesetz	Bundesseuchengesetz	Bundestag
nachgeschaltet:		
Rechtsverordnung	Trinkwasserverordnung	Bundesminister
nachgeschaltet:		
Ausführungsbestimmungen	Runderlasse	Landesminister
nachgeschaltet:		
Kommentare, techn. Regeln	Zeitschriften, Normen	Juristen, Verbände, DIN

Eine Rechtsverordnung setzt eine Ermächtigung durch das vorgeschaltete Gesetz voraus. Die Ermächtigung des Bundesseuchengesetzes vom 18. Juli 1961 im Hinblick auf die nachgeschaltete Rechtsverordnung lautet in §11: „Der Bundesminister des Inneren bestimmt durch Rechtsverordnung mit Zustimmung des Bundesrates, welche Eigenschaften das in Absatz 1 bezeichnete Wasser aufweisen muss, um der Vorschrift des Absatzes 1 zu entsprechen."

Die Europäischen Trinkwasserrichtlinien greifen in dieses System auf der Ebene der Trinkwasserverordnung ein. Da weder die Europäische Trinkwasserrichtlinie noch die Trinkwasserverordnung Gesetzesrang haben, müssen für die Trinkwasserverordnung im Bedarfsfall geeignete Ermächtigungen in anderen Gesetzen gesucht werden. Dieser Fall ist erstmals durch die Europäische Trinkwasserrichtlinie vom Juli 1980 ausgelöst worden. Für die Umsetzung der Richtlinie in deutsches Recht war die Tatsache zu berücksichtigen, dass zahlreiche Parameter einzubeziehen waren, die keine gesundheitliche Bedeutung haben. Hierfür reichte die Ermächtigung durch das Bundesseuchengesetz nicht mehr aus. Als zusätzliches Gesetz musste das Lebensmittel- und Bedarfsgegenständegesetz vom 15. August 1974 herangezogen werden. Im juristischen Sprachgebrauch bedeutet dies: Die resultierende Fassung der Trinkwasserverordnung vom Mai 1986 wird *aufgrund* der beiden genannten Gesetze verordnet und *dient* der Umsetzung der Trinkwasserrichtlinie vom Juli 1980.

Die Trinkwasserverordnung vom 28. Mai 2001 basiert auf dem Infektionsschutzgesetz vom 20. Juli 2000 und dem Lebensmittel- und Bedarfsgegenständegesetz in der Fassung vom 09. September 1997. Davon unabhängig dient diese Novelle der Trinkwasserverordnung der Umsetzung der Europäischen Trinkwasserrichtlinie vom 03. November 1998 in deutsches Recht.

Für jede Fassung der Trinkwasserverordnung existieren in der Regel drei Termine: Beschlusstermin (Verabschiedung im Bundesrat), Termin der Ausgabe im Bundesgesetzblatt („Verkündigung") und der Termin des Inkrafttretens („Inkraftsetzung"). Für einzelne Parameter galten und gelten terminliche Sonderbestimmungen. Ein Gesetz bzw. eine Verordnung wird häufig mit dem Datum zitiert, an dem die Ausgabe im Bundesgesetzblatt erfolgte.

10.2 Entwicklung

Vor 1975

Vor 1975 galten insbesondere die folgenden Gesetze und Technischen Regeln: Das Reichsseuchengesetz (30. Juni 1900), die Leitsätze für die Zentrale Trinkwasserversorgung (DIN 2000, erste Fassung Anfang der 1940er-Jahre), die Trinkwasseraufbereitungsverordnung (Dezember 1959) und das Bundesseuchengesetz (Juli 1961).

Die Praxis sah so aus, dass die zur Aufrechterhaltung der Trinkwasserhygiene erforderlichen Untersuchungen überwiegend von den Überwachungsbehörden (Gesundheits- und Medizinaluntersuchungsämtern) durchgeführt wurden. Von den Versorgungsunternehmen wurden die Untersuchungen ergänzt durch Analysen, die im Eigeninteresse lagen und deren Parameter hauptsächlich von der Art des Rohwassers und von der Aufbereitungstechnik abhingen.

DIN 2000 – Zentrale Trinkwasserversorgung. Fachnormenausschuss Wasser im Deutschen Institut für Normung e. V., Beuth Verlag, 1973

Die Angaben der DIN 2000 sind weder quantifiziert noch justiziabel. Sie verraten aber sehr viel über die Philosophie, die der Trinkwasserversorgung zugrunde liegt. Die folgenden Ausführungen zur DIN 2000 werden nach Bernhardt (1987a) zitiert.

Die DIN 2000 erläutert die „Güteanforderungen an das abzugebende Trinkwasser“ an den „Eigenschaften eines aus genügender Tiefe und aus ausreichend filtrierenden Schichten gewonnenen Grundwassers von einwandfreier Beschaffenheit, das dem natürlichen Wasserkreislauf entnommen und in keiner Weise beeinträchtigt wurde“.

Damit wird ein Maßstab gesetzt, an dem sich die Qualität von Trinkwasser zu orientieren hat. Wesentliche Aussage ist, dass es sich hierbei um ein Wasser handeln soll, das naturbelassen ist.

Die in der DIN 2000 zur Konkretisierung dieses Anspruchs formulierten Güteanforderungen werden allerdings nicht in Form von Zahlenwerten, sondern in fünf Leitsätzen erläutert:

- Trinkwasser muss frei sein von Krankheitserregern und darf keine gesundheitsschädigenden Eigenschaften haben.
- Trinkwasser soll keimarm sein.
- Trinkwasser soll appetitlich sein und zum Genuss anregen, es soll farblos, klar, kühl, geruchlos und geschmacklich einwandfrei sein.
- Der Gehalt an gelösten Stoffen soll sich in Grenzen halten.
- Das Trinkwasser und die damit in Berührung stehenden Werkstoffe sollen so aufeinander abgestimmt sein, dass keine Korrosionsschäden hervorgerufen werden.

Der sechste Leitsatz umreißt Anforderungen an die Trinkwasserversorgung:

- Trinkwasser soll an der Übergabestelle in genügender Menge und in ausreichendem Druck zur Verfügung stehen.

Die Leitsätze, die jeweils erläutert sind, umreißen die Eigenschaften, denen Trinkwasser genügen soll. Sie stellen demnach eine „Positiv-Definition“ dar, allerdings ohne eine Quantifizierung.

Sontheimer (1976) nennt 1976 in Ergänzung zu den Leitsätzen der DIN 2000 folgende Eigenschaften:

- Trinkwasser sollte praktisch frei von Trübstoffen und Kolloiden sein.

Ein solches Wasser ist normalerweise auch mikrobiologisch einwandfrei, denn Mikroorganismen und Viren sind häufig an Trübstoffen und Kolloiden fixiert. Auch wird durch Trübstoffe und Kolloide die Wirkung der Desinfektion beeinträchtigt.

- Es sollte einen Mindestgehalt an anorganisch gebundenem Kohlenstoff von ca. 0,3 mmol/l aufweisen.
- Es sollte sich im chemischen Gleichgewicht mit den wichtigsten schwer löslichen Bodenmineralien und mit Calciumcarbonat bei gleichzeitiger Anwesenheit von Sauerstoff, d. h. ausreichend hoher Redoxspannung, befinden.

Daraus resultiert ein entsprechender Mindestgehalt an Salzen und Härtebildnern. Eisen, Mangan und Ammonium liegen unter diesen Bedingungen nur in unbedeutenden Konzentrationen vor.

Kleine Trinkwasseranalyse – hygienisch-chemische Trinkwasseruntersuchung (Ermittlung der Verschmutzungsindikatoren) nach Höll (1986)

Bestandteile der kleinen Trinkwasseranalyse waren die folgenden Parameter:

Ammonium	Phosphat
Nitrit	pH-Wert
Nitrat	Chlorid
Kaliumpermanganatverbrauch	Sulfat
Chlorzahl	Urochrom

Die kleine hygienisch-chemische Analyse konnte sich über Jahrzehnte hindurch bis zum Inkrafttreten der ersten Fassung der Trinkwasserverordnung vom 31. Januar 1975 und – parallel zur Geltung der Trinkwasserverordnung – weit über den Zeitpunkt ihres Inkrafttretens hinaus halten.

Die folgenden Angaben wurden Analysenblättern eines staatlichen Medizinaluntersuchungsamtes entnommen.

„Kleine hygienisch-chemische Analyse“

Diese Art der Untersuchung beschränkte sich nicht nur auf die chemischen Verschmutzungsfaktoren. Zum Parameterumfang gehörten auch die bakteriologischen Untersuchungen sowie Eisen, Mangan und das „aggressive CO_2", das anhand der Tillmans-Kurve oder durch den Heyer-Versuch bestimmt wurde:

„Bakteriologischer Befund": *Bacterium coli* und Keimzahl; das Auftreten peptonisierender Bakterien wurde gesondert erwähnt.

„Hygienisch-chemischer Befund" (Angaben in mg/l):

Kaliumpermanganatverbrauch	Nitrit
Chloride	Nitrat
Eisen	Phosphat
Mangan	pH-Wert
Ammoniak	aggressives CO_2

Bei der Beurteilung war anzukreuzen: Die Wasserprobe ist bakteriologisch einwandfrei/Die Wasserprobe ist hygienisch-chemisch einwandfrei/Die Wasserprobe ist zu beanstanden wegen: zu hoher Keimzahl/des Kolititers/der peptonisierenden Bakterien.

Aus heutiger Sicht empfindet man es als mutig, ein Wasser auf der Basis einer solchen Analyse als einwandfrei zu bezeichnen, und dies umso mehr, als der Analysenumfang keineswegs immer vollständig abgearbeitet wurde. Zu erklären ist dieser Mut dadurch, dass man deutlich mehr als heute gewillt (und z. T. wohl auch gezwungen) war, das Wasser als Naturprodukt zu akzeptieren. Es genügte der Nachweis, dass keine Fäkalverunreinigung und damit auch keine Seuchengefahr besteht, dass keine Epidemien aufgrund des aggressiven Verhaltens des Wassers gegenüber Blei zu besorgen sind und dass Störungen durch Eisen und Mangan ausgeschlossen werden können. Aus besonderen Anlässen, beispielsweise bei der Planung oder Inbetriebnahme neuer Anlagenteile, wurden ausführlichere Analysen durchgeführt.

Ausführliche Analyse (1948)

I.	allgemeiner Befund	
	Aussehen	Geruch
	Sonstiges	
II.	Bakteriologischer Befund	
	Keimzahl 21 °C	desgleichen 37 °C
	Bacterium coli 46 °C	nachweisbar in … ccm
	Plankton, Sonstiges	
III.	chemischer Befund	mg/l
	Lackmusreaktion	Permanganatverbrauch
	pH-Wert	Chloride
	Deutsche Härtegrade	Ammoniak
	Karbonathärte	Nitrite
	bleibende Härte	Nitrate
	aggressive Kohlensäure	Phosphate
	freie Kohlensäure	Sulfate
	freies Chlor	Eisen
		Mangan

Ausführliche Analyse (1966)

Konzentrationsangaben in mg/l bzw. in °dH.

Physikalisch-chemischer Befund:

Temperatur (°C)	Gesamthärte
Aussehen	Karbonathärte
Geruch	bleibende Härte
Geschmack	Kalziumoxid
Bodensatz	Magnesiumoxid
Abdampfrückstand (105 °C)	Schwefeleisen
Glührückstand	Eisen gesamt
Glühverlust	im Filtrat
Lackmusreaktion	belüftet und filtriert
$KMnO_4$-Verbrauch (organische Substanz)	Mangan gesamt
unfiltriert	im Filtrat
filtriert	Sulfate
pH-Wert	Chloride
freie Kohlensäure	als Kochsalz berechnet
gebundene Kohlensäure	
zugehörige Kohlensäure	Kieselsäure
aggressives CO_2 errechnet	Blei
aggressives CO_2 nach Heyer	Ammoniak
freies Chlor	Nitrit
Schwefelwasserstoff	Nitrat
Sauerstoffgehalt	Phosphat
Sauerstoffverbrauch	Kohlenwasserstoffe
Sauerstoffzehrung	

Bakteriologischer Befund:

Keimzahl in 1 ccm Wasser nach 48 h bei 22 °C
Bacterium coli bei 46 °C
Plankton, Sonstiges

1975

Verordnung über Trinkwasser und über Brauchwasser für Lebensmittelbetriebe (Trinkwasserverordnung), Verabschiedung: 31.01.1975, Ausgabe: 15.02.1975, Inkraftsetzung: 15.02.1976, BGBl I, S. 453–461 und 679

Diese erste Fassung der Trinkwasserverordnung stützt sich ausschließlich auf das Bundesseuchengesetz vom 18.07.1961 und enthält daher nur gesundheitlich unmittelbar relevante Forderungen.

Bakteriologische Forderungen (Untersuchungshäufigkeit entsprechend Wasserdurchsatz):

- in 100 ml kein *Escherichia coli* (Grenzwert),
- in 100 ml keine coliformen Keime (Richtwert),
- in 1 ml Koloniezahl bis 100 (Richtwert),
- in 1 ml desinfiziertem Wasser Koloniezahl 20 (Richtwert),

- Restgehalt Chlor nach abgeschlossener Aufbereitung wenn desinfiziert werden muss: 0,1 mg/l freies Chlor, Messung täglich;
- *E. coli* und coliforme Keime: Flüssiganreicherung oder Membranfiltration; Koloniezahl: Plattengusskulturen, Auszählen: Lupe 6–8×; Bebrütungstemperatur: 20 ± 2 °C, 44 ± 4 h.

Anlage 1: Chemische Forderungen (eine Untersuchung pro Jahr), Angaben in mg/l:

1	Arsen	0,04	7	Nitrat	90
2	Blei	0,04	8	Quecksilber	0,004
3	Cadmium	0,006	9	Selen	0,008
4	Chrom	0,05	10	Sulfat	240[a)]
5	Cyanid	0,05	11	Zink	2
6	Fluorid	1,5	12	PAK	0,000 25

a) Ausgenommen bei Wässern aus calciumsulfathaltigem Untergrund.

Es gilt die pauschale Zusatzforderung: „Andere als die in der Anlage 1 aufgeführten Stoffe und radioaktive Stoffe darf das Trinkwasser nicht in solchen Konzentrationen enthalten, bei denen feststeht, daß sie in diesen Konzentrationen bei Dauergenuß gesundheitsschädlich sind." In den Novellen der Trinkwasserverordnung von 1986 und 1990 blieb diese Forderung mit der folgenden Formulierung erhalten: „Andere als die in Anlage 2 aufgeführten Stoffe und radioaktive Stoffe darf das Trinkwasser nicht in solchen Konzentrationen enthalten, die geeignet sind, die menschliche Gesundheit zu schädigen."

1979

Empfehlung des Bundesgesundheitsamtes zum Problem „Trihalogenmethane im Trinkwasser", Bundesgesundheitsblatt 22 (1979) 102

Das Bundesgesundheitsamt hielt in Abwägung der seuchenhygienischen Risiken sowie unter Berücksichtigung eines eventuellen Krebsrisikos einen Jahresmittelwert von 25 µg/l als Summe für alle Trihalogenmethane im Trinkwasser für vertretbar. Es galt die Zielvorgabe, diese Höchstmenge durch Ausweichen auf geringer belastete Wasservorkommen sowie durch wirtschaftlich vertretbare Wasseraufbereitungstechniken nach Möglichkeit zu unterschreiten.

Im internationalen Vergleich galt ein Jahresmittelwert von 25 µg/l als niedrig. Dies trifft vor allem auch im Vergleich mit den USA zu, wo das Trinkwasser vor allem aus Oberflächengewässern gewonnen wird und ein Grenzwert von 100 µg/l einzuhalten war.

1980

Verordnung zur Änderung der Trinkwasserverordnung und der Verordnung über Tafelwässer vom 25. Juni 1980, BGBl I, S. 764–769

Die Novelle beschränkt sich auf die folgenden Änderungen:

Bei den bakteriologischen Bestimmungen wurden die folgenden Parameter für Sonderuntersuchungen aufgenommen: Fäkalstreptokokken, *Pseudomonas aeruginosa* und Sulfit reduzierende, Sporen bildende Anaerobier.

Die Koloniezahl kann bei einer Bebrütungstemperatur von 20 ± 2 °C und einer Bebrütungsdauer von 44 ± 4 h **oder** bei 37 ± 1 °C und 20 ± 4 h bestimmt werden.

1980

Richtlinie des Rates vom 16. Juli 1980 über die Qualität von Wasser für den menschlichen Gebrauch (EEC 80/778); Amtsblatt der Europäischen Gemeinschaften Nr. L 229/11–29 vom 30.08.1980

Die Richtlinie stützte sich auf den Abbau von Handelshemmnissen, ein Argument, das bei der Formulierung der Mehrzahl der europäischen Gesetze Pate gestanden hat. Schon das Argument als solches stieß auf wenig Verständnis. Darüber hinaus wurde es zu einer maßlosen Überregulierung mit über 60 Parametern missbraucht. Nicht ohne Grund dauerte die Bearbeitung der Richtlinie fünf Jahre, ihre Umsetzung in deutsches Recht weitere sechs Jahre und die Formulierung einer Fassung, die vor der Kommission der Europäischen Gemeinschaften Bestand hatte, noch einmal fast fünf Jahre.

Für den Fall einer Wasserenthärtung wurden eine Mindestkonzentration an Erdalkalien und ein Mindestwert für die Säurekapazität bis pH 4,3 neu eingeführt.

Für die Umsetzung der Richtlinie haben sich unter anderem die folgenden Fragen als problematisch erwiesen:

- Die Parameterwerte wurden aufgeteilt in eine „Richtzahl“ und eine „zulässige Höchstkonzentration“. Welche regulierende Funktion soll eine „Richtzahl“ ausüben?
- Welche Konsequenzen ergeben sich aus Gewässerbelastungen, die durch Dritte verursacht werden?
- Wie ist mit Parametern umzugehen, für die, wie im Falle der Pflanzenbehandlungsmittel, noch keine Analysenmethoden existieren?
- Wie ist mit Parametern umzugehen, deren Untersuchung aufwendig, umwelt- und gesundheitsschädlich und im Hinblick auf den Informationsgewinn wertlos ist? Sind auch solche Stoffe zu analysieren, die (z. B. aufgrund des Alters des Wassers) aus Gründen der Logik nicht vorhanden sein können?

Im Vorfeld der anstehenden Novellierung der Trinkwasserrichtlinie und der Trinkwasserverordnung beklagt Schmitz (1990) die unsinnige Bürokratie der EG. Das Nebeneinander von Grenzwerten, Richtwerten und Vorsorgewerten könne zu einem Vertrauensverlust beim Kunden führen.

Die Aufteilung der Parameterwerte in eine „Richtzahl“ und eine „zulässige Höchstkonzentration“ wurde nicht in deutsches Recht übernommen. Stattdessen wurde ein „Minimierungsgebot“ eingeführt, das in allen Fassungen der Trinkwasserverordnung seit 1986 Bestand hat. Für das Minimierungsgebot existieren zahlreiche Gründe, die von Göing (1987) ausführlich erörtert worden sind. Im Vorfeld der Gesetzgebung wurde um die Frage gerungen, ob das Minimierungsgebot generell oder „vorwiegend durch Maßnahmen beim Gewässerschutz“ zu befolgen sei.

Unter langfristigen Aspekten waren die Erfahrungen mit der Trinkwasserrichtlinie und ihrer Umsetzung in deutsches Recht zwiespältig. Der resultierende Aufwand für Laboratorien und Versorgungsunternehmen war beträchtlich. Erwartungsgemäß waren es vor allem die Wasserwerke, die in die Schusslinie geraten sind. So wurden beispielsweise von Umweltverbänden Postkartenaktionen gestartet, mit denen zum Problem „Pflanzenschutzmittel“ von Versorgungsunternehmen Auskunft gefordert wurde, obwohl sie weder Verursacher waren, noch zu diesem Zeitpunkt über die erforderlichen Analysenmethoden verfügten. Ähnliche Aktionen entzündeten sich an den organische Chlorverbindungen, für die ein Richtwert von 1 µg/l, jedoch kein Grenzwert angegeben war. Die Überschreitung des Richtwertes wurde als Skandal gebrandmarkt, und da der Richtwert auch auf die Trihalogenmethane zu beziehen war, gab es kaum ein Unternehmen, das ihn (im Falle einer Desinfektion) nicht überschritten hätte.

Positiv hat sich ausgewirkt, dass der Grundwasserschutz – vor allem auch durch Initiativen der Versorgungsunternehmen auf regionaler Ebene – wesentliche Impulse erfahren hat. Impulse erfuhr auch die instrumentelle Analytik zur Bestimmung von Spurenkomponenten. Dies gilt vor allem im Hinblick auf die Pflanzenschutzmittel. Die Erfolge der Analytik haben zu einem besseren Verständnis der für die Trinkwasserversorgung wichtigen Prozesse beigetragen. Insgesamt hat sich die Sicherheit der Trinkwasserversorgung erhöht.

1986

Verordnung über Trinkwasser und über Brauchwasser für Lebensmittelbetriebe (Trinkwasserverordnung – TrinkwV), Ausgabe: 22.05.1986, Inkraftsetzung: 01.10.1986, BGBl I, S. 760–773

Die Verordnung stützt sich sowohl auf das Bundesseuchengesetz als auch auf das Lebensmittel- und Bedarfsgegenständegesetz vom 15. August 1974. Mit dieser Novelle der Trinkwasserverordnung sollte die Europäische Trinkwasserrichtlinie vom Juli 1980 in deutsches Recht umgesetzt werden. Zu diesem Zeitpunkt geschah dies allerdings noch nicht vollständig nach dem Buchstaben des Gesetzes.

Erstmals taucht das Minimierungsgebot mit dem folgenden Wortlaut auf: „Konzentrationen von chemischen Stoffen, die das Trinkwasser verunreinigen oder die Beschaffenheit des Trinkwassers nachteilig beeinflussen können, sollen so niedrig gehalten werden, wie dies nach dem Stand der Technik mit vertretbarem Aufwand unter Berücksichtigung der Umstände des Einzelfalles möglich ist.“ In der Fassung der Trinkwasserverordnung von 2001 gilt das Minimierungsgebot mit einem Wortlaut, in dem der „Stand der Technik“ durch die „allgemein anerkannten Regeln der Technik“ ersetzt wurde.

Erstmals wurden (in Anlage 4) Parameter aufgenommen, die nicht hygienisch zu begründen waren, z. B. die Oxidierbarkeit.

Der pH-Wert muss innerhalb des Bereiches zwischen 6,5 und 9,5 liegen. Erstmals wurde die Calciumcarbonatsättigung festgelegt: „Bei metallischen oder zementhaltigen Werkstoffen darf im pH-Bereich 6,5–8,0 der pH-Wert des abgegebenen Wassers nicht mehr als 0,2 pH-Einheiten unter dem pH-Wert der Calciumcarbonatsättigung liegen." Für Asbestzementwerkstoffe gilt die Forderung für den pH-Bereich 6,5–9,5.

Erstmals wurden Grenzwerte eingeführt für „Chemische Stoffe zur Pflanzenbehandlung und Schädlingsbekämpfung einschließlich toxischer Hauptabbauprodukte" (Anlage 2, Pos. 13a), „Polychlorierte, polybromierte Biphenyle und Terphenyle" (Anlage 2, Pos. 13b) und oberflächenaktive Stoffe (Anlage 4, Pos. 17).

Für die Parameter Eisen und Mangan gilt die Zusatzbestimmung: „kurzzeitige Überschreitungen bleiben außer Betracht" (Fußnote).

Für die Parameter Ammonium, Kalium, Magnesium und Sulfat gelten geogen bedingte Ausnahmeregeln.

Die bakteriologische Forderungen lauten:

- in 100 ml kein *Escherichia coli* (Grenzwert),
- in 100 ml keine coliformen Keime (Grenzwert),
- in 1 ml Koloniezahl bis 100 (Richtwert) bei 20 und 36 °C, in desinfiziertem Wasser: 20 (Richtwert) bei 20 °C;
- *E. coli* und Coliforme sind zu bestimmen mit Flüssiganreicherung oder durch Membranfiltration und Einbringen des Membranfilters in 50 ml Laktosebouillon.

Chemische Forderungen nach Anlage 2, Angaben in mg/l:

1	Arsen	0,04	7	Nickel	0,05
2	Blei	0,04	8	Nitrat	50
3	Cadmium	0,005	9	Nitrit	0,1
4	Chrom	0,05	10	Quecksilber	0,001
5	Cyanid	0,05	11	PAK	0,0002
6	Fluorid	1,5			
12	Organische Chlorverbindungen (1,1,1-Trichlorethan, Trichlorethylen, Tetrachlorethylen, Dichlormethan): 0,025 mg/l Tetrachlorkohlenstoff: 0,003 mg/l				
13	a) Chemische Stoffe zur Pflanzenbehandlung und Schädlingsbekämpfung einschließlich toxischer Hauptabbauprodukte: b) Polychlorierte, polybromierte Biphenyle und Terphenyle: einzelne Substanz: 0,0001 mg/l; insgesamt: 0,0005 mg/l				

Chemische Forderungen nach Anlage 4:

I.	**Sensorische Kenngrößen**
1	**Färbung (Spektraler Absorptionskoeffizient, Hg 436 nm):** 0,5 m^{-1}. Kurzzeitige Überschreitungen bleiben außer Betracht.
2	**Trübung:** 1,5 Trübungseinheiten Formazin. Kurzzeitige Überschreitungen bleiben außer Betracht.
3	**Geruchsschwellenwert:** 2 (12 °C), 3 (25 °C).
II.	**Physikalisch-chemische Kenngrößen**
4	**Temperatur:** 25 °C (Messung mit Quecksilberthermometer oder elektrischem Thermometer); gilt nicht für erwärmtes Wasser.
5	**pH-Wert:** nicht unter 6,5 und nicht über 9,5[a)b)]. Elektrometrische Messung mit Glaselektrode. Der pH-Wert der Calciumcarbonatsättigung wird durch Marmorlöseversuch experimentell oder durch Berechnung bestimmt.
6	**Leitfähigkeit:** 2000 µS/cm bei 25 °C, elektrometrische Messung.
7	**Oxidierbarkeit:** 5 mg/l als O_2, maßanalytische Bestimmung der Oxidierbarkeit mittels Kaliumpermanganat/Kaliumpermanganatverbrauch.
8	**Aluminium:** 0,2 mg/l.
9	**Ammonium:** 0,5 mg/l, ausgenommen bei Wässern aus stark reduzierendem Untergrund.
10	**Eisen:** 0,2 mg/l, gilt nicht bei Zugabe von Eisensalzen für die Aufbereitung von Trinkwasser. Kurzzeitige Überschreitungen bleiben außer Betracht.
11	**Kalium:** 12 mg/l, ausgenommen bei Wasser aus kaliumhaltigem Untergrund.
12	**Magnesium:** 50 mg/l, ausgenommen bei Wasser aus magnesiumhaltigem Untergrund.
13	**Mangan:** 0,05 mg/l, kurzzeitige Überschreitungen bleiben außer Betracht.
14	**Natrium:** 150 mg/l.
15	**Silber:** 0,01 mg/l, gilt nicht bei Zugabe von Silber oder Silberverbindungen für die Aufbereitung von Trinkwasser.
16	**Sulfat:** 240 mg/l, ausgenommen bei Wasser aus calciumsulfathaltigem Untergrund.
17	**Oberflächenaktive Stoffe:** a) anionische: als methylenblauaktive Substanz, Bestimmung mittels Methylenblau gegen Dodecylbenzolsulfonsäuremethylester als Standard, b) nicht ionische: als bismutaktive Substanz, Bestimmung mit modifiziertem Dragendorff-Reagens gegen Nonylphenoldekaethoxylat: insgesamt 0,2 mg/l.

a) Bei metallischen oder zementhaltigen Werkstoffen darf im pH-Bereich 6,5–8,0 der pH-Wert des abgegebenen Wassers nicht mehr als 0,2 pH-Einheiten unter dem pH-Wert der Calcitsättigung liegen.

b) Bei Asbestzementwerkstoffen gilt a), jedoch für einen pH-Bereich von 6,5–9,5.

1990

Verordnung über Trinkwasser und über Brauchwasser für Lebensmittelbetriebe (Trinkwasserverordnung – TrinkwV), Verabschiedung: 05.12.1990, Ausgabe: 12.12.1990, Inkraftsetzung: 01.01.1991, BGBl I, S. 2613–2629

Auch diese Verordnung stützt sich auf das Bundesseuchengesetz und das Lebensmittel- und Bedarfsgegenständegesetz. Am 12. Dezember 1990 sind zwei

Texte veröffentlicht worden: Die Verordnung zur Änderung der Trinkwasserverordnung und – im Interesse eines besseren Verständnisses – eine komplette Neufassung des Textes. Gleichzeitig ist die Trinkwasseraufbereitungsverordnung außer Kraft getreten.

Mit dieser Fassung der Trinkwasserverordnung wurde die von der Kommission der Europäischen Gemeinschaften erzwungene ultimative Umsetzung der Europäischen Trinkwasserrichtlinie vom Juli 1980 auch für solche Parameter vollzogen, die „verunglückt" sind. Hässelbarth *et al.* (1991) warnen ausdrücklich davor, Wässer auf unnötige oder sogar unsinnige Parameter zu untersuchen. Zu den unsinnigen Parametern zählen die Autoren die Parameter Kjeldahl-Stickstoff, Phenol, gelöste oder emulgierte Kohlenwasserstoffe, Mineralöle und mit Chloroform extrahierbare Stoffe. Im Folgenden werden die Unterschiede zur Trinkwasserverordnung vom Mai 1986 aufgeführt.

Bei den bakteriologischen Bestimmungsmethoden hat sich gegenüber 1986 nichts geändert.

Einarbeitung der Trinkwasseraufbereitungsverordnung in die Trinkwasserverordnung (Anlage 3). Bei Chemikalienzugabe: Festlegung des Verwendungszwecks, der zulässigen Zugabe, des Grenzwertes nach Aufbereitung, des zulässigen Fehlers und der Reaktionsprodukte (zulässige Konzentration). Festlegung des Reaktionsprodukts der Desinfektion „Trihalogenmethane" auf 10 µg/l. Streichung der Möglichkeit einer Ammoniumzugabe zur Erzeugung von Chloramin („gebundenem Chlor").

Regelungen für Hausinstallationen sind aufgenommen worden.

pH-Wert: „Nicht unter 6,5 und nicht über 9,5; bei metallischen oder zementhaltigen Werkstoffen, außer passiven Stählen, darf im pH-Bereich 6,5–8,0 der pH-Wert des abgegebenen Wassers nicht unter dem pH-Wert der Calciumcarbonatsättigung liegen." Für Faserzementwerkstoffe gilt diese Regelung für den pH-Bereich 6,5–9,5. Festgelegtes Verfahren/Bemerkungen: „Elektrometrische Messung mit Glaselektrode; für Wasserversorgungsanlagen mit einer Abgabe bis 1000 m^3 pro Jahr ist auch photometrische Messung zulässig; der pH-Wert der Calciumcarbonatsättigung wird durch Berechnung bestimmt; Schwankungen des pH-Wertes des Wassers unter den pH-Wert der Calciumcarbonatsättigung bleiben bis zu 0,2 pH-Einheiten unberücksichtigt." Dies entsprach einer Verschärfung gegenüber der Formulierung vom Mai 1986.

Die Regelung, „kurzzeitige Überschreitungen bleiben außer Betracht", wurde für Eisen und Mangan aufgegeben und für Färbung und Trübung beibehalten.

Regelungen für geogen bedingte Überschreitungen gelten für: Ammonium bis 30 mg/l, Kalium bis 50 mg/l, Magnesium bis 120 mg/l, Sulfat bis 500 mg/l.

Regelungen für „besondere Untersuchungen" (auf Anordnung) gelten für:

organisch-chemische Stoffe zur Pflanzenbehandlung und Schädlingsbekämpfung einschließlich ihrer toxischen Hauptabbauprodukte sowie polychlorierte und polybromierte Biphenyle und Terphenyle: einzelne Substanz, Grenzwert: 0,1 µg/l; insgesamt: 0,5 µg/l; Antimon, Grenzwert: 10 µg/l; Selen, Grenzwert: 10 µg/l. Der praktische Umgang mit diesen Grenzwerten hat sich so entwickelt, dass die Untersuchung auf Pflanzenbehandlungsmittel regelmäßig, die auf Antimon und Selen dagegen nur im Ausnahmefall angeordnet wurde.

Neu eingeführt wurden eine Mindestkonzentration an Erdalkalien und ein Mindestwert für die Säurekapazität bis pH 4,3 von jeweils 1,5 mmol/l, die im Falle einer Wasserenthärtung einzuhalten waren.

„Analytisch verunglückte Parameter" sind aufgenommen worden: Kjeldahl-Stickstoff, Phenole, Kohlenwasserstoffe, mit Chloroform extrahierbare Stoffe. Eine zusätzliche Regelung lautet für Phenole: „Grenzwert ist eingehalten, wenn der Grenzwert für den Geruchsschwellenwert eingehalten wird." Die mit Chloroform extrahierbaren Stoffe sind auf die gleiche Weise mit der Oxidierbarkeit durch Kaliumpermanganat verknüpft.

Herabsetzung des Grenzwertes für Arsen von 40 auf 10 µg/l (wirksam ab 01. Januar 1996) und organische Chlorverbindungen von 25 auf 10 µg/l (wirksam ab 01. Januar 1992).

Regelungen für Kupfer und Zink enthält Anlage 7 als Richtwerte. Kupfer: 3 mg/l; Zink: 5 mg/l. Es gelten folgende Zusatzbestimmungen: „Der Richtwert gilt nach Stagnation von 12 Stunden. Innerhalb von 2 Jahren nach der Installation von Kupferrohren bzw. verzinkten Stahlrohren gilt der Richtwert ohne Berücksichtigung der Stagnation. Die Werkstoffe Kupfer und verzinkter Stahl sind in Abhängigkeit von der Wasserqualität nur entsprechend dem Stand der Technik zu verwenden oder einzusetzen."

1998

Richtlinie 98/83/EG des Rates vom 3. November 1998 über die Qualität von Wasser für den menschlichen Gebrauch. Amtsblatt der Europäischen Gemeinschaften, L 330/32–54

Auf der Basis der Erfahrungen mit der EG-Trinkwasserrichtlinie vom Juli 1980 sollte eine neue Richtlinie formuliert werden.

Mit der neuen Richtlinie hat eine Deregulierung stattgefunden, die sich insbesondere in einer Rückbesinnung auf hygienische Zielsetzungen ausdrückt. Die Regelungen beschränken sich konsequenterweise auf die gesundheitlich relevanten Parameter. Außerdem wurden die Handlungsspielräume der Länder und Kommunen wieder vergrößert (stärkere Beachtung des „Subsidiaritätsprinzips").

Bezugspunkt für die Einhaltung eines Grenzwertes ist der Zapfhahn beim Verbraucher.

Erstmals werden Grenzwerte für radioaktive Stoffe festgelegt.

Die Umsetzung der Richtlinie in deutsches Recht ist mit der Novelle der Trinkwasserverordnung vom Mai 2001 vollzogen worden. Die Umsetzung war unproblematisch. Die Auswahl der Parameter und der für sie geltenden Grenzwerte und Nebenbestimmungen sind auf der europäischen und der deutschen Ebene so weit deckungsgleich, dass auf eine detaillierte Diskussion der EG-Trinkwasserrichtlinie im Rahmen dieses Buches verzichtet werden kann.

2001

Verordnung zur Novellierung der Trinkwasserverordnung, Verabschiedung: 21.05.2001, Ausgabe: 28.05.2001, Inkraftsetzung: 01.01.2003, Bundesgesetzblatt 2001, Teil I Nr. 24, S. 959–980

Diese Verordnung dient der Umsetzung der Richtlinie 98/83/EG des Rates über die Qualität von Wasser für den menschlichen Gebrauch vom 3. November 1998 (ABl. EG Nr. L 330 S. 32).

Die Regelungen für Zusatzstoffe zur Trinkwasseraufbereitung sind nicht mehr Bestandteil der Verordnung. Diese Stoffe werden in einer Liste zusammengefasst, die vom Umweltbundesamt zu führen ist.

Erstmals wird in einer Verordnung zur Trinkwasserqualität der Bezug zu den allgemein anerkannten Regeln der Technik verankert. Die wasserfachlichen Normen und die Regelwerke des DVGW erhalten dadurch ein zusätzliches Gewicht.

Da der Bezugspunkt für die Einhaltung eines Grenzwertes der Zapfhahn beim Verbraucher ist, wurden die chemischen Parameter eingeteilt in solche, „deren Konzentration sich im Verteilungsnetz einschließlich der Hausinstallation in der Regel nicht mehr erhöht", und in solche, „deren Konzentration im Verteilungsnetz einschließlich der Hausinstallation ansteigen kann".

Die Novelle ist durch zahlreiche Anmerkungen und Nebenbestimmungen geprägt, mit denen den Problemen Rechnung getragen wird, die mit zahlreichen Parametern verbunden sind.

Für chemische Stoffe gilt die pauschale Zusatzforderung: „Im Wasser für den menschlichen Gebrauch dürfen chemische Stoffe nicht in Konzentrationen enthalten sein, die eine Schädigung der menschlichen Gesundheit besorgen lassen."

Untersuchungspflichten ohne Grenzwertforderungen gelten nach §14, 1 für die folgenden Parameter:

Säurekapazität, Calcium, Magnesium und Kalium.

Parameter Die Grenzwerte für die verschiedenen Parameter der Liste sowie die jeweiligen Nebenbestimmungen waren die Grundlage für die Bestimmungen der Trinkwasserverordnung vom 3. Mai 2011 und sind mit diesen weitgehend identisch. Auf die Wiedergabe der Parameterliste aus dem Jahre 2001 wird daher verzichtet.

2002 und Folgejahre

Liste der Aufbereitungsstoffe und Desinfektionsverfahren gemäß §11 Trinkwasserverordnung 2001, 10. Änderung, Stand: Dezember 2008

Die beim Umweltbundesamt geführte Liste ist im vierten Quartal 2002 im Bundesgesundheitsblatt veröffentlicht und am 24. Oktober 2002 im Internet verfügbar gemacht worden. Die Trinkwasserverordnung vom Mai 2011 schreibt vor: „Es gilt die Liste der Aufbereitungsstoffe und Desinfektionsverfahren gemäß §11 der Trinkwasserverordnung 2001 in der Fassung der 12. Änderung, Stand Dezember 2009." Die Liste wird seitdem laufend aktualisiert. Die aktuelle Liste ist im Internet mit dem Suchbegriff *Aufbereitungsstoffe* zu finden.

Die Liste umfasst zwei Teilbereiche:

I. zur Trinkwasseraufbereitung geeignete Stoffe:
   a) Aufbereitungsstoffe, die als Lösung oder als Gase angewendet werden,
   b) Aufbereitungsstoffe, die als Feststoffe angewendet werden,
   c) Aufbereitungsstoffe zur Desinfektion;
II. Desinfektionsverfahren.

Ausnahmegenehmigungen werden geführt in „Umweltbundesamt: 1. Bekanntmachung der Ausnahmegenehmigungen gemäß §12 der Trinkwasserverordnung (TrinkwV 2001) – Stand: November 2012 – Vom 6. Dezember 2012". Anträge zur Aktualisierung der Liste und für eine erweiterte Wirksamkeitsprüfung sind an das Umweltbundesamt, Abteilung II 3, Postfach 33 00 22, 14191 Berlin zu richten.

Die Spalten der Liste sind folgendermaßen gekennzeichnet:

Aufbereitungsstoffe und Stoffe, die zur Desinfektion des Wassers eingesetzt werden: Stoffname, CAS-Nummer (Chemical Abstracts Registry Number), EINECS-Nummer (European Inventory of Existing Commercial Chemical Substances), Verwendungszweck, Reinheitsanforderungen, zulässige Zugabe, Höchstkonzentration nach Abschluss der Aufbereitung, zu beachtende Reaktionsprodukte und Bemerkungen.

Ferner enthält die Liste umfangreiche Angaben zum Untersuchungsumfang, mit dem die zugesetzte Menge und der verbleibende Restgehalt eines Aufbereitungsstoffs zu kontrollieren sind. Die Liste wird ergänzt durch detaillierte Angaben zu den Desinfektionsverfahren (einschließlich UV-Desinfektion).

Die an der Erstellung und Aktualisierung Beteiligten sind ebenfalls aufgeführt. Anträge zur Aktualisierung der Liste sind an das Umweltbundesamt, Abteilung II 3, Postfach 33 00 22, 14191 Berlin zu richten.

2009

Erläuterungen zur Novellierung der Trinkwasserverordnung vom Mai 2001 (auszugsweise zitiert nach dem Rundschreiben des Ministeriums für Gesundheit vom 15. Dezember 2008 mit dem Betreff „Änderung der Verordnung über die Qualität von Wasser für den menschlichen Gebrauch (Trinkwasserverordnung, TrinkwV 2001)"):

„Die bislang verwendete Formulierung „Wasser für den menschlichen Gebrauch" sollte deutlich machen, dass die Trinkwasserverordnung nicht nur die Qualitätsanforderungen für Wasser zum Trinken und für Ernährungszwecke festlegt, sondern auch für andere häusliche Zwecke. In der Praxis wird jedoch durchgängig nahezu ausschließlich von „Trinkwasser" gesprochen – durchaus auch in Kenntnis der weiten Definition dieses Begriffes. Die Verordnung sollte sich diesem auch in den meisten anderen Mitliedstaaten und bei der WHO praktischen Sprachgebrauch anpassen und nach einer Eingangsdefinition auf die Formulierung „Wasser für den menschlichen Gebrauch" verzichten. Eine Änderung der Begriffsbestimmung des Trinkwassers ist damit nicht verbunden.

Die Kontamination von Trinkwasser, das den Qualitätsanforderungen der Verordnung gerecht wird, mit Wasser, das diese Anforderungen nicht erfüllt und auch nicht erfüllen muss, kann zu gesundheitsgefährdenden Verunreinigungen des Trinkwassers führen. In seiner Wirkung für die Verbraucherinnen und Verbraucher ist dieser Fall durchaus vergleichbar mit dem des §24 Abs. 1. Insofern ist es nur konsequent, auch die unzulässige Verbindung mit Trinkwasser führenden Anlagen als Straftat einzustufen“ (bisher galt dies als Ordnungswidrigkeit).

„Neu aufgenommen wurde der Parameter Uran. Die Höhe seines Grenzwertes entspricht dem für Uran lebenslang gesundheitlich duldbaren Höchstwert, der vom Umweltbundesamt zum Schutz vor der chemischen Nierentoxizität von Uran festgelegt worden ist. Der neue Grenzwert erwies sich angesichts häufiger Nachweise von Uran oberhalb von 10 µg/l in geogen entsprechend disponierten Gebieten als erforderlich und kann aufbereitungstechnisch mit vertretbarem Aufwand eingehalten werden. Aktuelle Befunde verdeutlichen ebenfalls die Bedeutung der Einführung von Uran als Parameter der TrinkwV mit dem vorgeschlagenen Grenzwert von 10 µg/l.

Für die Überwachung der Parameter Blei, Kupfer und Nickel ist eine Probenahme durchzuführen, mit der die mittlere wöchentliche Aufnahme dieser Metalle durch das Trinkwasser abgebildet werden kann. Die gemessenen Konzentrationen an einer Entnahmestelle sind von der Stagnationszeit und dem gewählten Probevolumen (und damit den unterschiedlichen Kontaktflächen zu verschiedenen Komponenten der Trinkwasser-Installation) abhängig. Die Probenahme nach einer Stagnationszeit von 4 Stunden ermöglicht eine Abschätzung der wöchentlichen Aufnahme von Personen, die das Wasser vor dem Konsum nicht regelmäßig ablaufen lassen. Das Umweltbundesamt hat im Jahr 2004 eine Probenahmeempfehlung veröffentlicht, durch die erstmalig eine standardisierte, anlagenbezogene Bewertung der Belastung mit Blei, Kupfer und Nickel ermöglicht wird: Empfehlung des Umweltbundesamtes: Beurteilung der Trinkwasserqualität hinsichtlich der Parameter Blei, Kupfer und Nickel, *Bundesgesundheitsbl – Gesundheitsforsch – Gesundheitsschutz 2004 47: 296–300.*“

Die Kernsätze dieser Empfehlung werden nachstehend wiedergegeben:

Probenahme nach Ablaufen und Stagnation (gestaffelte Stagnationsbeprobung):

„An der Zapfstelle, an der normalerweise das Wasser zum Verzehr entnommen wird, ist so lange zu spülen, bis Wasser in der vom Wasserversorger gelieferten Qualität aus der Zapfstelle tritt (z. B. bei Temperaturkonstanz). Die Probe von 1 l Volumen aus dem fließenden Wasser entnommen (Probe S-0) repräsentiert die vom Wasserversorger angelieferte Trinkwasserqualität. Nach dieser Spülung wird der Zapfhahn für einen Zeitraum t (Stagnationszeit in Stunden) von 4 Stunden, mindestens aber 2 Stunden, geschlossen. Dabei ist sicherzustellen, dass in der Zeit an dieser Zapfstelle keine Entnahme erfolgt. Der Verbrauch im übrigen Gebäude wird nicht beeinflusst. Nach dieser Stagnationszeit werden ohne weiteren Ablauf zwei weitere direkt aufeinanderfolgende Proben von je 1 l Volumen entnommen (Proben S-1 und S-2). Die Konzentrationen in der Probe S-1 spiegeln dabei neben der Hausinstallation auch den Einfluss der Entnahmeapparatur wider (wichtig z. B. bei Nickel und Blei), während S-2 nur den Einfluss der übrigen Hausinstallation umfasst. In allen drei Proben werden die Konzentrationen an Blei, Kupfer und Nickel bestimmt. Beträgt die Stagnationszeit weniger als 4 Stunden, jedoch aber mindestens 2 Stunden, so wird die gemessene Konzentration durch Multiplikation mit einem Faktor $4/t$ auf die Konzentration nach 4 Stunden hochgerechnet (gemessene Konz. $* 4/t =$ normierte Konzentration). Die normierte Konzentration wird mit dem Parameterwert verglichen und dient zur Prüfung, ob der jeweilige Parameterwert überschritten wird. Wenn die normierte Konzentration den Parameterwert überschreitet, ist als Bewertungsmaßstab für die Anordnung des Gesundheitsamtes nach §20 Abs. 3 TrinkwV 2001 eine Probe nach genau 4 Stunden Stagnationsdauer zu entnehmen."

Nissing (2004) und Rübel *et al.* (2004); Rübel und Schwesig (2005) haben das Probenahmeverfahren präzisiert und getestet und erste Erfahrungen damit mitgeteilt.

2011

Erste Verordnung zur Änderung der Trinkwasserverordnung, Verabschiedung: 03.05.2011, Ausgabe: 11.05.2011, Inkraftsetzung: 01.11.2011, Bundesgesetzblatt Jahrgang 2011 Teil I Nr. 21

Die Verordnung enthält sprachliche Anpassungen und präzisere Definitionen. Die Formulierung „Wasser für den menschlichen Gebrauch" wurde durch den Begriff „Trinkwasser" ersetzt; gemeint ist jedoch das Gleiche. Im Folgenden werden die Parameter mit Grenzwerten, Anforderungen und Nebenbestimmungen aufgeführt. Unter dem Stichwort „Hinweis" findet man Erläuterungen des Autors.

Anlage 1

Mikrobiologische Parameter
Teil I: Allgemeine Anforderungen an Trinkwasser

1. ***Escherichia coli*** (*E. coli*) Grenzwert: 0/100 ml;
2. **Enterokokken** Grenzwert: 0/100 ml.

Teil II: Anforderungen an Trinkwasser, das zur Abgabe in verschlossenen Behältnissen bestimmt ist

1. ***Escherichia coli*** (*E. coli*) Grenzwert: 0/250 ml;
2. **Enterokokken** Grenzwert: 0/250 ml;
3. ***Pseudomonas aeruginosa*** Grenzwert: 0/250 ml.

Anlage 2

Chemische Parameter
Teil I: Chemische Parameter, deren Konzentration sich im Verteilungsnetz einschließlich der Trinkwasserinstallation in der Regel nicht mehr erhöht

1. **Acrylamid:** Grenzwert 0,000 10 mg/l (0,1 µg/l). Der Grenzwert bezieht sich auf die Restmonomerkonzentration im Trinkwasser, berechnet aufgrund der

maximalen Freisetzung nach den Spezifikationen des entsprechenden Polymers und der angewandten Polymerdosis. Der Nachweis der Einhaltung des Grenzwertes kann auch durch die Analyse des Trinkwassers erbracht werden. Die Anforderungen nach §11 bleiben unberührt.

2. **Benzol:** Grenzwert 0,001 mg/l (1 µg/l);
3. **Bor:** Grenzwert 1 mg/l;
4. **Bromat:** Grenzwert 0,01 mg/l (10 µg/l);
5. **Chrom:** Grenzwert 0,05 mg/l (50 µg/l);
6. **Cyanid:** Grenzwert 0,05 mg/l (50 µg/l);
7. **1,2-Dichlorethan:** Grenzwert 0,003 mg/l (3 µg/l);
8. **Fluorid:** Grenzwert 1,5 mg/l;
9. **Nitrat:** Grenzwert 50 mg/l. Die Summe der Beträge aus Nitratkonzentration in mg/l geteilt durch 50 und Nitritkonzentration in mg/l geteilt durch 3 darf nicht größer als 1 mg/l sein.
10. **Pflanzenschutzmittelwirkstoffe und Biozidproduktwirkstoffe:** Grenzwert 0,000 10 mg/l (0,1 µg/l). Pflanzenschutzmittelwirkstoffe und Biozidproduktwirkstoffe bedeuten: organische Insektizide, organische Herbizide, organische Fungizide, organische Nematizide, organische Akarizide, organische Algizide, organische Rodentizide, organische Schleimbekämpfungsmittel, verwandte Produkte (u. a. Wachstumsregulatoren) und die relevanten Metaboliten, Abbau- und Reaktionsprodukte. Es brauchen nur solche Pflanzenschutzmittelwirkstoffe und Biozidproduktwirkstoffe überwacht zu werden, deren Vorhandensein im betreffenden Wassereinzugsgebiet wahrscheinlich ist. Der Grenzwert gilt jeweils für die einzelnen Pflanzenschutzmittelwirkstoffe und Biozidproduktwirkstoffe. Für Aldrin, Dieldrin, Heptachlor und Heptachlorepoxid gilt der Grenzwert von 0,000 030 mg/l (0,03 µg/l).
11. **Pflanzenschutzmittelwirkstoffe und Biozidproduktwirkstoffe insgesamt:** Grenzwert 0,000 50 mg/l (0,5 µg/l). Der Parameter bezeichnet die Summe der bei dem Kontrollverfahren nachgewiesenen und mengenmäßig bestimmten einzelnen Pflanzenschutzmittelwirkstoffe und Biozidproduktwirkstoffe. Siehe Anmerkung 1.
12. **Quecksilber:** Grenzwert 0,0010 mg/l (1 µg/l);
13. **Selen:** Grenzwert 0,010 mg/l (10 µg/l);
14. **Tetrachlorethen und Trichlorethen:** Grenzwert 0,010 mg/l (10 µg/l). Summe der nachgewiesenen und mengenmäßig bestimmten Einzelstoffe. Siehe Anmerkung 1.
15. **Uran:** Grenzwert 0,010 mg/l (10 µg/l) (Hinweis: Dieser Parameter wurde mit der aktuellen Fassung der Trinkwasserverordnung neu eingeführt).

Teil II: Chemische Parameter, deren Konzentration im Verteilungsnetz einschließlich der Trinkwasserinstallation ansteigen kann

1. **Antimon:** Grenzwert 0,0050 mg/l (5 µg/l);
2. **Arsen:** Grenzwert 0,010 mg/l (10 µg/l);
3. **Benzo[*a*]pyren:** Grenzwert 0,000 010 mg/l (0,01 µg/l);

4. **Blei:** Grenzwert 0,010 mg/l (10 µg/l). Grundlage ist eine für die durchschnittliche wöchentliche Trinkwasseraufnahme durch Verbraucher repräsentative Probe. Die zuständigen Behörden stellen sicher, dass alle geeigneten Maßnahmen getroffen werden, um die Bleikonzentration in Trinkwasser so weit wie möglich zu reduzieren. Maßnahmen zur Erreichung dieses Grenzwertes sind schrittweise und vorrangig dort durchzuführen, wo die Bleikonzentration in Trinkwasser am höchsten ist. (Hinweis: Entfallen sind die Nebenbestimmungen, mit denen die schrittweise Erniedrigung des alten Grenzwertes von 40 µg/l geregelt worden war.)
5. **Cadmium:** Grenzwert 0,0030 mg/l (3 µg/l), einschließlich der bei Stagnation von Trinkwasser in Rohren aufgenommenen Cadmiumverbindungen.
6. **Epichlorhydrin:** 0,000 10 mg/l (0,1 µg/l). Der Grenzwert bezieht sich auf die Restmonomerkonzentration im Trinkwasser, berechnet aufgrund der maximalen Freisetzung nach den Spezifikationen des entsprechenden Polymers und der angewandten Polymerdosis. Der Nachweis der Einhaltung des Grenzwertes kann auch durch die Analyse des Trinkwassers erbracht werden. (Hinweis: Die Zulassung der Analyse des Wassers ist neu.)
7. **Kupfer:** 2,0 mg/l. Grundlage ist eine für die durchschnittliche wöchentliche Trinkwasseraufnahme durch Verbraucher repräsentative Probe. Auf eine Untersuchung im Rahmen der Überwachung nach §19 Absatz 7 kann in der Regel verzichtet werden, wenn der pH-Wert im Wasserversorgungsgebiet größer oder gleich 7,8 ist. (Hinweis: Die Nebenbestimmung lautete bisher: „Die Untersuchung […] ist nur dann erforderlich, wenn der pH-Wert im Versorgungsgebiet kleiner als 7,4 ist.")
8. **Nickel:** Grenzwert 0,020 mg/l (20 µg/l). Grundlage ist eine für die durchschnittliche wöchentliche Trinkwasseraufnahme durch Verbraucher repräsentative Probe.
9. **Nitrit:** Grenzwert 0,50 mg/l. Die Summe der Beträge aus Nitratkonzentration in mg/l geteilt durch 50 und Nitritkonzentration in mg/l geteilt durch 3 darf nicht größer als 1 sein. Am Ausgang des Wasserwerks darf der Wert von 0,10 mg/l für Nitrit nicht überschritten werden.
10. **Polyzyklische aromatische Kohlenwasserstoffe:** Grenzwert 0,000 10 mg/l (0,1 µg/l). Summe der nachgewiesenen und mengenmäßig bestimmten nachfolgenden Stoffe: Benzo[*b*]fluoranthen, Benzo[*k*]fluoranthen, Benzo[*ghi*]-perylen und Indeno[1,2,3-*cd*]pyren. Siehe Anmerkung 1.
11. **Trihalogenmethane:** Grenzwert 0,050 mg/l (50 µg/l). Summe der am Zapfhahn des Verbrauchers nachgewiesenen und mengenmäßig bestimmten Reaktionsprodukte im Trinkwasser, die bei der Desinfektion oder Oxidation des Wassers entstehen: Trichlormethan (Chloroform), Bromdichlormethan, Dibromchlormethan und Tribrommethan (Bromoform); eine Untersuchung im Versorgungsnetz ist nicht erforderlich, wenn am Ausgang des Wasserwerks der Wert von 0,010 mg/l nicht überschritten wird. Das Gesundheitsamt kann befristet höhere Konzentrationen am Zapfhahn in der Trinkwasserinstallation bis 0,1 mg/l zulassen, wenn dies aus seuchenhygienischen Gründen als Folge

von Desinfektionsmaßnahmen erforderlich ist. Siehe Anmerkung 1. (Hinweis: Die Zulassung höherer Konzentrationen in Ausnahmefällen ist neu.)

12. **Vinylchlorid:** Grenzwert 0,000 50 mg/l (0,5 µg/l). Der Grenzwert bezieht sich auf die Restmonomerkonzentration im Trinkwasser, berechnet aufgrund der maximalen Freisetzung nach den Spezifikationen des entsprechenden Polymers und der angewandten Polymerdosis. Der Nachweis der Einhaltung des Grenzwertes kann auch durch die Analyse des Trinkwassers erbracht werden. (Hinweis: Die Zulassung der Analyse des Wassers ist neu.)

Anmerkung 1: Voraussetzung für die Summenbildung ist mindestens das jeweilige Erreichen der Bestimmungsgrenze des analytischen Verfahrens.

Anlage 3

Indikatorparameter
Teil I: Allgemeine Indikatorparameter

1. **Aluminium:** Grenzwert 0,200 mg/l;
2. **Ammonium:** Grenzwert 0,50 mg/l. Die Ursache einer plötzlichen oder kontinuierlichen Erhöhung der üblicherweise gemessenen Konzentration ist zu untersuchen. (Hinweis: Die Ausnahmeregelung für geogen bedingte Überschreitungen wurde gestrichen.)
3. **Chlorid:** Grenzwert 250 mg/l. Das Trinkwasser sollte nicht korrosiv wirken (Anmerkung 1).
4. ***Clostridium perfringens*** (einschließlich Sporen): Grenzwert 0/100 ml. Dieser Parameter braucht nur bestimmt zu werden, wenn das Rohwasser von Oberflächenwasser stammt oder von Oberflächenwasser beeinflusst wird. Wird dieser Grenzwert nicht eingehalten, veranlasst die zuständige Behörde Nachforschungen im Versorgungssystem, um sicherzustellen, dass keine Gefährdung der menschlichen Gesundheit aufgrund eines Auftretens krankheitserregender Mikroorganismen, z. B. *Cryptosporidium*, besteht. Über das Ergebnis dieser Nachforschungen unterrichtet die zuständige Behörde über die zuständige oberste Landesbehörde das Bundesministerium für Gesundheit.
5. **Coliforme Bakterien:** Grenzwert 0/100 ml. Für Trinkwasser, das zur Abgabe in verschlossenen Behältnissen bestimmt ist, gilt der Grenzwert 0/250 ml. (Hinweis: Dieser Parameter wurde aus der Liste der mikrobiologischen Parameter in die Liste der Indikatorparameter übernommen.)
6. **Eisen:** Grenzwert 0,200 mg/l. (Hinweis: Um dauerhaft Probleme zu vermeiden, muss der Grenzwert deutlich unterschritten werden. Die Ausnahmeregelung für kleine Unternehmen bei geogen bedingten Überschreitungen wurde gestrichen.)
7. **Färbung (spektraler Absorptionskoeffizient Hg 436 nm):** Grenzwert 0,5 m^{-1}. Bestimmung des spektralen Absorptionskoeffizienten mit Spektralfotometer oder Filterfotometer

8. **Geruch:** Grenzwert TON 3 bei 23 °C. Bei der routinemäßigen Untersuchung kann alternativ eine qualitative Untersuchung (Geruch gemäß Richtlinie 98/83/EG) durchgeführt werden, mit dem Ziel, einen für den Verbraucher annehmbaren Geruch zu attestieren und anormale Veränderungen auszuschließen. Es ist das Analysenverfahren nach DIN EN 1622 anzuwenden.
9. **Geschmack:** Anforderung: für den Verbraucher annehmbar und ohne anormale Veränderung. Bei Verdacht auf eine mikrobielle Kontamination kann auf eine Geschmacksprobe verzichtet werden. (Hinweis: Die Möglichkeit zum Verzicht ist neu.)
10. **Koloniezahl bei 22 °C:** Anforderung: ohne anormale Veränderung. Bei der Anwendung des Untersuchungsverfahrens nach Anlage 5 Teil I Buchstabe d, Doppelbuchstabe bb (Hinweis: Plattengusskulturen mit peptonhaltigem Nährboden auf Agar- oder Agar-Gelatine-Basis) gelten folgende Grenzwerte: 100/ml am Zapfhahn des Verbrauchers; 20/ml unmittelbar nach Abschluss der Aufbereitung im desinfizierten Trinkwasser; 1000/ml bei Wasserversorgungsanlagen nach §3 Nummer 2 Buchstabe c (Hinweis: Kleinanlagen zur Eigenversorgung) sowie in Wasserspeichern von Anlagen nach Buchstabe d. Der Unternehmer und sonstige Inhaber einer Wasserversorgungsanlage haben unabhängig vom angewandten Verfahren einen plötzlichen oder kontinuierlichen Anstieg unverzüglich der zuständigen Behörde zu melden. Das Untersuchungsverfahren nach Anlage 5 Teil I Buchstabe d, Doppelbuchstabe bb (siehe oben) darf nicht eingesetzt werden für Trinkwasser, das zur Abgabe in verschlossenen Behältnissen bestimmt ist. Für Trinkwasser, das zur Abgabe in verschlossenen Behältnissen bestimmt ist, gilt der Grenzwert 100/ml.
11. **Koloniezahl bei 36 °C:** Anforderung: ohne anormale Veränderung. Bei der Anwendung des Untersuchungsverfahrens nach Anlage 5 Teil I Buchstabe d, Doppelbuchstabe bb gilt der Grenzwert von 100/ml. Der Unternehmer und sonstige Inhaber einer Wasserversorgungsanlage haben unabhängig vom angewandten Verfahren einen plötzlichen oder kontinuierlichen Anstieg unverzüglich der zuständigen Behörde zu melden. Das Untersuchungsverfahren nach Anlage 5 Teil I Buchstabe d, Doppelbuchstabe bb (siehe oben) darf nicht eingesetzt werden für Trinkwasser, das zur Abgabe in verschlossenen Behältnissen bestimmt ist. Für Trinkwasser, das zur Abgabe in verschlossenen Behältnissen bestimmt ist, gilt der Grenzwert 20/ml.
12. **Elektrische Leitfähigkeit:** Grenzwert 2790 µS/cm bei 25 °C. Das Trinkwasser sollte nicht korrosiv wirken (Anmerkung 1 und 2. Hinweis: Der Grenzwert ist identisch mit dem alten Grenzwert von 2500 µS/cm bei 20 °C).
13. **Mangan:** Grenzwert 0,050 mg/l. (Hinweis: Um dauerhaft Probleme zu vermeiden, muss der Grenzwert deutlich unterschritten werden. Die Ausnahmeregelung für kleine Unternehmen bei geogen bedingten Überschreitungen wurde gestrichen.)
14. **Natrium:** Grenzwert 200 mg/l;
15. **Organisch gebundener Kohlenstoff (TOC):** Anforderung: ohne anormale Veränderung;

16. **Oxidierbarkeit:** Grenzwert 5,0 mg/l O_2. Dieser Parameter braucht nicht bestimmt zu werden, wenn der Parameter TOC analysiert wird. (Dass es sich bei diesem Parameter um die Oxidierbarkeit mit Kaliumpermanganat handeln muss, ergibt sich beim Vergleich mit älteren Fassungen der Trinkwasserverordnung.)
17. **Sulfat:** Grenzwert 250 mg/l. Das Trinkwasser sollte nicht korrosiv wirken (Anmerkung 1. Hinweis: Der alte Grenzwert lag bei 240 mg/l, der neue Grenzwert entspricht der Forderung der EU-Trinkwasserrichtlinie von 1998, siehe hierzu die Ausführungen in Abschn. 1.10 „Gerundete Zahlenwerte").
18. **Trübung:** Grenzwert 1,0 nephelometrische Trübungseinheiten (NTU). Der Grenzwert gilt als eingehalten, wenn am Ausgang des Wasserwerks der Grenzwert nicht überschritten wird. Der Unternehmer und sonstige Inhaber einer Wasserversorgungsanlage nach §3 Nummer 2 Buchstabe a oder Buchstabe b (Hinweis: zentrale Wasserwerke und dezentrale, kleine Wasserwerke) haben einen plötzlichen oder kontinuierlichen Anstieg unverzüglich der zuständigen Behörde zu melden. Letzteres gilt auch für das Verteilungsnetz. (Hinweis: Der letzte Satz ist neu aufgenommen worden. Er ist problematisch, siehe hierzu die Ausführungen in Abschn. 1.10 „Grenzwerte für ungelöste Substanzen".)
19. **Wasserstoffionenkonzentration:** Anforderung: $\geq$ 6,5 und $\leq$ 9,5 pH-Einheiten. Das Trinkwasser sollte nicht korrosiv wirken (Anmerkung 1). Für Trinkwasser, das zur Abgabe in verschließbare Behältnisse vorgesehen ist, kann der Mindestwert auf 4,5 pH-Einheiten herabgesetzt werden. Ist dieses Trinkwasser von Natur aus kohlensäurehaltig, kann der Mindestwert niedriger sein.
20. **Calcitlösekapazität:** Grenzwert 5 mg/l $CaCO_3$. Die Anforderung gilt für Wasserversorgungsanlagen nach §3 Nummer 2 Buchstaben a und b (Hinweis: zentrale Wasserwerke und dezentrale, kleine Wasserwerke). Die Anforderung gilt als erfüllt, wenn der pH-Wert am Wasserwerksausgang $\geq$ 7,7 ist. Hinter der Stelle der Mischung von Trinkwasser aus zwei oder mehr Wasserwerken darf die Calcitlösekapazität im Verteilungsnetz den Wert von 10 mg/l nicht überschreiten. Für Wasserversorgungsanlagen nach §3 Nummer 2 Buchstabe c (Hinweis: Kleinanlagen zur Eigenversorgung) wird empfohlen, sich nach dieser Anforderung zu richten, wenn nicht andere Maßnahmen zur Berücksichtigung der Aggressivität des Trinkwassers gegenüber Werkstoffen getroffen werden. Es ist das Berechnungsverfahren 3 nach DIN 38404-10 anzuwenden. (Hinweis: Die Calcitlösekapazität wird erstmalig als eigenständiger Parameter aufgeführt. Das Berechnungsverfahren 3 nach DIN 38404-10 ist erstmalig verbindlich vorgeschrieben; nach der DIN vom Dezember 2012 ist nur noch ein Berechnungsverfahren zulässig.)
21. **Tritium:** Grenzwert 100 Bq/l, Anmerkung 3 und 4;
22. **Gesamtrichtdosis:** Grenzwert 0,1 mSv/a, Anmerkung 3–5.

Anmerkung 1: Die entsprechende Beurteilung, insbesondere zur Auswahl geeigneter Materialien im Sinne von §17, Absatz 1, erfolgt nach den allgemein anerkannten Regeln der Technik.

Anmerkung 2: Messungen bei anderen Temperaturen sind erlaubt; in diesem Fall ist die Norm EN 27888 zu berücksichtigen.

Anmerkung 3: Die Kontrollhäufigkeit, die Kontrollmethoden und die relevantesten Überwachungsstandorte werden zu einem späteren Zeitpunkt gemäß dem nach Artikel 12 der Trinkwasserrichtlinie festgesetzten Verfahren festgelegt. (Hinweis: Die Festlegung erfolgte mit der Trinkwasserverordnung vom November 2015.)

Anmerkung 4: Die zuständige Behörde ist nicht verpflichtet, eine Überwachung von Trinkwasser im Hinblick auf Tritium oder die Radioaktivität zur Festlegung der Gesamtrichtdosis durchzuführen, wenn sie auf der Grundlage anderer durchgeführter Überwachungen davon überzeugt ist, dass der Wert für Tritium bzw. der berechnete Gesamtrichtwert deutlich unter dem Parameterwert liegt. In diesem Fall teilt sie dem Bundesministerium für Gesundheit über die zuständige oberste Landesbehörde oder eine von ihr benannte Stelle die Gründe für ihren Beschluss und die Ergebnisse dieser anderen Überwachungen mit.

Anmerkung 5: mit Ausnahme von Tritium, Kalium-40, Radon und Radonzerfallsprodukten.

Teil II: Spezielle Anforderungen an Trinkwasser in Anlagen der Trinkwasserinstallation

Legionella spec.: technischer Maßnahmenwert 100/100 ml.

Eine tabellarische Übersicht über die Entwicklung der Anforderungen an Trinkwasser (bis einschließlich Trinkwasserverordnung vom 03. Mai 2011) findet der Leser als Tab. 10.1 im Verzeichnis „VERSCHIEDENES\TABELLEN" auf der Website.

2012

Verordnung zur Änderung der Trinkwasserverordnung vom 05. Dezember 2012

Neu festgelegt werden Ausnahmegenehmigungen sowie Regeln für „außergewöhnliche Umstände". Die Verordnung enthält keine Parameterlisten.

2013

Verordnung über die Qualität von Wasser für den menschlichen Gebrauch (Trinkwasserverordnung) vom 02. August 2013, Bundesgesetzblatt Jahrgang 2013 Teil I Nr. 46, ausgegeben zu Bonn am 07. August 2013

Mit dieser Fassung der Trinkwasserverordnung sind gegenüber der Fassung von 2011 einige gesetzliche Bestimmungen geändert worden: Es wurden die Maßnahmen präzisiert, die bei Nichteinhaltung von Grenzwerten oder Anforderungen zu ergreifen sind. Der Hinweis auf die beim Umweltbundesamt zu führende Liste der Aufbereitungsstoffe und Desinfektionsverfahren wurde aktualisiert. Für die Erprobung von Aufbereitungsstoffen oder Desinfektionsverfahren wurde die Möglichkeit eingeführt, eine Ausnahmegenehmigung zu erteilen. Regelungen wurden für den Fall eingeführt, dass der technische Maßnahmenwert für die Legionellenkonzentration überschritten wird. Für die Prüfung und Bewertung von Werkstoffen und Materialien wurde das Umweltbundesamt für zuständig erklärt.

Die Parameterliste und die einzuhaltenden Grenzwerte sind mit den Angaben in der Trinkwasserverordnung von 2011 deckungsgleich. In diesem Buch wird als aktuelle Fassung der Trinkwasserverordnung die Verordnung von 2013 zitiert.

2015

Dritte Verordnung zur Änderung der Trinkwasserverordnung vom 18. November 2015, Bundesgesetzblatt Jahrgang 2015 Teil I Nr. 46, ausgegeben zu Bonn am 25. November 2015.

Diese Verordnung enthält ausschließlich Ergänzungen zur Fassung der Trinkwasserverordnung vom 02. August 2013 als Texteinschübe. Mit diesen Ergänzungen wird das Thema „Radioaktivität des Trinkwassers" präzisiert.

Grenzwerte sowie nähere Angaben zur Ermittlung der Strahlenbelastung durch Trinkwasser: siehe Abschn. 9.8.

Anhang A
Tabellenanhang

Einige Tabellen wurden in das Verzeichnis „VERSCHIEDENES\TABELLEN“ auf der Website verschoben, weil sie hauptsächlich von historischem Interesse sind.

Inhalt

Wasseranalysen – richtig beurteilt, 4. Auflage. Walter Kölle.
© 2017 WILEY-VCH Verlag GmbH & Co. KGaA. Published 2017 by WILEY-VCH Verlag GmbH & Co. KGaA.

Tab. A.1 Relative Atom- und Molekülmassen.

Elemente		
Calcium	Ca	40,078
Chlor	Cl	35,4527
Eisen	Fe	55,845
Kalium	K	39,0983
Kohlenstoff	C	12,011
Magnesium	Mg	24,3050
Mangan	Mn	54,9380
Natrium	Na	22,9898
Phosphor	P	30,9738
Sauerstoff	O	15,9994
Schwefel	S	32,066
Silicium	Si	28,0855
Stickstoff	N	14,0067
Wasserstoff	H	1,0079
Wasser, Desinfektionsmittel		
Wasser	H_2O	18,0152
Wasserstoffion	H^+	1,0079
Hydroxidion	OH^-	17,0073
Chlorgas	Cl_2	70,9054
Hypochlorit	ClO^-	51,4521
Chlordioxid	ClO_2	67,4515
Chlorit	ClO_2^-	67,4515
Chloramin	NH_2Cl	51,4752
Ozon	O_3	47,9982
Wasserstoffperoxid	H_2O_2	34,0146
Calcium, Magnesium, Kohlensäure		
Calciumcarbonat (Calcit)	$CaCO_3$	100,0872
Calciumoxid	CaO	56,0774
Magnesiumoxid	MgO	40,3044
Kohlenstoffdioxid	CO_2	44,0098
Hydrogencarbonat	HCO_3^-	61,0171
Carbonat	CO_3^{2-}	60,0092

Tab. A.1 Fortsetzung.

Schwefelverbindungen		
Schwefelwasserstoff	H_2S	34,0819
Sulfit	SO_3^{2-}	80,0642
Sulfat	SO_4^{2-}	96,0636
Hydrogensulfat	HSO_4^-	97,0715
Stickstoffverbindungen		
Ammonium	NH_4^+	18,0383
Nitrit	NO_2^-	46,0055
Nitrat	NO_3^-	62,0049
Phosphat, Phosphorpentaoxid		
Phosphorpentaoxid[a)]	P_2O_5	141,9446
Phosphat	PO_4^{3-}	94,9714
Hydrogenphosphat	HPO_4^{2-}	95,9793
Dihydrogenphosphat	$H_2PO_4^-$	96,9872
Eisen, Mangan		
Eisen(III)-oxidhydrat[b)]	FeOOH	88,8517
Eisendisulfid[c)]	FeS_2	119,977
Mangandioxid	MnO_2	86,9368
Kaliumpermanganat	$KMnO_4$	158,0340

a) Veraltete Normierungsgröße für Phosphorverbindungen.
b) Als Goethit oder Lepidokrokit.
c) Als Pyrit oder Markasit.

Tab. A.2 Umrechnungsfaktoren.

Gesucht	Gegeben	Faktor
Ca^{2+}	CaO	0,7147
Mg^{2+}	MgO	0,603
PO_4^{3-}	P_2O_5	1,338
P	PO_4^{3-}	0,3261
N	NO_3^-	0,2259
N	NH_4^+	0,7765
elektrische Leitfähigkeit (25 °C)	elektrische Leitfähigkeit (20 °C)	1,116
Summe Erdalkalien (mmol/l)	Gesamthärte (°d)	0,1786
Karbonathärte (KH, °d)	$K_{S4,3}$ (mmol/l)	2,8
Oxidierbarkeit (mg/l O_2)	$KMnO_4$-V. (mg/l)	0,2531

a) Eisen(II)-Korrektur der Karbonathärte (°d KH, veraltet):

$$\text{KH (korr.)} = 2{,}8(K_{S4,3} - 0{,}0358[Fe^{2+}])$$

oder:

$$\text{KH (korr.)} = \text{KH} - 0{,}1003[Fe^{2+}]$$

(KH in °d, $K_{S4,3}$ in mmol/l, $[Fe^{2+}]$ in mg/l)
Eisen(II)-Korrektur des Kaliumpermanganatverbrauchs (mg/l $KMnO_4$):

$$KMnO_4\text{-Verbrauch (korr.)} = KMnO_4\text{-Verbrauch} - 0{,}566[Fe^{2+}]$$

(Kaliumpermanganatverbrauch und Eisen(II)-Konzentration in mg/l).

Tab. A.3 Äquivalentleitfähigkeiten Λ_∞ (10^{-4} S m^2 mol^{-1}) für unterschiedliche Ionen (i) und 25 °C (nach Freier, 1984).

Kationen		Anionen	
H^+	349	OH^-	198
Li^+	38,7	Cl^-	76,3
Na^+	50,1	Br^-	78,4
K^+	73,5	I^-	76,8
NH_4^+	73,4	NO_3^-	71,4
Ag^+	61,9	Acetat	40,9
Mg^{2+}	53,1	SO_4^{2-}	79,8
Ca^{2+}	59,5	CO_3^{2-}	70,0
Ba^{2+}	63,6	HCO_3^-	44,5
Fe^{3+}	68,0		

a) Elektrische Leitfähigkeit = $\sum_i \Lambda_\infty(i) \times c^*(i)$ (µS/cm).
Hierbei bedeutet $\Lambda_\infty(i)$ die Äquivalentleitfähigkeit für das Ion i entsprechend Tab. A.3 und $c^*(i)$ die Konzentration in mmol/l Ladungen für das Ion i.
Temperaturkorrektur für Werte der elektrischen Leitfähigkeit (anwendbar im Bereich zwischen 60 und 1000 µS/cm): elektrische Leitfähigkeit (t in °C) = elektrische Leitfähigkeit (25 °C) × (1 + 0,021{t − 25})

Tab. A.4 Sauerstoffkonzentration von luftgesättigtem Wasser im Gleichgewicht mit wasserdampfgesättigter Luft (mg/l).

°C	+0,0	+0,2	+0,4	+0,6	+0,8
0	14,62	14,54	14,46	14,38	14,30
1	14,22	14,14	14,06	13,98	13,91
2	13,83	13,75	13,68	13,61	13,53
3	13,46	13,39	13,32	13,25	13,18
4	13,11	13,04	12,97	12,90	12,84
5	12,77	12,70	12,64	12,57	12,51
6	12,45	12,38	12,32	12,26	12,20
7	12,14	12,08	12,02	11,96	11,90
8	11,84	11,78	11,73	11,67	11,61
9	11,56	11,50	11,45	11,39	11,34
10	11,29	11,23	11,18	11,13	11,08
11	11,03	10,98	10,93	10,88	10,83
12	10,78	10,73	10,68	10,63	10,58
13	10,54	10,49	10,44	10,40	10,35
14	10,31	10,26	10,22	10,17	10,13
15	10,08	10,04	10,00	9,95	9,91
16	9,87	9,83	9,79	9,75	9,71
17	9,66	9,62	9,58	9,55	9,51
18	9,47	9,43	9,39	9,35	9,31
19	9,28	9,24	9,20	9,16	9,13
20	9,09	9,06	9,02	8,98	8,95
21	8,91	8,88	8,85	8,81	8,78
22	8,74	8,71	8,68	8,64	8,61
23	8,58	8,55	8,51	8,48	8,45
24	8,42	8,39	8,36	8,32	8,29
25	8,26	8,23	8,20	8,17	8,14
26	8,11	8,08	8,05	8,03	8,00
27	7,97	7,94	7,91	7,88	7,85
28	7,83	7,80	7,77	7,74	7,72
29	7,69	7,66	7,64	7,61	7,58
30	7,56	7,53	7,51	7,48	7,46
31	7,43	7,40	7,38	7,35	7,33
32	7,30	7,28	7,26	7,23	7,21
33	7,18	7,16	7,14	7,11	7,09
34	7,06	7,04	7,02	7,00	6,97
35	6,95	6,93	6,90	6,88	6,86
36	6,84	6,81	6,79	6,77	6,75
37	6,73	6,71	6,68	6,66	6,64
38	6,62	6,60	6,58	6,56	6,54
39	6,51	6,49	6,47	6,45	6,43
40	6,41	6,39	6,37	6,35	6,33

Tab. A.5 (verschoben auf die Website) Zu vorliegender Karbonathärte in °dH zugehörige Kohlensäure in mg/l (CO_2) und entsprechender pH-Wert nach Tillmans und Heublein (1912).

Tab. A.6 (historisch!) Wasserhärte, Definitionen und Umrechnungen.

Härtedefinitionen:

Gradeinheit	Definiert als
1 deutscher Härtegrad	10 mg/l CaO
1 englischer Härtegrad	100 mg/l $CaCO_3$
1 französischer Härtegrad	10 mg/l $CaCO_3$
1 amerikanischer Härtegrad	1 mg/l $CaCO_3$

Umrechnungen:

Härte:	Entspricht:
1 °d Härte	0,178 mmol/l Summe Erdalkalien
1 °d Calciumhärte	10,0 mg/l CaO und 7,14 mg/l Ca^{2+}
1 °d Magnesiahärte	7,19 mg/l MgO und 4,28 mg/l Mg^{2+}
1 °d Strontiumhärte	18,48 mg/l SrO und 15,65 mg/l Sr^{2+}
1 °d Bariumhärte	27,35 mg/l BaO und 24,29 mg/l Ba^{2+}
1 °d Carbonathärte	0,357 mmol/l $K_{S4,3}$ und 21,78 mg/l HCO_3^-
1 °d Gipshärte	17,13 mg/l SO_4^{2-}
1 °d Nitrathärte	11,06 mg/l NO_3^-

Tab. A.7 Ergebnisse der Untersuchung von Aquifer – Material auf Stoffdepot – Komponenten im Rahmen des Geochemischen Begleitprogramms zum Ausbau des Niedersächsischen Landesmessnetzes Grundwasserbeschaffenheit (Kölle, 1996, 1999) im Vergleich zum „Krustenmittel" nach Mason und Moore (1985).

Substanz	Geometrischer Mittelwert (mg/kg)	Standardabweichung Faktor$^{\pm 1}$	Maximum (mg/kg)	„Krustenmittel" (mg/kg)
Kalk	952	18,6	108 000	
Braunkohle	284	13,2	965 000	
Eisendisulfide	1435	4,8	31 200	
Aluminium	370	3,52	6750	81 300
Arsen	1,0	4,14	23,0	1,8
Blei	2,05	2,73	21,1	13
Cadmium	0,0255	4,34	0,91	0,2
Chrom	1,35	3,22	45,7	100
Cobalt	0,95	3,94	14,7	25
Eisen	1880	4,01	79 200	50 000
Kupfer	1,62	3,36	65,2	55

a) Die Mittelwerte und die Standardabweichung wurden berechnet, indem die Logarithmen der Konzentrationen gemittelt und die Ergebnisse delogarithmiert wurden.
Bei den Parametern Kalk, Braunkohle und Eisendisulfide lagen zahlreiche Ergebnisse unterhalb der Bestimmungsgrenze. Die Mittelwerte und Standardabweichungen beziehen sich nur auf die positiven Befunde.
Die Messwerte für Kalk und Eisendisulfide folgten keinen erkennbaren statistischen Gesetzmäßigkeiten. Dies gilt sowohl für die positiven Befunde als auch für die Gesamtheit aller Befunde für diese Parameter. Die positiven Befunde für den Parameter „Braunkohle" folgen einer logarithmischen Normalverteilung mit einer sehr großen Standardabweichung. Für alle anderen Parameter folgen die im Material des Grundwasserleiters gemessenen Konzentrationen logarithmischen Normalverteilungen (siehe Kap. 5 „Anorganische Wasserinhaltsstoffe, Spurenstoffe").
Die Standardabweichungen sind Faktoren und Divisoren. In den Schranken, die sich durch Multiplikation des geometrischen Mittelwertes mit der Standardabweichung und durch Division durch die Standardabweichung ergeben, liegen rechnerisch 68,28 % der Messwerte.

Tab. A.8 (verschoben auf die Website) Oxidierbarkeit organischer Substanzen (tatsächlicher Sauerstoffverbrauch in Prozent des theoretischen Sauerstoffverbrauchs) auszugsweise nach Holluta und Hochmüller (1959). Beim Einsatz von Kaliumdichromat wurde Silbersulfat als Katalysator zugesetzt.

Tab. A.8.1 (verschoben auf die Website) Vergleichende Untersuchung von Wässern und Abwässern nach Holluta und Hochmüller (1959) (chemischer Sauerstoffverbrauch bei Oxidation mit Kaliumpermanganat und Kaliumdichromat, Umsatz der Kaliumpermanganatoxidation bezogen auf den Umsatz der Kaliumdichromatoxidation).

Tab. A.9a (verschoben auf die Website) Wirkstoffkatalog für chemische Stoffe zur Pflanzenbehandlung und Schädlingsbekämpfung nach den Empfehlungen des Bundesgesundheitsamtes zum Vollzug der Trinkwasserverordnung (Bundesgesundheitsblatt 7/89; S. 290–295), Stand 21.06.1989.

Tab. A.9b (verschoben auf die Website) Befunde Pflanzenschutzmittel und Metaboliten in Grund- und Oberflächenwässern (Umfrage bei DVGW-Mitgliedsunternehmen, 2006, nach Sturm *et al.*, 2006). a = Anzahl der Befunde in Grund- und Quellwässern, b = in Oberflächenwässern, A und B = jeweilige Konzentration, µg/l (Mittelwert).

Tab. A.10 Geruchsschwellenkonzentrationen (GSK) unterschiedlicher Substanzen.

Substanz	GSK (µg/l)	Quelle	GSK (µg/l)	Quelle
Schwefelwasserstoff	20	a)		
Chlor (pH-abhängig)	100	b)		
Chlordioxid	80	b)		
Geosmin	0,006	f)		
2,3,4-Trichloranisol	0,003	f)		
Menthol	6	f)		
Geosmin	0,004	g)	0,001	h)
2-Methylisoborneol	0,009	g)	0,004	h)
2-Isobutyl-3-methoxypyrazin	0,005	g)		
2-Isopropyl-3-methoxypyrazin	0,003	g)		
Aceton	5000	c)		
Buttersäure	50	c)		
Indol	300	c)		
2-Methylthiobenzthiazol	5	d)		
Naphthalin	500	c)		
Pyridin	100	c)		
Tetrachlorethen	300	d)		
Benzol	2000	c)		
Chlorbenzol	100	c)		
Dichlorbenzole	10–30	d)		
Trichlorbenzole	5–50	d)		
Tetrachlorbenzole	20–400	d)		
Pentachlorbenzol	60	d)		
Hexachlorbenzol	3000	d)		
Phenol	1000	c)		
Nitrophenol	10 000	c)		
Chlorphenol	10	e)		
Thiophenol	1	c)		
Benzin	100	c) e)		
Dieselkraftstoffe, Heizöle	100–10 000	c) e)		
Schmieröle	500–250 000	c)		
Altöle	440–15 000	c)		
Bilgenöle	10–100	c)		

a) Eigene Messung
b) Gilbert (1987)
c) Holluta (1960a,b)
d) Kölle *et al.* (1972)
e) Kölle und Sontheimer (1968)
f) Bellscheidt *et al.* (2000)
g) Börnick *et al.* (2004)
h) Ludwig *et al.* (2009)

Anhang B
Analysenanhang

Analyse Nr.	Beispiel für ...
1	Weitgehend unbelastetes Grundwasser (Mittelwerte)
2, 3	Herkunft und Verhalten des Eisens
4, 5, 6	Denitrifikation im kalkarmen Grundwasserleiter, Huminstoffe
7, 8	Denitrifikation im kalkhaltigen Grundwasserleiter
9, 10, 11	Sulfatreduktion, Huminstoffe
12, 13	Strontium ... Tonmineralverwitterung
14, 15	Ionensorption
16, 17	Ionenaustausch von Calcium gegen Natrium
18, 19	Fließgewässer (Leine)
20, 21	Aufbereitung von Talsperrenwasser
22, 23	Aufbereitung von Uferfiltrat
24, 25	Aufbereitung durch Teilentcarbonisierung mit Kalkhydrat
26, 27	Aufbereitung durch Flockung, aktivierte Kieselsäure, Knickpunktchlorung („Das Wasserwerk Fuhrberg 1969")
28, 29	Reaktionsprodukte der Verwitterung von Pyrit und von Silicaten in abflusslosen Seen

Parameterliste

Probenbezeichnung

Geruch,	qualitativ
Färbung,	qualitativ
Trübung,	qualitativ
Bodensatz,	qualitativ

Wasseranalysen – richtig beurteilt, 4. Auflage. Walter Kölle.
© 2017 WILEY-VCH Verlag GmbH & Co. KGaA. Published 2017 by WILEY-VCH Verlag GmbH & Co. KGaA.

Wassertemperatur, °C, gemessen während der Probenahme

Spektraler Absorptionskoeffizient, 254 nm (SAK 254), m^{-1}

Spektraler Absorptionskoeffizient, 436 nm (SAK 436), m^{-1}

Elektrische Leitfähigkeit (25 °C), µS/cm

pH-Wert bei Wassertemperatur,		gemessen während der Probenahme
pH-Wert, Gleichgewicht,		berechnet nach DIN 38404-10
Sättigungsindex (SI),		berechnet nach DIN 38404-10
pH-Wert nach Calcitsättigung,		berechnet nach DIN 38404-10
Calcitlösevermögen,		berechnet nach DIN 38404-10
Säurekapazität bis pH 4,3	($K_{S4,3}$),	mmol/l
Basekapazität bis pH 8,2	($K_{B8,2}$),	mmol/l[b)]
Freie Kohlensäure	(CO_2),	mg/l
Zugehörige Kohlensäure	(CO_2),	mg/l
Sauerstoff	(O_2),	mg/l
Summe Erdalkalien,		mmol/l
Gesamthärte	(GH),	°d (veraltet)
Karbonathärte	(KH),	°d (veraltet)
Calcium	(Ca^{2+}),	mg/l
Magnesium	(Mg^{2+}),	mg/l
Natrium	(Na^{+}),	mg/l
Kalium	(K^{+}),	mg/l
Eisen, gesamt	($Fe_{g.}$),	mg/l
Eisen(II)	(Fe^{2+}),	mg/l
Mangan	(Mn^{2+}),	mg/l
Ammonium	(NH_4^+),	mg/l
Nitrit	(NO_2^-),	mg/l
Nitrat	(NO_3^-),	mg/l
Chlorid	(Cl^-),	mg/l
Sulfat,	(SO_4^{2-}),	mg/l
Phosphat,	(PO_4^{3-}),	mg/l
Silicat,	(SiO_2),	mg/l
Gelöster organischer Kohlenstoff (C),		mg/l
Kaliumpermanganatverbrauch ($KMnO_4$),		mg/l
Oxidierbarkeit Mn(VII) → Mn(II) (O_2),		mg/l

a) Koloniebildende Einheiten (KBE), 20 °C, pro ml
Koloniebildende Einheiten (KBE), 36 °C, pro ml
Escherichia coli pro 100 ml
Coliforme Bakterien pro 100 ml
Konzentrationen an Desinfektionsmittel und Nebenprodukten der Desinfektion
Zusatzinformationen (Angaben zu den verwendeten Analysenverfahren, zusätzliche Analysenparameter, Mengenverhältnisse zwischen unterschiedlichen Analysenparametern, Genauigkeit der Ionenbilanz).

b) Negative Werte für die Basekapazität bis pH 8,2 entsprechen der Säurekapazität bis pH 8,2 (die Zugabe von Lauge wirkt sich im Formelumsatz wie ein Entzug von Säure aus).

Anmerkung

In der Praxis müssen Analysenformulare stets noch Angaben zu den folgenden Punkten enthalten: Zertifizierung des Laboratoriums, Probenahmedatum, genaue Bezeichnung der Probenahmestelle, Probenehmer, Beobachtungen bei der Probenahme (Witterung, Wasserführung bei Fließgewässern ...).

Die Dimensionen, in denen die Messwerte angegeben werden, sind aktualisiert und vereinheitlicht worden. Elektrische Leitfähigkeiten bei 20 °C wurden in solche bei 25 °C umgerechnet.

Die Angaben zur Calcitsättigung wurden nach DIN 38404-10:2012-12 aktualisiert und in einigen Fällen korrigiert. Die bei der Probenahme gemessene Temperatur wurde als pH-Messtemperatur und als Bewertungstemperatur eingesetzt. Als Temperatur bei der Messung von $K_{S4,3}$ bzw. $K_{B8,2}$ wurde grundsätzlich 20 °C angegeben. Aktuell gelten die folgenden Bezeichnungen:

- pH A: „Gleichgewichts-pH-Wert nach Gleichgewichtseinstellung durch Austausch von Kohlenstoffdioxid", verkürzt: „Gleichgewichts-pH-Wert",
- pHc($CaCO_3$): „Gleichgewichts-pH-Wert nach Gleichgewichtseinstellung durch Reaktion mit Calcit", verkürzt: „pH-Wert nach Calcitsättigung",
- SI($CaCO_3$): „Sättigungsindex für Calcit", verkürzt: „Sättigungsindex",
- Dc: „Calcitlösekapazität" (mg/l).

Meist werden die verkürzten Bezeichnungen verwendet, auch in den hier wiedergegebenen Analysenbeispielen. Der Delta-pH-Wert wird nicht mehr explizit ausgewiesen, er ergibt sich einfach als Differenz zwischen dem gemessenen pH-Wert und dem pH-Wert nach Calcitsättigung.

Äquivalentverhältnisse

$[K^+]/[Na^+]$: Dieses Verhältnis liegt meist in einer Größenordnung von 0,1. Starke Abweichungen nach unten treten auf, wenn Natriumionen in das Wasser gelangen (z. B. durch Auflösung von Kochsalz oder bei einem Calcium-Natrium-Austausch, Analysenbeispiele 16 und 17). Abweichungen nach oben deuten auf starke Verwitterungsvorgänge an Tonmineralen (Analysenbeispiel 13) oder auf eine Überdüngung mit Kalidünger hin.

$([K^+] + [Na^+])/[Cl^-]$: „Normale" Salzbelastungen (z. B. aus Salz führenden Schichten des Untergrundes) führen zu einem Verhältnis, das sehr nahe bei 1 liegt. Tonreiche Böden halten, wenn sie mit Kalidüngern gedüngt werden, Kalium fest und tauschen es gegen Calcium aus. Das Verhältnis nimmt dann Werte um 0,5 an (Analysenbeispiele 2, 3, 7 und 8). Extrem hohe Werte können durch einen Calcium-Natrium-Austausch entstehen (Analysenbeispiele 16 und 17). Ein Sonderfall ist der Mono Lake in Kalifornien, USA (Analysenbeispiel 29).

$[Mg^{2+}]/[Ca^{2+}]$: Dieses Verhältnis liegt oft zwischen 0,1 und 0,4. Erhöhte Werte werden aus folgenden Anlässen beobachtet: Auflösung von dolomithaltigem Kalk unter dem Einfluss von Kohlensäure (Analysenbeispiel 1), Verwitterung von Tonmineralen bei niedrigen pH-Werten bei Abwesenheit von Kalk (Analysenbeispiel 13) und Einflüsse von Abwässern der Kaliindustrie (Analysenbeispiel 18).

Ionenbilanzfehler (%): Dieser Fehler gibt die Abweichung zwischen Kationensumme und Anionensumme (jeweils berechnet in mmol/(l eq.)) an. Abweichungen bis 5 % sind noch tolerierbar. Bei mineralstoffarmen Wässern sind die Abweichungen naturgemäß besonders groß. In solchen Fällen können Abweichungen bis ca. 10 % im Allgemeinen noch toleriert werden.

Analyse 1: „Weitgehend unbelastetes Grundwasser" (Mittelwerte)

Analyse Nr.	1
Wassertemperatur, °C	10
Elektrische Leitfähigkeit (25 °C) µS/cm	537
pH-Wert bei Wassertemperatur	7,62
pH-Wert, Gleichgewicht	7,31
Sättigungsindex	+0,31
pH-Wert nach Calcitsättigung	7,38
Calcitlösekapazität, mg/l	−20,3
Säurekapazität bis pH 4,3, mmol/l	5,07
Basekapazität bis pH 8,2, mmol/l	0,31
Freie Kohlensäure, mg/l	13,8
Zugehörige Kohlensäure, mg/l	28,2
Sauerstoff, mg/l	9,2
Summe Erdalkalien, mmol/l	2,87
Gesamthärte, °d (veraltet)	16,0
Karbonathärte, °d (veraltet)	14,2
Calcium, mg/l	82,4
Magnesium, mg/l	19,6
Natrium, mg/l	3,4
Kalium, mg/l	1,0
Eisen, gesamt, mg/l	< 0,01
Mangan, mg/l	< 0,01
Ammonium, mg/l	< 0,05
Nitrit, mg/l	< 0,005
Nitrat, mg/l	8,5
Chlorid, mg/l	5,5
Sulfat, mg/l	25
Phosphat, mg/l	< 0,01
Kaliumpermanganatverbrauch, mg/l	< 2
Oxidierbarkeit, mg/l Sauerstoff	< 0,5
$[K^+]/[Na^+]$	0,163
$([K^+] + [Na^+])/[Cl^-]$	1,174
$[Mg^{2+}]/[Ca^{2+}]$	0,392
Ionenbilanzfehler (%)	0,41

Erläuterungen zu Analyse 1:

Bei diesem Wasser handelt es sich um ein anthropogen weitgehend unbelastetes Grundwasser aus dem Voralpengebiet. Die Zahlenwerte entsprechen Jahresmittelwerten für das Jahr 1995. Der Grundwasserleiter enthält als einzige reaktive Stoffdepotkomponente Kalk. Deshalb gelangt das Wasser in den Zustand der Calcitsättigung. Durch CO_2-Verluste oder Erwärmung kann leicht auch ein Zustand der Übersättigung erreicht werden.

Der angegebene pH-Wert von 7,62 entspricht einer Übersättigung. Diese kann aber auch einen rechnerischen Ursprung haben, weil der pH-Wert als logarithmische Größe einer arithmetischen Mittelwertbildung unterworfen worden ist.

Besonders hervorzuheben sind die folgenden Feststellungen: Die Sauerstoffkonzentration erreicht 84 % der Sättigungskonzentration bei 10 °C. Der Grundwasserleiter kann daher in Übereinstimmung mit der oben gemachten Feststellung keine reduzierenden Stoffdepotkomponenten enthalten, die zu einer Zehrung von Sauerstoff oder sauerstoffhaltigen Anionen (Nitrat, Sulfat) führen könnten. In einem solchen Wasser fehlen auch diejenigen Inhaltsstoffe, die auf sonstige Redoxvorgänge zurückzuführen sind wie gelöstes Eisen und Mangan sowie Ammonium und Nitrit. Auch die organische Belastung wird als Kaliumpermanganatverbrauch unterhalb der analytischen Bestimmungsgrenze angegeben.

Die Chloridkonzentration ist ausgesprochen niedrig (siehe hierzu Abschn. 4.4.1 „Chlorid"). Bei den molaren Verhältnissen fällt vor allem auf, dass vergleichsweise viel Magnesium vorhanden ist, was in diesem Fall wahrscheinlich auf einen erhöhten Magnesiumgehalt des Kalks bzw. auf eine dolomitische Komponente im Grundwasserleiter zurückzuführen ist.

Analysen 2 und 3: „Herkunft und Verhalten des Eisens"

Analyse Nr.	2	3
Geruch	ohne	ohne
Färbung	ohne	ohne
Trübung	ohne	ohne
Bodensatz	ohne	ohne
Wassertemperatur, °C	8,5	8,9
Elektrische Leitfähigkeit (25 °C), µS/cm	915	921
pH-Wert bei Wassertemperatur	7,09	7,04
pH-Wert, Gleichgewicht	7,12	7,09
Sättigungsindex	−0,031	−0,052
pH-Wert nach Calcitsättigung	7,12	7,08
Calcitlösekapazität, mg/l	3,8	7,0
Säurekapazität bis pH 4,3, mmol/l	5,30	5,50
Basekapazität bis pH 8,2, mmol/l	1,13	1,30
Freie Kohlensäure, mg/l	48,8	56,3
Zugehörige Kohlensäure, mg/l	45,5	50,0
Sauerstoff, mg/l	5,8	4,8
Summe Erdalkalien, mmol/l	4,05	4,14
Gesamthärte, °d (veraltet)	22,7	23,2
Karbonathärte, °d (veraltet)	14,8	15,4
Calcium, mg/l	140	144
Magnesium, mg/l	13,2	13,2
Natrium, mg/l	12,6	13,1
Kalium, mg/l	1,6	0,9
Eisen, gesamt, mg/l	< 0,02	0,22
Eisen(II), mg/l	< 0,02	0,16
Mangan, mg/l	< 0,02	< 0,02
Ammonium, mg/l	< 0,05	< 0,05
Nitrit, mg/l	< 0,005	< 0,005
Nitrat, mg/l	43	33
Chlorid, mg/l	41	39
Sulfat, mg/l	72	83
Phosphat, mg/l	< 0,05	0,08
Silicat, mg/l	2,3	3,6
Kaliumpermanganatverbrauch, mg/l	2,5	3,6
Oxidierbarkeit, mg/l Sauerstoff	0,63	0,91
$[K^+]/[Na^+]$	0,075	0,040
$([K^+] + [Na^+])/[Cl^-]$	0,509	0,539
$[Mg^{2+}]/[Ca^{2+}]$	0,156	0,151
Ionenbilanzfehler (%)	0,14	0,10

Erläuterungen zu den Analysen 2 und 3:

Die Analysen 2 und 3 repräsentieren zwei Grundwässer aus der Weserniederung, die aus zwei unmittelbar benachbarten Brunnen eines Grundwasserwerks stammen.

Die beiden Grundwässer sind durch landwirtschaftliche Einflüsse beeinträchtigt. Dies drückt sich in erster Linie in den Nitratkonzentrationen aus, die, vor allem bei Analyse 2, in bedenkliche Nähe zum Nitratgrenzwert von 50 mg/l angestiegen sind.

Der Grundwasserleiter im Bereich des zu Analyse 2 gehörenden Brunnens scheint keine nennenswerten Anteile reduzierender Stoffdepotkomponenten zu enthalten. Der Sauerstoffgehalt ist zwar deutlich niedriger als bei Analyse 1, doch ist er für norddeutsche Verhältnisse immer noch beachtlich. Vor allem sind aber keine Eisensulfide vorhanden, die als Reaktionspartner bei der Denitrifikation Eisen (und eventuell Mangan) an das Wasser abgeben könnten.

Der zu Analyse 3 gehörende Brunnen steht offenbar an einer Stelle, an der in einem eng begrenzten Bereich des Grundwasserleiters noch Spuren von Eisensulfiden vorkommen. Es läuft eine Denitrifikation ab, die dazu führt, dass das Wasser Spuren von Eisen aufnimmt, während die Nitratkonzentration sinkt und die Sulfatkonzentration um den stöchiometrisch korrekten Betrag steigt (bei der Denitrifikation von 10 mg/l Nitrat nach Gl. (4.1) entstehen 11,1 mg/l Sulfat, unter Einbeziehung von Gl. (4.2) sind es 10,3 mg/l, nachgewiesen wurde ein Anstieg um 11 mg/l).

Dass sich die Eisensulfide in unmittelbarer Nähe des Brunnens befinden müssen, zeigt die Tatsache, dass trotz der Gegenwart von Sauerstoff und Nitrat das ursprünglich mobilisierte Eisen bis zum Eintritt des Wassers in den Brunnen noch nicht vollständig oxidiert und als Eisen(III)-oxidhydrat wieder ausgefällt worden ist. Von den 3,22 mg/l Eisen, die nach Gl. (4.1) ursprünglich mobilisiert worden sein müssen, sind allerdings 3,0 mg/l oder 93 % wieder ausgefällt worden.

Auch im Brunnen selbst setzt sich die Oxidation fort. Nach Gl. (4.5) liegt zwischen der Mischung und der Probenahme eine Zeitspanne von ungefähr 25 min.

Die einzige Alternative zu der hier skizzierten Art der Eisenmobilisierung besteht darin, eine Reduktion von Eisen(III)-Verbindungen anzunehmen. Diese Alternative ist für die hier vorliegende Situation nicht plausibel: Zum einen fehlt in diesem Fall eine Erklärung für die Abnahme des Nitrats bei gleichzeitiger stöchiometrisch exakter Zunahme des Sulfats. Zum anderen ist zu bedenken, dass bekanntlich jede Reaktion mit ortsfesten Komponenten des Grundwasserleiters Bedingungen voraussetzt, unter denen der Reaktionspartner in gelöster Form vorliegt. Hierfür kommt nur gelöster organischer Kohlenstoff in mikrobiell gut nutzbarer Form infrage. Für die Annahme, dass solche Kohlenstoffverbindungen in das Wasser eindringen oder gar im Untergrund entstehen könnten, fehlt jede vernünftige Grundlage.

Analysen 4, 5 und 6: „Denitrifikation im kalkarmen Grundwasserleiter, Huminstoffe"

Analyse Nr.	4	5	6
Geruch	ohne	H_2S	H_2S
Färbung	ohne	gelblich	gelb
Trübung	ohne	ohne	ohne
Bodensatz	ohne	ohne	ohne
Wassertemperatur, °C	8,6	9,0	10,0
Elektrische Leitfähigkeit (25 °C), µS/cm	384	1245	325
pH-Wert bei Wassertemperatur	7,16	6,73	6,53
pH-Wert, Gleichgewicht	7,96	7,33	7,87
Sättigungsindex	−0,80	−0,60	−1,34
pH-Wert nach Calcitsättigung	7,80	7,14	7,27
Calcitlösekapazität, mg/l	22,75	61,5	124,9
Säurekapazität bis pH 4,3, mmol/l	1,67	2,95	2,45
Basekapazität bis pH 8,2, mmol/l	0,30	1,38	1,92
Freie Kohlensäure, mg/l	13,6	59,6	84,1
Sauerstoff, mg/l	0,2	< 0,1	< 0,1
Summe Erdalkalien, mmol/l	1,60	5,44	1,46
Gesamthärte, °d (veraltet)	9,0	30,5	8,2
Karbonathärte, °d (veraltet)	4,7	8,3	6,9
Karbonathärte, korrigiert, °d	4,5	5,3	5,9
Calcium, mg/l	55	204	42
Magnesium, mg/l	5,5	8,2	10,2
Natrium, mg/l	11	40	16,2[a)]
Kalium, mg/l	1,0	4,6	–
Eisen, gesamt, mg/l	1,60	29,3	9,2
Eisen(II), mg/l	1,50	29,3	9,2
Mangan, mg/l	0,19	2,11	0,63
Ammonium, mg/l	0,06	0,98	1,10
Nitrit, mg/l	< 0,01	< 0,01	< 0,01
Nitrat, mg/l	< 0,2	0,3	< 0,2
Chlorid, mg/l	20	62	25
Sulfat, mg/l	67	480	37
Phosphat, mg/l	0,06	0,48	0,67
Silicat, mg/l	8,8	–	14
Gelöster organischer Kohlenstoff, mg/l	2,7	8,8	–
Kaliumpermanganatverbrauch, mg/l	6,8	16,8	70,0
Oxidierbarkeit, mg/l Sauerstoff	1,72	4,25	17,7
$[K^+]/[Na^+]$	0,054	0,068	–
$([K^+] + [Na^+])/[Cl^-]$	0,894	1,062	–
$[Mg^{2+}]/[Ca^{2+}]$	0,165	0,066	0,400
Ionenbilanzfehler (%)	3,6	5,5	–

a) Die Natriumkonzentration wurde nicht gemessen, sondern aus der Chloridkonzentration ermittelt.

Erläuterungen zu den Analysen 4, 5 und 6:

Die den drei Analysen zuzuordnenden Brunnen liegen nördlich von Hannover im Fuhrberger Feld und haben eine Tiefe von 25 m. Trotz dieser Gemeinsamkeiten unterscheiden sich die Analysen in einigen Parametern außerordentlich stark. Diese Unterschiede sind nur vor dem Hintergrund der Beschaffenheit des Grundwasserleiters zu verstehen.

Der Grundwasserleiter enthält partikuläre organische Substanz („fossiles Holz") sowie Eisensulfide, vorwiegend Pyrit. Im Einzugsgebiet des von Strebel *et al.* (1985) untersuchten Brunnens 1 des Wasserwerks Fuhrberg der Stadtwerke Hannover AG, der zwischen den drei Brunnen liegt, wurden die folgenden Konzentrationen gemessen: Braunkohle: 4 kg/m^3; Eisensulfide (berechnet als Pyrit): 0,5 kg/m^3 (Kölle, 1989). Der Grundwasserleiter ist praktisch kalkfrei, sodass bei der Denitrifikation durch Eisensulfide vergleichsweise hohe Anteile des ursprünglich mobilisierten Eisens in Lösung bleiben.

Der Brunnen zu Analyse 4 ist durch ein Einzugsgebiet geprägt, das praktisch ausschließlich aus Nadelwald besteht. Der Brunnen zu Analyse 5 wird durch landwirtschaftliche Einflüsse (Grünlandumbruch) belastet, mit dem Effekt, dass die Konzentrationen aller Inhaltsstoffe (außer Nitrat) sehr stark erhöht sind. Der Brunnen zu Analyse 6 (Brunnen 3 des Wasserwerks Fuhrberg) ist wiederum ausschließlich durch Nadelwald beeinflusst. Die Besonderheit dieses Brunnens liegt darin, dass hier zum Zeitpunkt der Probenahme der Umsatz der Sulfatreduktion, erkennbar an der niedrigen Sulfatkonzentration und an dem protokollierten Schwefelwasserstoffgeruch, besonders hoch war. Dies lag wahrscheinlich daran, dass vor Inbetriebnahme des Brunnens das Grundwassergefälle hier sehr gering war, sodass für diese langsame Reaktion genügend Zeit zur Verfügung stand. Hinzu kommt, dass dieser Brunnen nach seiner Inbetriebnahme wegen der kritischen Wasserbeschaffenheit nur einen geringen Beitrag zum Gesamtfördervolumen beisteuerte. Nicht zuletzt erfolgte die Probenahme schon zu einem Zeitpunkt (Juni 1971), an dem sich diese Besonderheiten noch nicht ausgeglichen hatten (heute haben sie sich weitgehend ausgeglichen). Dem Wasser im Basisbereich des Fuhrberger Grundwasserleiters wurde ein Alter von 3000–6000 Jahren zugeordnet (Geyh und Kuckelkorn, 1969).

Bemerkenswert ist der Anstieg der organischen Belastung, ausgedrückt als Kaliumpermanganatverbrauch, von Analyse 4 bis Analyse 6. Entsprechend den Ausführungen in Abschn. 6.3.2 „Herkunft refraktärer organischer Substanzen" kann davon ausgegangen werden, dass die Rolle der Sulfatreduktion im Hinblick auf die Huminstoffmobilisierung von Analyse 4 bis Analyse 6 zunimmt.

Analysen 7 und 8: „Denitrifikation im kalkhaltigen Grundwasserleiter"

Analyse Nr.	**7**	**8**
Geruch	ohne	ohne
Färbung	ohne	ohne
Trübung	ohne	ohne
Bodensatz	ohne	ohne
Wassertemperatur, °C	9,6	8,2
Spektraler Absorbtionskoeffizient 254 nm, m^{-1}	8,8	–
Spektraler Absorbtionskoeffizient 436 nm, m^{-1}	0,07	–
Elektrische Leitfähigkeit (25 °C), µS/cm	1186	1495
pH-Wert bei Wassertemperatur	7,04	6,89
pH-Wert, Gleichgewicht	6,95	6,84
Sättigungsindex	+0,09	+0,045
pH-Wert nach Calcitsättigung	6,98	6,87
Calcitlösekapazität, mg/l	−13,0	−9,3
Säurekapazität bis pH 4,3, mmol/l	5,60	6,65
Basekapazität bis pH 8,2, mmol/l	1,27	2,16
Freie Kohlensäure, mg/l	55,1	93,6
Zugehörige Kohlensäure, mg/l	67,8	104,3
Sauerstoff, mg/l	< 0,1	0,9
Summe Erdalkalien, mmol/l	5,82	7,46
Gesamthärte, °d (veraltet)	32,6	41,8
Karbonathärte, °d (veraltet)	15,7	18,6
Karbonathärte, korrigiert, °d	15,3	18,4
Calcium, mg/l	226	284
Magnesium, mg/l	3,6	8,8
Natrium, mg/l	26,1	28,9
Kalium, mg/l	1,9	2,2
Eisen, gesamt, mg/l	3,93	3,50
Eisen(II), mg/l	3,64	1,99
Mangan, mg/l	0,47	0,68
Ammonium, mg/l	0,06	0,20
Nitrit, mg/l	< 0,01	< 0,005
Nitrat, mg/l	< 0,2	0,28
Chlorid, mg/l	79	83,4
Sulfat, mg/l	248	369
Phosphat, mg/l	0,18	0,06
Silicat, mg/l	15,3	5,1
Gelöster organischer Kohlenstoff, mg/l	1,6	0,9
Kaliumpermanganatverbrauch, mg/l	6,1	4,2
Oxidierbarkeit, mg/l Sauerstoff	1,54	1,06
$[K^+]/[Na^+]$	0,043	0,045
$([K^+] + [Na^+])/[Cl^-]$	0,531	0,558
$[Mg^{2+}]/[Ca^{2+}]$	0,026	0,051
Ionenbilanzfehler (%)	0,66	2,24

Erläuterungen zu den Analysen 7 und 8:

Die Brunnen zu den Analysen 7 und 8 gehören zu Grundwasserwerken verschiedener Versorgungsunternehmen in Niedersachsen. Die Grundwasserleiter sind reduziert, im Gegensatz zum Grundwasserleiter des Fuhrberger Feldes enthalten sie aber Kalk. In beiden Grundwasserleitern läuft eine vollständige Denitrifikation ab.

Aufgrund des Kalkgehaltes des Grundwasserleiters werden hohe Säurekapazitäten bis pH 4,3 erreicht. Die Wässer haben positive Sättigungsindices, sie sind also leicht übersättigt. Zu den Konsequenzen des Kalkgehaltes zählt auch die Tatsache, dass das bei der Denitrifikation ursprünglich mobilisierte Eisen bis auf Reste von 3,9 bzw. 3,5 mg/l wieder eliminiert wird.

Das Wasser zu Analyse 8 ist besonders stark belastet. Dies ist auf Grünlandumbrüche im Wassergewinnungsgebiet dieses Werks zurückzuführen. Das Wasser enthält noch Sauerstoff, sodass mit Gl. (4.4) die Zeitspanne ermittelt werden kann, die zwischen Mischung und Probenahme verstrichen sein muss. Sie liegt rechnerisch bei 17 min.

An beiden Standorten ist die Wasserhärte so hoch, dass man sich dazu entschlossen hat, Schnellentcarbonisierungsanlagen zu bauen und zu betreiben (Analysenbeispiele 24 und 25).

Analysen 9, 10 und 11: „Sulfatreduktion, Huminstoffe"

Analyse Nr.	9	10	11
Geruch	H_2S	(H_2S)	(H_2S)
Färbung	gelblich	ohne	ohne
Trübung	gering	ohne	ohne
Bodensatz	ohne	ohne	ohne
Wassertemperatur, °C	10,5	10,4	12,6
Elektrische Leitfähigkeit (25 °C), μS/cm	440	540	520
pH-Wert bei Wassertemperatur	7,00	7,29	7,32
pH-Wert, Gleichgewicht	7,30	7,18	7,09
Sättigungsindex	−0,30	+0,10	+0,23
pH-Wert nach Calcitsättigung	7,18	7,22	7,16
Calcitlösekapazität, mg/l	37,4	−11,0	−24,5
Säurekapazität bis pH 4,3, mmol/l	5,6	6,11	6,10
Basekapazität bis pH 8,2, mmol/l	1,45	0,80	0,71
Freie Kohlensäure, mg/l	63,6	35,2	31,4
Zugehörige Kohlensäure, mg/l	31,8	44,6	53,1
Sauerstoff, mg/l	< 0,1	< 0,1	< 0,1
Summe Erdalkalien, mmol/l	2,45	2,80	2,98
Gesamthärte, °d (veraltet)	13,7	15,7	16,7
Karbonathärte, °d (veraltet)	15,7	17,1	17,1
Karbonathärte, korrigiert, °d	13,6	16,9	16,9
Calcium, mg/l	71,0	89,0	102
Magnesium, mg/l	15,8	15,0	10,3
Natrium, mg/l	9,0[b)]	20,1[b)]	8,1
Kalium, mg/l	–	–	2,0
Eisen, gesamt, mg/l	18,4	2,17	2,21
Eisen(II), mg/l	18,4	2,17	2,21
Mangan, mg/l	0,43	0,15	0,16
Ammonium, mg/l	0,19	1,19	0,81
Nitrit, mg/l	< 0,005	< 0,01	< 0,01
Nitrat, mg/l	0,36	0,04	< 0,2
Chlorid, mg/l	13,8	31	9,9
Sulfat, mg/l	< 5	< 5	< 5
Phosphat, mg/l	< 0,05	0,77	–
Silicat, mg/l	–	29,2	21,6
Kaliumpermanganatverbrauch, mg/l	44,9	8,2	7,7
Oxidierbarkeit, mg/l Sauerstoff	11,4	2,1	1,95
$[K^+]/[Na^+]$	–	–	0,146
$([K^+] + [Na^+])/[Cl^-]$	–	–	1,437
$[Mg^{2+}]/[Ca^{2+}]$	0,37	0,28	0,167
Ionenbilanzfehler (%)	–	–	0,19

a) Literatur zu Analyse 11: Noll (1972).

b) Die Natriumkonzentration wurde nicht gemessen, sondern aus der Chloridkonzentration ermittelt.

Erläuterungen zu den Analysen 9, 10 und 11:

Bei den Brunnen zu den Analysen 9, 10 und 11 handelt es sich um Vertikalbrunnen in reduzierenden Grundwasserleitern. Sie entnehmen das Wasser aus Tiefen, in denen die Sulfatreduktion jeweils weitgehend abgeschlossen ist. Das Grundwasser zu Analyse 9 ist calcitlösend. Entsprechend den Ausführungen in Abschn. 6.3.2 müssen daher Bedingungen vermutet werden, unter denen hohe Huminstoffkonzentrationen entstehen. Ein Blick auf den Kaliumpermanganatverbrauch dieses Wassers bestätigt das. Die Wässer zu den Analysen 10 und 11 sind calcitabscheidend und vergleichsweise gering mit Huminstoffen belastet.

Die Analysen 10 und 11 verdeutlichen einen interessanten Sachverhalt: Wässer aus einem reduzierenden kalkhaltigen Grundwasserleiter, in denen die Denitrifikation und die Sulfatreduktion abgeschlossen sind, weisen auffallende Ähnlichkeiten auf. Im Hinblick auf die Konzentrationen von Nitrat und Sulfat ist dies trivial: Sie liegen in beiden Wässern nahe bei null. Die Säurekapazität bis pH 4,3 erreicht bei Werten um 6 mmol/l einen Bereich, bei dem jede weitere Erhöhung mit einem überproportional steigenden Zuwachs an „zugehöriger Kohlensäure" erkauft werden muss, sodass von daher eine natürliche Barriere gegen Extremwerte der Härte existiert. Diese Barriere wird (fast) unabhängig davon erreicht, welche Ausgangsbedingungen geherrscht haben; sie wirkt also nivellierend. Extreme Härtewerte, wie sie beispielsweise in den Analysen 7 und 8 dokumentiert sind, kommen dagegen nur zustande, wenn der Anteil der „Nichtkarbonathärte" entsprechend hoch wird.

Beide Wässer stimmen auch darin überein, dass sie leicht calcitabscheidende Eigenschaften haben und dass die Säurekapazität bis pH 4,3 höher ist als die Summe Erdalkalien in Äquivalenten („die Karbonathärte ist höher als die Gesamthärte").

Eine gute Übereinstimmung zeigen auch die Konzentrationen von Eisen und Mangan, eine mäßig gute die Konzentration von Ammonium. Offenbar sind in Grundwasserleitern der hier diskutierten Art vergleichbare Vorgänge dafür verantwortlich, dass Inhaltsstoffe refraktär werden.

Freiheitsgrade besitzen in solchen Wässern im Wesentlichen nur noch Natrium und Chlorid. In den vorliegenden Beispielen befindet sich der Brunnen zu Analyse 10 an der Küste, der Brunnen zu Analyse 11 befindet sich bei Mannheim. Zwischen beiden Brunnen befindet sich eine Distanz von etwa 500 km. Dies ist ein plausibler Grund für die unterschiedlichen Chloridkonzentrationen.

Nach PHREEQC ist das Wasser zu Analyse 10 hinsichtlich der folgenden Mineralspezies übersättigt: Calcit ($CaCO_3$), Siderit ($FeCO_3$), Hydroxylapatit ($Ca_5(OH|(PO_4)_3)$) und Vivianit ($Fe_3(PO_4)_3 \cdot 8H_2O$). Die phosphathaltigen Spezies gelangen rechnerisch in den Zustand der Sättigung, wenn man die Phosphatkonzentration von 0,77 auf 0,69 mg/l *oder* den pH-Wert von 7,29 auf 7,26 erniedrigt.

Analysen 12 und 13: „Strontium … Tonmineralverwitterung“

Analyse Nr.	12	13
Geruch	ohne	ohne
Färbung	ohne	ohne
Trübung	ohne	ohne
Bodensatz	ohne	ohne
Wassertemperatur, °C	12,3	9,3
Elektrische Leitfähigkeit (25 °C), µS/cm	956	1004
pH-Wert bei Wassertemperatur	7,31	4,80
pH-Wert, Gleichgewicht	7,30	8,90
Sättigungsindex	+0,005	−4,10
pH-Wert nach Calcitsättigung	7,31	6,87
Calcitlösekapazität, mg/l	0,4	341
Säurekapazität bis pH 4,3, mmol/l	5,06	0,12
Basekapazität bis pH 8,2, mmol/l	0,64	5,74
Freie Kohlensäure, mg/l	25,6	249
Zugehörige Kohlensäure, mg/l	26,0	0,02
Sauerstoff, mg/l	0,3	9,5
Summe Erdalkalien, mmol/l	4,99	4,07
Gesamthärte, °d (veraltet)	27,95	22,8
Karbonathärte, °d (veraltet)	14,2	0,4
Calcium, mg/l	98	82,1
Magnesium, mg/l	62	49,1
Strontium, mg/l	40	–
Natrium, mg/l	18,3	7,5
Kalium, mg/l	2,3	8,7
Eisen, gesamt, mg/l	0,05	0,05
Eisen(II), mg/l	0,02	< 0,02
Mangan, mg/l	< 0,02	0,52
Ammonium, mg/l	< 0,05	< 0,05
Nitrit, mg/l	< 0,01	< 0,01
Nitrat, mg/l	< 0,2	435
Chlorid, mg/l	21	31
Sulfat, mg/l	247	44
Phosphat, mg/l	< 0,05	–
Silicat, mg/l	15,9	–
Gelöster organischer Kohlenstoff, mg/l	1,6	–
Kaliumpermanganatverbrauch, mg/l	2,0	–
Oxidierbarkeit, mg/l Sauerstoff	0,51	–
$[K^+]/[Na^+]$	0,074	0,682
$([K^+] + [Na^+])/[Cl^-]$	1,443	0,628
$[Mg^{2+}]/[Ca^{2+}]$	1,043	0,986
Ionenbilanzfehler (%)	0,49	2,5

Erläuterungen zu den Analysen 12 und 13:

Die Analysen 12 und 13 stehen in keinem Zusammenhang. Die Besonderheit bei Analyse 12 besteht darin, dass das untersuchte Grundwasser 40 mg/l Strontium enthielt. Entdeckt wurde das Strontium dadurch, dass die Härte sowohl durch komplexometrische Titration als auch durch ionenchromatografische Analyse von Calcium und Magnesium bestimmt wurde. Im ersten Fall wird Strontium miterfasst, im zweiten Fall naturgemäß nicht. Die Differenz beträgt hier ca. 0,46 mmol/l oder 2,6 °d. Bei der Aufklärung dieser Differenz stieß man fast zwangsläufig auf das Strontium.

Die wahrscheinlichste Erklärung für das Auftreten von Strontium besteht darin, dass im Einzugsgebiet des Brunnens Zuckerrüben angebaut wurden, die mit Abfällen der Zuckergewinnung („Scheideschlamm") gedüngt wurden, und dass dabei auch strontiumhaltige Abfälle auf die Äcker gelangten. Strontiumhydroxid spielte früher eine Rolle bei der Aufarbeitung von Melasse (Henglein, 1959). Das Strontium gelangte entweder als Carbonat oder als Hydroxid, das sich in der Bodenluft in Carbonat umwandelt, auf den Acker. Diese Art der Düngung hat möglicherweise auch zu den erhöhten Magnesiumgehalten geführt.

Die Daten zur Calcitsättigung wurden für Analyse 12 so berechnet, als wäre das Strontium nicht vorhanden. Weitere Details zum Verhalten des Strontiums werden in Abschn. 4.1.3 diskutiert.

Die Wasserprobe zu Analyse 13 stammt aus einer 12,5 m tiefen Grundwassermessstelle. Im Bereich dieser Messstelle sind sehr große Mengen organischen Stickstoffs durch Sauerstoff nitrifiziert worden. Dabei bildeten sich neben sehr viel CO_2 auch 435 mg/l Nitrat als Salpetersäure. Da der Grundwasserleiter in diesem Tiefenbereich kalkfrei ist, wurde die Säure durch die Zersetzung von Silicaten (Tonmineralen) bis auf einen pH-Wert von 4,8 abgepuffert. Für diesen Prozess typisch sind hohe Konzentrationen von Magnesium und Kalium im Wasser bzw. hohe Zahlenwerte für das Magnesium-Calcium- und das Kalium-Natrium-Verhältnis. Tonminerale enthalten meist auch Eisen und Mangan, die bei Zersetzungsprozessen ebenfalls mobilisiert werden können. Die Eisenkonzentration ist mit 0,05 mg/l zwar nur gering, aber bei einer Sauerstoffkonzentration von 9,5 mg/l trotzdem bemerkenswert. Eine Manganoxidation findet bei einem pH-Wert von 4,8 nicht statt, das Mangan bleibt trotz der hohen Sauerstoffkonzentration in Lösung.

In der Regel ist die Berechnung der Basekapazität bis pH 8,2 (der freien Kohlensäure) nach DIN 38404-10 genauer als die Titration mit Lauge vor Ort. Das Wasser zu Analyse 13 ist ein Beispiel dafür, dass dies nicht immer so ist. Je mehr sich der pH-Wert dem Wert 4,3 nähert, desto mehr wirken sich kleine Fehler in der pH-Messung oder in der Bestimmung der Säurekapazität bis pH 4,3 auf das Rechenergebnis aus. Im vorliegenden Fall steigt der Rechenwert für die Basekapazität bis pH 8,2 von 5,74 auf 9,05 mmol/l (die freie Kohlensäure von 252 auf 398 mg/l), wenn man statt eines pH-Wertes von 4,8 einen solchen von 4,7 in die Rechnung einsetzt.

Analysen 14 und 15: „Ionensorption"

Analyse Nr.	14	15
Geruch	ohne	ohne
Färbung	ohne	ohne
Trübung	ohne	ohne
Bodensatz	ohne	ohne
Wassertemperatur, °C	9,6	8,7
Spektraler Absorbtionskoeffizient 254 nm, m^{-1}	5,3	–
Spektraler Absorbtionskoeffizient 436 nm, m^{-1}	0,90	–
Elektrische Leitfähigkeit (25 °C), µS/cm	118	137
pH-Wert bei Wassertemperatur	6,80	5,76
pH-Wert, Gleichgewicht	8,97	9,65
Sättigungsindex	−2,17	−3,88
pH-Wert nach Calcitsättigung	8,42	7,90
Calcitlösekapazität, mg/l	28,1	89,8
Säurekapazität bis pH 4,3, mmol/l	0,65	0,24
Basekapazität bis pH 8,2, mmol/l	0,27	1,01
Freie Kohlensäure, mg/l	11,7	43,3
Zugehörige Kohlensäure, mg/l	0,08	0,01
Sauerstoff, mg/l	0,1	2,7
Summe Erdalkalien, mmol/l	0,34	0,25
Gesamthärte, °d (veraltet)	1,93	1,40
Karbonathärte, °d (veraltet)	1,68	0,56
Calcium, mg/l	11,0	7,1
Magnesium, mg/l	1,7	1,8
Natrium, mg/l	6,7	11,6
Kalium, mg/l	1,3	1,5
Eisen, gesamt, mg/l	3,78	< 0,02
Eisen(II), mg/l	3,60	< 0,02
Mangan, mg/l	0,09	< 0,02
Ammonium, mg/l	< 0,05	0,1
Nitrit, mg/l	< 0,01	< 0,005
Nitrat, mg/l	0,2	2,3
Chlorid, mg/l	6,5	23
Sulfat, mg/l	11	8
Phosphat, mg/l	1,30	< 0,05
Silicat, mg/l	24,5	19,6
Gelöster organischer Kohlenstoff, mg/l	0,9	0,4
Kaliumpermanganatverbrauch, mg/l	5,6	2,2
Oxidierbarkeit, mg/l Sauerstoff	1,42	0,56
$[K^+]/[Na^+]$	0,114	0,076
$([K^+] + [Na^+])/[Cl^-]$	1,771	0,837
$[Mg^{2+}]/[Ca^{2+}]$	0,255	0,418
Ionenbilanzfehler (%)	5,8	3,8

Erläuterungen zu den Analysen 14 und 15:

Bei den Brunnen zu den Analysen 14 und 15 handelt es sich um tiefe Vertikalbrunnen zweier niedersächsischer Grundwasserwerke. Die beiden Wässer fallen dadurch auf, dass alle Inhaltsstoffe nur in niedrigen Konzentrationen vorhanden sind. Die Konzentrationen sind teilweise deutlich niedriger als bei dem anthropogen weitgehend unbelasteten Grundwasser im Analysenbeispiel 1. Wässer dieser Art lassen sich nur durch Ionensorptionsprozesse erklären. Siehe hierzu die Ausführungen in den Abschn. 2.4 „Grundwasser" und 1.3.5 „Sorptionsreaktionen".

Das Wasser zu Analyse 15 enthält Sauerstoff und Nitrat, das Wasser zu Analyse 14 dagegen nicht. Insofern handelt es sich um zwei verschiedene Typen von „Ionensorptionswässern".

An einer Brunnenwasserprobe aus dem gleichen Wassergewinnungsgebiet, in dem auch der Brunnen zu Analysenbeispiel 15 betrieben wird, ist im Jahre 1987 eine Tritiumdatierung durchgeführt worden. Das Ergebnis dieser Untersuchung wurde dahingehend interpretiert, dass die Probe eine Mischung aus oberflächennahem und sehr altem Grundwasser („sicher älter als ein Jahrhundert") darstellt.

Die Tatsache, dass offenbar sehr altes Grundwasser am Zustandekommen des untersuchten Wasserkörpers beteiligt war, ändert nichts an der Feststellung, dass das Wasser durch Ionensorptionsprozesse geprägt sein muss. Dafür sprechen drei Argumente:

- Der Grundwasserleiter muss Eigenschaften aufweisen, die ihn dazu befähigen, länger als ein Jahrhundert mit dem hier diskutierten mineralstoffarmen Wasser im chemischen Austauschgleichgewicht gestanden zu haben.
- Das Wasser enthält 2,7 mg/l Sauerstoff. Wenn die alte Komponente des Grundwassers nitrat- und sauerstofffrei ist und die oberflächennahe Komponente mit 10 mg/l Sauerstoff und x mg/l Nitrat versickert, sollte, wie man leicht nachprüfen kann, x bei $10 * 2{,}3/2{,}7 = 8{,}5$ mg/l gelegen haben. Für ein Wassergewinnungsgebiet, das in weiten Bereichen landwirtschaftlich genutzt wird, ist es nicht glaubhaft, dass im oberflächennahen Grundwasser die Nitratkonzentration niedriger gewesen sein soll als die Sauerstoffkonzentration.
- Mit Material aus dem hier diskutierten Grundwasserleiter wurde im Labor bestätigt, dass ausgeprägte Ionensorptionseigenschaften vorhanden sind.

Analysen 16 und 17: „Ionenaustausch von Calcium gegen Natrium"

Analyse Nr.	16	17
Geruch	ohne	ohne
Färbung	ohne	ohne
Trübung	ja	ohne
Bodensatz	ja	ohne
Wassertemperatur, °C	14,6	13,5
Elektrische Leitfähigkeit (25 °C), µS/cm	617	1269
pH-Wert bei Wassertemperatur	9,08	9,07
pH-Wert, Gleichgewicht	7,96	8,69
Sättigungsindex	+1,12	+0,40
pH-Wert nach Calcitsättigung	8,59	9,08
Calcitlösekapazität, mg/l	−34,4	−2,9
Säurekapazität bis pH 4,3, mmol/l	6,02	12,9
Säurekapazität bis pH 8,2, mmol/l	0,44	0,75
Freie Kohlensäure, mg/l	0,45	1,0
Zugehörige Kohlensäure, mg/l	6,0	2,5
Sauerstoff, mg/l	< 0,1	< 0,1
Summe Erdalkalien, mmol/l	0,83	0,05
Gesamthärte, °d (veraltet)	4,65	0,30
Karbonathärte, °d (veraltet)[a]	16,9	36,1
Calcium, mg/l	17,2	2,0
Magnesium, mg/l	9,70	0,06
Natrium, mg/l	130,5	306
Kalium, mg/l	1,7	1,8
Eisen, gesamt, mg/l	< 0,02	0,09
Eisen(II), mg/l	< 0,02	0,08
Mangan, mg/l	< 0,02	< 0,05
Ammonium, mg/l	< 0,05	0,45
Nitrit, mg/l	< 0,005	< 0,01
Nitrat, mg/l	0,1	< 0,2
Chlorid, mg/l	16	21
Sulfat, mg/l	27	13
Phosphat, mg/l	0,09	0,42
Silicat, mg/l	15,3	8,6
Gelöster organischer Kohlenstoff, mg/l	0,7	0,6
Kaliumpermanganatverbrauch, mg/l	3,2	1,9
Oxidierbarkeit, mg/l Sauerstoff	0,81	0,48
$[K^+]/[Na^+]$	0,008	0,0035
$([K^+] + [Na^+])/[Cl^-]$	12,67	22,55
$[Mg^{2+}]/[Ca^{2+}]$	0,930	0,050
Ionenbilanzfehler (%)	4,6	2,0

a) Überwiegend „scheinbare Karbonathärte".

Erläuterungen zu den Analysen 16 und 17:

Die Wasserproben zu den Analysen 16 und 17 stammen aus einem 195 m tiefen Brunnen, der mit zwei Filterstrecken Grundwasser aus einem Festgesteinsgrundwasserleiter erschließt. Analyse 16 gilt für das Brunnenwasser, Analyse 17 für das Wasser, das der oberen Filterstrecke in 110 m Tiefe zuströmt. In dem oben zuströmenden Wasser, das den tonigen und schluffigen Festgesteinen des Lias entstammt, sind Calcium und Magnesium praktisch vollständig durch Natrium ausgetauscht worden. Dieses Wasser befindet sich, da es so gut wie kein Calcium enthält, rechnerisch im Zustand der Calcitsättigung.

Das unten zuströmende Wasser hat eine mittlere Härte. Das Mischwasser, das sich entsprechend Analyse 16 aus diesen Wässern bildet, ist auf dramatische Weise calcitübersättigt. Eine Unterwasserpumpe konnte in diesem Wasser nicht betrieben werden, da sich in kürzester Zeit Kalkablagerungen an den Lagern und sonstigen bewegten Teilen bildeten, die regelmäßig zum Totalausfall der Pumpe führten. Der Brunnen musste aufgegeben werden.

Analysen 18 und 19: „Fließgewässer" (Leine)

Analyse Nr.	18	19
Geruch	muffig	muffig
Färbung	gelb	gelblich
Trübung, qualitativ	trüb	etwas trüb
Trübung, Formazineinheiten	–	4,5
Bodensatz	ja	gering
Probenahmedatum	28.10.69	05.12.94
Wassertemperatur, °C	11,6	6,8
Spektraler Absorbtionskoeffizient 254 nm, m^{-1}	–	7,1
Spektraler Absorbtionskoeffizient 436 nm, m^{-1}	–	1,1
Elektrische Leitfähigkeit (25 °C), µS/cm	1562	914
pH-Wert bei Wassertemperatur	7,35	7,95
pH-Wert, Gleichgewicht	7,43	7,53
Sättigungsindex	−0,084	+0,440
pH-Wert nach Calcitsättigung	7,42	7,57
Calcitlösekapazität, mg/l	5,03	−14,3
Säurekapazität bis pH 4,3, mmol/l	3,90	3,37
Basekapazität bis pH 8,2, mmol/l	0,41	0,10
Freie Kohlensäure, mg/l	17,4	4,4
Zugehörige Kohlensäure, mg/l	14,4	12,1
Sauerstoff, mg/l	1,6	10,1
Summe Erdalkalien, mmol/l	6,28	3,30
Gesamthärte, °d (veraltet)	35,2	18,5
Karbonathärte, °d (veraltet)	10,9	9,4
Calcium, mg/l	106	101
Magnesium, mg/l	89	19
Natrium, mg/l	137,0[a)]	48
Kalium, mg/l	–	5,0
Eisen, gesamt, mg/l	0,18	0,12
Mangan, mg/l	0,20	0,17
Ammonium, mg/l	1,4	0,28
Nitrit, mg/l	0,90	1,00
Nitrat, mg/l	16,0	24,0
Chlorid, mg/l	355	87
Sulfat, mg/l	216	136
Phosphat, mg/l	1,3	0,29
Silicat, mg/l	–	8,6[b)]
Gelöster organischer Kohlenstoff, mg/l	–	2,6
Kaliumpermanganatverbrauch, mg/l	134	13,9
Oxidierbarkeit, mg/l Sauerstoff	34	3,5
O_2-Zehrung in 48 Std., mg/l	1,6	–
Koloniezahl pro ml	87 000	–
E. coli pro 100 ml	120	–
$[K^+]/[Na^+]$	–	0,061
$([K^+] + [Na^+])/[Cl^-]$	0,596[a)]	0,903
$[Mg^{2+}]/[Ca^{2+}]$	1,388	0,310
Ionenbilanzfehler (%)	–	2,3

a) Die Natriumkonzentration wurde nicht gemessen, sondern aus der Ionenbilanz ermittelt.
b) Mittelwert aus mehreren Bestimmungen über einen größeren Zeitraum.

Erläuterungen zu den Analysen 18 und 19:

Die Leine war zum Zeitpunkt, als die Probe zu Analyse 18 entnommen wurde, durch Abwässer sehr stark belastet. Die Hauptbeiträge kamen aus der Kaligewinnung (hauptsächlich Magnesiumchlorid) und der Zellstoffproduktion (hauptsächlich Sulfitablauge). Im Jahre 1994 bestanden beide Belastungen nicht mehr.

Die Abwässer aus der Kaligewinnung drücken sich in der Analyse durch erhöhte Befunde für die folgenden Parameter aus: elektrische Leitfähigkeit, Summe Erdalkalien und Gesamthärte (zurückzuführen auf eine hohe Magnesiumkonzentration), Magnesium, Natrium und Chlorid; für das Äquivalentverhältnis $([K^+] + [Na^+])/[Cl^-]$ ergibt sich ein niedriger Zahlenwert, da ein Teil des Chlorids dem Magnesium zuzurechnen ist. Umgekehrt ist der Zahlenwert für das Verhältnis $[Mg^{2+}]/[Ca^{2+}]$ extrem hoch; der Anteil des Magnesiums an der Härte ist (in molaren Einheiten) deutlich höher als der des Calciums.

Die Abwässer aus der Zellstoffproduktion führen zu Extremwerten des Kaliumpermanganatverbrauchs (Analyse 18).

Analysen 20 und 21: „Aufbereitung von Talsperrenwasser"

Analyse Nr.	20 Rohwasser	21 Reinwasser
Geruchsschwellenwert	1	1
Trübung, Formazineinheiten	1,60	0,08
Wassertemperatur, °C	3,6	3,6
Spektraler Absorbtionskoeffizient 254 nm, m^{-1}	5,6	1,6
Spektraler Absorbtionskoeffizient 436 nm, m^{-1}	0,46	0,19
Elektrische Leitfähigkeit (25 °C), µS/cm	140	165
pH-Wert bei Wassertemperatur	7,63	8,95
pH-Wert, Gleichgewicht	9,12	9,01
Sättigungsindex	−1,49	−0,06
pH-Wert nach Calcitsättigung	9,00	9,00
Calcitlösekapazität, mg/l	6,13	0,35
Säurekapazität bis pH 4,3, mmol/l	0,52	0,58
Basekapazität bis pH 8,2, mmol/l	0,04	−0,020
Freie Kohlensäure, mg/l	1,6	0,08
Zugehörige Kohlensäure, mg/l	0,05	0,07
Sauerstoff, mg/l	12,9	13,2
Summe Erdalkalien, mmol/l	0,47	0,56
Gesamthärte, °d (veraltet)	2,62	3,12
Karbonathärte, °d (veraltet)	1,32	1,47
Calcium, mg/l	12,9	16,9
Magnesium, mg/l	3,5	3,3
Natrium, mg/l	5,2	5,3
Kalium, mg/l	0,9	0,8
Eisen, gesamt, mg/l	0,049	0,002
Eisen(II), mg/l	< 0,02	–
Mangan, mg/l	0,011	< 0,002
Ammonium, mg/l	< 0,01	< 0,01
Nitrit, mg/l	0,006	0,001
Nitrat, mg/l	4,3	4,3
Chlorid, mg/l	7,5	7,6
Sulfat, mg/l	22,6	31,4
Phosphat, mg/l	< 0,01	< 0,01
Silicat, mg/l	4,3	4,3
Gelöster organischer Kohlenstoff, mg/l	1,7	0,9
Kaliumpermanganatverbrauch, mg/l	9,1	4,7
Oxidierbarkeit, mg/l Sauerstoff	2,3	1,19
KBE (20 °C), pro ml	20	0
KBE (36 °C), pro ml	4	0
Coliforme Bakterien pro 100 ml	pos.	neg.
Escherichia coli	–	neg.
Freies Chlor, mg/l	–	0,18
$[K^+]/[Na^+]$	0,102	0,089
$([K^+] + [Na^+])/[Cl^-]$	1,178	1,171
$[Mg^{2+}]/[Ca^{2+}]$	0,447	0,322
Ionenbilanzfehler (%)	7,1	10,0

Erläuterungen zu den Analysen 20 und 21:

Die Wasserentnahme aus einer Talsperre für die Trinkwassergewinnung erfolgt im Allgemeinen an einer tiefen Stelle, wo über längere Zeiten des Jahres eine Temperatur nahe am Dichtemaximum des Wassers von 4 °C vorherrscht. Für die Wasseraufbereitung bedeutet dies eine Erschwernis, da manche Prozesse, beispielsweise die Nitrifikation, nur langsam ablaufen.

Für ein Talsperrenwasser aus einem kalkarmen Einzugsgebiet sind sehr niedrige Härten typisch. Die Entsäuerung wird offenbar mit Kalkhydrat durchgeführt. (Calciumcarbonat würde zu langsam reagieren, halbgebrannter Dolomit hätte die Magnesiumkonzentration und Natronlauge die Natriumkonzentration in die Höhe getrieben). Wegen der niedrigen Werte für die Säurekapazität bis pH 4,3 und die Calciumkonzentration sind der Gleichgewichts-pH-Wert und der pH-Wert der Calcitsättigung mit Werten um 9 ausgesprochen hoch.

Bei jedem Talsperrenwasser spielt die Entfernung von Trübstoffen eine sehr wichtige Rolle, da sich darunter nicht nur Detritus, sondern auch lebende Organismen, z. B. Algen und Kleinkrebse befinden können. Im vorliegenden Fall konnte die Trübung von 1,6 auf 0,08 Formazineinheiten erniedrigt werden. Dieser Reinigungseffekt äußert sich auch darin, dass die spektralen Absorptionskoeffizienten bei 254 und 436 nm deutlich zurückgehen.

Erreicht wurde die Trübstoffentfernung durch Flockung. Das dafür verwendete Flockungsmittel muss Aluminiumsulfat gewesen sein, wie aus dem Anstieg der Sulfatkonzentration zu schließen ist (die Verwendung von Eisensulfat ist bei der Aufbereitung von Talsperrenwässern nicht üblich).

Im Reinwasser wurde das Eisen mit einer spektroskopischen Methode mit niedriger Bestimmungsgrenze analysiert. Dabei ist eine Unterscheidung zwischen zwei- und dreiwertigem Eisen naturgemäß nicht möglich.

Oberflächenwässer müssen desinfiziert werden. Das Reinwasser enthielt 0,18 mg/l freies Chlor. Bei der Chlorung sind Trihalogenmethane im Konzentrationsbereich unterhalb des Grenzwertes entstanden.

Analysen 22 und 23: „Aufbereitung von Uferfiltrat“

Analyse Nr.	22 Rohwasser	23 Reinwasser
Probenahmedatum	20.12.66	20.12.66
Abdampfrückstand, mg/l	–	400
pH-Wert bei Wassertemperatur	–	7,30
pH-Wert, Gleichgewicht	–	7,46
Sättigungsindex	–	–0,17
pH-Wert nach Calcitsättigung	–	7,43
Calcitlösekapazität, mg/l	–	9,6
Säurekapazität bis pH 4,3, mmol/l	–	3,36
Basekapazität bis pH 8,2, mmol/l	–	0,43
Freie Kohlensäure, mg/l	16,0	18,8
Zugehörige Kohlensäure, mg/l	–	12,7
Sauerstoff, mg/l	–	7,2
Summe Erdalkalien, mmol/l	–	2,84
Gesamthärte, °d (veraltet)	–	15,9
Karbonathärte, °d (veraltet)	–	9,4
Calcium, mg/l	–	91,4
Magnesium, mg/l	–	12,9
Natrium, mg/l	–	46,7[b)]
Kalium, mg/l	–	–
Eisen, gesamt, mg/l	0,1	0,01
Mangan, mg/l	0,25	< 0,02
Ammonium, mg/l	–	0,05
Nitrit, mg/l	–	–
Nitrat, mg/l	–	32
Chlorid, mg/l	–	72
Sulfat, mg/l	–	84
Phosphat, mg/l	–	–
Silicat, mg/l	–	5
Kaliumpermanganatverbrauch, mg/l	10	7
Oxidierbarkeit, mg/l Sauerstoff	2,53	1,77
$[K^+]/[Na^+]$	–	–
$([K^+] + [Na^+])/[Cl^-]$	–	–
$[Mg^{2+}]/[Ca^{2+}]$	–	0,233
Ionenbilanzfehler (%)	–	–

a) Literatur zu den Analysen 22 und 23: Giebler (1968) für Düsseldorf-Flehe.

b) Die Natriumkonzentration wurde nicht gemessen, sondern aus der Chloridkonzentration ermittelt.

Erläuterungen zu den Analysen 22 und 23:

Die Analysen sind der chemischen Wasserstatistik des DVGW entnommen worden. Sie repräsentieren die analytischen Schwerpunkte, die damals gesetzt wurden, wobei auch die Frage eine Rolle gespielt haben mag, welcher Analysenaufwand für die kleinen und mittleren Unternehmen noch zumutbar war. Die Parameterauswahl für die Rohwasserbeschaffenheit orientiert sich an den folgenden Aufbereitungsmaßnahmen: Enteisenung, Entmanganung, Entsäuerung, Elimination organischer Substanz und Beeinflussung der „Karbonathärte" durch Entcarbonisierung und Sekundärreaktionen.

Die Analysen stammen aus einer Zeit besonders starker Gewässerbelastung: Die Industrieproduktion war nach dem Zweiten Weltkrieg stark gestiegen, während die Maßnahmen zur Gewässerreinhaltung erst mit einer gewissen Phasenverschiebung intensiviert wurden. Beispielsweise stand die Technik der Eindampfung der Sulfitablauge bei der Zellstoffgewinnung erst im Jahre 1974 zur Verfügung.

Bei dem Wasser zu Analyse 22 handelt es sich um Rheinuferfiltrat. Es ist das einzige Rohwasser im Analysenanhang, bei dem das Mangan wahrscheinlich durch Reduktion von Mangan(IV)-Oxid mobilisiert wurde. Das Mangan muss entweder als geogene Komponente im oxidierten Zustand vorliegen oder in einer frühen Phase des Brunnenbetriebs unter oxidierenden Bedingungen als Oxid in der Uferfiltratstrecke abgeschieden worden sein. Mit steigender Belastung des Rheins mit Ammonium bzw. organischen Stoffen konnten reduzierende Bedingungen eingetreten sein, sodass Mangan mobilisiert werden konnte.

Die Mangankonzentration des Uferfiltrats ist bis auf Werte um 0,5 mg/l angestiegen und erst ab 1976 wieder gesunken. Seit 1992 liegen die Mangankonzentrationen an der analytischen Bestimmungsgrenze (Tacke und Bayer, 1998).

Unter den Bedingungen, die hier anzunehmen sind, kann kein Eisen mobilisiert werden. Tatsächlich ist die Konzentration des Eisens beträchtlich niedriger als die des Mangans und liegt mit 0,1 mg/l so niedrig, dass sie nicht als Verletzung dieser Ausschlussregel gewertet werden kann. In Abschn. 4.3.2 („Mangan") wird das Verhalten von Eisen und Mangan bei der Uferfiltration im Wasserwerk Düsseldorf-Flehe ausführlicher erörtert.

Analysen 24 und 25: „Aufbereitung durch Teilentcarbonisierung mit Kalkhydrat“

Analyse Nr.	24 Rohwasser	25 Reinwasser
Geruch	ohne	ohne
Färbung	ohne	ohne
Trübung	ohne	ohne
Bodensatz	ohne	ohne
Wassertemperatur, °C	9,5	10,1
Spektraler Absorbtionskoeffizient 254 nm, m^{-1}	4,3	2,1
Spektraler Absorbtionskoeffizient 436 nm, m^{-1}	1,4	0,1
Elektrische Leitfähigkeit (25 °C), μS/cm	1410	895
pH-Wert bei Wassertemperatur	7,08	8,57
pH-Wert, Gleichgewicht	6,84	8,10
Sättigungsindex	+0,246	+0,473
pH-Wert nach Calcitsättigung	6,92	8,10
Calcitlösekapazität, mg/l	−43,9	−3,47
Säurekapazität bis pH 4,3, mmol/l	7,28	0,89
Basekapazität bis pH 8,2, mmol/l	1,49	−0,020
Freie Kohlensäure, mg/l	64,6	0,2
Zugehörige Kohlensäure, mg/l	113,7	0,7
Sauerstoff, mg/l	0,1	6,8
Summe Erdalkalien, mmol/l	6,80	3,43
Gesamthärte, °d (veraltet)	38,1	19,15
Karbonathärte, °d (veraltet)	20,4	2,3
Calcium, mg/l	238	104
Magnesium, mg/l	21	20
Natrium, mg/l	34	34
Kalium, mg/l	2,2	2,6
Eisen, gesamt, mg/l	2,08	< 0,02
Eisen(II), mg/l	0,97	< 0,02
Mangan, mg/l	0,66	< 0,02
Ammonium, mg/l	< 0,05	< 0,05
Nitrit, mg/l	< 0,01	< 0,01
Nitrat, mg/l	< 0,2	1,5
Chlorid, mg/l	92	92
Sulfat, mg/l	254	239
Phosphat, mg/l	0,07	< 0,05
Silicat, mg/l	13,5	13,7
Gelöster organischer Kohlenstoff, mg/l	1,6	1,6
Kaliumpermanganatverbrauch, mg/l	3,7	3,7
Oxidierbarkeit, mg/l Sauerstoff	0,94	0,94
$[K^+]/[Na^+]$	0,038	0,045
$([K^+] + [Na^+])/[Cl^-]$	0,592	0,596
$[Mg^{2+}]/[Ca^{2+}]$	0,146	0,317
Ionenbilanzfehler (%)	0,23	1,23

Erläuterungen zu den Analysen 24 und 25:

Der Grundwasserleiter zu Analyse 24 ist reduzierend und durch mächtige, kalkhaltige Deckschichten geschützt. Die Nitratanlieferung an das Grundwasser muss in der Größenordnung von 200 mg/l liegen, was zum Teil auf Grünlandumbruch und insgesamt auf intensive landwirtschaftliche Aktivitäten zurückzuführen ist. Das Nitrat wird durch Eisensulfide denitrifiziert, die entstehende Sulfatkonzentration liegt im Bereich des Grenzwertes. Wegen der hohen Säurekapazität bis pH 4,3 im Rohwasser wird das Eisen im Untergrund bis auf einen kleinen Rest von ca. 2 mg/l wieder eliminiert.

Die Analysenergebnisse stehen mit der Regel in Übereinstimmung, dass bei der Denitrifikation durch Eisendisulfide in einem kalkhaltigen Grundwasserleiter gleich viele Äquivalente Hydrogencarbonat und Sulfat (gleich viel „Karbonathärte" und „Nichtcarbonathärte") entstehen. Im ausreagierten Grundwasser ist die Konzentration des Hydrogencarbonats allerdings höher als die des Sulfats. Ein Teil des Hydrogencarbonats entsteht also auf konventionellem Wege durch Reaktion von CO_2 mit Kalk. Insgesamt steigt die Härte auf einen Wert an, der von den meisten Kunden als nicht mehr zumutbar empfunden wird und dazu führte, dass man sich zum Bau einer Entcarbonisierungsanlage entschloss.

Die Entcarbonisierung wird durch Zusatz von Kalkhydrat als Schnellentcarbonisierung durchgeführt. Der Effekt ist an den Analysenergebnissen unmittelbar ablesbar. Interessant ist die Beobachtung, dass in das entstehende Kalkgranulat auch erstaunlich viel Sulfat eingebaut wird. Im vorliegenden Fall führte dies dazu, dass der Grenzwert von 240 mg/l für Sulfat im Reinwasser eingehalten werden konnte.

Wenn die Nitratkonzentration von 1,5 mg/l durch Nitrifikation des Ammoniums entstanden wäre, müsste die Ammoniumkonzentration im Rohwasser bei 0,4 mg/l gelegen haben, was offensichtlich nicht zutrifft. Plausibel ist die folgende Erklärung: Acht der insgesamt neun Brunnen besitzen Nitratkonzentrationen von durchschnittlich 0,35 mg/l. Ein Brunnen liefert ein Wasser mit 11 mg/l Nitrat. Wenn dieser Brunnen an der Wasserförderung beteiligt war und zu einem bestimmten Zeitpunkt außer Betrieb genommen wird, sinkt die Konzentration des Nitrats auf der Rohwasserseite sofort, während es auf der Reinwasserseite aus den Reaktoren und Filtern durch Verdünnung nur langsam verdrängt wird. Wahrscheinlich ist in einer solchen Übergangsphase die Probe entnommen worden. Ein ähnlicher Effekt kann auch für die Unterschiede der Kaliumkonzentrationen verantwortlich sein.

Das Reinwasser ist von der Entcarbonisierung her noch calcitübersättigt. Es wird mit einem positiven Sättigungsindex verteilt. In das Reinwasser wird Phosphat dosiert. Die Probenahmestelle für die Reinwasseranalyse liegt jedoch vor der Dosierstelle, sodass das Phosphat nicht in der Reinwasseranalyse erscheint. Das Phosphat trägt dazu bei, dass sich der positive Sättigungsindex in korrosionschemischer Hinsicht nicht nachteilig auswirkt.

Analysen 26 und 27: Aufbereitung durch Flockung, aktivierte Kieselsäure, Knickpunktchlorung („Das Wasserwerk Fuhrberg 1969")

Analyse Nr.	26 Rohwasser	27 Reinwasser
Geruch	H_2S	ohne
Färbung	gelblich	ohne
Wassertemperatur, °C	10,0	10,0
Elektrische Leitfähigkeit (25 °C), µS/cm	536	575
pH-Wert bei Wassertemperatur	6,57	7,64
pH-Wert, Gleichgewicht	7,85	7,82
Sättigungsindex	−1,28	−0,30
pH-Wert nach Calcitsättigung	7,40	7,79
Calcitlösekapazität, mg/l	86,4	5,8
Säurekapazität bis pH 4,3, mmol/l	1,75	1,60
Basekapazität bis pH 8,2, mmol/l	1,22	0,09
Freie Kohlensäure, mg/l	52,8	5,1
Zugehörige Kohlensäure, mg/l	2,8	2,6
Sauerstoff, mg/l	< 0,1	10,9
Summe Erdalkalien, mmol/l	1,97	2,41
Gesamthärte, °d (veraltet)	11,03	13,50
Karbonathärte, °d (veraltet)	4,9	4,2
Calcium, mg/l	68,0	85,6
Magnesium, mg/l	6,5	6,5
Natrium, mg/l	18,0[b)]	$18 + x$
Kalium, mg/l	–	$- + y$
Eisen, gesamt, mg/l	14,5	< 0,02
Eisen(II), mg/l	14,5	< 0,02
Mangan, mg/l	0,90	< 0,02
Ammonium, mg/l	0,60	< 0,05
Nitrit, mg/l	< 0,005	< 0,005
Nitrat, mg/l	< 2,0	< 2,0
Chlorid, mg/l	28	46
Sulfat, mg/l	101	102
Phosphat, mg/l	0,80	5,90
Silicat, mg/l	11,5	13,3
Kaliumpermanganatverbrauch, mg/l	30,0	13,8
Oxidierbarkeit, mg/l Sauerstoff	7,59	3,49
Adsorbierbares organisches Chlor, µg/l	–	350
Trihalogenmethane, µg/l	–	71
$[K^+]/[Na^+]$	–	–
$([K^+] + [Na^+])/[Cl^-]$	–	–
$[Mg^{2+}]/[Ca^{2+}]$	0,158	0,125
Ionenbilanzfehler (%)	–	–

a) Literatur zu den Analysen 26 und 27: Kölle (1981).

b) Die Natriumkonzentration wurde nicht gemessen, sondern aus der Chloridkonzentration des Rohwassers ermittelt.

Erläuterungen zu den Analysen 26 und 27:

Das Wasserwerk Fuhrberg der Stadtwerke Hannover AG nutzt ein Rohwasser, das wegen der hohen Konzentrationen an Eisen, Mangan, Ammonium und organischer Substanz nur schwierig aufzubereiten ist. Die Aufbereitungstechnik ist mehrfach geändert worden, bis sich eine „klassische Aufbereitung" etabliert hatte, deren Auswirkung auf die Wasserbeschaffenheit mit den Analysen 26 und 27 wiedergegeben ist.

Das Wasser durchlief die folgenden Aufbereitungsstufen: Belüftung; Flockung nach Zugabe von Chlor, Kalkhydrat und – als Flockungshilfsmittel – aktivierter Kieselsäure; nach erneuter Chlorzugabe: Filtration über offene Kiesfilter; dritte Chlorzugabe in das Reinwasser (Knickpunktchlorung). Die Kalkhydratdosierung ging über die zur Entsäuerung notwendige Zugabe hinaus, sodass bei einem pH-Wert von ca. 8,8 ein Entcarbonisierungseffekt eintrat. Die aktivierte Kieselsäure wurde aus Natriumsilicat und Schwefelsäure hergestellt. Die Natriumkonzentration muss sich also um einen Wert x erhöht haben, der damals leider nicht gemessen worden ist. Die Kieselsäure wurde teilweise an die entstehenden Kalk-Eisenoxidhydrat-Flocken gebunden. Eine leichte Erhöhung der Kieselsäurekonzentration konnte aber bis in das Reinwasser durchschlagen, ebenso eine leichte Erhöhung der Sulfatkonzentration aus der verwendeten Schwefelsäure.

Der Chlorverbrauch war aus heutiger Sicht dramatisch. Er führte zu einem Anstieg der Chloridkonzentration um 18 mg/l. Dabei entsteht das Chlorid als Salzsäure, die durch den Überschuss an Kalkhydrat aus der Teilentcarbonisierung neutralisiert wurde. Die Konzentrationen des adsorbierbaren organischen Chlors (AOX) und der Trihalogenmethane wurden zu einem späteren Zeitpunkt gemessen, aber unter Betriebsbedingungen, die denen von 1969 entsprachen.

Die Entmanganung wurde durch die Dosierung von Kaliumpermanganat unterstützt. Die Kaliumkonzentration, die ebenso wenig wie das Natrium gemessen worden ist, muss sich um einen Wert y erhöht haben.

Das im Rohwasser enthaltene Phosphat wurde vollständig an die Kalk-Eisenoxidhydrat-Flocken gebunden. Die Phosphatkonzentration von 5,9 mg/l im Reinwasser ist auf eine Phosphatdosierung zurückzuführen.

Das Reinwasser war frei von Eisen und Ammonium und weitgehend frei von Mangan, es befand sich näherungsweise im Zustand der Calcitsättigung, die Konzentration organischer Stoffe war deutlich niedriger als im Rohwasser, das Reinwasser war farblos.

Die Konzentrationen des adsorbierbaren organischen Chlors und der Trihalogenmethane würden die heutigen Anforderungen an Trinkwasser nicht erfüllen. Sehr nachteilig war auch die große Anfälligkeit des Wassers gegen Wiederverkeimung, die auf die oxidative Veränderung der Huminstoffe durch das Chlor zurückzuführen war. Das Chlor und seine Reaktionsprodukte beeinträchtigten das Wasser auch in geruchlicher Hinsicht recht stark. Auch die Entmanganung konnte besser sein, wurde aber im Konzentrationsbereich unter 0,02 mg/l damals noch nicht überprüft.

Die Wasseraufbereitung wurde im Rahmen eines Forschungsprogramms geändert, das vom damaligen Bundesministerium für Forschung und Technologie finanziert wurde. Dieses Vorhaben wurde 1981 abgeschlossen. Es wurde eine Adsorberharzanlage gebaut, in der mit stark basischem makroporösem Anionenaustauscher ca. 50 % der Huminstoffe eliminiert wurden. Bei der Flockung wurde die aktivierte Kieselsäure durch ein besser wirksames organisches Flockungshilfsmittel auf Polyacrylamidbasis ersetzt. Durch diese beiden Maßnahmen konnte auf den Einsatz von Chlor (bis auf hygienisch bedingte Ausnahmesituationen) verzichtet werden. Die Entmanganung und die Nitrifikation erfolgen seitdem biologisch in den Kiesfiltern. Mangankonzentrationen um 2 µg/l werden erreicht. Adsorbierbare organische Chlorverbindungen und Trihalogenmethane werden im Normalbetrieb des Wasserwerks nicht mehr gebildet. Die im aufbereiteten Wasser zurückbleibenden Huminstoffe führen zu keiner erhöhten Aufkeimungstendenz des Wassers, da sie im Normalbetrieb oxidativ nicht verändert werden.

Eine weitere Änderung der Aufbereitung musste 1995 vorgenommen werden, da die Entsorgung des bei der Regeneration der Adsorberharzanlage anfallenden Eluats zunehmend schwieriger und teurer wurde. Die Anlage wurde stillgelegt und stattdessen die Flockung verbessert. Bekanntlich werden Huminstoffe bei niedrigen pH-Werten besser durch Flockung eliminiert als bei hohen Werten. Das Eisen wird seitdem bei pH 6,5 geflockt, muss aber zuvor durch Wasserstoffperoxid oxidiert werden, da für eine Oxidation durch Luftsauerstoff die zur Verfügung stehende Zeit nicht ausreicht. Durch die „saure Flockung" konnte ungefähr die gleiche Huminstoffelimination erzielt werden wie zuvor durch die Adsorberharzanlage.

Analysen 28 und 29: Reaktionsprodukte der Verwitterung von Pyrit und von Silicaten in abflusslosen Seen

Analyse Nr.	28	29
Verwitterung von:	Pyrit	Silicat
	Tagebau, Zypern	Mono Lake, USA
Untersuchungsdatum	Juni 1987	Juli 1963
pH-Wert	2,58	≈ 10
Säurekapazität bis pH 8,2, mmol/l	–	185[a)]
Säurekapazität bis pH 4,3, mmol/l	–	462,5[a)]
Summe Erdalkalien, mmol/l	27	3,9[a)]
Gesamthärte, °d (veraltet)	151	21,8[a)]
Karbonathärte, °d (veraltet)	–	1295[a)]
Calcium, mg/l	1000	90
Magnesium, mg/l	50	40
Natrium, mg/l	575	21 600
Kalium, mg/l	0,3	1530
Eisen(III) gelöst, mg/l	1120	–
Aluminium, mg/l	6720	–
Carbonat, mg/l	–	11 100
Hydrogencarbonat, mg/l	–	5643
Chlorid, mg/l	80	14 850
Sulfat, mg/l	32 400	4850
Silicat, mg/l	90	–
Bor, mg/l	–	298
Nickel, mg/l	4	–
Kupfer, mg/l	35	–
Zink, mg/l	5,9	–
$[K^+]/[Na^+]$	0,0003	0,0418
$([K^+] + [Na^+])/[Cl^-]$	11,08	2,335
$[Mg^{2+}]/[Ca^{2+}]$	0,082	0,73
Ionenbilanzfehler (%)	[b)]	9,0

a) Diese Werte wurden aus den Originaldaten berechnet. Bei der Karbonathärte handelt es sich um „scheinbare Karbonathärte".

b) Auf die Berechnung einer Ionenbilanz wurde verzichtet, da Aluminium und Eisen(III) teilweise hydrolysieren können, sodass die Angabe als dreiwertige Kationen nicht zulässig ist.

c) Herkunft der Daten: Analyse 28: eigene Untersuchung.

d) Analyse 29: Internet (www.monolake.org/naturalhistory/chem.htm) und E-Mail-Korrespondenz mit dem Mono Lake Committee.

Erläuterungen zu den Analysen 28 und 29:

Bei den Analysenbeispielen 28 und 29 handelt es sich um Proben aus abflusslosen Seen. Auch wenn solche Seen keinen unmittelbaren Bezug zur Praxis haben, sind sie doch ein interessantes Lehrstück der Natur, weil sie die Auswirkungen geochemischer Prozesse durch Aufkonzentrieren der Reaktionsprodukte multiplizieren und über lange Zeiträume konservieren.

Die Probe zu Analyse 28 stammt aus der tiefsten (abflusslosen) Stelle eines stillgelegten Pyrittagebaus bei Mitsero auf Zypern. Bei der Verwitterung der noch vorhandenen Pyritreste bildete sich Schwefelsäure, die durch die Begleitminerale teilweise neutralisiert wurde. Bei den Begleitmineralen handelte es sich offenbar hauptsächlich um Silicate, die Natrium, Calcium und vor allem auch Aluminium an das Wasser abgaben. Ein Teil des aus dem Pyrit stammenden Eisens blieb als Folge des niedrigen pH-Wertes in dreiwertiger Form in Lösung.

Man erkennt, dass als Folge von Pufferungsreaktionen die Aluminiumkonzentration praktisch ungehemmt ansteigen kann, wenn Kalk als Puffer nicht zur Verfügung steht. Aluminium ist unter verschiedenen Aspekten unerwünscht. Die Reaktionen, die dessen Konzentrationen beeinflussen, sind daher besonders wichtig.

Eisensulfide können Fremdbestandteile enthalten. Ein häufiger Begleiter von Pyrit ist Chalkopyrit (Kupferkies, $CuFeS_2$). Die Verwitterung von Spuren von Chalkopyrit kann als Ursache dafür angesehen werden, dass die Kupferkonzentration mit 35 mg/l erstaunlich hoch liegt. In geringeren Konzentrationen konnten noch Nickel und Zink nachgewiesen werden. Das Auftreten von Fremdbestandteilen ist eine ganz allgemeine Erscheinung, mit der immer dann gerechnet werden muss, wenn Eisensulfide oxidiert werden.

Abflusslose Seen, in denen sich die löslichen Komponenten der silicatischen Gesteine der Umgebung ansammeln, werden zu „Salzseen“ bzw. „Sodaseen“. In ihnen ist das Chlorid im Vergleich zu den Alkalimetallen oft beträchtlich unterrepräsentiert, da die Gesteine der festen Erdkruste sehr viel weniger Chlorid als Natrium und Kalium enthalten (Abschn. 4.4.1 „Chlorid“). Solche Seen, von denen Analysenbeispiel 29 eine Vorstellung gibt, enthalten neben Chlorid auch hohe Konzentrationen von Carbonat und Hydrogencarbonat und besitzen hohe pH-Werte.

Die Zuflüsse in den Mono Lake enthalten Calcium. Dieses wird im See als Calciumcarbonat, das dabei bizarre Formen bildet, ausgefällt. Dadurch wird dem See Carbonat entzogen, wobei sich das Chlorid relativ anreichert. Das Natrium-Calcium-Verhältnis der gelösten Verwitterungsprodukte, die in den See einfließen, sind daher für die chemische Entwicklung eines abflusslosen Sees von entscheidender Bedeutung.

Erstaunlich ist die Tatsache, dass unter den herrschenden alkalischen Bedingungen und bei Gegenwart von über 11 g/l Carbonationen immer noch 90 mg/l Calcium in Lösung bleiben. Es ist davon auszugehen, dass es sich dabei um einen Einfluss der enormen Ionenstärke handelt (siehe Kap. 7„Calcitsättigung“).

Abkürzungsverzeichnis und Glossar

ADI	Acceptable Daily Intake (zulässige tägliche Aufnahmemenge eines hygienisch bedenklichen Stoffes)
AMR	Arzneimittelrückstände
AOP	Advanced Oxidation Process (weiterführende oxidative Behandlungsmethode in der Trinkwasseraufbereitung)
AOX, AOF, AOCl, AOBr, AOI	adsorbierbares organisches Halogen, Fluor, Chlor, Brom, Iod
ATH	Allylthioharnstoff (Nitrifikationshemmer)
BDEW	Bundesverband der Energie- und Wasserwirtschaft e. V.
BfR	Bundesinstitut für Risikobewertung
Bq	Becquerel (Maßeinheit für die Intensität radioaktiver Strahlung, Anzahl pro Sekunde, Einheit: s^{-1})
BSB	biochemischer Sauerstoffbedarf
BTX	Benzol, Toluol, Xylole
CKW	Chlorkohlenwasserstoffe
CSB	chemischer Sauerstoffbedarf
DFG	Deutsche Forschungsgemeinschaft
DIN	Deutsches Institut für Normung e. V.
DOC	Dissolved Organic Carbon (gelöster organischer Kohlenstoff). Nach dem gleichen Prinzip werden Kürzel für Substanzgruppen gebildet, die Schwefel, Phosphor oder Stickstoff enthalten (DOS, DOP, DON)
DVGW	Deutsche Vereinigung des Gas- und Wasserfaches e. V.
EDTA	Ethylendiamintetraessigsäure (Komplexbildner für die Bestimmung der Erdalkalimetalle durch komplexometrische Titration)
EPS	extrazelluläre polymere Substanzen (gallertartige Grundsubstanz von Biofilmen)
FT	Fourier-Transformation (Methode, mit der kontinuierliche, aperiodische Signale in ein kontinuierliches Spektrum umgewandelt werden)
FTIR	Fourier-Transformations-Infrarotspektroskopie

Wasseranalysen – richtig beurteilt, 4. Auflage. Walter Kölle.
© 2017 WILEY-VCH Verlag GmbH & Co. KGaA. Published 2017 by WILEY-VCH Verlag GmbH & Co. KGaA.

FTU	Formazin Turbidity Units (Trübungseinheiten Formazin)
FNU	Formazin Nephelometric Units (Trübungseinheiten Formazin)
GC	Gaschromatografie (Analysentechnik zur Bestimmung organischer Spurenstoffe, die bei erhöhter Temperatur unzersetzt verflüchtigt werden können)
GOW	Gesundheitlicher Orientierungswert (Konzentration nicht relevanter Metaboliten von Pflanzenschutzmitteln, die nach dem Vorsorgekonzept für nicht bewertbare Stoffe des Umweltbundesamtes festgelegt werden)
GSK	Geruchsschwellenkonzentration
Gy	Gray, Maß für die Energiedosis einer radioaktiven Strahlung, Einheit: J/kg
HKW	Halogenkohlenwasserstoffe
HOV	halogenorganische Verbindungen
HPLC	High Performance Liquid Chromatography (Hochleistungsflüssigkeitschromatografie, Analysentechnik zur Bestimmung organischer Spurenstoffe, insbesondere solcher, die nicht unzersetzt verflüchtigt werden können)
HWZ	Halbwertszeit; Zeit, in der die Hälfte einer Substanz zerfallen oder umgesetzt worden ist (anschauliche Geschwindigkeitsangabe für Reaktionen erster Ordnung, häufig benutzt zur Kennzeichnung der Geschwindigkeit, mit der radioaktive Stoffe zerfallen)
ICP-MS	Inductively-Coupled Mass-Spectrometry (Massenspektrometrie mit induktiv gekoppeltem Plasma, äußerst empfindliche Messtechnik für Spurenelemente)
IR	Infrarot, Infrarotspektroskopie
ISO	International Organization for Standardization (internationaler Normenausschuss)
KBE	Koloniebildende Einheiten
$K_{S4,3}$	Säurekapazität bis pH 4,3
$K_{B8,2}$	Basekapazität bis pH 8,2
KW	Kohlenwasserstoffe
LIMS	Labor-Informations- und Management-System
MP	Mikroplastik
MRT	Magnetresonanztomografie (Einsatz von komplex gebundenem Gadolinium)
MS	Massenspektrometrie (empfindliche und spezifische Analysenmethode für organische und anorganische Substanzen, meist in Verbindung mit vorgeschalteten Trennmethoden: GC-MS, HPLC-MS)
OP	Oxidationsprodukt
PAH	Polycyclic Aromatic Hydrocarbons (polyzyklische aromatische Kohlenwasserstoffe)
PAK	Polyzyklische aromatische Kohlenwasserstoffe

PBSM	Pflanzenbehandlungs- und Schädlingsbekämpfungsmittel (siehe auch: PSM)
PCB	Polychlorierte Biphenyle (Transformatorenöl, Hydrauliköl, Kühlflüssigkeit, Bestandteil biozider Schutzanstriche; unbrennbar, heute nicht mehr in Gebrauch)
PCT	Polychlorierte Terphenyle
PFAS, PFOS	Perfluorierte Alkylsulfonate, perfluoriertes Octansulfonat (Perfluoroctansulfonsäure bzw. -sulfonat)
PFCA, PFOA	Perfluorierte Alkylcarboxylate, perfluoriertes Octancarboxylat (Perfluoroctansäure bzw. Perfluoroctanoat)
PFC	Perfluorated Chemicals/Compounds (perfluorierte Chemikalien/Verbindungen)
PFT	Perfluorierte Tenside
pH A	pH-Wert nach Austausch von CO_2, Gleichgewichts-pH-Wert
POC	Purgeable Organic Carbon (ausblasbarer organischer Kohlenstoff)
PSM	Pflanzenbehandlungs- und Schädlingsbekämpfungsmittel; Kürzel, das in den Kommentarbänden zur Trinkwasserverordnung benutzt wird (siehe auch: PBSM)
PVC	Polyvinylchlorid (chlorhaltiger Kunststoff, schwer entflammbar)
ROS	Refractory Organic Substances/refraktäre (gegen biologischen Abbau unempfindliche) organische Substanzen
ROSE	Refractory Organic Substances in the Environment (refraktäre organische Substanzen in der Umwelt)
ROSIG	Refraktäre organische Substanzen in Gewässern
SAK	spektraler Absorptionskoeffizient (optische Eigenschaft von Wasser, abhängig von Art und Konzentration der im Wasser gelösten Stoffe, der Lichtwellenlänge und der durchstrahlten Schichtdicke)
Sv	Sievert, Maß für die Äquivalentdosis einer radioaktiven Strahlung
TBT	Tributyl Tin (Tributylzinn, wichtigste Organozinnverbindung; es existieren zahlreiche Verbindungen dieses Typs, deren Kürzel hier nicht einzeln aufgeführt werden)
TE/F	Trübungseinheiten Formazin
TOC	Total Organic Carbon (gesamter organischer Kohlenstoff)
TON	Threshold Odour Number (Geruchsschwellenwert)
TP	Transformationsprodukt (Zwischenprodukt beim Abbau organischer Spurenstoffe)
TWLW	Trinkwasserleitwert (gesundheitlich lebenslang duldbare Höchstkonzentration eines Pflanzenbehandlungsmittels (bei einer Ausschöpfung des ADI-Wertes von 10 % bei einer täglichen Wasseraufnahme von 2 l bei einer Körpermasse von 70 kg)
TWMW	Trinkwassermaßnahmewert (vorübergehend duldbare Höchstkonzentration eines Pflanzenbehandlungsmittels)

VKU	Verband kommunaler Unternehmen e. V.
WHO	World Health Organisation (Weltgesundheitsorganisation)

Glossar

a Jahr (als Einheit), von lat. „annus“

a Zeichen für Ar (Flächeneinheit: 100 m^2); im vorliegenden Buch werden als Flächeneinheiten nur Quadratmeter (m^2) und Hektar (1 ha = 10 000 m^2) verwendet.

Absorption, absorbieren, Adsorption, adsorbieren (vereinfacht auch: Sorption, sorbieren) Absorption liegt vor, wenn sich eine Substanz A in einer Substanz B so verteilt, dass die Konzentration von A in der Mischung überall gleich ist. Auch Licht und andere Strahlen werden in dem Medium, das sie durchqueren, absorbiert. Häufige Anwendungsfälle sind die Absorption von Gasen in Flüssigkeiten und von Licht in farbigen Lösungen zur Bestimmung von Konzentrationen. Die Adsorption ist eine Grenzflächenreaktion, bei der sich eine Substanz (Sorbat) auf der festen Oberfläche eines Sorbens anreichert. Ein häufiger Anwendungsfall ist die Elimination gelöster organischer Substanzen aus Wasser durch Adsorption an Aktivkohle.

aerob; anaerob Sauerstoff enthaltend, in einem Milieu lebend, das Sauerstoff enthält; keinen Sauerstoff enthaltend, in einem sauerstofffreien Milieu lebend

a. F. alte Fassung, insbesondere die einer novellierten Verordnung vorausgegangene Verordnung

Alkalinität (engl.: alkalinity) eine Eigenschaft des Wassers, die als Säurekapazität bis pH 4,3 in mmol/l Salzsäure oder in mg/l HCO_3^- oder in mg/l $CaCO_3$ angegeben werden kann

Alkalität Eigenschaft einer Substanz, alkalisch zu sein

Anhydrid Dieser Begriff definiert ein Oxid unter dem Gesichtspunkt, dass bei seiner Reaktion mit Wasser eine Sauerstoffsäure entsteht. Beispiel: Das Anhydrid der Schwefelsäure (H_2SO_4) ist das Schwefeltrioxid (SO_3).

Anhydrit Mineralnamen für das in der Natur vorkommende wasserfreie Calciumsulfat

anthropogen vom Menschen verursacht und zu verantworten

Aquifer Grundwasserleiter

äquivalent gleichwertig; am häufigsten wird dieser Begriff benutzt, um eine Gleichwertigkeit von Substanzmengen im Hinblick auf ihre Ionenladungen zu beschreiben. Beispielsweise ist ein Mol Chlorid (Cl^-) mit einem halben Mol Calciumionen (Ca^{2+}) äquivalent, weil Calciumionen zweiwertig sind. Die Tatsache, dass bei einer molaren Mengen- oder Konzentrationsangabe Äquivalente gemeint sind, kann durch den Zusatz (eq.) (vom angelsächsischen equivalent) ausgedrückt werden. Auch der Ausdruck „Mol Ladungen“ ist erlaubt.

Arbeitszone Bereich in einem Filter, in dem die stärkste Änderung der Konzentration der zu eliminierenden Substanz eintritt (bezogen auf die Längeneinheit der Filterbetttiefe). Oberhalb der Arbeitszone entspricht die Konzentration der Substanz ungefähr der Zulaufkonzentration, darunter entspricht die Konzentration ungefähr der Ablaufkonzentration.

Atomgewicht (historisch): relative Atommasse

Aufschluss in der Chemie: Prozedur, mit der eine Probe so in eine gelöste Form gebracht wird, dass sie (mit „nasschemischen Analysenverfahren") analysiert werden kann

ausfallen, ausfällen Wenn man eine Komponente einer Lösung dazu veranlassen möchte, unlöslich zu werden und zu Boden zu sinken, muss man sie ausfällen. Die Substanz selbst muss dabei ausfallen. Was am Boden des Gefäßes ankommt, ist die Fällung, die Ausfällung, der Bodensatz, der Niederschlag oder (historisch) das Präzipitat. Bei Gewässern spricht man von Sediment.

Ausreißer Als „Ausreißer" bezeichnet man Messwerte, die so stark von allen anderen Messwerten eines größeren Datenbestandes abweichen, dass sie ganz offensichtlich nicht in den betreffenden Datenbestand passen (siehe Abschn. 1.11 „Umgang mit großen Datenmengen und Ausreißern").

Base siehe „Lauge"

Basekapazität bis pH 8,2 Messwert, der dadurch entsteht, dass eine Wasserprobe mit Natronlauge bis pH 8,2 titriert wird. Der Parameter entspricht ungefähr der CO_2-Konzentration in mmol/l. Kurzschreibweise: $K_{B8,2}$; gelegentlich werden auch andere Schreibweisen beobachtet.

Bathmometrie (historisch): pH-Messung

Benzpyrene Das Benzo[*a*]pyren (ältere Bezeichnung: 3,4-Benzpyren) zählt zu den polyzyklischen aromatischen Kohlenwasserstoffen mit karzinogenen Eigenschaften.

Becquerel Maßeinheit für die Intensität radioaktiver Strahlung, Anzahl pro Sekunde, Einheit: s^{-1}, Symbol: Bq

Bichromat (historisch): Dichromat, $Cr_2O_7^{2-}$. Das Gleiche gilt für analoge Wortbildungen.

Boden 1. Es ist sinnvoll, zwischen Boden und Grundwasserleiter sprachlich zu unterscheiden. Boden ist das Tätigkeitsfeld des Landwirts und das Objekt des Fachgebietes Bodenkunde. Es erstreckt sich im Allgemeinen bis in eine Tiefe von 1,20 m unter Geländeoberkante.

2. Der Chemiker bezeichnet die Unterseite eines Glasgefäßes als Boden. Dieser Sprachgebrauch findet sich beispielsweise auch in den Begriffen Bodensatz, Bodenkörper und Nährboden.

Bodenkörper Mit diesem Begriff kennzeichnet man den ungelösten Anteil einer Substanz, der übrig bleibt, wenn die darüber stehende Lösung an dieser Substanz gesättigt ist. Zwischen Lösung und Bodenkörper herrscht ein Lösungsgleichgewicht, das sich bei Änderungen der Rahmenbedingungen (z. B. der Temperatur) stets neu einstellt.

Brechpunkt (historisch): Knickpunkt (engl.: break point), siehe Abschn. 8.2 „Desinfektionsmittel"

ccm (historisch): Kubikzentimeter (Milliliter)

d in Formeln: Tag (von lat. „dies")

Chlorzahl (historisch): Ergebnis der Bestimmung der Oxidierbarkeit eines Wassers mit freiem Chlor in alkalischem Milieu (Höll, 1986). Dieser Test soll auf frische fäkale Verunreinigungen empfindlicher ansprechen als der Kaliumpermanganatverbrauch.

Detritus ungelöste organische Substanz aus abgestorbenen Tier- und Pflanzenteilen, beispielsweise Cellulosefasern (z. B. aus Papier)

Dissoziation Aufspaltung von Molekülen in kleinere Einheiten (z. B. in Atome, Ionen). Im vorliegenden Buch wird unter „Dissoziation" stets die „elektrolytische Dissoziation" verstanden, die durch die Aufspaltung von im Wasser gelösten Molekülen in Ionen charakterisiert ist. Dabei können unterschiedliche Dissoziationsgrade durchlaufen werden. Beispiel: Dissoziation von Schwefelsäure:

$$H_2SO_4 \rightleftharpoons HSO_4^- + H^+ \,, \quad HSO_4^- \rightleftharpoons SO_4^{2-} + H^+$$

Entropie chemisch-thermodynamischer Begriff zur Beschreibung der Unordnung in einem System

eq. abgeleitet von equivalent; Zusatz hinter molaren Angaben, um zu verdeutlichen, dass es sich um eine Angabe von Äquivalentmengen oder Äquivalentkonzentrationen handelt

Eutrophierung hohes Nährstoffangebot, das in einem stehenden Gewässer die übermäßige Entwicklung von Algen möglich macht. Wichtigster Nährstoff („Minimumfaktor") ist in der Regel das Phosphat. Der Zustand des Gewässers reicht von „oligotroph" (geringes Nährstoffangebot) über „mesotroph" und „eutroph" bis zu „polytroph" (sehr hohes Nährstoffangebot).

Frühjahrszirkulation siehe „Zirkulation"

Geruchsschwelle (historisch): Geruchsschwellenwert

geogen geologisch bedingt

Grad Das Wort „Grad" leitet sich ab von gradus (lat.): Schritt, Stufe. Neben den Temperatur- und Winkelgraden gibt es die Härtegrade. In Deutschland gebräuchlich war (und ist z. T. heute noch) das „Grad deutscher Härte". Ein Grad deutscher Härte entspricht einer Konzentration von 10 mg/l Calciumoxid. Für die Verwendung von Kürzeln gab und gibt es keine verbindlichen Regeln. Verwendet wurden: Grad, DG, °d, °dH und andere.

Gray Maß für die Energiedosis einer radioaktiven Strahlung, Einheit: J/kg, Symbol: Gy

Grundwasserleiter auch: Aquifer. Bereich des Untergrundes, der ein Hohlraumsystem aufweist, das Grundwasser enthält. Man unterscheidet zwischen Lockergesteinsgrundwasserleitern, die im Wesentlichen aus Sand und Kies bestehen, und Festgesteinsgrundwasserleitern, in denen das Hohlraumsystem aus Rissen und Klüften besteht. In einem ungestörten System fließt Grundwasser in Richtung der tiefsten Stellen einer Landschaft und tritt in den Flussläufen zutage.

H^+ Das Wasserstoffion unterscheidet sich von allen anderen Kationen dadurch, dass es keine Elektronenhülle mehr besitzt. Bei der hier wiedergegebenen Schreibweise handelt es sich um ein „nacktes Proton". Man geht davon aus, dass Wasserstoffionen in der Realität in hydratisierter Form vorkommen. Man schreibt daher statt H^+ oft auch H_3O^+. Der Autor verzichtet auf diese Schreibweise, weil sie im Kontext dieses Buches nicht zum Erkenntnisgewinn beiträgt.

Haloforme andere Bezeichnung für Trihalogenmethane, die sich bei der Einwirkung von freiem Chlor auf huminstoffhaltiges Wasser bilden. Das Haloformbildungspotenzial ist eine wasserspezifische Größe. Sie entspricht der maximalen Konzentration an Haloformen, die unter ungünstigen Umständen in einem Wasser erreicht werden kann.

Headspace abgeschlossener Luftraum über einer Wasserprobe. Flüchtige Substanzen verteilen sich zwischen Wasserprobe und Luftraum entsprechend einem stoffspezifischen Verteilungsgleichgewicht. Bei der gaschromatografischen Bestimmung flüchtiger Substanzen kann es vorteilhaft sein, nicht das Wasser oder einen Extrakt aus dem Wasser, sondern eine Probe aus dem Luftraum zu untersuchen. Diese Technik („Headspace-Technik") wird bei der Bestimmung von Methan und zahlreichen Lösungsmitteln angewandt.

Herbstzirkulation siehe „Zirkulation"

Hydroxylapatit ein Calciumphosphat mit der folgenden Formel: $Ca_5[OH|(PO_4)_3]$. An der Stelle der Hydroxidionen können auch Fluorid- und Chloridionen eingebaut werden (Fluorapatit, Chlorapatit). Hydroxylapatit diktiert die Löslichkeit von Phosphat im Wasser, sofern keine Übersättigung vorliegt.

Inhibitor Substanz, die allein durch ihre Anwesenheit Reaktionen verhindert oder verzögert. Beispielsweise behindert Phosphat durch Anlagerung an feste Oberflächen das Auskristallisieren von Calcit. Phosphat kann auch bestimmte Korrosionsprozesse verzögern; es ist daher auch ein „Korrosionsinhibitor".

Jackson-Einheit (historisch): in Deutschland ungebräuchliche und außerdem veraltete empirische Maßeinheit für die Trübung

Kali Kaliumoxid; schwefelsaures Kali: Kaliumsulfat

karzinogen gleichbedeutend mit „kanzerogen": krebserzeugend. In diesem Buch wird häufig die Formulierung benutzt: „Die Substanz *gilt als* karzinogen", um damit diejenigen Substanzen einzuschließen, die *im Verdacht stehen*, Krebs auszulösen.

Keimzahl (historisch): Koloniezahl

Kohlendioxid (historisch): Kohlenstoffdioxid (CO_2)

Kohlensäure H_2CO_3. Mit Begriffen wie „freie Kohlensäure" ist in Wirklichkeit Kohlenstoffdioxid, CO_2, gemeint.

Kontamination Verunreinigung. Der Begriff „Kontamination" wird vorrangig für Verunreinigungen durch radioaktive Substanzen benutzt.

Lackmus einer der ältesten pH-Indikatoren, im sauren Bereich rot, im basischen Bereich blau

Lauge Die Begriffe „Base" und „Lauge" und die davon abgeleiteten Bezeichnungen sind weitgehend deckungsgleich und unterscheiden sich nur durch den Sprachgebrauch. Die in der Wasserchemie und Wasseraufbereitung wichtigsten Laugen sind: Natronlauge zur Bestimmung der Basekapazität eines Wassers und zur Entsäuerung bei der Trinkwasseraufbereitung sowie Calciumhydroxid („Kalkhydrat", „Kalkwasser", „Kalkmilch", oft einfach nur „Kalk") zur Entsäuerung.

Löslichkeitsprodukt stoffspezifische Größe (L) zur Charakterisierung der Löslichkeit dieses Stoffes. Für Verbindungen aus einem Kation K^+ und einem Anion A^- gilt: $L = [K^+] \times [A^-]$ (Konzentrationen in mol/l). Wenn die Konzentration der einen Komponente verändert wird, muss sich die der anderen Komponente gegenläufig so ändern, dass L konstant bleibt.

***m*-Wert** Dieser Begriff leitet sich von dem pH-Indikator Methylorange ab (Farbumschlag in der Nähe von pH 4,3). Dieser Parameter bedeutete früher ein Analysenergebnis, das der Säurekapazität bis pH 4,3 entsprach. Heute unterscheidet man zwischen dem Analysenergebnis „Säurekapazität bis pH 4,3" und der chemischen Interpretation des Analysenergebnisses „m-Wert". Der m-Wert wird heute (vereinfacht) wie folgt definiert:

$$m = F_2 \times [CO_3^{2-}] + F_1 \times [HCO_3^-] + [OH^-] - [H^+]$$

Dabei bedeuten die eckigen Klammern molare Konzentrationen; F_1 und F_2 sind Komplexbildungsfaktoren. Der m-Wert mit negativem Vorzeichen („$-m$-Wert", „Minus-m-Wert") entspricht der Basekapazität bis pH 4,3, ein Kriterium, das in der Wasserchemie kaum eine Bedeutung hat (vgl. p-Wert).

Magmatite Oberbegriff über alle magmatischen Gesteine, die sich durch das Erstarren von Gesteinsschmelzen gebildet haben (Beispiele: Granit, Basalt).

Metalloide metallähnliche Elemente, „Halbmetalle". Im Wasserfach interessieren die folgenden Metalloide: Arsen, Bor und Selen.

Methylorangealkalität (historisch): ≈ m-Wert, ≈ Säurekapazität bis pH 4,3

mg% (historisch): Milligramm pro 100 ml bzw. Milligramm pro dl. Diese Einheit wurde in der Medizin vorwiegend bei der Angabe von Ergebnissen der Blut- und Serumuntersuchung, seltener im Zusammenhang mit Wasseranalysen verwendet.

Mikrogramm, μg (10^{-3} mg) Auf heutigen PC-Tastaturen ist das μ (griechisches my) unmittelbar zugänglich. Früher hatte man bei der Verwendung von Schreibmaschinen kein μ verfügbar. Folgende Alternativen wurden verwendet: Angabe der Masse bzw. Konzentration in mg bzw. mg/l mit entsprechend vielen Nachkommastellen, Einsetzen des μ von Hand, Angabe als ug bzw. ug/l, Angabe als /ug bzw. /ug/l, wobei die Kunst darin bestand, die Zeichen „/" und „u" optimal zusammenzusetzen.

Minimumfaktor Nährstoff oder sonstiger Faktor (z. B. Licht), an dem Mangel herrscht und der dadurch das Pflanzenwachstum begrenzt

mho (historisch): reziprokes Ohm, Leitwert

Molekulargewicht (historisch): relative Molekülmasse

mval, mval/l (historisch): siehe val

Natriumbikarbonat (historisch): Natriumhydrogencarbonat; weitere, ebenfalls historische Bezeichnungen sind: „doppeltkohlensaures Natron"; und als Mittel gegen Magenübersäuerung: „Bullrichsalz"

Natron (historisch): Natriumoxid; schwefelsaures Natron: Natriumsulfat; doppeltkohlensaures Natron: Natriumhydrogencarbonat

Neutralsalze Salze starker Säuren (Salzsäure, Schwefelsäure, Salpetersäure). Der Begriff „Neutralsalz" wird vorwiegend im Zusammenhang mit der Korrosion metallischer Werkstoffe verwendet, um damit diese Salze von den Hydrogencarbonaten zu unterscheiden.

nm Nanometer, 10^{-9} m. In dieser Einheit werden die Wellenlängen des Lichts angegeben. Sie reichen von ca. 400 (violett) bis ca. 760 nm (rot).

Ökotoxizität Giftwirkungen, die das Zusammenleben von Organismen innerhalb eines Ökosystems stören. Durch ökotoxische Substanzen kann beispielsweise der Austausch chemischer Signalstoffe beeinträchtigt werden.

Oxyd (historisch): Im Jahre 1979 wurde die Schreibweise der Begriffe „Oxyd", „Äthan" und „Wismut" (und davon abgeleitete Begriffe) an die internationale Schreibweise angeglichen. Korrekt ist seitdem: „Oxid", „Ethan" und „Bismut". Die alte Schreibweise hat jedoch ein zähes Leben. Interessant ist der Umgang des Duden-Verlags mit diesem Phänomen. Vor der Rechtschreibreform von 1996 lautete der entsprechende Eintrag: „Oxyd, chemisch fachsprachlich: Oxid"; in späteren Duden-Ausgaben: „Oxid, nichtfachsprachlich auch: Oxyd".

***p*-Wert** Dieser Begriff leitet sich von dem pH-Indikator Phenolphthalein ab (Farbumschlag in der Nähe von pH 8,2). Dieser Parameter entspricht der Säurekapazität bis pH 8,2. Der *p*-Wert mit negativem Vorzeichen („–*p*-Wert", „Minus-*p*-Wert") entspricht der Basekapazität bis pH 8,2.

pathogen krankheitserregend

Persistenz Eigenschaft von Substanzen, nicht oder nur sehr schwer abbaubar zu sein (vgl. „Resistenz"). Persistent sind z. B. viele Chlorverbindungen und extrem stark verzweigte Kohlenwasserstoffe.

peptonisierende Bakterien Bakterien, die beim Wachstum auf Gelatineplattengusskulturen in der Lage sind, das Gelatineeiweiß zu verflüssigen. Da sie offenbar an eiweißreiche Substrate angepasst sind, galten sie in hygienischer Hinsicht immer als suspekt, jedoch ohne dass sich dies in der Gesetzgebung widergespiegelt hätte.

Perzentil Ein Perzentil, zu dem noch die *n* %-Angabe gehört (z. B. das 95 %-Perzentil), bezeichnet die Stelle in einer nach Größe geordneten Reihe von Beobachtungswerten, auf die bezogen *n* % aller Werte kleiner/gleich diesem Wert sind. Perzentile können auch für ordinale Variable angegeben werden. Spezielle Perzentile sind Median (50 %), Quartile (25 %, 50 %, 75 %) oder Quintile (20 %, 40 %, 60 %, 80 %). Anmerkung: Die Definition wurde vom Robert Koch-Institut (www.rki.de) übernommen. Neben der hier wiedergegebenen Schreibweise ist auch die Schreibweise ohne Prozentzeichen geläufig (z. B. das 95-Perzentil).

Pestizide Nach der EG-Trinkwasserrichtlinie vom November 1998 sind unter „Pestiziden" und nach der Trinkwasserverordnung vom Mai 2001 sind unter

„Pflanzenschutzmittel und Biozidprodukte" die folgenden Gruppen organischer Wirkstoffe zu verstehen:

- Insektizide (gegen Insekten),
- Herbizide (gegen „Unkräuter"),
- Fungizide (gegen Pilze),
- Nematozide (gegen Fadenwürmer),
- Akarizide (gegen Milben),
- Algizide (gegen Algen),
- Rodentizide (gegen Nagetiere),
- Schleimbekämpfungsmittel,
- verwandte Produkte (u. a. Wachstumsregulatoren)
- und die relevanten Metaboliten, Abbau- und Reaktionsprodukte.

Ältere Definitionen dieses Parameters bezogen sich nicht ausdrücklich auf *organische* Wirkstoffe.

pH (historisches): Der pH-Wert ist keine besonders anschauliche Größe. Es hat nicht an Versuchen gefehlt, für den pH-Wert eine anschaulichere Bezeichnung zu finden. Daraus sind hervorgegangen: „Wasserstoffexponent", „Wasserstoffzahl", „Säurestufe" sowie für die Messung: „Bathmometrie". Keiner dieser Begriffe hat überlebt.
Das Symbol p_{H} wurde in der hier wiedergegebenen Schreibweise von Sörensen (1909) eingeführt. Das „p" leitet sich vom lateinischen „pondus" („Gewicht") ab. Es steht für die Übereinkunft, dass eine damit charakterisierte Größe nicht eine Konzentration, sondern deren negativen Logarithmus wiedergibt. In der älteren Literatur benutzte man das pH sprachlich korrekt als Neutrum. Heute benutzt man, ebenfalls korrekt, so gut wie ausschließlich die Form „der pH-Wert".
Textprogramme geben mit ihrer Korrekturfunktion für den pH-Wert Fehlermeldungen aus wie: „falsche Position des Großbuchstabens". Wenn man diesen „Fehler" mit einem entsprechenden Befehl „korrigiert" (oder die Funktion „Autokorrektur" zulässt), entsteht zum Entsetzen aller Chemiker der „Ph-Wert". Auch die Korrektur zu „PH-Wert" ist zu beobachten.

Phenolphthaleinalkalität (historisch): p-Wert, Säurekapazität bis pH 8,2

Phosphatdosierung Dosierung von Phosphaten in das Trinkwasser, insbesondere zum Korrosionsschutz. Im Unterschied dazu ist die *Phosphatierung* eine Oberflächenbehandlung von Stahlblechen mit Natrium- oder Zinkdihydrogenphosphat zum Korrosionsschutz.

Phosphorpentoxid (historisch): Phosphorpentaoxid

PHREEQC Programm für thermodynamische Berechnungen. Es kann vom US Geological Survey über die Internetseite http://water.usgs.gov/software kostenfrei bezogen werden. Für die Berechnungen in diesem Buch wurde die Version 2.4.2 vom 15. Juni 2001 verwendet.

Phytoplankton Gesamtheit der im Wasser frei schwebend lebenden Pflanzen (z. B. Bakterien, einzellige Algen, Wasserlinsen)

Plankton siehe Phytoplankton und Zooplankton. Eine sehr pragmatische Definition bezeichnet alle lebenden Organismen als Plankton, die beim Filtrieren durch ein Planktonnetz in diesem zurückgehalten werden. Nach dieser Definition würden Bakterien nicht zum Plankton zählen.

ppb Parts per Billion: im Angelsächsischen: Verdünnung 1 : 1 Mrd., in Wasser: µg/l

ppm Parts per Million: im Angelsächsischen: Verdünnung 1 : 1 Mio., in Wasser: mg/l

Präkursor „Vorläufer", Ausgangssubstanz, bei deren Umsetzung ein bestimmtes Endprodukt entsteht. Ein Präkursor von Huminstoffen ist Lignin. Trihalogenmethane können auf Huminstoffe als Präkursoren zurückgeführt werden.

Quantil Überbegriff zu Perzentil

reaktiv reaktionsfähig. Dieser Begriff dient in Verbindung mit Stoffdepotkomponenten von Grundwasserleitern der Unterscheidung von Komponenten, deren Reaktionsfähigkeit so gering ist, dass sie für viele wasserchemische Überlegungen nicht in Betracht gezogen werden müssen. Als besonders reaktiv gelten: Kalk, Eisensulfide, Tonminerale und fossile organische Substanz.

Redoxpotenzial thermodynamisch reversibles Potenzial an einer Redoxelektrode nach der Nernst'schen Gleichung

Redoxreaktion Reduktions- und Oxidationsreaktionen beruhen auf dem Austausch von Elektronen zwischen Reaktionspartnern. Der Reaktionspartner, der Elektronen abgibt, wird oxidiert, derjenige, der sie aufnimmt, reduziert. Es existieren also immer mindestens zwei Partner, von denen der eine oxidiert und der andere reduziert wird. Der Begriff „Redoxreaktion" drückt aus, dass es keine isolierten Reduktions- und Oxidationsreaktionen geben kann.

Redoxspannung Spannung, die sich an einer Redoxelektrode einstellt, wenn gleichzeitig mehrere Redoxreaktionen ablaufen. Eine der Reaktionen ist häufig die Reduktion von Sauerstoff.

refraktär unempfindlich. Der Begriff ist aus der Medizin entlehnt. In der Wasserchemie kennzeichnet er Substanzen, die unter bestimmten Bedingungen gegenüber äußeren Einflüssen unempfindlich sind. Dabei sind in erster Linie Einflüsse des mikrobiellen Abbaus gemeint. Refraktäre organische Substanzen entstehen häufig als Fraktion aus einer größeren Menge an Ausgangssubstanzen, indem die besser abbaubaren Fraktionen zuerst eliminiert werden. Ein sprachlicher Zusammenhang mit dem Begriff „Fraktion" besteht allerdings nicht.

Resistenz Eigenschaft von Organismen, gegenüber schädlichen Einflüssen unempfindlich zu sein (vgl. „Persistenz")

Röntgendiffraktometrie physikalische Untersuchungstechnik zur Ermittlung der Kristallstruktur kristallisierter Verbindungen. Diese Technik wird vielfach zur Identifizierung von Verbindungen eingesetzt, sofern diese hinreichend gut kristallisiert sind.

Sättigungsindex (SI) Maßzahl, die angibt, wie weit ein Wasser vom Zustand der Calcitsättigung entfernt ist. SI = 0 bedeutet, dass sich das Wasser exakt im Zustand der Calcitsättigung befindet. Ein negativer Wert für den SI bedeutet, dass das Wasser calcitlösend, ein positiver Wert, dass das Wasser calcitabscheidend ist.

Der Sättigungsindex (SI) entspricht dem Logarithmus des Quotienten aus dem Produkt der Calcium- und der Carbonationenaktivitäten und dem Löslichkeitsprodukt von Calcit unter den herrschenden thermodynamischen Gegebenheiten. Diese „offizielle" Definition liegt den Programmen zur Berechnung der Calcitsättigung zugrunde und wird vom Autor in den Analysenbeispielen verwendet.
Die vorstehende Definition kann nach Sontheimer *et al.* (1980) umgeformt und vereinfacht werden und nimmt dann die folgende Form an:

$$SI = pH_{gemessen} - pH_{Gleichgewicht}$$

Der Autor verwendet fallweise auch den Sättigungsindex entsprechend dieser zweiten Definition und kennzeichnet ihn dann als „Sättigungsindex$_{(pH)}$". Im Einzelfall unterscheiden sich die Zahlenwerte der so definierten Sättigungsindices geringfügig.

Sauerstoffsäure Säure, die sich aus Säureanhydrid und Wasser bildet und deren Moleküle daher Sauerstoff enthalten. Der Begriff „Sauerstoffsäure" dient der Unterscheidung von den sauerstofffreien Säuren, insbesondere den Halogenwasserstoffsäuren, z. B. Salzsäure (HCl).

Säureanhydrid Oxid, das einer Sauerstoffsäure zugrunde liegt

Säurekapazität bis pH 4,3 Messwert, der dadurch entsteht, dass eine Wasserprobe mit Salzsäure bis pH 4,3 titriert wird. Der Parameter entspricht ungefähr dem *m*-Wert bzw. der Hydrogencarbonatkonzentration in mmol/l. Kurzschreibweise: $K_{S4,3}$; gelegentlich werden auch andere Schreibweisen beobachtet.

Säurestufe (historisch): pH-Wert

Schwermetalle Metalle mit einer Dichte von mehr als 5 g/cm^3. Im Zusammenhang mit den Grenzwerten nach der Trinkwasserverordnung wird der Begriff „Schwermetall" mitunter etwas großzügig ausgelegt.

Sedimentation das Absinken ungelöster Wasserinhaltsstoffe auf den Grund eines Gewässers, eines dafür konstruierten Bauwerks („Sedimentationsbecken") oder eines Laborgerätes

Seife Natrium- und Kaliumsalze höherer Fettsäuren, z. B. Natriumstearat. Die Natriumsalze besitzen feste Konsistenz, die Kaliumsalze sind „Schmierseife". Sprachlich gilt diese Definition streng. Synthetische waschaktive Substanzen sind keine Seifen. Waschaktive Substanzen mit fester Konsistenz (in „Seifenform") werden beispielsweise als „Waschstück" oder „Waschsyndet" bezeichnet („Syndet" ist ein Kunstwort aus „synthetisches Detergens").

sesqui (historisch): „um die Hälfte mehr". Sesqui wurde in der anorganischen Chemie vor allem in der Zusammensetzung „Sesquioxyde" für die Oxide dreiwertiger Metalle zur Unterscheidung von deren Oxidationsstufe 2 benutzt. Das „Eisensesquioxyd" (Fe_2O_3) enthält um die Hälfte mehr Sauerstoff als das FeO.

Sievert Maß für die Äquivalentdosis einer radioaktiven Strahlung, Symbol: Sv

Sorption, Sorbat, Sorbens siehe: Absorption, Adsorption …

Stöchiometrie Lehre von der mengenmäßigen Reaktionsweise bzw. Zusammensetzung chemischer Stoffe. Stöchiometrisch sind Verbindungen, die den Regeln der Stöchiometrie streng gehorchen (z. B. NaCl). Nicht stöchiometrisch zusammengesetzt ist beispielsweise die Verbindung, die wir üblicherweise als „Mangandioxid" bezeichnen, die aber streng genommen als MnO_x (mit $x < 2$) wiedergegeben werden müsste. Nicht stöchiometrische Verbindungen gibt es mehr, als man gemeinhin annimmt, weil der Mensch in seinem Ordnungsstreben (ähnlich wie beim Mangandioxid) zu präziseren Bezeichnungen tendiert, als dies realistischerweise gerechtfertigt ist.

Streuung In der Steuerungstechnik streuen Messwerte um einen Sollwert, in der Analytik um einen „wahren" Wert. Bei der Lichtstreuung werden Lichtstrahlen durch ungelöste Wasserinhaltsstoffe gestreut (aus der ursprünglichen Richtung abgelenkt).

Suspension, suspendieren in der Chemie: Aufschwemmung, Aufschwemmen feinstverteilter fester Stoffe in einer Flüssigkeit

Syndet siehe „Seife"

teratogen Eigenschaft einer Substanz, Fehlbildungen beim Embryo hervorzurufen, allgemeiner: „reproduktionstoxisch"

Trichlorethylen, Tetrachlorethylen, Tetrachlorkohlenstoff veraltete Schreibweisen für Trichlorethen, Tetrachlorethen und Tetrachlormethan

Trihalomethane verkürzte Schreibweise für Trihalogenmethane (Haloforme)

unterchlorige Säure ältere Bezeichnung für die hypochlorige Säure (HClO)

ubiquitär überall verbreitet; für den Chemiker trifft diese Bezeichnung beispielsweise auf die Elemente Natrium und Eisen zu, weil sie in der unbelebten Natur, in allen Organismen, im Bergbau und in der industriellen Produktion eine große Rolle spielen.

Update weiterentwickelte Ausgabe einer Software

Urochrom gelber Farbstoff des Urins. Urochrom ist ein Verschmutzungsindikator, der vorübergehend Bestandteil der hygienisch-chemischen Analyse war (Höll, 1986).

val (historisch): Mol Äquivalente (Ionenladungen). Die Einheit wurde benutzt, um Ionenladungen miteinander vergleichen zu können. Beispiel: 96 mg/l SO_4^{2-} entsprechen 1 mmol/l oder 2 mval/l.

Version Entwicklungsstand einer Software, ausgedrückt als Versionsnummer

Wasserstoffexponent (historisch): pH-Wert

Wasserstoffzahl (historisch): pH-Wert

Xenobiotikum organische Substanz, die nicht auf biologischem Wege synthetisiert werden kann. Viele Xenobiotika sind toxisch oder besitzen eine Ökotoxizität.

Zirkulation Unter normalen Wetterbedingungen ist der Wasserkörper von Seen und Talsperren im Sommer und im Winter geschichtet, weil die Temperatur des oberflächennahen Wassers von der Temperatur des Dichtemaximums bei 4 °C abweicht. Wenn sich im Frühjahr die Temperatur des oberflächennahen Wassers auf 4 °C erwärmt oder im Herbst auf 4 °C abkühlt, kann der gesamte Wasserkörper durch Windeinfluss in Zirkulation versetzt werden (Frühjahrs- und Herbstzirkulation).

Zooplankton Gesamtheit der im Wasser frei schwebend lebenden kleinen Tiere (z. B. Radiolarien, Geißeltierchen, Quallen, Borstenwürmer, Flügelschnecken, Krebstiere und Fischlarven)

zyklische Salze Salze, die aus dem Meer stammen und mit dem Wasserkreislauf wieder dorthin zurückkehren

Literatur

Vorbemerkung

Dieses Literaturverzeichnis enthält – ebenso wie das der vorangegangenen Auflage – auch mehrere Literaturhinweise als Internetadressen. Dafür gibt es mehrere Gründe: Es gibt Informationen, die drucktechnisch nicht sinnvoll handhabbar sind, weil sie in kurzen Abständen aktualisiert werden müssen, beispielsweise die beim Bundesamt für Verbraucherschutz und Lebensmittelsicherheit geführte Liste der zugelassenen Pflanzenschutzmittel. Außerdem können Interessenten sehr schnell erreicht werden – ein Vorteil, der bei der Liste der Aufbereitungsstoffe und Desinfektionsverfahren, die beim Umweltbundesamt geführt wird, eine Rolle spielt.

Inzwischen hat sich aber gezeigt, dass viele Internetadressen einem Wandel unterliegen, der entsprechende Zitate ins Leere laufen lässt. Der Autor hat zwar einige Internetadressen im Literaturverzeichnis belassen, ist aber dazu übergegangen, im Internet publizierte Arbeiten mit den Worten zu zitieren: „im Internet verfügbar". Eine bestimmte Arbeit findet man dann mit einem geeigneten Suchbegriff in einer Internetsuchmaschine.

Literatur

Kommentarbände und Lehrbücher

Aurand, K., Hässelbarth, U., Schumacher, W., Müller, G. und Steuer, W. (Hrsg.) (1976) *Die Trinkwasserverordnung, Einführung und Erläuterungen für Wasserversorgungsunternehmen und Überwachungsbehörden*, 1. Aufl., Erich Schmidt, Berlin, ISBN 3-503-01453-5.

Aurand, K., Hässelbarth, U., Schumacher, W., von Nieding, G. und Steuer, W. (Hrsg.) (1987) *Die Trinkwasserverordnung, Einführung und Erläuterungen für Wasserversorgungsunternehmen und Überwachungsbehörden*, 2. Aufl., Erich Schmidt, Berlin, ISBN 3-503-02606-1.

Aurand, K., Hässelbarth, U., Lange-Aschenfeldt, H. und Steuer, W. (Hrsg.) (1991) *Die Trinkwasserverordnung, Einführung und Erläuterungen für Wasserversorgungsunternehmen und Überwachungsbehörden*, 3. Aufl., Erich Schmidt, Berlin, ISBN 3-503-03202-9.

Grohmann, A., Hässelbarth, U. und Schwerdtfeger, W. (Hrsg.) (2003) *Die Trinkwasserverordnung, Einführung und Erläuterungen für Wasserversorgungsunternehmen und Überwachungsbehörden*, 4. Aufl., Erich Schmidt, Berlin, ISBN 3-503-05805-2.

Wasseranalysen – richtig beurteilt, 4. Auflage. Walter Kölle.
© 2017 WILEY-VCH Verlag GmbH & Co. KGaA. Published 2017 by WILEY-VCH Verlag GmbH & Co. KGaA.

Frimmel, F.H. (Hrsg.) mit elf Beiträgen anderer Autoren (1998) *Wasser und Gewässer*, Spektrum Akademischer Verlag.

Grohmann, A.N., Jekel, M., Grohmann, A., Szewzyk, R. und Szewzyk, U. (2011) *Wasser – Chemie, Mikrobiologie und nachhaltige Nutzung*, de Gruyter, ISBN 978-3-11-021308-9.

Grombach, P., Haberer, K., Merkl, G. und Trüeb, E.U. (2000) *Handbuch der Wasserversorgungstechnik*, 3. Aufl., Oldenbourg Industrieverlag, ISBN: 3-486-26394-3.

Höll, K. (2002) *Wasser – Nutzung im Kreislauf – Hygiene, Analyse und Bewertung*, 8. Aufl., (Hrsg. A. Grohmann), Walter de Gruyter, Berlin, New York.

Wisotzky, F. (2011) *Angewandte Grundwasserchemie, Hydrogeologie und hydrogeochemische Modellierung – Grundlagen, Anwendungen und Problemlösungen*, Springer, ISBN: 978-3-642-17813-9.

Worch, E. (2015) *Hydrochemistry – Basic Concepts and Exercises*, De Gruyter, ISBN 978-3-11-031556-1.

Literatur (für Buch und Texte auf der Website)

Abbt-Braun, G. und Frimmel, F.H. (2002) The relevance of reference materials – isolation and general characterization, in *Refractory Organic Substances in the Environment*, (Hrsg. G. Abbt-Braun, F.H. Frimmel, K.G. Heumann, B. Hock, H.-D. Lüdemann und M. Spiteller), Wiley-VCH Verlag GmbH, ISSN 0323-4320.

Abraham, M., Westphal, L. und Schulz-Bull, D. (2016) Belastung von Oberflächensedimenten der Ostsee durch Organozinnverbindungen, Jahrestagung der Wasserchemischen Gesellschaft 2016, Kurzfassungen ISBN 978-3-936028-94-2.

Achten, C., Schwarzbauer, J. und Hofmann, T. (2008) Native PAK in Steinkohlen, Jahrestagung der Wasserchemischen Gesellschaft 2008 in Trier, Kurzreferate, ISBN 978-3-936028-51-5.

Alexy, R., Lange, F.T., Metzinger, M., Wenz, M., Sommer, A. und Kümmerer, K. (2003) Verbrauch und Umweltkonzentrationen von Antibiotika, Jahrestagung der Wasserchemischen Gesellschaft 2003 in Stade, Kurzreferate, ISBN 3-936028-09-5.

Althaus, H. und Schössner, H. (1991) Vorkommen, Bedeutung und Nachweis von Cyanid, in *Die Trinkwasserverordnung, Einführung und Erläuterungen für Wasserversorgungsunternehmen und Überwachungsbehörden*, (Hrsg. Aurand *et al.*), 3. Aufl., Erich Schmidt, Berlin.

Anonym (1983) Saure Niederschläge – eine Herausforderung für Europa, Symposium in Karlsruhe, September 1983, zitiert nach einem Tagungsbericht in Nachr. Chem. Tech. Lab. 31, 875–878 (1983).

ARW (1998) Arbeitsgemeinschaft Rhein-Wasserwerke e. V., Jahresbericht 1997, ISSN: 0343-0391.

ARW (1999) Arbeitsgemeinschaft Rhein-Wasserwerke e. V., Jahresbericht 1998, ISSN: 0343-0391.

Arzneimittelgesetz (2016) Gesetz über den Verkehr mit Arzneimitteln – Arzneimittelgesetz in der Fassung der Bekanntmachung vom 12.12.2005, zuletzt geändert am 04.04.2016 [143 Seiten, im Internet verfügbar].

Asaad, F. und Sontheimer, H. (1991) Untersuchungen zur Stillstandskorrosion bei Stahlrohren. *Das Gas- und Wasserfach*, **132**, 537–545 [Schema der Phasenumwandlungsreaktionen von Eisenverbindungen, Messapparatur, Eisenabgaberate, Korrosionsrate, Deckschichtmasse, Sauerstoffverbrauch].

AWBR (1998) Arbeitsgemeinschaft Wasserwerke Bodensee-Rhein e. V., Jahresbericht 1997, ISSN: 0179-7867.

Axt, G. (1966) Die Grundlagen der Wasserentsäuerung und ihre analytische Erfassung und Kontrolle, Heft 1 der Veröffentlichungen des Bereichs und Lehrstuhls für Wasserchemie, Karlsruhe.

Axt, G. (1968) Eine zuverlässige und schnelle Untersuchungsmethode zur Beurteilung der Kalkaggressivität von Wasser, *GWF, Wasser-Abwasser*, **109**, 1429.

Baborowski, M. und Bozau, E. (2008) Uran im Oberflächenwasser der Mittleren Elbe, Jahrestagung der Wasserchemischen Gesellschaft 2008 in Trier, Kurzreferate, ISBN 978-3-936028-51-5.

Bacso, J. und Szalay, A. (1978) Accumulation of arsenic, lead and other heavy elements in the iron-manganese oxide-hydroxide precipitation in the pipelines of city water works. *The Science of the Total Environment*, **9**, 271–276.

Bahr, C. und Jekel, M. (2008) Aufbereitung von uranhaltigem Grundwasser mit granuliertem Eisenhydroxid: Untersuchungen zur Adsorptionsdynamik und zur Regeneration mit Natronlauge, Jahrestagung der Wasserchemischen Gesellschaft 2008 in Trier, Kurzreferate, ISBN 978-3-936028-51-5.

Bannick, C.G. und 15 Co-Autoren (2015) Mikroplastik in der aquatischen Umwelt – Ein Beitrag zur aktuellen Diskussion in Deutschland. *Vom Wasser – Das Journal*, **1/15** (März 2015), 7–14.

Bartholet, J. (2012) Interkontinentale Staubdrift – Von Afrika zum Amazonas. *Spektrum der Wissenschaft*, **7/12** (Juli 2012), 73–77.

Baudisch, R. (1991) Fallbeispiel: Gebiet der Senne, Ostwestfalen, in *Probleme der Öffentlichen Wasserversorgung mit metallischen Spurenstoffen*, Berichte aus dem Rheinisch-Westfälischen Institut für Wasserchemie und Wassertechnologie GmbH (IWW) in Mülheim/Ruhr, Bd. 5, S. 112–122 (Anmerkung: Abscheidungen von Aluminiumhydroxid in Brunnen; Gegenmaßnahmen).

Baus, C., Brauch, H.-J., Fleig, M. und Sacher, S. (2008) Auswirkungen des Einsatzes von MTBE und ETBE auf Oberflächengewässer und Trinkwasserversorgung im Rheineinzugsgebiet, Eine IAWR-Studie, http://www.iawr.org/docs/publikation_sonstige/080711_mtbe-iawr.pdf, (letzter Zugriff: 28.12.2016).

Bayerisches Landesamt für Umwelt (2008) Fachtagung Pflanzenschutzmittel-Metaboliten, 18./19.11.2008, http://www.lfu.bayern.de/analytik_stoffe/fachinformationen/psm_metaboliten/doc/fachtagungkurzfassung_psm_metaboliten.pdf, (letzter Zugriff: 28.12.2016).

Bayerisches Landesamt für Umwelt (2014) Mikroplastik in der Umwelt, Statuskolloquium am 03.07.2014 (im Internet verfügbar).

Becker-Kaiser, R. und Pikarek, M. (2016) Wie viele Legionellen leben in Wohngebäuden mit zentraler Warmwasserbereitung? *Energie Wasser-Praxis*, **67** (Mai 2016), 34–36.

Bellscheidt, B., Schlett, C. und Thier, H.-P. (2000) Bestimmung von Geruchsstoffen in Wasserproben mittels Festphasenmikroextraktion (SPME) und Gaschromatographie/Massenspektrometrie (GC/MS), Wasserchemische Gesellschaft, Jahrestagung 2000, Beitrag P67, ISBN 3-924763-87-9.

Bergmann, A. und weitere 9 Co-Autoren aus 5 Instituten (2013 und 2014) Konsequenzen nachlassenden Nitratbabbauvermögens in Grundwasserleitern, DVGW-Forschungsvorhaben W1/06/08 (2013) und *Energie Wasser-Praxis* **65** (Februar 2014), 36–42.

Bergmann, F. (1981) Versuch zur Entsulfatisierung des Wassers der Rhumequelle mittels einer Umkehr-Osmose-Anlage, Neue Technologien in der Trinkwasserversorgung, 2. Statusseminar des vom Bundesminister für Forschung und Technologie geförderten Forschungsschwerpunktes, Aachen, 1980, DVGW-Schriftenreihe Wasser, Nr. 102, 369–374.

Bergmann, H. (2011) *Wasser, das Wunderelement? – Wahrheit oder Hokuspokus*, Wiley-VCH Verlag GmbH, ISBN 978-3-527-32959-5.

Bergmann, K.E. und Grossklaus, R. (1987) Vorkommen, Bedeutung und Nachweis von Natrium, in *Die Trinkwasserverordnung, Einführung und Erläuterungen für Wasserversorgungsunternehmen und Überwachungsbehörden*, (Hrsg. Aurand *et al.*), 2. Aufl., Erich Schmidt, Berlin.

Bernhard, G. und Geipel, G. (2007) Bestimmung der Bindungsform des Urans in Mineralwässern, *Vom Wasser*, **105** (3/2007), 7–10.

Bernhardt, H. (1978) *Phosphor – Wege und Verbleib in der Bundesrepublik Deutschland*, Hauptausschuss „Phosphate und Wasser" der Fachgruppe Wasserchemie in der GDCh, Verlag Chemie, Weinheim, New York.

Bernhardt, H. (1987a) „Anforderungen an Trinkwasser" und „Aufbereitung von Wasser aus Seen und Talsperren", DVGW-Schriftenreihe Wasser, Nr. 206.

Bernhardt, H. (1987b) „Wasseraufbereitung für Ingenieure", ZfGW-Verlag, Bonn, ISSN 0342-5630.

Bernhardt, H. (1996) „Trinkwasseraufbereitung", Vorlesungsmanuskript, bearbeitet von O. Hoyer, herausgegeben von W. Such, Wahnbachtalsperrenverband, PF 1933, 53709 Siegburg.

BfR (2007) „BfR empfiehlt die Ableitung eines europäischen Höchstwertes für Uran in Trink- und Mineralwasser", gemeinsame Stellungnahme Nr. 020/2007 des BfS und des BfR vom 5. April 2007, im Internet durch Suchmaschine unter „höchstwert für uran".

BfR (2008) Pflanzenschutzmittel-Wirkstoffe: ADI-Werte und gesundheitliche Leitwerte, im Internet durch Suchmaschine unter "trinkwasserleitwerte".

BfR (2015) „Pflanzenschutzmittel-Wirkstoffe: ADI-Werte und gesundheitliche Trinkwasser-Leitwerte", Aktualisierte Information Nr. 036/2015 des BfR (Bundesinstitut für Risikobewertung): im Internet durch Suchmaschine unter „bfr pflanzenschutzmittel leitwerte".

BfS (2009) „Strahlenexposition durch natürliche Radionuklide im Trinkwasser", durch Suchmaschine im Internet, verfügbar ist auch eine ausführliche Stellungnahme als PDF-Datei.

BGR – Fauth, H., Hindel, R., Siewers, U., Zinner, J. (1985) *Geochemischer Atlas Bundesrepublik Deutschland – Verteilung von Schwermetallen in Wässern und Bachsedimenten*, Bundesanstalt für Geowissenschaften und Rohstoffe Hannover.

BGVV (2001) „Bundesinstitut für gesundheitlichen Verbraucherschutz und Veterinärmedizin", Tätigkeitsbericht 2000/2001, http://www.bfr.bund.de/cm/221/2000-2001.pdf, (letzter Zugriff: 28.12.2016).

Birka, M., Wehe, C.A., Sperling, M., Karst, U. (2014) Bestimmung von anthropogenem Gadolinium in Trinkwasser mittels ICP-MS und HILIC/ICP-MS, Jahrestagung der Wasserchemischen Gesellschaft 2014, Kurzfassungen: ISBN 978-3-936028-83-6.

Bittermann, H. (1999) Jodversorgung deutscher Wehrpflichtiger im Alter von 17,5 bis 21 Jahren. Dissertation Humboldt-Universität, Berlin.

BLU (2008) Fachtagung Pflanzenschutzmittel-Metaboliten, 18./19.11.2008, veranstaltet vom Bayerischen Landesamt für Umwelt. Im Internet mit Suchmaschine unter „lfu fachinformationen psm"

Böckle, K. (1999) *Praxisorientierte Untersuchungen zur mikrobiellen reduktiven Dechlorierung von leichtflüchtigen chlorierten Kohlenwasserstoffen (LCKW)*, Bd. 7, Veröffentlichungen aus dem Technologiezentrum Wasser Karlsruhe, ISSN 1434-5765.

Bode, H. (2008) Den Stoffen auf der Spur. *Vom Wasser*, **106** (3/08), Editorial.

Bohnsack, G., Höll, W., Klein, E., Kölle, W. und Soiné, K. (1989) *Einsatz von Ionenaustauschern und sorptiv wirkenden Polymeren in der öffentlichen Wasserversorgung*, DVGW-Schriftenreihe Wasser, Nr. 61, Statusbericht Wasseraufbereitung: Membranverfahren, Ionenaustauschverfahren.

Borchers, U., Lacombe, M. und Schnitzler, M. (2007) Die Berechnung der Calcitlösekapazität von Trinkwasser – Erkenntnisse aus einem Ringversuch und Tipps für die Praxis, Jahrestagung der Wasserchemischen Gesellschaft 2007 in Passau, Kurzreferate, ISBN 3-936028-43-5.

Borneff, J. und Kunte, H. (1991) Polycyclische aromatische Kohlenwasserstoffe: Vorkommen, Bedeutung und Analytik, in *Die Trinkwasserverordnung, Einführung und Erläuterungen für Wasserversorgungsunternehmen und Überwachungsbehörden*, (Hrsg. Aurand *et al.*) 3. Aufl., Erich Schmidt, Berlin.

Borneff, J., Selenka, F., Kunte, H. und Maximos, A. (1968) Experimental studies on the formation of polycyclic aromatic hydrocarbons in plants. *Environmental Research*, **2**, 22–29.

Böttcher, J., Strebel, O. und Duynisveld, W.H.M. (1985) Vertikale Stoffkonzentrationsprofile im Grundwasser eines Lockergesteins-Aquifers und deren Interpretation (Beispiel Fuhrberger Feld). *Z. Dt. Geol. Ges.*, **136**, 543–552.

Börnick, H., Ludwig, F., Rodet, V., Ziegert, K., Röske, I. und Worch, E. (2004) Untersuchungen zum Vorkommen von Geruchsstoffen in Trinkwassertalsperren, Jahrestagung der Wasserchemischen Gesellschaft 2004, Bad Saarow, Kurzfassungen, ISBN 3-936028-24-9.

Böttcher, J. und Strebel, O. (1985) Redoxpotential und Eh/pH-Diagramme von Stoffumsetzungen in reduzierendem Grundwasser (Beispiel Fuhrberger Feld), *Geologisches Jahrbuch Reihe C – Hydrogeologie, Ingenieurgeologie,* Heft 40, (Hrsg. Bundesanstalt für Geowissenschaften und Rohstoffe und den Geologischen Landesämtern in der Bundesrepublik Deutschland), Schweizerbart science publishers.

Böttcher, J., Strebel, O. und Kölle, W. (1992) Redox conditions and microbial sulfur reactions in the Fuhrberger feld sandy aquifer, in *Progress in Hydrogeochemistry,* (Hrsg. G. Matthess, F. Frimmel, P. Hirsch, H.D. Schulz und H.-E. Usdowski), Springer, Berlin, Heidelberg.

Brauch, H.-J. (Projektleiter) (2002) Teilprojekt „Vorkommen von Pharmaka und Hormonen in Grund-, Oberflächenwässern und Böden in Baden-Württemberg" im Projekt „Pharmaka und Hormone in der aquatischen Umwelt", Projekt-Nr. U33-00.01, Landesanstalt für Umweltschutz Baden-Württemberg (206 Seiten, im Internet als Download verfügbar, am einfachsten über eine Suchmaschine).

Brauch, H.-J. und Jülich, W. (1999) IAWR Internationale Arbeitsgemeinschaft der Wasserwerke im Rheineinzugsgebiet – Rheinbericht 1996–1998, ISBN 90-70671-23-9.

Bristow, C.S., Hudson-Edwards, K.A. und Chappell, A. (2010) Fertilizing the Amazon and equatorial Atlantic with West African dust. *Geophysical Research Letters,* **37**.

Brockhaus (1989) *Naturwissenschaften und Technik – Sonderausgabe,* F.A. Brockhaus Verlag, Wiesbaden.

Buchberger, W. (2006) Arzneimittelrückstände in Wässern – wo stehen wir heute? *Nachrichten aus der Chemie,* **54** (Juni 2006), 673–675.

Buhlert, J. und Weber, W.H. (2005) Ultraspurenanalytik von Acrylamid in Trinkwasser mittels HPLC-MS/MS – Zum Verhalten von Acrylamid in der Trinkwasseraufbereitung, Jahrestagung der Wasserchemischen Gesellschaft 2005 in Bad Mergentheim, Kurzreferate, ISBN 3-936028-29-X.

Bundesamt für Verbraucherschutz und Lebensmittelsicherheit (2009) Liste der zugelassenen Pflanzenschutzmittel, da die Liste laufend aktualisiert wird, ist eine Suche mit einer Internetsuchmaschine (Suchbegriff „Bundesamt für Verbraucherschutz") sinnvoll.

Burmeier, H. (Koordinator), Birke, V., Ebert, M., Finkel, M., Rosenau, D. und Schad, H. (2006) Anwendung von durchströmten Reinigungswänden zur Sanierung von Altlasten, BMBF-Vorhaben Nummer 0271241, 471 Seiten (ohne Anlagen), im Internet verfügbar.

Carlson, S. (1986) Bakteriologie und Virologie des Wassers, in Höll (1986).

Castell-Exner, C. (2004) Die neuen WHO-Richtlinien zur Trinkwasserqualität. *Energie Wasser Praxis,* **55** (Dez. 2004), 24–27.

Castell-Exner, C. und Gerhardy, K. (2010) Das Vorkommen von Pflanzenschutzmitteln und ihren Metaboliten – nationale Bewertung und Lösungsansätze im Vollzug und auf freiwilliger Basis. *Energie Wasser-Praxis,* **6/2010**, 8–11.

Constapel, M., Fülling, C., Fülling, R., Gäb, S., Martins, V. und Marzinkowski, J.M. (2010) Characterization of water-soluble extracellular polymeric substance and membrane foulings from sewage plants. *Vom Wasser (Journal),* **108** (3), 75–83.

Cornel, P. (1983) Untersuchungen zur Sorption von aliphatischen Chlorkohlenwasserstoffen durch Böden aus Grundwasserleitern, Heft 22 Veröffentlichungen des Bereichs und des Lehrstuhls für Wasserchemie und der DVGW-Forschungsstelle am Engler-Bunte-Institut der Universität Karlsruhe (48 Seiten).

Czekalla, C. (1988) In situ-Analyse der physiologischen und filtrationstechnischen Leistung von Eisen- und Manganbakterien in Schnellfilteranlagen der Trinkwasseraufbereitung, Dissertation TU Braunschweig.

Czekalla, C. (1997) Eisen- und Manganbakterien in Schnellfilteranlagen der Trinkwasseraufbereitung, Fachliche Berichte, Hamburger Wasserwerke, 1/97, 11–17, ISSN 0722-6462.

Daigle, K. (2016) Gift im Trinkwasser. *Spektrum der Wissenschaft,* **April 2016**, 70–79.

Dechet, F., Castell-Exner, C., Danowski, A. und Steinbach, N. (2016) Information zur Rohwasserdatenbank „Pflanzenschutzmittel“. *Energie Wasser-Praxis*, **67** (Feb. 2016), 46–51.

DFG (1982a) Deutsche Forschungsgemeinschaft, Forschungsbericht „Schadstoffe im Wasser“, Band 1: „Metalle“, (Hrsg. J. Reichert und U. De Haar), Harald Boldt, Boppard, ISBN 3-7646-1812-4.

DFG (1982b) Deutsche Forschungsgemeinschaft, Forschungsbericht „Schadstoffe im Wasser“, Band 2: „Phenole“, (verfasst von C, Rübelt, F. Dietz, R. Kickuth, P, Koppe, H, Kunte, G. Peschel und M. Sonneborn), Harald Boldt, Boppard, ISBN 3-7646-1814-0.

Dieter, H.H. (1991) „Vorkommen und gesundheitliche Bedeutung von Barium im Trinkwasser“ und „Vorkommen und Toxikologie von Arsen und seine gesundheitliche Bedeutung im Trinkwasser“, in *Die Trinkwasserverordnung, Einführung und Erläuterungen für Wasserversorgungsunternehmen und Überwachungsbehörden*, (Hrsg. Aurand *et al.*) 3. Aufl., Erich Schmidt, Berlin.

Dieter, H.H. (2008) Perfluorierte Chemikalien (PFC), nicht relevante Metaboliten (nrM) von Wirkstoffen aus Pflanzenschutzmitteln (PSM) und Arzneimittelreste (AMR) im Trinkwasser – aktuelle Bewertung, in *Fortbildung für den Öffentlichen Gesundheitsdienst 2008“*, Berlin, 2.–4. April 2008, Bundesinstitut für Risikobewertung, Pressestelle, Thielallee 88–92, 14195 Berlin, 73 Seiten,

Dieter, H.H. und Möller, R. (1991a) Vorkommen, Nachweis und Bedeutung von Silber, in *Die Trinkwasserverordnung, Einführung und Erläuterungen für Wasserversorgungsunternehmen und Überwachungsbehörden*, (Hrsg. Aurand *et al.*) 3. Aufl., Erich Schmidt, Berlin.

Dieter, H.H., Meyer, E., Möller, R. (1991) Kupfer – Vorkommen, Bedeutung und Nachweis, in *Die Trinkwasserverordnung, Einführung und Erläuterungen für Wasserversorgungsunternehmen und Überwachungsbehörden*, (Hrsg. Aurand *et al.*) 3. Aufl., Erich Schmidt, Berlin.

DIN 2000 (November 1973) Zentrale Trinkwasserversorgung; Leitsätze für Anforderungen an Trinkwasser; Planung, Bau und Betrieb der Anlagen.

DIN 38404-10 (April 1995) Physikalische und physikalisch-chemische Stoffkenngrößen (Gruppe C), Teil 10: Calcitsättigung eines Wassers (C 10), Beuth, Berlin und Köln.

DIN 38404-6 (Mai 1984) Physikalische und physikalisch-chemische Stoffkenngrößen (Gruppe C), Bestimmung der Redox-Spannung (C6), Normenausschuss Wasserwesen (NAW) im DIN Deutsches Institut für Normung e. V.

DIN 50930 (1980) Korrosionsverhalten von metallischen Werkstoffen gegenüber Wasser, Teile 1 bis 5, Beuth, Berlin und Köln.

Dittrich, B. und Klose, R. (2008) Bestimmung und Bewertung von Schwermetallen in Düngemitteln, Bodenhilfsstoffen und Kultursubstraten, Schriftenreihe der Sächsischen Landesanstalt für Landwirtschaft, Heft 3, 2008.

Droste, B. und Wisotzky, F. (2015) Pyritoxidationsprozesse im cretazischen Emschermergel infolge von aeroben Bedingungen durch den Emscherumbau. *Grundwasser*, **20** (3), 197–207.

Drucksache 18/7940 (21.03.2016): Antwort der Bundesregierung auf eine Kleine Anfrage: „Akkumulation und Wirkung von toxischen Quecksilberverbindungen in der Umwelt“, im Internet verfügbar.

Duflos, A. (1852) *Die Chemie in ihrer Anwendung auf das Leben und die Gewerbe, Erster Theil: Anfangsgründe der Chemie*, Ferdinand Hirt's Verlag, Breslau.

DVGW (1970) Hinweise zur Verhütung der biologischen Brunnenverockerung, DVGW-Regelwerk, Merkblatt W131, Januar 1970.

Eberle, S. und Donnert, D. (1991) Die Berechnung des pH-Wertes der Calcitsättigung eines Trinkwassers unter Berücksichtigung der Komplexbildung. *Wasser-Abwasser-Forschung*, **24**, 258–268, siehe auch DIN 38-404, Teil 10.

Elsner, M., Vogt, C., Georgi, A., Kopinke, F.-D., Calmano, W., Schreglmann, K., Bergmann, A. und Mayer, B. (2014) Chemikalien beim Fracking zur Gewinnung unkonventioneller

Erdgasressourcen, Gesellschaft Deutscher Chemiker: http://www.aktuelle-wochenschau.de/main-navi/archiv/wasserchemie-2014, (letzter Zugriff: 28.12.2016), (Woche 16).

Etiope, G., Papatheodorou, G., Christodoulou, D. P., Ferentinos, G., Sokos, E., und Favali, P. (2006) Methane and hydrogen sulfide seepage in the northwest Peloponnesus petroliferous basin (Greece): Origin and geohazard, American Association of Petroleum Geologists. *AAPG Bulletin*, **90** (5), 701–713 (im Internet verfügbar).

Feuerpfeil, J. und Botzenhart, K. (2008) *Hygienisch-mikrobiologische Wasseruntersuchung in der Praxis – Nachweismethoden, Bewertungskriterien, Qualitätssicherung, Normen*, Wiley-VCH, ISBN 978-3-527-31569-7.

Finck, A. (1979) *Dünger und Düngung – Grundlagen, Anleitung zur Düngung der Kulturpflanzen*, Verlag Chemie, Weinheim, New York.

Fischer, L. (2015) Staub oder Diamant? *Nachrichten aus der Chemie*, **63** (Apr. 2015), 435–436.

Flemming, H.-C. (Koordinator) (2010) Erkenntnisse aus dem BMBF-Verbundprojekt „Biofilme in der Trinkwasser-Installation, www.biofilm-hausinstallation.de, (letzter Zugriff: 28.12.2016).

Flemming, H.-C. und Wingender, J. (2001) Flocken, Filme und Schlämme; Biofilme – die bevorzugte Lebensform der Bakterien, *Biologie in unserer Zeit*, **31**, 169–180.

Flemming, H.-C. und Wingender, J. (2002) Proteine, Polysaccharide … Was Biofilme zusammenhält, *Chemie in unserer Zeit*, **36**, 30–42.

Flöser, V. und Ternes, T. (2008) Arzneimittelrückstände und antibiotikaresistente Keime im Abwasser – Zentrale oder dezentrale Vorbehandlung? *Vom Wasser*, **106**, 32–36.

Forster, R. und Gammeter, S. (1999) Veränderung der mikrobiologischen Belastung im Zürichsee im Laufe der letzten 70 Jahre, Arbeitsgemeinschaft Wasserwerke Bodensee-Rhein, Jahresbericht 1999, ISSN 0179-7867.

Freier, R.K. (1984) *Chemie des Wassers in Thermischen Kraftanlagen*, de Gruyter, Berlin.

Frimmel, F.H. (1988) Gewässerrelevante Eigenschaften von Huminstoffen, Arbeitsgemeinschaft Wasserwerke Bodensee-Rhein, Jahresbericht 1987, 79–91, ISSN 0179-7867.

Frimmel, F.H. (1991) Aus analytischer Sicht verunglückte Parameter in der Trinkwasserverordnung – aufgezeigt an den Beispielen der Phenole, des Kjeldahlstickstoffs und der mit Chloroform extrahierbaren Stoffe, in *Die Trinkwasserverordnung, Einführung und Erläuterungen für Wasserversorgungsunternehmen und Überwachungsbehörden*, (Hrsg. Aurand *et al.*) 3. Aufl., Erich Schmidt, Berlin.

Frimmel, F.H. (2003) Aufbereitungsstoffe für die Desinfektion von Trinkwasser, in *Die Trinkwasserverordnung, Einführung und Erläuterungen für Wasserversorgungsunternehmen und Überwachungsbehörden*, (Hrsg. Grohmann *et al.*), 4. Aufl., Erich Schmidt, Berlin.

Frimmel, F.H. und Abbt-Braun, G. (Hrsg) (1997) Heft 35 Veröffentlichungen des Lehrstuhls für Wasserchemie und der DVGW-Forschungsstelle am Engler-Bunte-Institut der Universität Karlsruhe: „Symposium on Refractory Organic Substances in the Environment — ROSE“.

Frimmel, F.H. und Müller, M.B. (Hrsg.) (2006) *Heil-Lasten – Arzneimittelrückstände in Gewässern*, Springer, ISBN: 3-540-33637-0.

Frimmel, F.H., Abbt-Braun, G., Heumann, K.G., Hock, B., Lüdemann, H.-D. und Spiteller, M. (Hrsg.) (2002) *Refractory Organic Substances in the Environment*, Wiley-VCH, ISBN 3-527-30173-9.

Gelbrecht, J., Cabezas, A., Hupfer, M. und Zak, D. (2016) Sulfatbelastung der Spree, Ursachen, Wirkungen und aktuelle Erkenntnisse, Leibniz-Institut für Gewässerökologie und Binnenfischerei, IGB-Dossier, im Internet verfügbar.

Geyh, M.A. und Kuckelkorn, O.F. (1969) Zur Gliederung eines Grundwasserkörpers mit Hilfe von 14C und 3H-Konzentrations-Bestimmungen an Wasserproben. *GWF, Wasser-Abwasser*, **110**, 1394–1397.

Giebler, G. (1968) *Chemische Wasserstatistik der Wasserwerke in der Bundesrepublik Deutschland und West-Berlin*, Herausgegeben im Jahre 1959 vom Deutschen Verein von Gas- und Wasserfachmännern (DVGW), 1. Nachtrag (1968) zur 3. Ausgabe, Oldenbourg-Verlag, München.

Gießen, H. (2011) Wie belastet ist unser Wasser?, Pharmazeutische Zeitung 47/2011 (im Internet verfügbar, letzter Zugriff: 27.12.2016).

Gilbert, E. (1987) Chemische Oxidation, DVGW-Schriftenreihe Wasser Nr. 206 "Wasseraufbereitungstechnik für Ingenieure", Beitrag Nr. 9.

Gilbert, E. (1991) Zusatzstoffe für die Oxidation und Reduktion, in *Die Trinkwasserverordnung, Einführung und Erläuterungen für Wasserversorgungsunternehmen und Überwachungsbehörden*, (Hrsg. Aurand *et al.*) 3. Aufl., Erich Schmidt, Berlin.

Gimbel, R., Siedersleben, J. und Sontheimer, H. (1980) Beschreibung des Zustandes von Fließgewässern nach der IAWR-Methode. *GWF, Wasser-Abwasser*, **121**, 428–437 (Anmerkung: IAWR = Internationale Arbeitsgemeinschaft der Wasserwerke im Rheineinzugsgebiet).

Göing, H. (1987) Rechtsnormen für Trinkwasser und ihre Weiterentwicklung, in *Die Trinkwasserverordnung, Einführung und Erläuterungen für Wasserversorgungsunternehmen und Überwachungsbehörden*, (Hrsg. Aurand *et al.*), 2. Aufl., Erich Schmidt, Berlin.

Glauner, T., Peschke, R., Abbt-Braun, G. und Frimmel, F.H. (2005) Identifizierung von Kanalleckagen durch den Nachweis iodierter Röntgenkontrastmittel im Grundwasser, Jahrestagung der Wasserchemischen Gesellschaft 2005 in Bad Mergentheim, Kurzfassungen, ISBN 3-936028-29-X.

Grohmann, A. (1991) pH-Wert und Calcitsättigung des Wassers, in *Die Trinkwasserverordnung, Einführung und Erläuterungen für Wasserversorgungsunternehmen und Überwachungsbehörden*, (Hrsg. Aurand *et al.*) 3. Aufl., Erich Schmidt, Berlin.

Grohmann, A. (2004) Ansichten über die Desinfektion von Wasser und die Wirkung von Chlor im Wandel der Zeit. *Vom Wasser*, 102, 15–19.

Grohmann, A. und Botzenhart, K. (2003) Die Abgabe mikrobiologisch einwandfreien Trinkwassers mit und ohne Aufbereitung, in *Die Trinkwasserverordnung, Einführung und Erläuterungen für Wasserversorgungsunternehmen und Überwachungsbehörden*, 4. Aufl., Erich Schmidt, Berlin.

Grohmann, A. und Nissing, W. (2002) *Chemie des Wassers* in: Höll, K. (2002).

Grombach, P., Haberer, K., Merkl, G. und Trüeb, E.U. (2000) *Handbuch der Wasserversorgungstechnik*, 3. Aufl., Oldenbourg Industrieverlag München, Wien, ISBN 3-486-26394-3.

Groß, M. (2013) Unser zweites Genom. *Nachrichten aus der Chemie*, **61**, 776–778.

Groß, M. (2016) Eine globale Nährstoffpumpe. *Nachrichten aus der Chemie*, **7/8**, 738–740.

Grossklaus, R. (1991) Vorkommen, Bedeutung und Bestimmung von Kalium, in *Die Trinkwasserverordnung, Einführung und Erläuterungen für Wasserversorgungsunternehmen und Überwachungsbehörden*, (Hrsg. Aurand *et al.*), 3. Aufl., Erich Schmidt, Berlin.

Groth, P., Czekalla, C., Dannöhl, R., Kölle, W., Liessfeld, R., Meyerhoff, R., Olthoff, R., Rott, U. und Wiegleb, K. (1997) Unterirdische Enteisenung und Entmanganung – aktualisierter Statusbericht. *GWF, Wasser-Abwasser*, **138**, 182–187.

Grübel, A. und Schmidt, W. (2014) Geruchsprobleme im Trinkwasser bei aminosäurehaltigem DOC. *Energie Wasser-Praxis*, **64** (Sept. 2013), 46–53.

Grübel, A., Schmidt, W., Imhof, L., Wagner, M. und Worch, E. (2011) Aminosäurebürtige Desinfektionsnebenprodukte – verantwortlich für Geruch von Trinkwasser? *Vom Wasser, Das Journal*, **109** (Sept. 2011), 75–81.

Haberer, K. (1958) Radioaktive Stoffe im Wasser und ihre Messung. *Vom Wasser*, **25**, 150–162.

Haberer, K. (1968a) Der natürliche Strontiumgehalt in Oberflächen-Gewässern. *Vom Wasser*, **35**, 100–108.

Haberer, K. (1968b) Ergebnisse spurenanalytischer Untersuchungen in Fließgewässern in Süddeutschland. *Vom Wasser*, **35**, 62–75.

Haberer, K. (1989a) *Umweltradioaktivität und Trinkwasserversorgung*, Oldenbourg-Verlag, München, Wien.

Haberer, K. (1989b) Entfernung von Radionukliden bei der Trinkwasseraufbereitung, DVGW-Schriftenreihe Wasser, Nr. 62.

Hagner, C. (2000) Regional and Long-Term Patterns of Lead Concentrations in Fluvial, Marine and Terrestrial Systems and Humans in Europe, GKSS 2000/17 (31 S.), GKSS-Forschungszentrum Geesthacht GmbH.

Hambsch, B., Schmiedel, U., Werner, P. und Frimmel, F.H. (1993) Investigations on the biodegradability of chlorinated fulvic acids. *Acta Hydrochimica et Hydrobiologica*, **21** (3), 167–173.

Hambsch, B., Hügler, M., Korth, A. und Petzoldt, H. (2016) *Pseudomonas aeruginosa* in Trinkwassersystemen – Wachstumsansprüche und nachhaltige Gegenmaßnahmen. *Energie Wasser-Praxis*, **67** (Mai 2016), 98–106.

Hammer, K., Kulinski, K., Schneider, B. und Schulz-Bull, D. (2016) Beitrag organischer Substanzen zum marinen Säure/Base-System, Jahrestagung der Wasserchemischen Gesellschaft 2016 in Bamberg, Kurzfassungen, ISBN 978-3-936028-94-2.

Hannappel, S., Groeneweg, J. und Zühlke, S. (2014) Antibiotika und Antiparasitika im Grundwasser unter Standorten mit hoher Viehbesatzdichte, Umweltbundesamt Texte 27/2014 (169 Seiten), ISSN 1862-4804, als PDF im Internet verfügbar.

Hartmann, C.M. und Reckhow, D.A. (2003) Bildung und Eigenschaften des noch unbekannten Anteils des AOX in ozoniertem und gechlortem Trinkwasser, Jahrestagung der Wasserchemischen Gesellschaft 2003 in Stade, Kurzfassungen, ISBN 3-93028-09-5.

Hässelbarth, U. (1991a) Die Bedeutung der Grenzwerte für chemische Stoffe in der Trinkwasserverordnung und die Regelungen beim Überschreiten von Grenzwerten, in *Die Trinkwasserverordnung, Einführung und Erläuterungen für Wasserversorgungsunternehmen und Überwachungsbehörden*, (Hrsg. Aurand *et al.*) 3. Aufl., Erich Schmidt, Berlin.

Hässelbarth, U. (1991b) Vorkommen, Bedeutung und Nachweis von Fluorid im Trinkwasser, in *Die Trinkwasserverordnung, Einführung und Erläuterungen für Wasserversorgungsunternehmen und Überwachungsbehörden*, (Hrsg. Aurand *et al.*) 3. Aufl., Erich Schmidt, Berlin.

Hässelbarth, U., Dieter, H.H., Moll, H.G. und Roßkamp, E. (1991) Lebensmittel: Trinkwasser – Neue Anforderungen an die Trinkwasserversorgung. *Brunnenbau, Bau von Wasserwerken, Rohrleitungsbau (bbr)*, **5/91**, 193–199.

Heck, R. (1970) Probleme der Wasserverteilung im Versorgungsgebiet der Wasserwerke Hannover. *GWF, Wasser-Abwasser*, **111**, 223–229 und 591–593.

Heinemeyer, G. und 8 Co-Autoren (2012) Phthalatbelastung der Bevölkerung in Deutschland: Expositionsrelevante Quellen, Aufnahmepfade und Toxikokinetik am Beispiel von DEHP und DINP, Schriftenreihe Umwelt & Gesundheit 01-04/2012, Umweltbundesamt, nur als Download verfügbar: http://www.uba.de/uba-info-medien/4326.html, (letzter Zugriff: 28.12.2016).

Heinrichs, G., Schmidt, C.K., Hübner, I. und Haase, G. (2012) Dunkel pigmentierte Biofilme an Trinkwasserarmaturen – mykologische Analyse und Bewertung, Ursachen, begünstigende Faktoren und Abhilfemaßnahmen. *Vom Wasser*, **2** (12), 41–44.

Heinzmann, B. und Pineau, C. (2005) Getrennte Erfassung von iodorganischen Röntgenkontrastmitteln in Krankenhäusern. *GWF, Wasser-Abwasser*, **146** (9/2005).

Heinzmann, B., Schuster, P. und Schwarz, R.-J. (2006) Getrennte Erfassung von iodorganischen Röntgenkontrastmitteln mit mobilen Urinbehältern in zwei Krankenhäusern – Ergebnisse der Testphase. *GWF, Wasser-Abwasser*, **147** (11/2006).

Heinzmann, B., Schwarz, R.J. und Schuster, P. (2007) Getrennte Erfassung von jodorganischen Röntgenkontrastmitteln im Urin in zwei Krankenhäusern – Ergebnisse der Machbarkeitsstudie und der Testphase, Jahrestagung der Wasserchemischen Gesellschaft 2007 in Passau, Kurzreferate, ISBN 3-936028-43-5.

Heiss, G. (1998) Korallen & Klima, http://home.arcor.de/gheiss/Korallen_und_Klima/index.html, (letzter Zugriff: 28.12.2016).

Henglein, F.A. (1959) *Grundriß der chemischen Technik*, Verlag Chemie, Weinheim.

Henning, A.-K. (2004) Biologische Mechanismen bei der unterirdischen Aufbereitung von Grundwasser am Beispiel des Mangans, Dissertation Stuttgart, veröffentlicht in: Stuttgarter Berichte zur Siedlungswasserwirtschaft, Bd. 176, ISBN 3-486-26565-2.

Henze, G. (2008) Voltammetrische Uranbestimmung als Standard. *Nachrichten aus der Chemie*, **56** (12), 1244–1245.

Herdering, W., Grunwald, N. und Knöchel, A. (2004) Synthetische Huminstoffmodelle mit variablen Stickstoff-, Schwefel- und Carboxylgruppen-Gehalten, Jahrestagung der Wasserchemischen Gesellschaft, Bad Saarow 2004, Kurzfassungen, ISBN 3-936028-24-9.

Herzsprung, P., Friese, K., Packroff, G., Schimmele, M., WENDT-Potthoff, K. und Winkler, M. (1998) Vertical and annual distribution of ferric and ferrous iron in acidic mining lakes. *Acta Hydrochim. Hydrobiol.*, **26**, 253–262.

Heyer, C. (1888) *Ursache und Beseitigung des Bleiangriffs durch Leitungswasser*, Verlagsbuchhandlung Paul Baumann, Dessau (zitiert nach Wagner und Kuch, 1981).

Hoffmann, P.F. und Schrag, D.P. (2000) Als die Erde ein Eisklumpen war. *Spektrum der Wissenschaft*, **4** (2000), 58–66.

Höll, K. (1986) *Wasser – Untersuchung, Beurteilung, Aufbereitung, Chemie, Bakteriologie, Virologie, Biologie*, 7. Aufl., Walter de Gruyter, Berlin, New York.

Höll, K. (2002) *Wasser – Nutzung im Kreislauf – Hygiene, Analyse und Bewertung*, 8. Aufl., (Hrsg. A. Grohmann), Walter de Gruyter, Berlin, New York.

Holleman, A.F. und Wiberg, N. (1995) *Lehrbuch der anorganischen Chemie/Holleman-Wiberg*, 101. Aufl., Walter de Gruyter, Berlin, New York.

Holluta, J. (1960a) Gefahren der Abgänge von Ölraffinerien für die Wasserversorgung. *Vom Wasser*, **27**, 198–215.

Holluta, J. (1960b) Geruchs- und Geschmacksbeeinträchtigung des Trinkwassers – Ursachen und Bekämpfung. *Das Gas- und Wasserfach (GWF)*, **101**, 1018–1023 und 1070–1078.

Holluta, J. und Hochmüller, K. (1959) Untersuchungen über die Bestimmung der Oxidierbarkeit von Wasser und Abwasser. *Vom Wasser*, **26**, 146–173.

Holluta, J., Kölle, W. und Sontheimer, H. (1969) Probleme bei der Untersuchung von Mineralölverunreinigungen. *Vom Wasser*, **36**, 216–245.

Hölting, B. (1984) *Hydrogeologie, Einführung in die Allgemeine und Angewandte Hydrogeologie*, 2. Aufl., Enke, Stuttgart, ISBN 3-432-90792-3.

Hörner, G. (1991) Entfernung von Arsen – Erfahrungen mit technischen Anlagen, in *Probleme der Öffentlichen Wasserversorgung mit metallischen Spurenstoffen*, Berichte aus dem Rheinisch-Westfälischen Institut für Wasserchemie und Wassertechnologie GmbH (IWW) in Mülheim/Ruhr, Bd. 5, S. 257–275.

Hosang, W. und Bischof, W. (1998) *Abwassertechnik*, Verlag Teubner, Stuttgart, Leipzig, ISBN 3-519-15247-9.

Hosang, W. (1960) Das neue Grundwasserwerk Fuhrberg der Stadt Hannover. *GWF, Wasser-Abwasser*, **101** (November 1960), 1181–1191.

Hu, C., Li, X., Pichel, W.G. und Muller-Karger, F.E. (2009) Detection of natural oil slicks in the NW Gulf of Mexico using MODIS imagery. *Geophys. Res. Lett.*, **36**, L01604, doi:10.1029/2008GL036119, (Bericht in der Frankfurter Allgemeinen Zeitung vom 11.03.2009).

Hügler, M. und Hambsch, B. (2011) Erfahrungsbericht zum Vorkommen von Legionellen in öffentlichen Gebäuden. *Energie Wasser-Praxis*, **12**, 40–43, (DVGW Jahresrevue).

IAWR-Salzbroschüre (1988) Salz im Rhein – Rost im Rohr, IAWR Internationale Arbeitsgemeinschaft der Wasserwerke im Rheineinzugsgebiet, Amsterdam, ISBN 90-70671-10-7.

Ilieva, D., Haderlein, S.B. und Morasch, B. (2014) Grundwassergefährdungspotential von Additiven in Wärmeträgerflüssigkeiten aus Erdwärmesonden. *Grundwasser*, **19** (4), 263–274.

Ittershagen, M., Dobke, A., Leufert, D., Mavromati, F. und Pfeifer, T. (2007) Perfluorierte Verbindungen: Falscher Alarm oder berechtigte Sorge?, Mitteilung des Umweltbundesamtes,

Februar 2007, im Internet durch Suchmaschine unter „umweltbundesamt perfluorierte verbindungen".

IWW (2006) Arzneistoffe und Trinkwasser – Kenntnisstand – Bewertung – Handlungsfelder, Berichte aus dem IWW Rheinisch-Westfälisches Institut für Wasserforschung gemeinnützige GmbH, Bd. 45, ISSN 0941-0961.

Jasmund, K. und Lagaly, G. (Hrsg.) (1993) *Tonminerale und Tone – Struktur, Eigenschaften, Anwendung und Einsatz in Industrie und Umwelt*, Steinkopff, Darmstadt, ISBN 3-7985-0923-9.

Jekel, M. (2003) Röntgenkontrastmittel – Vorkommen und Verhalten bei der Wasseraufbereitung, Forum Wasseraufbereitung, 13.11.2003, Mülheim/Ruhr.

Jekel, M. und Dott, W. (2013) Querschnittsthema „Indikatorsubstanzen" im Rahmen der BMBF-Fördermaßnahme RiSKWa – Leitfaden „Polare organische Spurenstoffe als Indikatoren im anthropogen beeinflussten Wasserkreislauf". *Vom Wasser*, **111** (4), 119–131.

Jekel, M. und Sontheimer, H. (1978) Biologisch-adsorptive Trinkwasseraufbereitung in Aktivkohlefiltern, DVGW-Schriftenreihe Wasser, Nr. 101.

Jekel, M., Bahr, C., Riegel, M., Schlitt, V., Baldauf, G. und Höll, H. (2010) Uranentfernung in der Trinkwasseraufbereitung. *Energie Wasser-Praxis*, **6**, 5459.

Keeling, R.F.S.C. Piper, S.C.A.F. Bollenbacher, A.F.S J. Walker, S.J. (2008) Atmospheric CO_2values (ppmv) derived from in situ air samples collected at Mauna Loa, Hawaii, USA. Carbon Dioxide Research Group, Scripps Institution of Oceanography (SIO), University of California, La Jolla, California USA, http://cdiac.ornl.gov/ftp/trends/co2/maunaloa.co2 (letzter Aufruf: 28.12.2016).

Keil, F. (Projektleiter) (2008) start – Strategien zum Umgang mit Arzneimittelwirkstoffen im Trinkwasser – Humanarzneimittelwirkstoffe: Handlungsmöglichkeiten zur Verringerung von Gewässerbelastungen – eine Handreichung für die Praxis, Institut für sozial-ökologische Forschung (ISOE) GmbH, Forschungsprojekt start, August 2008, http://www.start-project.de/downloads/start.pdf, (letzter Zugriff: 28.12.2026).

Kempke, S., Schick, R. und Uhl, W. (2006) Zu Mechanismen der biogenen Calcitsättigung im Bodensee, Jahrestagung der Wasserchemischen Gesellschaft 2006 in Celle, Kurzfassungen, ISBN 3-936028-39-7.

Kempke, S., Hetzer, B., Wagner, T. U., Schick, R., Rinke, K. und Rothhaupt, K.-O. (2008) Einfluss von Kolloiden auf die Bildung von Calcitkristallen, Jahrestagung der Wasserchemischen Gesellschaft 2008 in Trier, Kurzfassungen, ISBN 3-936028-51-5.

Kerndorff, H. (1991) Vorkommen, Bedeutung und Bestimmung von Bor, in *Die Trinkwasserverordnung, Einführung und Erläuterungen für Wasserversorgungsunternehmen und Überwachungsbehörden*, (Hrsg. Aurand *et al.*) 3. Aufl., Erich Schmidt, Berlin.

Kerns, R. (2003) Deutsche Trinkwasserlaboratorien sind einen Schritt voraus. *Energie Wasser Praxis*, **54** (Dez. 2003), 16–19.

Kirk, R.E. und Othmer, D.F. (1984) *Encyclopedia of Chemical Technology*, 3. Aufl., Bd. 24, John Wiley & Sons.

Klinger, J., Stieler, C., Sacher, F. und Brauch, H.-J. (2002) MTBE (methyl tertiary-butyl ether) in groundwaters: Monitoring results in Germany. *J. Environ. Monit.*, **2002** (4), 276–279.

Klingmüller, D. und Watermann, B. (Hrsg.) (2003) TBT – Zinnorganische Verbindungen – Eine wissenschaftliche Bestandsaufnahme, Umweltbundesamt, Texte 16/03 (durchführende Institution: Institut für Klinische Biochemie, Abt. Endokrinologie, Bonn), im Internet verfügbar.

Knappe, A., Massmann, G. und Pekdeger, A. (2003) Modellierung und Prognose des Transports von abwasserbürtigen Stoffen in Berlin, DFG-Forschungsprojekt „Das Verhalten der Seltenen-Erd-Elemente – insbesondere Gadolinium als Abwasserindikator – in Oberflächen- und Grundwässern", http://www.rz.uni-karlsruhe.de/~iba/dfg-seminar-pdf/Vortrag_pekdeger.pdf (PowerPoint-Präsentation als PDF).

Koch, M. (2005) Messunsicherheit und Grenzwerte. *Vom Wasser*, **103** (Juni), 7–10.

Kohlmeyer, U., Jantzen, E. und Kuballa, J. (2003) Arsen-Speziation mittels IC-ICP-MS zur Aufklärung der Biopfade in der aquatischen Umwelt, Jahrestagung der Wasserchemischen Gesellschaft 2003 in Stade, Kurzfassungen, ISBN 3-936028-09-5.

Kölle, W. (1963) Untersuchungen über den pH-Einfluß auf die Geschwindigkeit der Oxydation von Eisen(II)-Ionen durch Luftsauerstoff in wässriger Lösung, Diplomarbeit Universität Karlsruhe, Hauptreferent: Prof. Dr. J. Holluta.

Kölle, W. (1981) Anwendung von makroporösen Ionenaustauschern und/oder Aluminiumoxid zur weitgehenden Entfernung von Huminstoffen und Erprobung der Auswirkung derselben auf das Verteilungsnetz, Bundesministerium für Forschung und Technologie, Forschungsbericht T, 81–105.

Kölle, W. (1988) Mikrobiologische, chemische und hydrogeologische Untersuchungen zur subterrestrischen Enteisenung und Entmanganung unter Einbeziehung des Pyritmodells und seiner betriebstechnischen Konsequenzen, Abschlußbericht zu dem Forschungsvorhaben des Bundesministers für Forschung und Technologie, Kennzeichen 02 WT 460.

Kölle, W. (1989) Stickstoffverbindungen im Grund- und Rohwasser, Weiterbildendes Studium Bauingenieurwesen – Wasserwirtschaft, Universität Hannover, Kurs SW 23.

Kölle, W. (1996) Konzept zur Bewertung des Stickstoff-Umsatzes im Grundwasser, Institut für Grundwasserwirtschaft, Technische Universität Dresden, Heft 1, 267–291, ISSN 1430-0311.

Kölle, W., Dorth, K., Smiricz, G. und Sontheimer, H. (1971) Aspekte der Belastung des Rheins mit Schwermetallen. *Vom Wasser*, **38**, 183–196.

Kölle, W. und Rösch, H. (1980) Untersuchungen an Rohrnetz-Inkrustierungen unter mineralogischen Gesichtspunkten. *Vom Wasser*, **55**, 159–177.

Kölle, W. und Schneider, B.H. (1992) Die unterirdische Wasseraufbereitung. *Neue DELIWA-Zeitschrift*, **43** (Juni 1992), 272–278.

Kölle, W. und Sontheimer, H. (1968) Wassergefährdende Substanzen. *Gas/Wasser/Wärme*, **22**, 226–236.

Kölle, W. und Sontheimer, H. (1969) Die Problematik der Grundwasserverschmutzung durch Mineralölsubstanzen. *Brennstoff-Chemie*, **50**, 123–129.

Kölle, W. und Sontheimer, H. (1977) Untersuchungen zur Schutzschichtbildung in Gussrohren. *Vom Wasser*, **49**, 277–294.

Kölle, W. und Stieglitz, L. (1974) Petrochemische und biogene Kohlenwasserstoffe in den Sedimenten des Bodensees. *Vom Wasser*, **43**, 161–177.

Kölle, W. (1999) Einfluss des Grundwasserleiters auf die Grundwasserbeschaffenheit aus der Sicht des Wasserchemikers, das Stoffdepot-Konzept, Institut für Grundwasserwirtschaft, Technische Universität Dresden, Heft 2, 69–83, ISSN 1430-0311.

Kölle, W., Schweer, K.-H., Güsten, H. und Stieglitz, L. (1972) Identifizierung schwer abbaubarer Schadstoffe im Rhein und Rheinuferfiltrat. *Vom Wasser*, **39**, 109–119.

Kölle, W., Werner, P., Strebel, O. und Böttcher, J. (1983) Denitrifikation in einem reduzierenden Grundwasserleiter. *Vom Wasser*, **61**, 125–147.

Kopinke, F.-D., Mackenzie, K., Köhler, R., Georgi, A., Weiß, H. und Roland, U. (2003) Konzepte zur Grundwasserreinigung. *Chemie Ingenieur Technik*, **75** (4/2003), 329–339.

Koppers, H. (1985) Wasserwerksschlamm – ein zusätzliches Problem für die Versorgungsunternehmen in den Niederlanden. *GWF, Wasser-Abwasser*, **126**, 513–518.

Koschorrek, J., Lehmann, S. und Naulin, A. (2005) Arzneimittel in der Umwelt – Zu Risiken und Nebenwirkungen fragen Sie das Umweltbundesamt, Texte 29/05 (268 Seiten), ISSN 0722-168X, https://www.umweltbundesamt.de/sites/default/files/medien/publikation/long/2976.pdf, (letzter Zugriff: 29.12.2016).

Kuch, A. (1984) Untersuchungen zum Mechanismus der Aufeisenung in Trinkwasserverteilungssystemen, Dissertation Karlsruhe.

Kühn, W. (1980) „Aufgaben und Probleme der Oxidationsverfahren unter besonderer Berücksichtigung der Ozonwirksamkeit“, Neue Technologien in der Trinkwasserversorgung, DVGW-Schriftenreihe Wasser, Nr. 102.

Kühn, W. und Sontheimer, H. (1973) Einige Untersuchungen zur Bestimmung von organischen Chlorverbindungen auf Aktivkohlen. *Vom Wasser*, **41**, 65–79.

Küke, F. (2005) Die Erzeugung von Chlordioxid für den menschlichen Gebrauch. *Vom Wasser*, **103** (Dez. 2005), 18–22.

Kulinski, K., Schneider, B., Hammer, K., Machulik, U. und Schulz-Bull, D. (2014) The influence of dissolved organic matter on the acid-base system of the Baltic Sea. *Journal of Marine Systems*, **132**, 106–115.

Kümmerer, K., Schuster, A., Längin, A., Happel, O., Thoma, A., Schneider, K., Hassauer, M. Gartiser, S. und Hafner, C. (2011) Identifizierung und Bewertung ausgewählter Arzneimittel und ihrer Metaboliten (Ab- und Umbauprodukte) im Wasserkreislauf, Umweltbundesamt, Texte 46/2011. Hinweis: Diese Publikation ist ausschließlich als Download unter http://www.uba.de/uba-info-medien/4149.html, (letzter Zugriff: 29.12.2016), verfügbar.

Lange, F.T. (2014) Bauchemie und Wasserqualität – ein interdisziplinärer Fachausschuss der Wasserchemischen Gesellschaft. GDCh „Aktuelle Wochenschau" 2014, www.aktuelle-wochenschau.de/main-navi/archiv/wasserchemie-2014.html (3. Woche), (letzter Zugriff: 28.12.2016).

Lange, F.T. und Brauch, H.-J. (2008) Perfluorierte Verbindungen in deutschen Rohwasserressourcen. *Energie Wasser Praxis*, **4**, 46–51.

Lange, F.T., Schmidt, C.K., Fleig, M. und Wenz, M. (2007) Untersuchungen zum Vorkommen perfluorierter Alkylverbindungen in deutschen Trinkwasserressourcen, Abschlussbericht zu dem vom DVGW geförderten F&E-Vorhaben W7/01/04 (01.07.2005–30.06.2007).

Lange, F.T., Willach, S. und Brauch, H.J. (2014) Adsorbierbares organisch gebundenes Fluor (AOF) – ein weiterentwickelter Wasserqualitätsparameter zum Aufspüren von PFC-Hotspots. *Energie Wasser-Praxis*, **09**, 66—69.

Likens, G.E., Wright, R.F., Galloway, J.N. und Butler, T.J. (1978) Saurer Regen. *Spektrum der Wissenschaft, Erstedition* (Nov. 1978), 19–25.

Löder, M. (2014) Analytischer Nachweis von Mikroplastik mittels FTIR Spektroskopie, 12. Mainzer Arbeitstage „Mikroplastik in der Umwelt", 15.09.2014 (im Internet verfügbar).

Lombeck, I. und Menzel, H. (1991) Selen – Vorkommen und Stoffwechsel beim Menschen, in *Die Trinkwasserverordnung, Einführung und Erläuterungen für Wasserversorgungsunternehmen und Überwachungsbehörden*, (Hrsg. Aurand *et al.*), 3. Aufl., Erich Schmidt, Berlin.

Lucke, T., Seitz, W., Schulz, W., Müller, A., Weber, W.H. und Flottmann, D. (2008) Aktivkohle zur Entfernung von Arzneimittelrückständen bei der Abwasserbehandlung – Ergebnisse eines Pilotvorhabens. *Vom Wasser*, **106** (Juni 2008), 7–15.

Lucke, T., Seitz, W., Becker, L., Schick, V., Schulz, W. und Weber, W. H. (2013) Optimierung der quantitativen Analyse von freiem und gebundenem Thioharnstoff in Abwasser, Jahrestagung der Wasserchemischen Gesellschaft 2013 in Goslar, Kurzfassungen: ISBN: 978-3-936028-76-8.

Ludwig, F., Röske, I., Kutschera, K., Börnick, H. und Worch, E. (2009) Der Beitrag benthischer Cyanobakterien zur Geruchsstoffproduktion in sächsischen Talsperren im Jahr 2007. *Vom Wasser*, **107** (März 2009), 13–18.

Maier, M., Maier, D. und Lloyd, B.J. (2000a) The role of biofilms in the mobilisation of polycyclic aromatic hydrocarbons (PAHs) from the coal-tar lining of water pipes. *Water Science and Technology*, **41** (4/5), 279–285.

Maier, M., Maier, D. und Lloyd, B.J. (2000b) Factors influencing the mobilisation of polycyclic aromatic hydrocarbons (PAHs) from the coal-tar lining of water mines. *Wat. Res.*, **34** (3), 773–786.

Malle, K.-G. (1992) Zink in der Umwelt. *Acta Hydrochim. Hydrobiol.*, **20**, 196–204.

Malz, F. und Gorlas, J. (1967) Der Geruchsschwellenwert, eine brauchbare Komponente in der Wasseranalytik. *Vom Wasser*, **34**, 209–223.

Mangold, K.-M. und Weidlich, C. (2009) Bekämpfung von Mikroorganismen und Biofilmen mit Elektrochemie. *Energie Wasser-Praxis*, **60** (11/2009), 31—35.

Mani, T., Hauk, A., Walter, U. und Burkhardt-Tholm, P. (2015) Microplastics profile along the Rhine River, Scientific Reports, Universität Basel (im Internet verfügbar).

Mason, B. und Moore, C.B. (1985) *Grundzüge der Geochemie*, Ferdinand Enke Publishers, Stuttgart.

Matthess, G. (1990) *Lehrbuch der Hydrogeologie Band 2 – Die Beschaffenheit des Grundwassers*, 2. Aufl., Gebrüder Bornträger, Berlin, Stuttgart, ISBN 3-443-01007-5.

Meinecke, S., Feibicke, M., Mailahn, W., Kohls, C., Schmidt, R. (2012) Triclosan, ein persistentes Biozid?, Publikation des Umweltbundesamtes, Berlin, www.umweltbundesamt.de/sites/default/files/medien/377/dokumente/fate_triclosan_vgu.pdf, (letzter Zugriff: 28.12.2016).

Mendel, B., Liessfeld, R. und Castell-Exner, C. (2001) Die neue Trinkwasserverordnung, Teil 2. *Energie Wasser Praxis*, **52** (Mai 2001), 32–37.

Metzger, S., Kapp, H., Seitz, W., Weber, W.H., Hiller, G. und Süßmuth, W. (2005) Entfernung von iodierten Röntgenkontrastmitteln bei der kommunalen Abwasserbehandlung durch den Einsatz von Pulveraktivkohle. *GWF, Wasser-Abwasser*, **146** (9/2005), 638–654.

Mevius, W. (1987) Desinfektion von Trinkwasser, DVGW-Schriftenreihe Wasser Nr. 206 „Wasseraufbereitungstechnik für Ingenieure", 19-1 bis 19-24.

Meyer, E. (1982) Untersuchung zum Vorkommen von Asbestfasern in Trinkwasser in der Bundesrepublik Deutschland und gesundheitliche Bewertung der Ergebnisse. *gwf, Wasser-Abwasser*, **123**, 85–96.

Meyer, E. (1991) Zum Übergang von Schwermetallen aus der Hausinstallation in Trinkwasser in Abhängigkeit von der Wasserbeschaffenheit und den Betriebsbedingungen. *Gas – Wasser – Abwasser*, **60**, 353–361.

Meyer, E. und Roßkamp, E. (1991) Zink – Vorkommen, Bedeutung und Nachweis, in *Die Trinkwasserverordnung, Einführung und Erläuterungen für Wasserversorgungsunternehmen und Überwachungsbehörden*, (Hrsg. Aurand *et al.*), 3. Aufl., Erich Schmidt, Berlin.

Miller, J.D.A. und King, R.A. (1975) Biodeterioration of metals, in *Microbial Aspects of the Deterioration of Metals*, (Hrsg. D.W. Lovelock und R.J. Gilbert), Soc. for Applied Bacteriology, Technical Series 9, Academic Press, London, New York, San Francisco, S. 83–103.

Moltmann, J.F., Liebig, M., Knacker, T., Keller, M., Scheurer, M. und Ternes, T. (2007) Gewässerrelevanz endokriner Stoffe und Arzneimittel – Neubewertung des Vorkommens, Erarbeitung eines Monitoringkonzepts sowie Ausarbeitung von Maßnahmen zur Reduzierung des Eintrags in Gewässer, Abschlussbericht F&E-Vorhaben – FKZ 205 24 205 im Auftrag des Umweltbundesamts (129 Seiten): http://www.umweltbundesamt.de/publikationen/gewaesserrelevanz-endokriner-stoffe-arzneimittel, (letzter Zugriff: 29.12.2016).

Müller, L., Kaiser, B. und Ohnesorge, F.K. (1991) „Vorkommen und Bedeutung von Cadmium" und „Vorkommen und Bedeutung von Quecksilber", in *Die Trinkwasserverordnung, Einführung und Erläuterungen für Wasserversorgungsunternehmen und Überwachungsbehörden*, (Hrsg. Aurand *et al.*) 3. Aufl., Erich Schmidt, Berlin.

Müller-Wegener, U. und Milde, G. (1991) Pflanzenbehandlungsmittel und Schädlingsbekämpfungsmittel im Grundwasser, in *Die Trinkwasserverordnung, Einführung und Erläuterungen für Wasserversorgungsunternehmen und Überwachungsbehörden*, (Hrsg. Aurand *et al.*) 3. Aufl., Erich Schmidt, Berlin.

Muscat, S. (2001) Jamiah hat 47 – Mehr als eine Million Kinder in den Vereinigten Staaten leiden an einer Bleivergiftung, Frankfurter Allgemeine Zeitung vom 07.02.2001.

Nagel, G., Kühn, W., Werner, P. und Sontheimer, H. (1982) Grundwassersanierung durch Infiltration von ozontem Wasser, *GWF, Wasser-Abwasser*, 123, 399–407.

Näher, S., Gilli, A., Hamann, Y. und Schubert, C. (2014) Wie viel Sauerstoff war im Seewasser? *Nachrichten aus der Chemie*, **62** (Nov. 2014), 1094–1097.

Nerger, M. und Roßkamp, E. (1991) Zum Vorkommen von Vinylchlorid in Grund- und Trinkwasser, in *Die Trinkwasserverordnung, Einführung und Erläuterungen für Wasserversorgungsunternehmen und Überwachungsbehörden*, (Hrsg. Aurand *et al.*), 3. Aufl., Erich Schmidt, Berlin.

Niemitz, W. (Gesamtkoordinator) (1987) *HOV-Studie, eine wissenschaftlich-technische Studie über halogenorganische Verbindungen in Wässern*, (Hrsg. Fachgruppe Wasserchemie in der Gesellschaft Deutscher Chemiker, Ltg.: Professor Dr. K.-E. Quentin), ISBN: 3-924763-16-X.

Nissing, W. (2004) Trinkwasser im Kontakt mit metallischen Werkstoffen. *Energie Wasser Praxis (DVGW)*, **6/2004**, 22–27.

NLfB (2000) Niedersächsisches Landesamt für Bodenforschung und Bundesanstalt für Geowissenschaften und Rohstoffe, Hannover, Digitaler Atlas Hintergrundwerte – Natürliche chemische Gehalte von Bachsedimenten, Böden, Gesteinen und Grundwasser in Niedersachsen und Bremen, (CD-ROM).

NLWKN (2015) Regionales Parameterblatt Bromid im Grundwasser Ostfrieslands, Daten 2010 bis 2014, bearbeitet von Roskam, A., www.nlwkn.niedersachsen.de/download/96539/, (letzter Zugriff: 18.01.2017).

Noll, K. (1972) Untersuchungen zur Grundwasserentnahme aus den pleistozänen Sedimenten des Rheintalgrabens im Rhein-Neckar-Raum, Dissertation Universität Karlsruhe.

Ohle, W. (1958) Die Stoffwechseldynamik der Seen in Abhängigkeit von der Gasausscheidung ihres Schlamms. *Vom Wasser*, **25**, 127–149.

Opel, O., Eggerichs, T., Liñares, J.A.N. und Ruck, W.K.L. (2008) Zusammenhänge zwischen gemessenen und aus Fe^{2+}-Konzentrationen errechneten Redoxpotentialen in den Fluiden der thermischen Aquifer-Energiespeicher im Energiesystem der Parlamentsbauten am Spreebogen in Berlin. *Vom Wasser*, **106** (4), 14–21.

Osterath, B. (2011) Phosphatfrei waschen, phosphatbepackt spülen. *Nachrichten aus der Chemie*, **59**, 828–830.

Osterwald, A. (2009) Einfluss von gelöstem organischem Kohlenstoff (DOC) auf die Eisen(II)-Oxidation bei der Grundwasseraufbereitung, Vortrag zum 13. Trinkwasserkolloquium an der TU Hamburg-Harburg, 17.09.2009.

Otto, J., Jurzik, L., Schneider, M., Stange, C., Ewess, I.H., Preuß, G. und Tiehm, A. (2015) Entwicklung und Validierung von molekularbiologischen PCR-Methoden zum quantitativen Nachweis von hygienerelevanten Bakterien und Viren im Wasser. *Energie Wasser-Praxis*, **66**, 58–62.

Ottow, J.C.G. (2011) *Mikrobiologie von Böden: Biodiversität, Ökophysiologie und Metagenomik*, Springer, Berlin, Heidelberg, ISBN: 978-3-642-00823-8.

Ottow, G. (1982) Tagebau unter Wasser. *Die Umschau*, **82** (10), 319–324.

Petersohn, D. (2003) Brunnenpflege, in *Die Trinkwasserverordnung, Einführung und Erläuterungen für Wasserversorgungsunternehmen und Überwachungsbehörden*, 4. Aufl., Erich Schmidt, Berlin.

Petri, H. (1991) Nitrat und Nitrit (einschl. N-Nitroso-Verbindungen), in *Die Trinkwasserverordnung, Einführung und Erläuterungen für Wasserversorgungsunternehmen und Überwachungsbehörden*, (Hrsg. Aurand *et al.*) 3. Aufl., Erich Schmidt, Berlin.

Petri, M., Gillfedder, B. und Biester, H. (2006) Quecksilber im Bodensee und seinen Zuflüssen, Jahrestagung der Wasserchemischen Gesellschaft 2006 in Celle, Kurzfassungen, ISBN 3-936028-39-7.

Plank, J. und Echt, T. (2014) Chemikalien für Fracking. *Nachrichten aus der Chemie*, **62** (Juni 2014), 607–611.

Plinius, G.S. (1. Jh. n. Chr.) *Naturalis historia*.

Prasse, C. (2012) Analyse, Vorkommen und Verhalten von Antivirenmitteln in der aquatischen Umwelt, Dissertation Koblenz-Landau (verfügbar im Internet, ausführliche Besprechung in: *Vom Wasser, Das Journal*, **111** (2013-2), 54–55).

Preis, H.-G. (1999) Auswirkung der Rheinsanierung auf die Rohwasserbeschaffenheit am Beispiel des Wasserwerks Düsseldorf-Benrath der Wuppertaler Stadtwerke AG, Beitrag in *Arbeitsgemeinschaft Rhein-Wasserwerke e. V., Jahresbericht* 1998, ISSN: 0343-0391.

Pschyrembel, W. (Hrsg.) (1986) *Klinisches Wörterbuch*, 255. Aufl., de Gruyter, Berlin, New York.

Putschew, A. und Jekel, M. (2001) Iodierte Röntgenkontrastmittel im anthropogen beeinflussten Wasserkreislauf. *Vom Wasser*, **97**, 103–113.

Rathsack, K. (2012) Besiedlung von Wasserversorgungssystemen durch Invertebraten. *Energie Wasser-Praxis*, **6/2012**, 28–32.

Reißner, S., Grajetzki, B. und Teermann, I. (2013) Kieselsäurechemie im Wasser-Dampfprozess von Kraftwerken, Jahrestagung der Wasserchemischen Gesellschaft 2013 in Goslar, Kurzfassungen: ISBN 978-3-936028-76-8.

Reuleaux, F. (Hrsg.) (1886) *Das Buch der Erfindungen, Gewerbe und Industrien*, Bd. IV „Die chemische Behandlung der Rohstoffe – Eine chemische Technologie", Verlag und Druck: Otto Spamer, Leipzig, Berlin.

Richtlinie 98/83/EG des Rates vom 3. November1998 über die Qualität von Wasser für den menschlichen Gebrauch; Amtsblatt der Europäischen Gemeinschaften L 330 (05.12.98).

Richtlinie des Rates vom 16. Juli 1980 über die Qualität von Wasser für den menschlichen Gebrauch (EEC 80/778); Amtsblatt der Europäischen Gemeinschaften Nr. L 229/11-29 vom 30.08.1980.

Riegel, M. (2012) *Elimination natürlicher Uranspezies aus Wässern – Wirksamkeit schwachbasischer Anionenaustauscher*, Südwestdeutscher Verlag Für Hochschulschriften, ISBN 3838123554.

Riegel, M. und Höll, W.H. (2007) Entfernung von Natururan aus Grundwässern mittels schwach basischer Ionenaustauscher – Gleichgewicht und Kinetik, Jahrestagung der Wasserchemischen Gesellschaft 2007 in Passau, Kurzreferate, ISBN 3-936028-43-5.

Riegel, M. und Höll, W.H. (2008) Entfernung von Natururan aus Grundwässern mittels schwach basischer Ionenaustauscher – Filterdynamik und Regeneration, Jahrestagung der Wasserchemischen Gesellschaft 2008 in Trier, Kurzreferate, ISBN 978-3-936028-51-5.

Riethmann, T. (2013) Untersuchungen zur Sorption von Quecksilber aus Verbrennungsabgasen und Nebenprodukten in Entschwefelungsanlagen, Jahrestagung der Wasserchemischen Gesellschaft 2013 in Goslar, Kurzreferate, ISBN 978-3-936028-76-8.

Ripl, K. und Uhl, W. (2008) Grundlegende Untersuchungen zum Transport partikulärer Korrosionsprodukte im Trinkwasserverteilungssystem, Jahrestagung der Wasserchemischen Gesellschaft 2008 in Trier, Kurzreferate, ISBN 978-3-936028-51-5.

Rohmann, U. und Sontheimer, H. (1985) Nitrat im Grundwasser – Ursachen – Bedeutung – Lösungswege, DVGW-Forschungsstelle am Engler-Bunte-Institut der Universität Karlsruhe, ISBN 3-922671-12-8.

Rohweder, U. (Berichterstattung und Redaktion) (2003) Arzneimittel in der Umwelt – Auswertung der Untersuchungsergebnisse, Bund/Länderausschuss für Chemikaliensicherheit (BLAC), Bericht an die Umweltministerkonferenz am 19./20. November 2003 in Hamburg (173 Seiten, im Internet als Download verfügbar, am einfachsten über eine Suchmaschine).

Roßkamp, E. (1991a) *„Vorkommen, Bedeutung und Nachweis von Chrom"*, in *Die Trinkwasserverordnung, Einführung und Erläuterungen für Wasserversorgungsunternehmen und Überwachungsbehörden*, (Hrsg. Aurand *et al.*) 3. Aufl., Erich Schmidt, Berlin.

Roßkamp, E. (1991b) Biologische Relevanz der Trihalogenmethane und leichtflüchtiger Chlorkohlenwasserstoffe, in *Die Trinkwasserverordnung, Einführung und Erläuterungen für Wasserversorgungsunternehmen und Überwachungsbehörden*, (Hrsg. Aurand *et al.*) 3. Aufl., Erich Schmidt, Berlin.

Roßkamp, E. und Kölle, W. (1991) Vorkommen, Bedeutung und Nachweis von Nickel, in *Die Trinkwasserverordnung, Einführung und Erläuterungen für Wasserversorgungsunternehmen und Überwachungsbehörden*, (Hrsg. Aurand *et al.*) 3. Aufl., Erich Schmidt, Berlin.

Rott, U., Meyer, C. und Henning, A. (2001) Untersuchungen der physikalisch-chemischen und mikrobiologischen Aufbereitungsprozesse zur Optimierung der In-situ-Aufbereitung reduzierter Grundwässer, Abschlussbericht zu den Forschungsvorhaben der Deutschen Forschungsgemeinschaft RO 959/4-1 und RO 959/4-3.

Rübel, A. und Schwesig, D. (2005) Untersuchung der Trinkwasserqualität in Hausinstallationen – Aktuelle Regelungen zur Probenahme und Praxiserfahrungen, Jahrestagung der Wasserchemischen Gesellschaft 2005 in Bad Mergentheim, Kurzfassungen, ISBN 3-936028-29-X.

Rübel, A., Schwesig, D. und Borchers, U. (2004) Überwachung der Trinkwasserqualität in Hausinstallationen – die gestaffelte Stagnationsbeprobung. *Vom Wasser*, **102**, 7–11.

Ruhl, A. S., Jekel, M., Franz, G. und Steiof, M. (2009) Untersuchung passivierender Korrosionsprodukte in Fe(0)-Horizontalfiltern zur reduktiven Grundwasserbehandlung. *Vom Wasser*, **107**, 12–16.

RWE (1971) Studie über die thermische Belastbarkeit des Rheins, Auftrag der Rheinisch-Westfälischen Elektrizitätswerk Aktiengesellschaft an Motor-Columbus Ingenieursunternehmung AG (Baden, Schweiz) für den Rhein ab Basel bis zur holländischen Grenze, Dezember 1971.

Sacher, F. und Thoma, A. (2013) Vorkommen von Chromat in Roh- und Trinkwässern in Deutschland. *Energie Wasser-Praxis*, **7/8** (2013), 52–56.

Sacher, F., Ehmann, M., Gabriel, S., Graf, C. und Brauch, H.-J. (2008) Pharmaceutical residues in the river Rhine – Results of a one-decade monitoring programme. *J. Environ. Monit.*, **2008** (10), 664–670.

Sacher, F., Metzinger, M., Wenz, M., Gabriel und S., Brauch, H.-J. (2003) Arzneimittelrückstände in Grund- und Oberflächenwässern, in *Spurenstoffe in Gewässern …*, (Hrsg. T. Track und G. Kreysa), Wiley-VCH.

Sartory, D. und Blazer, L.M.R. (2007) Definitionen von *E. coli* und coliformen Bakterien und ihre Folgen in der Praxis. *Energie Wasser Praxis*, **58** (März 2007), 32–35.

Scheffer/Schachtschabel (1998) *Scheffer/Schachtschabel – Lehrbuch der Bodenkunde*, 14. Aufl., Ferdinand Enke Verlag, Stuttgart.

Scherer, E., Rickert, K. und Wichmann, K. (1998) Entwicklung eines Klassifizierungssystems für reduzierte Grundwässer – beispielhaft für Grundwässer aus Förderbrunnen des Norddeutschen Flachlandes. *Vom Wasser*, **91**, 121–136.

Scheurer, M. (2012) „Artificial Sweeteners“, kumulative Dissertationsschrift, Lüneburg (verfügbar im Internet, ausführliche Besprechung in *Vom Wasser, Das Journal*, **111** (2013), 256–257).

Schikowski, H., Kölle, W. und Thiem, H. (1993) Leistungsminderung, Regeneration und Neubau von Filterbrunnen. *Neue DELIWA-Zeitschrift*, **44** (Sep. 1993), 486–491.

Schlett, C., Thier, H.P. und Wilkesmann, R. (1995) Geruchs- und Geschmackskomponenten im Trinkwasser – Ursachen, Analytik und Charakterisierung. DVGW-Schriftenreihe Wasser, Nr. 79.

Schmalz, C. und Zwiener, C. (2009) Trichloramine formation in swimming pool water. *Water Chemistry at the Ebi, Karlsruhe*, **15** (Dez. 2009), 5.

Schmidt, B, Neuffer, T., Häfner, M., Dechet, F., Küchler, T., Peters, B., Resseler, H. und von Götz, N., (2005) Evaluation of plant protection product findings in groundwater in Germany. *Nachrichtenbl. Deut. Pflanzenschutzd.*, **57** (11), 213–223, 2005, ISSN 027-7479.

Schmidt, C.K. (2014) Europäisches Fließgewässermemorandum zur qualitativen Sicherung der Trinkwassergewinnung. *Vom Wasser*, **112** (1/14), 12–15.

Schmidt, C.K., Raue, B., Lustinetz, T. und Brauch, H.-J. (2008) Anspruchsvolle Methoden der Probenvorbereitung zum Knacken zweier analytisch harter Nüsse: Die Analytik von Organophosphonsäuren und Hydrazinen, Jahrestagung der Wasserchemischen Gesellschaft 2008 in Trier, Kurzreferate, ISBN 978-3-936028-51-5.

Schmidt, K., Körner, B., Sacher, F., Conrad, R., Hollert, H. und Tiehm, A. (2016) Biodegradability and ecotoxicity of commercially available geothermal heat transfer fluids. *Grundwasser – Zeitschrift der Fachsektion Hydrogeologie in der DGGV e. V.*, **21** (1), 59–67.

Schmidt, S., Kanne, R. und Richter, M. (2004) Bedeutung der Normung auf dem Gebiet der Wasseranalytik. *Vom Wasser*, **102**, 7–10.

Schmidt, W., Nüske, G., Fischer, M. (2010) Trinkwasserdesinfektion mit Chlor – Untersuchung von marktüblichen Elektrolyseanlagen zur Herstellung chlorhaltiger Desinfektionsmittel aus Sole im Wasserwerk. *Energie Wasser-Praxis*, **1**, 48—53.

Schmitz, M. (1990) Ziele – Zwecke – Zwänge, Notwendigkeit, Umfang und Auswirkungen der geplanten Novellierungen der Trinkwasserverordnung und der Trinkwasserrichtlinie. *Neue DELIWA-Zeitschrift*, **10/90**, 452–462.

Schlichting, H.J. (2010) Der Blumen im Winter sah. *Spektrum der Wissenschaft*, **Februar 2010**, 39.

Schullerer, S. und Brauch, H.-J. (1998) Die langjährige Entwicklung der Gewässerbeschaffenheit des Rheins und seiner Nebenflüsse, Arbeitsgemeinschaft Rheinwasserwerke, Jahresbericht 1998, ISSN: 0343-0391.

Schullerer, S., Brauch, H.-J., Fleig, M., Hambsch, B., Kühn, W. und Lindner, K. (1998) Der Rhein im Jahr 1998, Arbeitsgemeinschaft Rheinwasserwerke, Jahresbericht 1998, ISSN: 0343-0391.

Schulte-Oehlmann, U., Oehlmann, J. und Püttmann, W. (2007) Humanpharmakawirkstoffe in der Umwelt: Einträge, Vorkommen und der Versuch einer Bestandsaufnahme. *UWSF – Z. Umweltchem. Ökotox.*, **19** (3), 168–179.

Schulz, W., Seitz, W. und Weber, W.H. (2007) Nachweis von Melamin in Wasser. *Vom Wasser*, **105** (Dez. 2007), 18–22.

Schumacher, W. (1991) Entwicklung der Rechtsnormen für Trinkwasser, in *Die Trinkwasserverordnung, Einführung und Erläuterungen für Wasserversorgungsunternehmen und Überwachungsbehörden*, (Hrsg. Aurand *et al.*) 3. Aufl., Erich Schmidt, Berlin.

Schwarz, D. (1991) Die Trinkwasserverordnung aus der Sicht des Wasserversorgungsunternehmens, in *Die Trinkwasserverordnung, Einführung und Erläuterungen für Wasserversorgungsunternehmen und Überwachungsbehörden*, (Hrsg. Aurand *et al.*) 3. Aufl., Erich Schmidt, Berlin.

Schwarz, T. (2012) Entwicklung, Analyse und Bewertung einer Methodik zur Bestimmung der Mikroplastik-Belastung von Küstensedimenten, Master-Thesis, Bremen 2012.

Seidel, K. (1987) Nachweis und Bewertung weiterer mikrobiologischer Parameter, in *Die Trinkwasserverordnung, Einführung und Erläuterungen für Wasserversorgungsunternehmen und Überwachungsbehörden*, (Hrsg. Aurand *et al.*), 2. Aufl., Erich Schmidt, Berlin.

Skutlarek, D., Exner, M. und Färber, H. (2006) Perfluorierte Tenside (PFT) in der aquatischen Umwelt und im Trinkwasser. *UWSF – Z. Umweltchem. Ökotox.*, **18** (3), 151–154.

Sonneborn, M. (1991) Vorkommen, Bedeutung und Analytik von Calcium und Magnesium, in *Die Trinkwasserverordnung, Einführung und Erläuterungen für Wasserversorgungsunternehmen und Überwachungsbehörden*, (Hrsg. Aurand *et al.*) 3. Aufl., Erich Schmidt, Berlin.

Sontheimer, H. (1976) Neue Technologien und Trinkwasserqualität. *Das Gas- und Wasserfach*, **117**, 551–559.

Sontheimer, H. (1988) Der „Kalk-Kohlensäure-Mythos" und die instationäre Korrosion. *Z. Wasser-Abwasser-Forsch.*, **21**, 219–227.

Sontheimer, H. und Göckler, A. (1981) Wasserqualität und Untersuchungsparameter – Bemerkungen zur Aussage von Analysendaten, *Hydrochemische und hydrogeologische Mitteilungen (München)*, **4**, 21–42.

Sontheimer, H., Kölle, W. und Spindler, P. (1967) Rohöl und Trinkwasser – Untersuchungen zum Pipelineproblem am Bodensee. *Das Gas- und Wasserfach*, **108**, 29–37.

Sontheimer, H., Spindler, P. und Rohmann, U. (1980) *Wasserchemie für Ingenieure*, ZfGW-Verlag, Frankfurt.

Sörensen, S.P.L. (1909) zitiert nach: Küster, F.W., Thiel, A., Fischbeck, K. (1955) *Logarithmische Rechentafeln für Chemiker, Pharmazeuten, Mediziner und Physiker*, 65.–67. Aufl., Walter de Gruyter & Co., Berlin.

Steffen, D. und Wunsch, H. (2006) Triphenylzinn-Monitoring in Gewässern in Niedersachsen, Jahrestagung der Wasserchemischen Gesellschaft 2006 in Celle, Kurzfassungen, ISBN 3-936028-39-7.

Stevens, A., Geißler, D., Dünnbier, U., Reemtsma, T. (2012) Identifizierung und Quantifizierung des Nitrifikationsinhibitor Thioharnstoff in kommunalen Kläranlagen, Jahrestagung der Wasserchemischen Gesellschaft 2012 in Neu-Ulm, Kurzreferate, ISBN 978-3-936028-71-3.

Stock, J. und Johannsen, K. (2013) Die neue DIN 38404-10: Berechnung der Calcitsättigung eines Wassers. *Energie Wasser-Praxis* **4/2013**, 44–47.

Storck, F.R., Skark, C., Remmler, F., Zullei-Seibert, N. und Brauch, H.J. (2012) Eignung von Acesulfam als Tracer für die Quantifizierung von Oberflächenwassereinfluss in Uferfiltrat. *Vom Wasser*, **110** 3, 73–75.

Stottmeister, E. (2008) Trichloramin in Schwimm- und Badebeckenwasser, Fortbildungsveranstaltung für den Öffentlichen Gesundheitsdienst (Powerpointpräsentation), http://www.bfr.bund.de/cm/232/trichloramin_im_schwimm_und_badebeckenwasser.pdf, (letzter Zugriff: 29.12.2016).

Strebel, O., Böttcher, J. und Kölle, W. (1985) Stoffbilanzen im Grundwasser eines Einzugsgebietes als Hilfsmittel bei Klärung und Prognose von Grundwasserqualitätsproblemen. *Z. dt. geol. Ges.*, **136**, 533–541.

Strebel, O. und Renger, M. (1982) Stoffanlieferung an das Grundwasser bei Sandböden unter Acker, Grünland und Nadelwald, Veröffentlichungen des Instituts für Stadtbauwesen, Technische Universität Braunschweig, Heft 34, 131–144, ISSN 0341-5805.

Stumm, W. und Morgan, J.J. (1981) *Aquatic Chemistry, An Introduction Emphasizing Chemical Equilibria in Natural Waters*, 2. Aufl., John Wiley & Sons, Inc., ISBN 0471048313.

Stumm, W. und Morgan, J.J. (1996) *Aquatic Chemistry – Chemical Equilibria and Rates in Natural Waters*, 3. Aufl., John Wiley & Sons, Inc., ISBN 0-471-51184-6–ISBN 0-471-51185-4.

Sturm, R. (2008) Polyfluorierte Verbindungen – neue Problemstoffe für die küstennahe Umwelt, Gkss, Forschungszentrum in der Helmholtz-Gemeinschaft, Jahresbericht 2007/2008, 49–53.

Sturm, S. und Kiefer, J. (2007) Erhebung zur aktuellen Gewässerbelastung mit Pflanzenschutzmitteln. *Energie Wasser Praxis*, **58** (April 2007), 30–33.

Sturm, S., Kiefer, J., Eichhorn, E. (2006) Befunde von Pflanzenschutzmitteln in Grund- und Oberflächenwässern und deren Eintragspfade – Bedeutung für die Wasserwirtschaft und das Zulassungsverfahren, DVGW-Forschungsvorhaben W 1/02/05.

Tacke, T. und Bayer, J. (1998) Über den Einfluss der Rheinsanierung auf die Rohwasserbeschaffenheit am Beispiel des Wasserwerks Düsseldorf-Flehe, Arbeitsgemeinschaft Rheinwasserwerke e. V. (ARW), Jahresbericht 1998, ISSN: 0343-0391.

Teermann, I. und Jekel, M. (2002) Über die Sorption von Huminstoffen an Eisenhydroxidoberflächen in Gegenwart von Calcium, Jahrestagung der Wasserchemischen Gesellschaft, Eichstätt, 6.–8. Mai 2002, Kurzreferat V7, ISBN 3-936028-05-2.

Ternes, T.A., Meisenheimer, M., Mcdowell, D., Sacher, F., Brauch, H.-J., Haist-Gulde, B., Preuss, G., Wilme, U. und Zulei-Seibert, N. (2002) Removal of pharmaceuticals during drinking water treatment. *Environ. Sci. Technol.*, 36, 3855–3863.

These, A. (2005) Strukturelle Charakterisierung von Fulvinsäure-Molekülen mittels LC-MS/MS: Hinweise zu Quellen, Bildung und Reaktivität, Dissertation, Berlin, 2005, https://depositonce.tu-berlin.de/bitstream/11303/1398/1/Dokument_8.pdf, (letzter Zugriff: 29.12.2016).

These, A. und Reemtsma, T. (2005) Neue Erkenntnisse zum Aufbau und zur Genese von Fulvinsäuren durch hochauflösende Massenspektrometrie, Jahrestagung der Wasserchemischen Gesellschaft 2005 in Bad Mergentheim, Kurzfassungen, ISBN 3-936028-29-X.

Thron, H.L. (1991) Vorkommen, Bedeutung und Nachweis von Antimon, in: Aurand et al., 1991.

Tillmans, J. und Heublein, O. (1912) Über die kohlensauren Kalk angreifende Kohlensäure der natürlichen Wässer. *Gesundheitsing.*, **35**, 667–677.

Topalian, P. und Sontheimer, H. (1981) Chemisch-biologische Aufbereitung eines huminsäurehaltigen Grundwassers. *Vom Wasser*, **57**, 137–146.

Track, T. und Kreysa, G. (Hrsg.) (2003) *Spurenstoffe in Gewässern – Pharmazeutische Reststoffe und endokrin wirksame Substanzen*, Wiley-VCH, ISBN 3-527-31017-7 (254 Seiten, 21 Einzelbeiträge).

Trénel, J. (1991) Oberflächenaktive Stoffe – Bedeutung und Bestimmung, in *Die Trinkwasserverordnung, Einführung und Erläuterungen für Wasserversorgungsunternehmen und Überwachungsbehörden*, (Hrsg. Aurand *et al.*), 3. Aufl., Erich Schmidt, Berlin.

UBA (2011) siehe Kümmerer *et al.* (2011).

Van Beek, C.G.E.M. und Van der Jagt, H. (1996) Mobilization and Speciation of Trace Elements in Groundwater, Iwsa, International Workshop „Natural Origin of Inorganic Micropollutants", Vienna, 6.–7. May.

Van Berk, W. (1987) Hydrochemische Stoffumsetzungen in einem Grundwasserleiter – beeinflußt durch eine Steinkohlenbergehalde, Besondere Mitteilungen zum Deutschen Gewässerkundlichen Jahrbuch Nr. 49, Düsseldorf.

Verordnung über Trinkwasser und über Brauchwasser für Lebensmittelbetriebe (Trinkwasser-Verordnung) vom 31. Januar 1975, BGBl I, S. 453–461 und 679.

Verordnung über Trinkwasser und über Brauchwasser für Lebensmittelbetriebe (Trinkwasserverordnung – TrinkwV) vom 22. Mai 1986, BGBl I, S. 760–773.

Verordnung über Trinkwasser und über Brauchwasser für Lebensmittelbetriebe (Trinkwasserverordnung – TrinkwV) vom 12. Dezember 1990, BGBl I, S. 2613–2629.

Verordnung zur Änderung der Trinkwasserverordnung und der Verordnung über Tafelwässer vom 25. Juni 1980, BGBl I, S. 764–769.

Verordnung zur Novellierung der Trinkwasserverordnung vom 21. Mai 2001, BGBl I, S. 959–980 (2001).

von Storch, H., Costa-Cabral, M., Feser, F. und Hagner, C. (2000) Reconstruction of Lead (Pb) Fluxes in Europe During 1955–1995 and Evaluation of Gasoline Lead-Content Regulations, Proceedings of the 11th Joint Conference on the Applications of Air Pollution Meteorology with the Air and Waste Management Association 9.–14. Jan. 2000, Long Beach, California (6 S.).

Wagner, B. und 15 Co-Autoren (2011) Hydrogeochemische Hintergrundwerte der Grundwässer Deutschlands als Web Map Service, Grundwasser. *Zeitschrift der Fachsektion Hydrogeologie in der Deutschen Gesellschaft für Geowissenschaften (FH-DGG)*, **16** (3), 155–162 (Detailinformation im Internet).

Wagner, I. (1982) Bleirohre und Wasserqualität. *DVGW-Schriftenreihe Wasser*, **31**, 331–342.

Wagner, I. und Kuch, A. (1981) Trinkwasser und Blei, eine Studie der DVGW-Forschungsstelle, Heft 18 der Veröffentlichungen des Bereichs und Lehrstuhls für Wasserchemie, Karlsruhe.

Wagner, I., Gerber, S., Kuch, A. (1985) Der Einfluß von Neutralsalzen auf das Korrosionsverhalten unlegierter Eisen-Werkstoffe in gut gepufferten Trinkwässern. *Werkstoffe und Korrosion*, **36**, 64–69.

Wagner, R. (2000) *Trübung, Wasserkalender 2000*, 34. Jahrgang, Erich Schmidt, S. 192–197, ISBN 3-503-05807-9.

Walt, D.R., Stitzel, S.E. und Aernecke, M.J. (2012) *Gassensoren – Schnüffelnde Transistoren. Spektrum der Wissenschaft*, **7/12** (Juli 2012), 84–92.

Wasserchemische Gesellschaft in der Gesellschaft Deutscher Chemiker (GDCh) (1981) *Deutsche Einheitsverfahren zur Wasser-, Abwasser- und Schlamm-Untersuchung – Physikalische, chemische, biologische und bakteriologische Verfahren*, 1. Aufl., 1981, 6820 S., 10 Bände, Loseblattwerk in Ordner – Handbuch/Nachschlagewerk – ISBN-10: 3-527-19010-4, ISBN-13: 978-3-527-19010-2, Wiley-VCH, Weinheim.

Weis, M., Frimmel, F.H. und Abbt-Braun, G. (1989) Charakterisierung huminstoffähnlicher Substanzen aus Deponiesickerwasser, Forschungsbericht Deutsche Forschungsgemeinschaft „Schadstoffe im Grundwasser", Band 2, 328–349.

Wendlandt, E. (1988) Ammonium/Ammoniak als Ursache für Wiederverkeimungen in Trinkwasserleitungen, *GWF Wasser-Abwasser*, **129**, 567–571.

Werner, G., Wurster, E. und Sontheimer, H. (1973) Korrosionsversuche des Zweckverbandes Landeswasserversorgung mit feuerverzinkten Stahlrohren. *Das Gas- und Wasserfach (gwf)*, **114**, 105–117.

Werner, P. (1984) Untersuchungen zur Substrateigenschaft organischer Wasserinhaltsstoffe bei der Trinkwasseraufbereitung. *Zbl. Bakt. Hyg., I. Abt. Orig. B*, **180**, 46–61.

WHO (2011) Guidelines for Drinking-water Quality, 4. Aufl. 2011, http://apps.who.int/iris/bitstream/10665/44584/1/9789241548151_eng.pdf, (letzter Zugriff: 29.12.2016)

WHO (2012) Pharmaceuticals in drinking-water, ISBN 9789241502085, http://apps.who.int/iris/bitstream/10665/44630/1/9789241502085_eng.pdf, (letzter Zugriff: 30.12.2016).

Wichmann, K. (2004) Stand der Entsorgung von Wasserwerksrückständen, in *DVGW Lehr- und Handbuch Wasserversorgung*, Bd. 6 – Wasseraufbereitung Grundlagen und Verfahren, Oldenbourg Verlag.

Wiechowski, S. (1953) *Atomkraft heute und morgen*, Humboldt, Stuttgart Wien.

Wilde, S. und Van Straaten, L. (2004) Flächenmanagement, Grundwasserschutz und Rohwasserqualität, DVGW-Forschungsvorhaben W1/02/02.

Wilhelm, M. und Dieter, H.H. (1991) Vorkommen, Bedeutung und Nachweis von Aluminium, in *Die Trinkwasserverordnung, Einführung und Erläuterungen für Wasserversorgungsunternehmen und Überwachungsbehörden*, (Hrsg. Aurand *et al.*), 3. Aufl., Erich Schmidt, Berlin.

Willmitzer, H., Jäschke, K., Berendonk, T.U. und Paul, L. (2015) Einfluss von Klimaänderungen auf die Wasserqualität von Talsperren und Strategien zur Minimierung der Auswirkungen. *Energie Wasser-Praxis*, **66** (Dez. 2015), 84–88.

Wisotzky, F. (1994) Untersuchungen zur Pyritoxidation in Sedimenten des Rheinischen Braunkohlenreviers und dessen Auswirkungen auf die Chemie des Grundwassers, Besondere Mitteilungen zum Deutschen Gewässerkundlichen Jahrbuch Nr. 58, Düsseldorf.

Wisotzky, F. (2015) Bedeutung von Pyritmineralen für die Grundwasserchemie. *Grundwasser*, **20** (2), 107–115.

Wisser, S., Dittmer, M. und Pilz, N. (2007) Radioaktive Stoffe im Trinkwasser – erste Erfahrungen mit der Bestimmung der Gesamtrichtdosis, Jahrestagung der Wasserchemischen Gesellschaft 2007 in Passau, Kurzfassungen, ISBN 3-936028-43-5.

Sachverzeichnis

1) Hinweis: Die kursiv geschriebenen Ziffern sind Massenzahlen von Isotopen.

Wasseranalysen – richtig beurteilt, 4. Auflage. Walter Kölle.
© 2017 WILEY-VCH Verlag GmbH & Co. KGaA. Published 2017 by WILEY-VCH Verlag GmbH & Co. KGaA.